公共卫生国际前沿丛书
翻译委员会

总主译 包　巍　中国科学技术大学

主　译（按姓氏笔画排序）

马礼坤　中国科学技术大学
叶冬青　安徽理工大学
包　巍　中国科学技术大学
吕　筠　北京大学
江　帆　上海交通大学
李立明　北京大学
何　纳　复旦大学
周荣斌　中国科学技术大学
屈卫东　复旦大学
胡志斌　南京医科大学
翁建平　中国科学技术大学
陶芳标　安徽医科大学
曹务春　中国人民解放军军事科学院
曹　佳　中国人民解放军陆军军医大学
舒跃龙　中国医学科学院北京协和医学院病原生物学研究所
鲁向锋　中国医学科学院阜外医院
詹思延　北京大学
臧建业　中国科学技术大学

"十四五"国家重点出版物出版规划项目

公共卫生国际前沿丛书

Springer

丛书主译◎包 巍

UNRAVELING THE EXPOSOME
A PRACTICAL VIEW

暴露组学
方法与实践

〔英〕Sonia Dagnino
〔美〕Anthony Macherone ◎主编

曹 佳　屈卫东　臧建业 ◎主译

中国科学技术大学出版社

安徽省版权局著作权合同登记号:第12242151号

First published in English under the title *Unraveling the Exposome: A Practical View* edited by Sonia Dagnino and Anthony Macherone
© Springer Nature Switzerland AG, 2019
This edition has been translated and published under licence from Springer Nature Switzerland AG.
Springer Nature Switzerland AG takes no responsibility and shall not be made liable for the accuracy of the translation.
This book is in copyright. No reproduction of any part may take place without the written permission of Springer Nature Switzerland AG & University of Science and Technology of China Press.
The edition is for sale in the People's Republic of China (excluding Hong Kong SAR, Macao SAR and Taiwan Province) only.
简体中文版仅限在中华人民共和国境内(香港特别行政区、澳门特别行政区及台湾地区除外)销售。

图书在版编目(CIP)数据

暴露组学方法与实践 /(英)索尼亚·达尼诺(Sonia Dagnino),(美)安东尼·马切隆(Anthony Macherone)主编;曹佳,屈卫东,臧建业主译. -- 合肥:中国科学技术大学出版社,2024.10. --(公共卫生国际前沿丛书). -- ISBN 978-7-312-06015-1

Ⅰ.X503.1

中国国家版本馆CIP数据核字第2024G130C3号

暴露组学方法与实践
BAOLUZUXUE FANGFA YU SHIJIAN

出版	中国科学技术大学出版社
	安徽省合肥市金寨路96号,230026
	http://press.ustc.edu.cn
	https://zgkxjsdxcbs.tmall.com
印刷	安徽联众印刷有限公司
发行	中国科学技术大学出版社
开本	787 mm×1092 mm 1/16
印张	25.5
字数	636千
版次	2024年10月第1版
印次	2024年10月第1次印刷
定价	148.00元

原著作者名单

Sonia Dagnino
Imperial College London

Anthony Macherone
The Johns Hopkins School of Medicine Agilent Technologies

译校人员名单

主　译　曹　佳　中国人民解放军陆军军医大学
　　　　　屈卫东　复旦大学
　　　　　臧建业　中国科学技术大学

译　者（按姓氏笔画排序）
　　　　　马世嵩　中国科学技术大学
　　　　　包　巍　中国科学技术大学
　　　　　杨　桓　中国人民解放军陆军军医大学
　　　　　邹　鹏　中国人民解放军陆军军医大学
　　　　　张　璇　中国科学技术大学
　　　　　陈建平　中国人民解放军陆军军医大学
　　　　　陈　卿　中国人民解放军陆军军医大学
　　　　　林泳峰　青岛大学
　　　　　周　颖　复旦大学
　　　　　郑唯韡　复旦大学
　　　　　屈卫东　复旦大学
　　　　　姜启晓　青岛大学
　　　　　敖　琳　中国人民解放军陆军军医大学
　　　　　唐敬龙　青岛大学

　　　　凌　曦　中国人民解放军陆军军医大学
　　　　曹　佳　中国人民解放军陆军军医大学
　　　　臧建业　中国科学技术大学
秘　书　杨　桓　中国人民解放军陆军军医大学
　　　　郑唯韡　复旦大学

总序一

  随着国家经济实力的增强和国民生活水平的提高,我国正朝着"健康中国"的目标稳步迈进。在这一重要历史进程中,公共卫生扮演着至关重要的角色。作为一项关系人民大众健康的公共事业,公共卫生不仅是保障人民生命安全的重要手段,也是维护社会稳定、促进人民健康和福祉的重要基石,更是建设健康中国、筑牢中华民族伟大复兴的健康根基的重要组成部分。

  为了促进我国公共卫生事业快速发展,引进学习国际上的新概念、新技术和新方法,中国科学技术大学公共卫生研究院和中国科学技术大学出版社协调组织引进并翻译了一套介绍公共卫生新技术、新方法和国际前沿研究成果的优秀著作,作为"公共卫生国际前沿丛书"出版,该丛书被列入"十四五"国家重点出版物出版规划项目。

  英文原著经过业内顶尖专家团队精心筛选,均引自Oxford、Springer和Wiley等国际知名出版社,皆是本专业领域内填补空白的开创性著作或具有权威性的百科全书式经典著作。《免疫流行病学》《精准健康》《暴露组学方法与实践》《以生物样本库为基础的人群队列研究》均为各自前沿领域第一本著作;《ASPC预防心脏病学》是美国预防心脏病学会唯一冠名教材;《传染病流行病学》是美国高校研究生主流教材;《牛津全球妇女、儿童与青少年健康教科书》是牛津大学出版社的经典教科书之一,是英国医师协会(BMA)获奖图书;《牛津全球公共卫生教科书》更是享誉全球的大型参考书,包括上、中、下三卷,被誉为公共卫生和流行病学领域的"圣经",一直是公共卫生领域最全面的教科书,是公共卫生和流行病学专业人士和学生的重要资源,目前已出版第7版。本人应牛津大学出版社邀请,担任了《牛津全球公共卫生教科书》(第7版)英文版原著的副主编,此次又应中国科学技术大学出版社邀请,担任中文版主审并为整套丛书作序推荐,期待丛书的出版能为广泛的公共卫生需求和现代卫生保健的优先事项提供全球化和更全面的视角。

"公共卫生国际前沿丛书"主审、主译团队阵容强大,包括来自中国疾病预防控制中心、国家心血管病中心、北京大学、清华大学、北京协和医学院、复旦大学、浙江大学、西安交通大学、中山大学、南京医科大学、天津医科大学、山西医科大学、华中科技大学、中南大学、吉林大学、厦门大学、山东大学、四川大学、哈尔滨医科大学、安徽医科大学、上海交通大学、南开大学、南方医科大学、首都医科大学、深圳大学、郑州大学、重庆医科大学、中国医科大学、苏州大学、中国人民解放军陆军军医大学、中国人民解放军军事科学院、中国人民解放军海军军医大学、中国人民解放军空军军医大学、安徽理工大学、中国科学技术大学等公共卫生领域顶尖的专家学者。本套丛书的出版是对"名家、名社、名译、名著"出版理念的最好注脚和诠释。

中国在全球公共卫生领域发挥着不可或缺的重要作用,此次翻译工作是促进国内和国际公共卫生与疾病防控接轨的重要举措和手段,对促进我国公共卫生事业发展和广泛传播医学创新知识与成果具有重大意义,将助推高水平公共卫生学院发展、高层次公共卫生人才培养和高层次公共卫生教材建设,并为我国高质量的公共卫生事业发展做出积极的贡献。

李立明

2024年8月于北京大学

总序二

人民生命健康是社会文明进步的基础。习近平总书记多次强调，坚持以人民为中心，保障人民生命安全和身体健康，建设健康中国，筑牢中华民族伟大复兴的健康根基，必须构建强大的公共卫生体系。引进出版"公共卫生国际前沿丛书"正是贯彻落实习近平总书记关于保障人民生命健康系列重要讲话、指示精神，引进学习国际上的新概念、新技术和新方法，助力我国公共卫生科学基础和体系建设的具体行动。

"公共卫生国际前沿丛书"由中国科学技术大学公共卫生研究院和中国科学技术大学出版社协调组织全国公共卫生与预防医学领域的顶尖专家共同翻译出版。公共卫生研究院由中国科学技术大学、中国科学院武汉病毒研究所和武汉市金银潭医院三方共建，于2022年11月16日正式揭牌成立。公共卫生研究院以国家需求为导向，以新医科建设为抓手，秉持"理工医交叉融合、医教研协同创新"的发展理念，是我校生命科学与医学部的重要组成部分，也是"科大新医学"发展的重要支撑和组成部分。我校出版社作为一流研究型大学的出版社，以传播科学知识、服务高校教学科研和人才培养、弘扬优秀传统文化为己任，实施精品战略，寻求重点突破，在科技、教育、科普、医学等领域形成了特色体系，出版了一批双效俱佳的精品力作，数百种图书荣获国家图书奖、中国图书奖、中宣部"五个一工程"奖、中国出版政府奖、中华优秀出版物奖等国家和省部级奖项。

这套丛书的出版得到了我校生命科学与医学部以及杨元庆校友的大力支

持！杨元庆校友长期关心母校发展，2020年他向中国科学技术大学教育基金会定向捐款设立了杨元庆公共卫生基金，在推动我校公共卫生研究院和公共卫生与预防医学学科建设、开展公共卫生与健康系列讲座、专著引进与出版等方面发挥了重要作用。

我很欣喜地得知，这套丛书近期入选了"十四五"国家重点出版物出版规划项目。衷心感谢参与这套丛书翻译出版工作的所有专家学者和编辑。希望本套丛书的出版能够助力我国公共卫生事业再上一个新的台阶，为促进我国人民生命健康和人类命运共同体做出重要贡献。

包信和

2024年9月于中国科学技术大学

中文版序

21世纪初,国际癌症研究组织(International Agency for Research on Cancer,IARC)专家Christopher Paul Wild等提出暴露组(Exposome)或暴露组学(Exposomics)的概念,并逐渐被学术界认可,成为毒理学的研究热点。这一概念强调了从生命早期开始的全生命周期环境暴露,认为环境对健康的影响来自于整个生命过程的方方面面,包括环境在内所有的暴露甚至人的心理和生活方式等;同时更加强调研究进入体内的所有环境来源暴露的总和,既有空气、水、食物等环境中的化学物,也包括机体因炎症、氧化应激、感染和肠道菌产生的内源性化学物。暴露组和暴露组学概念提出后,得到了世界范围内许多科学家的响应。暴露组学使得环境与健康研究的理论更具有系统性和整体性,把人本身置于生态环境系统之中来考虑。

正是在此背景下,美国国家科学委员会组织相关专家出版了《21世纪暴露科学:愿景与策略》这一指导性文件,在回顾暴露科学的历史、发展、兴起,面临的问题与挑战,创新发展进程中的瓶颈,以及面临急需解决的暴露科学问题中,提出了暴露科学的框架理念和未来发展方向与愿景,规划了暴露科学发展愿景和实现愿景的战略与策略。近20年来,各国科学家在此领域进行了大量的探索。存在的问题是,在具体工作中和不同的领域,暴露组学的研究该怎么做?研究经验尚且不足,这方面的交流也还比较少。由此,Sonia Dagnino和Anthony Macherone两位学者联系了暴露组学领域的一批顶级专家,从不同的角度撰写了暴露科学或暴露组学的方法与应用,编著了《解码暴露组学》(Unraveling the Exposome)一书。此书的内容既有暴露理论阐述,又有方法学和不同领域的研究与实践,内容系统全面。因此,本书译者们把这本专著译为《暴露组学方法与实践》,是比较合适的。

尽管暴露组学的理念很好,但如果缺乏高通量的检测手段和大规模的数据存储,没有很好的数学模型和统计学方法,那么它很可能也仅仅是一个美好的愿景。近年来,各国科学家们围绕如何开展暴露组学研究进行了许多有益的探索。人们提出了非靶向性研究的策略、自上而下和自下而上的策略以及双向搜索两种策略相结合等,随着高通量、高敏感度现代检测技术的推行,针对大规模样本的低成本检测已变得可行,大数据存储和分析也变得更加高效。借助这些先进的理念和技术,暴露组学正在逐步从理论变为现实。

本书共分17章,分领域介绍了公共卫生暴露、美军军事暴露、胎儿期和生命早期暴露、基于大型人群调查的健康与全环境关联研究以及整合多个出生队列生命早期的暴露等不同领域的应用;在对暴露来源的测定方面,介绍了食物和灰尘暴露并进行了实证举例;在机制研究上,对环境暴露与表观遗传学代谢组学、转录组学以及表观暴露组学的关系进行了阐明;在大数据处理和分析方面,对分析统计模型、全暴露组关联分析进行了讨论;本书还特别介绍了世界各地已经成立的暴露科学学术中心,以方便大家建立广泛的暴露科学学术研究联系。本书的内容非常丰富,实践性和应用性俱佳。

总之,暴露科学和暴露组学作为一个研究环境与健康的新学科方向,正焕发出蓬勃的生命力并展现出良好的应用前景。目前,环境与健康研究领域的学者们都在学习、实践并丰富发展暴露科学和暴露组学的相关的理论与方法。"他山之石,可以攻玉",相信本书的出版将有利于我国毒理学研究人员和广大师生从中学习和借鉴,并做出我国暴露科学相关的高水平成果。

江桂斌

中国科学院院士

第十三届全国政协人口资源环境委员会副主任

译者序

近10年来，美国国家科学院国家研究咨询委员会出版了《21世纪毒性测试愿景与策略》和《21世纪暴露科学愿景与策略》两份研究报告，它们被誉为是环境与健康研究领域里两份里程碑式的文件，极大地推动了环境与健康学科的重大变革与跨越式发展。

我作为一个毒理学专家，对《21世纪毒性测试愿景与策略》关注较多，对暴露科学缺乏深入的研究。直到2021年11月，中国科学技术大学公共卫生研究院执行院长包巍教授找到我，提出让我牵头翻译他们新引进的"公共卫生国际前沿丛书"之一，由Sonia Dagnino和Anthony Macherone博士主编的《暴露组学方法与实践》（Unraveling the Exposome: A Practical View）一书，希望作为医学生和研究人员的参阅教材。那时我才认真地思考什么是暴露组学。我粗粗地浏览了一下原著，觉得此书内容新颖翔实，既有理论又有方法，更多是一些不同领域专家对暴露组学的初步实践的总结。这本专著如能翻译出版，对中国学者和学生来说将是一本非常有参考价值的书。于是我非常高兴地应允下来。我找到了我的好朋友，《21世纪毒性测试愿景与策略》和《21世纪暴露科学愿景与策略》的主译——复旦大学公共卫生学院屈卫东教授，以及中国科学技术大学生命科学与医学部臧建业教授。我们迅速组成了翻译团队，并邀请了中国人民解放军陆军军医大学、复旦大学、中国科学技术大学和青岛大学的17名专家学者参与翻译。专著翻译完成后，屈卫东教授和包巍教授对翻译稿进行了全面审校，我也花费了较多的时间对全稿进行了校译和核对，力求使这本专著的翻译变得更加科学准确。

我对暴露科学产生的浓厚兴趣，来源于40多年的毒理学和环境科学的教学与研究工作。这些年我深感现有的研究思维方法有很大的局限性。我们往往是对一种或几种环境暴露因素和效应结局进行关联和分析；相关的机制和研究也是围绕一个单一路径和一、两个靶点去考虑，往往仅涉及一个或几个基因、酶、分子靶标、一条或几条信号通路等。而真实情况往往比这复杂得多。真实的健康效应和结局往往是在多种环境因素、社会因素和心理因素等不同质的因素综合作用下，在一种长期、低剂量、反复的暴露之中共同作用的结果。另外，个体差异（每个人基因的多态性和易感性）决定了我们在同样暴露条件下反应的不同质效应（性质）和不同量效应（强度），也就是环境与基因的交互作用（GE 理论，Gene-Environmental Interaction），往往还停留在浅表的分析层面，并没有或很难达到大规模环境和人群暴露实际分析和使用的程度。

在这种情况下，Christopher Wild 于 2004 年提出了暴露组（Exposome）或暴露组学（Exposomics）的概念，即把人的一生的环境—社会—心理—行为因素作为一个整体的暴露来理解，即全生命周期暴露的概念。同时，还应该考虑同样对健康有损害作用的机体内部来源的激素、脂质过氧化、炎症因子和微生物代谢产物等内源性分子。当然，这样的概念打破了现有环境与健康研究中横断面、单因素、大剂量等方面的局限性，更接近于人类暴露的真实情况，对于我们从流行病学统计学上的关联到真正意义上的因果关联可能会更有帮助。但是这一切都取决于高新技术对样本检测和大数据分析的能力。否则，这一美好的愿景仍然难以实现。

好在近年来，随着环境和生命科学技术以及检测手段的高速发展，我们已经能够对少量或微量环境样本实行动态的、高通量的和实时的外暴露检测和分析，也能够对少量或微量的生物样本进行多种内暴露分析，并且检测成本也在迅速下降。同时，生命组学中基因组学、转录组学、蛋白组学、代谢组学、表观遗传组学等技术的发展，也能够提供更为丰富的生物体的相关组学信息。正是在这样的情况下，暴露科学或暴露组学的概念才能够进一步落地、应用和推广。

近年来，欧洲和美国启动了一大批人类暴露组研究项目（如HELIX项目），或者许多项目在向这个方向扩展和转型，这些都值得我们去学习。中国的科学家们也迅速地在启动和扩展与暴露组学相关的项目，如中国慢性病前瞻性研究（CKB）和国家重点研发计划启动的东、南、西、北、中不同地区自然人群的队列研究项目等，都已经或多或少地贯彻了这些暴露组学的概念和理念。

我们翻译工作组全体人员有幸能够翻译《暴露组学方法与实践》一书，这也是我们学习和实践暴露组学相关的理论和方法的过程。"他山之石，可以攻玉"，我相信本书的出版将对中国学者和学生产生很大的启发和借鉴意义。同时能够助推中国的暴露科学或暴露组学得到进一步发展，为解决我国人民的环境与健康的重大问题，提供有益的借鉴和帮助。

曹 佳

中国人民解放军陆军军医大学

序

　　随着2003年人类基因组计划的完成,科学家们期盼新的基因组学方法将会帮助人们找到引起人类死亡最多的慢性病的病因和治疗方法(Guttmacher, Collins, 2003)。诚然,新的组学技术促进了全基因组关联研究(Genome-Wide Association Studies, GWAS),它可以从几乎所有遗传位点上收集到因果关联信息。但人们从已完成的大约2 000个GWAS结果中发现,实际能找到的常见遗传变异的数量仍非常有限(Welter et al., 2014)。事实上, GWAS的发现与传统遗传分析方法在家庭和双胞胎中发现的整个基因型的遗传性癌症风险基本是一致的,通常仅约为8%(Hemminki, Czene, 2002; Rappaport, 2016)。因此,可以合理地推断环境暴露和基因—环境相互作用才是癌症和其他慢性疾病的主要原因。但与高技术水平的GWAS相比,前期环境流行病学对具有因果关系的环境暴露的探寻,仅限于几百种化学物或混合物数量来源,并且许多结果还依赖于问卷调查等简单技术方法获得,这是远远不够的。

　　2005年,Christopher Wild教授将遗传表征技术和"环境"检测技术进行对比,创新性地提出了"暴露组学"概念——即代表人们一生中经历的所有暴露——作为在GWAS癌症病因学研究中的补充(Wild, 2005)。在这个概念框架下,Wild最初提出"环境暴露"主要由外部来源的暴露物质组成,例如环境污染物、食品污染物和生活方式因素。Wild还认识到虽然基因组本质上是静态的,但暴露组学在整个生命周期的不同阶段却是不同的。因此,这对传统的流行病学研究模式提出了新挑战。尽管如此,Wild仍然对日新月异发展的新组学技术(如转录组学、蛋白组学和代谢组学)持乐观态度,认为或许有一天可以依靠这些新技术来提高通量检测和识别环境暴露中具有因果关系的"特征或指纹"(Wild,2005)。

我对Wild的思考很感兴趣,并与同事Martyn Smith一起,将暴露组定义为可以在血液中测量的化学物质的总和(Rappaport,Smith,2010)。在此过程中,我们进一步扩展了Wild对暴露的认识,提出暴露应包括所有到达"内部化学环境"的化学物质,无论它们来自外部或内部。这一定义大大扩展了暴露组学的覆盖范围,涵盖了内源性分子,如激素以及由人类和微生物代谢、脂质过氧化、炎症等产生的物质。

通过对正常人群研究中获得的大约1 600种循环分子和金属的汇总,使人们进一步了解了"血液暴露组"的本质(Rappaport et al.,2014)。一方面,该数据集显示来自食品、药物和内源性来源的化学物覆盖了相同的动态范围的血液浓度(pM-mM),而来自环境污染源的化学物则以低1 000倍的浓度而存在(fM-μM)。另一方面,不管是代表循环化学物的化学谱系,还是代表慢性病的化学谱系,它们的化学物谱系都表现出惊人的相似。这表明,所有来源的暴露(食物、药物、环境污染和内源性代谢物)都会产生导致慢性病的类似化学物,这一现象值得深入研究。

在面对血液暴露组中巨大化学谱系和动态变化范围时,我们特别强调非靶向方法对于发现疾病病因的重要性。事实上,使用最先进技术的液相色谱—质谱技术,现在可以从前瞻性队列的几微升冻存血液中检测出数千个小分子和蛋白质。同样,代谢组学和蛋白质组学的预处理方法也正在迅速发展,可以对非靶向蛋白质组学和代谢组学的大量数据进行过滤和规范,以便使这些数据适用于统计学分析。因此,从技术层面讲,我们现在可以进行全暴露组关联研究

（Exposome-Wide Association Studies，EWAS）来作为流行病学研究中GWAS的补充（Rappaport，2012），以证实Wild在2005年提出的环境暴露因果关系的"特征和指纹"。

尽管暴露组学范式最初是为病因学研究而提出和开发的，但它已经发展到包括其他研究的途径。也就是说，我们对"暴露"的概念已经从主要来自空气和水污染以及饮食中的单一物质，演变扩展到来自外部和内部来源的无数化学物质（Rappaport，Smith，2010；Wild，2012）。这反过来又使人们认识到，暴露组可能是大数据实体中最大的一个数据集，要分析它需要将先进的计算机科学、生物信息学和统计学都结合起来。最后，随着GWAS和EWAS的联合应用，许多具有因果关系的环境暴露和基因—环境相互作用将会被发现，公共卫生专业人员将能够在此基础上制定降低疾病风险的干预措施。

感谢《暴露组学方法与实践》一书的主编Anthony Maccheron和Sonia Danino，他们组建了一只多元化的作者团队，深入研究了暴露组学范式中出现的许多研究和实践案例。通过融合流行病学家、暴露科学家、毒理学家、统计学家、医生、化学家和组学科学家的多学科努力，本书将为卫生专业人员提供"暴露组学"的基本概貌。

Stephen M. Rappaport

美国加州大学伯克利分校环境健康系

前言

2013年，Imma Ferrer 和 E. Michael Thurman 邀请我为其编辑的《综合分析化学（第61卷）》撰写一章内容，题目为"环境分析中 GC/Q-TOF 技术的未来"。由于没有可预期的未来方法，我开始研究环境科学中飞行时间质谱技术的未来。在这一过程中，我遇到了一个从比利时色谱研究所 Frank David 那里听说过的话题——暴露组学。在撰写这一章的过程中，我逐步清楚地认识到暴露组学的概念是如何填补了一个巨大的空白，即非遗传化学物暴露是如何导致慢性疾病的发生和发展的。

几年后，我在伦敦大学生物质谱讨论小组会议上发表了题为"暴露组学的探索：确定人类慢性疾病病因的关键数量"的演讲。在那里，我遇到了曾在亚利桑那大学 Shane Snyder 实验室做博士后的 Sonia Dagnino 博士，Sonia Dagnino 向我谈到可以为施普林格出版社编写一本关于暴露组学的书，我们两人决定为此进行合作。

在本书的编写过程中，我和 Sonia Dagnino 博士通过在暴露组学领域的人脉网络，获得了许多暴露组学顶级专家们的大力支持。在此感谢所有作者的贡献，并相信本书将成为暴露组学领域的主要参考书。

Anthony Macherone

美国，巴尔的摩

目录

总序一 —— 001

总序二 —— 003

中文版序 —— 005

译者序 —— 007

序 —— 011

前言 —— 015

第1部分 暴露组学研究范式

第1章
利用暴露组学评估多重环境应激的累积风险 —— 003

第2章
公共卫生暴露组学 —— 020

第3章
美国军队与暴露组学 —— 057

第4章
使用流行病学方法构建胎儿期和生命早期暴露组学 —— 075

第2部分　内暴露组测定

第5章
表观遗传学与暴露组学 —— 107

第6章
代谢组学 —— 127

第7章
暴露范式中的转录组学 —— 156

第3部分　外暴露组测定

第8章
食物暴露组学 —— 185

第9章
灰尘暴露组学 —— 210

第10章
从外向内：将外暴露整合进暴露组学的概念中 —— 217

第4部分　暴露组学数据分析

第11章
暴露组学分析统计模型：从组学分析到"机制组"表征 —— 237

第12章
全暴露组关联分析：一个数据驱动寻找表型相关暴露的方法 —— 269

第5部分　全球各地暴露组研究特征

第13章
HERCULES：为暴露组研究提供支持的学术中心 —— 291

第14章
EXPOsOMICS项目：双向搜索与网络扰动 —— 301

第15章
HELIX：通过整合多个出生队列建立生命早期暴露组学 —— 340

第16章
基于大型人群调查的健康与全环境关联研究 —— 351

第6部分　总　结

第17章
解读暴露组——结论和未来思考 —— 369

第1部分 暴露组学研究范式

003 / 第1章 利用暴露组学评估多重环境应激的累积风险

020 / 第2章 公共卫生暴露组学

057 / 第3章 美国军队与暴露组学

075 / 第4章 使用流行病学方法构建胎儿期和生命早期暴露组学

第1章　利用暴露组学评估多重环境应激的累积风险

人类长期生活在一个充满物理、化学和社会应激的大环境中，这些环境压力维持在一个随时间动态变化的过程中。外在环境应激因素与人体内在因素，例如基因、性别、生命周期不同阶段以及健康状态等的相互作用，决定了人类对疾病的易感性。累积风险评估旨在确定暴露于多种因素或应激对健康的综合风险，它可以通过将G×E方法拓展到I×E方法来实现：其中，前者的G代表遗传易感性、E代表有限范围的暴露，而后者的I代表与疾病易感性相关联的多种内在生物学因素、E代表包括暴露组在内的所有非遗传因素。暴露组学的提出极大地提高了人们对环境与健康科学的认识，也有助于人们进一步理解慢性疾病的病因。内暴露组可以使用靶向和非靶向暴露组学工具进行评估，以测量单个化学物、化学物组或在功能测定中作用于特定受体或生物途径的总化学物。有关内、外暴露组和公共卫生相关组成部分的综合数据可以为风险评估提供相关信息，并最终指导风险管理和评估。这些方法可以应用于弱势人群，也可通过地图指标的方法确定同时承受多种应激源的人群。开发和改进可用于前瞻性人群队列研究的暴露组学工具将会成为未来研究的重点。

关键词：累积风险；环境应激；内暴露组；应激源

1 累积风险与暴露

美国国家环境保护局将累积风险评估定义为"评估包括化学物与非化学物在内的多种物质、应激累积暴露引起的综合风险"(US EPA,2003),这一定义与暴露组的范畴非常吻合,即包括工业化学物、药物、传染源以及社会心理应激在内的能够引起疾病的环境因素(Rappaport,Smith,2010),所有这些非遗传因素都能够作为环境应激源累积。暴露组学的概念就是通过综合分析所有暴露的环境应激,从整体上理解慢性疾病的发展,这也是累积风险评估的内容。由于累积风险评估的目标是分析、表征和量化暴露于多种因素或应激源对健康或环境的综合风险,因此暴露组学或许能够很好地推进环境健康学科的发展。

慢性疾病很少是由于单一个基因或单一种化学物等单一因素引起。无论是职业还是环境化学物质的暴露,并不会孤立发生,很大程度上受暴露对象的生活方式以及压力、肥胖、吸烟、慢性感染等生物因素的影响。总的来说,这些因素在决定个体暴露化学物质易感性方面起到了重要作用。同样地,他们的累积风险变化程度取决于他们经历了多少易感因素(图1.1)。近期关于砷的健康效应研究中发现,砷在肥胖人群、吸烟人群以及同时存在职业暴露风险的人群中致癌性更高(Steinmaus et al.,2015)。因此,在理解人类疾病的易感性方面不仅要考虑遗传因素,也需要考虑所有形式的暴露以及赋予额外脆弱性的内在因素,包括性别、生命阶段和健康状况等。

高累积风险	低累积风险
• 高浓度的环境和/或职业化学物暴露	• 低浓度的环境和/或职业化学物暴露
• 肥胖	• BMI指数在25及以下
• 饮食中必需营养素缺乏	• 饮食中必需营养素丰富
• 吸烟	• 不吸烟
• 高社会心理压力	• 低社会心理压力
• 慢性感染	• 无感染
• 贫穷-缺乏赋权	• 相当富裕
• 家族基因易感性	• 低基因易感性
• 高药物摄入	• 低药物摄入
• 吸毒	• 不吸毒
• 免疫力低下(HIV感染)	• 免疫力正常

图1.1 高与低累积风险因素:因素的组合构成了个人在给定时间的疾病风险程度的基础

由于少数族裔和低收入群体更易暴露于污染的环境并产生社会心理应激,因此,他们的累积风险更高(Morello-Frosch,Shenassa,2006;Solomon et al.,2016)。例如,波多黎各儿童的哮喘患病率高于美国其他族裔群体,而这一人群中,贫困线以下的家庭占比大、过敏源和社区暴力的接触率高、饮食习惯不良、获得健康保健的机会有限(Szentpetery et al.,2016)。一项关于萨利纳斯山谷的墨西哥裔美国人调查发现,在经历过逆境的儿童中,产前有机磷农药暴露与儿童期智商之间的关联更强(Stein et al., 2016)。儿童哮喘发作(Lee et al., 2006; Lin et al., 2004; Neidell, 2004)和老年呼吸疾病死亡(Martins et al., 2004)等空气污染引起的负面效应在社会经济状况不佳的个体中表现得更加明显。相似的趋势在社区水平的研究上也得到了证实,经济水平低的社区,其居民更易患有与空气污染相关的哮喘(Shmool et al., 2014),婴儿早产率(Ponce et al., 2005)和成人死亡(Finkelstein et al., 2003)风险也会升高。社会环境可能通过诱发慢性心理应激来增加身体对暴露的脆弱性。非稳态应激是对慢性压力引起的生理系统"磨损"的综合衡量指标。据报道,高稳态负荷会放大铅对成人舒张压的影响(McEwen, 1998; Zota et al., 2013)。产前经历较大精神压力也可能进一步增加胎儿对环境污染的易感性。怀孕期间母亲的压力与多环芳烃暴露的相互作用会影响儿童的智商(Vishnevetsky et al., 2015)和神经发育(Perera et al., 2013)。除了慢性心理应激,社区缺乏合适的应对机制和健康促进资源(比如绿地、娱乐设施)等也可能会增加人体对化学毒物的易感性(Morello Frosch et al., 2011)。暴露组学或许有助于让研究人员和政策制定者了解这些社区的累积风险。同时,在对暴露环境源中的不平等实施消减干预措施时,暴露组学可用于监测干预的效果。更重要的是,暴露组学可以提供有关这些有害相互作用背后的机制的线索,从而实现有效干预。

❷ I×E:包含多种环境应激源的新理念

研究人员过去认为疾病易感性主要是遗传性因素,基因组时代的研究主要集中在全基因组关联研究上,其次才是基因-环境的相互作用研究。在这些研究中,"环境"通常由范围有限的因素构成,例如职业化学品暴露、感染和生活方式等因素(Simonds et al., 2016)。然而,正如之前提到的在多种调节风险的内在因素(例如先前存在的健康状况)的作用下,化学暴露、饮食以及感染等环境应激源与之发生着相互作用。因此,疾病产生的原因很复杂,对于某种化学物质暴露或者其他应激因素,人们往往在有害健康效应上表现出不同程度的脆弱性。提到环境健康与政策,针对与年龄、遗传和先前存在的健康状况等生物学特性相关的内在易感性,以及与种族和阶级等社会结构相关的外在社会脆弱性,Morello-Frosch(2011)描述了这二者与不平等的环境危害如何发生相互作用,从而进一步加剧健康不平等。最近,我们将这一概念扩展至更宽泛的内在因素(I),它们能够响应并调节机体对诸多外在因素(E)的易感性,这些外在因素包括职业和非职业化学物暴露等传统环境应激源以及营养、生活方式和社会经济因素(McHale et al., 2018)。设想I与E因素的联合作用(I×E)决定了某一个体在整个生命周期期间的健康与疾病谱,并提出在将G×E的方法拓展到I×E的方法时,需综合考虑包括暴露组在内的所有外在因素和及多种影响疾病易感性且相互联系的内在生物因素(Gonzalez-Bulnes et al., 2016; Simonds et al., 2016; Lill, 2016),例如非稳态负荷、营养状况、免疫水平甚至年龄。暴露组学工具的研发能够实现对多种内在因素和外在因素参数的测量,并能够提高个体和群体风险定量的准确性(McHale et al., 2018)。

3 环境因素累积风险的暴露组学测量

在经典风险评估中,较多地采用传统暴露测量手段测量单个外在环境暴露因素,并采用由毒代动力学和毒效动力学获得的一些非特别精确的变化因素,评估来自内在因素的个体间差异(Hattis et al.,1999;Renwick,Lazarus,1998)。有多种方法(例如分层或者分阶段的方法)已被用于累积风险评估,以进行相关危险因素识别(Menzie et al.,2007;Moretto et al.,2017;National Research Council,2009),研究多因素间的相互作用对常见有害结局的影响,例如铅/甲基汞/多氯联苯、营养因素和会剥夺对智商的影响(National Research Council,2008),或多种内分泌干扰物对生殖系统发育的影响(Rider et al.,2010)。然而,这些方法并没有综合考虑个体全生命周期面对的复杂暴露,因此,需要开发新方法以满足针对多种环境应激源对人类健康联合效应的检测。

所有的化学及非化学刺激都通过小分子信号转导作用于机体。例如,急性心理应激会刺激肾上腺素和其他激素释放进入血液,产生呼吸、心率和血压等方面的生理效应。因此,无论是内源性或外源性因素,均可为机体内环境带来大量生物活性化学物(小分子物质)(Rappaport,Smith,2010)。暴露组学的新领域应尝试尽可能多地检测机体体液环境中的小分子,这将是对内暴露组展开测量的可行方法(图1.2)。此外,暴露组学还应尝试构建上述小分子与导致慢性疾病的生物学功能改变之间的联系。在功能分析实验中,暴露组学中的内环境测量对象,涵盖了能够对某一特定受体或生物通路产生作用的单个化学物、一类化学物或所有化学物质。接下来,本章将着重阐述现阶段靶向与非靶向暴露组学方法以及未来的研究策略的相关案例。因此,暴露组学可通过研究体内所有小分子及其对引起健康损害的生物学通路的影响来实施。

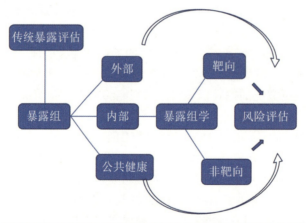

图1.2 实践中的暴露组学,通过靶向和非靶向暴露组学方法分析暴露组成分,可完善传统暴露评估并提高风险评估效率

此外,在检测环境暴露与疾病之间的关系时,还有其他一些完全不同的手段,包括可穿

戴设备、区域测量装置以及监测设备等。这些设备已被用于某些领域的实践之中,例如对空气和饮用水污染物进行暴露测量;通过智能手机获取饮食习惯以进行膳食评估;通过电子计步器来评估运动情况;或者采用其他传感设备来评估长时间空气污染暴露水平(Turner et al.,2017)。上述均为外暴露组的测量(图 1.2)。当然,这些工具有助于改进针对特定危险因素的流行病学研究,也可在改善暴露评估方面发挥作用。然而,在鉴定新型环境致病因素方面,它们的能力也有局限性,不过,当联合使用内暴露组学工具时,它们就可成为评估风险的有效方法(图 1.2)。Juarez 等(2014)提出的公共健康暴露组框架,正是在个体和社区层面识别并评估弱势个体与弱势群体,这一框架支撑起了一种以人群为基础的暴露科学方法,用以研究健康不平等。这一方法中使用的多学科方法、工具和术语将在本书的其他章节进行更深入的讨论。

累积风险评估与暴露组学两个领域追求的共同目标包括:(1) 将"暴露"重新定义为"应激源",不仅包括化学因素,还包括生物、物理和社会心理等各种因素;(2) 多应激源、多暴露途径和多终点评估;(3) 评估混合效应或者协同效应;(4) 优先考虑弱势群体。暴露组包含发生在个体和群体水平的内部和外部暴露的总和。因此,使用暴露组学工具得到内暴露组数据,联合从外暴露和公共健康暴露组获得的信息,对数据及信息进行分析可成为综合性风险评估方法之一(图 1.2)。这种综合方法将推进累积风险评估的最终目标,即旨在保护公众健康的风险管理决策提供信息。

④ 测量内暴露组的靶向和非靶向方法

如今,现代质谱和核磁共振技术使我们能够相对轻松地测量药品、脂质以及其他膳食成分,并且这些方法正朝着可以测量上千种分子离子的非靶向技术拓展(Rappaport et al.,2014)(表1.1)。社会心理压力可以通过各种标志物来测量,包括端粒长度、皮质醇和淀粉酶水平以及应激反应途径(如糖皮质激素受体通路)的活性(表1.1)。对当前和既往传染源暴露情况进行测量也很重要,因为它们在慢性病的发展中起着重要作用。可用于上述和其他终点的靶向和非靶向分析方法见表 1.1。

表 1.1 测量内暴露组的靶向和非靶向分析方法

测量种类	非靶向		靶向	
	方法	分析物数量	方法	分析物数量
代谢组学	MS & NMR	300 000	MS & NMR	100+
加合物组学	LC-MS/MS	100~1 000	LC-MS/MS	20~30
感染组学	减法测序	100~1 000+	目标矩阵	100+
转录组/甲基化组	测序	100 000+	矩阵,qPCR	10~1 000+
炎症			细胞因子面板	20~30

续表

测量种类	非靶向		靶向	
	方法	分析物数量	方法	分析物数量
应激测量	CALUX生物测定	总糖皮质激素活性	单个试验	皮质醇,淀粉酶,端粒长度
金属			ICP-MS	约20
已知污染物			MS	100+
受体组	CALUX生物测定	总ER、AR、AhR	MS	单个激素

注:MS:质谱;NMR:核磁共振;LC-MS/MS:液相色谱-质谱/质谱联用;CALUX:化学活化荧光素酶基因表达;ICP-MS:电感耦合表面等离子体质谱;ER:雌激素受体;AR:雄激素受体;AhR:芳烃受体。

 代谢组

人体血液中的化学物质有100多个类别,处于血液循环中的小分子物质,浓度则从fM到nM跨越了11个数量级(Rappaport et al.,2014)。污染物来源的小分子和金属,在浓度上比食品、药物和内源代谢性来源的要低三个数量级。尽管非靶向的高分辨率代谢组学(HRM)变得越来越便宜且更常规化开展,但在人群层面进行低丰度分子的化合物鉴定和分子检测仍然具有挑战性(Jones,2016)。安捷伦科技公司开发了一种基于四极杆GC-MS/MS系统的灵敏且靶向的检测方法,可以在少量人血浆或血清中测量60种持久性有机污染物(POPs),包括:酰氯联苯(PCB)、多溴联苯醚(PBDE)、有机氯农药、多环芳烃(PAH)、呋喃和二噁英等(Macherone at al.,2015)。最近发现人类唾液代谢组是质谱分析相关分子信息的一项重要资源(Bessonneau et al.,2017)。由于唾液采集比血液更容易且更具有现实性,因此它可以为纵向研究中生物标志物水平的个体内差异提供信息。

 加合物组

活性亲电子物质是血液暴露组中的一类毒性组分,会造成DNA和功能蛋白的损伤(Liebler,2008)。各种亲电子分子,如活性氧(ROS),均是通过外源性化学物(如苯、多环芳烃和omega-6多不饱和脂肪酸(PUFA))的代谢以及脂质过氧化等内源性过程而产生损害作用的(Rubino et al.,2009;Lieblet,2008)。因为小分子的亲电子物在体内寿命很短,所以难以直接测量。然而,活性亲电子物的加合物可以在丰度很高、相对寿命较长的血液蛋白质尤其是血红蛋白(Hb)和血清白蛋白(HSA)中检测到(Rubino et al.,2009;Ehrenberg et al.,1996)。对上述加合物进行测定,可用于识别和推断亲电子物前体分子的全身浓度(Rubino et al.,2009;Granath et al.,1992)。例如,Rappaport研究团队开发了一种名为"Cys34血液加合物组学"的方法(Rappaport et al.,2012),针对的是白蛋白中高活性的第34位半胱氨酸残基(Aldini et al.,2008;Carballal et al.,2003)。非靶向分析和生物信息学流程可用于检测、定量和注释人血清或血浆胰蛋白酶消化产物中的Cys34加合物(Grigoryan et al.,2016)。这种非靶向方法

用于识别血浆中的加合物,可以区分吸烟者和非吸烟者(Grigoryan et al.,2016),也可以将有烟煤用户与无烟煤用户及木材用户区分开(Lu et al.,2017)。鉴定出的若干产物包括Cys34氧化产物和代表着由ROS生成、脂质过氧化和微生物代谢等内源性源产生的多种氰化物、苯甲醛、苯醌、甲氧基苯醌、乙腈、巴豆醛和丙烯腈引起的Cys34甲基化和加合物产物。随着上述代谢物及其他代谢物的验证,其中某些种类可以利用靶向加合物组学方法进行分析。最近,同一研究团队在不吸烟的中国工人群体中发现了与苯职业暴露相关的加合物簇(Grigoryan et al.,2018)。

感染组

基于血液的RNA测序技术(RNA-Seq)捕获了人类和非人类的转录组学数据,因此已有减法计算方法得以开发,用来识别非人类转录本(Kostic et al.,2011;Feng et al.,2007;Moore et al.,2011;Naeem et al.,2013;Weber et al.,2002;Xu et al.,2003)。例如,RNA CoMPASS可以同时分析来自不同生物样本的转录组和宏转录组(Xu et al.,2014)。它能够在与Epstein-Barr病毒感染相关的伯基特淋巴瘤中检测到EBV。VirusSeq是一种算术方法,可在多种癌症类型中以高灵敏度和高特异性的准确检测得知病毒及其整合位点(Chen et al.,2013;Khoury et al.,2013)。VirScan只需1 μL血清即可检测抗病毒抗体,具有高灵敏度和高特异性(Xu et al.,2015)。该方法使用免疫沉淀和大规模噬菌体文库DNA进行平行测序,能展示来自人类所有病毒的多肽段。

转录组/甲基化组

转录组学的特点是能够代表暴露和效应两种生物标志物,反映了个体遗传背景和暴露水平之间的独特相互作用。转录组可以通过RNA-Seq技术以非靶向方式进行分析,也可以通过微阵列、L1000/S1500、NanoString平台和定量或数字PCR以靶向方式进行分析(McHale et al.,2016)。DNA甲基化等表观遗传机制调控基因表达以应答环境暴露(Feil,Frage,2012)。DNA甲基化组的改变可能是过去环境暴露特征的稳定指示物(Fell,Frage,2012;Herceg et al.,2013)。全基因组亚硫酸氢盐测序(大部分CpG位点)可以以非靶向方式分析DNA甲基化组,也有更经济的、代表性亚硫酸氢盐测序技术(RRBS,1到200万个位点)或阵列技术,可以用靶向方式分析DNA甲基化组(Yong et al.,2016)。Illumina公司的Infinium Methylation EPIC Bead Chip阵列能够检测850 000个CpG位点的DNA甲基化状态。但是,基于阵列的方法包含杂交步骤,比基于测序的方法更易受批次效应影响。在揭示机制时,多组学方法的综合或交叉使用,能够使多组学数据集分析产生杠杆效应(Rotroff,Motsinger-Reif,2016;Yan et al.,2017)。例如,全转录组-代谢组关联研究设计已用于探索杀真菌剂代森锰(MB)和除草剂百草枯(PQ)联合暴露后的复杂细胞反应(Roede et al.,2013)。数据表明,可以根据基因和代谢物的相关性强度来识别关键的核心机制。

 炎症

血清或血浆中的促炎细胞因子/趋化因子情况可以通过综合性的和已经验证过的基于微珠的免疫实验进行测定。例如,已经证实,xMAP实验的检测灵敏度能够达到<10 pg/mL的生理相关水平(基于可检测信号高于背景标准差2倍);并具有低于10%的组内和组间变异系数(Dossus et al.,2009;Dupont et al.,2005);与更传统的酶联免疫吸附实验(ELISA)数据的关联可大于90%(Dossus et al.,2009;Dupont et al.,2005;Elshal,McCoy,2006);且在重组标准品和天然样品之间具有高度等效性(R^2>0.99)。

 应激

皮质醇是人体中存在的内源性糖皮质激素,在响应应激时会释放。基于糖皮质激素受体(GR)的化学激活荧光素酶报告基因法(CALUX)可测量血浆或血清中的总糖皮质激素活性,该方法能够测量同时作用于糖皮质激素受体的内源性和外源性分子的总体净效应(Fejerman et al.,2016)。该方法将荧光素酶报告基因与一个或多个糖皮质激素反应元件联系起来,从而提供与受体活性程度成正比的光学读数。应激应答的靶向实验包括唾液α淀粉酶(sAA)和唾液皮质醇的测量,它们分别作为交感神经系统(SNS)和下丘脑−垂体−肾上腺轴(HPA)应激反应的无创标志物。sAA活性可以使用酶法测定,唾液皮质醇可以通过免疫法测定。端粒缩短是已知的慢性心理压力和细胞衰老的生物标志(Blackburn,Epel,2012),可以通过单色多重荧光实时定量PCR测量相对平均端粒长度(TL)(Zalli et al.,2014;Steptoe et al.,2011)。

 金属

金属是血液暴露组中一类具有广阔动态变化范围的组分(Rappaport et al.,2014)。血浆中的金属组分可以使用电感耦合等离子体质谱技术(ICP-MS)进行高灵敏度测量(Guan et al.,2017;Yu et al.,2013)。

 受体组

内分泌干扰物(EDC)的暴露可干扰多种内分泌途径,包括雌激素、雄激素、甲状腺激素、视黄醇、芳烃和过氧化物酶体增殖物激活的受体途径,并在多种疾病和机体功能障碍中发挥重要作用(Trasande et al.,2015)。我们开发了灵敏且可重复的CALUX检测方法来测量人血清和血浆中芳烃受体(AhR)、雌激素受体α和β(ERα和ERβ)、雄激素受体(AR)和糖皮质激素受体(GR)的活性(Fejerman et al.,2016),将来还将继续开发针对其他内分泌受体(如PPAR和RAR)的CALUX检测方法,以推进受体组的检测。

❺ 脆弱群体中暴露组研究的价值

Smith 等(2015)提议使用暴露组学工具来量化累积风险,并建议吸纳受影响的社区参与暴露组研究。潜在研究人群包括移民人群、新生儿和因位于多个污染源附近而暴露于多种应激源的社区。

移民人群研究

世界永远在不断发展,出于诸多不同原因,人们会移居到不同国家。移民人群是暴露组学研究的理想人群。这些人群在早年接触到不同的环境应激源。此外,与新居住地和旧居住地中的本地人群相比,他们可能因文化适应而改变了行为。这会导致疾病发生率的巨大差异,其驱动力则可能是环境和遗传因素的共同作用。例如,与美国出生的移民相比,西班牙裔移民的预期寿命更长,婴儿死亡率也更低,这种现象通常被称为"西班牙裔悖论"(Markides,Coreil,1986)。与高加索人相比,南亚印度人患2型糖尿病(T2D)的风险高出4倍,并且在相对较低的BMI和较年轻的年龄时开始发生胰岛素抵抗(Bakker et al., 2013)。虽然各种社会人口和生活方式因素,如社会支持、获得医疗保健、"健康移民效应"和文化适应过程被认为是导致移民健康状况差异的原因,但这些疾病脆弱性差异背后的生物过程仍然未知(Singh, Miller, 2004)。此外,这些社会因素可能会增加这些族群对化学物暴露(例如这些族群经常使用杀虫剂)的有害作用的易感性(Cox et al., 2007; Jaacks, Staimez, 2015)。使用暴露组学方法进行累积风险评估使我们能够检测移民人群中疾病发生的差异。例如,这种方法可能有助于解决诸如"西班牙裔悖论"和糖尿病的"南亚表型"之类的谜团。我们目前正试图采用暴露组学方法解释拉丁裔和亚洲印度移民人群中这两种独特的表型。

作为易感窗口的出生前期

另一个可能非常适合于暴露组分析的人群是孕妇及其新生儿。出生前期是易感性的关键窗口,因为大多数器官和系统是在子宫内形成的。在第二次世界大战荷兰"饥饿之冬"出生的人,成年后患心血管和代谢疾病的风险更高(Ravelli et al., 1976)。这些观察研究中体现了健康与疾病的发育起源的多哈(DOHaD)理论,该理论假设产前暴露会影响生命的远期健康(Barker, 2004)。怀孕期间发生的化学暴露也会对后代产生持久影响。例如,在子宫内已经接触己烯雌酚(DES)的女性患罕见癌症及发生生殖损害效应的风险会增加(Newbold, 1995)。此外,有证据表明母亲的压力可能会放大产前化学物暴露与胎儿生长之间的负关联(Vesterinen et al., 2017)。在过去的十年中,人们对出生前期暴露与成年期不良健康影响关联的机制的兴趣一直在增加(Haugen et al., 2015)。暴露组学工具可以用于现有前瞻性队列研究中生物样本(例如,妊娠中期母血、脐带血和格思里卡血斑)的检测,并分析与未来生活中的疾病发生率的关联。这种方法能够评估关键的发育时期多种压力因素的联合作用,并阐明与疾病病因学相关的生物学途径。

❻ 利用基于指标和地图的方法识别脆弱社区

位于多个污染源附近的社区往往不成比例地暴露在社会压力之下。基于指标和地图的方法可以确定这些社区受到的累积影响。这些方法依赖于外在环境暴露和人口脆弱性的指标以及基于基本风险评估概念的模型的应用。例如,加州环境保护局(CalEPA)开发的加州社区环境健康筛查工具(CalEnviroscreen)是该机构环境正义行动计划的一部分(Meehan August et al.,2012)。该工具在开发时结合了广泛的社区指标,包括污染物评估(暴露)、环境威胁和不利条件(环境影响)、具有潜在加剧污染物影响的生物特征的人群(敏感人群),以及可能提高面对污染物时的脆弱性的社区特征(社会经济因素)。CalEnviroScreen 已于2017年更新至3.0版本(OEHHA,2017),该版本能够在人口普查区水平上,根据污染负担和人口特征相关的19个独立指标的加权贡献,计算社区劣势得分(CES得分)。一些使用CalEnviroscreen工具的研究表明,使用杀虫剂和释放有毒化学物质等危害环境健康的行为给加利福尼亚的有色人种社区带来了不成比例的负担(Cushing et al.,2015),并且空气污染(臭氧水平)和社会经济劣势导致了加利福尼亚地区卵巢癌生存率存在地理差异(Vieira et al.,2017)。

基于半定量指标的方法可以纳入传统风险评估中排除的多种因素,由此产生的工具从宏观上描绘了不同社区面临的累积负担和脆弱性。基于指标的方法可以包含几乎无限数量的具有可用数据的应激源,并且可以将类型迥异的应激原(化学、社会心理和健康)合并到一个分析中。此类方法不是对特定人群的健康风险进行估计,而是旨在促进对经受不同内在和环境因素影响的社区进行比较,并为进一步评估提出假说,进而运用暴露组学的方法进行分析。

❼ 未来暴露组学研究策略

由于暴露组学靶向和非靶向的分析方法均存在一定的局限性,所以哪种研究方法是暴露组学研究的最佳策略尚存在一定争议(Rappaport et al.,2014)。虽然非靶向方法有望同时检测1 000余种分子,但会牺牲一些灵敏度,这表明需要具有更高灵敏度的靶向分析方法。因此,在暴露组学研究中,结合使用这两种方法是重要的。

非靶向方法的优势在于它能同时测量成百上千种化合物,与此同时,还有可能发现新的分析物。为了改进代谢组学对血液中"活性"分子的表征,非靶向的方法可以与其他测定法配合使用,以量化人血清中内源性和外源性化合物对特定生物途径的净效应。这些初步筛选方法可以区分目标化合物和应用非靶向方法（比如代谢组学）测量产生的背景噪声。此类方法的案例之一是使用受体结合报告实验来检测人类血液样本中的化学物质（Brouwers et al.，2011）。研究小组使用基于受体报告生物实验的高灵敏度CALUX来测量人血浆中存在的内源性和外源性分子对雌激素、雄激素和糖皮质激素受体的总体净效应。最近，我们利用CALUX分析测定了90名墨西哥裔美国女性血浆中的总雌激素（E）活性，发现血浆总雌激素（E）活性与美洲原住民血统（血统每增加10%，总雌激素活性降低19%，$P=0.014$）和定居时间（每增加10年，总雌激素活性增加28%，$P=0.035$）存在关联（Fejerman et al.，2016）。这些结果表明，美国土著血统低的女性以及美国出生的女性群体可能有更高的乳腺癌发病率，其原因或与总雌激素活性差异有关。接下来，我们计划通过非靶向高分辨率质谱（HRMS）分析具有极低浓度的雌激素活性的受试者的血浆特征，以确定哪些化合物可能导致不同水平的受体活性。这种相关耦合方法将提供一系列候选的新型雌激素化合物，从而进一步研究这些化合物与乳腺癌风险和其他内分泌相关健康结局的关系。

8 小结

累积风险评估可以通过两种方式改进：（1）从G×E范式转向更全面的I×E范式。（2）通过应用暴露组学来表征和量化内暴露组。靶向和非靶向暴露组学工具可用于测量单个化学物、某类化学物、或在功能分析中测量特定受体或生物途径中的全部化学物。为了补充现有的暴露组学工具集，尚需要开发更多的靶向、半靶向和非靶向方法。这些方法可以先应用于高度优先的脆弱群体，例如移民人口或受社会经济和环境压力等应激源影响的社区。内暴露组的数据以及外暴露组和公共卫生暴露组的数据，有可能改进累积风险评估，并最终为风险管理提供信息。

致谢

感谢我们实验室的同事 Sarah Daniels、Sylvia Sanchez、Fenna Sille、Phum Tachachart-vanich、luping Zhang 和 Felicia Castriota，以及合作者 Laura Fejerman、Stephen Rappaport、Esther John、Anthony Macherone、Paul Elliott、Jaspal Kooner、John Chambers、Michele La Merrill、Craig Steinmaus、Allan Smith、Daniel Nomura、Jin-chywan Wang、Kurt Pennell、Michael Denison 和 Catherine Thomsen 在研究暴露组学方面的合作。这项工作得到了美国国家环境健康科学研究所（National Institute of Environmental Health Sciences）的NIH项目（P42 ES004705）和加州乳腺癌研究计划（California Breast Cancer Research Program）21UB-8009的资助。

（翻译：唐敬龙）

参考文献

Aldini G, Vistoli G, Regazzoni L, Gamberoni L, Facino RM, Yamaguchi S, Uchida K, Carini M (2008) Albumin is the main nucleophilic target of human plasma: a protective role against pro-atherogenic electrophilic reactive carbonyl species? Chem Res Toxicol 21(4):824-835

Bakker LE, Sleddering MA, Schoones JW, Meinders AE, Jazet IM (2013) Pathogenesis of type 2 diabetes in South Asians. Eur J Endocrinol 169(5):R99-R114. https://doi.org/10.1530/EJE-13-0307

Barker DJ (2004) The developmental origins of adult disease. J Am Coll Nutr 23(6 Suppl):588S-595S

Bessonneau V, Pawliszyn J, Rappaport SM (2017) The saliva exposome for monitoring of individuals' health trajectories. Environ Health Perspect 125(7):077014. https://doi.org/10.1289/EHP1011

Blackburn EH, Epel ES (2012) Telomeres and adversity: too toxic to ignore. Nature 490(7419):169-171. https://doi.org/10.1038/490169a

Brouwers MM, Besselink H, Bretveld RW, Anzion R, Scheepers PT, Brouwer A, Roeleveld N (2011) Estrogenic and androgenic activities in total plasma measured with reporter-gene bioassays: relevant exposure measures for endocrine disruptors in epidemiologic studies? Environ Int 37(3):557-564. https://doi.org/10.1016/j.envint.2010.11.001

Carballal S, Radi R, Kirk MC, Barnes S, Freeman BA, Alvarez B (2003) Sulfenic acid formation in human serum albumin by hydrogen peroxide and peroxynitrite. Biochemistry 42(33):9906-9914. https://doi.org/10.1021/bi027434m

Chen E, Schreier HM, Strunk RC, Brauer M (2008) Chronic traffic-related air pollution and stress interact to predict biologic and clinical outcomes in asthma. Environ Health Perspect 116(7):970-975. https://doi.org/10.1289/ehp.11076

Chen Y, Yao H, Thompson EJ, Tannir NM, Weinstein JN, Su X (2013) VirusSeq: software to identify viruses and their integration sites using next-generation sequencing of human cancer tissue. Bioinformatics 29(2):266-267. https://doi.org/10.1093/bioinformatics/bts665

Clougherty JE, Levy JI, Kubzansky LD, Ryan PB, Suglia SF, Canner MJ, Wright RJ (2007) Synergistic effects of traffic-related air pollution and exposure to violence on urban asthma etiology. Environ Health Perspect 115(8):1140-1146. https://doi.org/10.1289/ehp.9863

Cox S, Niskar AS, Narayan KM, Marcus M (2007) Prevalence of self-reported diabetes and exposure to organochlorine pesticides among Mexican Americans: Hispanic health and nutrition examination survey, 1982-1984. Environ Health Perspect 115(12):1747-1752. https://doi.org/10.1289/ehp.10258

Cushing L, Faust J, August LM, Cendak R, Wieland W, Alexeeff G (2015) Racial/ethnic disparities in cumulative environmental health impacts in California: evidence from a statewide environmental justice screening tool (CalEnviroScreen 1.1). Am J Public Health 105(11):2341-2348. https://doi.org/10.2105/AJPH.2015.302643

Dossus L, Becker S, Achaintre D, Kaaks R, Rinaldi S (2009) Validity of multiplex-based assays for cytokine measurements in serum and plasma from "non-diseased" subjects: comparison with ELISA. J Immunol Methods 350(1-2):125-132. https://doi.org/10.1016/j.jim.2009.09.001

Dupont NC, Wang K, Wadhwa PD, Culhane JF, Nelson EL (2005) Validation and comparison of luminex multiplex cytokine analysis kits with ELISA: determinations of a panel of nine cytokines in clinical sample culture supernatants. J Reprod Immunol 66(2):175-191 https://doi.org/10.1016/j.jri.2005.03.005

Ehrenberg L, Granath F, Tornqvist M (1996) Macromolecule adducts as biomarkers of exposure to environmental mutagens in human populations. [Review] [38 refs]. Environ Health Perspect 104(Suppl 3):423-428

Elshal MF, McCoy JP (2006) Multiplex bead array assays: performance evaluation and comparison of sensitivity to ELISA. Methods 38(4):317-323. https://doi.org/10.1016/j.ymeth.2005.11.010

Feil R, Fraga MF (2012) Epigenetics and the environment: emerging patterns and implications. Nat Rev Genet 13(2):97-109. https://doi.org/10.1038/nrg3142

Fejerman L, Sanchez SS, Thomas R, Tachachartvanich P, Riby J, Gomez SL, John EM, Smith MT (2016) Association of lifestyle and demographic factors with estrogenic and glucocorticogenic activity in Mexican American women. Carcinogenesis 37(9):904-911. https://doi.org/10.1093/carcin/bgw074

Feng H, Taylor JL, Benos PV, Newton R, Waddell K, Lucas SB, Chang Y, Moore PS (2007) Human transcriptome subtraction by using short sequence tags to search for tumor viruses in conjunctival carcinoma. J Virol 81(20):11332-11340. https://doi.org/10.1128/JVI.00875-07

Finkelstein MM, Jerrett M, DeLuca P, Finkelstein N, Verma DK, Chapman K, Sears MR (2003) Relation between income, air pollution and mortality: a cohort study. CMAJ 169(5):397-402

Gonzalez-Bulnes A, Astiz S, Ovilo C, Garcia-Contreras C, Vazquez-Gomez M (2016) Nature and nurture in the early-life origins of metabolic syndrome. Curr Pharm Biotechnol 17(7):573-586

Granath F, Ehrenberg L, Tornqvist M (1992) Degree of alkylation of macromolecules in vivo from variable exposure. Mutat Res 284:297-306

Grigoryan H, Edmands WMB, Lan Q, Carlsson H, Vermeulen R, Zhang L, Yin S-N, Li G-L, Smith MT, Rothman N, Rappaport SM (2018) Adductomic signatures of benzene exposure provide insights into cancer induction. Carcinogenesis 39(5):661-668

Hasmik Grigoryan, William M B Edmands, Qing Lan, Henrik Carlsson, Roel Vermeulen, Luoping Zhang, Song-Nian Yin, Gui-Lan Li, Martyn T Smith, Nathaniel Rothman, Stephen M Rappaport, (2018) Adductomic signatures of benzene exposure provide insights into cancer induction. Carcinogenesis 39 (5):661-668

Guan C, Dang R, Cui Y, Liu L, Chen X, Wang X, Zhu J, Li D, Li J, Wang D (2017) Characterization of plasma metal profiles in Alzheimer's disease using multivariate statistical analysis. PLoS One 12(7):e0178271. https://doi.org/10.1371/journal.pone.0178271

Hattis D, Banati P, Goble R (1999) Distributions of individual susceptibility among humans for toxic effects. How much protection does the traditional tenfold factor provide for what fraction of which kinds of chemicals and effects? Ann N Y Acad Sci 895:286-316

Haugen AC, Schug TT, Collman G, Heindel JJ (2015) Evolution of DOHaD: the impact of environmental health sciences. J Dev Orig Health Dis 6(2):55-64. https://doi.org/10.1017/S2040174414000580

Herceg Z, Lambert MP, van Veldhoven K, Demetriou C, Vineis P, Smith MT, Straif K, Wild CP (2013) Towards incorporating epigenetic mechanisms into carcinogen identification and evaluation. Carcinogenesis 34(9):1955-1967. https://doi.org/10.1093/carcin/bgt212

Jaacks LM, Staimez LR (2015) Association of persistent organic pollutants and non-persistent pesticides with diabetes and diabetes-related health outcomes in Asia: a systematic review. Environ Int 76:57-70. https://doi.org/10.1016/j.envint.2014.12.001

Jones DP (2016) Sequencing the exposome: a call to action. Toxicol Rep 3:29-45. https://doi.org/10.1016/j.toxrep.2015.11.009

Juarez PD, Matthews-Juarez P, Hood DB, Im W, Levine RS, Kilbourne BJ, Langston MA, Al-Hamdan MZ,

Crosson WL, Estes MG, Estes SM, Agboto VK, Robinson P, Wilson S, Lichtveld MY (2014) The public health exposome: a population-based, exposure science approach to health disparities research. Int J Environ Res Public Health 11(12): 12866-12895. https://doi.org/10.3390/ijerph111212866

Khoury JD, Tannir NM, Williams MD, Chen Y, Yao H, Zhang J, Thompson EJ, Network T, Meric-Bernstam F, Medeiros LJ, Weinstein JN, Su X (2013) Landscape of DNA virus associations across human malignant cancers: analysis of 3 775 cases using RNA-Seq. J Virol 87(16): 8916-8926. https://doi.org/10.1128/JVI.00340-13

Kostic AD, Ojesina AI, Pedamallu CS, Jung J, Verhaak RG, Getz G, Meyerson M (2011) PathSeq: software to identify or discover microbes by deep sequencing of human tissue. Nat Biotechnol 29(5): 393-396. https://doi.org/10.1038/nbt.1868

Lee JT, Son JY, Kim H, Kim SY (2006) Effect of air pollution on asthma-related hospital admissions for children by socioeconomic status associated with area of residence. Arch Environ Occup Health 61(3): 123-130. https://doi.org/10.3200/AEOH.61.3.123-130

Liebler DC (2008) Protein damage by reactive electrophiles: targets and consequences. Chem Res Toxicol 21(1): 117-128. https://doi.org/10.1021/tx700235t

Lill CM (2016) Genetics of Parkinson's disease. Mol Cell Probes 30(6): 386-396. https://doi.org/10.1016/j.mcp.2016.11.001

Lin M, Chen Y, Villeneuve PJ, Burnett RT, Lemyre L, Hertzman C, McGrail KM, Krewski D (2004) Gaseous air pollutants and asthma hospitalization of children with low household income in Vancouver, British Columbia, Canada. Am J Epidemiol 159(3): 294-303

Lu SS, Grigoryan H, Edmands WM, Hu W, Iavarone AT, Hubbard A, Rothman N, Vermeulen R, Lan Q, Rappaport SM (2017) Profiling the serum albumin Cys34 adductome of solid fuel users in Xuanwei and Fuyuan, China. Environ Sci Technol 51(1): 46-57. https://doi.org/10.1021/acs.est.6b03955

Macherone A, Daniels S, Maggitti A, Churley M, McMullin M, Smith MT (2015) Measuring a slice of the exposome: targeted GC-MS/MS analysis of persistent organic pollutants POPs) in small violumes of human plasma. In: 63rd AMS conference on mass spectrometry and allied topics, St. Louis, MO, p Abstract TP 309

Markides KS, Coreil J (1986) The health of Hispanics in the southwestern United States: an epidemiologic paradox. Public Health Rep 101(3): 253-265

Martins MC, Fatigati FL, Vespoli TC, Martins LC, Pereira LA, Martins MA, Saldiva PH, Braga AL (2004) Influence of socioeconomic conditions on air pollution adverse health effects in elderly people: an analysis of six regions in Sao Paulo, Brazil. J Epidemiol Community Health 58(1): 41-46

McEwen BS (1998) Stress, adaptation, and disease. Allostasis and allostatic load. Ann N Y Acad Sci 840: 33-44

McHale CM, Smith MT, Zhang L (2016) Application of toxicogenomics in exposed human populations: benzene as an example. Toxicogenomics in Predictive Carcinogenicity, vol 28, The Royal Society of Chemistry, Cambridge, UK

McHale CM, Osborne G, Morello-Frosch R, Salmon AG, Sandy M, Solomon G, Zhang L, Smith MT, Zeise L (2018) Assessing health risks from multiple environmental stressors: a paradigm shift from GxE to IxE. Mutat Res Rev 775: 11-20. https://doi.org/10.1016/j.mrrev.2017.11.003

Meehan August L, Faust JB, Cushing L, Zeise L, Alexeeff GV (2012) Methodological considerations in screening for cumulative environmental health impacts: lessons learned from a pilot study in California. Int J Environ Res Public Health 9(9): 3069-3084. https://doi.org/10.3390/ijerph9093069

Menzie CA, MacDonell MM, Mumtaz M (2007) A phased approach for assessing combined effects from multiple stressors. Environ Health Perspect 115(5): 807-816. https://doi.org/10.1289/ehp.9331

Moore RA, Warren RL, Freeman JD, Gustavsen JA, Chenard C, Friedman JM, Suttle CA, Zhao Y, Holt RA (2011) The sensitivity of massively parallel sequencing for detecting candidate infectious agents associated with human tissue. PLoS One 6(5):e19838. https://doi.org/10.1371/journal.pone.0019838

Morello-Frosch R, Shenassa ED (2006) The environmental "riskscape" and social inequality: implications for explaining maternal and child health disparities. Environ Health Perspect 114(8):1150-1153

Morello-Frosch R, Zuk M, Jerrett M, Shamasunder B, Kyle AD (2011) Understanding the cumulative impacts of inequalities in environmental health: implications for policy. Health Aff 30(5):879-887. https://doi.org/10.1377/hlthaff.2011.0153

Moretto A, Bachman A, Boobis A, Solomon KR, Pastoor TP, Wilks MF, Embry MR (2017) A framework for cumulative risk assessment in the 21st century. Crit Rev Toxicol 47(2):85-97. https://doi.org/10.1080/10408444.2016.1211618

Naeem R, Rashid M, Pain A (2013) READSCAN: a fast and scalable pathogen discovery program with accurate genome relative abundance estimation. Bioinformatics 29(3):391-392. https://doi.org/10.1093/bioinformatics/bts684

National Research Council (2008) Phthalates and cumulative risk assessment. National Academy Press, Washington, DC

National Research Council (2009) Science and decisions: advancing risk assessment. committee on improving risk analysis approaches used by the U.S. EPA, Board on Environmental Studies and Toxicology, Division on Earth and Life Studies, Washington DC

Neidell MJ (2004) Air pollution, health, and socio-economic status: the effect of outdoor air quality on childhood asthma. J Health Econ 23(6):1209-1236. https://doi.org/10.1016/j.jhealeco.2004.05.002

Newbold R (1995) Cellular and molecular effects of developmental exposure to diethylstilbestrol: implications for other environmental estrogens. Environ Health Perspect 103(Suppl 7):83-87

OEHHA (2017) California Communities Environmental Health, Version 3.0 (CalEnviroscreen 3.0) screening tool. OEHHA, California Environmental Protection agency. https://oehha.ca.gov/calenviroscreen/report/calenviroscreen-30

Perera FP, Wang S, Rauh V, Zhou H, Stigter L, Camann D, Jedrychowski W, Mroz E, Majewska R (2013) Prenatal exposure to air pollution, maternal psychological distress, and child behavior. Pediatrics 132(5):e1284-e1294. https://doi.org/10.1542/peds.2012-3844

Ponce NA, Hoggatt KJ, Wilhelm M, Ritz B (2005) Preterm birth: the interaction of traffic-related air pollution with economic hardship in Los Angeles neighborhoods. Am J Epidemiol 162(2):140-148. https://doi.org/10.1093/aje/kwi173

Rappaport SM, Smith MT (2010) Epidemiology. Environment and disease risks. Science (New York, NY) 330(6003):460-461. https://doi.org/10.1126/science.1192603

Rappaport SM, Li H, Grigoryan H, Funk WE, Williams ER (2012) Adductomics: characterizing exposures to reactive electrophiles. Toxicol Lett 213(1):83-90. https://doi.org/10.1016/j.toxlet.2011.04.002

Rappaport SM, Barupal DK, Wishart D, Vineis P, Scalbert A (2014) The blood exposome and its role in discovering causes of disease. Environ Health Perspect 122(8):769-774. https://doi.org/10.1289/ehp.1308015

Ravelli GP, Stein ZA, Susser MW (1976) Obesity in young men after famine exposure in utero and early infancy. N Engl J Med 295(7):349-353. https://doi.org/10.1056/NEJM197608122950701

Renwick AG, Lazarus NR (1998) Human variability and noncancer risk assessment—an analysis of the default uncertainty factor. Regul Toxicol Pharmacol 27(1 Pt 1):3-20

Rider CV, Furr JR, Wilson VS, Gray LE Jr (2010) Cumulative effects of in utero administration of mixtures of reproductive toxicants that disrupt common target tissues via diverse mechanisms of toxicity. Int J Androl 33(2): 443-462. https://doi.org/10.1111/j.1365-2605.2009.01049.x

Roede JR, Uppal K, Park Y, Lee K, Tran V, Walker D, Strobel FH, Rhodes SL, Ritz B, Jones DP (2013) Serum metabolomics of slow vs. rapid motor progression Parkinson's disease: a pilot study. PLoS One 8(10): e77629. https://doi.org/10.1371/journal.pone.0077629

Rotroff DM, Motsinger-Reif AA (2016) Embracing integrative multiomics approaches. Int J Genomics 2016: 1715985. https://doi.org/10.1155/2016/1715985

Rubino FM, Pitton M, Di Fabio D, Colombi A (2009) Toward an "omic" physiopathology of reactive chemicals: thirty years of mass spectrometric study of the protein adducts with endogenous and xenobiotic compounds. Mass Spectrom Rev 28(5):725-784. https://doi.org/10.1002/mas.20207

Shmool JL, Kubzansky LD, Newman OD, Spengler J, Shepard P, Clougherty JE (2014) Social stressors and air pollution across New York City communities: a spatial approach for assessing correlations among multiple exposures. Environ Health 13:91. https://doi.org/10.1186/1476-069X-13-91

Simonds NI, Ghazarian AA, Pimentel CB, Schully SD, Ellison GL, Gillanders EM, Mechanic LE (2016) Review of the gene-environment interaction literature in cancer: what do we know? Genet Epidemiol 40(5): 356-365. https://doi.org/10.1002/gepi.21967

Singh GK, Miller BA (2004) Health, life expectancy, and mortality patterns among immigrant populations in the United States. Can J Public Health 95(3):I14-I21

Smith MT, de la Rosa R, Daniels SI (2015) Using exposomics to assess cumulative risks and promote health. Environ Mol Mutagen 56(9):715-723. https://doi.org/10.1002/em.21985

Solomon GM, Morello-Frosch R, Zeise L, Faust JB (2016) Cumulative environmental impacts: science and policy to protect communities. Annu Rev Public Health 37: 83-96. https://doi.org/10.1146/annurev-publhealth-032315-021807

Stein LJ, Gunier RB, Harley K, Kogut K, Bradman A, Eskenazi B (2016) Early childhood adversity potentiates the adverse association between prenatal organophosphate pesticide exposure and child IQ: the CHAMACOS cohort. Neurotoxicology 56:180-187. https://doi.org/10.1016/j.neuro.2016.07.010

Steinmaus C, Castriota F, Ferreccio C, Smith AH, Yuan Y, Liaw J, Acevedo J, Perez L, Meza R, Calcagno S, Uauy R, Smith MT (2015) Obesity and excess weight in early adulthood and high risks of arsenic-related cancer in later life. Environ Res 142:594-601. https://doi.org/10.1016/j.envres.2015.07.021

Steptoe A, Hamer M, Butcher L, Lin J, Brydon L, Kivimaki M, Marmot M, Blackburn E, Erusalimsky JD (2011) Educational attainment but not measures of current socioeconomic circumstances are associated with leukocyte telomere length in healthy older men and women. Brain Behav Immun 25(7):1292-1298. https://doi.org/10.1016/j.bbi.2011.04.010

Szentpetery SE, Forno E, Canino G, Celedon JC (2016) Asthma in Puerto Ricans: lessons from a high-risk population. J Allergy Clin Immunol 138(6):1556-1558. https://doi.org/10.1016/j.jaci.2016.08.047

Trasande L, Zoeller RT, Hass U, Kortenkamp A, Grandjean P, Myers JP, DiGangi J, Bellanger M, Hauser R, Legler J, Skakkebaek NE, Heindel JJ (2015) Estimating burden and disease costs of exposure to endocrine-disrupting chemicals in the European union. J Clin Endocrinol Metab 100(4):1245-1255. https://doi.org/10.1210/jc.2014-4324

Turner MC, Nieuwenhuijsen M, Anderson K, Balshaw D, Cui Y, Dunton G, Hoppin JA, Koutrakis P, Jerrett M (2017) Assessing the exposome with external measures: commentary on the state of the science and research recommendations. Annu Rev Public Health 38: 215-239. https://doi.org/10.1146/annurev-publhealth-082516-012802

US EPA (2003) Framework for cumulative risk assessment. vol EPA/600/P-02/001F. U. S. Environmental Protection Agency, Office of Research and Development, National Center for Environmental Assessment, Washington, DC

Vesterinen HM, Morello-Frosch R, Sen S, Zeise L, Woodruff TJ (2017) Cumulative effects of prenatal-exposure to exogenous chemicals and psychosocial stress on fetal growth: systematicreview of the human and animal evidence. PLoS One 12(7): e0176331. https://doi.org/10.1371/journal.pone.0176331

Vieira VM, Villanueva C, Chang J, Ziogas A, Bristow RE (2017) Impact of community disadvantage and air pollution burden on geographic disparities of ovarian cancer survival in California. Environ Res 156: 388-393. https://doi.org/10.1016/j.envres.2017.03.057

Vishnevetsky J, Tang D, Chang HW, Roen EL, Wang Y, Rauh V, Wang S, Miller RL, Herbstman J, Perera FP (2015) Combined effects of prenatal polycyclic aromatic hydrocarbons and material hardship on child IQ. Neurotoxicol Teratol 49: 74-80. https://doi.org/10.1016/j.ntt.2015.04.002

Weber G, Shendure J, Tanenbaum DM, Church GM, Meyerson M (2002) Identification of foreign gene sequences by transcript filtering against the human genome. Nat Genet 30(2): 141-142. https://doi.org/10.1038/ng818

Xu G, Strong MJ, Lacey MR, Baribault C, Flemington EK, Taylor CM (2014) RNA CoMPASS: a dual approach for pathogen and host transcriptome analysis of RNA-seq datasets. PLoS One 9(2): e89445. https://doi.org/10.1371/journal.pone.0089445

Xu GJ, Kula T, Xu Q, Li MZ, Vernon SD, Ndung'u T, Ruxrungtham K, Sanchez J, Brander C, Chung RT, O'Connor KC, Walker B, Larman HB, Elledge SJ (2015) Viral immunology. Comprehensive serological profiling of human populations using a synthetic human virome. Science 348(6239): aaa0698. https://doi.org/10.1126/science.aaa0698

Xu Y, Stange-Thomann N, Weber G, Bo R, Dodge S, David RG, Foley K, Beheshti J, Harris NL, Birren B, Lander ES, Meyerson M (2003) Pathogen discovery from human tissue by sequencebased computational subtraction. Genomics 81(3): 329-335

Yan J, Risacher SL, Shen L, Saykin AJ (2017) Network approaches to systems biology analysis of complex disease: integrative methods for multi-omics data. Brief Bioinform. https://doi.org/10.1093/bib/bbx066

Yong WS, Hsu FM, Chen PY (2016) Profiling genome-wide DNA methylation. Epigenetics Chromatin 9: 26. https://doi.org/10.1186/s13072-016-0075-3

Yu LL, Davis WC, Nuevo Ordonez Y, Long SE (2013) Fast and accurate determination of K, Ca, and Mg in human serum by sector field ICP-MS. Anal Bioanal Chem 405(27): 8761-8768. https://doi.org/10.1007/s00216-013-7320-4

Zalli A, Carvalho LA, Lin J, Hamer M, Erusalimsky JD, Blackburn EH, Steptoe A (2014) Shorter telomeres with high telomerase activity are associated with raised allostatic load and impoverished psychosocial resources. Proc Natl Acad Sci U S A 111(12): 4519-4524. https://doi.org/10.1073/pnas.1322145111

Zota AR, Shenassa ED, Morello-Frosch R (2013) Allostatic load amplifies the effect of blood lead levels on elevated blood pressure among middle-aged U.S. adults: a cross-sectional study. Environ Health 12(1): 64. https://doi.org/10.1186/1476-069X-12-64

第2章　公共卫生暴露组学

> 　　Wild将暴露科学描述为个体终生的全部暴露及其与健康之间的关联,涵盖了从受精卵开始,贯穿整个生命周期的各种外源性(外部)和内源性(内部)暴露的总和,同时区分、表征和量化许多发挥病因、中介、调节作用以及共同发生的危险因素和保护因素及其与疾病的关系。
>
> 　　暴露科学提供了建模分析外暴露、内暴露、健康结局和人群水平健康差异之间的关联、机制和通路所需数据整合和组织的一种系统科学的方法。它有望识别完整的暴露路径,从自然环境、建筑环境、社会环境和政策环境中的暴露源到进入机体的途径、暴露生物标志物、疾病生物标志物、疾病表型、临床结局和人群水平差异,贯穿个体的一生以及世代之间。本章提出了一个关于公共卫生暴露组测序新的分类法,Wild最初将其定义为生态暴露组。本章旨在为环境暴露的概念化和可操作化找到一个共同的分类法,作为阐明健康差异学的重要一步。
>
> 　　关键词:公共卫生暴露组;通用暴露跟踪框架

1 引言

引起健康差异的原因很复杂,包括在生命关键阶段、整个生命周期以及世代之间的遗传学、表观遗传学、组学、环境暴露和基因-组学-环境交互作用。尽管过去30年来对健康差异的关注和重视程度有所提高,但关于少数民族群体和其他亚种群人群健康结局的许多衡量标准仍未得到解决,有些标准实际上有所增加(Noonan et al., 2016)。而有关自然环境、建筑环境、社会环境和政策环境中的暴露源是如何影响个人健康结局,造成人群水平健康差异的,我们所知甚少。

对各种环境暴露造成不良健康和健康差异的影响进行建模,来模拟真实世界中暴露尚处于构建阶段。其无定形的性质阻碍了前期通过创建通用命名法和分类法,以使其具有可操作性的努力。本章意在初步探索创建一个外部环境暴露的标准分类方法。

2 健康差异研究的历史沿革

自2003年人类基因组的识别和最终测序完成后,人们坚信很快就能完成对病因的充分识别,并可通过患者的个体基因测序结果来调整治疗方案实现个性化的医疗干预措施(2004年国际人类基因组测序联合会)。人们对于查明单核苷酸多态性(SNPs)如何造成个体疾病易感性差异抱有极大的热情和支持,这将有助于我们了解种族健康差异的潜在原因。尽管这方面也已经取得了一定成功,但大多数疾病和健康差异的成因显然更为复杂,仅凭遗传学难以阐明。

从那时起,人们已经广泛认识到基因表达的调控受到各种内部信号和刺激的影响,以响应复杂的外源和内源事件(Handy et al., 2011)。近年来,人们越来越重视阐明表观遗传学以及其他细胞以及生物化学机制对健康的作用,如蛋白质组、外显子组、转录组、表观基因组、代谢组、微生物组、连接组和暴露组(Pećina-Šlaus, Pećina, 2015; Sun, Shi, 2015)。虽然这的确有助于增加我们对化学和非化学应激源影响健康的通路和机制的认识,但对于阐明引起人群水平差异的复杂原因等能提供的帮助实在有限。

在日常生活中,人类随时都会暴露于多种不同的化学和非化学物质下并在体内将其蓄积。随着时间的推移,这些污染物最终会影响人的健康,从而引发疾病(Institute of Medicine (US) Committee on Assessing Interactions Among Social B, Genetic Factors in Health, 2006; National Research Council, 2012; Goodson et al., 2015)。人们已经逐渐意识到,阐明这些蓄积、多重暴露的化学和非化学因素在关键生命阶段、整个生命周期和世代之间对健康的影响具有重要作用(Goodson et al., 2015; USEPA, 2003)。可是迄今为止,环境健康学的大部分研究仅限于确定单一化学物质暴露和特定健康结局之间的因果关系（National Research Council, 1983；National Research Council (US) Committee on Applications of Toxicogenomic Technologies to Predictive Toxicology, 2007）。那些引发疾病和健康状况的复杂的生物学机制和路径表明，有必要采用系统方法帮助我们加深理解多因素环境诱发的健康相关症状与紊乱失调之间的复杂关系（Wimalawansa, Wimalawansa, 2016；GBD 2013 Risk Factors Collaborators et al., 2015）。

测量个体从受精到死亡所经历的暴露总量，以及暴露如何进入机体并诱发相关的生物反应，已经成为暴露科学中的一个最新研究领域，称为暴露组学（Buck Louis, Sundaram, 2012；Brunekreef, 2013；Juarez, 2013）。暴露组学方法意味着需要开发累积风险的复杂模型，用于同时同步、跨时空的解释和测量多种环境暴露、生物扰动和表观遗传改变之间的影响和相互作用（Lentz et al., 2015；Williams et al., 2012；Sexton, Linder, 2011）。完成暴露途径的构绘需要全面了解外部和内部环境机制和途径，以及它们与个体和人群不良健康状况衡量标准之间的关系。这需要全新的生命历程方法和累积风险模型，用以整合这些不同领域的暴露机制和途径。此外，还需要新的数学和计算模型以及分析方法，用于研究病因、病情演变和共同暴露与疾病表型、健康结局和人群水平差异之间的复杂关联（Langston et al., 2014b）。

③ 环境暴露

Wild（2012）将外部环境暴露分为两类（一般的和特别的）。他将辐射、传染源、化学污染物，以及因个体行为（如吸烟、饮食和生活方式因素）引起的暴露等定义为个体经历的特定外部暴露。他认为这些有别于我们在生活环境中发现的更为常规的外部暴露，如空气污染和社区压力源，个体在某个地理区域都可能会暴露于这些因素中。

目前还没有一个标准的分类法对各种外部化学和非化学环境暴露进行分类。本章旨在提出一种分类方法，对常规外部暴露进行分类。我们建议外部环境可在四个领域进行区分和界定：自然环境、建筑环境、社会环境和政策环境（Ruiz et al., 2016；Juarez et al., 2014；Langston et al., 2014a；Coughlin, Smith, 2015）。

④ 自然环境

自然环境涵盖气候、天气以及影响人类生存和经济活动的自然资源，包括人们每天接触的空气、水和土壤。研究表明，暴露于自然环境的不同成分中会对健康及其相关行为产生独立的、积极的或消极的影响（Lobdell et al., 2011）。排放入空气、水和土壤中的化学物质所带来的不良影响已经广为人知，但越来越多的证据也表明，接触自然环境中的积极属性（例如绿地以及州立和美国国家公园、森林等）可以对健康以及健康相关行为产生积极影响。

空气

  空气中的有害物质是指那些释放到空气中的化学物质,它们可能会对健康造成有害影响,如引发呼吸道疾病、心血管疾病、脑血管疾病、癌症和出生缺陷(Atkinson et al., 2015; Beelen et al., 2015; Wang et al., 2014; Samet et al., 2000)。空气污染物的来源包括点源(Kibble et al., 2005)、非点源(United States Comptroller General, 1977)、移动源(National Research Council, 2004)和非道路移动源(Zhang et al., 2010)。点源是指在工业制造、发电、供暖、焚烧或其他类似活动中生成大量空气污染的固定设施,包括发电厂、炼油厂、城市垃圾焚烧炉和其他工业污染源。面源或非点源是空气污染的小型源头,它们本身可能不会造成大量污染,但加在一起,就占了污染排放的很大一部分。其中包括小型工业污染源,它们往往数量众多,无法单独清点归类,如汽车修理店、加油站和干洗店,还包括消费产品使用和住宅供暖产生的少量排放。移动源可分为两类:道路和非道路的。道路移动源包括汽车、卡车、公交车和摩托车,而非道路移动源包括飞机、火车、割草机、船只、建筑和农用车辆以及装备。

  1970年,美国颁布的《清洁空气法案》被称为大气污染物标准,确立了六种常见的空气污染物,包括地面臭氧、一氧化碳(CO)、二氧化硫(SO_2)、颗粒物、铅和二氧化氮(NO_2)。为了确定监测或模拟空气水平对健康的潜在影响,美国国家环境保护局和其他政府机构根据特定化学物质毒性值制定了"健康基准"。对于非致癌的健康影响,基准被称为参考浓度,指个体可以接触暴露而不受到伤害的水平。对于疑似致癌的化学物质(致癌物),健康基准是根据化学物质的效力和终生暴露中患癌可能性得出的。致癌基准浓度的风险水平设定在百万分之一。对超过健康基准水平的有害空气污染物,则会计算其累积癌症风险和总体危险指数。

  地面臭氧是由氮氧化物(NO_x)和挥发性有机化合物(VOC)在阳光下发生化学反应所产生的(USEPA, 2017a),它不会直接排放到空气中。氮氧化物和挥发性有机化合物主要来自工业设施和电力设施的排放、机动车尾气、汽油蒸气和化学溶剂。吸入臭氧会引发各种健康问题,尤其是儿童、老年人和各年龄段患有哮喘等肺部疾病的人。

  一氧化碳是一种无色无味的气体,由物体燃烧时释放,大量吸入会对人体有害(USEPA, 2017a)。一氧化碳的最大来源是室外空气,包括汽车、卡车和其他使用化石燃料的车辆的排放。然而,这些影响空气质量的常见污染源也能存在于室内,如未通风的煤油和气体空间加热器、泄漏的烟囱、熔炉以及燃气炉。吸入高浓度一氧化碳十分危险,因为它会减少从血液输送到心脏和大脑等关键器官的供氧量。在室内环境下,高浓度一氧化碳会导致头晕、神志不清、意识丧失,甚至死亡。

  二氧化硫是大气中发现的所有硫氧化物(SO_x)中危害最大的物质(USEPA, 2017e)。二氧化硫的最大排放源是发电厂和其他工业设施的化石燃料燃烧。二氧化硫的较小排放源包括:火山等自然源头、使用高含硫量燃料的交通工具(如火车头和船舶)和工业过程(例如从矿石中获取金属)。短期暴露在二氧化硫中即对人体呼吸系统有害,造成呼吸困难。儿童、老年人以及患有哮喘和其他呼吸道疾病的人更容易受到二氧化硫的影响。

颗粒物是悬浮在空气中的所有固体和液体颗粒的总和,其中许多是有害的(USEPA, 2017d)。这种复杂的混合物包括有机和无机颗粒,如灰尘、花粉、煤烟、烟雾和液滴。某些颗粒的体积较大或颜色较深足以用肉眼观察,如灰尘、污垢、烟尘或烟雾。其他的则小到只有用电子显微镜观察到。颗粒物包括三种类型:① PM10:可吸入颗粒物,直径一般不超过 10 μm;② PM2.5:可吸入细颗粒物,直径一般不超过 2.5 μm;③ 超细颗粒物,直径小于 100 nm。

PM2.5 与一系列健康问题有关,包括呼吸道疾病(Dong et al., 2012;Chen et al., 2007;Miller et al., 2007)、心血管疾病(Breitner et al., 2011;Brook et al., 2010;Crouse et al., 2012;Dehbi et al., 2017)和癌症。直径小于 10 μm 的颗粒物造成的危害最大,原因在于它们能深入肺部甚至进入血液(Lepeule et al., 2012;Atkinson et al., 2015;Levy and Hanna, 2011)。一旦被人体吸入,这些颗粒物会影响心肺,对健康造成严重的影响。目前还没有针对超细颗粒物的法规,超细颗粒物被认为比较大颗粒物对健康的影响更大。

铅暴露有不同来源(如油漆、汽油、焊料和消费品),并且途径多样(如空气、食品、水、灰尘和土壤)(Occupational Safety and Health Administration, 2017)。20 世纪 50 年代以前,含铅涂料在住宅中一直被广泛使用,1978 年才被禁止,但它仍是最广泛和最危险的高剂量铅暴露来源,时至今日依然存留在许多年代较久远的住宅里。空气中铅的来源包括矿石、金属加工,以及使用含铅航空燃料的活塞引擎飞机。铅的其他来源包括垃圾焚烧炉、公用设施和铅酸电池生产商。空气中铅浓度最高的地方通常在铅冶炼厂附近。

铅一旦进入人体,就会通过血液散布至全身,并在骨骼中蓄积。根据暴露程度的不同,铅可能会对神经、免疫、生殖、发育和心血管系统产生有害影响,并导致肾脏和大脑损伤。目前,铅最常见的危害是对儿童神经系统和成人心血管系统(如高血压和心脏病)的影响。婴幼儿甚至对低浓度的铅特别敏感,可能会影响其神经认知发育,导致行为问题、学习障碍和智力低下。

二氧化氮是一种高度活性的气体,属于一类被称为氮氧化物的化合物,这类氮氧化物还包括亚硝酸和硝酸。二氧化氮(与其他氮氧化物一起)与空气中的其他化学物质发生反应,形成颗粒物和臭氧(Kornartit et al., 2010)。二氧化氮主要通过化石燃料(煤、石油和天然气)的燃烧排入大气中。排放源主要是轿车、货车和公交车、发电厂和野外设备。

氮氧化物可作用于呼吸系统,吸入后会对人体健康产生重大影响。短时间暴露会加重呼吸道疾病,特别是哮喘,出现呼吸道症状(如咳嗽、喘息或呼吸困难)、住院和频繁去急诊室就诊。长期暴露于较高浓度的二氧化氮会导致哮喘,并可能增加呼吸道感染的易感性。哮喘患者以及儿童和老年人的健康容易受到二氧化氮的影响。

水

地表水是地球的自然水资源,包括海洋、溪流、湖泊与河流(USEPA,2017b)。淡水污染的主要来源包括雨水、废水、未经处理的垃圾排放、工业污水倾倒、采矿作业和来自农田径流。所有的废水都会对湖泊和河流造成污染。生活废水、农业溢流和工业污水含有磷、氮,化肥流失和畜牧粪肥,这些都会增加水体中的营养物质水平,并可能导致湖泊、河流和沿海地区的富营养化。雨水径流将营养污染物直接汇入河流、湖泊和水库,这些河流、湖泊和水库正是许多人的饮用水来源,可能导致水源性疾病和健康问题。

由于工业化学品和农业杀虫剂中含有持久性有机污染物,因此,废水对生态系统和人类健康造成的影响最为。随着时间的推移,这些化学物质会进入食物链,严重损害人类健康。研究发现,用于处理饮用水的消毒剂会与有毒藻类发生反应,产生名为二噁英的有害化学物质,这种物质与生殖和发育健康风险甚至癌症有关。婴儿饮用硝酸盐含量过高的水也可能罹患重病,甚至死亡。

地下水是地球表面下的水,为全国一半以上的人口提供饮用水。90%的农村居民的唯一饮用水来源就是地下水。当污染物渗入地下并进入地下含水层时,就会产生地下水污染。由于人口增长、农业耕种以及化学品和道路除冰盐的广泛使用,地下水面临的污染物威胁与日俱增。地下水污染的来源包括污水和废水、化粪池、地下储水池、非管制的危险垃圾、垃圾填埋场、水力压裂、化学品和道路除冰盐以及大气污染物(Barret,1997)。

地下水中的化学污染物可能来自点源,如污水处理系统和畜牧设施,也可能来自非点源,如施加化肥的农田、公园、高尔夫球场、草坪和花园,或天然存在的氮源。下雨时,这些化学污染物会渗入地下,最终渗入含水层。最值得关注的污染物是砷、氟化物、总无机氮、挥发性有机化合物、磷、铁、锰、硼、大多数重金属和致病菌。

饮用污染水会对人体健康造成严重影响。地下水污染的急性不良反应可能包括恶心和呕吐、腹泻、头痛、军团病以及眼鼻刺激。被污染的水还会导致各种水源性疾病,如伤寒、痢疾、肝炎和霍乱。暴露于未经处理的地下水中,其含有的化学物质会导致肾脏、大脑和神经系统的损伤。

 土地

土地覆盖是指土地的生物物理覆盖。美国地质勘探局确立了9大类92种土地覆盖类

别:水(公开水域,常年冰/雪);贫瘠地(裸露的岩石/沙土/黏土,采石场/露天矿/砾石坑);灌木林地,草本高地天然/半天然植被(草地/草本);湿地(木本湿地、挺水草本湿地);已开发地(低密度住宅,高密度住宅,商业/工业/交通);森林高地(落叶林、常绿林、混合林);非天然木本植物(果园/葡萄园/其他);和草本种植/栽培地(牧场/干草、中耕作物、小谷物、休耕地、城市/娱乐、草地)(USGS,2017)。

如何建社区以及在哪里建社区对自然环境和人类健康都会产生显著影响。越来越多的证据表明,绿地对人类健康有一系列益处,对生理活动(Lee et al.,2010;Hunter et al.,2015)、心理健康(Bodin et al.,2003;Bowler et al.,2010;Cohen-Cline et al.,2015)、出生结局(Hystad et al.,2014)和认知发展(Dadvand et al.,2015)都很重要。

 土地利用

土地利用是指人们利用土地进行社会经济活动。人类的活动和自然资源的开采,可直接或间接地造成土地和土壤污染,导致地球地表退化(Atlanta Regional Health Forum and Atlanta Regional Commission,2006)。土壤污染主要来源于城市化、农业、商业和工业的发展,导致生活垃圾、固体垃圾、农药、化肥和化学品的增加。生活垃圾包括家用产品,如纸、塑料容器、瓶子、罐头、食品、旧车、破家具、电子垃圾和医疗垃圾。其中一些是能被生物降解的(意味着它们很容易腐败或腐烂成有机物),而另一些则不能。固体垃圾包括工业、商业、制药和采矿作业产生的固体、液体、半固体或气态物质。农药、杀虫剂和化肥被用于许多大规模的农业实践。化学品和核电站产生的废料、副产品和残渣,需要储存在安全环境中。

土地利用一般根据分区用途分为七类:农村农业、娱乐休闲、林业、住宅、商业/工业、公共/半公共及未开发。农村和农业用地用于生产农作物和畜牧饲养。保护休憩用地和自然风貌作康乐用途,被视为是促进公众健康和安全及提供视觉享受的途径。林业法规不仅用来促进自然资源保护,而且日渐作为应对空气污染的一种重要且节省成本的方式,用于消除大气中的温室气体。住宅区通常包括独栋住宅和任何数量的其他指定用地,包括住宅、公寓、复式住宅、拖车公园、共建公寓和公租房。住宅区涉及诸多问题,例如移动房屋是否可以安置在私有土地上、私有土地能容纳的建筑数量、住宅区允许喂养的动物类型、以及家庭企业的性质。

土地利用、社区设计和交通系统对当地的空气质量、水质和供水、交通安全、人员活动、接触污染的环境和工业"棕色地带"均有很大影响(Atlanta Regional Health Forum and Atlanta Regional Commission,2006)。地方政府为不同的土地用途划定不同的区域,如工业区、农业区、商业区和住宅区。划为公共/半公共用途的土地包括公共机构、公园和休闲娱乐场所、空地、道路、公用设施、铁路和机场。商业区的划分有几个类别,取决于地产的商业用途和商业合伙人的数量。写字楼、购物中心、酒店、某些仓库、一些公寓大楼都可以划为商业用地。工业区包括生产场所和仓储设施,但通常由企业类型、一个地块上所有建筑的占地总面积和建筑高度决定。包括噪音在内的环境因素通常决定一家企业所在的工业水平。划分为未开发

区域的土地包括河流、湖泊、森林、溪流、湿地和未开发的空地。保护未开发地区通常会带来多种社会效益,包括栖息地保护、水质保护和空地保护。

被污染的土壤和环境会导致人类出现呼吸系统疾病、皮肤问题和各种癌症。土地开发模式造成儿童、老年人、少数族裔、社会经济地位较低的人和其他弱势群体不成比例地面临污染带来的健康影响。此外,这些群体在生活和工作区域的选择颇为有限。土地利用如今被视为一个环境公正问题。

⑧ 建筑环境

建筑环境包括我们生活、工作和娱乐的所有物理部分(如住宅、建筑、街道、空地和基础设施)。美国环保署评估认为,人类90%的时间都待在建筑物里(USEPA,2017c)。建筑物几乎完全是由合成、经化学处理过的材料建造的。建筑材料就像食物、饮水和空气一样,能影响我们的健康。大多数情况下,我们无法观察到渗入室内空气中的有毒化学物质。

(土地)开发模式和类型、建筑位置和设计、交通基础设施是建筑环境的不同特征,可能对健康产生直接和间接的影响。社区对于健康的重要性因广泛的社会背景差异而有所不同。例如,超市、快餐店、农贸市场和便利店选址的规划决策会对人们的饮食和健康产生深远的影响(Wells,2017)。人行道、自行车道或步行道缺失或难以涉足,也会导致久坐习惯和影响个人的体育活动量,进而导致不良的健康结局,如肥胖、心血管疾病、糖尿病和某些癌症。

⑨ 居住地

住宅

越来越多的研究发现,房屋的特性会对住户的终身健康产生重大影响。例如,寒冷潮湿或存在过敏原的房屋可能会导致住户患上呼吸道疾病和哮喘(Mendell et al.,2011)。房屋的高度和大小也影响着居民的健康。研究发现,高层住宅与心理压力有关,特别对于那些抚养幼童的低收入母亲(Evans,2003)。还有大量证据表明,住宅建筑中建筑材料会产生毒性作用。其中包括聚氯乙烯(PVC)、铅、汞、石棉、甲醛、铬化砷酸铜、全氟化合物(PFCs)、邻苯二甲酸酯、多溴联苯醚(PBDEs)、短链氯化石蜡(SCCP)和卤化阻燃剂(Song et al.,2015;Korpi et al.,1998;Volchek et al.,2014)。

聚氯乙烯(PVC)

聚氯乙烯用于制造管线、管件、管道、乙烯基地板和乙烯基壁板。它可用于制造电线和电缆涂层、包装材料、包装薄膜、水槽、排水管、门窗套、垫圈、电气绝缘材料、软管、密封胶衬垫、纸张和纺织品饰面、薄片、屋顶防水层、游泳池衬垫、挡风雨条、防雨板、模具、灌溉系统、容器以及汽车零部件、顶盖和脚垫。聚氯乙烯在其使用寿命期内会释放邻苯二甲酸酯,燃烧时会释放出二噁英。二噁英是已知毒性极强的物质之一。聚氯乙烯和聚氯乙烯副产品含有公认的致癌物质(Yang et al.,2014)。聚氯乙烯是由氯乙烯制成,氯乙烯已被列为致癌物。接触聚氯乙烯粉尘可能会导致哮喘并影响肺部。

铅

依据空气污染物标准,铅早已被列为空气污染物,其毒性作用主要是对大脑和神经系统的影响。对成年人而言,吸入高含量的铅会导致头痛以及情绪、思维和记忆方面的问题。研究还发现,铅暴露会增加患肾癌、脑癌、肺癌和其他器官癌变的风险。对儿童而言,由于铅会影响大脑和中枢神经系统的生长发育,其危害更为严重。儿童铅中毒会导致智力低下、发育迟缓、听力受损以及出现行为和学习问题。

汞

虽然汞只存在于一些电子产品和调温器中,但在住宅中,汞最主要的来源是照明。汞是一种已知的影响发育的毒物,此外还有诸多其他的健康不良效应。

石棉

石棉纤维坚实、耐热、耐化学腐蚀,可用于隔热。其最常见的用途包括地板和天花板瓷砖、石膏、绝缘材料、黏合剂、墙板、屋顶材料、防火材料和水泥产品。石棉是一种已知的致癌物,吸入石棉纤维会导致呼吸问题和肺部疾病,如石棉肺、间皮瘤或肺癌。这三种疾病潜伏期较长,从最初接触石棉的10~40年内不会表现出来(Goswami et al., 2013;Case et al., 2011)。

甲醛

甲醛在室内外都以很高的浓度存在。它被广泛应用于生产建筑材料和众多家居用品。它还作为胶合剂的成分用于加强服装和布料的免烫定型,也在一些油漆和涂层产品中用作防腐剂。在家中,甲醛最主要的来源是使用含脲醛树脂黏合剂的压制木材产品。室内使用的压制木材产品包括颗粒板、硬木胶合板和中密度纤维板,中密度纤维板一般被认为是甲醛释放量最高的压制木材产品。甲醛是一种已知的呼吸道刺激物和致癌物。当人体暴露在高浓度的甲醛环境中,会出现流泪、眼睛和喉咙灼热感、恶心以及呼吸困难等症状(Dannemiller et al., 2013;Golden, 2011)。

铬化砷酸铜(CCA)

铬化砷酸铜是一种用于木材的化学防腐剂,含有铬、铜和砷,用于防止户外用木的腐烂,如游戏设施、甲板和野餐桌。从20世纪70年代开始,铬化砷酸铜在美国被广泛应用于住宅中,直到2003年美国国家环境保护局才将其逐步淘汰。使用含铬砷的木材防腐剂会引发瘙痒、皮疹、神经症状和呼吸问题(Hamula et al.,2006;Barraj et al.,2007)。

全氟化合物(PFCs)

全氟化合物(PFCs)包括一类含氟的化学物质,用于材料的防锈防黏。全氟化合物广泛用于消费品和食品包装,如微波加热爆米花包装袋、披萨盒、洗发水、牙线和假牙清洁剂等清洁和个人护理产品。全氟化合物有多种形式,但最负恶名的是全氟辛烷磺酸,它用于制造聚四氟乙烯产品,具有广泛的毒性。全氟辛烷磺酸在环境中不会分解,在人体内半衰期超过4年,是一种可能的人类致癌物,它会导致实验动物的肝脏、胰腺、睾丸和乳腺的肿瘤发生。

邻苯二甲酸酯

邻苯二甲酸酯是一类工业化学品,用于使聚氯乙烯(PVC)等塑料制品更具弹性和韧度。建筑材料是聚氯乙烯最大的终端用途。弹性良好的聚氯乙烯在建筑中的主要用途包括地毯背衬、弹性地板、墙面材料、隔音天花板表面、装饰布、屋顶膜、防水膜和电线绝缘材料。邻苯二甲酸酯在现代社会中几乎无处不在,广泛存在于玩具、食品包装、软管、雨衣、浴帘、乙烯基地板、黏合剂、洗涤剂、发胶和洗发水等消费品中。某些邻苯二甲酸酯是已知的或可疑的内分泌干扰物,它们会影响和改变人类的激素系统。邻苯二甲酸酯也是一种生殖毒物,尤其是对男性而言(Zimmer et al.,2012;Lovekamp-Swan and Davis,2003)。

多溴联苯醚(PBDEs)

多溴联苯醚在塑料建筑材料中用作阻燃剂,在聚氨酯泡沫产品(绝缘和垫层)中尤为广泛。人类接触多溴联苯醚的主要途径来自家用消费品和室内尘埃,而非来自饮食。动物实验发现,多溴联苯醚具有肝毒性、甲状腺毒性、发育和生殖毒性以及发育神经毒性(Zhao et al.,2015;Dishaw et al.,2014)。

卤化阻燃剂(HFRs)

许多类型的建筑材料中都含有卤化阻燃剂。遇到火灾时,卤化阻燃剂会释放出大量烟雾和有毒气体,造成住户和消防员伤亡。欧盟已经禁止了一些卤化阻燃剂的使用,但美国却在这方面滞后。当前提倡的绿色建筑运动正努力将卤化阻燃剂从建筑材料中清除,因为其增加了消防安全隐患(Stapleton et al.,2011)。

社区

除住所外,人们所在社区的特性也对身心健康产生独立的影响。已证实社区设计因素,如街道是否以交叉网格布局、是否有人行道、是否共享娱乐空间,可以促进步行运动,并带来其他的健康益处。研究表明,周边的绿地可以缓解儿童的压力,并提高其适应能力(Wells,2017)。进一步研究表明,更多地接触自然对发生压力性生活事件的儿童具有极强的保护作用。绿地的缓解作用对越脆弱的儿童越有效。同样,越来越多的研究表明,在社区,健康食品的供应可能会影响个人的饮食行为,而个人行为又可能反过来影响食物供应。

⑩ 工作场所(职业)

工作环境可使从业者暴露于各种各样的危险因素。已发现的可影响健康的职业危害因素包括生物物理、化学、生物、工效学、纳米颗粒和社会-心理暴露。呼吸系统疾病(哮喘、慢性阻塞性肺病、硅肺、煤工尘肺、农民肺、过敏性鼻炎和棉尘症)、心血管疾病(心律失常、缺血性心脏病)、神经退行性疾病(阿尔茨海默病和老年痴呆、帕金森病和多种硬化症)、癌症(膀胱、骨骼、脑/中枢、乳腺、结肠和直肠、肾脏、喉、白血病、肝胆、肺)、社会心理压力(滥用药物、自杀、抑郁、焦虑、心理衰竭)都与职业暴露有关(Allen et al.,2015;Boers et al.,2005;GBD 2013 Risk Factors Collaborators et al.,2015)。

创伤

据Smith等(2012)的研究,统计致命职业伤害的主要原因是交通事故(2 054起)、跌倒、滑倒和绊倒(800起)、接触物体和设备(722起)、来自人或动物的暴力和其他创伤(703起)以及有害物质或环境暴露(424起)。每百名从业者非致命性职业伤害和病例的比率较高的行业依次是水产养殖(13.6%)、护理和居家护理机构(12.0%)、警察安保(本地政府)(11.3%)、家用家具制造(木材和金属除外)(10.8%)、移动屋(10.2%)、消防(10.2%)和兽医服务(10.0%)。

呼吸道疾病

与职业相关的呼吸道疾病致死的主要原因是尘肺病或在采矿、加工或制造过程中吸入矿物质粉尘。职业性肺病包括石棉肺、煤工尘肺、恶性间皮瘤和呼吸道结核。石棉肺和间皮瘤引发的死亡与建筑工种有关:水管工、管道工、蒸汽管道工、绝缘材料工、木工和电工(Chuang et al.,2016;Fay et al.,1961)。

 癌症

据估计,可归因于职业暴露的癌症死亡比例为:间皮瘤(男性占85%～90%;女性占23%～90%)、鼻窦癌和鼻咽癌(男性占31%～43%)、肺癌(6.3%～13%)、膀胱癌(3%～19%)、喉癌(男性占1%～20%)、皮肤癌(非黑色素瘤,男性占1.5%～6%)和白血病(0.08%～2.8%)。以前认为与职业接触有关的癌症包括:

膀胱癌(暴露因素包括:砷、芳香胺、煤焦油和沥青、柴油机废气、金属加工液和矿物油;职业包括美发师或理发师、油漆工、橡胶业工人)(Latifovic et al.,2015)。

骨癌、脑癌和其他中枢神经系统癌症(暴露因素包括电离辐射;职业包括医疗保健机构、研究机构、核反应堆、核武器生产机构和其他各种制造业从业者)(Brown et al.,2012)。

乳腺癌(暴露因素包括:非电离辐射、农药、多环芳烃和金属;职业包括夜班工人、制衣工)(Sobel et al.,1995)。

结肠癌和直肠癌(暴露因素包括:石棉、二噁英、木屑、有机溶剂和金属加工液;职业包括纺织工业、汽车工业和饮料工业工人)(Oddone et al.,2014)。

肾癌(暴露因素包括:石棉和石英、三氯乙烯玻璃纤维、矿物木纤维和砖灰;职业包括混凝土/水磨石整修工、陶器工匠、机动车、拖车和半挂车制造人员、金属制品(机械和家具除外)生产者、电子元件、计算机、收音机、电视和通信设备和仪器生产者,以及机械设备生产者)(Kim et al.,2014)。

喉癌(暴露因素包括:石棉、强无机酸雾(包括硫酸);职业包括半熟练工人和非熟练工人、橡胶业从业者、接触粉尘的从业者、户外工人、司机以及在水泥工业和港口工作的人员)(Olsen et al.,1984)。

白血病(暴露因素包括:苯、环氧乙烷、甲醛、电离辐射、无砷杀虫剂;职业包括管道、供暖和空调工业工人,以及非耐用品销售人员,如油漆和清漆)(Blair et al.,2001)。

肝癌和胆管癌(暴露因素包括:电离辐射;三氯乙烯、氯乙烯、二氯甲烷;职业包括医护人员、含砷矿石的冶炼工人、氯乙烯生产者和从事木材防腐人员)(患癌部位与职业暴露有关)(Canadian Centre for Occupational Health and Safety,2017)。

肺癌(暴露因素包括:砷、石棉、铍、镉、铬、煤气化、煤焦油和沥青、钴,焦炭生产、柴油机尾气、二噁英,无机铅,钢铁铸造、矿物油,镍;工作场所的天然氡、电离辐射、橡胶生产,二氧化硅,强无机酸雾;职业包括焊工、铝生产者、沥青工人、造气工人、铜冶炼工人、接触氡的赤铁矿开采者、钢铁铸造者、异丙醇制造者、油漆工、印刷工人、盖屋顶工、橡胶生产者、铀矿开采者、葡萄园工人)(Hancock et al.,2015;Lacourt et al.,2015;Malhotra et al.,2015)。

间皮瘤(暴露因素包括:石棉、含有石棉状纤维的滑石;职业包括爆破工、锅炉匠、砖瓦匠、建筑工人、钻井工人、电工、机械师、机修工、矿工、管道工、水管工、钣金工人、造船工人、焊工)(Canadian Centre for Occupational Health and Safety,2017;Nielsen et al.,2014)。

鼻窦癌(暴露因素包括:铬、甲醛、皮革粉尘、镍、纺织品;职业包括靴子和鞋子的制造和修理工人、木工、家具和橱柜生产者、异丙醇制造者、矿工、水管工、纸浆和造纸厂工人、纺织

工人和焊工)(Greiser et al.,2012;Pesch et al.,2008)。

非霍奇金氏病(暴露因素包括:四氯乙烯、三氯乙烯;职业包括农民、农药施用者、司机、理发师、无砷杀虫剂、油漆工)(Alicandro et al.,2016)。

非黑色素瘤皮肤癌(暴露因素包括:煤焦油和沥青、矿物油、太阳辐射;职业包括农民、军人、建筑工人、运输和林业工人)(Surdu et al.,2013)。

食管癌(暴露因素包括:矽尘、金属、内毒素、棉尘污染物、硫酸和四氯乙烯炭黑污染物;职业包括棉纺织业者)(Parent et al.,2000;Astrakianakis et al.,2007)。

鼻咽癌(暴露因素包括:石棉、脂肪族和脂环族碳氢化合物、农药和酒精;职业包括从事律师、作家、记者、表演艺术家、音乐家、电子元件和电视装配工、画家、码头工人、非熟练工人、酒店男性搬运工,从事私人秘书、裁缝、制鞋匠和补鞋匠、服务员、出纳会计和乘务员的女性)(Tarvainen et al.,2008)。

胃癌(暴露因素包括:石棉、铅化合物、无机物、电离辐射;职业包括:石棉开采者、绝缘材料生产者(管材、板材、纺织品、服装、口罩、石棉水泥产品)、绝缘体和管道包装工人、橡胶生产者、船舶生产修理工人)(Canadian Centre for Occupational Health and Safety,2017)。

农药可根据其作用靶标分为三大类及其众多的化学类别:

(1)杀虫剂:有机氯、有机磷酸酯、氨基甲酸酯、拟除虫菊酯以及含新的化学基团的类别,如新烟碱类和苯基吡唑类。

(2)除草剂:酰胺、氯苯氧基、联吡啶类、硝基苯胺、三嗪类、尿素除草剂和氨基膦酸类。

(3)杀菌剂:无机、二硫代氨基甲酸酯、苯胺类、二甲酰亚胺类、甲氧基丙烯酸酯类、芳香族、(苯并)咪唑类和康唑类。还有基于目标生物的其他类别,即杀线虫剂、杀螨剂、杀鼠剂和熏蒸剂(USEPA,2017f)。

暴露有机磷农药和某些有机氯杀虫剂(林丹产品、滴滴涕)的工人患淋巴癌和骨髓癌的风险升高。农业从业者、农药厂的工人和农村人群均出现升高的前列腺癌的风险。因职业暴露农药的人群患帕金森病的风险增加,一些研究也指出这类人群患阿尔茨海默病的风险也会相应增加。文献表明,因职业暴露农药的孕妇的流产风险更高,她们子女的出生缺陷风险升高且出现精细运动技能、视力或短期记忆受损的概率增加。最近的研究表明,暴露农药的儿童患白血病和脑癌的风险也明显增高。对于居住在农村地区或在家庭环境中暴露农药的妇女,其子女同样面临更高的出生缺陷风险(GreenFacts Scientific Board,2017)。

11 体育健身场所

近年来,建筑环境对体育活动和生活方式的支持或限制程度,已成为一个重要的公共卫生考虑因素,它反映了交通和土地利用系统的设计布局会与个人和社会因素,共同对人群的体育活动产生关键作用。

 康乐设施

康乐设施的使用对健康和个人发展具有重大影响。康乐设施的可及性会增加有孩家庭定期开展体育活动的可能性,这些活动可以强化肌肉和骨骼,对其身体发育产生积极影响。进行体育锻炼还可以降低患肥胖症、心血管疾病和心理疾病的风险(Malambo et al.,2016;Elwell Bostrom et al.,2017)。

 绿地

近年来,研究者们在探索城市绿地对健康和福祉的价值方面做了大量的工作。城市绿地在缓解城市热效应、减少温室气体排放和减弱暴雨水等方面产生了环境效益。它们还为城市居民提供了体育运动和社交的空间,使其得以调节身心,从而直接产生健康效益(Liu et al.,2017;Lee et al.,2015)。

⑫ 交通

公共卫生和交通之间的关联是多种多样的,这与交通模式、便利程度和周边状况有关。当鼓励非机动交通出行的交通基础设施被设计出来(如完整的街道规划)时,它就会对公众卫生健康产生积极的影响。

 交通模式

影响亚群体患病率和死亡率的主要因素是他们选择何种交通模式(如汽车、摩托车、自行车和步行)。来自非洲裔美国人、印第安人和拉丁裔种群的司机在安全带使用、危险驾驶和行人交通安全等方面,都面临着更高的交通风险(UC Berkeley Safe Transportation Research and Education Center,2017)。

 交通出行

越来越多的证据表明交通出行对健康的重要性,特别是对于那些收入较低或没有保险的人(Syedetal,2013)。研究表明,交通出行受限造成了健康不平等,并减少了老年人和残疾人获得教育、就业和娱乐活动的机会。交通出行与获得保健服务、新鲜水果和蔬菜以及娱乐设施均有关联,而这些都与健康有关。

交通邻近

人们还发现,住宅区邻近主干道和高速公路也与不良健康结局有关。交通是污染的一个来源,产生空气、土壤、水和噪音等不同种类的污染,包括颗粒物、一氧化碳、氮氧化物和致癌物。许多研究表明,居住在高速公路和其他交通繁忙的道路附近,除了受到区域空气污染的影响外,还会对健康造成负面影响。

美国公共卫生协会和其他机构发布报告,认为空气污染与不良健康结局有关,包括哮喘、呼吸道疾病、心脏病、不良出生结局、癌症和早逝。许多以儿童为对象的研究发现,在交通繁忙的道路附近居住或途经这些道路上学的儿童,其肺部发育较慢,肺部疾病(如哮喘、支气管炎和肺功能下降)的发病率显著增加。除了儿童,老年人和患有心肺疾病的人更容易受空气污染的影响(Atkinson et al., 2015; Balluz et al., 2007; Beelen et al., 2015; Cao et al., 2011)。

13 社会因素

健康的社会决定因素由人们出生、成长、工作、生活和年龄等条件构成。它们又受到当地社区、国家和世界各国的所投放到该区域的资金、权力和资源等因素所决定,并决定了人们的日常生活的条件。这些力量和制度包括经济政策和体系、发展议程、社会规范、社会政策和政治制度(World Health Organization, 2017)。根据疾病预防控制中心的报告,复杂、整合、重叠的社会结构和经济体系会造成大多数卫生不平等(Centers for Disease Control and Prevention, 2017)。

美国人口普查局和近年来的美国社区调查提供了评估美国人口学、社会、教育、住房和职业特征的大部分数据。美国社区调查是一系列调查,旨在提供小范围地区和小部分人群的关键信息,这些信息以前是以10年一度的长表形式采集的。目前,1年估计值可用于人口在65 000人以上的地理区域,5年估计值可用于人口低于20 000或低于人口普查街区和街区群水平的地理区域。这种5年期估计值足以取代每10年一次的人口普查长期样本,适用于经人口普查局认可的几乎所有地理区域,包括人口普查街区和街区群(U.S. Census Bureau, 2014)。

美国社区调查涉及35个主题:土地面积和农产品销售;年龄;血统世系;公民身份;出生地;入境年份;工作阶层;通勤/上班路程;通勤和互联网使用;公用事业费用、公寓管理费;残疾;教育程度,学士学位领域;家庭,关系;生育率;食物券福利;提供照护帮助的祖父母;医疗保险参保范围;拉美裔;家庭供暖燃料;收入;行业、职业、劳动力状况;居家用语;婚姻史、婚姻状况;抵押贷款、税收、保险;姓名;房屋所有权、房产价值、租金;管道设施、厨房设施、电话服务;种族;1年前居住地;入学;性别;结构单位、房间、卧室;可用车辆;退伍军人身份;去年工作状态;竣工年份,入住年份。

 人口学特征

人群人口学特征数据来自美国社区调查,包括居住在特定地区或形成特定群体的人数及其特性,涉及特定区域人群的年龄、性别、教育水平、收入水平、婚姻状况、职业、宗教、出生率、死亡率、家庭平均人口规模和平均结婚年龄。现在可以从美国社区调查获得街区级别的5年期人口学特征数据。

 社会文化因素

社会文化因素是一个社会或群体特有的风俗习惯、生活方式和价值观,并通过其制度延续流传,包括参考群体、家庭、角色和社会地位、时间和可用资源。文化因素是不同种族、民族、宗教和社会群体的既定信仰、价值观、传统、法律和语言。社会文化制度包括教育、语言、法律、政治、宗教、卫生、社会组织、价值观和态度。

有关社会文化因素的数据主要通过美国人口普查局获取。然而,包括联邦调查局在内的其他联邦机构也提供了关于社会文化主题的更详细数据(如统一的犯罪报告、各县犯罪和逮捕人员情况)。

 政治因素

关于政治条件和局势的数据大部分是由全国性民调组织(如盖洛普、哈里斯和皮尤研究中心等)以及《纽约时报》、美国有线电视新闻网、福克斯新闻和MSNBC等媒体集团提供的,并且只有涉及全国性或州级水平的数据。民选官员的地缘政治区域边界也被用来评估政治因素。此外,美国社区调查还提供有关投票和选民登记的数据。

 经济因素

大量研究结果表明社会经济差异与大多数健康状况相关。社会经济地位对健康的影响大多是间接的,受到个人与社会经济地位相关的生活经历、机会或选择影响。这些影响从生命早期开始,并在出生后的生活环境中积累或调整(Crimmins et al.,2004)。贫穷和受教育程度较低的人更容易患病,出现功能缺失、认知障碍、身体损伤甚至死亡(Adler et al.,1993,1994;Marmot,2005;Marmot et al.,1997;Williams,1990)。

与个人层面的社会经济状况衡量标准相比,地区层面的社会经济状况衡量标准与健康结局的关联模式不同(Pardo-Crespo et al.,2013)。社会经济地位中的街区或地区水平的衡量标准也是影响健康结局的独立背景因素,在健康研究中应该应作为区别于个人社会经济地位的指标来考量(Pardo-Crespo et al.,2013)。虽然社会经济地位可以应用于个人,但我们更多地用它来描述一个社区或地理区域的特性。

经济数据来源多种多样,包括:住房和城市发展部;美联储住房抵押贷款披露法案关于

高成本贷款的数据;联邦住房企业监督办公室关于房价下跌的数据;以及劳工统计局关于地方和县失业率的数据;低收入住房税收抵免(LIHTC);合格普查范围(QCT);第50个百分位数(中位数)的租金统计;住房援助支付计划第8条(公平市场租金);美国邮政总局(商业和住宅空缺数据);劳工部(劳动力、失业)。

14 政策

美国联邦、州和地方法律法规可通过影响人们的生活、工作和娱乐环境而对健康产生直接或间接的影响。虽然联邦法律和法规具有全国性的适用范围,但它们的影响可能会因各州贯彻执行的力度不同而减弱。与此同时,各州和地方的法律法规在内容和执行方面因辖区不同而有所不同。通过比较法律颁布后健康指标的变化,可以判定法律何时生效并评估其影响。

15 联邦立法

在联邦层面,一些法律通过直接向符合条件的人提供医疗服务而影响健康和健康公平。还有许多法律通过间接方式来促进健康和健康公平,包括那些寻求改善有毒环境的法律,以及涉及教育水平低、无家可归、工作环境不安全、犯罪和失业的相关法律。

许多联邦项目提供直接医疗保健服务,例如,退伍军人管理局提供医院护理和门诊服务,印第安人卫生服务部门运营联邦直接医疗保健服务机构、合约健康服务业务、部落管理项目和城市印第安人健康计划。其他联邦项目通过医疗保险机制促进更多人享有医疗保健,包括医疗保险、医疗补助、儿童健康保险计划、美国退伍军人事务部平民健康与医疗项目和《平价医疗法案》。

美国政府已经通过了更多的联邦法律,以促进健康和健康公平。这些法律旨在促进获得护理、食物和营养、改善工作环境、减少暴露接触有毒化学品、提高护理质量、发展和培训通晓相关文化的供应者、增加医疗保健工作人员的多样性、收集更好的种族/族裔健康数据以及加大对公共卫生投资,以此促进健康和健康公平。这些项目由包括美国卫生与公众服务部、农业部、能源部、环境保护局、司法部、劳工部、交通部等在内的不同部门和机构管理。

联邦机构也通过收集和宣传有关医疗保健、医疗享有和医疗融资的数据来促进健康和健康公平。健康相关的数据包括健康行为、发病率和死亡率、人口动态统计、利用率、可获得性、成本和设施。与健康相关数据的来源和类型包括:疾病控制和预防中心(流行病学研究的广泛在线数据:出生率、具体死亡率、整体死亡率、各类死亡原因、婴儿死亡率、行为危险因素监测系统、社区健康状况指标、国家癌症登记计划癌症监测系统);人口动态统计:在线(出生、出生-婴儿相关死亡、出生队列关联出生-婴儿死亡、各类死亡原因和胎儿死亡);医疗保险和医疗补助中心(65岁以上和65岁以下的受益人;慢性疾病、阿尔茨海默病及相关性痴呆、心力衰竭、关节炎(骨关节炎和类风湿性关节炎)、肝炎(慢性乙型和丙型病毒性肝炎)、哮喘、艾滋病毒/艾滋病、心房颤动、高脂血症(高胆固醇)、孤独症谱系障碍、高血压(高血压)、癌症(乳腺癌、结直肠癌、肺癌和前列腺癌)、缺血性心脏病、慢性肾病、骨质疏松症、慢性阻塞性肺病、精神分裂症和其他精神障碍、抑郁症、中风);利用和支出;质量改进评估系统(医院、专业护理机构、家庭保健机构和其他类型机构);以及卫生资源和服务管理局(地区卫生资源档案、卫生中心服务和类似场所、器官捐献和运输、初级保健服务地区、卫生专业人才短缺地区、口腔健康专业人才短缺地区、心理健康专业人才短缺地区、医疗服务不足地区/人口)。此外,每年公布许多涉及各种社会文化因素的调查,但其结果往往仅限于国家层面或州一级,主要原因在于抽样调查成本高昂。

根据美国《健康保险流通与责任法案》的保密规则,个人的健康信息,包括人口学数据,被认为是"受保护的",需经个人同意才能获取、共享或使用;未经同意的情况下,研究人员只能使用去识别化的受保护信息。这要求去掉"小于一个州的所有地理分区,包括街道地址、城市、县、辖区、邮政编码及其等效的地理编码,但邮政编码的前三位数字除外,如果根据人口普查局目前公开的数据,则有:(1)所有邮政编码组合前三位相同的地理单位含有20 000以上人口;(2)若所有此类地理单位含有20 000人及以下,邮政编码的前三位数字改为000"(USDHHS,2017)。

州立法

对健康和健康公平有直接或间接影响的州法律往往需跨越多个州的机构的工作范围。包括农业和农村发展、民事和刑事司法、教育、能源、环境和自然资源、卫生和公共服务、移民、劳工和就业以及金融服务和商业机构。

州政府关于卫生健康有关的工作传统上包括公共卫生职能以及资助和/或提供个人卫生服务。州卫生部门的职责通常包括以下几个方面:

(1)疾病监测、流行病学和数据采集。
(2)州实验室。
(3)突发公共卫生事件的准备和应对。
(4)以人群为基础的初级预防。
(5)卫生保健。
(6)医疗服务机构、人员和其他获许执业的岗位的监管。
(7)环境卫生。
(8)技术援助和培训。

州卫生部门最常见的预防工作包括烟草(87%)、艾滋病毒/艾滋病(85%)、性传播疾病咨询和伴侣告知(85%)、营养(79%)和体育活动(77%)(National Health Policy Forum,2010)。

医疗保健可以是公立医院向高风险人群(如有发育障碍或精神健康问题的人)直接提供分类服务,也可以通过医疗补助和儿童健康保险项目等保险项目间接提供。尽管政府结构多种多样,但各州的卫生部门是本州主要公共卫生机构,在落实公共卫生服务方面发挥着关键作用。

各州创收机制的差异导致其应对健康问题的范围和方式各有不同。各州的财政收入差别较大,限定了州政府有所为、有所不为的能力范围。各州最常用的创收机制包括商业房产税、企业为其采购和支出缴纳的销售税和消费税、总收入税、企业所得税和特许经营税、商业和企业许可证税、失业保险税、非法人(转嫁给消费者)企业所有者缴纳的个人所得税,以及属于企业纳税人法定义务的本州其他税和地方税(Cost Council on State Taxation,2015)。此外,各州通过与联邦政府的政府间转移支付获得大量收入。

地方立法

美国地方政府包括县政府、市政府、市镇及乡村政府、特区(如水和污水处理部门)和学区。总体而言,房产税收入占地方政府一般收入的最大部分(30%),也是地方政府开支的最大来源。来自销售税(7%)、个人所得税(2%)和其他税收(如体育场税和营业执照税)的收入仅略高于2%。水费、污水处理费和停车收费占地方政府一般收入的23%左右。自1977年以来,政府间转移支付占一般收入的比例从1977年的43%下降到2013年的36%,而收费收入从15%增加到23%。对学区的援助占州政府向地方转移支付额的一半以上。住房项目占联邦向地方政府转移支付额的40%(Urban Institute and Brookings Institution,2017)。

对公民健康的责任归根结底是地方政府的责任。无论是政策还是标准,均由联邦或州政府制定,大多数的卫生服务尤其是针对弱势群体的服务均由地方政府提供。地方政府在卫生保健方面最大的直接支出包括地方拥有和运营的医院、在职人员医疗保健、退休人员医疗保健和公共卫生服务。与州政府一样,地方政府提供各类服务,对健康有间接影响。这导致许多地方政府采用一种广泛的方式来应对"健康融入所有政策"。

地方卫生部门通常负责记录和分析出生、死亡、婚姻、离婚和法定传染病,维护疾病登记,开展特别调查以确定各种疾病的患病率和结局,采集和解释发病率数据,开展健康规划,以及定期评估社区卫生需求和服务(American Public Health Association,1950)。

⑯ 规章

美国国会上通过的法律,通常未包含足够明确的文字来充分指导其实施。规章/规则用于澄清定义、权限、资格、福利和标准。联邦行政机构有责任用规则和规章来补充新法或修正法案的细节。《美国联邦法规》是美国联邦政府的行政部门和机构在《联邦公报》上发布的法规(有时称为行政法)汇编(USGPO,2017)。

17 公共卫生暴露组测序

虽然人们对个体化学物暴露"受到伤害"的潜在机制和途径了解甚多,但对关键发育时期或整个生命过程中多种化学物暴露造成的蓄积和交互作用了解甚少。对于在建筑、社会和政策环境中的非化学物暴露造成不良健康结局的相关机制和途径,及其在化学物暴露所带来的健康影响中有何中介和调节作用都知之甚少。

公共卫生暴露组可视为类同于人类基因组,而不仅仅是基因和环境之间界面的扩展(Juarez,2013)。人类基因组计划从物理和功能的角度明确和绘制了大约20 000~25 000个人类基因组基因。相比之下,公共卫生暴露的基本构成要素就是那些自然、建筑、社会和政策环境因素。虽然我们目前收集的数据元素数量约为3 000个,但随着更多专业背景不同的人参与并促进完善分类法,这一数字可能会大幅增加。

表2.1~表2.4展示了公共卫生暴露组的类别。这四个领域分别为:自然环境(表2.1)、建筑环境(表2.2)、社会环境(表2.3)和政策环境(表2.4)。在每个领域内,暴露的来源都是确定的。四个域中的每个子域也得到确立。对于自然环境而言,子域是空气、水和土地;对于建筑环境而言,子域是生活、工作和休闲娱乐场所;对于社会环境而言,子域是人口、社会、政治和经济因素;对于政策领域而言,子域是联邦、州和地方法律法规。每个子域均对相关类别、暴露和健康结局予以界定。

表2.1 自然环境

子范畴	来源	类别	暴露	健康结局
空气	◆ 机动车 ◆ 发电厂 ◆ 精炼厂 ◆ 工业 ◆ 公用设施 ◆ 未通风空间 ◆ 泄露 ◆ 火炉 ◆ 火山 ◆ 火车头 ◆ 船舶 ◆ 越野	◆ 化石燃料(煤、石油、天然气) ◆ 排放物	◆ 地面臭氧 ◆ 一氧化碳 ◆ 二氧化硫 ◆ 颗粒物 ◆ 铅 ◆ 挥发性有机化合物 ◆ 二氧化氮 ◆ 最低/最高温度 ◆ 热指数 ◆ 沉降物 ◆ 太阳辐射 ◆ 持久性有机污染物 ◆ 二噁英 ◆ 硝酸盐	◆ 心血管疾病 ◆ 无意识/死亡 ◆ 呼吸道疾病 ◆ 哮喘

续表

子范畴	来 源	类 别	暴 露	健康结局
水	地表水	◆ 雨水废物 ◆ 排放未经处理的垃圾 ◆ 倾倒工业污水 ◆ 采矿 ◆ 农田径流	◆ 持久性有机污染物 ◆ 消毒剂 ◆ 二噁英	◆ 生殖健康 ◆ 发育健康 ◆ 癌症
	地下水	◆ 农业实践 ◆ 人口增长 ◆ 废气处理系统 ◆ 畜牧设施 ◆ 农田 ◆ 高尔夫球场 ◆ 草坪和花园	◆ 砷 ◆ 氟化物 ◆ 总无机氮 ◆ 持久性有机污染物 ◆ 磷 ◆ 铁 ◆ 锰 ◆ 硼 ◆ 重金属	◆ 恶心 ◆ 呕吐 ◆ 腹泻 ◆ 头痛 ◆ 军团病 ◆ 眼鼻刺激 ◆ 伤寒 ◆ 肝炎 ◆ 霍乱 ◆ 肾脏损伤 ◆ 大脑和中枢神经系统的损伤
土壤	土地覆盖	◆ 贫瘠地 ◆ 水 ◆ 灌木林地 ◆ 草地/草本地 ◆ 湿地 ◆ 已开发地 ◆ 森林高地 ◆ 草本种植地	◆ 运动 ◆ 饮食 ◆ 康乐用途	◆ 出生结局 ◆ 心理健康 ◆ 认知发展 ◆ 肥胖
	土地利用	◆ 农村/农业 ◆ 娱乐休闲 ◆ 林业 ◆ 住宅 ◆ 商业/工业 ◆ 公共/半公共 ◆ 未开发 ◆ 建筑 ◆ 街道 ◆ 空地 ◆ 基础设施 ◆ 交通 ◆ 社区设计 ◆ 城市化	◆ 农药 ◆ 杀虫剂 ◆ 化肥 ◆ 固体垃圾 ◆ 化学品 ◆ 家用用品 ◆ 核副产品 ◆ 保护水质	◆ 呼吸道疾病 ◆ 皮肤问题 ◆ 癌症

表 2.2　建筑环境

子范畴	来　源	分　类	暴　露	健康结局
生活	社区	◆ 道路 ◆ 人行道 ◆ 绿地 ◆ 食物供应	◆ 应激 ◆ 运动 ◆ 饮食 ◆ 获得卫生保健 ◆ 受教育机会 ◆ 获得就业机会 ◆ 资源获取 ◆ 社会网络	◆ 心理健康 ◆ 应激 ◆ 肥胖
	居住	建筑材料	◆ 聚氯乙烯(PVC) ◆ 铅 ◆ 汞 ◆ 石棉 ◆ 甲醛 ◆ 铬酸铜 ◆ 全氟化合物(PFCs) ◆ 邻苯二甲酸酯 ◆ 多溴联苯醚(PBDEs) ◆ 短链氯化石蜡 ◆ 卤代阻燃剂 ◆ 有毒气体	◆ 呼吸道疾病 ◆ 哮喘 ◆ 心理-社会压力 ◆ 癌症 ◆ 认知发展 ◆ 石棉肺 ◆ 间皮瘤 ◆ 眼鼻刺激 ◆ 神经症状 ◆ 皮疹/瘙痒 ◆ 内分泌干扰物 ◆ 男童生殖问题 ◆ 肝/甲状腺 ◆ 毒性 ◆ 发育神经毒性

续表

子范畴	来源	分类	暴露	健康结局
工作	◆ 物理 ◆ 人体工学 ◆ 纳米颗粒 ◆ 社会心理 ◆ 生物 ◆ 化学 ◆ 农药	◆ 创伤 ◆ 呼吸道 ◆ 癌症 ◆ 杀虫剂 ◆ 除草剂 ◆ 杀菌剂	◆ 交通 ◆ 接触物体 ◆ 暴力 ◆ 有害物质 ◆ 肺 ◆ 食道 ◆ 膀胱 ◆ 喉/咽 ◆ 皮肤 ◆ 鼻窦 ◆ 乳腺 ◆ 结肠/直肠 ◆ 骨 ◆ 肾 ◆ 喉 ◆ 肺 ◆ 胃 ◆ 有机氯 ◆ 有机磷酸酯类 ◆ 氨基甲酸酯类 ◆ 拟除虫菊酯类 ◆ 新烟碱类 ◆ 苯基吡唑类 ◆ 氯苯氧基 ◆ 联吡啶类 ◆ 硝基苯胺 ◆ 三嗪类 ◆ 脲类除草剂 ◆ 氨基膦酸酯 ◆ 无机 ◆ 二硫代氨基甲酸酯 ◆ 苯胺类 ◆ 二甲酰亚胺类 ◆ 甲氧基丙烯酸酯类 ◆ 芳香族 ◆ 咪唑类 ◆ 康唑类	◆ 跌倒、滑倒、绊倒 ◆ 杀人/攻击 ◆ 心理-社会压力 ◆ 哮喘 ◆ 慢性阻塞性肺病（COPD） ◆ 尘肺 ◆ 呼吸道结核 ◆ 煤工尘肺 ◆ 膀胱癌 ◆ 骨癌、脑癌和其他中枢系统肿瘤 ◆ 乳腺癌 ◆ 结直肠癌 ◆ 肾癌 ◆ 喉癌 ◆ 肺癌 ◆ 鼻窦癌 ◆ 非霍奇金氏病 ◆ 非黑色素瘤 ◆ 皮肤癌 ◆ 食管癌 ◆ 鼻咽癌 ◆ 胃癌 ◆ 白血病 ◆ 帕金森病 ◆ 流产 ◆ 出生缺陷 ◆ 精细运动技能损害 ◆ 视觉精确度 ◆ 阿尔茨海默病 ◆ 短期记忆 ◆ 白血病 ◆ 脑肿瘤

续表

子范畴	来 源	分 类	暴 露	健康结局
娱乐	◆ 康乐设施 ◆ 绿地	◆ 公园 ◆ 人行道 ◆ 自行车车道 ◆ 设施	◆ 运动 ◆ 社交 ◆ 城市热效应 ◆ 温室气体 ◆ 暴雨水衰减	◆ 肥胖 ◆ 心理健康 ◆ 应激
交通	◆ 便利 ◆ 邻近	◆ 汽车 ◆ 步行/骑自行车 ◆ 公共交通 ◆ 空气 ◆ 水 ◆ 土壤 ◆ 噪声	◆ 康乐设施 ◆ 卫生保健 ◆ 教育 ◆ 就业 ◆ 颗粒物 ◆ 一氧化碳 ◆ 氮氧化物 ◆ 致癌物	◆ 创伤 ◆ 心血管健康 ◆ 心理健康 ◆ 哮喘、支气管炎、 ◆ 肺功能下降 ◆ 呼吸道疾病 ◆ 心脏病 ◆ 不良出生状况 ◆ 癌症 ◆ 早逝

📍 表2.3 社会环境

子范畴	来 源	分 类	暴 露	健康结局
人口学特征	◆ 年龄 ◆ 种族 ◆ 性别 ◆ 社会经济地位（SES） ◆ 居住地	◆ 儿童 ◆ 青少年&年轻人 ◆ 老年人 ◆ 非裔美国人 ◆ 拉丁美洲人 ◆ 美洲印第安人 ◆ API ◆ 同性恋、双性恋及变性者(LGBT) ◆ 性别 ◆ 残疾 ◆ 低收入 ◆ 农村 ◆ 城市	◆ 婚姻史 ◆ 移民身份 ◆ 教育程度 ◆ 入学 ◆ 劳动力状况 ◆ 通勤时间 ◆ 去年工作状态 ◆ 房屋所有权 ◆ 结构单位 ◆ 房间 ◆ 卧室 ◆ 可用车辆 ◆ 竣工年份 ◆ 入住年份 ◆ 家庭供暖燃料 ◆ 抵押贷款 ◆ 税收 ◆ 保险 ◆ 租金	◆ 健康差异 ◆ 健康状况 ◆ 获得卫生保健 ◆ 卫生保健费用

续表

子范畴	来源	分类	暴露	健康结局
社会文化因素	◆ 个人 ◆ 家庭 ◆ 参考群体 ◆ 社会群体	◆ 血统世系 ◆ 角色&社会地位 ◆ 时间和可用资源 ◆ 教育 ◆ 语言 ◆ 法律 ◆ 宗教 ◆ 社会组织 ◆ 社会规范	◆ 社会支持 ◆ 支持网络 ◆ 居家用语 ◆ 退伍军人身份 ◆ 祖父母作为照护者 ◆ 宗教 ◆ 犯罪史 ◆ 社区参与 ◆ 价值观和态度	◆ 早逝 ◆ 健康状况 ◆ 心理健康状况 ◆ 健康差异
政治因素		政策	◆ 地缘政治边界 ◆ 投票史	◆ 获得卫生保健的机会 ◆ 医疗保险花费
经济因素		◆ 就业机会 ◆ 健康 ◆ 收入	◆ 领食物券的人 ◆ 食物成本 ◆ 住房成本 ◆ 公共事业费用 ◆ 卫生保健费用 ◆ 健康保险	◆ 发病率增高 ◆ 功能缺失 ◆ 认知障碍 ◆ 身体损伤

表 2.4 政策范畴

子范畴	来源	分类	暴露	健康结局
美国联邦法	◆ USDHHS ◆ 美国疾病控制和预防中心，美国国家卫生统计中心，美国国家卫生资源和服务管理局 ◆ 美国农业部 ◆ 美国劳工部 ◆ 美国教育部 ◆ 美国国家环境保护局 ◆ 美国住房和城市发展部 ◆ 美国退伍军人管理局 ◆ 美国内政部 ◆ 美国律政司	◆ 直接护理 ◆ 保险 ◆ 数据收集和宣传 ◆ 其他服务 ◆ 美国退伍军人事务部平民健康与医疗项目 ◆ 美国退伍军人医院及门诊服务 ◆ 印第安事务局 ◆ 联邦调查局	◆ 印第安人 ◆ 卫生服务 ◆ 医疗保险 ◆ 医疗补助 ◆ 平价医疗法案 ◆ 儿童健康保险计划 ◆ FQHCs ◆ 医疗保险、医疗补助、流行病学研究广泛在线数据、行为危险因素监测系统、医疗专业人员短缺地区/医疗服务资源短缺地区等 ◆ 补充营养援助计划 ◆ 妇女、婴儿和儿童计划 ◆ 学校午餐计划 ◆ 失业工人培训 ◆ 职业安全与卫生 ◆ 煤矿安全卫生管理 ◆ 残疾人就业办公室 ◆ 酗酒补助金 ◆ 佩尔助学金/偿还贷款 ◆ 农业项目 ◆ 空气质量计划 ◆ 能源效率 ◆ 污染防治 ◆ 产品标识 ◆ 超级基金清理 ◆ 垃圾管理 ◆ 水质量计划 ◆ 社区发展 ◆ 无家可归者救助 ◆ 艾滋病患者的住房机会 ◆ 农村住房 ◆ 多户家庭住房 ◆ 卫生保健项目 ◆ 公共住房和印第安人住房 ◆ 健康保险 ◆ 提供保健/直接服务 ◆ 土地管理 ◆ 环境执法 ◆ 露天开采 ◆ 鱼类/野生动物 ◆ 刑事司法	◆ 卫生保健筹资 ◆ 健康差异 ◆ 获得保健的途径 ◆ 儿童健康 ◆ 卫生专业人员短缺地区 ◆ 健康状况和公平 ◆ 食品券 ◆ 孕妇和儿童的食物和营养 ◆ 儿童的食物和营养 ◆ 工人健康与安全 ◆ 煤矿安全 ◆ 工人残疾 ◆ 学生教育 ◆ 学生教育 ◆ 化学品排放控制 ◆ 洁净空气 ◆ 污染防治 ◆ 毒性物质 ◆ 消费者安全 ◆ 改善环境 ◆ 保护 ◆ 干净的水

续表

子范畴	来源	分类	暴露	健康结局
州立法	◆ 医疗政策 ◆ 其他政策		◆ 卫生与公共服务 ◆ 农业与农村发展 ◆ 刑事司法 ◆ 教育 ◆ 能源 ◆ 劳动和就业发展 ◆ 财政服务和商业	◆ 食物 ◆ 健康状况 ◆ 医疗补助 ◆ 平价医疗法案 ◆ 心理健康状况 ◆ 残疾 ◆ 预防
地方法	◆ 医疗政策 ◆ 其他政策		◆ 卫生 ◆ 公共卫生 ◆ 环境卫生 ◆ 职业卫生	◆ 发病率和死亡率 ◆ 干净的环境 ◆ 安全的工作场所 ◆ 传染病 ◆ 健康促进/预防疾病 ◆ 性传播感染/艾滋病毒

18 讨论

公共卫生暴露科学代表了一般的外部环境,并没有脱离Wild对暴露组的更广泛的界定。作为暴露组的一部分,公共卫生暴露科学是一种新的风险评估方法的一部分,可以用来更好地了解整个暴露途径。公共卫生暴露科学使得公共卫生研究者有机会利用公开的二级数据,结合使用数据驱动和假设驱动的方法来衡量环境暴露对个人健康和人群健康水平差异的复杂作用。然而,采用暴露组的方法将会对许多传统的公共卫生实践、政策、研究方法、培训和筹资机制提出挑战,一旦采用该方法,则需要大量的重组调整。

首先,暴露组挑战了特定学科分类下的研究者培训模式,使得跨学科培训尤为必要。暴露组涵盖了各类传统学科,从基础科学到社会科学、行为科学、计算机科学、工程学、公共卫生、环境卫生、城市规划、地理、健康经济学、生物统计学、流行病学、混合效应、贝叶斯定理、时空和预测模型等计算方法。因为没有人能够具备运用暴露组方法所需的所有知识和技能,所以只有通过采取变革性的、跨学科的团队科研合作才能实现。

其次,暴露科学对目前用于资助研究以疾病/器官为焦点的项目同样提出了挑战。使用特定疾病或器官方法的研究资助不太适合跨学科团队科研。相反,暴露科学注重交叉途径和机制的研究,无论是分子的还是环境的,或者二者兼而有之,要求资助者重新思考如何实现研究目标。

再次,暴露科学促进了新预测模型、方法和分析方法的使用,以完成"大数据"处理工作。传统的生物统计学和流行病学方法需要与数据驱动、可扩展的组合分析相结合,以用于分析多种环境暴露、途径和健康结局之间的复杂关系。

最后,收集大量跨越空间和时间的动态的环境暴露各类数据,将明显加大研究人员使用的数据量,这要求研究人员精通生物信息学。最近出现的来自个人检测仪、社交媒体和健康电子记录等数据,现在可以通过实时或近乎实时的方式获得,这更加要求研究人员了解数据捕获、管理和存储技术。

目前,关于暴露在类似环境中的人为何或如何出现不同的个人健康结局,为什么随着时间的推移某些弱势群体的健康差异依然存在? 我们仍然知之甚少。暴露科学的相关方法对环境暴露影响个人健康轨迹和人群健康差异的因果途径进行概念化,提出了一种新的思路,为建立不一样的健康科学提供了明确的途径。

(翻译:凌曦)

参考文献

Adler NE, Boyce W, Chesney MA, Folkman S, Syme S (1993) Socioeconomic inequalities in health: no easy solution. JAMA 269(24):3140-3145. https://doi.org/10.1001/jama.1993. 03500240084031

Adler NE, Boyce T, Chesney MA, Cohen S, Folkman S, Kahn RL, Syme SL (1994) Socioeconomic status and health: the challenge of the gradient. Am Psychol 49(1):15-24

Alicandro G, Rota M, Boffetta P, La Vecchia C (2016) Occupational exposure to polycyclic aromatic hydrocarbons and lymphatic and hematopoietic neoplasms: a systematic review and meta-analysis of cohort studies. Arch Toxicol 90(11):2643-2656. https://doi.org/10.1007/s00204-016-1822-8

Allen EM, Alexander BH, MacLehose RF, Nelson HH, Ramachandran G, Mandel JH (2015) Cancer incidence among Minnesota taconite mining industry workers. Ann Epidemiol 25(11):811-815. e811. https://doi.org/10.1016/j.annepidem.2015.08.003

American Public Health Association (1950) The local health department: services and responsibilities. Am J Public Health Nations Health 40:67-72

Astrakianakis G, Seixas NS, Ray R, Camp JE, Gao DL, Feng Z, Li W, Wernli KJ, Fitzgibbons ED, Thomas DB, Checkoway H (2007) Lung cancer risk among female textile workers exposed to endotoxin. J Natl Cancer Inst 99(5):357-364. https://doi.org/10.1093/jnci/djk063

Atkinson RW, Mills IC, Walton HA, Anderson HR (2015) Fine particle components and health—a systematic review and meta-analysis of epidemiological time series studies of daily mortality and hospital admissions. J Expo Sci Environ Epidemiol 25(2):208-214. https://doi.org/10.1038/jes.2014.63

Atlanta Regional Health Forum, Atlanta Regional Commission (2006) Land use planning for public health: the role of local boards of health in community design and development. National Association of Local Boards of Health, Bowling Green, OH Balluz L, Wen XJ, Town M, Shire JD, Qualter J, Mokdad A (2007) Ischemic heart disease and ambient air pollution of particulate matter 2.5 in 51 counties in the U.S. Public Health Rep 122

(5):626-633

Barraj LM, Tsuji JS, Scrafford CG (2007) The SHEDS-wood model: incorporation of observational data to estimate exposure to arsenic for children playing on CCA-treated wood structures. Environ Health Perspect 115 (5):781-786. https://doi.org/10.1289/ehp.9741

Barret M (1997) Initial tier screening of pesticides for groundwater concentration using the SCI-GROW model. USEPA, Washington, DC

Beelen R, Hoek G, Raaschou-Nielsen O, Stafoggia M, Andersen ZJ, Weinmayr G, Hoffmann B, Wolf K, Samoli E, Fischer PH, Nieuwenhuijsen MJ, Xun WW, Katsouyanni K, Dimakopoulou K, Marcon A, Vartiainen E, Lanki T, Yli-Tuomi T, Oftedal B, Schwarze PE, Nafstad P, De Faire U, Pedersen NL, Östenson C-G, Fratiglioni L, Penell J, Korek M, Pershagen G, Eriksen KT, Overvad K, Sørensen M, Eeftens M, Peeters PH, Meliefste K, Wang M, Bueno-de-Mesquita HB, Sugiri D, Krämer U, Heinrich J, de Hoogh K, Key T, Peters A, Hampel R, Concin H, Nagel G, Jaensch A, Ineichen A, Tsai M-Y, Schaffner E, Probst-Hensch NM, Schindler C, Ragettli MS, Vilier A, Clavel-Chapelon F, Declercq C, Ricceri F, Sacerdote C, Galassi C, Migliore E, Ranzi A, Cesaroni G, Badaloni C, Forastiere F, Katsoulis M, Trichopoulou A, Keuken M, Jedynska A, Kooter IM, Kukkonen J, Sokhi RS, Vineis P, Brunekreef B (2015) Natural-cause mortality and long-term exposure to particle components: an analysis of 19 European cohorts within the Multi-Center ESCAPE project. Environ Health Perspect 123(6):525-533. https://doi.org/10.1289/ehp.1408095

Blair AZT, Linos A, Stewart PA, Zhang YW, Cantor KP (2001) Occupation and leukemia: a population-based case-control study in Iowa and Minnesota. Am J Ind Med 40(1):3-14

Bodin M, Hartig T (2003) Does the outdoor environment matter for psychological restoration gained through running? Psychol Sport Exerc 4:141-153. https://doi.org/10.1016/s1469-0292(01)00038-3

Boers D, Zeegers M, Swaen G, Kant I, van den Brandt PA (2005) The influence of occupational exposure to pesticides, polycyclic aromatic hydrocarbons, diesel exhaust, metal dust, metal fumes, and mineral oil on prostate cancer: a prospective cohort study. Occup Environ Med 62(8):531-537. https://doi.org/10.1136/oem.2004.018622

Bowler DE, Buyung-Ali LM, Knight TM, Pullin AS (2010) A systematic review of evidence for the added benefits to health of exposure to natural environments. BMC Public Health 10(1):456. https://doi.org/10.1186/1471-2458-10-456

Breitner S, Liu L, Cyrys J, Bruske I, Franck U, Schlink U, Leitte AM, Herbarth O, Wiedensohler A, Wehner B, Hu M, Pan XC, Wichmann HE, Peters A (2011) Sub-micrometer particulate air pollution and cardiovascular mortality in Beijing, China. Sci Total Environ 409:5196-5204. https://doi.org/10.1016/j.scitotenv.2011.08.023

Brook RD, Rajagopalan S, Pope CA, Brook JR, Bhatnagar A, Diez-Roux AV, Holguin F, Hong Y, Luepker RV, Mittleman MA, Peters A, Siscovick D, Smith SC, Whitsel L, Kaufman JD (2010) Particulate matter air pollution and cardiovascular disease: an update to the scientific statement from the American heart association. Circulation 121:2331-2378. https://doi.org/10.1161/CIR.0b013e3181dbece1

Brown T, Young C, Rushton L, British Occupational Cancer Burden Study Group (2012) Occupational cancer in Britain: remaining cancer sites: brain, bone, soft tissue sarcoma and thyroid. Br J Cancer 107(Suppl 1): S85-S91. https://doi.org/10.1038/bjc.2012.124

Brunekreef B (2013) Exposure science, the exposome, and public health. Environ Mol Mutagen 54:596-598.

https://doi.org/10.1002/em.21767

Buck Louis GM, Sundaram R (2012) Exposome: time for transformative research. Stat Med 31(22): 2569-2575. https://doi.org/10.1002/sim.5496

Canadian Centre for Occupational Health and Safety (2017) Cancer sites associated with occupational exposures. https://www.ccohs.ca/oshanswers/diseases/carcinogen_site.html. Accessed 14 Mar 2017

Cao J, Yang C, Li J, Chen R, Chen B, Gu D, Kan H (2011) Association between long-term exposure to outdoor air pollution and mortality in China: a cohort study. J Hazard Mater 186: 1594-1600. https://doi.org/10.1016/j.jhazmat.2010.12.036

Case BW, Abraham JL, Meeker G, Pooley FD, Pinkerton KE (2011) Applying definitions of "asbestos" to environmental and "low-dose" exposure levels and health effects, particularly malignant mesothelioma. J Toxicol Environ Health B Crit Rev 14(1-4): 3-39. https://doi.org/10.1080/10937404.2011.556045

Centers for Disease Control and Prevention (2017) NCHHSTP social determinants of health. https://www.cdc.gov/nchhstp/socialdeterminants/definitions.html. Accessed 14 Mar 2017

Chen L, Mengersen K, Tong S (2007) Spatiotemporal relationship between particle air pollution and respiratory emergency hospital admissions in Brisbane, Australia. Sci Total Environ 373: 57-67. https://doi.org/10.1016/j.scitotenv.2006.10.050

Chuang C-S, Ho S-C, Lin C-L, Lin M-C, Kao C-H (2016) Risk of cerebrovascular events in pneumoconiosis patients: a population-based study, 1996-2011. Medicine 95(9): e2944. https://doi.org/10.1097/MD.0000000000002944

Cohen-Cline H, Turkheimer E, Duncan GE (2015) Access to green space, physical activity and mental health: a twin study. J Epidemiol Community Health 69(6): 523

Cost Council on State Taxation (2015) Study: total state and local business taxes (fy15). http://www.cost.org/page.aspx?id¼69654. Accessed 16 Mar 2017

Coughlin SS, Smith SA (2015) The impact of the natural, social, built, and policy environments on breast cancer. J Environ Health Sci 1(3). https://doi.org/10.15436/2378-6841.15.020

Crimmins EM, Hayward MD, Seeman TE (2004) Race/ethnicity, socioeconomic status, and health. In: Anderson NB, Bulatao RA, Cohen B (eds) National Research Council (US) panel on race ethnicity, and health in later life. National Academies Press, Washington DC

Crouse DL, Peters PA, van Donkelaar A, Goldberg MS, Villeneuve PJ, Brion O, Khan S, Atari DO, Jerrett M, Pope CA, Brauer M, Brook JR, Martin RV, Stieb D, Burnett RT (2012) Risk of nonaccidental and cardiovascular mortality in relation to long-term exposure to low concentrations of fine particulate matter: a Canadian national-level cohort study. Environ Health Perspect 120: 708-714. https://doi.org/10.1289/ehp.1104049

Dadvand P, Nieuwenhuijsen MJ, Esnaola M, Forns J, Basagaña X, Alvarez-Pedrerol M, Rivas I, López-Vicente M, De Castro Pascual M, Su J, Jerrett M, Querol X, Sunyer J (2015) Green spaces and cognitive development in primary schoolchildren. Proc Natl Acad Sci 112(26): 7937-7942. https://doi.org/10.1073/pnas.1503402112

Dannemiller KC, Murphy JS, Dixon SL, Pennell KG, Suuberg EM, Jacobs DE, Sandel M (2013) Formaldehyde concentrations in household air of asthma patients determined using colorimetric detector tubes. Indoor Air 23(4): 285-294. https://doi.org/10.1111/ina.12024

Dehbi H-M, Blangiardo M, Gulliver J, Fecht D, de Hoogh K, Al-Kanaani Z, Tillin T, Hardy R, Chaturvedi N, Hansell AL (2017) Air pollution and cardiovascular mortality with over 25 years follow-up: a combined analysis of two British cohorts. Environ Int 99: 275-281. https://doi.org/10.1016/j.envint.2016.12.004

Dishaw L, Macaulay L, Roberts SC, Stapleton HM (2014) Exposures, mechanisms, and impacts of endocrine-active flame retardants. Curr Opin Pharmacol 19: 125-133. https://doi.org/10.1016/j.coph.2014.09.018

Dong GH, Zhang P, Sun B, Zhang L, Chen X, Ma N, Yu F, Guo H, Huang H, Lee YL, Tang N, Chen J (2012) Long-term exposure to ambient air pollution and respiratory disease mortality in Shenyang, China: a 12-year population-based retrospective cohort study. Respiration 84: 360-368. https://doi.org/10.1159/000332930

Elwell Bostrom H, Shulaker B, Rippon J, Wood R (2017) Strategic and integrated planning for healthy, connected cities: Chattanooga case study. Prev Med 95 (Suppl): S115-S119. https://doi.org/10.1016/j.ypmed.2016.11.002

Evans GW (2003) The built environment and mental health. J Urban Health 80(4): 536-555. https://doi.org/10.1093/jurban/jtg063

Fay JWJ, Ashford JR (1961) A survey of the methods developed in the national coal board's pneumoconiosis field research for correlating environmental exposure with medical condition. Br J Ind Med 18(3): 175-196

GBD 2013 Risk Factors Collaborators, Forouzanfar MH, Alexander L, Anderson HR, Bachman VF, Biryukov S et al (2015) Global, regional, and national comparative risk assessment of 79 behavioural, environmental and occupational, and metabolic risks or clusters of risks in 188 countries, 1990-2013: a systematic analysis for the Global Burden of Disease Study 2013. Lancet 386(10010): 2287-2323. https://doi.org/10.1016/S0140-6736(15)00128-2

Golden R (2011) Identifying an indoor air exposure limit for formaldehyde considering both irritation and cancer hazards. Crit Rev Toxicol 41(8): 672-721. https://doi.org/10.3109/10408444.2011.573467

Goodson WH, Lowe L, Carpenter DO, Gilbertson M, Manaf Ali A, Lopez de Cerain Salsamendi A, Lasfar A, Carnero A, Azqueta A, Amedei A, Charles AK, Collins AR, Ward A, Salzberg AC, Colacci AM, Olsen A-K, Berg A, Barclay BJ, Zhou BP, Blanco-Aparicio C, Baglole CJ, Dong C, Mondello C, Hsu C-W, Naus CC, Yedjou C, Curran CS, Laird DW, Koch DC, Carlin DJ, Felsher DW, Roy D, Brown DG, Ratovitski E, Ryan EP, Corsini E, Rojas E, Moon E-Y, Laconi E, Marongiu F, Al-Mulla F, Chiaradonna F, Darroudi F, Martin FL, Van Schooten FJ, Goldberg GS, Wagemaker G, Nangami GN, Calaf GM, Williams GP, Wolf GT, Koppen G, Brunborg G, Lyerly HK, Krishnan H, Ab Hamid H, Yasaei H, Sone H, Kondoh H, Salem HK, Hsu H-Y, Park HH, Koturbash I, Miousse IR, Scovassi A, Klaunig JE, Vondráček J, Raju J, Roman J, Wise JP, Whitfield JR, Woodrick J, Christopher JA, Ochieng J, Martinez-Leal JF, Weisz J, Kravchenko J, Sun J, Prudhomme KR, Narayanan KB, Cohen-Solal KA, Moorwood K, Gonzalez L, Soucek L, Jian L, D'Abronzo LS, Lin L-T, Li L, Gulliver L, McCawley LJ, Memeo L, Vermeulen L, Leyns L, Zhang L, Valverde M, Khatami M, Romano MF, Chapellier M, Williams MA, Wade M, Manjili MH, Lleonart ME, Xia M, Gonzalez Guzman MJ, Karamouzis MV, Kirsch-Volders M, Vaccari M, Kuemmerle NB, Singh N, Cruickshanks N, Kleinstreuer N, van Larebeke N, Ahmed N, Ogunkua O, Krishnakumar PK, Vadgama P, Marignani PA, Ghosh PM, Ostrosky-Wegman P, Thompson PA, Dent P, Heneberg P, Darbre P, Leung PS, Nangia-Makker P, Cheng Q, Robey R, Al-Temaimi R, Roy R, Andrade-Vieira R, Sinha RK, Mehta R, Vento R, Di Fiore R, Ponce-Cusi R, Dornetshuber-Fleiss R, Nahta R, Castellino RC, Palorini R, Hamid RA, Langie SAS, Eltom SE, Brooks SA, Ryeom S, Wise SS, Bay SN, Harris SA, Papagerakis S, Romano S, Pavanello S, Eriksson S, Forte S, Casey SC, Luanpitpong S, Lee T-J, Otsuki T, Chen T, Massfelder T,

Sanderson T, Guarnieri T, Hultman T, Dormoy V, Odero-Marah V, Sabbisetti V, Maguer-Satta V, Rathmell W, Engström W, Decker WK, Bisson WH, Rojanasakul Y, Luqmani Y, Chen Z, Hu Z (2015) Assessing the carcinogenic potential of low-dose exposures to chemical mixtures in the environment: the challenge ahead. Carcinogenesis 36(Suppl 1):S254-S296. https://doi.org/10.1093/carcin/bgv039

Goswami E, Craven V, Dahlstrom DL, Alexander D, Mowat F (2013) Domestic asbestos exposure: a review of epidemiologic and exposure data. Int J Environ Res Public Health 10(11):5629-5670. https://doi.org/10.3390/ijerph10115629

GreenFacts Scientific Board (2017) Pesticides: occupational exposure and associated health effects. http://www.greenfacts.org/en/pesticides-occupational-risks/index.htm. Accessed 14 Mar 2017

Greiser EM, Greiser KH, Ahrens W, Hagen R, Lazszig R, Maier H, Schick B, Zenner HP (2012) Risk factors for nasal malignancies in German men: the South-German Nasal cancer study. BMC Cancer 12:506-506. https://doi.org/10.1186/1471-2407-12-506

Hamula C, Wang Z, Zhang H, Kwon E, Li X-F, Gabos S, Le XC (2006) Chromium on the hands of children after playing in playgrounds built from chromated copper arsenate (CCA)-treated wood. Environ Health Perspect 114(3):460-465. https://doi.org/10.1289/ehp.8521

Hancock DG, Langley ME, Chia KL, Woodman RJ, Shanahan EM (2015) Wood dust exposure and lung cancer risk: a meta-analysis. Occup Environ Med 72(12):889-898. https://doi.org/10.1136/oemed-2014-102722

Handy DE, Castro R, Loscalzo J (2011) Epigenetic modifications: basic mechanisms and role in cardiovascular disease. Circulation 123(19):2145-2156. https://doi.org/10.1161/CIRCULATIONAHA.110.956839

Hunter RF, Christian H, Veitch J, Astell-Burt T, Hipp JA, Schipperijn J (2015) The impact of interventions to promote physical activity in urban green space: a systematic review and recommendations for future research. Soc Sci Med 124:246-256. https://doi.org/10.1016/j.socscimed.2014.11.051

Hystad P, Davies HW, Frank L, Van Loon J, Gehring U, Tamburic L, Brauer M (2014) Residential greenness and birth outcomes: evaluating the influence of spatially correlated built-environment factors. Environ Health Perspect 122(10):1095-1102. https://doi.org/10.1289/ehp.1308049

Institute of Medicine (US) Committee on Assessing Interactions Among Social B, and Genetic Factors in Health (2006) Genes, behavior, and the social environment: moving beyond the nature/nurture debate. National Academies Press, Washington, DC

International Human Genome Sequencing Consortium (2004) Finishing the euchromatic sequence of the human genome. Nature 431:931-945

Jones DP (2016) Sequencing the exposome: a call to action. Toxicol Rep 3:29-45. https://doi.org/10.1016/j.toxrep.2015.11.009

Juarez P (2013) Sequencing the public health genome. J Health Care Poor Underserved 24(1 Suppl):114-120. https://doi.org/10.1353/hpu.2013.0035

Juarez PD, Matthews-Juarez P, Hood DB, Im W, Levine RS, Kilbourne BJ, Langston MA, Al-Hamdan MZ, Crosson WL, Estes MG, Estes SM, Agboto VK, Robinson P, Wilson S, Lichtveld MY (2014) The public health exposome: a population-based, exposure science approach to health disparities research. Int J Environ Res Public Health 11(12):12866-12895. https://doi.org/10.3390/ijerph111212866

Kibble A, Harrison R (2005) Point sources of air pollution. Occup Med 55(6):425-431. https://doi.org/10.1093/occmed/kqi138

Kim I, Ha J, Lee J-H, Yoo K-M, Rho J (2014) The relationship between the occupational exposure of trichloroethylene and kidney cancer. Ann Occup Environ Med 26: 12-12. https://doi.org/10.1186/2052-4374-26-12

Kornartit C, Sokhi RS, Burton MA, Ravindra K (2010) Activity pattern and personal exposure to nitrogen dioxide in indoor and outdoor microenvironments. Environ Int 36(1): 36-45. https://doi.org/10.1016/j.envint.2009.09.004

Korpi A, Pasanen A-L, Pasanen P (1998) Volatile s. Appl Environ Microbiol 64(8): 2914-2919

Lacourt A, Pintos J, Lavoué J, Richardson L, Siemiatycki J (2015) Lung cancer risk among workers in the construction industry: results from two case-control studies in Montreal. BMC Public Health 15: 941. https://doi.org/10.1186/s12889-015-2237-9

Langston MA, Levine RS, Kilbourne BJ, Rogers GL, Kershenbaum AD, Baktash SH, Coughlin SS, Saxton AM, Agboto VK, Hood DB, Litchveld MY, Oyana TJ, Matthews-Juarez P, Juarez PD (2014a) Scalable combinatorial tools for health disparities research. Int J Environ Res Public Health 11(10): 10419-10443. https://doi.org/10.3390/ijerph111010419

Langston MA, Levine RS, Kilbourne BJ, Rogers GL, Kershenbaum AD, Baktash SH, Coughlin SS, Saxton AM, Agboto VK, Hood DB, Litchveld MY, Oyana TJ, Matthews-Juarez P, Juarez PD (2014b) Scalable combinatorial tools for health disparities research. Int J Environ Res Public Health 11(10): 10410-10413

Latifovic L, Villeneuve PJ, Parent MÉ, Johnson KC, Kachuri L, Canadian Cancer Registries Epidemiology Group, Harris SA (2015) Bladder cancer and occupational exposure to diesel and gasoline engine emissions among Canadian men. Cancer Med 4(12): 1948-1962. https://doi.org/10.1002/cam4.544

Lee ACK, Jordan HC, Horsley J (2015) Value of urban green spaces in promoting healthy living and wellbeing: prospects for planning. Risk Manag Healthc Policy 8: 131-137. https://doi.org/10.2147/RMHP.S61654

Lee D, Shaddick G (2010) Spatial modeling of air pollution in studies of its short-term health effects. Biometrics 66: 1238-1246. https://doi.org/10.1111/j.1541-0420.2009.01376.x

Lentz TJ, Dotson GS, Williams PR, Maier A, Gadagbui B, Pandalai SP, Lamba A, Hearl F, Mumtaz M (2015) Aggregate exposure and cumulative risk assessment—integrating occupational and non-occupational risk factors. J Occup Environ Hyg 12(sup1): S112-S126. https://doi.org/10.1080/15459624.2015.1060326

Lepeule J, Laden F, Dockery D, Schwartz J (2012) Chronic exposure to fine particles and mortality: an extended follow-up of the Harvard six cities study from 1974 to 2009. Environ Health Perspect 120: 965-970. https://doi.org/10.1289/ehp.1104660

Levy JI, Hanna SR (2011) Spatial and temporal variability in urban fine particulate matter concentrations. Environ Pollut 159: 2009-2015. https://doi.org/10.1016/j.envpol.2010.11.013

Liu H, Li F, Li J, Zhang Y (2017) The relationships between urban parks, residents' physical activity, and mental health benefits: a case study from Beijing, China. J Environ Manag 190: 223-230. https://doi.org/10.1016/j.jenvman.2016.12.058

Lobdell DT, Jagai JS, Rappazzo K, Messer LC (2011) Data sources for an environmental quality index: availability, quality, and utility. Am J Public Health 101(S1): S277-S285. https://doi.org/10.2105/AJPH.2011.300184

Lovekamp-Swan T, Davis BJ (2003) Mechanisms of phthalate ester toxicity in the female reproductive system. Environ Health Perspect 111(2): 139-145

Malambo P, Kengne AP, De Villiers A, Lambert EV, Puoane T (2016) Built environment, selected risk factors and major cardiovascular disease outcomes: a systematic review. PLoS One 11(11): e0166846. https://doi.org/

10.1371/journal.pone.0166846

Malhotra J, Sartori S, Brennan P, Zaridze D, Szeszenia-Dabrowska N, Świątkowska B, Rudnai P, Lissowska J, Fabianova E, Mates D, Bencko V, Gaborieau V, Stücker I, Foretova L, Janout V, Boffetta P (2015) Effect of occupational exposures on lung cancer susceptibility: a study of gene-environment interaction analysis. Cancer Epidemiol Biomark Prev 24(3):570-579. https://doi.org/10.1158/1055-9965.epi-14-1143-t

Marmot M (2005) Social determinants of health inequalities. Lancet 365(9464):1099-1104. https://doi.org/10.1016/S0140-6736(05)71146-6

Marmot M, Ryff CD, Bumpass LL, Shipley M, Marks NF (1997) Social inequalities in health: next questions and converging evidence. Soc Sci Med 44(6):901-910. https://doi.org/10.1016/S0277-9536(96)00194-3

Mendell MJ, Mirer AG, Cheung K, Tong M, Douwes J (2011) Respiratory and allergic health effects of dampness, mold, and dampness-related agents: a review of the epidemiologic evidence. Environ Health Perspect 119(6):748-756. https://doi.org/10.1289/ehp.1002410

Miller KA, Siscovick DS, Sheppard L, Shepherd K, Sullivan JH, Anderson GL, Kaufman JD (2007) Long-term exposure to air pollution and incidence of cardiovascular events in women. N Engl J Med 356:447-458. https://doi.org/10.1056/NEJMoa054409

National Health Policy Forum (2010) Governmental public health: an overview of state and local public health agencies. BACKGROUND PAPER No. 77. George Washington University National Research Council (1983) Risk assessment in the federal government: managing the process. The National Academies Press, Washington, DC

National Research Council (2004) Air quality management in the United States. The National Academies Press, Washington DC. https://doi.org/10.17226/10728

National Research Council (2012) Exposure science in the 21st century: a vision and a strategy. The National Academies Press, Washington, DC

National Research Council (US) Committee on Applications of Toxicogenomic Technologies to Predictive Toxicology (2007) Applications of toxicogenomic technologies to predictive toxicology and risk assessment. National Academies Press, Washington DC

Nielsen LS, Bælum J, Rasmussen J, Dahl S, Olsen KE, Albin M, Hansen NC, Sherson D (2014) Occupational asbestos exposure and lung cancer—a systematic review of the literature. Arch Environ Occup Health 69(4):191-206. https://doi.org/10.1080/19338244.2013.863752

Noonan AS, Velasco-Mondragon HE, Wagner FA (2016) Improving the health of African Americans in the USA: an overdue opportunity for social justice. Public Health Rev 37(1):12. https://doi.org/10.1186/s40985-016-0025-4

Occupational Safety and Health Administration (2017) US DOL. https://www.osha.gov/SLTC/lead/. Accessed 14 Mar 2017

Oddone E, Modonesi C, Gatta G (2014) Occupational exposures and colorectal cancers: a quantitative overview of epidemiological evidence. World J Gastroenterol: WJG 20(35):12431-12444. https://doi.org/10.3748/wjg.v20.i35.12431

Olsen J, Sabroe S (1984) Occupational causes of laryngeal cancer. J Epidemiol Community Health 38(2):117-121

Pardo-Crespo MR, Narla NP, Williams AR, Beebe TJ, Sloan J, Yawn BP, Wheeler PH, Juhn YJ (2013) Comparison of individual-level versus area-level socioeconomic measures in assessing health outcomes of children in Olmsted County, Minnesota. J Epidemiol Community Health 67(4): 305-310. https://doi.org/10.1136/jech-2012-201742

Parent M, Siemiatycki J, Fritschi L (2000) Workplace exposures and oesophageal cancer. Occup Environ Med 57(5):325-334. https://doi.org/10.1136/oem.57.5.325

Pećina-Šlaus N, Pećina M (2015) Only one health, and so many omics. Cancer Cell Int 15:64. https://doi.org/10.1186/s12935-015-0212-2

Pesch B, Pierl CB, Gebel M, Gross I, Becker D, Johnen G, Rihs HP, Donhuijsen K, Lepentsiotis V, Meier M, Schulze J, Brüning T (2008) Occupational risks for adenocarcinoma of the nasal cavity and paranasal sinuses in the German wood industry. Occup Environ Med 65(3):191

Ruiz JDC, Quackenboss JJ, Tulve NS (2016) Contributions of a child's built, natural, and social environments to their general cognitive ability: a systematic scoping review. PLoS One 11(2): e0147741. https://doi.org/10.1371/journal.pone.0147741

Samet JM, Zeger SL, Dominici F, Curriero F, Coursac I, Dockery DW, Schwartz J, Zanobetti A (2000) The national morbidity, mortality, and air pollution study. Part II: morbidity and mortality from air pollution in the United States. Res Rep Health Eff Inst 94(Pt 2):5-70

Sexton K, Linder SH (2011) Cumulative risk assessment for combined health effects from chemical and nonchemical stressors. Am J Public Health 101(Suppl 1):S81-S88. https://doi.org/10.2105/AJPH.2011.300118

Smith TD, DeJoy DM (2012) Occupational Injury in America: an analysis of risk factors using data from the General Social Survey (GSS). J Saf Res 43(1):67-74. https://doi.org/10.1016/j.jsr.2011.12.002

Sobel E, Davanipour Z, Sulkava R, Erkinjuntti T, Wikstrom J, Henderson VW, Buckwalter G, Bowman JD, Lee P-J (1995) Occupations with exposure to electromagnetic fields: a possible risk factor for Alzheimer's disease. Am J Epidemiol 142(5):515-524. https://doi.org/10.1093/oxfordjournals.aje.a117669

Song W, Cao Y, Wang D, Hou G, Shen Z, Zhang S (2015) An investigation on formaldehyde emission characteristics of wood building materials in chinese standard tests: product emission levels, measurement uncertainties, and data correlations between various tests. PLoS One 10(12): e0144374. https://doi.org/10.1371/journal.pone.0144374

Stapleton HM, Klosterhaus S, Keller A, Ferguson PL, van Bergen S, Cooper E, Webster TF, Blum A (2011) Identification of flame retardants in polyurethane foam collected from baby products. Environ Sci Technol 45(12):5323-5331. https://doi.org/10.1021/es2007462

Sun E, Shi Y (2015) MicroRNAs: small molecules with big roles in neurodevelopment and diseases. Exp Neurol 268:46-53. https://doi.org/10.1016/j.expneurol.2014.08.005

Surdu SFE, Bloom MS, Boscoe FP, Carpenter DO, Haase RF et al (2013) Occupational exposure to ultraviolet radiation and risk of non-melanoma skin cancer in a multinational European study. PLoS One 8(4): e62359. https://doi.org/10.1371/journal.pone.0062359

Syed ST, Gerber BS, Sharp LK (2013) Traveling towards disease: transportation barriers to health care access. J Community Health 38(5):976-993. https://doi.org/10.1007/s10900-013-9681-1

Tarvainen L, Kyyrönen P, Kauppinen T, Pukkala E (2008) Cancer of the mouth and pharynx, occupation and exposure to chemical agents in Finland [in 1971-95]. Int J Cancer 123:653-659

U.S. Census Bureau (2014) American community survey design and methodology. https://www.census.gov/programssurveys/acs/methodology/design-and-methodology.html. Accesed 14 Mar 2017

U.S. Census Bureau (2017) My congressional district. https://www.census.gov/mycd/. Accessed 14 Mar 2017

UC Berkeley Safe Transportation Research and Education Center (2017) Berkeley SafeTREC. https://safetrec.berkeley.edu/. Accessed 14 Mar 2017

United States Comptroller General (1977) National water quality goals cannot be attained without attention to pollution from diffused or "nonpoint" sources. vol Rep. CED-78-6 USGO, Washington, DC

Urban Institute and Brookings Institution (2017) State (and Local) Taxes. http://www.taxpolicycenter.org/briefing-book/what-are-sources-revenue-local-governments. Accessed 14 Mar 2017

USDHHS (2017) Health information privacy. https://www.hhs.gov/hipaa/index.html. Accessed 14 Mar 2017

USEPA (2003) Framework for cumulative risk assessmen. EPA, Washington DC

USEPA (2017a) Carbon monoxide's impact on indoor air quality. USEPA. https://www.epa.gov/indoor-air-quality-iaq/carbon-monoxides-impact-indoor-air-quality. Accessed 14 Mar 2017

USEPA (2017b) Exposure assessment tools by media—water and sediment. https://www.epa.gov/expobox/exposure-assessment-tools-media-water-and-sediment. Accessed 14 Mar 2017

USEPA (2017c) The inside story: a guide to indoor air quality. https://www.epa.gov/indoor-airquality-iaq/inside-story-guide-indoor-air-quality. Accessed 14 Mar 2017

USEPA (2017d) Particulate matter (PM) pollution. https://www.epa.gov/pm-pollution. Accessed 14 Mar 2017

USEPA (2017e) Sulfur dioxide (SO_2) pollution. https://www.epa.gov/so2-pollution. Accessed 14 Mar 2017

USEPA (2017f) Types of pesticide ingredients. USEPA. https://www.epa.gov/ingredients-usedpesticide-products/types-pesticide-ingredients. Accessed 14 Mar 2017

USGPO (2017) Electronic code of federal regulations. http://www.ecfr.gov/cgi-bin/ECFR?page=browse. Accessed 14 Mar 2017

USGS (2017) NLCD 92 land cover class definitions. https://landcover.usgs.gov/classes.php. Accessed 14 Mar 2017

Volchek K, Thouin G, Kuang W, Li K, Tezel FH, Brown CE (2014) The release of lindane from contaminated building materials. Environ Sci Pollut Res Int 21(20): 11844-11855. https://doi.org/10.1007/s11356-014-2742-x

Wang Y, Eliot MN, Wellenius GA (2014) Short-term changes in ambient particulate matter and risk of stroke: a systematic review and meta-analysis. J Am Heart Assoc 3(4): e000983. https://doi.org/10.1161/JAHA.114.000983

Wells NM (2017) How natural and built environments impact human health. http://www.human.cornell.edu/outreach/upload/CHE_DEA_NaturalEnvironments.pdf. Accessed 14 Mar 2017

Wild CP (2005) Complementing the genome with an "exposome": the outstanding challenge of environmental exposure measurement in molecular epidemiology. Cancer Epidemiol Biomark Prev 14(8): 1847-1850

Wild CP (2012) The exposome: from concept to utility. Int J Epidemiol 41(1): 24-32. https://doi.org/10.1093/ije/dyr236

Williams D (1990) Socioeconomic differentials in health: a review and redirection. Soc Psychol Q 53(2): 81-99

Williams PRD, Dotson GS, Maier A (2012) Cumulative risk assessment (CRA): transforming the way we assess health risks. Environ Sci Technol 46(20): 10868-10874. https://doi.org/10.1021/es3025353

Wimalawansa SA, Wimalawansa SJ (2016) Environmentally induced, occupational diseases with emphasis on chronic kidney disease of multifactorial origin affecting tropical countries. Ann Occup Environ Med 28: 33. https://doi.org/10.1186/s40557-016-0119-y

World Health Organization (2017) Social determinants of health. http://www.who.int/social_determinants/en/.

Accessed 14 Mar 2017

Yang S-N, Hsieh C-C, Kuo H-F, Lee M-S, Huang M-Y, Kuo C-H, Hung C-H (2014) The effects of environmental toxins on allergic inflammation. Allergy, Asthma Immunol Res 6(6): 478-484. https://doi.org/10.4168/aair.2014.6.6.478

Zhang LJ, Zheng JY, Yin SS, Peng K, Zhong LJ (2010) Development of non-road mobile source emission inventory for the Pearl River Delta region. Huan Jing Ke Xue 31(4): 886-891

Zhao X, Wang H, Li J, Shan Z, Teng W, Teng X (2015) The correlation between polybrominated diphenyl ethers (PBDEs) and thyroid hormones in the general population: a meta-analysis. PLoS One 10(5): e0126989. https://doi.org/10.1371/journal.pone.0126989

Zimmer KE, Gutleb AC, Ravnum S, Krayer von Krauss M, Murk AJ, Ropstad E, Skaare JU, Eriksen GS, Lyche JL, Koppe JG, Magnanti BL, Yang A, Bartonova A, Keune H (2012) Policy relevant results from an expert elicitation on the health risks of phthalates. Environ Health 11 (Suppl 1): S6-S6. https://doi.org/10.1186/1476-069X-11-S1-S6

第3章　美国军队与暴露组学

对暴露科学进行研究和利用,在美国军队中的需求极大,他们也极有可能在展开相关工作。军队的本质要求军人能在各种环境中执行任务、接触各种应激原,而无论客观条件如何,军人都承受着履行职责、执行任务的压力。就军队部署环境的多样性及军队所接触的工业化学品和材料种类的多样性而言,美国军队由于全球部署的广泛性而接触到的环境工业化学品和材料方面都是独一无二的,这使得美国军人成为世界上颇受关注的特殊职业健康人群之一。独特的环境暴露中,有记录在案的事件:如焚烧坑暴露、米什拉克硫黄矿的硫黄火灾,以及勒流营地的水质事件等。此外还有其他一些容易被忽视的暴露,如实弹射击中的铅暴露、柴油尾气或JP-8喷气式飞机燃料的暴露等。个人环境卫生问题与军队作业需求之间的平衡,是具有挑战性和动态性的问题。这促使军方会在暴露监测、消减策略和前沿研究计划方面优先作出考量。在本章中,我们将讨论作战人员所遇到的独特的作战环境和暴露情况、生物监测和暴露情况的军事记录,以及这些与单个暴露体之间的关系。军方拥有独特的暴露监测资产,如统一的电子健康记录、个人纵向暴露记录、部署前和部署后的血清采集,以及相对于营养和人口统计数据的更标准化的人口资料。这使得军人的暴露科学具有独特性,并在研究和应用方面具有重要和广阔的前景。

关键词:美国军队;作战人员;电子健康档案;暴露监测

1 引言

劳动卫生的研究方法中,包括了对引起急、慢性健康损害的环境因素进行定量分析、并分析这些因素如何与机体各系统相互作用,如何随作用时间延长而产生健康有害效应。预防、消减、治疗工作则需要了解这些因素的动态变化。基因组学等新技术正在彻底改变我们对人类健康的认识;然而,一个人的基因组(或其他"组",如转录组、蛋白质组等)只能代表故事的一部分。每一个体都体现为一个复杂的系统,包含着曾经发生过的大多数暴露的生化"记录"(暴露组),以及发生这些暴露的背景(遗传、心理、社会等)。当针对人群群体去寻找致病因素、生物标志物和某一具体疾病的发生历程时,这种个体暴露可能会影响人们对其的认识。

将环境因素与人类健康效应联系在一起时,需要明确的健康终点、支撑数据和环境信息。本书中其他地方讨论过的一个很好例子,即受污染储存食品中的黄曲霉毒素与肝细胞癌风险的增加有关(Beasley et al., 1981)。这种联系涉及基础科学和应用科学的直接应用,包括从流行病学到实验室研究,再到人口健康的检测方法。当面临将环境因素与不太直观的人类健康终点联系起来时,我们需要应用什么科学呢?世界卫生组织将健康定义为"身体、精神以及社会活动中的完美状态,而不仅仅是没有疾病或者虚弱(WHO, 1949)。"用于揭示机制因素的工具例如对化学加合物的研究,可能就无法将环境因素与更显模糊的效应(如身体不适、抑郁状态等)联系起来。但在职业健康方面,人们只需要各种类型的数据:能够描述基因组和"组学"背景的数据,能够较好描述有关环境、社会和心理的数据,以及针对各种事件进行纵向收集的大量数据。

美国军队为解决职业卫生研究中所面临的上述问题提供了独特的机会。在其历史中,军队面临着许多对现役军人或退伍军人产生健康损害的慢性影响,他们必须采取方法"发现"来源并减轻其影响。例如曾经认为为"确凿的证据"的环境因素——有关毒素对健康的影响,至今仍未找到与海湾战争综合征的关联。因此,军队在伦理上和政治上都有必要建立良好的个体和环境监测手段。如今,军队一直为其现役成员和退伍军人维持着先进的职业健康监测系统。

2 精确军事暴露监测的历史需求

纵观美军历史,避免军人暴露于潜在有毒物质的需求一直存在。此方面工作主要聚焦于化学武器,是因为此类武器能造成迅速杀伤,而且需要即刻采取应对措施。近年来,保护军人免受任何毒物损伤的重要性变得更加迫切。尽管毒物的性质有所差异,但有两个共通的重要领域需要解决,即急性损伤/失能和慢性健康影响。就暴露科学和本章而言,我们将讨论的重点放在更有可能导致慢性健康影响且通常更难以记录的暴露上。

准确、及时地评估和记录暴露情况,对于制定干预策略、治疗方案、提供恰当补偿至关重要。尽管在环境测试和环境监测方面已经投入了巨大工作量,但将环境浓度与服役人员的实际暴露联系起来仍具有挑战性。在实践中,美国国防部和退伍军人事务部经常依靠对部队驻地的回顾性分析来识别和追踪可能暴露的个体。一些影响了美军且较为知名的历史性暴露就正好面临着此类情况。

化学武器

对化学武器的关注可以追溯到第一次世界大战(以下简称"一战"),当时德国首次对法国和加拿大军队使用了氯气。幸运的是,尽管美国和其敌人都生产并储存了大量的化学武器,但自"一战"以来,针对美军使用化学武器的情况却少之又少。然而,化学武器的巨大杀伤潜力,以及某些常见有毒化学工业品或材料(TICs 或 TIMs)的武器化能力,使化学武器成为了一个持续性的威胁。

多年以来,美军已经发生了多起低剂量化学品暴露,这些暴露可能会产生慢性影响。在第二次世界大战期间,军人参与了人体试验,主要是芥子气试验,以确定防护服和皮肤外用软膏的有效性。1963 年至 1969 年,大约 5 900 名军人在一系列名为 112/SHAD 项目(舰船风险与防御)测试中发生了暴露,而此类测试则是为了确定舰船防御的有效性(美国国家科学研究院,美国工程和医学部,2016a)。尽管在这些事件中与个体实际暴露程度的相关数据产生得很少,但美国国防部仍保留了两个与上述事件相关的数据库,以及另一个在"冷战"期间发生暴露的军方人员的数据库。这三个数据库中,总共列入了近 44 000 人。

越南战争前的风险暴露

越南战争持续的那段时间,公众对有毒物质的暴露日益关注。越南战争前,军队及众多商业实体都在使用有毒化学品,如多氯联苯(PCBs)、工业溶剂、石棉,以及辐射。使用这些化学品与原材料的职业军人面临的风险最高,但其他人也可能有接触危险。许多服役人员通过大气层核武器试验、战后部署到日本地区以及在反应堆工厂工作等职业危害暴露在电离辐射中。石棉和电离辐射都被退伍军人事务部认定为可领取补贴的暴露,不过在那个时代,仍有众多其他潜在的有毒化学工业品或材料(TIC 和 TIM)暴露并没有得到承认。

橙剂

越南战争期间使用的橙剂或许是与政治关系极为紧密的作战环境暴露之一。橙剂是 2,4,5-三氯苯氧乙酸(2,4,5-T)和 2,4-二氯苯氧乙酸(2,4-D)两种除草剂的混合物,混配的除草剂从飞机上播撒以使丛林植被叶子脱落。不幸的是,在其生产过程中产生了 2,3,7,8-四氯二苯并对二噁英(TCDD)这一副产物。二噁英是一种强烈的致畸、致癌物。尽管二噁英在人体中的半衰期很长,甚至在暴露长达数年后也仍可进行暴露水平评估,却几乎没有数据

能指明哪些军人在越战时发生过此毒物的暴露。

不过,由于在战争期间广泛使用了橙剂(至少1 700万~1 900万加仑),针对所有在橙剂使用期间且在越南服役的军人,美国在1991年通过公法第102-4号。该法推定,这些人会罹患14种二噁英可能引起的疾病中的某一种。尽管对受影响者的估计差异较大,但曾在越南服役的美国军人有260万~430万(美国国家科学研究院,美国工程和医学部,2016b)。

海湾战争综合征

海湾战争退伍军人所罹患的医学上无法解释的疾病,通常被称作海湾战争综合征,是第一次海湾战争归来的退伍军人所报告的一系列慢性医学症状。虽然人们认为海湾战争综合征可能是战争期间发生的某些暴露的结果,但暴露与疾病的联系尚未明确。已知的暴露包括油井烟雾、灰尘、高温环境、贫铀、杀虫剂和溴化吡啶斯的明(PB)。经过超过25年及数百万美元的研究,致病因素似乎仍不确定。美国国家科学院医学研究所的重审研究结果表明,必须在部署之前、期间和之后采集暴露数据,才可能进行准确评估(美国国家科学研究院,美国工程和医学部,2016c)。为了回应针对亚洲西南地区不良环境暴露的关注,退伍军人事务部建立了海湾战争登记档案,其中记录了152 000余名参与过沙漠盾牌行动、沙漠风暴行动、伊拉克自由行动和新曙光行动的军人环境暴露情况。

亚洲西南地区的肺部暴露

在美国介入亚洲西南地区的过程中,报告过大量肺部疾病或肺损伤,包括哮喘发病率增加、缩窄性细支气管炎等。暴露于高浓度的颗粒物、焚烧坑和米什拉克国营硫黄矿的硫黄燃烧,一直被认作是其潜在原因。然而,流行病学研究并未能确定上述因素与所观察到症状之间的关联。为回应早期的担忧,美国陆军健康促进和预防医学中心展开了强化颗粒物监测计划。尽管有这种更为严格的环境监测工作,当要将暴露与军人及结局关联起来时,问题依然存在。退伍军人事务部的空气传播的危害与露天焚烧坑登记簿上,目前已有超过10万名军人。

❸ 对有效暴露监测以及全军事暴露生命周期的回应

在探明海湾战争疾病病因过程中,美军付出的努力让人们清楚认识到,就保护军人免于作战环境中的固有复杂暴露而言,美国国防部的努力失败了。为了填补这一空白,美国前总统克林顿通过美国国家科技委员会颁布了第5号总统审查令,旨在最大限度地减少或消除战后的健康问题。该审查令要求美国国防部和退伍军人事务部建立一个关于军人职业和环境暴露及环境事件的纵向记录,这是一项重大要求。虽然这一目标尚未实现,但美国国防部已在许多方面推进了暴露监测,并正在努力实现这一最终目标。美国国防部指令6490.02E《全面健康监测》和指令6490.03《部署卫生》中,要求实施暴露监测。

美国国防部已经研发出两项资源,以提高环境监测和职业暴露的记录水平(表3.1)。职业与环境监测定期摘要对特定地点的职业与环境卫生风险进行了评估,其依据则是广泛的环境监测采样和监测数据、现场调查和卫生评估报告。虽然上述文件不提供个体暴露记录,但在实质上给出了一份可公开获取的潜在暴露记录,可用于指导保健决策。国防职业和环境健康准备系统资源是受美国国防卫生局管理的系统,用于记录部署环境和驻军环境中的职业和环境暴露事件。该系统是实现捕获到链接服役人员的暴露事件的第一步。

表3.1 美国国防部努力维护用于风险评估的暴露记录
(ILER已有原型,但尚未完全得到贯彻执行)

适用于地理位置	适用于作战单位	适用于个人
POEMS:职业与环境监测定期摘要	DOEHRS:国防职业和环境健康准备系统	ILER:个人纵向暴露档案
		DoDSR:美国国防部血清库

虽然个人纵向暴露档案(ILER)尚未实施,但其构建工作正得到大力投入。2013年1月,一个为期两年的ILER开发试点项目启动了,在构思中,DOEHRS则是全面实施ILER的基础。在美国军队中实施ILER的主要挑战在于,军人可能遭遇的潜在暴露与作战环境的独特性和多样性有关。即使是在同一次部署行动中,军人也会在不同地点间移动,每一个地点都有其潜在暴露。环境监测工作针对的是已知或潜在的风险,但目前还没有技术可以实现对所有暴露进行量化和记录。此外,每个军人均具有独一无二的具体位置,而环境监测只能提供针对该地区的一个点估计。若出于国家安全考虑而须对特定军事行动地点(以及参与行动的军人)进行分类时,情况将变得更为复杂。为了充分实现ILER,可能需要某种形式的可穿戴暴露监测设备。

在暴露监测方面,美军既面临独特的挑战,也有独特的机会。美军几乎可以部署到世界任一角落,因此有可能接触到几乎所有物质。如前所述,此时就需要一套全面的技术,能够识别并量化此种广谱暴露。然而,军人完成的任务往往是在生死一线间。这种作战环境的严酷性,或许让军人无法投入最起码的时间或资源来收集暴露数据。然而,军队的结构和军事活动范围带来了公共部门可能并不具备的独特资源。例如,按要求美军需进行一年两次HIV检测,作为这一要求的内容之一,美国国防部已建有一个血清库,即美国国防部血清库,它收集了所有美军的纵向样本。这些样本具有成为暴露记录的潜在价值,为尚未发现的检验指标提供暴露前的基线数据。不幸的是,就性质而言,这些血清基于其主要用途(即免疫学检测)而进行采集及冷链运输,因此在多数目标生物分子保存方面很可能存在差异。尽管如此,它们的存在仍是一种独特的资源,民用部门不太可能获得类似资源。

在考虑服役人员的潜在风险进程中,重点往往聚焦于所属环境。由于环境的严酷性,以及无法提供有效控制措施来消除意外暴露,这样的考虑显然非常重要。然而,在考虑军人的全暴露组时,就必须考虑军事工作的生命周期。入伍时,预先存在的暴露或遗传因素可能使个人在服役期间更易遭受暴露的不利影响。在现役期间,典型的美军会在其职业生涯中被多次部署至作战环境,每次都有可能面临独特的暴露风险。然而,他们也同样可能在驻军环境中经历不良暴露,而且与所有个体一样,他们也可能在个人生活中发生暴露(如在花园中喷洒杀虫剂)。离职后,服役人员将移交美国退伍军人事务部,同时会要求移交暴露和健康数据,这些数据也可能因为退役后的职业或个人接触而变得复杂。美国国防部和退伍军人事务部在评估军人的暴露组时,必须考虑多种途径(如军队、职业及个人)。

4 暴露组学:模型和方法

Wild(2012)将暴露组描述为构成了"个人从受孕到死亡所经历的每一次暴露"。在军队中,暴露组总体上将随着时间的推移而累积:原则上讲,即从出生开始、到成年前、到服役(包括部署暴露)以及在服役后的退伍军人事务部管理阶段(图3.1)。最后一阶段最有可能出现因全生命周期暴露(及因年龄)而引起的慢性健康效应,而在服役或部署期间,特定暴露的急性影响则可能更为常见。这意味着,至晚些年时,急性事件仍可能以生物标志物形式反映出来。

图3.1 一名军人的全生命周期暴露组

内暴露组由一生中的一般暴露组和特殊暴露组构成

暴露组本身可划分为数个领域:一般外暴露组、特殊外暴露组和内暴露组(Wild,2012)。

一般外部暴露组,即个人的社会、经济、心理和地理背景。军事资源中,服役记录与个人人口统计资料能提供有关这一要素的部分信息。

特殊外暴露组:是特定事件的组合,如化学污染物、环境污染物、膳食、辐射、生活方式因素(如吸烟)、感染、医疗干预及药物等。一些生活方式的信息可以在医疗记录中找到。DOEHRS,以及前述正处于研发中的ILER,则着手于追踪更具体的暴露。然而,这一工作需要更多的被动式、累积式探测器,即类似于电离辐射工作中使用的剂量计,用于检测污染物和化学品。

内暴露组,包括受外部暴露组影响的机体系统和成分。例如,肠道微生物群、炎症、过氧化、加合物和氧化应激。

军事职业健康研究的重要方向之一,就是发现和利用可与军事职业暴露相关联的可操作生物标志物,其来源是内暴露组。这需要收集和整理大量的生物样本,只要该样本对人群研究和个人暴露追踪具有作用。为此,自1985年起,美国军方已在国防部血清库中进行了血清收集和整理，作为军队人员服役和部署暴露的生物记录。

该血清库很庞大：截至2015年，共有超过54 000 000份样本，使其成为世界上大型生物样本库之一(Perdue et al.,2015)。军事研究界中众多人士称其为国家宝藏，但这一宝藏收集的全部样本中，只有一小部分(0.42%，相当于只有226 800份样本)曾被解冻用于研究或个人追踪(Perdue et al.,2015)。此外，样本类型只有血清。虽然血清对抗体(以前的感染)和来源于污染物的代谢物或外源化学物具有参考价值，但许多暴露效应，例如氧化性DNA损伤、表观遗传变化和免疫功能变化则可能遗漏。目前，美国军方正有计划要扩大这一样本库的采集范围，以囊括DNA、RNA、蛋白质组分和外周血白细胞(Lindler et al.,2015)。这将为内暴露组研究中进行更全面的组学研究提供条件(Bradburne et al.,2015)。

内暴露组的另一个组成部分则是预先存在的易感性，包括个人基因组中可能会增加或减少暴露风险、引起营养差异或遗传性疾病的变异(Bradburne et al.,2015)。新兴的基因组医学领域正属于此类。它试图利用个人的基因组信息来推断其一生中罹患各种慢性疾病的风险，而在最终，或许每个士兵的基因组都将被测序并纳入医疗记录，遗传易感性也将得到确定。军队正在解决相关政策和伦理问题，可以预见，随着筛查和保健方面的信息变得具有操作性，军队中将实施大规模的基因组信息采集(De Castro et al.,2015)。然而，对大多数慢性病风险而言，基因组仅贡献了一小部分(Rappapor,2016)。有必要对其他来源进行探索。除基因组之外，另一个易感性组分是微生物组。微生物种群实际上是人类机体与其所处环境(即皮肤上、肠道中、黏膜界面等)之间的连接物。个体的微生物组可能差别很大，而且可以改变外源化学物与机体相互作用的动力学参数。有朝一日，在易感性测量上，个体微生物组可能作为个体基因组检测相类似的指标(Bradburne et al.,2016)。

截至目前，我们已经描述了一个暴露科学模型，以及已经存在或正在开发的军事资源，以支撑易感性确定、人群健康和个体跟踪……那么，如何在某个特定的暴露事件中发现有用的生物标志物以获得可操作信息呢？图3.2展示了毒理学范式，其中外部暴露形成了内剂量，然后内剂量转化为生物有效剂量。这一过程引起了早期效应，随后是结构和功能的改变，最终则是临床疾病。遗传易感性及一般和特殊外暴露组的混杂效应则贯穿于全过程。

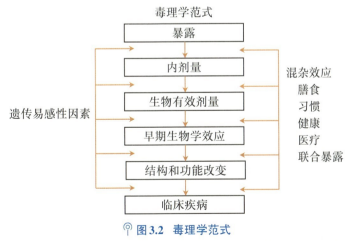

图3.2 毒理学范式

从暴露到临床效应的各阶段中，遗传易感性均在发生交互作用，膳食、习惯、药物等混杂因素也会影响毒理学过程

应用军事暴露科学时,一个良好流行病学模型应包含针对预先存在的易感性基线进行构造工作(如基因组测序),还应纳入其他对风险评估具有明确贡献度的项目(如教育、心理压力等),然后在整个服役期间跟踪应激源、混杂因素和暴露(表3.2)。该模型提供的总体情况可以阐明在任一特定时间内影响毒理学范式的各种因素。从这一点来看,有以下几种类型的生理生物标志物可以寻找(1)易感性生物标志物,(2)暴露生物标志物,以及(3)效应生物标志物。

表3.2 可能改变易感性的因素,以及可能对暴露至临床疾病轨迹产生影响的混杂因素

预先或同时存在的非军队家庭生活	训练环境、单位环境与特征	暴露效应混杂因素
基因组与组学标志	职业(后勤或作战等)	膳食
社会资产	社交与领导	吸烟、饮酒、毒麻药品
文化程度	单位凝聚力	其他化学物暴露(TICs、TIMs)及特定的外源化学物
经济状况	职业压力与表现	感染
心理压力	内疚/自责	医疗干预
人群分层	单位士气与个人士气	环境(辐射、海拔、冷、热)
自我认知	伦理	生活方式
城市或农村环境		

易感性生物标志物:将包括前面描述的个体基因组现有变异。这些交互作用贯穿于毒理学作用范式全部。携带农药暴露易感基因的男性就是一个例子。对爱荷华州和北卡罗来纳州的55 747名拥有执照的男性农药施用者的研究表明,携带氧化应激基因谷氨酸-半胱氨酸连接酶(GCLC)中SNP编号为rs1883633罕见等位的个体,在长期职业接触石油产品或特丁磷后,其患前列腺癌的风险升高至3.7倍或3倍(Koutros et al., 2011)。随着全基因组测序完成,对具有这种风险等位基因的军人可能需要采取预防措施,因为他们的特殊职责使得他们会面临这些暴露(如在汽车库中长期执勤),此时就将其置于了风险之中。

暴露生物标志物:包括能指示暴露事件的血液或临床样本成分。在毒理学范式中,这些标志物通常会在暴露和内剂量阶段得以发现。例如,在临床样本中发现超标的化合物,像在尿液中发现的砷。其他的还有加合物,像在尿液中发现的AFB-1鸟嘌呤,指向非常近期的或过去24小时间的黄曲霉毒素"急性"的暴露,而血液中发现的AFB-1白蛋白,则指示在过去几周甚至几个月里发生了"慢性"黄曲霉毒素暴露。自部署地返回的长期暴露军人将向美国国防部血清库提供部署后的血清样本。该样本可将AFB-1白蛋白作为一种可检测的黄曲霉毒素暴露记录而保存下来。

效应生物标志物:暴露后产生的标志物。膀胱细胞微核就是一个例子,饮用受污染的水而暴露于砷后,会产生此种微核,且该指标与尿液中的砷直接相关(Biggs et al., 1997)。在此种情况下,使用尿液微核检测法(MNu)评估有症状的军人尿液样本可以阐明砷中毒的效应。

❺ 确定系统链接、生物标志物和可操作信息

预测毒理学的总体目标之一是基于机制信息进行风险评估。将各种毒物的类似机制归纳为不良结局路径(AOPs)是一种已获得广泛使用的方法。不良结局路径是一个概念性框架,它使现有的分子毒理学相关事件与不良结局相联系,为风险评估提供信息(Ankley et al.,2010)。确定不良结局路径后,科学家可充分利用相关知识,将某些参与特定毒性机制的细胞路径应用于其他可能经历相同路径的事件(Vinken,2013)。

综上所述,不良结局路径可以有标准化模块:将模块组合起来时,不同暴露将被描述为一个整体的毒理学过程。组成不良结局路径中的信息包括:① 分子起始事件(MIE);② 中间步骤;③ 不良结局(表3.3)。不良结局路径可由团体提起并进行发展,而其目前正在作为军事用途得到开发。

表3.3 化学品引起的皮肤过敏的"不良结局路径"实例

分子起始事件	中 间 步 骤			有害结局
分子事件	起始互作	细胞效应	器官效应	器官效应
化学物暴露;蛋白质亲核残基的共价修饰	皮肤角质细胞	炎性细胞因子的诱导	树突状细胞呈递组织相容性复合物;T细胞激活;T细胞增殖	皮肤炎症
化学物穿透	树突细胞	炎性细胞因子的诱导;树突细胞动员		

由于不良结局路径会试图将信息模块化,因此基于类似特征或作用机制,其可用于广泛的化学物类别划分、为测试指南提供信息,以及对测试和评估方法进行整合。在军事暴露科学中,不良结局路径开始受到重视,并正处于定义的过程中。制定不良结局路径时,需要对不良健康效应具有初步了解,并对导致不良结局的关键步骤有一定的认识(OECD,2012)。反过来,如果分子起始事件本身并不为人所知,上述信息也可以用作寻找分子起始事件时的参考。通过这一方式,不良结局路径可为个体暴露中的有毒物质提供线索,也可用于阐明广泛的、人群层面的暴露效应(如海湾战争综合征)的原因。

6 军队中用于暴露组监测、研究、消减和可操作信息开发的范例

案例研究1：卡尔马特·阿里水处理设施的六价铬暴露问题

2003年，包括现役士兵、国民警卫队成员和后备役人员在内的美国军人，被分配到了伊拉克卡尔马特·阿里（Qarmat Ali, QA）水处理厂执行保卫任务，在此处他们有可能暴露于重铬酸钠，这是一种六价铬，是一种已知致癌物质。该设施生产的水并不供给人类使用，而是用作注入巴士拉油田，以提高石油产量。水中加入重铬酸钠是为了控制腐蚀。之前驻于此处的人员很可能故意拆了重铬酸钠的包装，并将其散布于水处理厂，从而形成污染。

最初抵达QA水处理厂的时间是2003年4月下旬，常规工作的展开则到了5月下旬。现场承包商在6月首次得知工厂使用了重铬酸钠，在此期间，现场工作的承包商正致力于用干净的土壤覆盖变色的土壤，以尽量减少气溶胶和人员暴露。8月初，现场工作的民用承包商的环境评估小组发现了可疑污染，承包商正式通知了美国陆军工程兵团的甲方工程代表。不久之后，就在当月内，承包商开始积极地用碎石和沥青包裹土壤，这一工作一直持续到10月。现场在9月实施了准入限制，并由陆军联合司令部外科医生办公室向美国陆军健康促进和预防医学中心发起了职业和环境卫生人员支持的请求。一个预防医学部特别医疗增援响应小组于9月底抵达，并在10月开始进行健康风险评估。

响应小组同时进行了环境和健康评估。环境测试结果显示，土壤中六价铬含量较高，但在呼吸区或一般区域并不存在。应该指出的是，这项评估开展于填埋工作开始近一个月后，因此在更早的时候，其实际浓度可能更高，且受到当时所开展的活动的影响。对仍在现场的非军人和军人的健康评估包括测量全血中的总铬浓度、体格检查、肺功能测试和胸部X射线检查。血液中的铬含量测定于潜在接触后约一个月时间，但无一例显示出与职业性暴露相一致的血铬升高。尽管早期存在因干燥粉尘条件造成的支气管-鼻腔刺激症状的报告，但并未观察到可指向急性六价铬暴露的医学证据。总的来说，结论是此种潜在暴露产生健康影响的风险很低，但暴露于未得到记录的较高剂量的个体，可能会面临较高风险。在这一初步反应之后，工作的目标则是健康交流，以及通知在该地区工作的其他人员。

2008年，一位美国陆军外科主任要求重新审查美国陆军健康促进和预防医学中心对该事件的反应。美国国防健康委员会的审查结论是，医学中心已经达到或超过了职业医学的实践标准，它曾建议建立一个受影响个人的登记册，这一建议带来了广泛且包容性的力量，让当时可能正在该地区的所有个人能接到通知。

美国国防部监察长官在2009年至2010年的一份审查报告中特别关注了识别和联系可疑暴露人员的工作，该工作结果显示，曾在该地区的977名非军人和军人中，有超过95%的人员已接到通知。该报告还指出，自事件发生以来，有三名美国国民军成员分别死于间质性

肺病、肺癌和白血病,还有两名非军人死于心脏病发作。目前,这些死亡与暴露之间并不存在明确联系,但在2012年的一项法庭案件中发现,承包商在识别和通知暴露风险方面存在延误,因而存在过失。虽然健康风险可能很低,但仍为这一事件带来了尚未解决的关切问题。

尚未解决的问题包括:
- 能否加快暴露风险识别的速度?
- 能否在响应小组到达之前采集用于生物评估的生物样本?
- 能否开发出持续存在30天以上的生物标志物,以便评估暴露和暴露后效应?
- 能否有方法将死亡与六价铬暴露明确联系起来?

案例研究2:美国军队中的职业性铅暴露

现代战争的性质意味着军人会暴露于小型武器弹药中的铅,无论是子弹中铅的汽化,还是用作底药的苯乙烯酸铅的燃烧。虽然所有的军人都有风险,但那些在射击场,尤其是在室内工作的人员,由于暴露次数和浓度的增加,其风险更大。

美国职业安全与健康管理局于1978年在铅标准中规定了铅的职业接触限值。该标准规定了允许接触水平,并要求对血铅水平(BLL)和红血球原卟啉(EP)进行生物监测。美国国防部及其分支机构中,满足这些标准的政策已经到位。美国职业安全与健康管理局标准将允许接触水平设定为空气中8小时时间的加权平均值为50 $\mu g/m^3$,当BLL达30 $\mu g/dL$时,为需要进行医疗监测的水平;当BLL达到60 $\mu g/dL$(或连续三次BLL平均为50 $\mu g/dL$或更高)时,为需要强制脱离当前暴露的水平。在脱离暴露后,连续两次BLL达到40 $\mu g/dL$或更低时,将允许个人返回工作岗位。

由于上述标准的制定基于假定的安全水平,因此我们可以得出结论,在制定这一标准时,美国职业安全与健康管理局已经确定:当BLL浓度为40$\mu g/dL$时可保护工人健康。

近期证据表明,美国职业安全与健康管理局的标准可能不具备保护性,BLL低至10 $\mu g/dL$的慢性暴露可能对成年人的健康产生不利影响,5 $\mu g/dL$时可能影响胎儿和新生儿发育。为回应上述关注,美国国防部要求美国国家研究委员会对射击场人员重复铅暴露的潜在健康风险进行评估。美国国家研究委员会赞同近期的文献,即美国职业安全与健康管理局的标准不能充分保护军人。美国国家研究委员会报告强调了对BLL指标应用的关注,因为这一指标通常代表近期的铅暴露,并不能充分说明总体身体负荷,而铅慢性暴露时会储存于骨骼中,在其平衡受到扰动时释放出来,机体也可能受到影响。美国国家研究委员会发现,目前美国国防部的政策不能充分保护军人,并建议根据现有的铅暴露数据审查和修订国防部政策,降低BLL的触发值。作为回应,美国陆军公共卫生中心与整个国防部的学科专家合作,为国防部副部长(军事设施与环境)办公室制定了新的临时BLL指导方针。由于该报告只提供了BLL,而没有涉及职业暴露水平,因此还有额外工作正在进行,即利用药代动力学模型研究适当的暴露浓度(Sweeney,2015),其影响的目标群体范围很广,且个体BLL差异也很大,因此这将是一个非常复杂的问题,很适合于暴露组科学。

尚未解决的问题包括:

- 能否开发出比BLL更为个性化的风险评估效应生物标志物?
- 美国军方能否实施积极的监测策略以确定有风险的暴露水平?
- 是否有合适的方法评估慢性暴露时的总身体负担,能比BLL更好地预测风险?

案例研究3:西南亚的焚烧坑暴露

在西南亚的军事行动中,焚烧垃圾和其他废品是一种常见的废物处理方式。作出焚烧垃圾的决定,至少有一部分是出于行动安全的考虑,以防止敌军利用被丢弃的材料,并消除在安全地点之外进行废料运输所带来的风险。虽然在后来的作战中使用了高温焚烧炉,但早期的方法是使用露天的"焚烧坑",即将废料堆放在一起,用助燃剂(如JP8燃料)进行燃烧。这导致了不完全燃烧,并产生了许多潜在有害的燃烧产物。此外,被焚烧的材料范围很广,包括一些含有有毒物质的物品,在燃烧过程中被气溶胶化(如重金属)。如果这些有毒材料和燃烧产物的暴露浓度足够高,或许会产生不利的健康影响。然而,目前没有足够的数据来了解任何一名军人的实际暴露水平,以及他/她是否有受损或患病的风险。

西南亚行动中的焚烧坑之一位于伊拉克巴格达附近的巴拉德联合基地(图3.3(a))。这

图3.3 (a)美军第84战斗工兵营的士兵使用推土机和挖掘机在焚烧坑内搬运垃圾和其他可燃物品;
(b)两名承包商工作人员正在铲土,以清除室内射击场靶子后方的铅弹

个焚烧坑有几英亩大,在2007年时,估计每天会焚烧100吨~200吨废物。2003年开始在伊拉克使用焚烧坑,2004年围绕该焚烧坑进行的环境监测和健康研究开始实施,但代理生物环境工程师飞行指挥官柯蒂斯中校的一份备忘录,才使人们注意到该焚烧坑带来的健康风险。2007年和2009年,美国空军作战健康研究所对该焚烧坑的暴露进行了环境空气取样和健康风险评估筛选。结果发现了环境空气中颗粒物(PM)、多环芳烃(PAH)和挥发性有机化合物(VOCs)的升高,以及检测到低水平的多氯二苯并对二噁英和多氯二苯并呋喃(PCDDs/Fs)。然而,PM、PAH和VOCs的水平可能分别是由地质灰尘和城市污染所造成的背景污染。只有PCDDs/Fs明显来自于焚烧坑。至2009年时,美国国防部已限制使用焚烧坑,巴拉德联合基地的焚烧坑已被关闭并被高温焚化炉所取代。

同一时期,传闻声称归国的美军会发生多种肺部损伤。值得注意的是,美国退伍军人事务部的一项研究发现,从西南亚地区返回的士兵患哮喘的风险增加了(Szema et al.,2010),有一个人群队列中,有38名士兵被诊断为缩窄性细支气管炎(King et al.,2011)。在一项基于人群的前瞻性研究中,使用了英国千禧世代研究参与者所提供的问卷数据,观察到部署后的军人患新发呼吸道症状的人数增加了,但患哮喘或缩窄性细支气管炎的人数没有增加(Smith et al.,2009)。2010年,由学术界、美国国防部和退伍军人事务部的医生及暴露科学家组成的工作组审查了现有数据,但并不能够将有害的肺部结局与西南亚的特定暴露事件联系起来,同时指出,需要增加部署前、后的医学监测工作并对其标准化(Rose et al.,2012)。应美国退伍军人事务部要求,国际移民组织审查了伊拉克和阿富汗焚烧坑暴露的长期潜在健康影响,并得出结论,即空气污染和高PM水平比焚烧坑的风险更大(医学研究所,2011)。然而,该研究确实认识到,易感人群和暴露水平较高人群(如在焚烧坑工作的人)因暴露于焚烧坑而造成长期健康效应的风险更高。

美国国防部正在进行研究以帮助阐明西南亚地区焚烧坑相关暴露及其他肺部暴露有关的健康风险。国防健康项目资助了美国陆军环境健康研究中心主持的一个工作组进行肺健康研究。这项工作包括评估伊拉克PM的毒性(Porter et al.,2015),以及在现役军人中研究部署环境暴露相关的肺疾病(Morris et al.,,2014)。总的来说,研究结果表明,环境中高浓度PM是导致西南亚地区部署军人出现肺部症状的主要原因。海军医学研究单位——Dayton正在进行另一项额外工作,即使用基于废物流构建焚烧坑模型以评估潜在的健康风险。

尽管数据有限,但公众媒体仍关注着因焚烧坑暴露而导致的不良健康效应(Foxnews,2016;FoxNews,2017),此外还有活动家团体仍致力于关注此问题。虽然燃烧产物暴露是一种众所周知的健康风险,而且美国国防部焚烧坑中燃烧的一些材料更可能会增加此类毒性,但目前还没有回顾性的方法来确定军人的个体暴露剂量。此外,对于已经患病且有过焚烧坑暴露的美军,也尚不能确定该疾病与焚烧坑暴露相关,或是与其他未获记录的原因相关。我们仍需新方法来记录暴露情况,评估暴露风险,并确定高危人群以开展有针对性的干预和治疗策略。

尚未解决的问题包括:
- 能否开发出易感性生物标志物,以帮助限制易感人群暴露于可控风险(如焚烧坑)?
- 针对数种模式化学品开发的可穿戴剂量计是否足以评估士兵的个体健康风险?
- 能否开发出效应生物标志物,以对环境暴露造成的健康影响进行早期诊断、早干预和早治疗？
- 是否有方法能确定单个疾病或损伤的因果关系？

7 新技术的潜在影响

在确定易感性、生物标志物以及人群和个人暴露监测的能力方面，新技术将不断涌现，以增强此类能力。在选择、评估（含测试和评估）、采购和部署新技术上，军队自有其严格的流程。这一严格的过程使得其采用通常要大大晚于民用领域（在技术初选后可能还需要几年时间）。

此外，在军队广泛采用之前，民用领域中出现的技术可能会被个人选择采用或使个人受益（例如使用可穿戴的身体活动追踪器和地理定位传感器）。因此，新技术在得到广泛采用前，其影响就可能已经能在某些士兵身上看到。除新技术外，暴露跟踪资源的广泛实施，如前面讨论的 ILER，也将使军人受益。拓展美国国防部血清库以涵盖扩展的"组学"的能力，将增加其在研究和个人暴露检测方面的应用。此外，与军事医疗档案相关的基因组信息，也将越来越多地阐明士兵的个体易感性。

即将出现的新技术中，或许可纳入可穿戴的个人剂量计，此类设备可吸附空气中的毒物，并在需要时解吸附，用于各种基于质谱的分析技术，例如选择反应监测[SRM，在(Bradburne et al.,2015)中有深入讨论]。当怀疑有已知毒物（如苯或甲苯）存在时，此方法可与敏感的靶向代谢组学方法相结合，或与靶标更广泛但敏感度较低的非靶向代谢组学方法。美国国防部血清库目前的状态就应当已经足够支持这一研究。其他即将出现的技术还包括用于生物标志物发现或检测的纳米孔测序。案例之一就是转录组生物标志物的发现，它可以为预防医学提供症状出现前的可干预信息。纳米孔测序（一种手持式、U盘大小的设备）甚至最终可以部署在士兵身上，并在战场上使用。

还有其他已经可供士兵使用的数据源，包括一个名为"NetWarrior"的基于安卓的平台，有多个应用程序供战士使用（Army.mil,2013）。美国陆军环境健康研究中心和JHU应用物理实验室正在开发一个名为"eHARM"（环境健康与响应管理）的APP。这个安卓APP将被部署至NetWarrior平台上，并提供用于暴露的地理位置跟踪，还有诸如NIOSH（美国国家职业安全与健康研究所）手册中所包含的所有化学品毒理学信息之类的信息资源、含有注释后的环境威胁的图片、协议跟踪以及暴露记录的信息录入。

随着症状护理及卫生保健工作在监测系统利用方面不断发展，社会媒体和卫生保健信息学将继续发挥其作用。案例之一就是美国国防部的ESSENCE（Electronic Surveillance System for the Early Notification of Community-Based Epidemics）系统——"社区流行病早期预警电子监控系统"。并非每一次医学异常情况都是传染病，所以像ESSENCE这样的系统可以用于被动地纵向监测特定急性暴露事件。

8 未来展望

在完成任务方面,美军有着独特的成功历史;然而不幸的是,在保护其成员免受暴露方面,美军的记录却不那么光鲜。在几乎所有的重大冲突中,部队在部署后都会出现与暴露相关的损伤和疾病。资源的限制导致了军队会优先考虑把目光聚焦在任务上,聚焦在保护战士免受直接的灾难性后果之上。美军需要一种新的模式,以充分保护军人避免发生暴露,同时尽量减少军人为实现这种保护而承受的负担。

 暴露的识别与记录

准确识别和记录暴露情况是处理暴露相关健康结局的第一步。知道军人发生了何种暴露,就可以进行适当的医学干预,是进行长期健康结局风险评估的第一步。目前,利用基于地理位置的环境采样方法无法提供单个军人的准确暴露水平。

在暴露数据精准采集方面,各式可穿戴剂量计是下一块"垫脚石"。由于当前技术的局限性和潜在有毒化学品的多样性,以单一检测平台量化所有暴露并不现实。更现实的方法之一或许是根据化学品的类别开发剂量计,并将不同的剂量探测器分配给同一小队中的不同个人。如此既可最大限度地减少每名军人的负担,同时又能为同地点行动的小组提供暴露评估。

要实现更个性化的方法,就需要开发暴露生物标志物。对于一些化合物(如六价铬)而言,已存在此类生物标志物,因此,诸如血斑卡片之类的技术就能够在暴露后的适当时间点收集和保存生物标本,以使暴露情况得到准确记录。对于其他毒物,通过系统生物学方法开发宿主反应后生物标志物则是最可行的方法。

美军需要真正的ILER来捕获这些暴露数据,还需要一个自动化的数据流程来确保暴露数据可靠地过渡到数据库中。目前的工作流程在设计上为捕获已知毒物。而暴露组的概念则要求囊括所有化学物,因为化学物的交互作用会产生人类健康效应。早期阶段的ILER将侧重于记录已知且具有高优先度的毒物,但最终ILER将囊括每一个体的全暴露组。

识别和记录特定的暴露是一个中间策略。这一策略假定几十万种化学物都可以按浓度来评估其重要性,假定人类对每一种化学物的毒性水平都已了解,并假定人类已知化学物的联合作用。这种方法适用于高优先级、高风险的化学物,也能让受暴露的个人感到满意,因为能满足他们想要知道自己暴露情况的要求。然而,未来的个性化医疗却更可能要针对个人的反应进行处置,反而不需要了解扰乱个人健康的致病化学品及其混合物的暴露情况。

 个体健康风险评估

众所周知,不同个体对同一毒物的反应并不相同,因此即使有精准的暴露数据,个体健康风险预测能力仍然有限。可通过利用易感性生物标志物和效应生物标志物,来增强健康风险评估。

 易感性生物标志物

易感性生物标志物有多种用途:

(1) 它们让决策者能更好地了解单个军人的暴露风险,可用于指导暴露前的工作,以预防高易感人群被暴露。

(2) 在行动中,它们可用于确定战斗人员在何时达到关键阈值,从而将其撤出战斗。

(3) 在暴露后,它们可用于进行远期健康效应的个性化评估。

开发易感性生物标志物将极具挑战。易感性生物标志物中,目前了解最多的就是影响毒物生物利用度的相关遗传变异(如解毒酶)。这些酶很适合体外研究,而且可以针对感兴趣的毒物开展研究。其他的遗传易感性标志物则了解不多,通常来自全基因组关联研究的结果,而这种研究并不能用于广泛的毒性暴露。也许易感性概念中最具挑战性的当属那些对个体产生影响的瞬时变化。例如,已知微生物组的变化会影响化合物的生物利用度,而微生物组的性质就具有瞬时性。要全面了解个体易感性,就需要全面的生物标志物,但在最初可以把目光聚焦在那些对易感性有最大影响的因素上。

⑩ 效应生物标志物

化学品暴露后的实际反应将是效应生物标志物的基础。通过了解与暴露有关的AOPs机制,将可以开发出生物标志物,以评估该途径上经历的步骤。对暴露所引发的AOPs的准确测量,也将是确定健康风险的基础。这些基于机制的生物标志物可能进化保守,可以使用动物模型来进行研究。通过效应生物标志物获得的机制研究结果,将为个性化治疗策略奠定基础。

 个性化的干预和治疗策略

以史为鉴,我们知道暴露终会发生,因此,我们面临的问题在于如何最大限度地提高治疗效果、最大限度地消减军人的有害结局。个性化干预和治疗策略是保护军人的最终目标。要达成这一目标,就需要充分了解毒物的机制性质(如AOPs和效应生物标记物),还需要了解个体对某一治疗方法的反应。通过充分了解毒物的作用和治疗方法的作用,相信在不远的将来,医生将能够调整他们的治疗计划,使其效果最大化。

总结

美军在复杂的环境中执行任务,经历了许多有记录和无记录的暴露。为充分保护军人,必须开发新方法,并将其纳入现有实践之中,以提高美国国防部和退伍军人的以下能力:(1)识别并记录暴露;(2)评估与暴露相关的个体健康风险;以及(3)对损伤和疾病提供个性化的干预和治疗策略。随着个性化医疗的出现,以及廉价的基因组学和可穿戴传感设备的出现,使这个愿景有了实现的可能。纵观历史上的暴露问题,如橙剂、油井火灾及焚烧坑,我们将很容易看到这一做法的优势。然而,这种基于暴露的新医学,在实施时将需要各研究团体的共同努力和高层领导的坚定承诺方可完成。

(翻译:杨桓)

Ankley GT, Bennett RS, Erickson RJ, Hoff DJ, Hornung MW, Johnson RD, Mount DR, Nichols JW, Russom CL, Schmieder PK, Serrrano JA, Tietge JE, Villeneuve DL (2010) Adverse outcome pathways: a conceptual framework to support ecotoxicology research and risk assessment. Environ Toxicol Chem 29:730-741. https://doi.org/10.1002/etc.34

Army.mil (2013) Nett Warrior gets new end-user device. [Online] [Cited: 5 6, 2016] https://www.army.mil/article/107811/

Beasley RP, Lin CC, Hwang LY, Chien CS (1981) Hepatocellular carcinoma and hepatitis B virus: a prospective study of 22 707 men in Taiwan. Lancet 2(8256):1129-1133

Biggs ML, Kalman DA, Moore LE, Hopenhayn-Rich C, Smith MT, Smith AH (1997) Relationship of urinary arsenic to intake estimates and a biomarker of effect, bladder cell micronuclei. Mutat Res 386:185-195

Bradburne C, Hamosh A (2016) Integrating the microbiome into precision medicine. Expert Rev Precis Med Drug Dev 1:475-477

Bradburne C, Graham D, Kingston HM, Brenner R, Pamuku M, Carruth L (2015) Overview of omics technologies for military occupational health surveillance and medicine. Mil Med 180:34-48

De Castro M, Biesecker L, Turner C, Brenner R, Witkop C, Mehlman M, Bradburne C, Green R (2016) Genomic medicine in the military. NPJ Genom Med 1:15008

Foxnews (2016) Thousands-iraq-afghan-war-vets-sickened-after-working-at-burn-pits. News Report

FoxNews (2017) Bipartisan-bill-to-provide-assistance-to-burn-pit-vets-introduced-in-senate. News Report

Institute of Medicine (2011) Long-term health consequences of exposure to burn pits in Iraq and Afghanistan. National Academies Press, Washington, DC

King MS, Eisenberg R, Newman JH et al (2011) Constrictive bronchiolitis in soldiers returning from Iraq and Afghanistan. N Engl J Med 365:222-230

Koutros S, Andreotti G, Berndt SI, Hughes Barry K, Lubin JH, Hoppin JA, Kamel F, Sandler DP, Burdette LA, Yuenger J, Yeager M, Alavanja MC, Freeman LE (2011) Xenobiotic metabolizing gene variants, pesticide use, and risk of prostate cancer. Pharmacogenet Genomics 10:615-623

Lindler LE (2015) Enhancing the department of defense's capability to identify environmental exposures into the 21st century. Mil Med 180:5-9

MacKay C, Davies M, Summerfield V, Maxwell G (2013) From pathways to people: applying the adverse outcome pathway (AOP) for skin sensitization to risk assessment. ALTEX 30:473-486

Morris MJ, Dodson DW, Lucero PF, Haislip GD, Gallup RA, Nicholson KL, Zacher LL (2014) Study of active duty military for pulomary disease related to environmental deployment resources. Am J Respir Crit Care Med 190:77-84. https://doi.org/10.1164/rccm.201402-0372OC

National Academies of Sciences, Engineering, and Medicine (2016a) Assessing health outcomes among veterans of project SHAD. National Academy of Sciences, Washington, DC

National Academies of Sciences, Engineering, and Medicine (2016b) Veterans and agent orange: update 2014. National Academy of Science, Washington, DC

National Academies of Sciences, Engineering, and Medicine (2016c) Gulf war and health: volume 10: update of health effects of serving in the gulf war. National Academy of Sceince, Washington, DC

OECD (2012) Proposal for a template, and guidance on developing and assessing the completeness of adverse outcome pathways, pp 1-17

Perdue CL, Eick-Cost AA, Rubertone MV (2015) A brief description of the operation of the DoD serum repository. Mil Med 180:10-12

Porter KL, Green FH, Harley RA, Vallyathan V, Castranova V, Waldron NR, Leonard SS, Nelson DE, Lewis JA, Jackson DA (2015) Evaluation of the pulmonary toxicity of ambient particulate matter from camp victory, Iraq. J Toxicol Environ Health 78:1385-1408. https://doi.org/10.1080/15287394.2015.1072611

Rappaport SM (2016) Genetic factors are not the major causes of chronic diseases. PLoS One 11:e0154387

Rose C, Abraham J, Harkins D, Miller R, Morris M, Zacher L, Meehan R, Szema A, Tolle J, King M, Jackson D, Lewis J, Stahl A, Lyles MB, Hodgson M, Teichman R, Salihi W, Matwiyoff G, Meeker G, Mormon S, Bird K, Baird C (2012) Overview and recommendations for medical screening and diagnostic evaluation for postdeployment lung disease in returning US warfighters. J Occup Environ Med 54:746-751. https://doi.org/10.1097/JOM.0b013e31825297ba

Smith B, Wong CA, Smith TC, Boyko EJ, Gackstetter GD (2009) Newly reported respiratory symptoms and conditions among military personnel deployed to Iraq and Afghanistan: a prospective population-based study. Am J Epidemiol 170:1433-1442

Sweeney LM (2015) Evaluation of pharmacokinetic models for the disposition of lead (Pb) in humans, in support of application to occupational exposure limit derivation. Naval Medical Research Unit Dayton, US Navy, NAMRU-D-16-11

Szema AM, Peters MC, Weissinger KM, Gagliano CA, Chen JJ (2010) New-onset asthma among soldiers serving in Iraq and Afghanistan. Allergy Asthma Proc 31:67-71

US Army Public Health Command (2014) Provisional blood lead guidelines for occupational monitoring of lead exposure in the DoD. US Army, Aberdeen Proving Ground, MD Vinken M (2013) The adverse outcome pathway: a pragmatic tool in toxicology. Toxicology 312:158-165

Wild CP (2012) The exposome: from concept to utility. Int J Epidemiol 41:24-32

World Health Organization (1949) The preamble of the constitution of the World Health Organization. Bull World Health Organ 80(12):982

第4章 使用流行病学方法构建胎儿期和生命早期暴露组学

本章所述的"影响胎儿期和生命早期发育的时间段"是指易受到暴露影响的关键时间窗口和孕前、产前、围产期和产后的关键发育阶段。本章我们将重点讲述这些表征了胎儿期和生命早期暴露组的关键发育时间窗口,并对识别胎儿期和生命早期外源性及内源性暴露组范畴的相关研究进行综述。我们也将专门针对胎儿期和生命早期的关键发育阶段探讨暴露组学的研究设计问题,包括生物样本的选择和统计分析遇到的困难等。虽然已经有不少研究项目和研究机构开始关注胎儿发育和生命早期的暴露科学,但我们呼吁将来的暴露组学研究必须将孕前阶段也纳入进来,并借鉴已有的大量生殖健康知识以及围产期/产前期流行病学研究方法和设计,运用因果推论的研究方法。总的来说,这些工作将有助于提升相关研究的内部和外部有效性,并识别大量可预防疾病的潜在致病机制。上述进展将促进风险评估、政策制定和医疗干预手段的完善。

关键词:生命早期;暴露组;孕前监测

1 引言

暴露科学最初被提出时的定义是包括从怀孕开始的整个生命过程的全部暴露(Wild, 2005)，这个定义后来被进一步修改。暴露科学为关注疾病防治的流行病学研究提供了一套框架体系，可用于识别新的环境危险因素，阐明多种暴露与疾病的关联，确认暴露导致疾病的中间机制，并推断疾病治疗的因果效应和预防。暴露科学从诞生之初就分为外暴露组学和内暴露组学两个范畴。一般理解就是对应了外源性和内源性的暴露。外暴露组学的范畴包括一般性因素(如社会经济状况和城市化状况)以及特殊因素(如空气和水体污染物等环境毒物、膳食因素、其他因素等)。内暴露组可经生物样本分析来评估，它可能是合适的暴露生物学标志物或疾病状态或者是暴露–疾病关系基础的支撑机制。其中涉及大量的分子，特别是代谢物(代谢组)、蛋白质(蛋白组)、miRNA和mRNA(转录组)、DNA(遗传和表观遗传组)等各种组学以及各种生物组织中的加合物。诚然，这种分类方法并不清晰，外暴露组的环境污染物常常可以通过检测生物样本中的生物标志物的方法进行评估，而生物样本代表的是内部(即体内)环境。这一概念体系在生殖和围产流行病学领域又被进一步模糊，因为宫内环境既可以代表发育中胎儿的外暴露组范畴，又可以视为母亲的内暴露组范畴。

暴露科学的另一个关键问题在于，它不同于静态的基因组，而是具有动态变化的特点。这对评估全部暴露组的总体带来了挑战；但人们还是在推动研发解决这一问题的方法，包括采用前瞻性方法将个体在一段时间内的暴露组变化进行整合，或者对个体生命历程的一系列特定时期的片段进行测量(Wild, 2012)。暴露科学的很多研究都聚焦于暴露组的特定时期片段，因为这种方法更加可行。Rappaport和Smith(2010)推荐了一些生命关键时期片段，以便于对暴露组开展横断面研究，包括孕期、儿童早期、青春期和育龄期。人们共同努力确定这些敏感和/或关键阶段的暴露特征，这可能对暴露和疾病易感性最为重要。

许多研究均关注孕期和生命早期阶段，因为已经很清楚这是包括了一系列对各种暴露因素高度敏感的发育阶段。描述和定量评价胎儿发育期和生命早期暴露组的研究当然主要是在孕期队列和出生队列中进行的。关注这些生命时期是因为大量证据显示生命早期特别是胎儿发育时间窗的暴露对于出生后、生命全程乃至下一代的健康均有影响(Vrijheid et al., 2016)。这又被称为成年期疾病的胎儿起源假说(Fetal origins of adult disease'hypothesis, FOAD)(Barker, 2004)，意指人的健康状态(健康或患病)受到宫内时期暴露所致生物学编程的影响。已有大量开展生命早期暴露组学的研究，其中一些还扩展到整个生命周期，并产生了大量数据。

这些研究包括美国的人类暴露组项目(Human Exposome Project)和欧洲的人类生命早期暴露组(Human Early-Life Exposome, HELIX)，基于大型人群调查的健康与全环境关联研究(Environment-Wide Associations based on Large Population Surveys, HEALS)(http://www.heals-eu.eu/index.php/project/)，以及欧洲高优先级环境暴露的强化暴露评估和组学研究(Enhanced Exposure Assessment and Omic Profiling for High Priority Environmental Exposures in Europe,EXPOsOMICS)(Vineis et al.,2016)等项目。此外还有许多独立或联合研究项目聚焦于暴露组的特定方面。

因为暴露组学最初的描述是试图获取受孕起点时的生命暴露的起始状态,大多数生命早期的暴露组学研究是利用贯穿孕期的各个时段完成的。但是还有其他时间窗口的暴露组学也可能影响胎儿发育,比如孕前阶段。而且时间片段的研究虽然适用于一部分研究问题,但它无法在暴露组的范畴内详细描述胎儿发育的整体谱系。总的来说,目前还有一些生命早期暴露组的领域还未被充分探索,导致我们对生命早期暴露的认识不足。此外,生命早期暴露组学研究必须基于现有的生殖流行病学和产前/围产流行病学研究方法和研究设计方面的大量知识,以改善我们对这些时间节点的健康状况测量。最后,还需要完全解决和改进胎儿发育期和生命早期暴露组学研究的技术方法问题。

近来暴露组的概念发展到一个令人兴奋的研究领域——特别关注生命早期暴露组学的研究。由此产生了两篇探讨孕期暴露组的综述(Robinson et al.,2015),一篇关于母亲暴露组的综述(Wright et al.,2016),还有一篇关注了暴露组学研究给生殖流行病学和围产流行病学带来的机遇(Buck Louis et al.,2013)。在本章,我们将对这些之前发表的综述中涉及的概念进行扩展。我们将首先讨论胎儿期和生命早期暴露组的关键发育时间窗,然后将对现有的分析胎儿发育和生命早期各阶段外暴露组学和内暴露组学范畴的研究进行综述。尽管这些领域存在天然重叠,不过我们将那些尝试对外环境暴露进行综合评估的研究归为外暴露组学研究,这些研究可视为先研究多重暴露再研究健康状况的"自下而上"的研究。

我们所讨论的内暴露组学研究则是那些采用"自上而下"方法的研究,即它们先测量出生时和/或儿童期健康状况,然后通过后基因组的各种组学平台对生物标志物和/或多种分子特征进行测量。然后我们探讨那些将内暴露组学范畴与外暴露组学范畴相连接的研究,也就是分析特定外暴露组因素与生物标志物和/或组学状态的关系。本章讨论的诸多研究将为读者展示胎儿期和生命早期暴露组的测量和分析是多么复杂的问题;虽然还没有人实现对暴露组的"完全"检测(甚至连接近完全的也没有),但这些研究都采用了整体性暴露研究方法而非针对单个暴露因素,故而被定义为暴露组学研究。

本章最后展示了胎儿期和生命早期暴露组学研究设计和方法学的相关内容和新技术,包括生物样本的选取和统计分析的复杂性。解决胎儿期和生命早期暴露组学研究的顶层原则,我们就能厘清不良生殖状况和不良孕期状况的潜在机制,比如出生体重和胎儿生长相关指标,以及FOAD相关状况,比如肥胖、肿瘤、心血管疾病等。总而言之,这将有助于降低生命早期暴露所致疾病负担,并改善发育、健康和生命质量。

❷ 胎儿期和生命早期暴露组学研究的发育时间窗

许多针对胎儿期和新生儿期暴露与疾病风险的暴露组学研究都聚焦于孕期这一时间段,且常常处于出生前期的狭窄时间窗口。不过,鉴于这些敏感和/或关键时间段是针对暴露组学开展设计和方法的重要理论依据,那么就有必要更好地表征和阐明"敏感"和"关键"

这两个术语。这个区分很有必要,因为这两个术语的差别会影响暴露组研究时间点的选择,进而影响研究设计和数据分析的方法和技术。"关键"和"敏感"这两个术语常被混用。为了将这二者加以区分,我们强调来自生命历程流行病学文献的理论,Mirshra 等对此著有综述(2010)。

关键时间阶段是指暴露因素能够对疾病风险产生有害效应或者保护效应的有限时间窗,而在此时间窗之外的暴露并不会构成额外的疾病风险。而敏感时间窗是指暴露因素在此时间阶段相较于其他时间阶段对发育和疾病风险具有更强的效应。关键时间阶段可以是胎儿期,此时可能造成永久性的不可逆后果,例如出生前暴露于沙利度胺所导致的出生缺陷。但是对于很多生命过程和慢性病模型来说,关键期暴露所致的疾病风险可能受到生命中后续作用因素的影响,例如胎儿发育时期暴露因素导致的代谢和激素系统改变可能受到若干种生命早期和/或后续成年期暴露因素的调节。

所以如果在某个关键时间阶段的某种暴露在后续生命历程存在效应调节因素,那么这个关键阶段可能只对那些经历了其他暴露因素的个体有关键意义。反过来讲,虽然存在一些发育阶段相比其他阶段其产生的效应对后续的健康具有更大的影响,但增加疾病风险或提升健康状况的因素在生命过程中是可能逐渐累积的。这一理念和非稳态负荷的观点是互补的,后者致力于测量对有害环境条件的生理适应累积下来所导致的生物学"损耗"(Ben-Shlomo et al., 2002)。

这两种不同的疾病发展模型不但强调胎儿期和生命早期暴露组学研究的必要性,还包括对所选阶段的仔细核查,各阶段的相互关系及其对胎儿期与生命早期发育的代表性。目前,生殖和围产流行病学领域已有明确的影响胎儿发育和早期生命的时间阶段,包括对暴露易感的关键时间窗和关键发育阶段,即孕前阶段、胎儿期、围产期,以及产后阶段。

 孕前阶段

孕前的生物学定义是女性怀孕前的阶段,虽然这一术语也用来描述女性获知其怀孕前的阶段。孕前阶段是一个敏感且/或关键的时间窗,因为这一阶段的暴露可以直接影响配子和后续的成功生殖和胎儿发育。根据美国有毒物质和疾病登记署(2017)的资料,亲代孕前暴露于环境毒物可单独或同时影响生育力、受孕、孕期和/或分娩(ATSDR, 2017)。总的来说,孕前时间阶段的暴露组学研究非常少,特别是同时涵盖男性和女性生殖的研究。

不过有一些研究已经测量了孕前阶段的单个或少量暴露因素,其研究结果揭示了测量这一阶段暴露因素的重要性,因为它们可能影响出生时及后续生命时期的健康结局。

有若干个母方相关孕前暴露因素和行为已明确为不良出生结局和后续生命时期健康结局的危险因素,包括 BMI(低体重和超重/肥胖均是)(Moussa et al., 2016)、过量摄入咖啡因、酒精和吸烟(Lassi et al., 2014),应激水平增加(Baird et al., 2009),以及不良膳食习惯(King, 2016)。也有一些研究针对孕前特定毒物和/或毒物类型,例如若干不同的持久性有机污染物在母亲孕前的暴露与出生体重较轻有关(Robledo et al., 2015)。

此外,还有证据显示父方因素对生殖和出生结局也有影响。大体上来说,父方孕前的外部暴露(诸如应激、膳食和环境毒物暴露)与后代的不良健康效应有关,例如激素失调、出生

缺陷、儿童期肿瘤、代谢疾病（如生长异常、肥胖）和心血管风险标志物异常（Braun et al.，2017）。然而尽管已知父方孕前健康与生命早期健康的种种关联，最近的一篇关于孕前健康行为的综述却显示，只有11%的孕前阶段研究纳入了男性研究对象（Toivonen et al.，2017）。

将胎儿期和生命早期暴露组学延伸到孕前阶段有很大的潜力。作为参考，我们可以参照Braun等（2017）提出的五个孕前期潜在研究体系的概念，其有助于理解孕前期暴露的子代健康效应。这些研究框架包括建立新的基于人群的前瞻性队列，基于临床的前瞻性队列和病例-对照研究，从现有队列中招募后续的兄弟姐妹，以及在现有队列中开展回顾性暴露评估等。

许多这些研究设计可能提供了一种方法来捕捉胚胎内暴露与植入成功的关系，也包括其他受孕相关结局。研究人群可以涵盖或专门针对寻求人工辅助生殖治疗者（assisted reproductive therapy，ART）。在其中可以采集一系列特殊生物样本以检测外暴露组和内暴露组，例如卵泡液、胚泡细胞、使用的IVF培养基或者孕期的生物样本（Chason et al.，2011）。这可以代表一个很大且不断增长的群体，自1978年以来全球有超过400万例婴儿是通过ART技术诞生的（Braun et al.，2017）。正因为上述潜能和更好理解这一重要时间阶段的需要，未来的暴露组学研究显然需要将研究设计扩展涵盖孕前阶段。

胎儿期

大部分评估宫内暴露组的研究都是围绕产前时间阶段来开展。孕期的这一时间阶段起始于受孕后的大概266天或者末次月经期的大约280天。此阶段包括了胚胎发育的前8周（受孕后56天）和胎儿发育阶段的9~40周（受孕后大约30周）。因此妊娠期加起来一般是40周，虽然也有一定的误差。由于这一时间阶段是暴露组学研究中最常见的胎儿期和生命早期发育时间窗，本章我们将专门对其内暴露组学和外暴露组学研究进行深入讨论。

围产期和产后阶段

在分娩后的围产和产后阶段，婴儿经历的生物学变化受到其分娩前暴露和发生的生物学机制的影响。围产期常用来描述刚刚出生之后的阶段。但是由于不同国家的法律对死胎等围产结局所涉及时间阶段的定义不同等原因，这个术语的含义也存在差异（Wilcox，2010）。但是国际疾病分类编码（Internal Classification of Disease Code，ICD）对围产期的定义是"妊娠22周（154天）至产后7天之间的时间阶段"（Wilcox，2010）。产后阶段之后是新生儿阶段（出生至1月龄）。大部分围产期和产后期暴露组学都是希望重建产前的暴露情况和/或研究这一时间阶段的结局。

在本章节所述的这些发育阶段中，可以测量各种不同的结局以确认和表征生命早期的健康状况。这些结局中许多是健康终点，而且是有害的，例如出生时的死亡率；而其他结局可能是后续生命阶段健康结局的中介因素，例如出生体重与生后体重的变化之间的关系。

其中部分情况和结局已经在胎儿期和生命早期研究中广泛应用，本章对此不再赘述，详情可见其他学者的论述（Wilcox，2010）。然而，在本章中我们特别关注了胎儿的生长模式、出生体重和早产(PTB)的研究,因此有必要对这些因素进行简要的描述。代表胎儿生长的参数(即出生体重)是在本综述中很容易讨论的表型,因为它在围产期流行病学中被广泛研究。以出生体重不良为例,从出生到童年,一直到成年,出生对健康就存在有许多影响。

需要注意的是,当大部分围产期研究关注低出生体重(low birth weight, LBW,指出生体重低于2 500 g,不论孕周)和小于胎龄儿(small for gestational age, SGA)的关联时,容易忽视正常出生体重和大于胎龄儿(large for gestational age, SGA)仍有可能存在生命早期不良健康状况和后续阶段疾病的风险。因为遗传因素对胎儿生长的影响最多只占40%,其余部分则取决于环境暴露,所以有必要表征与其相关的暴露组。

我们讨论的其他状况和出生特征,还有胎龄、肺结核和先兆子痫,是新生儿健康的重要指标,也是常见的孕期并发症。早产是指孕37周以前发生的分娩,但是用来区分早产和自发性流产的具体孕周分界值在不同地方有所不同。早产在全球的发生率为5%~13%,且在工业化国家处于上升趋势(Goldenberg et al., 2008)。先兆子痫是以高血压和蛋白尿为特征,其在所有妊娠中的发病率据为3%~10%(Jeyabalan, 2013)。此处我们不展开讨论这些结局的公共卫生疾病负担问题,不论是出生时马上经历的,比如死亡,还是后续生命阶段发生的,比如出生体重异常及其对后续生命阶段肥胖的影响,但是其对个体和社会的有害影响不应被忽视。

胎儿和生命早期暴露组

总的来说,本节讨论的时间阶段对于表征胎儿和生命早期暴露组具有重要意义,有必要对这一阶段的暴露导致的效应开展更加全面的评估。目前仍不完全清楚暴露因素是否对这些特定阶段中的一个或几个的胎儿发育有相对更大的影响,还是这些关键阶段各种暴露因素叠加的效果,或者是从这些阶段开始的整个生命周期的暴露累积效应导致了疾病的发生。这一问题的答案很可能取决于特定的暴露和结局。所以未来的暴露组学研究既要整体观察又要单独观察这些特定的时间阶段。

当然,不能忽视检测这些时间阶段的暴露组的复杂性,包括招募和随访、避免选择偏倚以及处理特定研究人群的外推性的问题等传统流行病方法学的挑战。本章将在后面探讨这些挑战和其他问题及其潜在的解决办法。此外需要注意出生后阶段之后的生命早期还有其他关键和/或敏感的时间阶段,但其不在本章讨论范围之内。

欧洲还有一些更大的联盟旨在研究出生前和出生后暴露(不一定是暴露组)对后代健康的影响,包括"健康和不健康衰老的发育起源"研究(Developmental ORIgins of healthy and unhealthy AgeiNg, DORIAN)(Iozzo et al., 2014)、"人类生命早期暴露组学"研究(Human Early-Life Exposome, HELIX)(Vrijheid et al., 2014),最近建立的"生命周期欧洲儿童队列网络"(https://lifecycle-project.eu/)旨在研究孕前社会经济状况、移居、城市环境和生活方式对后代健康的影响。

此外,还有一些队列聚焦于这一时间阶段。比如"儿童与环境"研究(INfancia y Medio Ambiente, INMA),就是在西班牙7个地区构建的分析孕期和儿童早期环境污染物与儿童生长发育关系的出生队列研究(Guxens et al., 2012)。

❸ 表征胎儿期和生命早期暴露组学研究的范畴

本章探讨的许多范畴围绕着与孕前和/或孕期暴露有关的健康终点和孕期并发症、出生结局和生命后续健康效应。"自上而下"的暴露组学研究方法有利于这些结局的测量。这些数据不但对于很多研究是现成的,特别是诸如出生体重等参数,同时也是生命早期和后续生命阶段疾病的重要预测指标,而且很常见。例如孕期并发症影响了高达20%的妊娠(Sõber et al.,2015)。由于这些不良健康状况中有许多病因并不清楚,因此研究这些关系的暴露组学能够极大地推动减轻其中许多可预防疾病的负担。

外暴露组学

外暴露组的表征工作由来已久,甚至早在暴露组概念提出之前,就已经有很多研究对单个暴露因素进行分析。此处我们将概述那些对影响胎儿发育和后续生命阶段健康的多重暴露因素进行分析的研究。虽然目前没有哪个研究能够掌握整个外暴露组,但文献显示对生命早期环境暴露进行整体分析正呈现上升趋势。

由Juarez提出的"公共卫生暴露"框架(在本书第二章中提及),已被应用于在美国各县的生态流行病学分析水平上去理解早产(Oyana et al.,2015)和低出生体重(Kershenbaum et al.,2014)的决定因素。这些研究将地理信息系统(geographic information systems, GIS)和时空模型应用于美国国家数据库的数百个变量,涵盖了自然、建筑、社会和政治环境等。人们基于地点的方法识别出一些"热点",也就是结局发生率异常的县,其可能对于在孕妇中设计针对性干预措施以及降低健康差距具有重要意义。有趣的是,在多变量模型中有多个预测因素都是低出生体重发生率的重要影响因素,包括青少年生育率(teen birth rate)、成年肥胖、未保险成年人、身体不健康天数(physically unhealthy days)、成人吸烟百分比、臭氧及细颗粒物,而种族、肥胖和糖尿病、性传播疾病率、母亲年龄、收入、结婚率、污染及气温是早产率的预测变量。

由于空气污染物彼此间存在高度共线性,以及美国国家常规监测网络提供了多种污染物的同步监测数据,空气污染研究正越来越倾向于多污染物分析(Billionnet et al.,2012)。在胎儿和生命早期暴露组学研究领域,这些监测数据与美国出生登记数据的结合产生了包括数十万条空气污染物记录的多污染物研究。这也有助于我们更好地理解孕期空气污染物暴露的时间效应。比如,Warren等(2012)应用层次贝叶斯体系在美国得克萨斯研究了PM2.5和臭氧作用于早产的关键时间窗。他们的研究结果展现了了解孕期暴露的时间特性的重要性,因为PM2.5总体来说具有更强的效应,特别是在孕4周到孕22周,而臭氧则在孕1周到孕5周具有最强的效应。Swartz等(2015)也研究了得克萨斯出生登记数据,从25种不同的有害空气污染物中识别出生缺陷脊柱裂的危险因素。他们采用了一种新的贝叶斯随机搜索变量选择法,这种方法在应对彼此相关的暴露因素时非常有效,最终发现喹啉和三氯乙烯与脊柱

裂发生风险存在有统计学意义的关联。Le等(2012)在美国底特律研究了四种空气污染物对早产和小于胎龄儿的作用。在这一研究领域,由于污染物的来源的多样性,暴露因素之间的相关性较弱,因此可以使用多污染物回归模型来区分各种污染物的单独效应。PM10(第一个月和孕早期)、一氧化碳(孕早期和孕中期)、二氧化硫(整个孕期)和二氧化氮(第一个月和整个孕期)对小于胎龄儿的发生各有不同的关键期。对于早产,其比值(odds ratio)比只在第一个月的二氧化硫和二氧化氮暴露时有具有统计学意义的升高。他们还探索了与社会因素的交互作用,发现空气污染致早产的效应在受教育程度较低的母亲以及黑人中更强,而且污染物致早产的效应在吸烟者和非吸烟者之间存在异质性。

基于人群的前瞻性出生队列常常采集数百种个体暴露变量,它们已经开始应用暴露组学方法进行数据的分析。North等(2017)描述了Kingston过敏出生队列,这个队列目前已经在加拿大启动招募,其目的是研究过敏性疾病的发育起源。他们采用了暴露组球(Patel et al., 2015)(也叫做circos图)来展示多因素之间的相互联系,包括广义外暴露(如社会经济状态、乡村或城市居住条件)、特定外暴露(如吸烟、母乳喂养、发霉或者潮湿)和内暴露(如呼吸系统健康、胎龄)之间的关系及其内部因素之间的关系。

基于这些分析,他们构建了2岁儿童呼吸系统症状的多变量暴露组预测模型,发现上述三个范畴的暴露组都对呼吸系统健康产生影响。英国长期建设的大规模Avon亲子纵向研究(Avon Longitudinal Study of Parents and Children, ALSPAC)将全暴露组关联研究(Exposome-wide association study approaches, EWAS)方法应用于数千种孕前和产前环境危险因素。

Golding等(2014)使用多次单因素分析对1 755种变量进行分析,以识别与在8岁时大肌肉运动技能的关联,然后将其中最显著的变量都整合到一个最终回归模型。他们发现,母亲不幸福的童年与儿童运动技能存在关联。不过由于其只对假阳性进行了最低限度的校正,尚难以从本研究中就对此下定论。

Steer等(2015)随后筛查了代表产前暴露的3 855种变量与9岁儿童沟通障碍的关联,并在校正了错误发现率后识别出615项有统计学意义的关联。然后这些变量被放到一系列逐步回归分析中,建立了一个含有19个变量的最终模型。这一分析提示了儿童沟通障碍的六种可能的致病通路:社会经济劣势、影响未来养育技能的亲代人格、居家环境、母亲健康状况不良(包括母亲听力损失)、母亲受教育程度(部分由儿童智商介导)、孕期脂肪或者加工食物的摄入。

在西班牙的INMA出生队列中,Robinson等(2015)分析了孕妇多种环境暴露的相关性构成。这一工作是遵循Patel和Ioannidis(2014)对美国国家健康和营养调查(National Health and Nutrition Examination Survey, NHANES)生物监测数据的分析来展开,他们提出对暴露组数据相关性构成的透彻理解是对上述数据结果统计学意义进行解读所必需的。

通过GIS、生物标志物测量以及问卷调查在INMA女性中测量的81种暴露因素的相关性,由于强相关的结构,特别是在暴露家庭中,所有的差异都可以由41个主成分来解释。然而通过生物标志物测量的暴露物家族之间的相关性,例如溴化物和氟化物之间的关联是较弱的,提示在这一研究领域,由其他未被报告的暴露因素导致混杂偏倚的可能性比较小。

不过对于那些通过GIS方法测量的城市户外环境暴露因素,包括噪声、空气污染物、建筑环境和温度,家族间则是中度相关到强相关,提示这些暴露因素应该在健康研究中一起考虑。这一方法已经扩展到其他参与HELIX项目(见第十五章)的出生队列,它们在欧洲九个城市的30 000名孕妇中利用GIS、遥感以及时空模型检测了超过30种环境指标。

在后续研究中(Robinson et al.,2018)发现,城市暴露组的差异有大约三分之一可以由一个主成分来描述,其表示的是污染较轻但绿化较多的区域,可以解释为不同城市环境的相对村镇化程度。其他重要的差异模式包括交通繁忙而人口稀疏的区域、便于亲近自然的可步行区域。对于不同的城市,各类城市暴露组因素之间的关系存在显著差异,其决定因素例如社会经济状况等,这提示外部暴露组的一般范畴和特定范畴的关系很大程度上取决于局部环境。

Dadvand等(2014)在西班牙巴塞罗那开展的低出生体重研究中采用了类似的暴露组综合评估法。他们整合测量了建筑环境(与主要街道距离)、温度、噪声、空气污染物以及路边绿植的缓冲作用。孕期居住于主要道路200 m以内与低出生体重风险增加46%有关,而测量的空气污染物和热量共同解释了该关联的大约1/3,而且还有证据指出增加绿化面积能够冲抵此种效应。

生物标志物多重检测的应用使得对特定外暴露组学的认识更加明晰。很多学者利用NHANES生物监测数据来识别产前暴露和后续健康结局。例如,Rosofsky等(2017)平均每名女性检测到了92种生物标志物,最常检出的化学物种类包括邻苯二甲酸酯、金属、植物雌激素和多环芳烃。他们发现尿中各类生物标志物间具有较高的相关性,而血中同类生物标志物间有较高的相关性。虽然其大部分生物标志物的水平低于美国NHANES同类女性数据,但该研究显示丹麦的化学污染很普遍。文章作者观察到的这些相关性提示,存在共同的暴露源、特定生活方式因素或者共通的代谢通路。

Woodruff等(2011)使用NHANES数据对孕妇暴露组学进行分析,发现多氯联苯、有机氯杀虫剂、PFCs、酚、多溴二苯醚(polybrominated diphenyl ether,PBDE)、邻苯二甲酸酯、多环芳烃和高氯酸盐在99%~100%的孕妇中检出,孕妇和非孕妇暴露水平相似。

Vafeaidi等(2014)在希腊克里特的孕早期妇女中将多种相关的暴露因素包括杀虫剂、多氯联苯和PBDE-47整合为一个暴露评分。他们观察到暴露评分每增加一个单位,出生体重减少42 g,这一关联不受社会和母体因素校正的影响。

Lenters等(2016)在格陵兰、波兰和乌克兰的三个队列中评估了多种彼此相关的暴露因素包括邻苯二甲酸酯、全氟烷酸和有机氯对胎儿生长的影响。通过弹性网络回归——一种惩罚变量挑选技术,他们发现MEHHP、PFOA和p,p'-DDE与较低出生体重独立关联,而MOiNP与较高出生体重独立关联。

Agay Shay等(2015)在西班牙INMA队列中研究了27种内分泌干扰物与儿童体重状况的关联。在多种反映胎儿暴露情况的生物组织中检测了邻苯二甲酸酯、双酚A、金属、有机氯和多溴二苯醚等化学物。其中,有机氯测定水平与BMI的标准化得分及儿童超重风险正相关。这些关联在校正其他组分以及生活方式因素后仍然存在。

有关化学物多重暴露对儿童神经发育的影响广受关注,并已在若干个出生队列研究中加以分析。Forns等(2016)对新晋母亲平均分娩一个月以后的母乳样本中的25种不同的持久性有机污染物进行了分析。文章作者采用主成分分析、弹性网络回归和贝叶斯模型平均等三种不同的多变量分析方法,分析了这些暴露因素与儿童12月龄和24月龄行为问题的关联。所有三种方法都显示原杀虫剂DDT与12月龄行为问题存在有统计学意义的关联。然而,在对24月龄的相似结局进行分析时并没有观察到这种效应。

Braun等(2014)对美国孕妇进行了52种内分泌干扰物的测量,并用半层次贝叶斯分析法研究了它们与儿童4岁和5岁时孤独症行为的关系。他们发现PBDE-28和杀虫剂反式九氯的浓度增加与更多的孤独症行为有关,不过由于研究样本量太小,在其他化学物中没有发现与孤独症行为的关联。

Yorifuji等(2011)只检测了两种暴露因素——脐带血中的铅和甲基汞的浓度,已显示出考虑多种暴露联合作用的重要性。他们在法罗群岛出生队列中发现铅与7岁及14岁的认知功能存在清晰的关联,但这种关联只出现在甲基汞暴露最低的组。这些结果提示存在小于相加作用(less-than additive interaction)或者拮抗作用,其原因可能是各毒物在类似的生物学级联反应中相互竞争蛋白质结合位点。

内暴露组学

对生殖和妊娠相关表型结局的内源性暴露组学标志物的探索目前才刚刚起步。尽管已经有很多暴露-结局关联研究,但我们对于许多胎儿发育和生命早期健康结局的起因和机制仍然没有完全理解。在暴露组学领域解决这一问题的办法之一是采用"自上而下"的方法研究疾病背后的分子机制。该方法先研究结局,然后识别与内源性生物标志物和/或分子机制的关联,可以二者测量于同一时间断面,也可以是后者在结局之前。

本章我们主要聚焦于对内暴露组学的探讨,包括转录组学、表观组学、代谢组学和蛋白组学研究。大部分暴露组学研究都聚焦在表观遗传,因为这是第一批在流行病学研究中广泛应用的组学技术之一;不过最近代谢组学领域的进展使得分析不良结局相关的代谢组的研究有所增加。因此,本章关于内暴露组学的综述重点放在探讨表观遗传学和其他常用组学技术(例如代谢组学)上。不过,由于我们正持续发展多组学研究,有必要进一步扩展到对蛋白组和其他组学的探讨。此外,内暴露组学的其他领域,例如营养生物标志物和其他临床标志物在本章不做讨论,但对暴露组学研究也很重要。

表观遗传学(详见第六章)是指有丝分裂中可遗传的DNA改变,其不改变DNA序列但具有调节其功能的潜能。表观遗传改变包括乙酰化、甲基化和DNA组蛋白修饰。DNA甲基化是人群研究中被研究最多的表观遗传改变,主要是因为相关实验和技术已发展得比较成熟。例如Illumina人类甲基化实验等商业化平台使得我们可以测量全基因组的胞嘧啶-磷酸-鸟嘌呤(cytosine-phosphate-guanine,CpG)位点DNA甲基化情况。基于多个理由,已证明DNA甲基化的研究可能是描述和理解胎儿期和生命早期暴露组的重要方式之一。

众所周知,DNA甲基化是同时受到遗传和环境因素影响的动态过程(Marsit,2015),因此可能是基因组和暴露组之间的纽带,继而对健康造成影响。发育早期包括了一系列DNA甲基化状态的显著改变,因此其可能是暴露因素导致DNA甲基化改变的关键阶段。这些改变可以持续超过数年并可能是健康和疾病发育起源的重要机制,由DNA甲基化介导胎儿期和生命早期暴露因素对成年期器官结构和功能的影响。最后,甲基化状态即使不与结局致病因素联系起来,也可以成为强大的暴露生物标志物。尤其是它们可能对于捕捉慢性长期暴露因素特别有用,而传统方法难以准确测量这些因素。通过对表观遗传学改变与出生结局关联的研究,可能有助于我们理解结局相关的宫内暴露和特定生物学过程。

已有不少研究分析了脐带血淋巴细胞DNA甲基化与出生体重的关系。目前为止，规模最大的研究是挪威的MoBa队列，包括1 046例分娩（Engel et al., 2014）。该研究在全甲基化组发现了19个有统计学差异的CpG甲基化位点，其中13个位于基因区域内，6个在基因间区域。这些基因在发育中起着重要作用，例如ARID5B基因与脂肪形成有关，XRCC3基因与染色体维持和DNA修复有关。

英国的ALSPAC队列则显示出生体重与23个CpG位点有关，其位于14个基因内。其中，2个基因包括ARID5B之前已经被MoBa研究识别出来。ALSPAC研究（Simpkin et al., 2015）还分析了甲基化在同一批儿童后续生命时期的持久性，发现与出生体重相关的大部分甲基化差异在儿童期消失了。

尽管这些甲基化状态并不持久，还是有证据指出重要的发育基因NFIX和LTA在脐带血中的甲基化介导了出生体重与儿童期后期发育结局之间的关系。美国的VIVA队列项目也发现ARID5B基因的CpG甲基化与出生体重呈负相关（Agha et al., 2016）。该研究检测到34个差异甲基化CpG位点，其中四个位于PBX1基因，该基因与胚胎调控有关。研究还发现，出生体重与这四个CpG位点在儿童期后期的甲基化有关。

对特定基因或区域的甲基化靶向分析也使得我们可以对胎儿生长发育基础机制的特定假说进行检验。差异甲基化区域（differentially methylated regions, DMRs）被认为在胚胎发育中至关重要，因为甲基化状态是在原肠胚形成之前建立的，并在体细胞组织中一直保持。在表观重编程过程中这些标记的保持缺乏准确性，这可能诱发在所有组织中均可检测的改变，并预示着多基因的变化。

McCullough等（2015）测量了四个已知与出生体重有关的DMR的甲基化水平。他们分析了这些DMR在母亲体力活动和出生体重之间的作用，发现PLAGL1的甲基化与总的非久坐时间有关，并可用来解释久坐行为与子代高出生体重风险之间的关系。芳烃受体是重要的"外源性物质感受器"，其调控代谢酶的表达以应对化学物例如二噁英的暴露。孕期吸烟作为胎儿生长受限的危险因素，与脐带血淋巴细胞芳烃受体抑制因子（aryl-hydrocarbon receptor repressor, AHRR）基因的甲基化改变有关。

Burris等（2015）解释了该基因的甲基化在独立于吸烟暴露之外也可能与胎儿生长有关。他们在一群非吸烟者中研究了许多预测因素，发现脐带血AHRR甲基化与母亲BMI正相关，与胎龄和不同胎龄出生体重则呈负相关，提示该基因在胎儿发育中的重要性。

Volberg等（2017）在出生和儿童9岁时血液中检测了增殖激活受体γ（proliferator-activated receptorγ, PPARγ）基因内多个位点的甲基化，该基因在脂肪形成和代谢相关激素调控中具有重要作用。他们发现该基因及其启动子区域的甲基化状态随时间流逝比较保守，其甲基化水平与出生体重及9岁时BMI负相关。

Rangel等（2014）研究了血管紧张素转换酶（angiotensin-converting enzyme, ACE）基因的作用，该基因作为心血管疾病的关键基因已经大量研究。文章作者比较了低出生体重和正常出生体重儿童血液中该基因启动子区域的甲基化。他们发现低出生体重儿童ACE甲基化水平较低而收缩压较高，该效应独立于ACE基因多态性，提示宫内环境与后续生命阶段心血管疾病风险之间联系的一种潜在机制。

Simpkin等（2015）在脐带血中进行了一项全表观组扫描研究，以筛选与胎龄有关联的差异甲基化CpG位点，发现了224个不同的标记，可注释于155个基因。这些关联并未持续到儿童期后期,也罕有证据显示胎龄与后续时间点的甲基化有关,也没有证据提示甲基化在胎龄和儿童期发育表型的关系中起到作用。

这些标记中有超过一半复现了之前的研究发现,有72个在之前的一项关于早产的病例-对照研究中识别出来(Cruickshank et al., 2013)。复现的标记中有许多都位于分娩相关基因。由于有研究发现,与早产相关的甲基化差异在成年后不能再被检测到(Cruickshank et al., 2013),这提示分娩(不足月)时的差异只能反映正常发育过程的甲基化改变。

Knight等(2016)对此进一步进行了探索,他们基于从弹性网络回归筛选出的148个CpG位点构建了一个具有高准确率的预测模型。有趣的是,那些DNA甲基化预测的胎龄比实际胎龄高的儿童,其出生体重更重,反映出更好的发育成熟度。此外,有私人医疗保险的母亲比接受国家医疗救助的母亲有更大概率分娩高DNA甲基化胎龄的孩子,提示社会经济环境对胎儿发育的重要性。

最近的一个关于早产转录组研究的综述(Eidem et al., 2015)纳入了134项分析mRNA、miRNA或DNA甲基化的全基因组关联研究。他们发现有10 993个独特的遗传元件被报告有转录活性,其中只有23个被复现了10次以上。对涵盖9种不同的妊娠期组织(例如胎盘、母亲血液、胎膜、脐带血)和29种不同定义的临床表型的93项基因表达研究的meta分析显示,差异表达基因的重叠有限。他们发现与激素调节相关的基因(CGB、CRH、INHA和GH2)——这些基因对于妊娠维持非常关键——在分析早产和先兆子痫关系的研究中高度重叠。像IL-8这种与炎症有关的基因在多个研究中呈现差异性表达。有学者认为有必要开展更大的系统综述,因为现有的研究和组织分析中,与早产相关的相同或不同临床表型之间呈现出很大的表达异质性。

不过最近有研究显示,胎盘转录组在个体内和个体间存在很大变异(Hughes et al., 2015),可能是早产相关研究结果缺乏一致性的原因。基因表达分析也用于小胎龄儿研究,发现生长激素位点的基因及类胰岛素生长因子2(Insulin-like growth factor-2, IGF-2)基因的低表达与小胎龄儿有关(Sõber et al. 2015)。

代谢组学在母胎医学中的研究正与日俱增(Fanos et al., 2013),以识别像胎儿生长有关的生物学改变等不良出生结局。代谢组学(详见第六章)是暴露组学研究中特别有希望的一类方法,它既能评估外源性化学物,也能评估内源性化学物,在一项研究中已将外暴露组和内暴露组特征一并分析。

Horgan等(2011)使用超高效液相色谱串联质谱方法检测了孕早期母亲血浆,以识别能预测小胎龄儿的代谢物。Maitre等使用核磁共振(nuclear magnetic resonance, NMR)波谱学检测孕妇尿液样本以识别和预测早产、小胎龄儿和胎儿生长受限以及出生体重的代谢物(Maitre et al., 2016)。Dessi等(2011)在尿液样本中识别出4种与胎儿生长受限有关的代谢物。然而只有较少的几个研究分析了脐带血中代谢物的改变。脐带血是一种特别相关的组织,因为它含有必需营养素、激素、免疫因子以及潜在有害的外源性代谢物,而这些都是发育中的胎儿直接暴露的。

Horgan等(2011)在6例小胎龄儿和对照之间比较了鞘脂、磷脂和肉碱水平的差异。Ivorra等(2012)和Tea等(2012)都用核磁共振波谱学方法分别对少数低出生体重儿和极低出生体重儿与对照之间进行了比较,并发现代谢物水平存在一些差异。最近,Hellmuth等(2017)采用靶向质谱分析方法发现溶血磷脂胆碱(lysophosphatidylcholine, lysoPC)与出生体重正相关。虽然这些初步研究都只检测了少量样本或少量分子,但它们指明了代谢组分析在识别胎儿发育相关生物学通路方面的潜能。

在EXPOsOMICS项目中,我们采用非靶向超高效液相色谱串联质谱代谢组学方法,在四个欧洲出生队列的500例脐带血样识别与出生体重相关的代谢组特征。我们在全代谢组中识别出68个有统计学意义的代谢物,提示线粒体功能、激素信号、脂肪酸代谢以及营养素的可利用性等特定过程对于胎儿生长有重要意义。除了发现与出生体重有关的新代谢物,我们还识别出维生素A缺乏在母亲吸烟和较低出生体重之间的作用机制(Robinson et al.,2018)。

有趣的是,代谢组学分析也许可以用作不良出生结局的筛选工具。例如,采用羊水代谢组学筛查来区分足月产者和早产者,无论有无炎症,碳水化合物的降低都与早产有关,而氨基酸代谢物的增加是早产伴随炎症的特征标志(Romero et al.,2010b)。

目前少有研究采用"自上而下"的方法研究胎儿期和生命早期暴露组的蛋白质组学领域。蛋白组学的研究可以通过分析蛋白质、肽或者蛋白水解肽来代替感兴趣的蛋白质,这些技术还可进一步区分为基于发现的蛋白组学、非靶向蛋白组学或者靶向蛋白组学。

Wang等(2013)对比了正常妊娠和先兆子痫妊娠的胎盘组织蛋白质组。结果发现,正常妊娠和先兆子痫之间有171个蛋白质呈现差异表达,其中147个在先兆子痫者中下调,24个上调。在一项横断面研究中,75例早产过程伴有子宫挛缩的患者的羊水样本和完整内膜被用来分析早产的蛋白组(Romero et al.,2010a)。总的来说,在早产者中共有77个蛋白上调,6个蛋白下调。这些蛋白中的多数先前已发现与早产相关感染/炎症有关,并参与宿主防御、迁移、定植、靶向、抗凋亡以及代谢/分解代谢。在一个小规模的巢式研究——母婴环境化学物研究(maternal-infant research on environmental chemicals research study,MIREC)中,通过靶向分析和全血浆蛋白组分析识别出了与低出生体重相关的蛋白相互作用网络和母体生物学通路(Kumarathasan et al.,2014)。

将外暴露组范畴和内暴露组范畴相联接

胎儿期和生命早期暴露组学研究探讨的最后一个范畴是将外暴露组范畴和内暴露组范畴相联接。有若干研究采用单污染物/暴露因素方法来理解暴露因素对组学改变的影响。然而,也有一些研究关注了多种暴露,但鲜有研究涉及与外部暴露相关的多种组学问题。

虽然人们在母亲孕期吸烟的表观遗传效应的认识方面已经取得了很大的成功(Joubert et al.,2012),但其他环境因素的影响,如空气污染、宫内生长限制幅度低于吸烟的影响,可能对表观基因组产生更小的影响。要开展全表观基因组关联筛选,就意味着很大的多重检验负担,暴露因素预期的作用大小越小,则所需的样本量越大。为了应对这一问题以及其他问题,妊娠与儿童表观遗传(Pregnancy And Childhood Epigenetics,PACE)联盟集合了全世界39个研究29 000例孕妇、新生儿和/或儿童的样本和DNA甲基化数据(Felix et al.,2017)。

该联盟首先分析了母亲吸烟的影响,现在已制定计划分析一系列其他环境暴露。最近他们在超过1 500名研究对象中研究了产前空气污染暴露的影响,分析了孕期居住地址NO2暴露与脐带血DNA甲基化的关系(Gruzieva et al.,2017)。在全甲基化组水平他们识别出三个有统计学意义的CpG位点,位于线粒体功能相关基因LONP1、HIBADH和SLC25A28。已知线粒体参与多个与细胞对外界应激响应有关的通路(Shaughnessy et al.,2014),而最近的证据支持它们对于胎儿生长的重要性(Robinson et al.,2018)。

此外,他们还采用了一种更受假设驱动的分析,他们研究了一组抗氧化和抗炎相关基因的甲基化模式,这些基因是根据现有的关于对空气污染物的生物反应的文献选择的。在这个分析中发现了两个显著甲基化的基因CAT和TPO,它们都参与了对氧化应激的防御。空气污染对早期生命甲基组影响的调查是一个活跃的研究领域,其他联盟正在进行分析(例如HELIX和EXPOsOMICs项目),全世界范围内还有其他规模小一些的研究正在进行(Goodrich et al.,2016;Rossnerova et al.,2013)。

美国儿童健康研究(US Child Heath Study)分析分布在整个基因组的重复性转座元件——即长散在重复序列(long interspersed nuclear elements,LINEs)和AluYb8(Breton et al.,2016),关注了空气污染与甲基化总体情况的关联。他们测量了妊娠各期多种空气污染物的暴露和459例新生儿干血斑的DNA甲基化(干血斑在美国许多州是常规采集的)。这些重复性元件基本上在胚胎形成早期的整体性重甲基化之后保持高甲基化状态。因此该阶段DNA甲基化的改变对发育中的胎儿具有广泛的下游影响。

研究者发现孕早期臭氧暴露与LINE1元件低甲基化有关,其独立于其他测量的空气污染物。而且DNA甲基化转移酶1的基因型与臭氧存在交互作用,前者对于胚胎形成过程的甲基化具有重要作用,在该基因的某些基因型中关联的幅度更大。

Kingsley等(2016)也发现,靠近主要道路居住——近似暴露于空气污染物的母亲,其胎盘组织中LINE1元件甲基化水平较低。比利时的ENVIRONAGE研究也在妊娠的不同阶段分析了胎盘组织总体甲基化与空气污染的关联。通过胎盘组织的水解DNA中甲基化脱氧胞嘧啶水平进行检测来评估总体DNA甲基化。他们发现PM2.5暴露每增加5 $\mu g/m^3$,总体DNA甲基化降低2.19%。校正时间阶段后发现只有孕早期的暴露与总体甲基化的关联有统计学意义(Janssen et al.,2013)。

EVIRONAGE研究还分析了孕期空气污染与内暴露组的数种其他标志物的关联,以探索空气污染物产生作用的机制通路。Saenen等(2017)分析了瘦素基因内CpG位点的甲基化水平,该基因编码一种与胎儿生长有关的关键的能量调节激素。他们报道称孕中期PM2.5暴露和胎盘氧化应激标志物3-硝基酪氨酸的水平都与瘦素基因甲基化水平有关,从而确定了空气污染与胎儿生长之间的潜在联系。

Grevendonk等(2016)通过测量线粒体DNA的8-羟基-2-O-鸟苷(8-hydroxy-2-0-deoxy-guanosine,8-OHdG)来评估线粒体DNA损伤,8-OHdG是鸟苷酸在受到活性氧簇造成的DNA损伤后氧化形成的。他们发现,整个孕期的PM10与母亲分娩后血液中线粒体DNA的8-OHdG水平有关,而妊娠早期的PM10暴露于脐带血线粒体DNA的8-OHdG水平有关。该研究表明生命早期颗粒物空气污染暴露在线粒体氧化应激水平系统性增加中的作用。由于线粒体在细胞能量供给方面的作用,因此它们在胚胎形成过程中具有重要作用。

有假说认为空气污染物导致的氧化应激可能会造成线粒体DNA的特别损伤,因为线粒体缺乏核DNA中的许多保护性结构和机制。Janssen等(2013)报道了空气污染对胎盘和脐带血中线粒体DNA成分的影响。线粒体DNA拷贝数(也就是含量)已成为线粒体损伤和功能失调的生物标志物之一。该论文作者称胎盘线粒体DNA成分与孕晚期PM10暴露负相关。未发现与脐带血线粒体DNA成分的相关。Janssen等（2015）进一步研究了颗粒物对胎盘线粒体DNA含量影响的作用机制。他们测量了线粒体DNA的两个重要调节区域的甲基化——DNA的D环调控区和编码12S rRNA的MT-RNR1。他们假设甲基化会因空气污染而发生改变从而影响线粒体DNA的复制或者转录。他们称，两个区域的甲基化与孕期PM2.5暴露及线粒体DNA含量均存在关联。并且他们估计D-loop和MT-RNR1的线粒体DNA甲基化分别介导了PM2.5暴露与线粒体DNA含量之间关联的27%和54%。

产前无机砷（inorganic arsenic, iAs）暴露以及iAS的代谢也已与多种组学结果联系起来，其中包括胎儿表观组学（5-甲基胞嘧啶）、转录组（mRNA表达）和/或蛋白组（蛋白质水平），Laine和Fry对此有专门综述（2016）。其中许多研究只分析了单个组学。不过孕期砷暴露生物标志物（biomarkers of exposure to arsenic, BEAR）队列采用全基因组方法检测40对母子的脐带血白细胞，识别出54个基因的表达水平和CpG甲基化状态均发生了改变（Rojas et al., 2015）。在该队列的40对母子的脐带血白细胞全基因组分析中有334个差异表达mRNA（Rager et al., 2014）。此外，通过将（研究发表时）最大规模的蛋白组分析与产前iAS暴露相联系，共在产前暴露于iAS的新生儿中检测了507个蛋白质，其中111个与产前iAS的暴露有关，已知这些蛋白受到肿瘤坏死因子（tumor necrosis factor, TNF）调控，富含与免疫/炎症反应和细胞发育/增殖相关的功能。而且母亲的iAS生物转化以及新生儿iAS及其代谢物水平与新生儿脐带血代谢组（neonate cord metabolomics, NMR）状况存在关联（Laine et al., 2017）。

④ 胎儿期和生命早期暴露组学研究的流行病学研究设计和方法

我们已经探讨了暴露组的概念、原始暴露组学研究的实践范例，现在要探讨更加有力的研究，为了使该领域持续进步，有几个因素必须要加以考虑。对于敏感期和关键期——例如胎儿发育期和生命早期暴露组的分析更是如此，因为这些时间阶段有一些独有的特点。特别是对于发育中的胎儿而言这些生命阶段包含了复杂的生物学和病理生理学特性，在妊娠过程中有许多迅速的变化，例如快速生长的细胞和不成熟的修复过程。而且其中许多特性不仅会对当下的健康产生影响，还是后续生命健康的重要决定因素。基于上述特性和其他原因，在表征胎儿期和生命早期外暴露组和内暴露组时有必要特别关注采用的研究设计类型、统计分析方法、暴露接触时间、生物标志物类型和测量方法以及选择的组织基质。幸运的是，流行病学领域的进步和人们对研究设计及方法的关注保持了一致，并且人们正持续投身于这两方面的进展。这也促进了对于因果推断方面更加严谨的思考、对更好的方法学的开发和应用以及研究内部效度的整体改善（Galea, 2017）。

与之类似的是，对研究设计的密切关注和对方法进步的需求是暴露组学研究范式的重要原则，这一点在第一章有论述。对于本领域未来的流行病学研究，人们已经提出了许多挑战和建议以改善对暴露组的研究，这也是《用21世纪科学改善风险相关评估》报告（美国国家科学、美国工学和医学院，2017）中强调的一个领域。所幸流行病学暴露组学研究的发展始终聚焦于应用最合适的研究设计和研究方法,并且会随着本领域的发展继续保持这一趋势。

强化研究设计

任何研究的设计和随之采用的方法最终都应该反映研究所关注的问题。然而暴露组研究因其跨越了多个维度研究问题而显得极为复杂,而不仅仅是这个术语的一种形而上学的概念而已。研究设计方面的其他挑战表现在暴露组学的一个主要原则,即掌握一个人全生命过程的暴露和疾病风险上。这些因素使得暴露组学需要超越传统的流行病学方法,在研究设计方面有所突破,而研究设计的改良将极大地帮助和推进这一领域。

致力于减小信息偏倚和选择偏倚十分必要,这可以增加评估的准确性和外部效度,从而提升研究结果的外推性。此外,对那些植根于因果推断的正规方法加以应用,将有助于我们在暴露组学研究中得出因果结论。这样就能更好地对关联作出估计,并识别暴露因素和疾病之间的潜在致病机制,进而转化为风险评估以及政策和医疗干预手段。

截至目前,胎儿期和生命早期暴露组学研究特别受到反向因果、错分偏倚和其他问题的困扰。减少偏倚的理想方式当然是建立纵向出生队列研究,掌握孕前和孕期的外暴露组和内暴露组,并对子代持续随访到后续生命阶段。这种研究设计可以对本章上述的关键发育时间窗进行充分的评估,但问题在于其所需花费大量费用和时间。不过暴露组学的理论发展指出,没有必要用几个大型前瞻性纵向研究(取决于研究问题)来研究整个生命过程的暴露因素与疾病的关联。这一理论已经获得人们支持,并在最近提出的旨在改善儿童健康风险评估的方法中得到了扩展,该方法是对靶器官易感性的关键时间窗进行瞬时暴露检测,又被称为"生命阶段暴露组学瞬时检测"(life stage exposome snapshots, LEnS)(Shaffer et al., 2017)。

起初的许多暴露组学研究采用了很多不同的研究设计的组合。例如,EXPOsOMICS和HELIX项目使用了历史性(既往遗留)队列数据,又在这些队列中按巢式设计进一步进行随访和采样。还有很多流行病学研究设计也被加以应用,包括前瞻性队列研究、病例-对照研究、随机化临床试验以及新的短期暴露研究设计。利用现有的队列无疑有利于减少花费、合并研究以增加样本量、减少随访时间和发病耗时,还可以利用已经贮存的生物样本。

起初的暴露组学研究清楚地指出,利用现有队列可以获得很多益处,包括使用贮存的样本成功开展外暴露组和内暴露组的区分,合并数据以获得更好的统计效能,对此我们已经在本章和其他地方进行综述给予例证。不过使用历史性队列也带来一些挑战。例如,将现有/历史性队列和在建队列合并时,暴露因素类型和时间的差异可能会给数据合并带来问题。

要解决暴露组学研究的某些研究空白可能需要依赖于前瞻性研究设计和其他类型研究设计的发展,例如可能需要新的前瞻性队列掌握孕前时间阶段。要达到这一目的,可以招募有生育意愿的夫妇,随访到产前和产后阶段,有可能的话再进一步延伸。而且新的前瞻性研究设计可能还需要确认从暴露到疾病的时间先后顺序,降低暴露错分偏倚、改善对因果关系的评估。

此外,从外暴露组学的概念诞生以来,其已经在污染物的数量和种类方面获得了发展,所以历史性队列可能会受限于可用的暴露数据种类。我们可能还需要采集更多的生物样本,因为我们测量内部暴露的技术在不断发展,特别是在"组学"领域。

横断面研究设计可以用于特定的暴露时间窗以描述疾病的患病率,但在对组学数据的解读方面会受到限制,主要是因为反向因果的可能性。一些研究采用了病例-对照方法研究暴露组和特定疾病的关系。病例-对照研究作为第一层次的暴露组学研究方法对于形成新的假设特别有用。

Rappaport和Smith(2010)建议使用病例-对照研究作为发现起始阶段,用靶向和非靶向组学方法将患有特定疾病的人群和未患此病的对照的暴露情况进行比较。在发现起始阶段之后,可以用前瞻性体系的验证阶段来改良分析方法(和其他方法)。这一框架可能在嵌套在前瞻性队列研究和那些有生物样本的病例对照研究中最有效。就病例-对照研究而言,妊娠队列提供了一个独特的机遇,女性可以在一个研究中多次妊娠,从而作为她们自身的对照。最后,未来的暴露组学研究有极好的机会利用回顾性研究设计重构宫内和孕前的外暴露组和内暴露组。这种设计对于罕见健康结局例如儿童白血病的病例-对照研究可能特别有用。

对于胎儿期和生命早期暴露组学研究的因果推断而言,需要考虑的重要因素之一可能是时间先后顺序。全生命过程的暴露组学中的时间先后顺序问题可能在于个体差异性和动态变化性。此外,由于暴露组学研究测量多重暴露,各种组学作为中介标志物,结局指标又可以在不同的时间尺度测量,所以在做生命过程风险评估的时候要特别留心注意。

还有,对于那些随时间变化的混杂因素,要仔细地测量、识别,采用适宜的分析模型并加以控制。这一点对于胎儿发育阶段更加重要,因为传统出生队列的天然特点就是暴露和结局之间的时间间隔很长,增大了混杂偏倚的可能性。

再有,由于母亲孕期的暴露和行为与产后的暴露和行为有很高的相关性,宫内作用和产后作用常常很难区分,有必要对这些作用进行拆解分析。对于许多测量出生时组织中内暴露和/或外暴露并分析与出生结局的关联的研究,另一个重要的问题是反向因果关系(在前面论述横断面研究时已提及其局限性)。例如,脐带血的CpG作为出生体重的甲基化标志物,可能是由于孕期外暴露导致胎儿生长和/或分娩时间的改变等结局变化,也可能是分娩时发育过程的反映(Engel et al., 2014)。

此外,对于内部多组学测量,我们需要确认跨组学过程是否超出了生物学中心法则的线性关系——也就是基因组(DNA)→转录组(RNA)→蛋白组→代谢组,因为它们之间存在广泛的相互作用(Rappaport, 2012)。

最后,当我们开始优化我们的研究和方法,将有必要重点关注解决因果关系问题,以及建立适宜的研究回答这些问题。下面我们对这些方法和潜在的方法进行有限的探讨,不过有必要注意,应该在研究设计阶段就开始着力,而不是事后在应用统计方法或得出因果结论时采用其他办法(例如三角验证)。重要的是,研究开始阶段我们需要将内暴露组视为潜在的因果中介因素和/或效应修饰因子,所以要直接关注这些数据是如何收集的(例如时间先后顺序和潜在的混杂因素),这可能会影响我们得出因果结论的能力。在研究设计阶段因为有大量的暴露因素的注释,我们可以使用有向无循环图作为概念模型助益于我们的研究方法,虽然这对于全暴露组关联研究而言可能更加困难(虽然并非不可能)。

提升方法学的路径

对暴露组学研究方法的探讨涵盖广泛的议题,从外暴露组学表征中暴露评估的工具和准确性到内暴露组学定量的实验室方法,再到暴露组学数据统计分析和方法的挑战。幸运的是,暴露评估方面的许多挑战已经得到解决并且随着本领域的发展而不断扩展。暴露组学工作的挑战之一是数据的高维度,从多重外暴露因素和若干不同组学的检测到它们与特定表型和多个时间点的组合,这些组合可能会使数据规模以指数级迅速增大(Patel,2017)。这其中的许多挑战已经有文献进行了充分讨论,并且将在本书第十二章进行更深入的探讨。

本章关注的重点是那些特定的、针对易感性时间窗的有必要进一步讨论的方法。此外,许多方法在生殖/围产流行病学文献中进行了详细讨论,但没有在暴露组学背景下探讨。当我们继续改进胎儿期和生命早期暴露组学研究方法时,在建模方法和生物学解读方面需要特别关注因果中介、效应修饰、混杂和其他偏倚以及生物标志物和组学的准确性和效度。

在围产流行病学领域,对因果中介的条件和分层分析已经有充分的探讨,并引起了生命早期暴露组学研究中对这些问题的强调和关注。例如,一个长期争论并且仍需进一步关注的问题是,在评估不良出生结局和后续生命阶段不良结局风险时,是否需要校正妊娠因素(比如胎龄和其他妊娠/出生特征),因为其中许多因素可能处于从暴露因素到疾病的生物学通路上。

很多传统方法把胎龄等因素视为简单的校正因素或者决定因素,宫内和产后因素(Wilcox et al.,2011)分开处理,但是还有其他办法可选。例如胎儿风险法(fetuses at risk,FAR)或者最近受到推荐的扩展FAR法作为一种因果推断模型,其将胎龄视为生存时间,故而发病率可视为从胎儿到出生后窗口期这一时间阶段的连续变量(Joseph,2016)。

需要注意,并不推荐对中介变量进行分层,特别是如果关注的是某暴露因素对某结局的整体效应的评估,这样会产生碰撞分层偏倚(collider stratification bias)。为了避免此种偏倚,可以选择研究中介变量的预测风险,对中介变量本身进行敏感性分析,并关注主要层次(Rothman et al.,2008)。

此外,对于那些在暴露到疾病的致病路径上起重要中介作用的中介变量,我们必须在暴露组学体系中加以考虑。这一点尤为重要,因为忽略中介变量可能会导致错失特异性模型、潜在的因果判读错误和遗漏重要的暴露/疾病反应(也就是没有发现关联)。对于胎儿期和新生儿期研究,许多出生结局有共同的通路,或者有多种危险因子。例如早产与诸如先兆子痫、子痫和宫内生长受限等妊娠状况有关,所以可能有必要采用更加先进的模型来处理出生结局和后续生命阶段健康的多种原因。还有特定组学结果和通路的变化要作为生物学中介变量,而且必须这样做。这对于评估多种中介因素及其交互作用以及与暴露因素的交互作用的机制推断方面也很重要。

要处理因果中介,可以用传统的中介分析方法,但是更好的办法是采用因果推断领域的常用方法,例如反事实/潜在结局体系。Robins和Greenland(1992)以及Pearl(2001)使用潜在结局来分析直接和间接效应,他们提出对无模型估计目标的使用,这有必要整合到暴露组学的中介统计分析中。反事实中介分析方法特别有吸引力,因为其可应用于非线性模型和交互作用，还能处理错误的统计分析和不佳的研究设计带来的偏倚(Liu et al., 2016)。

这方面应用的例子有G-估计，还有Vander Weele(2015)提出的多水平模型等。此外，因果估计目标可以用于支撑全生命周期研究方法，这是暴露组学领域的基础。例如，De Stavola和Daniel(2017)指出其可以用于识别关键时间阶段和敏感时间阶段，在不同场景下(例如对单个或多个中介因素采用固定值)估计受控的直接作用可以用来分析敏感阶段、累计暴露效应和/或暴露的关键时期。最后，因果中介分析可以研究对暴露因素和/或因果中介因素的消除/干预效果，从而为政策制定找出潜在的选项。除了中介因素，其他可能影响效应估计的生物学因素应该通过效应修饰分析来进行评估，因为暴露组学研究中可能存在尚未被探索的异质性作用。这一点尤为重要，因为如果暴露因素的效应随另一个因素而变化，则会导致对效应进行估计时不全面或者不准确。胎儿期和生命早期暴露组学研究中只有少数研究了效应修饰作用。

这方面还需要继续研究，例如，组学响应可能存在性别差异，这可能影响外暴露组和内暴露组之间的关联。比如全基因组甲基化就存在性别差异(Liu et al., 2010)。将中介效应和效应修饰融入生命早期和胎儿期暴露组学研究中将极大地帮助我们进行生物学机制和潜在因果关系的推断。

5 改进生物样本采集方法

胎儿期和生命早期暴露组学有其独特的生物样本类型和组织基质，可用于外暴露及对暴露的内部响应的测量。但在测量时有一些问题需要考虑，包括确定哪种组织最为适用，基于暴露和/或疾病状态审慎解读内暴露组的差异，实验和技术的质控和可重复性问题，以及确定样本采集的最佳时机。最终我们希望能够使领域向更强的标准化和技术可重复性方面迈进，以减少测量误差和暴露错分。在研究设计阶段就应该尽量控制这些问题，不过在数据采集后也有可能进行处理。例如在HELIX研究中，作者们建议使用传统的回归校准以及诸如结构方程模型和贝叶斯轮廓回归模型等其他技术来处理暴露测量误差和不确定性(Vrijheid et al., 2014)。

在暴露组学研究中选用哪种组织来测量外暴露组和内暴露组，不论是用于暴露生物标志物还是体内组学的分析，这个问题不单是胎儿发育和生命早期研究才需要面对的。在许多研究中，生物基质的选择是基于哪种组织创伤最小，样本则来自现成的临床数据库，一般包括血液、唾液和尿液。不过也有一些理由支持选择其他组织，有很多案例里他们可更好地展示出暴露情况和/或内暴露组的生物学特征。Barr等(2005)对不同生命阶段可采集的生物基质进行了全面的综述。

针对本章所定义的敏感阶段和关键阶段，有若干种组织可以用于暴露组学研究，它们可以分为母源性的和/或胎儿源性的，包括妊娠组织，例如胎盘、蜕膜、子宫肌层、母亲血液(血清和血浆)、宫颈、胎膜(绒毛膜和羊膜)、羊水、脐带血、胎儿血液和基板或者可以反映孕期的产后样本，例如干血斑、胎粪、母乳、宫腔液、新生儿头发，还有父源性样本，例如精子。很多妊娠期研究采用的传统做法是用母亲的生物标志物来代表胎儿暴露,因为它们的创伤性更小,并且可以作为母亲和/或发育中胎儿健康状况的重要临床标志物。

对一些暴露因素来说,这些母源性暴露生物标志物确实可以反映胎儿的暴露,但是要承认这些生物样本并不能准确反映胎儿对所有化学物质的暴露情况(Andra et al., 2016)。重要的是,如果仅仅依靠母源性生物标志物来反映胎儿暴露,我们无法掌握胎盘转运和代谢造成的差异,从而可能忽视重要的母-胎生物交互作用(Yoon et al., 2009)。

使用常规采集的生物组织会有一些不足,对某些分析物来说,其可能只在特定的组织中累积。此外,在流行病学研究中虽然能够在分娩时成功采集脐带血并提供血中半衰期较短的特定物质的宝贵暴露信息,但脐带血中的水平并不能提供孕早期/孕前暴露的信息(Andra et al., 2016)。

不过这些生物基质尤其是母亲体液对于临床实践仍然意义重大,并且可以作为暴露组学研究中重要的生物标志物。脐带血和母亲血液样本也在组学测量中广泛应用,本章前文对此已有论述。虽然对这些循环性(也就是没有组织特异性)组学结果的特异性问题仍然存在争论,它们还是可能作为重要的无创性生物学中介因素来反映暴露因素和疾病之间特定的响应或通路。例如,循环mRNA可以提供分娩和/或细胞外囊泡及RNA交换实现的胎儿-母体交流的信息(Zhang et al., 2017)。

除了母亲的生物组织,很有必要关注父亲的组织产生的父源性贡献。例如,精子等组织可能对于暴露组学具有重要意义,因为其也携带了表观遗传信息,包括甲基化DNA、非编码RNA、鱼精蛋白以及组蛋白,这对受精和胚胎发育早期编程至关重要(Carrell et al., 2010)。Day等(2016)在综述中写到,有证据指出父源性表观遗传例如DNA甲基化、组蛋白修饰和miRNA表达可能在出生缺陷和后续生命阶段健康结局的发展中扮演了重要角色,其中包括肥胖和代谢障碍。

此外,生物标志物的应用和开发以及产后样本的组学检测可以帮助那些关注胎儿和生命早期的前瞻性研究设计解决其中的许多不足。例如,胎盘可以作为一种重要的组织类型来解决时间先后顺序和特异性的问题,因为循环系统在大约受精后17天就建立起来了,而胎盘则扮演了暴露因素和生物特征例如组学的关键变化之间的重要途径。

Lewis等(2013)最近提出了胎盘暴露组学的概念,他们认为母源性环境对胎盘的总体作用是其整个妊娠期暴露的产物。采用胎盘组织而不是诸如循环样本或者脐带血等作为甲基化标志物,可能有利于提高表观遗传机制研究的组织特异性。胎盘组织也可能与妊娠期并发症有关,因为已知大多数妊娠期并发症例如先兆子痫都牵涉到胎盘发育异常。

暴露组学研究中的另一种产后组织是干血斑(dried blood spots, DBS),用于表征外暴露组和/或内暴露组。这一技术对于历史性数据而言可能尤为有用,因为干血斑此前就已被广泛采集,现在也在美国和世界各国超过98%的新生儿中被采集。使用干血斑来测量内暴露组和外暴露组的优点还在于其含有全血,能够提供血清、红细胞和白细胞中的潜在生物标志物。

最近有研究支持了用干血斑测量代谢组的做法,其在样本中分别识别出了1 000种相关的小分子,还有研究支持用干血斑测量脂质组,其识别并定量了1 200种脂质物(Gao et al., 2017)。回顾性暴露组学研究中另一种潜在的生物基质是婴儿、儿童甚至成人的牙齿(Andra et al., 2016)。例如,牙齿已经被用于评估儿童长期累积的金属暴露水平(Andra et al., 2016)。

目前已经建立了精确采集牙齿层次的组织学和化学分析方法,以对应特定的生命阶段(Andra et al.,2016)。将这些组织中的很多类型结合起来,可能有助于重塑胎儿发育和生命早期暴露组学。

增加组学标志物的效度也十分必要。虽然组学测量常常反映的是细胞内的改变,但我们还需要验证很多组学的生物学终点。许多组学是在替代组织中测量的,例如母亲的血液和/或尿液,但我们知道这有可能不能反映靶器官的情况,因为有的标志物可能有组织特异性(比如表观遗传标志物)。此外,组学结果可能反映的是一个或者少数几个时间点。将不同的组学工具结合起来并开展跨组学分析可能有助于我们理解不同的外暴露因素与体内分子是如何交互作用的,例如,诱发突变(基因组)、导致表观遗传改变(表观遗传组)或者通过更复杂的方式影响体内细胞环境。

选择有组织特异性的基质对于组学分析(作为内暴露组学的一部分)可能是更好的做法,但是其中很多组织类型在用于暴露评估时会遇到新的挑战,不只是实用性问题和伦理问题。例如很多化学物的药效动力学和生物转化特性不同,因此,最终可能必须对每个个体采集多种类型的样本直到完整地确定暴露组(Dennis et al.,2016)。随着分子生物学的持续进步,将来有希望解决这些最常用的生物样本在当前的问题,包括组织特异性和细胞特异性组学的研究,以反映细胞机制和全系统机制更加完整的生物学图景。同时我们需要对体内组学做谨慎的解读,因为它们与健康结局有关。

由于很多大型暴露组学研究的结果刚刚出现,许多暴露组学方法和技术标准的制定尚处于成型阶段。不过已经有若干个倡议提出以解决当前研究中存在的许多困难和挑战。例如,美国国立卫生研究院(National Institutes of Health Sciences,NIHS)引领的 CHEAR 倡议有望通过若干个研究,形成生物样本靶向和非靶向分析的标准化实验室工具(详见第十三章)。

此外,暴露组学研究专家们最近为了 NIEHS 暴露组学工作组而召集研讨会,研讨本领域现状和潜在方向,讨论了暴露和组学评估中的许多挑战(Dennis et al.,2016)。该工作组为研究者们推荐了未来改进生物监测的方法,大致如下:鼓励对样本进行二次分析,使用标准化检测平台,为靶向和非靶向分析整合多学科知识,开发低丰度和差异化内源性和外源性分子的检测方法,丰富生物信息学工具和方法,整合和开发药代动力学模型(Dennis et al.,2016)。未来研究的一个重要观念是,暴露组学研究者可能需要采用混合方法来进行生物监测和机制研究。例如,HELIX 研究使用了混合方法来进行数据采集以研究产前和生命早期暴露组,研究者们使用了个体化外暴露监测、传统生物监测技术以及非靶向的代谢组、蛋白组、转录组和表观遗传组分析,包括重复采样以捕获非持久性生物标志物(Vrijheid et al.,2014)。

6 小结

我们用了较短的时间跨度从暴露组学的概念体系进入了大规模暴露组学研究的应用阶段,第一批暴露组学研究中有许多在暴露组学理论的应用方面起到了概念验证的作用。这些研究在暴露组的大规模多暴露、多内源性生物标志物以及多组学表征方面取得了令人印象深刻的成绩。这些研究的发现有助于改进暴露评估，基于大量暴露因素获知各种疾病状态和健康不佳的潜在风险，并证明了可以利用组学和通路扰动作为不良健康结局背后的机制证据。在本章中，我们突出强调了一些成功的研究，它们对影响胎儿期和生命早期发育的敏感阶段和关键阶段的暴露组进行了表征。

  暴露组学研究的未来体系最终将会需要多种方法和更多的跨学科合作。正如 Wild (2012) 所言，暴露组学研究者将会需要使用不同的范式、工具和语言来拥抱分子机制、生物技术、生物信息学、生物统计学、流行病学、社会科学和临床研究的并举。他还建议我们要应对社会经济差异以及全球病因和预防响应的挑战。所以未来的暴露组学研究将受益于本领域和其他研究领域新工具的整合，例如数学和/或药代动力学模型、机器学习、因果推断以及社会科学的整合，而且很多研究将会重复进行，这就需要促进暴露组学研究之间更多的合作。

  暴露组学研究领域本质上是21世纪流行病学，有望通过整合机制信息和改良暴露评估来对胎儿期和生命早期流行病学评估进行更精准的估计和因果效应估计。暴露组学虽然最先是在公共卫生背景下被提出，但它也可能改善个性化的孕产妇和产前护理的提供。

（翻译：陈卿）

参考文献

Agay-Shay K, Martinez D, Valvi D, Garcia-Esteban R, Basagana X, Robinson O, Casas M, Sunyer J, Vrijheid M (2015) Exposure to endocrine-disrupting chemicals during pregnancy and weight at 7 years of age: a multi-pollutant approach. Environ Health Perspect 123(10):1030-1037. https://doi.org/10.1289/ehp.1409049

Agha G, Hajj H, Rifas-Shiman SL, Just AC, Hivert MF, Burris HH, Lin X, Litonjua AA, Oken E, DeMeo DL, Gillman MW, Baccarelli AA (2016) Birth weight-for-gestational age is associated with DNA methylation at birth and in childhood. Clin Epigenetics 8:118. https://doi.org/10.1186/s13148-016-0285-3

Andra SS, Austin C, Arora M (2016) The tooth exposome in children's health research. Curr Opin Pediatr 28(2): 221-227. https://doi.org/10.1097/MOP.0000000000000327

ATSDR (2017) Agency for toxic substances and disease registry. Accessed Oct 2017. http://www.atsdr.cdc.gov

Bailey KA, Laine J, Rager JE, Sebastian E, Olshan A, Smeester L, Drobná Z, Styblo M, Rubio-Andrade M, García-Vargas G, Fry RC (2014) Prenatal arsenic exposure and shifts in the newborn proteome: interindividual differences in tumor necrosis factor (TNF)-responsive signaling. Toxicol Sci 139(2):328-337. https://doi.org/10.1093/toxsci/kfu053

Baird J, Hill CM, Kendrick T, Inskip HM, SWS Study Group (2009) Infant sleep disturbance is associated with preconceptional psychological distress: findings from the Southampton Women's Survey. Sleep 32(4):566-568

Barker DJ (2004) The developmental origins of adult disease. J Am Coll Nutr 23(6 Suppl):588S-595S

Barr DB, Wang RY, Needham LL (2005) Biologic monitoring of exposure to environmental chemicals throughout the life stages: requirements and issues for consideration for the National Children's Study. Environ Health Perspect 113(8):1083-1091

Ben-Shlomo Y, Kuh D (2002) A life course approach to chronic disease epidemiology: conceptual models, empirical challenges and interdisciplinary perspectives. Int J Epidemiol 31(2):285-293

Billionnet C, Sherrill D, Annesi-Maesano I (2012) Estimating the health effects of exposure to multi-pollutant mixture. Ann Epidemiol 22(2):126-141. https://doi.org/10.1016/j.annepidem. 2011.11.004

Braun JM, Kalkbrenner AE, Just AC, Yolton K, Calafat AM, Sjodin A, Hauser R, Webster GM, Chen A, Lanphear BP (2014) Gestational exposure to endocrine-disrupting chemicals and reciprocal social, repetitive, and stereotypic behaviors in 4- and 5-year-old children: the HOME study. Environ Health Perspect 122(5): 513-520. https://doi.org/10.1289/ehp.1307261

Braun JM, Messerlian C, Hauser R (2017) Fathers matter: why it's time to consider the impact of paternal environmental exposures on children's health. Curr Epidemiol Rep 4(1): 46-55. https://doi.org/10.1007/s40471-017-0098-8

Breton CV, Yao J, Millstein J, Gao L, Siegmund KD, Mack W, Whitfield-Maxwell L, Lurmann F, Hodis H, Avol E, Gilliland FD (2016) Prenatal air pollution exposures, DNA methyl transferase genotypes, and associations with newborn LINE1 and alu methylation and childhood blood pressure and carotid intima-media thickness in the Children's Health Study. Environ Health Perspect 124(12):1905-1912. https://doi.org/10.1289/ehp181

Buck Louis GM, Yeung E, Sundaram R, Laughon SK, Zhang C (2013) The exposome—exciting opportunities for discoveries in reproductive and perinatal epidemiology. Paediatr Perinat Epidemiol 27(3):229-236. https://doi.org/10.1111/ppe.12040

Burris HH, Baccarelli AA, Byun HM, Cantoral A, Just AC, Pantic I, Solano-Gonzalez M, Svensson K, Tamayo y Ortiz M, Zhao Y, Wright RO, Tellez-Rojo MM (2015) Offspring DNA methylation of the aryl-hydrocarbon receptor repressor gene is associated with maternal BMI, gestational age, and birth weight. Epigenetics 10(10): 913-921. https://doi.org/10.1080/15592294.2015.1078963

Carrell DT, Hammoud SS (2010) The human sperm epigenome and its potential role in embryonic development. Mol Hum Reprod 16(1):37-47. https://doi.org/10.1093/molehr/gap090

Chason RJ, Csokmay J, Segars JH, DeCherney AH, Armant DR (2011) Environmental and epigenetic effects upon preimplantation embryo metabolism and development. Trends Endocrinol Metab 22(10):412-420. https://doi.org/10.1016/j.tem.2011.05.005

Cruickshank MN, Oshlack A, Theda C, Davis PG, Martino D, Sheehan P, Dai Y, Saffery R, Doyle LW, Craig JM (2013) Analysis of epigenetic changes in survivors of preterm birth reveals the effect of gestational age and evidence for a long term legacy. Genome Med 5(10):96. https://doi.org/10.1186/gm500

Dadvand P, Ostro B, Figueras F, Foraster M, Basagana X, Valentin A, Martinez D, Beelen R, Cirach M, Hoek G, Jerrett M, Brunekreef B, Nieuwenhuijsen MJ (2014) Residential proximity to major roads and term low birth weight: the roles of air pollution, heat, noise, and roadadjacent trees. Epidemiology 25(4): 518-525. https://doi.org/10.1097/ede.0000000000000107

Day J, Savani S, Krempley BD, Nguyen M, Kitlinska JB (2016) Influence of paternal preconception exposures on their offspring: through epigenetics to phenotype. Am J Stem Cells 5(1):11-18

Dennis KK, Auerbach SS, Balshaw DM, Cui Y, Fallin MD, Smith MT, Spira A, Sumner S, Miller GW (2016) The importance of the biological impact of exposure to the concept of the exposome. Environ Health Perspect 124 (10):1504-1510. https://doi.org/10.1289/EHP140

Dessì A, Atzori L, Noto A, Adriaan Visser GH, Gazzolo D, Zanardo V, Barberini L, Puddu M, Ottonello G, Atzei A, Magistris AD, Lussu M, Murgia F, Fanos V (2011) Metabolomics in newborns with intrauterine growth retardation (IUGR): urine reveals markers of metabolic syndrome. J Matern Fetal Neonatal Med 24 (Suppl 2):35-39. https://doi.org/10.3109/14767058.2011.605868

De Stavola BL, Daniel RM (2017) Commentary: Incorporating concepts and methods from causal inference into life course epidemiology. Int J Epidemiol 46(2):771. https://doi.org/10.1093/ije/dyw367

Eidem HR, Ackerman WE, McGary KL, Abbot P, Rokas A (2015) Gestational tissue transcriptomics in term and preterm human pregnancies: a systematic review and meta-analysis. BMC Med Genet 8:27. https://doi.org/10.1186/s12920-015-0099-8

Engel SM, Joubert BR, Wu MC, Olshan AF, Håberg SE, Ueland PM, Nystad W, Nilsen RM, Vollset SE, Peddada SD, London SJ (2014) Neonatal genome-wide methylation patterns in relation to birth weight in the Norwegian Mother and Child Cohort. Am J Epidemiol 179(7):834-842. https://doi.org/10.1093/aje/kwt433

Fanos V, Atzori L, Makarenko K, Melis GB, Ferrazzi E (2013) Metabolomics application in maternal-fetal medicine. Biomed Res Int 2013:720514. https://doi.org/10.1155/2013/720514

Felix JF, Joubert BR, Baccarelli AA, Sharp GC, Almqvist C, Annesi-Maesano I, Arshad H, Baiz N, Bakermans-Kranenburg MJ, Bakulski KM, Binder EB, Bouchard L, Breton CV, Brunekreef B, Brunst KJ, Burchard EG, Bustamante M, Chatzi L, Cheng Munthe-Kaas M, Corpeleijn E, Czamara D, Dabelea D, Davey Smith G, De Boever P, Duijts L, Dwyer T, Eng C, Eskenazi B, Everson TM, Falahi F, Fallin MD, Farchi S, Fernandez MF, Gao L, Gaunt TR, Ghantous A, Gillman MW, Gonseth S, Grote V, Gruzieva O, Haberg SE, Herceg Z, Hivert MF, Holland N, Holloway JW, Hoyo C, Hu D, Huang RC, Huen K, Jarvelin MR, Jima DD, Just AC, Karagas MR, Karlsson R, Karmaus W, Kechris KJ, Kere J, Kogevinas M, Koletzko B, Koppelman GH, Kupers LK, Ladd-Acosta C, Lahti J, Lambrechts N, Langie SAS, Lie RT, Liu AH, Magnus MC, Magnus P, Maguire RL, Marsit CJ, McArdle W, Melen E, Melton P, Murphy SK, Nawrot TS, Nistico L, Nohr EA, Nordlund B, Nystad W, Oh SS, Oken E, Page CM, Perron P, Pershagen G, Pizzi C, Plusquin M, Raikkonen K, Reese SE, Reischl E, Richiardi L, Ring S, Roy RP, Rzehak P, Schoeters G, Schwartz DA, Sebert S, Snieder H, Sorensen TIA, Starling AP, Sunyer J, Taylor JA, Tiemeier H, Ullemar V, Vafeiadi M, Van Ijzendoorn MH, Vonk JM, Vriens A, Vrijheid M, Wang P, Wiemels JL, Wilcox AJ, Wright RJ, Xu CJ, Xu Z, Yang IV, Yousefi P, Zhang H, Zhang W, Zhao S, Agha G, Relton CL, Jaddoe VWV, London SJ (2017) Cohort profile: pregnancy and childhood epigenetics (PACE) consortium. Int J Epidemiol 47(1):22-23u. https://doi.org/10.1093/ije/dyx190

Forns J, Mandal S, Iszatt N, Polder A, Thomsen C, Lyche JL, Stigum H, Vermeulen R, Eggesbo M (2016) Novel application of statistical methods for analysis of multiple toxicants identifies DDT as a risk factor for early child behavioral problems. Environ Res 151:91-100. https://doi.org/10.1016/j.envres.2016.07.014

Galea S (2017) Making epidemiology matter. Int J Epidemiol 46(4):1083-1085. https://doi.org/10.1093/ije/dyx154

Gao F, McDaniel J, Chen EY, Rockwell HE, Drolet J, Vishnudas VK, Tolstikov V, Sarangarajan R, Narain NR, Kiebish MA (2017) Dynamic and temporal assessment of human dried blood spot MS/MS (ALL) shotgun lipidomics analysis. Nutr Metab (Lond) 14:28. https://doi.org/10.1186/s12986-017-0182-6

Goldenberg RL, Culhane JF, Iams JD, Romero R (2008) Epidemiology and causes of preterm birth. Lancet 371(9606):75-84. https://doi.org/10.1016/S0140-6736(08)60074-4

Golding J, Gregory S, Iles-Caven Y, Lingam R, Davis JM, Emmett P, Steer CD, Hibbeln JR (2014) Parental, prenatal, and neonatal associations with ball skills at age 8 using an exposome approach. J Child Neurol 29(10):1390-1398. https://doi.org/10.1177/0883073814530501

Goodrich JM, Reddy P, Naidoo RN, Asharam K, Batterman S, Dolinoy DC (2016) Prenatal exposures and DNA methylation in newborns: a pilot study in Durban, South Africa. Environ Sci Process Impacts 18(7):908-917. https://doi.org/10.1039/c6em00074f

Grevendonk L, Janssen BG, Vanpoucke C, Lefebvre W, Hoxha M, Bollati V, Nawrot TS (2016) Mitochondrial oxidative DNA damage and exposure to particulate air pollution in mothernewborn pairs. Environ Health 15：10. https://doi.org/10.1186/s12940-016-0095-2

Gruzieva O, Xu CJ, Breton CV, Annesi-Maesano I, Anto JM, Auffray C, Ballereau S, Bellander T, Bousquet J, Bustamante M, Charles MA, de Kluizenaar Y, den Dekker HT, Duijts L, Felix JF, Gehring U, Guxens M, Jaddoe VV, Jankipersadsing SA, Merid SK, Kere J, Kumar A, Lemonnier N, Lepeule J, Nystad W, Page CM, Panasevich S, Postma D, Slama R, Sunyer J, Soderhall C, Yao J, London SJ, Pershagen G, Koppelman GH, Melen E (2017) Epigenomewide meta-analysis of methylation in children related to prenatal NO2 air pollution exposure. Environ Health Perspect 125(1)：104-110. https://doi.org/10.1289/ehp36

Guxens M, Ballester F, Espada M, Fernandez MF, Grimalt JO, Ibarluzea J, Olea N, Rebagliato M, Tardon A, Torrent M, Vioque J, Vrijheid M, Sunyer J (2012) Cohort profile：the INMA—INfancia y medio ambiente—(environment and childhood) project. Int J Epidemiol 41(4)：930-940. https://doi.org/10.1093/ije/dyr054

Hellmuth C, Uhl O, Standl M, Demmelmair H, Heinrich J, Koletzko B, Thiering E (2017) Cord blood metabolome is highly associated with birth weight, but less predictive for later weight development. Obes Facts 10(2)：85-100

Horgan RP, Broadhurst DI, Walsh SK, Dunn WB, Brown M, Roberts CT, North RA, McCowan LM, Kell DB, Baker PN, Kenny LC (2011) Metabolic profiling uncovers a phenotypic signature of small for gestational age in early pregnancy. J Proteome Res 10(8)：3660-3673. https://doi.org/10.1021/pr2002897

Hughes DA, Kircher M, He Z, Guo S, Fairbrother GL, Moreno CS, Khaitovich P, Stoneking M (2015) Evaluating intra- and inter-individual variation in the human placental transcriptome. Genome Biol 16(1)：54. https://doi.org/10.1186/s13059-015-0627-z

Iozzo P, Holmes M, Schmidt MV, Cirulli F, Guzzardi MA, Berry A, Balsevich G, Andreassi MG, Wesselink JJ, Liistro T, Gómez-Puertas P, Eriksson JG, Seckl J (2014) Developmental ORIgins of Healthy and Unhealthy AgeiNg：the role of maternal obesity—introduction to DORIAN. Obes Facts 7(2)：130-151. https://doi.org/10.1159/000362656

Ivorra C, García-Vicent C, Chaves FJ, Monleón D, Morales JM, Lurbe E (2012) Metabolomic profiling in blood from umbilical cords of low birth weight newborns. J Transl Med 10：142. https://doi.org/10.1186/1479-5876-10-142

Janssen BG, Godderis L, Pieters N, Poels K, Kicinski M, Cuypers A, Fierens F, Penders J, Plusquin M, Gyselaers W, Nawrot TS (2013) Placental DNA hypomethylation in association with particulate air pollution in early life. Part Fibre Toxicol 10：22. https://doi.org/10.1186/1743-8977-10-22

Janssen BG, Byun HM, Gyselaers W, Lefebvre W, Baccarelli AA, Nawrot TS (2015) Placental mitochondrial methylation and exposure to airborne particulate matter in the early life environment：an ENVIRONAGE birth cohort study. Epigenetics 10(6)：536-544. https://doi.org/10.1080/15592294.2015.1048412

Jeyabalan A (2013) Epidemiology of preeclampsia：impact of obesity. Nutr Rev 71(Suppl 1)：S18-S25. https://doi.org/10.1111/nure.12055

Joseph KS (2016) A consilience of inductions supports the extended fetuses-at-risk model. Paediatr Perinat Epidemiol 30(1)：11-17. https://doi.org/10.1111/ppe.12260

Joubert BR, Haberg SE, Nilsen RM, Wang X, Vollset SE, Murphy SK, Huang Z, Hoyo C, Midttun O, Cupul-Uicab LA, Ueland PM, Wu MC, Nystad W, Bell DA, Peddada SD, London SJ (2012) 450K epigenome-wide scan identifies differential DNA methylation in newborns related to maternal smoking during pregnancy. Environ Health Perspect 120(10)：1425-1431. https://doi.org/10.1289/ehp.1205412

Kershenbaum AD, Langston MA, Levine RS, Saxton AM, Oyana TJ, Kilbourne BJ, Rogers GL, Gittner LS, Baktash SH, Matthews-Juarez P, Juarez PD (2014) Exploration of preterm birth rates using the public health exposome database and computational analysis methods. Int J Environ Res Public Health 11(12):12346-12366. https://doi.org/10.3390/ijerph111212346

King JC (2016) A summary of pathways or mechanisms linking preconception maternal nutrition with birth outcomes. J Nutr 146(7):1437S-1444S. https://doi.org/10.3945/jn.115.223479

Kingsley SL, Eliot MN, Whitsel EA, Huang YT, Kelsey KT, Marsit CJ, Wellenius GA (2016) Maternal residential proximity to major roadways, birth weight, and placental DNA methylation. Environ Int 92-93:43-49. https://doi.org/10.1016/j.envint.2016.03.020

Knight AK, Craig JM, Theda C, Baekvad-Hansen M, Bybjerg-Grauholm J, Hansen CS, Hollegaard MV, Hougaard DM, Mortensen PB, Weinsheimer SM, Werge TM, Brennan PA, Cubells JF, Newport DJ, Stowe ZN, Cheong JL, Dalach P, Doyle LW, Loke YJ, Baccarelli AA, Just AC, Wright RO, Tellez-Rojo MM, Svensson K, Trevisi L, Kennedy EM, Binder EB, Iurato S, Czamara D, Raikkonen K, Lahti JM, Pesonen AK, Kajantie E, Villa PM, Laivuori H, Hamalainen E, Park HJ, Bailey LB, Parets SE, Kilaru V, Menon R, Horvath S, Bush NR, LeWinn KZ, Tylavsky FA, Conneely KN, Smith AK (2016) An epigenetic clock for gestational age at birth based on blood methylation data. Genome Biol 17(1):206. https://doi.org/10.1186/s13059-016-1068-z

Kumarathasan P, Vincent R, Das D, Mohottalage S, Blais E, Blank K, Karthikeyan S, Vuong NQ, Arbuckle TE, Fraser WD (2014) Applicability of a high-throughput shotgun plasma protein screening approach in understanding maternal biological pathways relevant to infant birth weight outcome. J Proteome 100:136-146. https://doi.org/10.1016/j.jprot.2013.12.003

Laine JE, Fry RC (2016) A systems toxicology-based approach reveals biological pathways dysregulated by prenatal arsenic exposure. Ann Glob Health 82(1):189-196. https://doi.org/10.1016/j.aogh.2016.01.015

Laine JE, Bailey KA, Olshan AF, Smeester L, Drobná Z, Stýblo M, Douillet C, García-Vargas G, Rubio-Andrade M, Pathmasiri W, McRitchie S, Sumner SJ, Fry RC (2017) Neonatal metabolomic profiles related to prenatal arsenic exposure. Environ Sci Technol 51(1):625-633. https://doi.org/10.1021/acs.est.6b04374

Lassi ZS, Imam AM, Dean SV, Bhutta ZA (2014) Preconception care: caffeine, smoking, alcohol, drugs and other environmental chemical/radiation exposure. Reprod Health 11(Suppl 3):S6. https://doi.org/10.1186/1742-4755-11-S3-S6

Le HQ, Batterman SA, Wirth JJ, Wahl RL, Hoggatt KJ, Sadeghnejad A, Hultin ML, DepaM (2012) Air pollutant exposure and preterm and term small-for-gestational-age births in Detroit, Michigan: long-term trends and associations. Environ Int 44:7-17. https://doi.org/10.1016/j.envint.2012.01.003

Lenters V, Portengen L, Rignell-Hydbom A, Jonsson BA, Lindh CH, Piersma AH, Toft G, Bonde JP, Heederik D, Rylander L, Vermeulen R (2016) Prenatal phthalate, perfluoroalkyl acid, and organochlorine exposures and term birth weight in three birth cohorts: multi-pollutant models based on elastic net regression. Environ Health Perspect 124(3):365-372. https://doi.org/10.1289/ehp.1408933

Lewis RM, Demmelmair H, Gaillard R, Godfrey KM, Hauguel-de Mouzon S, Huppertz B, Larque E, Saffery R, Symonds ME, Desoye G (2013) The placental exposome: placental determinants of fetal adiposity and postnatal body composition. Ann Nutr Metab 63(3):208-215. https://doi.org/10.1159/000355222

Liu J, Morgan M, Hutchison K, Calhoun VD (2010) A study of the influence of sex on genome wide methylation. PLoS One 5(4):e10028. https://doi.org/10.1371/journal.pone.0010028

Liu SH, Ulbricht CM, Chrysanthopoulou SA, Lapane KL (2016) Implementation and reporting of causal mediation analysis in 2015: a systematic review in epidemiological studies. BMC Res Notes 9:354. https://doi.org/10.1186/s13104-016-2163-7

Maitre L, Fthenou E, Athersuch T, Coen M, Toledano MB, Holmes E, Kogevinas M, Chatzi L, Keun HC (2014) Urinary metabolic profiles in early pregnancy are associated with preterm birth and fetal growth restriction in the Rhea mother-child cohort study. BMC Med 12:110. https://doi.org/10.1186/1741-7015-12-110

Maitre L, Villanueva CM, Lewis MR, Ibarluzea J, Santa-Marina L, Vrijheid M, Sunyer J, Coen M, Toledano MB (2016) Maternal urinary metabolic signatures of fetal growth and associated clinical and environmental factors in the INMA study. BMC Med 14(1):177. https://doi.org/10.1186/s12916-016-0706-3

Marsit CJ (2015) Influence of environmental exposure on human epigenetic regulation. J Exp Biol 218(Pt 1):71-79. https://doi.org/10.1242/jeb.106971

McCullough LE, Mendez MA, Miller EE, Murtha AP, Murphy SK, Hoyo C (2015) Associations between prenatal physical activity, birth weight, and DNA methylation at genomically imprinted domains in a multiethnic newborn cohort. Epigenetics 10(7):597-606. https://doi.org/10.1080/15592294.2015.1045181

Mishra GD, Cooper R, Kuh D (2010) A life course approach to reproductive health: theory and methods. Maturitas 65(2):92-97. https://doi.org/10.1016/j.maturitas.2009.12.009

Moussa HN, Alrais MA, Leon MG, Abbas EL, Sibai BM (2016) Obesity epidemic: impact from preconception to postpartum. Future Sci OA 2(3):FSO137. https://doi.org/10.4155/fsoa-2016-0035

National Academies of Sciences, Engineering, and Medicine, Division on Earth and Life Studies, Board on Environmental Studies and Toxicology, Committee on Incorporating 21st Century Science into Risk-Based Evaluations (2017) Using 21st century science to improve risk-related evaluations. National Academies Press (US), Washington, DC. https://doi.org/10.17226/24635

North ML, Brook JR, Lee EY, Omana V, Daniel NM, Steacy LM, Evans GJ, Diamond ML, Ellis AK (2017) The Kingston Allergy Birth Cohort: exploring parentally reported respiratory outcomes through the lens of the exposome. Ann Allergy Asthma Immunol 118(4):465-473. https://doi.org/10.1016/j.anai.2017.01.002

Oyana TJ, Matthews-Juarez P, Cormier SA, Xu X, Juarez PD (2015) Using an external exposome framework to examine pregnancy-related morbidities and mortalities: implications for health disparities research. Int J Environ Res Public Health 13(1):ijerph13010013. https://doi.org/10.3390/ijerph13010013

Patel CJ (2017) Analytic complexity and challenges in identifying mixtures of exposures associated with phenotypes in the exposome era. Curr Epidemiol Rep 4(1):22-30. https://doi.org/10.1007/s40471-017-0100-5

Patel CJ, Ioannidis JP (2014) Placing epidemiological results in the context of multiplicity and typical correlations of exposures. J Epidemiol Community Health 68(11):1096-1100. https://doi.org/10.1136/jech-2014-204195

Patel CJ, Manrai AK (2015) Development of exposome correlation globes to map out environmentwide associations. Pac Symp Biocomput 2015:231-242

Pearl J (2001) Direct and indirect effects. In: Proceedings of the 17th conference in uncertainty in artificial intelligence. Morgan Kaufmann Publishers Inc, San Francisco, pp 411-420

Rager JE, Bailey KA, Smeester L, Miller SK, Parker JS, Laine JE, Drobná Z, Currier J, Douillet C, Olshan AF, Rubio-Andrade M, Stýblo M, García-Vargas G, Fry RC (2014) Prenatal arsenic exposure and the epigenome: altered microRNAs associated with innate and adaptive immune signaling in newborn cord blood. Environ Mol Mutagen 55(3):196-208. https://doi.org/10.1002/em.21842

Rangel M, dos Santos JC, Ortiz PH, Hirata M, Jasiulionis MG, Araujo RC, Ierardi DF, Franco Mdo C (2014) Modification of epigenetic patterns in low birth weight children: importance of hypomethylation of the ACE gene promoter. PLoS One 9(8):e106138. https://doi.org/10.1371/journal.pone.0106138

Rappaport SM (2012) Biomarkers intersect with the exposome. Biomarkers 17(6):483-489. https://doi.org/10.3109/1354750X.2012.691553

Rappaport SM, Smith MT (2010) Epidemiology. Environment and disease risks. Science 330(6003):460-461.

https://doi.org/10.1126/science.1192603

Robins JM, Greenland S (1992) Identifiability and exchangeability for direct and indirect effects. Epidemiology 3: 143-155

Robinson O, Vrijheid M (2015) The pregnancy exposome. Curr Environ Health Rep 2(2): 204-213. https://doi.org/10.1007/s40572-015-0043-2

Robinson O, Basagana X, Agier L, de Castro M, Hernandez-Ferrer C, Gonzalez JR, Grimalt JO, Nieuwenhuijsen M, Sunyer J, Slama R, Vrijheid M (2015) The pregnancy exposome: multiple environmental exposures in the INMA-Sabadell Birth Cohort. Environ Sci Technol 49(17): 10632-10641. https://doi.org/10.1021/acs.est.5b01782

Robinson O, Tamayo O, de Castro M, Valentin A, Giorgis-Allemand L, Hjertager Krog N, et al (2018) The urban exposome during pregnancy and its socio-economic determinants. Environ Health Perspect (in press)

Robledo CA, Yeung E, Mendola P, Sundaram R, Maisog J, Sweeney AM, Barr DB, Louis GM (2015) Preconception maternal and paternal exposure to persistent organic pollutants and birth size: the LIFE study. Environ Health Perspect 123(1): 88-94. https://doi.org/10.1289/ehp.1308016

Rojas D, Rager JE, Smeester L, Bailey KA, Drobná Z, Rubio-Andrade M, Stýblo M, García-Vargas G, Fry RC (2015) Prenatal arsenic exposure and the epigenome: identifying sites of 5-methylcytosine alterations that predict functional changes in gene expression in newborn cord blood and subsequent birth outcomes. Toxicol Sci 143(1): 97-106. https://doi.org/10.1093/toxsci/kfu210

Romero R, Kusanovic JP, Gotsch F, Erez O, Vaisbuch E, Mazaki-Tovi S, Moser A, Tam S, Leszyk J, Master SR, Juhasz P, Pacora P, Ogge G, Gomez R, Yoon BH, Yeo L, Hassan SS, Rogers WT (2010a) Isobaric labeling and tandem mass spectrometry: a novel approach for profiling and quantifying proteins differentially expressed in amniotic fluid in preterm labor with and without intra-amniotic infection/inflammation. J Matern Fetal Neonatal Med 23(4): 261-280. https://doi.org/10.3109/14767050903067386

Romero R, Mazaki-Tovi S, Vaisbuch E, Kusanovic JP, Chaiworapongsa T, Gomez R, Nien JK, Yoon BH, Mazor M, Luo J, Banks D, Ryals J, Beecher C (2010b) Metabolomics in premature labor: a novel approach to identify patients at risk for preterm delivery. J Matern Fetal Neonatal Med 23(12): 1344-1359. https://doi.org/10.3109/14767058.2010.482618

Rosofsky A, Janulewicz P, Thayer KA, McClean M, Wise LA, Calafat AM, Mikkelsen EM, Taylor KW, Hatch EE (2017) Exposure to multiple chemicals in a cohort of reproductive-aged Danish women. Environ Res 154: 73-85. https://doi.org/10.1016/j.envres.2016.12.011

Rossnerova A, Tulupova E, Tabashidze N, Schmuczerova J, Dostal M, Rossner P Jr, Gmuender H, Sram RJ (2013) Factors affecting the 27K DNA methylation pattern in asthmatic and healthy children from locations with various environments. Mutat Res 741-742: 18-26. https://doi.org/10.1016/j.mrfmmm.2013.02.003

Rothman KJ, Greenland S, Lash TL (2008) Modern epidemiology, 3rd edn. Lippincott, Williams & Wilkins, Philadelphia, PA

Saenen ND, Vrijens K, Janssen BG, Roels HA, Neven KY, Vanden Berghe W, Gyselaers W, Vanpoucke C, Lefebvre W, De Boever P, Nawrot TS (2017) Lower placental leptin promoter methylation in association with fine particulate matter air pollution during pregnancy and placental nitrosative stress at birth in the ENVIRONAGE cohort. Environ Health Perspect 125(2): 262-268. https://doi.org/10.1289/ehp38

Shaffer RM, Smith MN, Faustman EM (2017) Developing the regulatory utility of the exposome: mapping exposures for risk assessment through lifestage exposome snapshots (LEnS). Environ Health Perspect 125(8): 085003. https://doi.org/10.1289/EHP1250

Shaughnessy DT, McAllister K, Worth L, Haugen AC, Meyer JN, Domann FE, Van Houten B, Mostoslavsky R,

Bultman SJ, Baccarelli AA, Begley TJ, Sobol RW, Hirschey MD, Ideker T, Santos JH, Copeland WC, Tice RR, Balshaw DM, Tyson FL (2014) Mitochondria, energetics, epigenetics, and cellular responses to stress. Environ Health Perspect 122(12):1271-1278. https://doi.org/10.1289/ehp.1408418

Simpkin AJ, Suderman M, Gaunt TR, Lyttleton O, McArdle WL, Ring SM, Tilling K, Davey Smith G, Relton CL (2015) Longitudinal analysis of DNA methylation associated with birth weight and gestational age. Hum Mol Genet 24(13):3752-3763. https://doi.org/10.1093/hmg/ddv119

Sõber S, Reiman M, Kikas T, Rull K, Inno R, Vaas P, Teesalu P, Marti JM, Mattila P, Laan M (2015) Extensive shift in placental transcriptome profile in preeclampsia and placental origin of adverse pregnancy outcomes. Sci Rep 5:13336. https://doi.org/10.1038/srep13336

Steer CD, Bolton P, Golding J (2015) Preconception and prenatal environmental factors associated with communication impairments in 9 year old children using an exposome-wide approach. PLoS One 10(3):e0118701. https://doi.org/10.1371/journal.pone.0118701

Swartz MD, Cai Y, Chan W, Symanski E, Mitchell LE, Danysh HE, Langlois PH, Lupo PJ (2015) Air toxics and birth defects: a Bayesian hierarchical approach to evaluate multiple pollutants and spina bifida. Environ Health 14:16. https://doi.org/10.1186/1476-069x-14-16

Tea I, Gall GL, Küster A, Guignard N, Alexandre-Gouabau MC, Darmaun D, Robins RJ (2012) 1H-NMR-based metabolic profiling of maternal and umbilical cord blood indicates altered materno-foetal nutrient exchange in preterm infants. PLoS One 7:6-9. https://doi.org/10.1371/journal.pone.0029947

Toivonen KI, Oinonen KA, Duchene KM (2017) Preconception health behaviours: a scoping review. Prev Med 96:1-15. https://doi.org/10.1016/j.ypmed.2016.11.022

Vafeiadi M, Vrijheid M, Fthenou E, Chalkiadaki G, Rantakokko P, Kiviranta H, Kyrtopoulos SA, Chatzi L, Kogevinas M (2014) Persistent organic pollutants exposure during pregnancy, maternal gestational weight gain, and birth outcomes in the mother-child cohort in Crete, Greece (RHEA study). Environ Int 64:116-123. https://doi.org/10.1016/j.envint.2013.12.015

Valero De Bernabé J, Soriano T, Albaladejo R, Juarranz M, Calle ME, Martínez D, Domínguez-Rojas V (2004) Risk factors for low birth weight: a review. Eur J Obstet Gynecol Reprod Biol 116(1):3-15. https://doi.org/10.1016/j.ejogrb.2004.03.007

VanderWeele T (2015) Explanation in causal inference: methods for mediation and interaction, 1st edn. Oxford University Press, New York, NY

Vineis P, Chadeau-Hyam M, Gmuender H, Gulliver J, Herceg Z, Kleinjans J, Kogevinas M, Kyrtopoulos S, Nieuwenhuijsen M, Phillips DH, Probst-Hensch N, Scalbert A, Vermeulen R, Wild CP (2016) The exposome in practice: design of the EXPOsOMICS project. Int J Hyg Environ Health 220(2 Pt A):142-151. https://doi.org/10.1016/j.ijheh.2016.08.001

Volberg V, Yousefi P, Huen K, Harley K, Eskenazi B, Holland N (2017) CpG methylation across the adipogenic PPARgamma gene and its relationship with birthweight and child BMI at 9 years. BMC Med Genet 18(1):7. https://doi.org/10.1186/s12881-016-0365-4

Vrijheid M, Slama R, Robinson O, Chatzi L, Coen M, van den Hazel P, Thomsen C, Wright J, Athersuch TJ, Avellana N, Basagana X, Brochot C, Bucchini L, Bustamante M, Carracedo A, Casas M, Estivill X, Fairley L, van Gent D, Gonzalez JR, Granum B, Grazuleviciene R, Gutzkow KB, Julvez J, Keun HC, Kogevinas M, McEachan RR, Meltzer HM, Sabido E, Schwarze PE, Siroux V, Sunyer J, Want EJ, Zeman F, Nieuwenhuijsen MJ (2014) The human early-life exposome (HELIX): project rationale and design. Environ Health Perspect 122(6):535-544. https://doi.org/10.1289/ehp.1307204

Vrijheid M, Casas M, Gascon M, Valvi D, NieuwenhuijsenM(2016) Environmental pollutants and child health-a review of recent concerns. Int J Hyg Environ Health 219(4-5): 331-342. https://doi.org/10.1016/j.ijheh.2016.05.001

Wang F, Shi Z, Wang P, You W, Liang G (2013) Comparative proteome profile of human placenta from normal and preeclamptic pregnancies. PLoS One 8(10): e78025. https://doi.org/10.1371/journal.pone.0078025

Warren J, Fuentes M, Herring A, Langlois P (2012) Spatial-temporal modeling of the association between air pollution exposure and preterm birth: identifying critical windows of exposure. Biometrics 68(4): 1157-1167. https://doi.org/10.1111/j.1541-0420.2012.01774.x

Wilcox AJ (2010) Fertility and pregnancy: an epidemiologic perspective. Oxford University Press, Oxford

Wilcox AJ, Weinberg CR, Basso O (2011) On the pitfalls of adjusting for gestational age at birth. Am J Epidemiol 174(9): 1062-1068. https://doi.org/10.1093/aje/kwr230

Wild CP (2005) Complementing the genome with an "exposome": the outstanding challenge of environmental exposure measurement in molecular epidemiology. Cancer Epidemiol Biomark Prev 14(8): 1847-1850. https://doi.org/10.1158/1055-9965.epi-05-0456

Wild CP (2012) The exposome: from concept to utility. Int J Epidemiol 41(1): 24-32. https://doi.org/10.1093/ije/dyr236

Woodruff TJ, Zota AR, Schwartz JM (2011) Environmental chemicals in pregnant women in the United States: NHANES 2003-2004. Environ Health Perspect 119(6): 878-885. https://doi.org/10.1289/ehp.1002727

Wright ML, Starkweather AR, York TP (2016) Mechanisms of the maternal exposome and implications for health outcomes. ANS Adv Nurs Sci 39(2): E17-E30. https://doi.org/10.1097/ANS.0000000000000110

Yoon M, Nong A, Clewell HJ, Taylor MD, Dorman DC, Andersen ME (2009) Evaluating placental transfer and tissue concentrations of manganese in the pregnant rat and fetuses after inhalation exposures with a PBPK model. Toxicol Sci 112(1): 44-58. https://doi.org/10.1093/toxsci/kfp198

Yorifuji T, Debes F, Weihe P, Grandjean P (2011) Prenatal exposure to lead and cognitive deficit in 7- and 14-year-old children in the presence of concomitant exposure to similar molar concentration of methylmercury. Neurotoxicol Teratol 33(2): 205-211. https://doi.org/10.1016/j.ntt.2010.09.004

Zhang Y, Wang Q, Wang H, Duan E (2017) Uterine fluid in pregnancy: a biological and clinical outlook. Trends Mol Med 23(7): 604-614. https://doi.org/10.1016/j.molmed.2017.05.002

第 2 部分　内暴露组测定

107　/　第 5 章　表观遗传学与暴露组学

127　/　第 6 章　代谢组学

156　/　第 7 章　暴露范式中的转录组学

第5章 表观遗传学与暴露组学

表观遗传调控具有可遗传性，但受到环境刺激、子宫内环境和衰老等因素的影响。不同层次的表观遗传重塑，包括DNA甲基化、组蛋白末端修饰和非编码RNA，控制着时空转录组活性。此外，表观遗传调控还参与维持染色体的稳定性。从血液或其他相关组织中分离得到的基因组DNA已被广泛用于发现效应标志物和暴露标志物，而用于检测全基因组表观遗传标记的技术以及相应的数据分析工具正在不断涌现，并将得到持续发展。本章我们将介绍用于非靶向检测、区域性修饰及基因位点特异性变异检测的常见技术。基于人群的研究表明，表观遗传标记的改变与吸烟、空气污染、重金属等多种环境因素暴露有关。另一方面，在包括肿瘤在内的多种人类疾病中，DNA异常甲基化是基因沉默的主要表观遗传调控机制。表观遗传重塑是理解环境暴露及其对健康影响的重要生物学机制。研究导致表观遗传重塑的生命早期环境暴露，包括胚胎发育和婴幼儿时期的暴露，对理解生命后期相关疾病的发生发展机理具有重要意义。本章将通过具体案例讨论环境暴露导致的表观遗传重塑如何影响生命早期和成年之后的健康状态。

关键词：表观遗传学；基因组DNA；暴露生物标志物

1 引言

表观遗传学是研究在不改变基因序列的基础上,基因组发生的有丝分裂可遗传变异的一门学科(Waterland et al.,2007;Rakyan et al.,2011)。尽管人们才刚刚开始了解环境、生活方式和生命历程对表观遗传调控的多种影响,但越来越多的证据表明,暴露组学能帮助人们更好地理解疾病的病因和基因表达的表观遗传调控在其中的作用。本章将讨论暴露组与不同层面的表观遗传调控的关系,并列举目前该领域研究表观遗传重塑存在的挑战。

2 表观遗传调控

表观遗传调控包括四个交互系统：DNA甲基化、组蛋白修饰、非编码RNA以及染色体重塑(图5.1)。这些系统的相互作用机制确保了体细胞基因表达的可遗传状态(Jones,Liang,2012)。

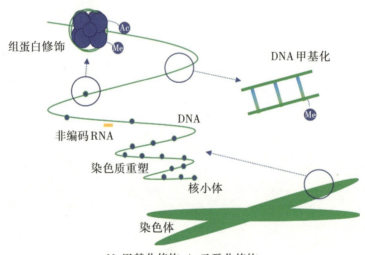

Me甲基化修饰;Ac乙酰化修饰

图5.1 表观遗传学的四个交互系统

3 DNA甲基化

DNA甲基化是研究最为广泛的表观遗传机制。DNA甲基化是指将甲基基团(CH_3)共价连接到胞嘧啶上。在基因序列中,甲基化修饰的胞嘧啶通常位于鸟嘌呤之前(即组成CpG序列),CpG序列甲基化修饰的功能主要是调控基因转录(Yoder et al.,1997),而对包括5-羟甲基化修饰在内的罕见胞嘧啶修饰的功能仍然知之甚少(Pang et al.,2016)。甲基化修饰的模式与基因表达密切相关,位于基因启动子区的甲基化通常导致转录沉默,而位于基因体的甲基化则可能激活基因转录(Jones,2012)。

甲基化修饰可以聚集在差异甲基化区域(DMRs),即一类响应调控信号的连续基因区域。DMRs与印记、衰老及包括肿瘤在内的疾病相关(Rakyan et al.,2011)。有研究显示肿瘤的发展与全基因组甲基化修饰减少密切相关。DNA整体的低甲基化将通过染色质高级结构重塑(You,Jones,2012)、基因印记丢失、癌基因激活等方式导致基因组不稳定性。DNA甲基化模式在发育过程中经历重大变化,包括在配子形成期和胚胎发育早期的去甲基化和再甲基化过程(Messerschmidt et al.,2014)。

此外,在衰老过程中,DNA甲基化模式也同样经历了剧烈的重塑,包括:(1)全基因组的低甲基化,(2)特定位点的高甲基化,(3)以及甲基化水平的个体差异和随机变异的增加(Gensous et al.,2017)。基于这些模式变化,研究者提出了多种表观遗传时钟,用于评估细胞、组织或器官的生物学年龄(Horvath,2013;Hannum et al.,2013)。

除核基因组外,线粒体基因组也同样存在表观遗传修饰,并且特定区域的线粒体基因组DNA甲基化也已被证实参与细胞生命活动过程(Janssen et al.,2015;Ghosh et al.,2014)。

暴露组学研究的一个主要内容是环境暴露对健康的有害影响。在本章中,我们将讨论砷、空气污染和吸烟对DNA甲基化的影响。砷是一种强效环境污染物,为一类致癌物(Howe et al.,2016)。DNA甲基化和砷代谢都需要S-腺苷甲硫氨酸(SAM)作为甲基供体,二者对SAM的竞争性需求将影响全基因组的DNA甲基化修饰水平(Lee et al.,2009)。体外研究表明,砷暴露将导致DNA甲基化水平降低(Intarasunanont et al.,2012;Zhao et al.,1997;Reichard et al.,2007)。类似于体外研究结果,一些基于人群的研究也表明砷暴露与整体DNA甲基化水平呈负相关(Bandyopadhyay et al.,2016;Broberg et al.,2014;Hossain et al.,2017;Niedzwiecki et al.,2013;Pilsner et al.,2009;Tajuddin et al.,2013;Tellez-Plaza et al.,2014;Wilhelm et al.,2010),然而,并非所有相关研究均支持此结论(Hossain et al.,2012;Kile et al.,2012;Lambrou et al.,2012;Majumdar et al.,2010;Niedzwiecki et al.,2015;Pilsner et al.,2007,2012;Intarasu-nanont et al.,2012)。这些研究结果的差异可能是源于不同研究采用了不同的暴露评估方法和暴露剂量。

表观基因组研究表明,利用Illumina 450K人甲基化微阵列可以鉴定与砷暴露显著相关的CpG甲基化位点(Argos et al.,2015)。通过该技术,已在一些针对新生儿的研究中发现与砷暴露正相关的CpG甲基化位点(Kile et al.,2014;Koestler et al.,2013;Rojas et al.,2015;Broberg et al.,2014;Cardenas et al.,2015)。然而,两项分别针对砷暴露后的血液和皮肤损伤的研究,并没有发现甲基化水平明显增加的CpG位点。(Liu et al.,2014;Seow et al.,2014)。

Cardenas等人研究发现砷暴露可导致胎盘和脐动脉组织中CpG甲基化修饰谱的改变,但对人脐静脉内皮细胞(HUVEC)则没有影响,表明砷暴露引起的DNA甲基化改变在不同组织中存在差异(Cardenas et al.,2015)。

在一项研究中,研究人员通过分析16名来自墨西哥并有砷暴露历史的妇女的外周血白细胞的表观遗传组,鉴定了一个包含17个在肿瘤中通常表达受到抑制的抑癌基因的砷诱导基因表达网络,探讨了启动子区DNA甲基化与砷暴露相关的皮肤损伤的关系(Smeester et al.,2011)。

此外,通过测定砷暴露群体尿液中的砷代谢物浓度,研究发现其与特定基因启动子区DNA甲基化水平相关(Bailey et al.,2013)。针对 $p16$ 和 $p53$ 基因启动子区域的靶向研究也显示其DNA甲基化水平与砷代谢相关(Chanda et al.,2006;Chen et al.,2007;Engstrom et al.,2013;Hossain et al.,2012;Intarasunanont et al.,2012)。尽管积累了越来越多表明DNA甲基化改变与砷暴露相关的数据,这些发现还需通过包括多队列表观基因组分析在内的大规模研究进一步验证。

空气污染物主要分为气态污染物和颗粒物(PM)。前者包括氮氧化物、苯、二氧化硫等,后者主要由酸性物质、有机化合物、金属以及不同粒径的土壤或灰尘颗粒组成。这些微小颗粒能够被吸入肺部并沉积于肺泡,极小的颗粒(小于100纳米)甚至能直接穿透到血液中(Brook et al.,2010)。

Vaiserman在2015年发表的综述,回顾了临床和流行病学的研究证据,指出表观遗传因素可能在早期生命阶段的环境暴露与长期健康影响之间扮演了关键的纽带作用(Vaiserman,2015)。

表观遗传学研究显示,长期空气污染暴露与白细胞整体甲基化水平之间呈负相关(De Prins et al.,2013;Janssen et al.,2013;Sanchez-Guerra et al.,2015;Tao et al.,2014;Baccarelli et al.,2009;Madrigano et al.,2011),特别是对5-羟甲基胞嘧啶甲基化水平的影响(Sanchez-Guerra et al.,2015)。ENVIRONAGE(生命早期环境对衰老的影响)出生队列研究显示(Janssen et al.,2017),在妊娠晚期,每当PM2.5颗粒(直径小于10 μm)的浓度增加10 μg/m³,胎盘的整体DNA甲基化水平会显著降低17%(Janssen et al.,2015)。

最近的研究使用Illumina公司的Infinium 450K人甲基化芯片技术,(1)确定了数个与短期、中期颗粒物暴露相关的CpG甲基化位点(Panni et al.,2016;Dai et al.,2017);(2)发现了成人单核细胞的DNA甲基化(包括候选位点和整体)与长期环境空气污染暴露存在相关性(Chi et al.,2016);(3)并在妊娠期NO₂暴露的新生儿中发现了线粒体基因的DNA甲基化差异(Gruzieva et al.,2016)。

此外,长期空气污染暴露还与表观遗传时钟计量的衰老过程相关(Ward-Caviness et al.,2016)。据报道,空气污染暴露可能影响特定基因位点的甲基化水平,如组织因子 $F3$、干扰素-γ(IFN-γ)、白细胞介素-6(IL-6)、toll样受体-2(TLR-2)、细胞间黏附分子-1($ICAM$-1)和10-11易位($TET1$)基因(Bind et al.,2014;2015;Lepeule et al.,2014;Somineni et al.,2015)。

Hou等人在2011年的一项研究中发现,颗粒物暴露与健康铸造工人的抑癌基因(如 APC、$p16$、$p53$ 和 $RASSF1A$)的DNA甲基化水平差异相关(译者注:该研究发现健康铸造工人的 $p16$ 和 APC 基因的甲基化升高,$RASSF1A$ 和 $p53$ 基因的甲基化降低)(Hou et al.,2011)。

最近的研究正在探索空气污染暴露相关的DNA甲基化是否会影响健康,例如,(1)有研究表明PM2.5短期暴露可能与血压升高相关,并且与血管紧张素转换酶(ACE)基因的甲基化水平有关(Wang et al.,2016);(2)Chen等人的干预研究显示,$sCD40L$ 基因的甲基化修饰可以调节其蛋白表达水平(Chen et al.,2016);(3)而Peng等人的研究发现,中短期PM2.5暴露通过改变 $ICAM$-1基因启动子区的甲基化水平,可能导致空腹血糖水平升高(Peng et al.,2016)。

此外,在对线粒体DNA(mtDNA)的研究中发现,锅炉工人血液中mtDNA的甲基化水平与PM2.5暴露呈负相关,并可以缓解由PM2.5暴露引起的心率变异指标异常[①](Byun et al., 2016)。

MtDNA甲基化显著介导了妊娠期PM2.5暴露与胎盘中MtDNA含量之间的关系,而胎盘中的MtDNA含量是衡量线粒体自噬和衰老的一个指标(Janssen et al.,2015)。在预防措施方面,一项最新的人群干预研究显示,补充维生素B族可以减轻由PM2.5引起的DNA甲基化变化(Zhong et al.,2017)。因此,深入研究空气污染暴露如何通过DNA甲基化影响基因表达,对于理解这些潜在的重要调控机制至关重要。

烟草烟雾是一种公认的有毒物质,对健康有诸多影响(Richmond et al.,2017)。即使戒烟几十年后,有吸烟史的人仍面临罹患某些癌症、慢性阻塞性肺病和中风等疾病的长期风险。吸烟对DNA甲基化有巨大影响,成人血液中的7 000多个基因(Joehanes et al.,2016)和脐带血中的6 000多个基因的CpG位点甲基化与烟草烟雾暴露有关(Joubert et al.,2016)。对于戒烟者而言,戒烟后5年内,其大部分DNA甲基化位点能够恢复至从未吸烟者的水平。尽管如此,长期烟草烟雾暴露会在基因组中留下明显的DNA甲基化"足迹"(Guida et al.,2015;Joehanes et al.,2016)。因此,DNA甲基化可被视为对烟草烟雾暴露的一种敏感且持久的生物标志物。在研究中,应进一步探讨DNA甲基化标记在各种暴露环境下的表现,如环境污染、压力等因素影响下,这些标记可作为了解个体过往生存环境历史的生物传感器或分子档案。

❹ 组蛋白修饰和染色质重塑

人类遗传物质的保护和存储主要通过由组蛋白八聚体构成的核小体来实现。组蛋白尾部的修饰,如特定赖氨酸残基的甲基化或乙酰化,与常染色质的松弛有关,从而使转录因子能够结合DNA并启动基因转录(Shahbazian et al.,2007)。转录的沉默可能是可逆的或不可逆的,这取决于组蛋白修饰的进一步变化。

Huang等人指出,特定染色质区域的组蛋白变体、组蛋白修饰以及核小体的组成是决定核小体及其与DNA结合形成高级结构的关键因素。这些染色质组成成分是基因组的重要组成部分,在调控基因表达中协同作用(Adkins et al.,2013;Anderson et al.,2001;Barth and Imhof,2010;Huang et al.,2015)。

组蛋白通过多种翻译后修饰来实现其功能,常见的修饰包括乙酰化、磷酸化和甲基化(包括赖氨酸甲基化、精氨酸甲基化及组蛋白去甲基化)。其他的修饰形式还包括去亚胺基化、β-N-乙酰葡萄糖氨化、ADP-核糖基化、泛素化和SUMO化[②]、组蛋白末端剪切及组蛋白脯

[①] 译者注:心率变异(HRV)是指心跳之间的时间间隔的变化,是评估心脏健康和自主神经系统功能的指标。

[②] 译者注:SUMO,小分子泛素样修饰蛋白。

氨酸异构化(Bannister et al.,2011)。关于环境暴露的研究,通常采用酶联免疫分析法来测定组蛋白修饰的整体水平。例如,在一项涉及60名卡车司机和60名办公室工作人员的研究中,研究者探讨了交通产生的PM暴露与四种特定的组蛋白H3修饰之间的关系,这四种修饰分别是H3的第9位赖氨酸乙酰化(H3K9ac)、第9位赖氨酸三甲基化(H3K9me3)、第27位赖氨酸三甲基化(H3K27me3)以及第36位赖氨酸三甲基化(H3K36me3)。研究发现,这些组蛋白H3位点的修饰水平可能在交通产生的PM暴露中发挥作用,尤其是在黑碳暴露方面(Zheng et al.,2017b)。中国的另一项研究检测了138名砷暴露和砷中毒受试者的组蛋白H3K18ac、H3K9me2和H3K36me3的整体水平,结果显示,三种组蛋白修饰的整体水平与受试者的尿液和头发中的砷含量相关。此外,H3K18ac和H3K36me3的修饰也与尿液中的8-羟基脱氧鸟苷(8-OHdG)相关,这表明组蛋白修饰在砷诱导的氧化损伤中发挥着关键作用(Ma et al.,2016)。

5 非编码RNA

非编码 RNAs(ncRNAs)是一类转录调控因子,参与代谢、分化、细胞周期调控等许多细胞生命活动(Kornfeld et al.,2014)。ncRNAs 通过招募或阻断转录因子到达或离开基因组位点、改变 DNA 的表观遗传修饰状态等机制来调控基因转录。ncRNAs 是包含很少或缺失开放阅读框的转录本,一般分为两大类:短或长链 ncRNAs(Hon et al.,2017)。miRNAs 是内源性的单链短 ncRNA 序列(约22个核苷酸),在转录后水平调控基因表达。在不同的疾病状态下,例如癌症和心力衰竭,存在不同的 miRNA 标志物。这表明,特定的病理生理过程能够激活相应的 miRNA 表达程序(Calin et al.,2005)。

分子生物学的最新进展为基于人群的研究开辟了新的途径,这些研究中将广泛的环境污染物暴露与生物系统的相互作用进行了评估。例如,全基因组 miRNA 分析技术已经被用于比较有吸烟史与无吸烟史人群的血浆 miRNA 表达谱的变化。有研究表明,哮喘患者与正常群体在地铁环境暴露后呈现完全不同的 miRNA 表达谱(Levänen et al.,2013)。

另一种 miRNA 鉴定方法是基于对候选 miRNA 表达的检测。基于此,Bollati 等人在一个钢铁厂工人的队列研究中发现 miR-21 与尿液中的 8-OHdG(一种可能反映氧化应激的指标)之间存在正相关(Bollati et al.,2010)。

在过去的十年里,人们对长链非编码 RNA(lncRNAs)的理解经历了从几乎一无所知到认识到它们是一类重要的遗传元件的转变。在肿瘤生物学领域,二代测序技术的最新应用揭示了越来越多的 lncRNAs,它们的表达与不同类型的恶性肿瘤相关。此外,该领域的研究正从注释多种肿瘤中的 lncRNAs 转向深入探索它们在肿瘤关键信号通路中的重要功能(Huarte,2015;Bartonicek et al.,2016)。

目前仅有少量研究探讨了 lncRNA 与环境污染物之间的关系。Gao 等人的研究表明,lncRNA(如 *HOTAIR*、*MALAT1* 和 *TUG1*)的表达水平与多环芳烃(PAH)的外部暴露水平呈正相关。然而，只有 *HOTAIR* 和 *MALAT1* 的表达同样与 PAH 的内部暴露水平显著正相关①（Gao et al., 2016）。虽然在环境暴露领域对 lncRNA 的研究尚不广泛，但其在表观遗传学和暴露组研究的未来发展中具有巨大潜力。

6 生命历程与表观遗传学

疾病的发生发展可以追溯到人类生命的各个阶段。由于表观遗传机制具有动态性和可遗传性的特征，它有望成为连接生命过程中各种事件和暴露与长期健康状况的生物学解释。最近的几项研究报道了表观遗传特征与既往生活方式之间的关联。

Guida 等（2015）对来自两个欧洲人群的 745 名女性的血液样本进行了一系列表观遗传组关联研究，旨在追踪吸烟诱导的表观遗传标记在戒烟后随时间的变化。他们发现，即使在戒烟超过 35 年后，某些 CpG 位点的甲基化仍显示出差异。这些发现凸显了由吸烟引起的表观遗传变化的持久性，这些变化可能在戒烟数十年后仍然存在（Guida et al. 2015）。

在整个生命过程中，较低的社会经济地位（SES）被认为与较弱的免疫反应有关。Stringhini 等人的研究显示，生命过程中的社会经济地位与炎症相关基因的 DNA 甲基化呈负相关，这些基因包括 *NFATC1*、*IL1A*、*GPR132* 和 *MAPK* 家族基因。此外，在社会经济地位较低的个体中，*CXCL2* 和 *PTGS2* 的甲基化程度较高（Stringhini et al., 2015）。

Needham 等人观察到童年时期低社会经济地位与三个压力相关基因（*AVP*、*FKBP5*、*OXTR*）和两个炎症相关基因（*CD1D*、*CCL1*）的 DNA 甲基化水平增加有关，而成人的低社会经济地位则与一个压力相关基因（*AVP*）和五个炎症相关基因（*CD1D*、*F8*、*KLRG1*、*NLRP12*、*TLR3*）的 DNA 甲基化水平增加有关（Needham et al., 2015）。这两项研究均支持社会环境会遗留表观遗传特征的假设，并强调了研究这些表观遗传变化如何促使疾病发生的社会模式的必要性。

成年期疾病的病因可能源于胎儿时期子宫内有害的环境暴露影响，这种因果关系被称为巴克学说或健康和疾病的发育起源（DOHaD，多哈理论）学说。大卫·巴克教授是首位发现这种潜在联系的科学家，当时他正在关注母亲怀孕期间营养不良与子女成年后罹患冠心病之间的联系（Barker, 1995）。此后，有关这一假说的诸多例证被报道。基于该假说，早期胚胎发育尤为重要，因为这是建立和维持表观遗传标记的关键时期（Reik et al., 2001）。这里，我们讨论三个支持 DOHad 理论的例子。

"荷兰饥饿冬季"研究是第一个支持 DOHaD 假说的研究，即生命早期的环境条件能导致人类的表观遗传变化，并且这些变化在整个生命过程中持续存在。例如，在 1944—1945 年荷兰饥饿冬季期间，产前暴露于饥饿的个体，与未暴露的个体相比，60 年后，暴露组的胰岛素样生长因子 2（*IGF2*）基因显示出较低的甲基化水平，而 *IL-10*、*leptin*、*ATP-binding cassette A1*

---

① 译者注：外部暴露涉及个体直接接触环境中的 PAH，内部暴露则通过测量血液或尿液中的 PAH 及其代谢物来评估这些化合物在体内的累积。该研究通过检测尿液 1-OHP（1-羟基芘）来评估 PAH 内部暴露水平。

和鸟苷酸结合蛋白基因的甲基化水平则更高(Heijmans et al.,2008)。这些研究表明,母亲营养受限会诱导胎儿关键代谢调节基因的长期表观遗传变化,并且支持胎儿期饥饿暴露对成年后机体代谢产生影响的机制。

在辛辛那提儿童过敏和空气污染(CCAAPS)出生队列研究中,研究人员发现唾液中的 *FOXP3* 基因甲基化与出生第一年柴油尾气的暴露及 7 岁时持续喘息和哮喘的诊断相关(Brunst et al.,2013)。这表明表观遗传学的变化可能会影响生命早期交通相关空气污染对儿童哮喘风险的作用。在 ENVIRONAGE 出生队列中,发现孕妇的孕前体重指数(BMI)是新生儿端粒长度的重要决定因素(Martens et al.,2016)。该研究提示母体 BMI 可能通过潜在的表观遗传途径影响下一代的分子寿命。

研究发现,与孕期健康的母亲的婴儿相比,患有抑郁症的母亲的婴儿其胎盘 *NR3C1* 基因的甲基化程度更高,自我调节能力更差,肌张力更低,并且更加嗜睡。类似地,与情绪正常的母亲的婴儿相比,患有孕期焦虑症的母亲的婴儿胎盘中 *11β-HSD-2* 的甲基化程度更高,肌张力更低(Conradt et al.,2013)。此外,母体子宫内环境中皮质醇的增加可能会影响胎儿的神经发育。

7 挑战与机遇

为进一步探索表观遗传学中的暴露组学范式,整合已鉴定的生物标志物与生物学效应,并确定剂量–效应关系是必要的,从而明确导致疾病的生物学途径。在研究表观遗传调控在终身暴露与疾病关系中的作用时,仍面临重要的方法学和概念上的挑战;同时,开发预防策略的机遇也在不断增加。

测量表观遗传标记的方法

最近,基因组尺度上测量表观遗传标记的技术得到了迅速发展,并且仍在持续进步。迄今为止,绝大多数与暴露相关的表观遗传调控研究都集中在 DNA 甲基化方面,原因包括以下几个方面:

(1) DNA 甲基化(无论是位于基因中还是基因间的)具有较高的可解读性。
(2) 甲基化标记的稳定性。
(3) 实验室分析所需 DNA 量极少。
(4) 高通量技术的普及性。

DNA 甲基化分析的金标准方法是使用亚硫酸氢钠处理基因组 DNA,以区分和检测未甲基化和甲基化的胞嘧啶。随后,通过 PCR(聚合酶链反应)扩增、测序和微阵列分析等步骤,可以揭示特定基因或全基因组中每个胞嘧啶的甲基化状态。

多种技术可用于检测特定基因或感兴趣区域的 DNA 甲基化状态:包括甲基化芯片、PCR 和焦磷酸测序、甲基化特异性 PCR、高分辨率熔解 PCR 和 COLD-PCR(Kurdyukov et al.,

2016)。此外,基于质谱的 EpiTYPER 方法也可用于测量区域特异性的 DNA 甲基化。

亚硫酸盐处理后的甲基化微阵列是目前最常用的基因组范围内 DNA 甲基化检测方法。目前可选的微阵列包括 Infinium 人类甲基化 EPIC 及其前身 450K,或 Agilent 的人类 DNA 甲基化微阵列。这种方法通过对 DNA 进行亚硫酸盐处理后扩增,并与探针相互作用以识别 CpG 位点。它因成本效益高和易于使用而广受欢迎。然而,这种方法的局限在于可检测的甲基化位点受限于公司的选择,并且无法检测其他 DNA 修饰,如 5-羟甲基胞嘧啶。

相比之下,亚硫酸盐测序法则允许对全基因组 DNA 甲基化进行全面研究(Li et al., 2011)。这种方法涉及 DNA 片段的亚硫酸盐处理、扩增和测序,但其缺点是工作量大,且测序后的序列比对较为复杂(Kurdyukov et al., 2016)。

总的来说,全基因组分析在评估暴露组对表观基因组的影响方面将发挥关键作用,因此,检测平台的发展、成本的降低及生物统计工具的开发仍是未来的重点努力方向。

为了探究基因组的整体甲基化状态,研究者开发了测量 5-甲基胞嘧啶含量及评估典型 DNA 区域(如重复序列)甲基化状态的技术。高效液相色谱-紫外检测(HPLC-UV)被认为是测定整体甲基化的金标准。尽管其他评估整体甲基化的技术通常存在低估或高估整体 DNA 甲基化数量的问题,但它们具有高特异性、高灵敏度和最小偏差的特点。这些方法包括液相色谱-串联质谱(LC-MS/MS)、基于酶联免疫吸附试验(ELISA)的方法、重复序列(LINE-Alu)、扩增片段长度多态性(AFLP)、限制性片段长度多态性(RFLP)和 DNA 甲基化化学发光定量检测技术(LUMA)(Kurdyukov et al., 2016)。

组蛋白研究主要通过使用 ELISA 方法来关注整体修饰或特定蛋白质的修饰(Tauheed et al., 2017)。这一领域的一个挑战是实验室分析通常需要大量样本。而 miRNAs 的研究则主要通过全局性 miRNA 分析工具(如微阵列或 RNA 测序)或靶向方法(如定量 PCR)来开展。

细胞类型异质性

细胞群体具有异质性,由多种细胞状态组成,每种状态在其基因表达和表观遗传学上都显示出随机噪声(Singer et al. 2014)。与遗传学中基因型可以从二倍体细胞中稳定确定的情况不同,表观遗传学则具有组织、细胞和环境的特异性。基因调控等细胞过程的固有随机性将导致细胞间的变异,以增加细胞在不利条件和环境压力下的生存概率(Elowitz et al., 2002; Lehner et al., 2011; Raser et al., 2005)。

在广泛的人类研究中,通常会保存血液样本,而对于组织样本,可获取性有限,且常常无法获得单一细胞类型的样本。细胞组成的差异可以解释许多 DNA 甲基化的变异,因此,当研究结果与细胞组成有关,例如在暴露引发的炎症情况下,如果不能妥善解释细胞的异质性,可能会导致假阳性结果(Jaffe et al., 2014)。

最终,虽然纯化特定感兴趣的细胞可能是理想方法,但在实际操作中并不总是可行。为了解决这一问题,已经设计出了多种算法,这些算法被广泛分为两类:基于参考的算法(如果使用具有代表性的细胞类型的参考 DNA 甲基化谱)(Houseman et al., 2012)和无须参考的方法(如果不使用这种 DNA 甲基化谱作为参照)(Houseman et al., 2014; Bakulski et al., 2016)。

例如,Houseman 等人在 2012 年提出了一种基于参考的方法,用于从全血的 450K 微阵列的DNA甲基化数据中估算六种主要血细胞类型的相对比例(Houseman et al., 2012)。这些细胞比例的估算值可以作为校正系数应用于表观遗传学相关的分析。最近,针对脐带血的研究也发展了类似的方法(Bakulski et al., 2016; Gervin et al., 2016; Zheng et al., 2017)。将这种研究努力扩展到多个组织中,将促进对环境暴露如何影响DNA甲基化的更深入理解。

有待探索的组织

组织/细胞类型特异性的DNA甲基化谱能够为理解正常及异常的分化和生殖过程提供新的视角。虽然非侵入性方式获取的组织可能是人类样本的理想来源,但这些样本的研究目前还不充分。近期研究发现,胎盘组织(Saenen et al., 2017; Green et al., 2016)、唾液(Langie et al., 2016; Vriens et al., 2016)和血斑(Breton et al., 2016)中存在与环境暴露相关的表观遗传变化。

跨代表观遗传学

表观遗传调控的跨代效应证据主要源于实验研究,例如对agouti(A^{vy})小鼠的研究(Morgan et al., 1999)、对孕前饮食的改变(Carone et al., 2010)以及对环境毒素(如内分泌干扰物)的接触(Anway et al., 2005)。在基因型相同的个体之间,由于早期发育过程中建立的表观遗传修饰,某些等位基因出现表达差异,并且被认为对环境影响特别敏感,称为亚稳态等位基因。其表观遗传调控在人类中也有跨代效应的报道,例如Yehuda等人研究大屠杀幸存者的孙辈中*FKBP5*基因的DNA甲基化状态,发现心理和生理创伤可能具有跨代表观遗传效应,其中*FKBP5*的甲基化与清晨醒来时的皮质醇水平相关,显示出甲基化测量的功能相关性(Yehuda et al., 2016)。

关于母体暴露与表观遗传变化的报道日益增多,但环境暴露(如饮食)引起的表观遗传变化也可能发生在雄性生殖细胞中,并遗传给后代(Soubry et al., 2014)。Pauwels等人的研究发现,父亲的甲基供体摄入量与后代的基因组整体甲基化、*IGF2*基因甲基化以及产前生长之间存在关联(Pauwels et al., 2017)。

今天,更好地理解跨代表观遗传学在疾病病因学中的作用,最终可能会对公共卫生建议产生影响;对于未来的父母而言,健康的环境和生活方式可能比以往认为的更为重要。

(翻译:张璇)

Adkins NL, Niu H, Sung P, Peterson CL (2013) Nucleosome dynamics regulates DNA processing. Nat Struct Mol Biol 20(7):836-842. https://doi.org/10.1038/nsmb.2585

Anderson JD, Lowary PT, Widom J (2001) Effects of histone acetylation on the equilibrium accessibility of nucleosomal DNA target sites. J Mol Biol 307(4):977-985. https://doi.org/10.1006/jmbi.2001.4528

Anway MD, Cupp AS, Uzumcu M, Skinner MK (2005) Epigenetic transgenerational actions of endocrine disruptors and male fertility. Science 308(5727):1466-1469. https://doi.org/10.1126/science.1108190

Argos M, Chen L, Jasmine F, Tong L, Pierce BL, Roy S, Paul-Brutus R, Gamble MV, Harper KN, Parvez F, Rahman M, Rakibuz-Zaman M, Slavkovich V, Baron JA, Graziano JH, Kibriya MG, Ahsan H (2015) Gene-specific differential DNA methylation and chronic arsenic exposure in an epigenome-wide association study of adults in Bangladesh. Environ Health Perspect 123(1):64-71. https://doi.org/10.1289/ehp.1307884

Baccarelli A, Wright RO, Bollati V, Tarantini L, Litonjua AA, Suh HH, Zanobetti A, Sparrow D, Vokonas PS, Schwartz J (2009) Rapid DNA methylation changes after exposure to traffic particles. Am J Respir Crit Care Med 179(7):572-578. https://doi.org/10.1164/rccm.200807-1097OC

Bailey KA, Wu MC, Ward WO, Smeester L, Rager JE, Garcia-Vargas G, Del Razo LM, Drobna Z, Styblo M, Fry RC (2013) Arsenic and the epigenome: interindividual differences in arsenic metabolism related to distinct patterns of DNA methylation. J Biochem Mol Toxicol 27(2):106-115. https://doi.org/10.1002/jbt.21462

Bakulski KM, Feinberg JI, Andrews SV, Yang J, Brown S, LM S, Witter F, Walston J, Feinberg AP, Fallin MD (2016) DNA methylation of cord blood cell types: applications for mixed cell birth studies. Epigenetics 11(5):354-362. https://doi.org/10.1080/15592294.2016.1161875

Bandyopadhyay AK, Paul S, Adak S, Giri AK (2016) Reduced LINE-1 methylation is associated with arsenic-induced genotoxic stress in children. Biometals 29(4):731-741. https://doi.org/10.1007/s10534-016-9950-4

Bannister AJ, Kouzarides T (2011) Regulation of chromatin by histone modifications. Cell Res 21(3):381-395. https://doi.org/10.1038/cr.2011.22

Barker DJ (1995) Fetal origins of coronary heart disease. BMJ 311(6998):171-174

Barth TK, Imhof A (2010) Fast signals and slow marks: the dynamics of histone modifications. Trends Biochem Sci 35(11):618-626. https://doi.org/10.1016/j.tibs.2010.05.006

Bartonicek N, Maag JL, Dinger ME (2016) Long noncoding RNAs in cancer: mechanisms of action and technological advancements. Mol Cancer 15(1):43. https://doi.org/10.1186/s12943-016-0530-6

Bind MA, Lepeule J, Zanobetti A, Gasparrini A, Baccarelli A, Coull BA, Tarantini L, Vokonas PS, Koutrakis P, Schwartz J (2014) Air pollution and gene-specific methylation in the Normative Aging Study: association, effect modification, and mediation analysis. Epigenetics 9(3):448-458. https://doi.org/10.4161/epi.27584

Bind MA, Coull BA, Peters A, Baccarelli AA, Tarantini L, Cantone L, Vokonas PS, Koutrakis P, Schwartz JD (2015) Beyond the mean: quantile regression to explore the association of air pollution with gene-specific methylation in the normative aging study. Environ Health Perspect 123(8):759-765. https://doi.org/10.1289/ehp.1307824

Bollati V, Marinelli B, Apostoli P, Bonzini M, Nordio F, Hoxha M, Pegoraro V, Motta V, Tarantini L, Cantone L, Schwartz J, Bertazzi PA, Baccarelli A (2010) Exposure to metal-rich particulate matter modifies the expression of candidate microRNAs in peripheral blood leukocytes. Environ Health Perspect 118(6):763-768. https://doi.org/10.1289/ehp.0901300

Breton CV, Yao J, Millstein J, Gao L, Siegmund KD, Mack W, Whitfield-Maxwell L, Lurmann F, Hodis H, Avol E, Gilliland FD (2016) Prenatal air pollution exposures, DNA methyl transferase genotypes, and associations with newborn LINE1 and alu methylation and childhood blood pressure and carotid intima-media thickness in the Children's Health Study. Environ Health Perspect 124(12):1905-1912. https://doi.org/10.1289/EHP181

Broberg K, Ahmed S, Engstrom K, Hossain MB, Jurkovic Mlakar S, Bottai M, Grander M, Raqib R, Vahter M

(2014) Arsenic exposure in early pregnancy alters genome-wide DNA methylation in cord blood, particularly in boys. J Dev Orig Health Dis 5(4):288-298. https://doi.org/10.1017/S2040174414000221

Brook RD, Rajagopalan S, Pope CA 3rd, Brook JR, Bhatnagar A, Diez-Roux AV, Holguin F, Hong Y, Luepker RV, Mittleman MA, Peters A, Siscovick D, Smith SC Jr, Whitsel L, Kaufman JD, American Heart Association Council on Epidemiology and Prevention, Council on the Kidney in Cardiovascular Disease, and Council on Nutrition, Physical Activity and Metabolism (2010) Particulate matter air pollution and cardiovascular disease: an update to the scientific statement from the American Heart Association. Circulation 121(21):2331-2378. https://doi.org/10.1161/CIR.0b013e3181dbece1

Brunst KJ, Leung YK, Ryan PH, Khurana Hershey GK, Levin L, Ji H, Lemasters GK, Ho SM (2013) Forkhead box protein 3 (FOXP3) hypermethylation is associated with diesel exhaust exposure and risk for childhood asthma. J Allergy Clin Immunol 131(2):592-594.e3. https://doi.org/10.1016/j.jaci.2012.10.042

Byun HM, Colicino E, Trevisi L, Fan T, Christiani DC, Baccarelli AA (2016) Effects of air pollution and blood mitochondrial DNA methylation on markers of heart rate variability. J Am Heart Assoc 5(4): pii: e003218. https://doi.org/10.1161/JAHA.116.003218

Calin GA, Ferracin M, Cimmino A, Di Leva G, Shimizu M, Wojcik SE, Iorio MV, Visone R, Sever NI, Fabbri M, Iuliano R, Palumbo T, Pichiorri F, Roldo C, Garzon R, Sevignani C, Rassenti L, Alder H, Volinia S, Liu CG, Kipps TJ, Negrini M, Croce CM (2005) A MicroRNA signature associated with prognosis and progression in chronic lymphocytic leukemia. N Engl J Med 353(17):1793-1801. https://doi.org/10.1056/NEJMoa050995

Cardenas A, Houseman EA, Baccarelli AA, Quamruzzaman Q, Rahman M, Mostofa G, Wright RO, Christiani DC, Kile ML (2015) In utero arsenic exposure and epigenome-wide associations in placenta, umbilical artery, and human umbilical vein endothelial cells. Epigenetics 10 (11): 1054-1063. https://doi.org/10.1080/15592294.2015.1105424

Carone BR, Fauquier L, Habib N, Shea JM, Hart CE, Li R, Bock C, Li C, Gu H, Zamore PD, Meissner A, Weng Z, Hofmann HA, Friedman N, Rando OJ (2010) Paternally induced transgenerational environmental reprogramming of metabolic gene expression in mammals. Cell 143(7):1084-1096. https://doi.org/10.1016/j.cell.2010.12.008

Chanda S, Dasgupta UB, Guhamazumder D, Gupta M, Chaudhuri U, Lahiri S, Das S, Ghosh N, Chatterjee D (2006) DNA hypermethylation of promoter of gene p53 and p16 in arsenicexposed people with and without malignancy. Toxicol Sci 89(2):431-437. https://doi.org/10.1093/toxsci/kfj030

Chen R, Meng X, Zhao A, Wang C, Yang C, Li H, Cai J, Zhao Z, Kan H (2016) DNA hypomethylation and its mediation in the effects of fine particulate air pollution on cardiovascular biomarkers: a randomized crossover trial. Environ Int 94:614-619. https://doi.org/10.1016/j.envint.2016.06.026

Chen WT, Hung WC, Kang WY, Huang YC, Chai CY (2007) Urothelial carcinomas arising in arsenic-contaminated areas are associated with hypermethylation of the gene promoter of the death-associated protein kinase. Histopathology 51(6):785-792. https://doi.org/10.1111/j.1365-2559.2007.02871.x

Chi GC, Liu Y, MacDonald JW, Barr RG, Donohue KM, Hensley MD, Hou L, McCall CE, Reynolds LM, Siscovick DS, Kaufman JD (2016) Long-term outdoor air pollution and DNA methylation in circulating monocytes: results from the Multi-Ethnic Study of Atherosclerosis (MESA). Environ Health 15(1):119. https://doi.org/10.1186/s12940-016-0202-4

Conradt E, Lester BM, Appleton AA, Armstrong DA, Marsit CJ (2013) The roles of DNA methylation of NR3C1 and 11beta-HSD2 and exposure to maternal mood disorder in utero on newborn neurobehavior. Epigenetics 8 (12):1321-1329. https://doi.org/10.4161/epi.26634

Dai L, Mehta A, Mordukhovich I, Just AC, Shen J, Hou L, Koutrakis P, Sparrow D, Vokonas PS, Baccarelli

AA, Schwartz JD (2017) Differential DNA methylation and PM2.5 species in a 450 K epigenome-wide association study. Epigenetics 12(2):139-148. https://doi.org/10.1080/15592294.2016.1271853

De Prins S, Koppen G, Jacobs G, Dons E, Van de Mieroop E, Nelen V, Fierens F, Int Panis L, De Boever P, Cox B, Nawrot TS, Schoeters G (2013) Influence of ambient air pollution on global DNA methylation in healthy adults: a seasonal follow-up. Environ Int 59:418-424. https://doi.org/10.1016/j.envint.2013.07.007

Elowitz MB, Levine AJ, Siggia ED, Swain PS (2002) Stochastic gene expression in a single cell. Science 297(5584):1183-1186. https://doi.org/10.1126/science.1070919

Engstrom KS, Hossain MB, Lauss M, Ahmed S, Raqib R, Vahter M, Broberg K (2013) Efficient arsenic metabolism—the AS3MT haplotype is associated with DNA methylation and expression of multiple genes around AS3MT. PLoS One 8(1):e53732. https://doi.org/10.1371/journal.pone.0053732

Gao C, He Z, Li X, Bai Q, Zhang Z, Zhang X, Wang S, Xiao X, Wang F, Yan Y, Li D, Chen L, Zeng X, Xiao Y, Dong G, Zheng Y, Wang Q, Chen W (2016) Specific long non-coding RNAs response to occupational PAHs exposure in coke oven workers. Toxicol Rep 3:160-166

Gensous N, Bacalini MG, Pirazzini C, Marasco E, Giuliani C, Ravaioli F, Mengozzi G, Bertarelli C, Palmas MG, Franceschi C, Garagnani P (2017) The epigenetic landscape of age-related diseases: the geroscience perspective. Biogerontology 18(4):549-559. https://doi.org/10.1007/s10522-017-9695-7

Gervin K, Page CM, Aass HC, Jansen MA, Fjeldstad HE, Andreassen BK, Duijts L, van Meurs JB, van Zelm MC, Jaddoe VW, Nordeng H, Knudsen GP, Magnus P, Nystad W, Staff AC, Felix JF, Lyle R (2016) Cell type specific DNA methylation in cord blood: a 450K-reference data set and cell count-based validation of estimated cell type composition. Epigenetics 11(9):690-698. https://doi.org/10.1080/15592294.2016.1214782

Ghosh S, Sengupta S, Scaria V (2014) Comparative analysis of human mitochondrial methylomes shows distinct patterns of epigenetic regulation in mitochondria. Mitochondrion 18:58-62. https://doi.org/10.1016/j.mito.2014.07.007

Green BB, Karagas MR, Punshon T, Jackson BP, Robbins DJ, Houseman EA, Marsit CJ (2016) Epigenome-wide assessment of DNA methylation in the placenta and arsenic exposure in the new hampshire birth cohort study (USA). Environ Health Perspect 124(8):1253-1260. https://doi.org/10.1289/ehp.1510437

Gruzieva O, Xu CJ, Breton CV, Annesi-Maesano I, Anto JM, Auffray C, Ballereau S, Bellander T, Bousquet J, Bustamante M, Charles MA, de Kluizenaar Y, den Dekker HT, Duijts L, Felix JF, Gehring U, Guxens M, Jaddoe VV, Jankipersadsing SA, Merid SK, Kere J, Kumar A, Lemonnier N, Lepeule J, Nystad W, Page CM, Panasevich S, Postma D, Slama R, Sunyer J, Soderhall C, Yao J, London SJ, Pershagen G, Koppelman GH, Melen E (2016) Epigenomewide meta-analysis of methylation in children related to prenatal NO2 air pollution exposure. Environ Health Perspect 125(1):104-110. https://doi.org/10.1289/EHP36

Guida F, Sandanger TM, Castagne R, Campanella G, Polidoro S, Palli D, Krogh V, Tumino R, Sacerdote C, Panico S, Severi G, Kyrtopoulos SA, Georgiadis P, Vermeulen RC, Lund E, Vineis P, Chadeau-Hyam M (2015) Dynamics of smoking-induced genome-wide methylation changes with time since smoking cessation. Hum Mol Genet 24(8):2349-2359. https://doi.org/10.1093/hmg/ddu751

Hannum G, Guinney J, Zhao L, Zhang L, Hughes G, Sadda S, Klotzle B, Bibikova M, Fan JB, Gao Y, Deconde R, Chen M, Rajapakse I, Friend S, Ideker T, Zhang K (2013) Genome-wide methylation profiles reveal quantitative views of human aging rates. Mol Cell 49(2):359-367. https://doi.org/10.1016/j.molcel.2012.10.016

Heijmans BT, Tobi EW, Stein AD, Putter H, Blauw GJ, Susser ES, Slagboom PE, Lumey LH (2008) Persistent epigenetic differences associated with prenatal exposure to famine in humans. Proc Natl Acad Sci U S A 105(44):17046-17049. https://doi.org/10.1073/pnas.0806560105

Hon CC, Ramilowski JA, Harshbarger J, Bertin N, Rackham OJ, Gough J, Denisenko E, Schmeier S, Poulsen TM, Severin J, Lizio M, Kawaji H, Kasukawa T, Itoh M, Burroughs AM, Noma S, Djebali S, Alam T, Medvedeva YA, Testa AC, Lipovich L, Yip CW, Abugessaisa I, Mendez M, Hasegawa A, Tang D, Lassmann T, Heutink P, Babina M, Wells CA, Kojima S, Nakamura Y, Suzuki H, Daub CO, de Hoon MJ, Arner E, Hayashizaki Y, Carninci P, Forrest AR (2017) An atlas of human long non-coding RNAs with accurate 50 ends. Nature 543(7644):199-204. https://doi.org/10.1038/nature21374

Horvath S (2013) DNA methylation age of human tissues and cell types. Genome Biol 14(10):R115. https://doi.org/10.1186/gb-2013-14-10-r115

Hossain K, Suzuki T, Hasibuzzaman MM, Islam MS, Rahman A, Paul SK, Tanu T, Hossain S, Saud ZA, Rahman M, Nikkon F, Miyataka H, Himeno S, Nohara K (2017) Chronic exposure to arsenic, LINE-1 hypomethylation, and blood pressure: a cross-sectional study in Bangladesh. Environ Health 16(1):20. https://doi.org/10.1186/s12940-017-0231-7

Hossain MB, Vahter M, Concha G, Broberg K (2012) Environmental arsenic exposure and DNA methylation of the tumor suppressor gene p16 and the DNA repair gene MLH1: effect of arsenic metabolism and genotype. Metallomics 4(11):1167-1175. https://doi.org/10.1039/c2mt20120h

Hou L, Zhang X, Tarantini L, Nordio F, Bonzini M, Angelici L, Marinelli B, Rizzo G, Cantone L, Apostoli P, Bertazzi PA, Baccarelli A (2011) Ambient PM exposure and DNA methylation in tumor suppressor genes: a cross-sectional study. Part Fibre Toxicol 8:25. https://doi.org/10.1186/1743-8977-8-25

Houseman EA, Accomando WP, Koestler DC, Christensen BC, Marsit CJ, Nelson HH, Wiencke JK, Kelsey KT (2012) DNA methylation arrays as surrogate measures of cell mixture distribution. BMC Bioinformatics 13:86. https://doi.org/10.1186/1471-2105-13-86

Houseman EA, Molitor J, Marsit CJ (2014) Reference-free cell mixture adjustments in analysis of DNA methylation data. Bioinformatics 30(10):1431-1439. https://doi.org/10.1093/bioinformatics/btu029

Howe CG, Gamble MV (2016) Influence of arsenic on global levels of histone posttranslational modifications: a review of the literature and challenges in the field. Curr Environ Health Rep 3(3):225-237. https://doi.org/10.1007/s40572-016-0104-1

Huang S, Litt M, Blakey A (2015) Chap. 2: Epigenetic gene expression and regulation. In: Histone modifications—models and mechanisms. Elsevier, pp 21-42

Huarte M (2015) The emerging role of lncRNAs in cancer. Nat Med 21(11):1253-1261. https://doi.org/10.1038/nm.3981

Intarasunanont P, Navasumrit P, Waraprasit S, Chaisatra K, Suk WA, Mahidol C, Ruchirawat M (2012) Effects of arsenic exposure on DNA methylation in cord blood samples from newborn babies and in a human lymphoblast cell line. Environ Health 11:31. https://doi.org/10.1186/1476-069X-11-31

Jaffe AE, Irizarry RA (2014) Accounting for cellular heterogeneity is critical in epigenome-wide association studies. Genome Biol 15(2):R31. https://doi.org/10.1186/gb-2014-15-2-r31

Janssen BG, Godderis L, Pieters N, Poels K, Kicinski M, Cuypers A, Fierens F, Penders J, Plusquin M, Gyselaers W, Nawrot TS (2013) Placental DNA hypomethylation in association with particulate air pollution in early life. Part Fibre Toxicol 10:22. https://doi.org/10.1186/1743-8977-10-22

Janssen BG, Byun HM, Gyselaers W, Lefebvre W, Baccarelli AA, Nawrot TS (2015) Placental mitochondrial methylation and exposure to airborne particulate matter in the early life environment: an ENVIRONAGE birth cohort study. Epigenetics 10(6):536-544. https://doi.org/10.1080/15592294.2015.1048412

Janssen BG, Madlhoum N, Gyselaers W, Bijnens E, Clemente DB, Cox B, Hogervorst J, Luyten L, Martens DS, Peusens M, Plusquin M, Provost EB, Roels HA, Saenen ND, Tsamou M, Vriens A, Winckelmans E,

Vrijens K, Nawrot TS (2017) Cohort profile: the ENVIRonmental influence ON early AGEing (ENVIRONAGE): a birth cohort study. Int J Epidemiol 46(5): 1386-1387m. https://doi.org/10.1093/ije/dyw269

Joehanes R, Just AC, Marioni RE, Pilling LC, Reynolds LM, Mandaviya PR, Guan W, Xu T, Elks CE, Aslibekyan S, Moreno-Macias H, Smith JA, Brody JA, Dhingra R, Yousefi P, Pankow JS, Kunze S, Shah SH, McRae AF, Lohman K, Sha J, Absher DM, Ferrucci L, Zhao W, Demerath EW, Bressler J, Grove ML, Huan T, Liu C, Mendelson MM, Yao C, Kiel DP, Peters A, Wang-Sattler R, Visscher PM, Wray NR, Starr JM, Ding J, Rodriguez CJ, Wareham NJ, Irvin MR, Zhi D, Barrdahl M, Vineis P, Ambatipudi S, Uitterlinden AG, Hofman A, Schwartz J, Colicino E, Hou L, Vokonas PS, Hernandez DG, Singleton AB, Bandinelli S, Turner ST, Ware EB, Smith AK, Klengel T, Binder EB, Psaty BM, Taylor KD, Gharib SA, Swenson BR, Liang L, DeMeo DL, O'Connor GT, Herceg Z, Ressler KJ, Conneely KN, Sotoodehnia N, Kardia SL, Melzer D, Baccarelli AA, van Meurs JB, Romieu I, Arnett DK, Ong KK, Liu Y, Waldenberger M, Deary IJ, Fornage M, Levy D, London SJ (2016) Epigenetic signatures of cigarette smoking. Circ Cardiovasc Genet 9(5):436-447. https://doi.org/10.1161/CIRCGENETICS.116.001506

Jones PA (2012) Functions of DNA methylation: islands, start sites, gene bodies and beyond. Nat Rev Genet 13(7):484-492. https://doi.org/10.1038/nrg3230

Jones PA, Liang G (2012) The human epigenome. In: Michels KB (ed) Epigenic epidemiology, 1st edn. Springer, New York, pp 5-20. https://doi.org/10.1007/978-94-007-2495-2

Joubert BR, Felix JF, Yousefi P, Bakulski KM, Just AC, Breton C, Reese SE, Markunas CA, Richmond RC, Xu CJ, Kupers LK, Oh SS, Hoyo C, Gruzieva O, Soderhall C, Salas LA, Baiz N, Zhang H, Lepeule J, Ruiz C, Ligthart S, Wang T, Taylor JA, Duijts L, Sharp GC, Jankipersadsing SA, Nilsen RM, Vaez A, Fallin MD, Hu D, Litonjua AA, Fuemmeler BF, Huen K, Kere J, Kull I, Munthe-Kaas MC, Gehring U, Bustamante M, Saurel-Coubizolles MJ, Quraishi BM, Ren J, Tost J, Gonzalez JR, Peters MJ, Haberg SE, Xu Z, van Meurs JB, Gaunt TR, Kerkhof M, Corpeleijn E, Feinberg AP, Eng C, Baccarelli AA, Benjamin Neelon SE, Bradman A, Merid SK, Bergstrom A, Herceg Z, Hernandez-Vargas H, Brunekreef B, Pinart M, Heude B, Ewart S, Yao J, Lemonnier N, Franco OH, Wu MC, Hofman A, McArdle W, Van der Vlies P, Falahi F, Gillman MW, Barcellos LF, Kumar A, Wickman M, Guerra S, Charles MA, Holloway J, Auffray C, Tiemeier HW, Smith GD, Postma D, Hivert MF, Eskenazi B, Vrijheid M, Arshad H, Anto JM, Dehghan A, Karmaus W, Annesi-Maesano I, Sunyer J, Ghantous A, Pershagen G, Holland N, Murphy SK, DeMeo DL, Burchard EG, Ladd-Acosta C, Snieder H, Nystad W, Koppelman GH, Relton CL, Jaddoe VW, Wilcox A, Melen E, London SJ (2016) DNA methylation in newborns and maternal smoking in pregnancy: genome-wide consortium meta-analysis. Am J Hum Genet 98(4): 680-696. https://doi.org/10.1016/j.ajhg.2016.02.019

Kile ML, Baccarelli A, Hoffman E, Tarantini L, Quamruzzaman Q, Rahman M, Mahiuddin G, Mostofa G, Hsueh YM, Wright RO, Christiani DC (2012) Prenatal arsenic exposure and DNA methylation in maternal and umbilical cord blood leukocytes. Environ Health Perspect 120(7): 1061-1066. https://doi.org/10.1289/ehp.1104173

Kile ML, Houseman EA, Baccarelli AA, Quamruzzaman Q, Rahman M, Mostofa G, Cardenas A, Wright RO, Christiani DC (2014) Effect of prenatal arsenic exposure on DNA methylation and leukocyte subpopulations in cord blood. Epigenetics 9(5):774-782. https://doi.org/10.4161/epi.28753

Koestler DC, Avissar-Whiting M, Houseman EA, Karagas MR, Marsit CJ (2013) Differential DNA methylation in umbilical cord blood of infants exposed to low levels of arsenic in utero. Environ Health Perspect 121(8): 971-977. https://doi.org/10.1289/ehp.1205925

Kornfeld JW, Bruning JC (2014) Regulation of metabolism by long, non-coding RNAs. Front Genet 5:57. https://doi.org/10.3389/fgene.2014.00057

Kurdyukov S, Bullock M (2016) DNA methylation analysis: choosing the right method. Biology (Basel) 5(1): pii: E3. https://doi.org/10.3390/biology5010003

Lambrou A, Baccarelli A, Wright RO, Weisskopf M, Bollati V, Amarasiriwardena C, Vokonas P, Schwartz J (2012) Arsenic exposure and DNA methylation among elderly men. Epidemiology 23(5):668-676. https://doi.org/10.1097/EDE.0b013e31825afb0b

Langie SA, Szarc Vel Szic K, Declerck K, Traen S, Koppen G, Van Camp G, Schoeters G, Vanden Berghe W, De Boever P (2016) Whole-genome saliva and blood DNA methylation profiling in individuals with a respiratory allergy. PLoS One 11(3):e0151109. https://doi.org/10.1371/journal.pone.0151109

Lee DH, Jacobs DR Jr, Porta M (2009) Hypothesis: a unifying mechanism for nutrition and chemicals as lifelong modulators of DNA hypomethylation. Environ Health Perspect 117(12): 1799-1802. https://doi.org/10.1289/ehp.0900741

Lehner B, Kaneko K (2011) Fluctuation and response in biology. Cell Mol Life Sci 68(6):1005-1010. https://doi.org/10.1007/s00018-010-0589-y

Lepeule J, Bind MA, Baccarelli AA, Koutrakis P, Tarantini L, Litonjua A, Sparrow D, Vokonas P, Schwartz JD (2014) Epigenetic influences on associations between air pollutants and lung function in elderly men: the normative aging study. Environ Health Perspect 122(6):566-572. https://doi.org/10.1289/ehp.1206458

Levänen B, Bhakta NR, Torregrosa Paredes P, Barbeau R, Hiltbrunner S, Pollack JL, Skold CM, Svartengren M, Grunewald J, Gabrielsson S, Eklund A, Larsson BM, Woodruff PG, Erle DJ, Wheelock AM (2013) Altered microRNA profiles in bronchoalveolar lavage fluid exosomes in asthmatic patients. J Allergy Clin Immunol 131(3):894-903. https://doi.org/10.1016/j.jaci.2012.11.039

Li Y, Tollefsbol TO (2011) DNA methylation detection: bisulfite genomic sequencing analysis. Methods Mol Biol 791:11-21. https://doi.org/10.1007/978-1-61779-316-5_2

Liu X, Zheng Y, Zhang W, Zhang X, Lioyd-Jones DM, Baccarelli AA, Ning H, Fornage M, He K, Liu K, Hou L (2014) Blood methylomics in response to arsenic exposure in a low-exposed US population. J Expo Sci Environ Epidemiol 24(2):145-149. https://doi.org/10.1038/jes.2013.89

Ma L, Li J, Zhan Z, Chen L, Li D, Bai Q, Gao C, Li J, Zeng X, He Z, Wang S, Xiao Y, Chen W, Zhang A (2016) Specific histone modification responds to arsenic-induced oxidative stress. Toxicol Appl Pharmacol 302: 52-61. https://doi.org/10.1016/j.taap.2016.03.015

Madrigano J, Baccarelli A, Mittleman MA, Wright RO, Sparrow D, Vokonas PS, Tarantini L, Schwartz J (2011) Prolonged exposure to particulate pollution, genes associated with glutathione pathways, and DNA methylation in a cohort of older men. Environ Health Perspect 119(7): 977-982. https://doi.org/10.1289/ehp.1002773

Majumdar S, Chanda S, Ganguli B, Mazumder DN, Lahiri S, Dasgupta UB (2010) Arsenic exposure induces genomic hypermethylation. Environ Toxicol 25(3):315-318. https://doi.org/10.1002/tox.20497

Martens DS, Plusquin M, Gyselaers W, De Vivo I, Nawrot TS (2016) Maternal pre-pregnancy body mass index and newborn telomere length. BMC Med 14(1):148. https://doi.org/10.1186/s12916-016-0689-0

Messerschmidt DM, Knowles BB, Solter D (2014) DNA methylation dynamics during epigenetic reprogramming in the germline and preimplantation embryos. Genes Dev 28(8): 812-828. https://doi.org/10.1101/gad.234294.113

Morgan HD, Sutherland HG, Martin DI, Whitelaw E (1999) Epigenetic inheritance at the agouti locus in the mouse. Nat Genet 23(3):314-318. https://doi.org/10.1038/15490

Needham BL, Smith JA, Zhao W, Wang X, Mukherjee B, Kardia SL, Shively CA, Seeman TE, Liu Y, Diez Roux AV (2015) Life course socioeconomic status and DNA methylation in genes related to stress reactivity and inflammation: the multi-ethnic study of atherosclerosis. Epigenetics 10(10):958-969. https://doi.org/10.1080/15592294.2015.1085139

Niedzwiecki MM, Hall MN, Liu X, Oka J, Harper KN, Slavkovich V, Ilievski V, Levy D, van Geen A, Mey JL, Alam S, Siddique AB, Parvez F, Graziano JH, Gamble MV (2013) A doseresponse study of arsenic exposure and global methylation of peripheral blood mononuclear cell DNA in Bangladeshi adults. Environ Health Perspect 121(11-12):1306-1312. https://doi.org/10.1289/ehp.1206421

Niedzwiecki MM, Liu X, Hall MN, Thomas T, Slavkovich V, Ilievski V, Levy D, Alam S, Siddique AB, Parvez F, Graziano JH, Gamble MV (2015) Sex-specific associations of arsenic exposure with global DNA methylation and hydroxymethylation in leukocytes: results from two studies in Bangladesh. Cancer Epidemiol Biomark Prev 24(11):1748-1757. https://doi.org/10.1158/1055-9965.EPI-15-0432

Pang AP, Sugai C, Maunakea AK (2016) High-throughput sequencing offers new insights into 5-hydroxymethylcytosine. Biomol Concepts 7(3):169-178. https://doi.org/10.1515/bmc-2016-0011

Panni T, Mehta AJ, Schwartz JD, Baccarelli AA, Just AC, Wolf K, Wahl S, Cyrys J, Kunze S, Strauch K, Waldenberger M, Peters A (2016) A genome-wide analysis of dna methylation and fine particulate matter air pollution in three study populations: KORA F3, KORA F4, and the normative aging study. Environ Health Perspect 124:983-990. https://doi.org/10.1289/ehp.1509966

Pauwels S, Truijen I, Ghosh M, Duca RC, Langie SA, Bekaert B, Freson K, Huybrechts I, Koppen G, Devlieger R, Godderis L (2017) The effect of paternal methyl-group donor intake on offspring DNA methylation and birth weight. J Dev Orig Health Dis 8(3):1-11. https://doi.org/10.1017/S2040174417000046

Peng C, Bind MC, Colicino E, Kloog I, Byun HM, Cantone L, Trevisi L, Zhong J, Brennan K, Dereix AE, Vokonas PS, Coull BA, Schwartz JD, Baccarelli AA (2016) Particulate air pollution and fasting blood glucose in nondiabetic individuals: associations and epigenetic mediation in the normative aging study, 2000-2011. Environ Health Perspect 124(11):1715-1721. https://doi.org/10.1289/EHP183

Pilsner JR, Liu X, Ahsan H, Ilievski V, Slavkovich V, Levy D, Factor-Litvak P, Graziano JH, Gamble MV (2007) Genomic methylation of peripheral blood leukocyte DNA: influences of arsenic and folate in Bangladeshi adults. Am J Clin Nutr 86(4):1179-1186

Pilsner JR, Liu X, Ahsan H, Ilievski V, Slavkovich V, Levy D, Factor-Litvak P, Graziano JH, Gamble MV (2009) Folate deficiency, hyperhomocysteinemia, low urinary creatinine, and hypomethylation of leukocyte DNA are risk factors for arsenic-induced skin lesions. Environ Health Perspect 117(2):254-260. https://doi.org/10.1289/ehp.11872

Pilsner JR, Hall MN, Liu X, Ilievski V, Slavkovich V, Levy D, Factor-Litvak P, Yunus M, Rahman M, Graziano JH, Gamble MV (2012) Influence of prenatal arsenic exposure and newborn sex on global methylation of cord blood DNA. PLoS One 7(5):e37147. https://doi.org/10.1371/journal.pone.0037147

Rakyan VK, Down TA, Balding DJ, Beck S (2011) Epigenome-wide association studies for common human diseases. Nat Rev Genet 12(8):529-541. https://doi.org/10.1038/nrg3000

Raser JM, O'Shea EK (2005) Noise in gene expression: origins, consequences, and control. Science 309(5743):2010-2013. https://doi.org/10.1126/science.1105891

Reichard JF, Schnekenburger M, Puga A (2007) Long term low-dose arsenic exposure induces loss of DNA methylation. Biochem Biophys Res Commun 352(1):188-192. https://doi.org/10.1016/j.bbrc.2006.11.001

Reik W, Dean W, Walter J (2001) Epigenetic reprogramming in mammalian development. Science 293(5532):1089-1093. https://doi.org/10.1126/science.1063443

Richmond RC, Joubert BR (2017) Contrasting the effects of intra-uterine smoking and one-carbon micronutrient exposures on offspring DNA methylation. Epigenomics 9(3):351-367. https://doi.org/10.2217/epi-2016-0135

Rojas D, Rager JE, Smeester L, Bailey KA, Drobna Z, Rubio-Andrade M, Styblo M, Garcia-Vargas G, Fry RC (2015) Prenatal arsenic exposure and the epigenome: identifying sites of 5-methylcytosine alterations that predict functional changes in gene expression in newborn cord blood and subsequent birth outcomes. Toxicol Sci 143(1):97-106. https://doi.org/10.1093/toxsci/kfu210

Saenen ND, Vrijens K, Janssen BG, Roels HA, Neven KY, Vanden Berghe W, Gyselaers W, Vanpoucke C, Lefebvre W, De Boever P, Nawrot TS (2017) Lower placental leptin promoter methylation in association with fine particulate matter air pollution during pregnancy and placental nitrosative stress at birth in the environage cohort. Environ Health Perspect 125(2):262-268. https://doi.org/10.1289/EHP38

Sanchez-Guerra M, Zheng Y, Osorio-Yanez C, Zhong J, Chervona Y, Wang S, Chang D, McCracken JP, Diaz A, Bertazzi PA, Koutrakis P, Kang CM, Zhang X, Zhang W, Byun HM, Schwartz J, Hou L, Baccarelli AA (2015) Effects of particulate matter exposure on blood 5-hydroxymethylation: results from the Beijing truck driver air pollution study. Epigenetics 10(7):633-642. https://doi.org/10.1080/15592294.2015.1050174

Seow WJ, Kile ML, Baccarelli AA, Pan WC, Byun HM, Mostofa G, Quamruzzaman Q, Rahman M, Lin X, Christiani DC (2014) Epigenome-wide DNA methylation changes with development of arsenic-induced skin lesions in Bangladesh: a case-control follow-up study. Environ Mol Mutagen 55(6):449-456. https://doi.org/10.1002/em.21860

Shahbazian MD, Grunstein M (2007) Functions of site-specific histone acetylation and deacetylation. Annu Rev Biochem 76:75-100. https://doi.org/10.1146/annurev.biochem.76.052705.162114

Singer ZS, Yong J, Tischler J, Hackett JA, Altinok A, Surani MA, Cai L, Elowitz MB (2014) Dynamic heterogeneity and DNA methylation in embryonic stem cells. Mol Cell 55(2):319-331. https://doi.org/10.1016/j.molcel.2014.06.029

Smeester L, Rager JE, Bailey KA, Guan X, Smith N, Garcia-Vargas G, Del Razo LM, Drobna Z, Kelkar H, Styblo M, Fry RC (2011) Epigenetic changes in individuals with arsenicosis. Chem Res Toxicol 24(2):165-167. https://doi.org/10.1021/tx1004419

Somineni HK, Zhang X, Biagini Myers JM, Kovacic MB, Ulm A, Jurcak N, Ryan PH, Khurana Hershey GK, Ji H (2015) Ten-eleven translocation 1 (TET1) methylation is associated with childhood asthma and traffic-related air pollution. J Allergy Clin Immunol 137(3):797-805. e5. https://doi.org/10.1016/j.jaci.2015.10.021

Soubry A, Hoyo C, Jirtle RL, Murphy SK (2014) A paternal environmental legacy: evidence for epigenetic inheritance through the male germ line. BioEssays 36(4):359-371. https://doi.org/10.1002/bies.201300113

Stringhini S, Polidoro S, Sacerdote C, Kelly RS, van Veldhoven K, Agnoli C, Grioni S, Tumino R, Giurdanella MC, Panico S, Mattiello A, Palli D, Masala G, Gallo V, Castagne R, Paccaud F, Campanella G, Chadeau-Hyam M, Vineis P (2015) Life-course socioeconomic status and DNA methylation of genes regulating inflammation. Int J Epidemiol 44(4):1320-1330. https://doi.org/10.1093/ije/dyv060

Tajuddin SM, Amaral AF, Fernandez AF, Rodriguez-Rodero S, Rodriguez RM, Moore LE, Tardon A, Carrato A, Garcia-Closas M, Silverman DT, Jackson BP, Garcia-Closas R, Cook AL, Cantor KP, Chanock S, Kogevinas M, Rothman N, Real FX, Fraga MF, Malats N, Spanish Bladder Cancer ESI (2013) Genetic and non-genetic predictors of LINE-1 methylation in leukocyte DNA. Environ Health Perspect 121(6):650-656. https://doi.org/10.1289/ehp.1206068

Tao MH, Zhou J, Rialdi AP, Martinez R, Dabek J, Scelo G, Lissowska J, Chen J, Boffetta P (2014) Indoor air pollution from solid fuels and peripheral blood DNA methylation: findings from a population study in Warsaw,

Poland. Environ Res 134:325-330. https://doi.org/10.1016/j.envres.2014.08.017

Tauheed J, Sanchez-Guerra M, Lee JJ, Paul L, Ibne Hasan MO, Quamruzzaman Q, Selhub J, Wright RO, Christiani DC, Coull BA, Baccarelli AA, Mazumdar M (2017) Associations between post translational histone modifications, myelomeningocele risk, environmental arsenic exposure, and folate deficiency among participants in a case control study in Bangladesh. Epigenetics 12(6):484-491. https://doi.org/10.1080/15592294.2017.1312238

Tellez-Plaza M, Tang WY, Shang Y, Umans JG, Francesconi KA, Goessler W, Ledesma M, Leon M, Laclaustra M, Pollak J, Guallar E, Cole SA, Fallin MD, Navas-Acien A (2014) Association of global DNA methylation and global DNA hydroxymethylation with metals and other exposures in human blood DNA samples. Environ Health Perspect 122(9):946-954. https://doi.org/10.1289/ehp.1306674

Vaiserman A (2015) Epidemiologic evidence for association between adverse environmental exposures in early life and epigenetic variation: a potential link to disease susceptibility? Clin Epigenetics 7:96. https://doi.org/10.1186/s13148-015-0130-0

Vriens A, Nawrot TS, Saenen ND, Provost EB, Kicinski M, Lefebvre W, Vanpoucke C, Van Deun J, De Wever O, Vrijens K, De Boever P, Plusquin M (2016) Recent exposure to ultrafine particles in school children alters miR-222 expression in the extracellular fraction of saliva. Environ Health 15(1):80. https://doi.org/10.1186/s12940-016-0162-8

Wang C, Chen R, Cai J, Shi J, Yang C, Tse LA, Li H, Lin Z, Meng X, Liu C, Niu Y, Xia Y, Zhao Z, Kan H (2016) Personal exposure to fine particulate matter and blood pressure: a role of angiotensin converting enzyme and its DNA methylation. Environ Int 94:661-666. https://doi.org/10.1016/j.envint.2016.07.001

Ward-Caviness CK, Nwanaji-Enwerem JC, Wolf K, Wahl S, Colicino E, Trevisi L, Kloog I, Just AC, Vokonas P, Cyrys J, Gieger C, Schwartz J, Baccarelli AA, Schneider A, Peters A (2016) Long-term exposure to air pollution is associated with biological aging. Oncotarget 7(46):74510-74525. https://doi.org/10.18632/oncotarget.12903

Waterland RA, Michels KB (2007) Epigenetic epidemiology of the developmental origins hypothesis. Annu Rev Nutr 27:363-388. https://doi.org/10.1146/annurev.nutr.27.061406.093705

Wilhelm CS, Kelsey KT, Butler R, Plaza S, Gagne L, Zens MS, Andrew AS, Morris S, Nelson HH, Schned AR, Karagas MR, Marsit CJ (2010) Implications of LINE1 methylation for bladder cancer risk in women. Clin Cancer Res 16(5):1682-1689. https://doi.org/10.1158/1078-0432.CCR-09-2983

Yehuda R, Daskalakis NP, Bierer LM, Bader HN, Klengel T, Holsboer F, Binder EB (2016) Holocaust exposure induced intergenerational effects on FKBP5 methylation. Biol Psychiatry 80(5):372-380. https://doi.org/10.1016/j.biopsych.2015.08.005

Yoder JA, Walsh CP, Bestor TH (1997) Cytosine methylation and the ecology of intragenomic parasites. Trends Genet 13(8):335-340

You JS, Jones PA (2012) Cancer genetics and epigenetics: two sides of the same coin? Cancer Cell 22(1):9-20. https://doi.org/10.1016/j.ccr.2012.06.008

Zhao CQ, Young MR, Diwan BA, Coogan TP, Waalkes MP (1997) Association of arsenic-induced malignant transformation with DNA hypomethylation and aberrant gene expression. Proc Natl Acad Sci U S A 94(20):10907-10912

Zheng SC, Beck S, Jaffe AE, Koestler DC, Hansen KD, Houseman AE, Irizarry RA, Teschendorff AE (2017a) Correcting for cell-type heterogeneity in epigenome-wide association studies: revisiting previous analyses. Nat Methods 14(3):216-217. https://doi.org/10.1038/nmeth.4187

Zheng Y, Sanchez-Guerra M, Zhang Z, Joyce BT, Zhong J, Kresovich JK, Liu L, Zhang W, Gao T, Chang D,

Osorio-Yanez C, Carmona JJ, Wang S, McCracken JP, Zhang X, Chervona Y, Diaz A, Bertazzi PA, Koutrakis P, Kang CM, Schwartz J, Baccarelli AA, Hou L (2017b) Traffic-derived particulate matter exposure and histone H3 modification: a repeated measures study. Environ Res 153: 112-119. https://doi.org/10.1016/j.envres.2016.11.015

Zhong J, Karlsson O, Wang G, Li J, Guo Y, Lin X, Zemplenyi M, Sanchez-Guerra M, Trevisi L, Urch B, Speck M, Liang L, Coull BA, Koutrakis P, Silverman F, Gold DR, Wu T, Baccarelli AA (2017) B vitamins attenuate the epigenetic effects of ambient fine particles in a pilot human intervention trial. Proc Natl Acad Sci U S A 114(13): 3503-3508. https://doi.org/10.1073/pnas.1618545114

第6章 代谢组学

暴露性的概念非常重视个体的内部化学环境,因为这是人类基因组和更广泛的外部环境的交互作用的初始地点。内源性和外源性小分子代谢物具有众多的细胞和系统功能,共同决定暴露、反应和相关不良结局之间的机制关联。机体受各种环境刺激会在代谢表型上体现时空响应,直接提供多重相互作用和条件过程,这些受膳食、生活方式、用药、微生物活性、年龄、性别等多种因素的调控。测量和整合人类代谢组信息是了解慢性病环境诱因的重要内容。

代谢物所占化学空间大小各异、类型多样。这使得通过血清、尿液、其他生物液体或组织测量人体代谢组成为分析工作中的巨大挑战,高分辨平台的应用可以应对这些挑战,此类平台通常是整合液相和/或气相色谱分离技术以及核磁共振波谱和/或质谱检测技术而成。随着这些分析平台不断发展,已能在靶向或非靶向的分析中同时测量成百上千种代谢物。本章内容聚焦介绍各类分析平台的用途、互补性以及在大规模样本分析中的应用,讨论数据分析的注意事项以及代谢组学与其他组学、暴露和结局数据的结合,同时讨论在人体暴露组层面解释研究结果的方法。

关键词:代谢组学;测量暴露组分析平台;NMR;质谱

1 引言

自暴露组概念形成以来,主流观点一直认为内部化学环境在调节基因-环境相互作用中发挥着极其重要的作用。因此,应详细探讨内部化学环境中的化学成分指纹,如何测量这些化学成分及搞清楚其所代表的意义。本章主要介绍人体代谢组的主要表征策略,讨论主要的分析平台,并描述大规模样本代谢表型在人体暴露组研究中面临的挑战。

虽然整合代谢组和其他测量数据的分析方法在本书其他章节已有详细介绍(如平行组学、暴露评估、样本集元数据等),但是本章还是着重介绍了部分专门用于探讨代谢组数据集的化学计量学工具,以及这些工具如何实现代谢表型谱图中未知物的鉴定。同时,简要调研了代谢组学中数据报告和数据分析的社区标准,以及代谢谱数据存档和共享的特定资源。

2 人类代谢组特征

关于暴露组研究中内部化学环境的特征,最相关的是代谢表型(例如测量代谢组)的方法和结果。关于更广泛的暴露组框架,最有趣的是建模和理解这些表型在空间和时间上的变化(即代谢组的解读)。在研究如何将代谢组学整合到人类暴露组研究中之前,不妨先了解各种术语的确切含义。

术语和定义

代谢组是指生物个体内的全部低分子量化学物,生物个体可以是单个细胞、器官、生物系统或者超个体(图6.1)。Oliver(1998)最早提出代谢组的定义为特定生理或发育状态下细胞内所有较低重量的分子的含量。对代谢组及其组分的表征称为代谢组学(metabolomics),具体定义为所研究生物系统的代谢组中所有代谢分子的综合定量分析(Fiehn,2001)。另外一个相关的代谢组学(metabonomics)定义的术语是泛指生物个体呈现的代谢响应,尤其强调系统层面的动态变化。代谢组学 metabonomics 最初由 Nicholson 等(1999)定义,即定量测量生命系统对于病理刺激或遗传修饰的动态多参数代谢响应。

简而言之,我们可以测量来自于生物样本的表观特征子集,即代谢表型,以及表型对于不同应激源表现出的动态变化。因此,代谢表型分析方法作为一种为代谢组学(和其他)研究提供信息的方法而被广泛引用。

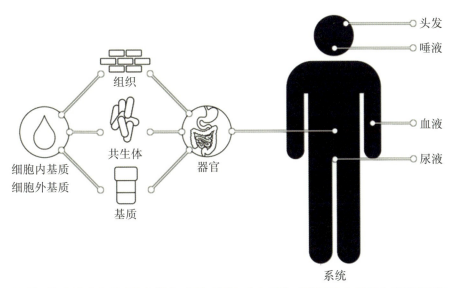

图6.1 代谢组描述特定生物系统如体液、细胞、器官、生物系统、超生命体中所有小分子代谢物。因此可以定义多种代谢组以描述复杂系统(如人体)的各个方面,包括机体主要内源性功能和对外源性物质产生的代谢反应,除此之外,也包括共生有机体例如肠内和表皮微生物的新陈代谢。

人体代谢组的构成

根据最常见的定义,代谢组小分子的摩尔质量一般小于1 500 g/mol,包括各种类型化合物例如脂质、有机酸、糖类、核苷酸等。在代谢图谱的绘制过程中发现,人体血液或尿液中包含数千个独特的、具有生物学意义的小分子物质。Bouatra等(2013)利用多平台方法表征尿液代谢组,识别并定量出209个代谢物,并且通过文献综述建立了含有2 200多个代谢物的在线检索数据库。基于类似的方法,Psychogios等(2011)应用类似的多平台方法开展人体血清代谢组分析,报道了4 229个化合物的浓度信息和男性相关文献。另外,针对英国人群样本HUSERMET项目结合GC-MS和UPLC-MS表征了1 200名健康成年人的血清代谢组。该项目以性别、年龄、BMI和吸烟状态等作为关键环境生活方式变量,巧妙分析了这些人口统计学因素相关的代谢关联和分布。临床相关生物液体和组织样本虽然不易获取,但也有相关的代谢组分析,例如人脑脊液代谢组分析。虽然代谢组研究涵盖的代谢小分子不断增加,论文作者发现,尽管当前研究范围已经相当大,但由于人体系统化学成分的复杂性,除非研究最简单的生物系统或基质,否则还是无法完全覆盖所有小分子代谢物。

为何代谢组化学成分如此复杂?

所观察到的生物液体的低分子量代谢物图谱的复杂性来自于几个因素,下面将依次进行讨论。

🌱 环境暴露的化学多样性

外源性小分子进入机体并与之发生作用,在一段时间内成为内部化学环境的一部分,因此也是代谢组的(短期)组分。这些识别出的小分子物质结构与化学组成多种多样,据估计具有生物活性的化合物(例如暴露组相关讨论所涉及的)数目可能有10^{60}之多。需要指出的是,这些可能的生物活性化合物中只有很小一部分可以观测到的数量存在,能够代表与真实化学暴露或人类代谢组相关分子的就更少了。但是,由于暴露组概念针对全生命周期暴露,因此这些暴露是可能存在且相关联的。

🌱 环境暴露的动态变化性

环境暴露并不是一成不变的,即使严格控制,环境暴露在剂量、周期和频率上也会有较大变化,使整体暴露谱极其繁杂。从数量上看,膳食是个体新陈代谢的最大输入源。膳食暴露是小分子和大分子组成的复杂混合物,其复杂程度接近人体代谢组(包括其他生物代谢组以及农药等因素的共同暴露)。人们很少能够长期在同一时间食用相同组合的食物,因此这些环境输入的量和组成上具有较大差异。其他的高水平暴露包括药物服用(化学复杂性较低,包括药物活性成分和辅料)。较低量的暴露包括特意地或定期地职业性摄入或接触某些产品,以及诸如化妆品以及空气或水中化学组分的暴露。

🌱 新陈代谢增加了化学复杂性

人体能够代谢其暴露到的各种各样的小分子(当然也包括大分子分解代谢产物),常见的方式是利用一系列酶系使分子发生功能化和/或结合,加快分子在体内的排泄或促进分子的结合。因此,当考虑外源性物质暴露时,体内代谢物的复杂模式也是相关的,因为外源性化合物很难保持代谢惰性。例如,即使是简化了的对乙酰氨基酚代谢谱也显示了多个代谢物的生成(部分代谢物具有药理活性或者毒性),且这些代谢物与剂量的比例相当可观(图6.2)。

在此情况下,母体化合物不仅可代谢生成主要的中间产物和终产物,同时还伴有短半衰期、高反应活性的化学中间体,后者可与人血清白蛋白发生共价结合形成加合物组谱,从而影响暴露测量或成为暴露测量目标物。

🌱 原毒物常具有代谢活化作用

化学物质暴露产生药效或者毒性离不开代谢过程(活化)。例如,多环芳烃(PAHs)类物质苯并[a]芘(BaP)是一种已知的人体毒物,被国际癌症研究所(IARC)列为1类致癌物(Humans IWGOTEOCRT 2012)。苯并[a]芘在不完全燃烧过程中产生,如燃料烟雾、烟草烟雾和烧烤食品等多种环境来源,因此苯并[a]芘的人体环境暴露是无处不在的。目前对苯并[a]芘毒性机制的研究广泛涉及其代谢过程(图6.3)。简而言之,氧化还原酶CYP1A1和CYP1B1可使母体化合物苯并[a]芘发生环氧化生成(+)苯并[a]芘-7,8-环氧化物(以及其他代谢产物),然后在环氧化物酶的催化作用下生成二醇(−)苯并[a]芘-7,8-二氢二醇,经过二次环氧化形成(+)苯并[a]芘-7,8-二氢二醇-9,10-环氧化物,该物质对DNA具有亲和力,可以

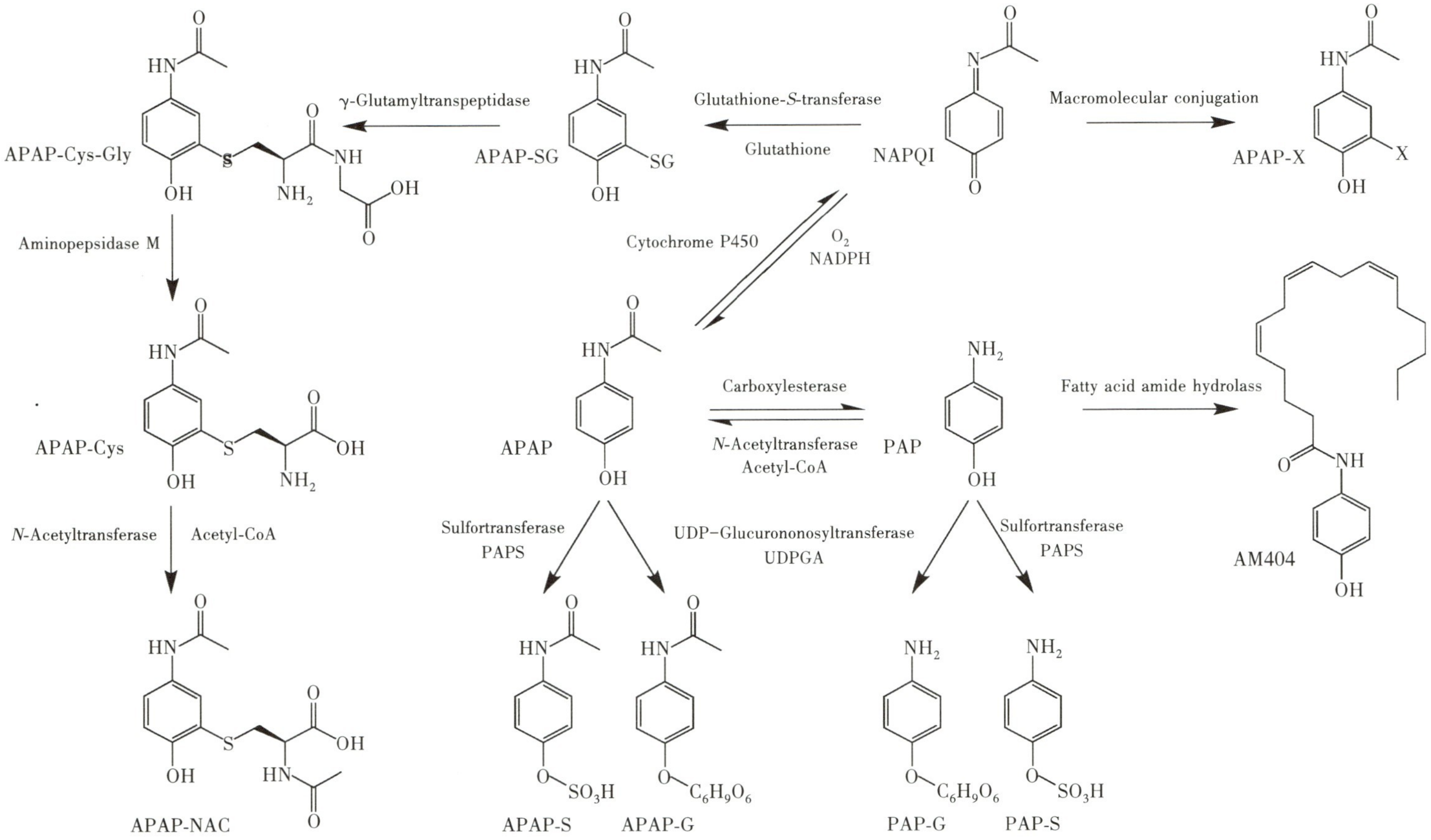

图 6.2 对乙酰氨基酚在人体内的主要代谢途径

UDPGA：尿苷 5'-二磷酸葡醛酸；PAPS 3'-磷酸腺苷-5'-磷酰硫酸；
AM404 N-花生四烯酰对氨基苯酚；NADPH 磷酸酰胺腺嘌呤二核苷酸

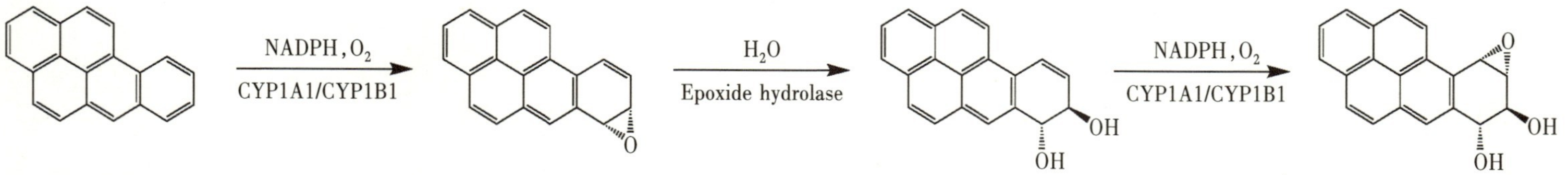

benzo[a]pyene $\xrightarrow[\text{CYP1A1/CYP1B1}]{\text{NADPH, O}_2}$ (+)benzo[a]pyene-7,8-epoxide $\xrightarrow[\text{Epoxide hydrolase}]{\text{H}_2\text{O}}$ (−)benzo[a]pyene-7,8-dihydrodiol $\xrightarrow[\text{CYP1A1/CYP1B1}]{\text{NADPH, O}_2}$ (+)benzo[a]pyene-7,8-dihydrodiol-9,10-epoxide

图6.3 多环芳烃类物质苯并[a]芘被细胞色素 P450 亚型 CYP1A1 和/或 CYP1B1 代谢。首先通过氧化还原酶的作用生成环氧化物，继而在环氧化物酶的催化下发生双羟基化反应生成二醇；二次环氧化反应生成(+)苯并[a]芘-7,8-二氢二醇-9,10-环氧化物，该代谢物可与DNA的鸟嘌呤碱基共价结合。

与DNA的鸟嘌呤碱基共价结合。

上文中展示了一个例子,即一种无处不在的相对简单分子的真实暴露谱如何很快变得复杂。机体代谢可调控苯并[a]芘的遗传毒性机制以及其与其他生物大分子的关系,通过基因变异调节个体反应。而且,苯并[a]芘可结合芳烃受体(AHR)诱导CYP1A1表达,故具有激活自身代谢的部分功能。

注意:单氧酶无活性导致不能通过代谢解毒苯并[a]芘时会导致不同的毒性结局。

部分转化过程无需生物催化

尽管非酶促反应的代谢物仅占全部代谢流通过程的小部分,但是它可以干扰仅基于已知酶催化的生物转化代谢分析,例如代谢网络重建。

个体差异性

内源性和外源性物质代谢在个体间和个体内存在差异,这种代谢的复杂性是目前代谢组学研究极富挑战性的难点之一。例如,在表型分析研究设计中,统计效能估算一直是个难题,因为多数情况下预期效应的大小是未知的,导致样本量难以合理设计。近期已有研究尝试用模拟分析的方法来改善估算,但是效果有待观察。部分研究已经尝试根据遗传、时间/日变化、禁食状态、睡眠和年龄等多个因素分解个体间和个体内的代谢差异。对于代谢表型分析在暴露组研究中的效用,需要进行更深层次的分析,目前正在进行的几个大规模研究正利用长期纵向收集的样本去区分代谢组的短期和长期变化。

如何区分人体代谢组中的暴露与反应?

面对如此庞大的化学复杂性,以及识别疾病环境决定因素的需求,根据代谢组构成的来源(例如内源性或外源性)描述代谢谱是切实可行的。暴露组研究所寻求的是反映暴露或效应的特性间的联系。

Holmes等(2007)曾定义了一个称为外源代谢组的独立代谢组分支:通过任意途径(有意或无意)暴露于药物、环境污染物以及未经内源代谢酶系统完全催化代谢的膳食组分的个体或个体样本中外源代谢谱的多变量描述。尽管识别这些外源物质的暴露相对简单,但是由于内源性和外源性物质是连续不可分的,因此仍然难以描述所有的代谢组组分。

Nicholson和Wilson(2003)改进了相关术语以更准确地描述人体代谢组,这些术语定义了内源性和外源性极值间阈值区的过程和化合物。

（1）系统内源性(Sym-endogenous):宿主生理功能必需的,能够被代谢或者进一步被宿主利用,但在宿主基因组中没有生物合成能力,例如维生素和必需氨基酸等。

（2）系统外源性生物质(Sym-xenobiotic):两个或多个共生有机体共代谢的(例如胆汁酸代谢),不是宿主必需的,但能影响内源性或者其他外源性代谢过程。

（3）转化外源性生物质(Trans-xenobiotic):属于基因组之外或化学来源,但可被代谢转化为内源性物质或在内源性过程中可直接被利用的代谢物,例如酒精。

什么调控了代谢组?

代谢表型反映了基因-环境交互作用产生的表观特征/终点,因此能提供暴露和不良结局关联的因果证据,以及疾病风险归因证据。临床长期以来一直在研究遗传性代谢异常的表型指征,以判别先天代谢异常的个体;新生儿都要求进行常规筛查(格思里试验)。例如,苯丙酮酸尿症(PKU)是一种常染色体隐性遗传紊乱遗传病,表现为编码苯丙氨酸羟化酶的基因多态性,导致底物苯丙氨酸转化为酪氨酸受阻。若无干预措施,血液中苯丙氨酸的浓度会上升,酪氨酸会耗尽,从而产生毒性。代谢谱分析为阐明个体和群体中明确的表型特征提供了一条有效途径。

人体暴露于毒物可产生不同的毒性,毒性程度部分取决于遗传易感性,并受参与解毒反应的酶基因产物调控。前文讲述的扑热息痛经代谢后暴露的复杂化也是基因-环境交互作用的一个范例。代谢基因的变异会影响在个体水平观测到的代谢命运和毒理学特征。

在环境污染物方面也有类似的案例。例如,几项研究表明,与个体对无机砷代谢解毒能力相关的遗传变异可能与所观察到的毒性程度有关。毒物与微生物组的相互作用可能也是毒性差异的来源之一。代谢衍生的毒性有可能依赖于宿主的菌群构成和代谢能力,如最近研究报道,三聚氰胺诱导的肾损伤可能与肠道菌群将三聚氰胺代谢为具有毒性的三聚氰酸的能力有关。

从整体上认识遗传变异对代谢过程的影响已经成为近期几项研究的主题。全基因组分析方法可利用大规模队列研究中平行获取的代谢物和基因组数据探究遗传变异和代谢调节之间的关系;全基因组关联研究已经用于研究血液和尿液的代谢表型特征。代谢的表观遗传调控和代谢的关联也已经有相关研究。表观遗传机制也可控制代谢过程(迄今为止,大部分研究主要聚焦于基因转录调控DNA CpG位点的甲基化)。此外,Bartel等(2015)研究了代谢组-转录组的交互界面。跨组学相互作用在本书其他章节内容进行了讨论。

3 人体代谢组测量

代谢组非常复杂,下文将着重介绍如何研究代谢组。如何从广度和深度上表征代谢组是目前分析上的瓶颈,包括如何使用最少的样本量获取更多化学物的定量信息并具备高通量分析能力。

为什么全面测量代谢组如此具有挑战性?

化学空间包括很多种类的化学物质,甚至不乏最普遍的环境暴露和代谢组组分,这对于分析工作而言是一个巨大挑战。而且,代谢组中的各个组分浓度范围跨度大,这对于样本的可用性、分析检测限和仪器检测动态范围等都提出很高的要求。

Rappaport 等(2014)检索了现有文献并且汇总出一个含 1 561 种化合物的清单,这些化合物在普通人群研究中已有检测和报道。分析结果显示,这些人体代谢组成分的浓度跨度达 11 个数量级。其中,与体内关键内源性分子、膳食和药物等相关的代谢组成分水平比常归类为环境污染物的外源性物质的代谢组成分浓度一般会高出 3 个数量级。

要实现人体代谢组的全面表征需要解决以下几个关键问题:

(1) 分析物。许多化合物有非常相似的理化特性,这使得研究多化学物质类别复杂化。

(2) 样本。暴露组研究通常并行使用多种生物分析方法(例如暴露标志物、蛋白质组、表观遗传组、加合物组、代谢组),因此珍贵样本的样本使用量要尽量保持在最低限度。而且,样本可能来自于不同的采集方案,增加了分析的难度(存在防腐剂、抗凝剂、污染物等)。

(3) 通过量。样本分析通过量要足够高,从而适应高效开展大规模样本量研究的需求。

(4) 成本。代谢表型分析需要高性价比地利用资源,以适用于大规模样本量,故每个样本及其分析成本必须低。

上述问题在几个组学(尤其是基因组、转录组和表观遗传组)中已得到较好解决。在后基因组时代,这几个组学有关信息的可及性和利用效能已得到显著提升。首要原因是它们是基于对"编码"分子的表征,即根据分子结构内的亚基序列在结构和功能上均能识别的分子。这些序列通常可高精度地决定相互作用的特异性(例如互补核苷酸序列的分子识别)。分析这些大分子可利用精细的相互作用特异性(例如利用基因芯片),也可快速测定编码,因为编码是由少量已知的可能性形成的(如 DNA 测序)。比较而言,上述方法不适用于人体代谢组的表征,因为既无相互作用的特异性,也无类似"测序"小分子的能力。代谢表型分析面临的问题主要是如何解析复杂的化学混合物,因为尚不清楚到底有多少种可能性。

注意:有人可能认为本质上讲代谢物本身也是被内在编码的,可以基于组成化学物质的原子排列从已知的和有限的集合中选择在结构和功能上对分子加以区分。这是正确的,但没有意识到我们通常处理的不是一种分子,大部分时候那些理化性质相似的分子会扰乱我们的分析。

 哪些样本基质适合进行代谢组学研究?

体液和组织的表型分析本质上是一个复杂化学混合物的分析问题,因此从技术层面上看,任何样本基质均可使用。分析化学家机智且执着地寻找问题的解决方案。各种人体生物流体已经用于代谢表型分析,包括血清/血浆、尿液、脑脊液、唾液、精液、腹水以及多种类型组织的提取物。是否能够分析这些样本并不是最重要的(总有方法可以实现样本分析),采集的样本类型和样本采集条件是否能够反映有用的代谢表型从而满足当下的实验目标才是关键。不同体液和组织会提供不同的信息,这些信息也会根据相关因素(例如,与暴露的关联、对疾病进程的影响)进行及时调整。

显然,作为一个化学混合物问题,样本基质选择决定了是否能够得到一个有意义的代谢表型数据集。不同体液和组织承担不同生理功能,因此整体组成表现出很大差异(例如,尿液中含有高比例的亲水性物质,而血液中含有大量脂质)。从实用角度看,最有效的方法是调整样本基质的制备以适应一个或多个现有的表型分析实验。这避免了从头开始建立分析步骤,方便已验证的代谢物注释的快速转用,并保留了现有流程(采样时间、样本运输、批处理和数据处理)的优势。

虽然不同体液和组织具有迥异的代谢组分,但是许多机体核心代谢过程中不可或缺的代谢物(例如三羧酸循环的中间产物)很可能会存在。另一种情况是针对不同样本基质开发专门的测试法,这样可以优化结果,但输出的数据集不可互相通用。

同其他生物实体一样,代谢组易受采样、处理和储存等因素影响。从代谢物组成的角度很难确定体液测定质量的客观标准。一些特定代谢物的存在与否可用于指示样本收集不善或样本污染,但目前还没有可用于质量控制的绝对测定标准。与编码分子降解导致的基因组信息丢失不同(它可以评估,例如RNA完整指数),小分子降解后转化为其他小分子。即使了解该过程,也证明不了所有小分子(即整个代谢谱)是如何受影响的。除降解过程外,挥发性化合物也可能损失掉而无法检测。几项研究评价了样本分析前的影响因素,表征与样本收集、储存和分析前处理等过程相关的表型差异,并从采样角度使表型改变最小化。对于暴露组研究中存档样本的使用,Hebels等(2013)进行了一项关键研究,调查用于欧盟FP7 EnviroGenomarkers项目的血液样本的分析前因素。该研究系统地探讨了多组学平台的多个影响因素,最终确定了队列样本的选择标准。就代谢组分析而言,血浆UPLC-MS分析的关键影响因素是抗凝剂的选择(其他人也观察到的结果)和实验时间。几篇综述也全面评述了代谢组学分析前的影响因素。

需要注意的是,从采样、转运到数据采集过程中化学污染的最小化对于代谢物分析是尤其重要的。无意中进入样本的化学基质会导致测量结果的不准确(例如,离子抑制效应或光谱重叠),或与实际暴露相混淆(例如聚乙二醇),或得出不恰当结论。

 如何测量代谢组?

单一分析平台难以满足所有代谢组成分必要的灵敏度、分辨率、选择性和覆盖率,利用不同分析平台和互补检测手段进行的并行分析可以覆盖更完全的代谢组成分。常见体液和组织代谢表型的常规分析策略已经有大量相关报道,包括利用核磁共振(nuclear magnetic resonance,NMR)光谱、LC-MS和GC-MS开展靶向和非靶向分析。

代谢组学研究中主要利用两个分析平台定量检测小分子代谢物:核磁共振光谱和质谱。

事实上代谢物分析的难点在于它具有众多的解决方案可供选择,这使得不同的研究方案难以统一。原因如下:数据驱动方法的整合、受密切关注的大化学空间和不同选择性和灵敏度的非标准化分析平台。

目前存在两种互补模型可通过方案的统一促进样本/数据的可比性。

(1)分布式分析:通过传统出版途径和个别实验室/研究人员公开的方式共享研究方案,使研究人员能够从已有的知识中获益(例如,公用数据库提供和分享的注释)。这种方法的局限性在于每个实验室需要有自己的设备和维护人员。另外,由于没有整体协调和监管,独立实施研究方案在分析基础层面(溶剂质量/批次/质控、实验玻璃器皿质量、维护计划、本地处理程序等),以及仪器硬件规格和使用上可能产生系统性差异。

（2）集中分析使用标准化、特征明确的分析方法，创建高通量设施满足大样本量分析（例如，MRC-NIHR表型组研究中心，http://phenomecentre.org；美国国家研究中心，http://commonfund.nih.gov/metabolomics/researchcores）。

核磁共振光谱

NMR光谱一直是代谢组研究中表征生物样本的重要分析平台。本章节内容不涉及技术层面内容的讲解，而侧重于介绍NMR光谱基础功能的原理和实际应用。作为一种光谱，NMR主要表征电磁辐射和物质的相互作用，通过使用多种元素的同位素来展示这种相互作用。NMR活化的原子核可以与磁场和电磁场发生相互作用，在磁场中NMR活化的原子核会在磁场方向旋进，其旋进频率（拉莫尔频率）与原子核所处的外磁场强度和原子核本身的固有磁性呈正比。原子核在不同化学环境中（例如，分子中不同的化学基团）会受不同静磁场的作用；根据原子在分子中的位置，电子对原子核也有不同程度的屏蔽作用。因此，不同化学环境中的原子核有不同的拉莫尔频率，当这种差异足够大时，分子就可以被NMR区分出来。

在现代光谱仪中，脉冲NMR实验使用涵盖样本拉莫尔频率范围的宽频射频脉冲，然后观测样本中物质原子核返回热平衡时产生的感应衰减。傅里叶分析将记录的时域信号转换为易于理解的频域频谱（显示为化学位移）。相同化学环境中的原子核对光谱结果的贡献是等同的，因此输出的结果具有定量特性。化学物浓度越高或者化学当量的原子核数目越大，产生的光谱图中峰强度越大。NMR平台的分辨率和灵敏度主要取决于所用的磁场强度，磁场强度越大，光谱特征越好。虽然有一些极高场强的NMR磁体在实践中使用，但是在代谢组学研究中常用的场强是14.1T（等同于600 MHz ^{1}H拉莫尔频率），这是综合考虑光谱分辨率、灵敏度以及设备成本与维护成本的性价比的结果。

就一维（一个频域加上强度/丰度）^{1}H NMR光谱而言，原始数据通常转化为频谱，转化过程包括使用常规光谱处理参数（例如，切趾函数、谱线展宽）、光谱相位和基线校正、内标（通常使用3-三甲基甲硅烷基-2,2,3,3-四氘代丙酸(TSP-d4)或3-三甲基甲硅烷基-1-六氘代丙磺酸(DSS-d6)校准化学位移和光谱特征对齐。所获得的光谱有多种形式呈现，常见用表格反映化学位移区和对应的光谱积分。若对原始特征的来源不了解，需要留意信号重叠情况。一方面，化合物经常在光谱中呈现多个信号；另一方面，多个代谢物信号会出现在同一个化学位移区。

NMR光谱是引人关注的代谢谱分析平台，原因如下：

（1）非靶向。虽然NMR实验可选择性检测特定的化学功能分子，一些小分子的理化特征使之不能或不容易被检测，但是当没有先验选择分析物时，典型脉冲序列可检测一个样本中所有NMR可见的化合物的代谢表型。这使得NMR光谱分析平台适合于未知物分析、异常物质识别、高显样本污染问题。

（2）定量。NMR光谱自身具有定量特征，适用于于分析多组分混合物。而且，该技术有高线性动态范围，可以减少分析前因生物流体样本中宽泛的代谢物浓度而调整样本浓度的操作。

（3）无损检测。NMR光谱分析是无损的，样本不受NMR光谱实验影响，这一点对样本库中珍稀样本的分析尤其重要。而且,同一个样本可进行多个实验,无需额外等分(例如获取多维实验数据提高光谱分辨率或未知物结构重新鉴定)。

(4) 代表性。样本的处理方式可使样品受到的干扰最小(例如,加如防腐剂叠氮化钠或者分析前冷冻),并且分析时样本状态应与生理状态接近。

(5) 简单。基于NMR方法的代谢组学分析所需样本前处理简单。这不仅可以降低对实验室的要求。而且可以减少了样本制备过程引入的偏差,保证所分析样本可较好地代表所采集的样本。

(6) 高通量。光谱数据可高通量自动获得,获取一维代谢谱(单频域光谱)所需时间以分钟来计算(按常规方案操作,每个样本只需约20分钟即可获得一组标准代谢谱结果)。

(7) 独立性。制备的NMR光谱分析样本是放在单独试管里(相对于流通池系统),在实验中样本与仪器之间无直接物理接触,可避免样本残留带来的影响。因此对于严重污染的样本,或者当样本组分会对分析平台(例如带有色谱的平台)产生不利影响时,NMR光谱是一个理想的筛查平台。

(8) 信息量大。NMR实验得到的全谱提供了所检测物质大量的结构信息,因此可以建立特征值与化学指纹间的直接联系。

有关NMR光谱应用的其他想法可见Wist(2017)近期发表的文章。

最早暴露组学应用之一是用 ^1H NMR光谱探讨低水平重金属暴露的相关代谢特征。该研究使用600 MHz ^1H NMR光谱对居住在废弃工业冶炼厂附近的178名志愿者的尿液样本进行了分析,以确定慢性镉暴露的人群尿液标志物(镉含量、N-乙酰-β-D-氨基葡萄糖苷酶)。研究发现,镉暴露可影响线粒体代谢和单碳代谢。对已知与镉负荷有关的年龄和性别因素进行校正后,发现尿柠檬酸浓度与镉暴露以及吸烟状况之间有显著相关性。

 质谱

质谱是一种检测气相带电离子的分析技术。质谱参数众多,以下内容只介绍与代谢组学应用最相关的部分。在代谢谱分析中,分辨率(区分不同质荷比m/z谱峰的能力)和灵敏度(系统对特定样本量的信号反应)是质谱效能最重要的决定因素。其他因素包括众多仪器参数,如扫描速率(影响对色谱分离的表征),电离模式(影响被测分析物类型)和线性响应范围。

飞行时间质量分析器是代谢表型分析最常用的质谱仪器。其区分不同m/z离子的原理是:离子被静电力加速后进入真空管飞行一段给定距离后到达检测器;根据惯性质量(与带电量有关)的不同,离子被加速到不同速率,最终按照质荷比增大的顺序依次到达检测器。离子的飞行时间与质荷比之间可构建校准曲线,可实现低ppm或者亚ppm精确质量的测量。飞行时间质谱的优点是扫描速率非常快,从而可以良好的表征色谱分离性能(例如色谱峰具有大量的数据点),同时保持宽谱带和高灵敏度。

四极杆质谱仪的原理不同,它通过调节电磁场选择特定质荷比离子到达检测器。通常四极杆质谱仪快速扫描一定范围质荷比离子,或者预先设定特定质荷比离子或者特定范围质荷比离子。因此,四极杆质谱仪可以调谐优化特定离子的电离条件以检测分子离子、碎片离子和加合物离子,使四极杆质谱仪具有很高的灵敏度。四极杆分析器通常用于靶向定量分析。

傅里叶变换离子回旋共振质谱(FT-ICR-MS)具有很高的质量分辨率,可以测量离子极高准确度和精密度(通常<1 ppm)的质荷比。FT-ICR-MS根据离子在固定磁场中的回旋频率测量离子的质荷比,离子束的感应信号被记录为感应衰减,通过傅里叶变换去卷积得到相应的质谱图。

Orbitrap质谱也是FTMS的一种,其同样利用离子在磁场中不断转动产生的电流信号。Ghaste等(2016)在综述中对FT-MS和Orbitrap质谱仪进行了全面介绍。FT-MS可用于表征未知分析物。对于小分子,测量的高准确度和精密度质荷比可用于确定分析物及其碎片的元素组成(至少提供了简短的候选列表),同时结合碎片数据可以提供结构信息用于未知分析物的鉴定。FT-MS同时也具有高灵敏度。FT-ICR-MS主要的局限性在于获得高分辨率时的扫描速率(通常约1 Hz)不利于如UPLC-MS得到的色谱分离表征,每个色谱峰仅能获得较少的数据点,导致色谱峰积分面积不准确。另外,FT-ICR-MS价格昂贵、维护成本高、需要非常专业的技术知识才能获得高质量数据。目前,FT-ICR-MS在代谢表型分析上应用有限,但是在筛查、识别和监测低丰度环境暴露方面可能具有较大的应用前景。GC-MS和LC-MS分析的输出包括质荷比、色谱,以及强度/丰度。全面分析个数据集在数据量和复杂性方面难以接受。因此,通常按照预设标准对数据进行预处理将其削减到一个特征集,是以质荷比强度和保留时间为报告形式。通常会根据其他标准来过滤特征集,从而减少在最终数据表中冗余特征值的数量,如样本集中相似特征值的对齐、分析特征(例如响应线性、信噪比)。若不熟悉数据来源的处理方式(无额外的处理方式),应注意除了母离子外,一个代谢物在最终数据表中可用其他多个特征值表示,如加合物、同位素和碎片离子。

总之,质谱方法是一个很好的代谢谱研究方案,理由如下:

(1) 靶向和非靶向分析是可行的。质谱可以产生覆盖范围极大的检测谱。

(2) 灵敏度。虽然仪器灵敏度依赖于化学物质离子化,在某些情况下可能比较差,但是现代质谱分析的重要优势就是非常高的灵敏度

(3) 成本。购买仪器和运行成本是相对低的,仪器占用空间小(FT-ICR-MS除外)。

最近一项空气污染暴露组研究使用了质谱分析。在这项研究中,健康志愿者长期暴露于环境空气,同时测量常规健康标志物和多个外暴露标志物,并采集血液样本以UPLC-MS方法测量其代谢表型。研究发现,酪氨酸、鸟苷和次黄嘌呤等代谢物与空气污染物和健康标志物存在关联,并通过生物信息学分析发现了几种富集代谢通路。

其他光谱技术

红外、拉曼和紫外/可见光等光谱分析技术也被用于代谢表型分析,但是实用性比较有限。这些光谱技术的缺点是,在分析复杂混合物时,难以对其中的单个组分提供足够多的分子特异性信息,有大量来自相似化学基团的重叠信号,不能充分提供特异性的代谢组组分信息。但是,这些光谱技术价格低廉、易于配置且能提供样本化学成分的多元谱图,故它们可作为主流代谢谱分析方法的延伸,在扩展暴露组研究范围方面可能有一定效用。

代谢物分离会使用哪些分析技术/平台？

样本组分的物理分离在复杂体液样本的分析中具有一定优势，因此色谱系统经常串接到检测器来增加代谢表型分析中有用的信息量。合理选择分离类型和特定条件，根据疏水性、离子化、大小和手性特性等特征可更好分离组分。下面将着重介绍在代谢表型应用中生物流体分离的两种主要方法：液相色谱和气相色谱。毛细管电泳和超临界流体色谱等其他方法尚未建立完备，但是可用于互补分析。

液相色谱

代谢表型分析中最常用的是液相色谱，液相色谱基于在流动相洗脱下，分析物在固定相吸附剂上的保留。通过调节固定性和流动相的性质，使样本中的组分分离，这与样本组分和固定相之间不同的相互作用有关，涉及多个理化特性包括偶极矩（极性）、空间维度（大小）和离子亲和力（电荷）。大部分应用研究使用溶剂在高压下等度（流动相组分不变）或梯度（流动相组分按预定方案改变）洗脱填充固定相的色谱柱。溶剂中可添加修饰剂以调整分离效果，或者改善溶剂的特性从而适应色谱所串接的 MS 和 NMR 检测器。除了色谱柱的物理特性（长度和直径）和固定相颗粒的大小，流动相流速和组分以及柱温都可以影响色谱分离和之后的色谱性能。色谱柱中的样本组分可以被流动相依次洗脱，以色谱峰形式检测、收集或弃置。

两种液相色谱常并行用于代谢组学研究，提供互补的色谱分离。

（1）反相色谱极性溶剂（典型组合是水和甲醇或乙腈）洗脱非极性固定相（常用 C8 和 C18 功能材料），亲脂性代谢物具有较好的保留。

（2）亲水作用色谱以非极性组分为主的溶剂洗脱极性固定相（常用二醇或酰胺基团），高极性代谢物可较好地保留。

代谢组学研究中体液的液相色谱分离通常很简单，体液在稀释（尿液）和简单蛋白沉淀（血液）之后就可直接进行液相色谱分离。

气相色谱

在大样本量的代谢谱分析中，气相色谱也是分离生物流体的最常见分析平台。同液相色谱一样，气相色谱通过固定相和流动相分离样本组分，但气相色谱的流动相通常是惰性气体（例如氦气、氮气、氢气），且固定相是很薄的或者功能化的毛细管。液相色谱需要控制流速和柱温，气相色谱亦然。高效的气相色谱分析经常需要对样本组分进行衍生化使其容易挥发和分离。众多研究已经建立优化的气相色谱方法用于代谢谱分离，同时开发了基于保留时间的代谢物数据库适用于代谢组学研究（例如，Agilent Fiehn 2013 GC-MS Metabolomics RTL Library）。

如何注释代谢谱?

非靶向分析代谢表型的优势之一是无需先验选择分析物,因此在研究中可使用数据驱动分析方法去揭示感兴趣的特征值,并且可能发现靶向分析无法获得的意外现象(例如新颖的代谢物或代谢谱)。对于非靶向方法识别出的特征值,需要提供注释,并从代谢谱的表征转向代谢物及其相关性的讨论。对许多常见的代谢物可直接进行注释,对于代谢物相关的高峰度光谱特征值也可快速指定。为了更可靠地确认光谱注释,需要从多个方面进行确认:

(1) 聚合获得的相关光谱信息。经验丰富的光谱分析人员能够质询原始光谱数据然后对未知物做出推断,体液光谱的复杂性可能干扰该分析,因此需要筛选和/或关联有关光谱特征值。常用方法包括使用统计光谱(STOCSY 和相关技术)去识别高度相关的特征集。最近一篇文献综述了这些方法技术(Robinette et al., 2013)。统计的方法被证实是确实可行的,它可以利用已有的代谢谱数据,并且在电脑上快速进行,最近在识别膳食生物标志物的研究中即使用了该方法。

(2) 生成代谢物的特异光谱信息。增加的光谱分析技术能够提供代谢物的结构信息并提高整体光谱分辨率。多维 NMR 光谱实验,例如相关谱(correlation spectroscopy, COSY)、J-分辨谱(J-resolved, JRES)、扩散排序谱(diffusion ordered, DOSY)、异核多键相关谱(heteronuclear multiple bond correlation spectroscopy, HMBC)和串联质谱的靶向或数据依赖性采集方法能够揭示互补的结构线索。

(3) 生化干预。添加化合物(如螯合剂)和生化试剂(如酶)可以干扰特定类别化合物的谱特征值,从而进一步确认化合物。

(4) 谱库匹配。代谢谱和其他实验得到的光谱特征值可作为检索标准提交到代谢物数据库。常见的输入量包括 NMR 谱数据的化合物位移、相对峰强度和标量耦合,质谱数据的分子离子/加合物/碎片强度模式和同位素分布。

(5) 加标实验。添加化合物标准品进行确认。

(6) 其他放射标记或稳定标记化合物。使用同位素进行示踪或提供明确的同位素分布模式是代谢组学常用方法,但与人群研究相关性不大。

 ## 代谢表型与代谢注释的分析技术/平台的重要进展

代谢组学方法应用到暴露组研究主要受以下三个主要分析技术/平台影响。

 ### 超高效液相色谱

色谱柱、色谱泵和流体技术等方面的进展对常规 LC-MS 的分离度和通量产生了巨大影响。这集中体现在超高效液相色谱(ultraperformance or ultra-high-performance liquid chromatography, UPLC/UHPLC)技术的应用在保持高流速(这会导致背压增加,从而对色谱柱材料和溶剂输送系统,如阀、泵等提出要求)的情况下,可以使用更小粒径的色谱颗粒。本节不涉及色谱分离的全面内容,仅介绍影响柱分辨率的基本原理,即与范德姆特(van Deemter)方程有关的理论塔板高度(height equivalent to a theoretical plate,HETP)。

超高效液相色谱使用更小粒径颗粒作为固定相,增加了流动相线速度范围,获得最佳分辨率(最小HETP)。因此,亚2 μm颗粒用于高流速下色谱分离并不会造成分辨率的降低(图6.4)。而且,仪器和色谱柱能够在宽流速范围下运行且伴随高柱压,在保持甚至增加柱容量的同时提高了分析通量。超高效液相色谱分离的另一个优势是可增加色谱峰强度,因此可提高串接检测器的灵敏度。

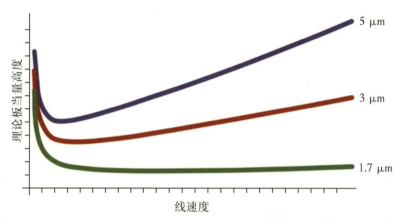

图6.4 不同粒径(5 μm、3 μm、1.7 μm)填充色谱柱的线速度和色谱分离性能曲线

离子淌度分离

除上述内容讲述的色谱分离技术,离子淌度提供了另一种有吸引力的分离方法。离子淌度技术根据离子碰撞横截面(collision cross section,CCS)分离气相离子。除了正交分离,通过适当校准测量的分子离子的CCS值为代谢物的鉴定提供了又一个特征量,并且特征量数据库有可能增强自动代谢物的注释方法。

靶向分析方法

如上文所述,靶向分析可提供单个或多个预定义代谢物的信息。虽然靶向分析不能分析和发现有可能感兴趣的未知物(例如,使用数据驱动分析方法),但是实验结果可以大大提高学科间协作能力。靶向分析输出注释结果能够直接作为生物信息学工具(如通路富集、网络模型等)的输入数据,并且关注的特征值的鉴定方法是已知的。鉴定感兴趣的特征值需要大量分析资源,因此靶向分析可减少上述瓶颈问题。

在几项研究中,试剂盒形式的靶向实验(通常针对核心代谢中间产物)有助于代谢物分析与流行病学分析相结合。目前,有几种可供研究人员选择的方法,其中大多数方法是在获取靶向数据同时分析非靶向表型。

④ 人体代谢组的报告和解读

实验室数据分析流程方法如下：

（1）分布式分析。个体或实验室利用自有或专有知识以及开放式资源开发定制的数据分析流程，在工作站或本地服务器/集群上以相对较低的速率进行计算。为了适合高度灵活的分析，允许用户完全控制分析资源和工作流程，分析流程高度透明。这导致其处理好的数据在本地可用，但不能和其他中心兼容。目前已有很多工具（开源和商业的）可执行类似的分析流程。

（2）中心化分析。在线/远程利用服务器处理数据。得益于已有方案的可及性和公开度，能够最大化实现数据互操作性。最近有讨论关于代谢谱数据云计算的展望。

代谢表型数据如何建模？

整合多组学测量的数据分析工具在本书其他章节有详细描述。目前分析特定代谢组存在多种选择方法，包括探索转基因代谢网络交互工具（Metabonetworks）、在线处理流程PhenoMeNal、XCMS-online 和 MetaboAnalyst。一种执行 mummichog 算法的方法可以合并代谢物注释和网络分析，该方法已用于探索非靶向代谢谱数据，在特征值尚未准确鉴定的情况下可通过记录的代谢通路和网络重建去预测代谢谱特征值的功能活性。虽然这种方法不能直接解决特征值注释的需求，但是计算得出光谱特征值的网络连接信息可以为其鉴定提供额外线索。

代谢表型数据如何存储与共享？

代谢谱分析结合了多种分析方法，使得数据共享难以实现。非靶向分析得到的原始数据用途较大，因为其可进行完全地再分析。但是非靶向分析数据不适合非专业人员的使用，因此很少作为数据共享的首选格式。最常见的方法是执行一系列有限的预处理步骤，以得到一个易于阅读和理解的数据表。报告此类数据的内容和方式并不是不言自明的，不一致的报告和格式通常会限制数据的互操作性。

数据产生和存储之间的协作正尝试努力解决这些问题，推动人们能够获取更多的代谢组学数据，包括建立在代谢组学研究领域其他倡议基础上的国际代谢组学标准倡议（Metabolomics Standards Initiative，MSI）和代谢组学标准协调（coordination of standards in metabolomics，COSMOS）。代谢组数据存在多个平行存储库，且每个存储库有不同的框架堆积数据，这会产生数据"竖井"。为此，一项欧盟资助的联合项目已经实现了存储库之间数据/大数据的有效交流。

MetaboLights是一个代谢表型数据集存储库,为实验数据(例如原始或加工处理的体液光谱数据)和相关的元数据的存储提供了一个框架,使用已建立的ISA-Tab数据格式系统地存储数据。数据存储库主要功能是依据获得的元数据(种类、分析平台、提交日期等)以浏览或检索方式识别存储的数据集。对于有开放获取协议的数据集,研究人员可下载数据到本地进行重新分析和整合。

MetaboLights的另一个功能是可以高效地检索众多已有的代谢组数据集资源,收集代谢物相关信息(表6.1)。Metabolomics Workbench是另一个有类似功能的综合性工具,同时它还可提供一个已建成的代谢物数据库。有关数据共享的详细内容在本书其他章节内容讨论,也可参见最近针对代谢谱数据的研究展望。

存在的团体资源涉及到目前存在一些与代谢谱数据存储和注释有关的社会资源,大多数提供界面可以用文字、化学结构信息、谱特征数据(质荷比、化学位移等)等进行检索,详见表6.1。

表6.1 提供代谢组信息的化合物、代谢物和光谱数据/存储库

名 字	简 称	管 理 员	网 址	参考文献
生物磁共振库	BMRB/Bio MagResBank	威斯康辛大学	www.bmrb.wisc.edu	135
生物相关的化学实体	ChEBI	EMBL-EBI	www.ebi.ac.uk/chebi	47
化学蜘蛛		英国皇家化学会	www.chemspider.com	
人类代谢组数据	HMDB	代谢组学创新中心	www.hmdb.ca	150
KNApSAcK		NAIST比较基因组实验室	Kanaya.naist.jp/KNApSAcK	89
脂代谢物和通路策略	LIPID MAPS	脂代谢物和通路策略联合体	www.lipidmaps.org	116
麦迪逊-青岛代谢组学联合体数据	MMCD	麦迪逊国家磁共振机构	mmcd.nrmfam.wisc.edu/	21
质量库			www.massbank.jp	57
代谢光		EMBL-EBI	www.ebi.ac.uk/metabolights	48
MetaCyc		SRI国际	Metacyc.org	15
METLIN		美国斯克利普斯研究所	Metlin.scripps.edu.	119
公共化学		NCBI	Pubchem.ncbi.nlm.nih.gov	73

代谢表型数据质量如何评估?

暴露组研究通常需要对多个个体(也即是多个样本)进行分析,因此需要长期保证分析平台的性能和稳定性,以确保得到的光谱数据有代表性和可比性。虽然无法完全避免仪器故障或漂移,但是可采用充分的措施来表征性能和变异,以保证满足分析目标:

(1) 拆分样本 样本通常被盲法拆分为多个研究样本,为独立、客观地测量分析的充分性提供条件。

(2) 研究混合质控样本 从每个研究样本取等体积后混合成一个研究样本,该样本含有全部样本中的成分,可代表整个研究样本中所有成分的集合平均值。

注意:某些代谢物浓度在单个样本里是可测量的,但是如果仅仅只有少量样本含有该代谢物,混合样本中的该代谢物浓度可能会低于检出限。

(3) 长期参考质量控制样本 与常规样本一同分析,能够比较不同研究间分析平台的性能,通过发现导致观察偏移的性能改变(例如,色谱保留时间)来帮助关联不同研究。

(4) 系列稀释 系统稀释混合质控样本制备一系列样本,用于估计单个样本组分的响应线性,有助于后续的数据分析,滤除对于数据分析无效的谱特征值。从研究中得到的一组样本汇集了稀释的质量控制样本(例如,用最终的样本稀释剂),以估计单个样本成分的响应线性。这有助于后续的数据分析步骤,从而过滤掉那些没有足够的分析特性而不能用于分析的光谱特征

样本制备前后和分析过程存在的化学污染可能会干扰代谢谱数据,因此在研究平台分析样本时要同时分析空白样本。

(5) 制备空白样本 与研究样本一起制备的空白样本(如最后样本稀释液)可以用于评估样本制备过程引入的污染。

(6) 分析空白样本 一个代表性溶剂样本(如最后样本稀释液),可用于判别与样品及制备过程无关的残留光谱假象的存在和程度。

整合多个队列代谢表型数据有助于提高研究能力,并且更好地表征不同人群中遗传和环境因素的差异性贡献。为此,需要比较产生数据的各个平台和研究方案的能力。因此,多个研究调查了代谢组学分析的性能参数,包括个别实验研究的日间重现性和稳健性,以及常见非靶向和靶向分析平台的多中心研究。

小结

代谢测量能够提供内部化学环境中详细化学物质表型的报告。本章内容阐明了代谢测量在暴露组研究中的重要性,并举例说明到目前为止是如何实现的。同时还讨论了影响人类代谢组构成的因素,绘制了一幅复杂的动态图来解释基因-环境相互作用。由于代谢组涵盖体液、组织、腔室或系统(即定义的生物实体)中所有的小分子,因此,应认真思考代谢组与整个人类有何关联? 低等生物体基因和表型多样性较少,并可以在严格的膳食和环境条件下饲养和存活,可以更全面地表征其代谢谱。同低等生物体相比,人类是一个更加多样化的群体。因此,人体代谢组组成的表征及个体内和个体间的代谢组构成和组分差异要复杂得多,尤其是因为"正常人"是难以界定的(可能毫无意义),因为基因型的组合和环境暴露的差异很大。

现代代谢组分析的仪器和实验方案能够涵盖更多的代谢物覆盖范围,能够报告连续代谢产生的所有分子。部分研究者似乎将他们的代谢组研究对象限于已确认的成熟内源性分子和相关的人体代谢通路/网络。这种估计从问题简单化处理的角度是合理的,但是当在人类暴露组场景中考虑代谢组时,该方法存在以下两方面问题:

(1) 即使仅仅内源性代谢也比大多数代谢组模型描述的复杂得多。

(2) 仅仅考虑"内源性"物质会严重影响我们对暴露的理解和客观表征。

已有充分的证据表明许多膳食暴露和内源性代谢物部分重叠,而研究中遇到的大多数暴露并非如此。然而,这些暴露会直接或间接影响内部化学环境,这是暴露组研究的重点。随着仪器检测变得更灵敏,对体内化学环境的表征能力会不断提高,上述问题会得到更详细的研究。

值得注意的是,为了帮助了解复杂混合物的相互作用,我们处理复杂混合物影响的能力将变得更重要,这将有助于我们理解复杂混合物的相互作用,包括联合、拮抗、协同、相加、相乘等。虽然有可能定量检测高丰度外源暴露,但是目前的常规分析检测不出极低丰度化合物,而这些化合物结合起来可能占据全生命周期大部分的暴露。在这方面,仍需要大量的样本来优化方法。

从技术角度来看,未来暴露组研究将可能得益于环境质谱方法的领域快速发展,例如,解吸附电喷雾电离(desorption electrospray ionization,DESI)和快蒸发电离质谱(rapid evaporative ionization mass spectrometry,REIMS),以适用于大规模测量的需求。

为了打破分析性能的界限,加快人体代谢组特征集的表征,以及通过共享和结合数据集推动分子流行病学的进步,两个互补的工作流程即未知物分析和靶向分析会并行出现,尤其对于痕量化合物的检测。

同样,最大的好处可能来自于平行实验室研究,这些研究可以利用多个分析平台开展生物流体和组织的深度表型分析,以及能够捕获高时间分辨率个体表型信息的原位分布式分析。

在暴露组研究中,保证代谢谱分析长期顺利的关键是前文讨论的方法巩固和数据共享。最后,没有单独的某一组研究人员能够揭示全方位的暴露组特征。因此,团队合作进行采样、分析和数据共享架构,这是实现暴露科学发展潜力的关键。

致谢

TJA 受 EU FP7 EXPOsOMICS(项目号:308610)和 HELIX(项目号:308333)的项目支助。

(翻译:周颖)

参考文献

Abbiss H, Rawlinson C, Maker GL, Trengove R (2015) Assessment of automated trimethylsilyl derivatization protocols for GC-MS-based untargeted metabolomic analysis of urine. Metabolomics 11:1908-1921

Anton G, Wilson R, Yu Z-H, Prehn C, Zukunft S, Adamski J et al (2015) Pre-analytical sample quality: metabolite ratios as an intrinsic marker for prolonged room temperature exposure of serum samples. Kim KH, editor. PLoS One e0121495:10

Athersuch T (2016) Metabolome analyses in exposome studies: profiling methods for a vast chemical space. Arch Biochem Biophys 589:177-186

Balog J, Szaniszlo T, Schaefer K-C, Dénes J, Lopata A, Godorhazy L et al (2010) Identification of biological tissues by rapid evaporative ionization mass spectrometry. Anal Chem 82:7343-7350

Bamba T, Shimonishi N, Matsubara A, Hirata K, Nakazawa Y, Kobayashi A et al (2008) High throughput and exhaustive analysis of diverse lipids by using supercritical fluid chromatography-mass spectrometry for metabolomics. J Biosci Bioeng 105:460-469

Bamba T, Lee JW, Matsubara A, Fukusaki E (2012) Metabolic profiling of lipids by supercritical fluid chromatography/mass spectrometry. J Chromatogr A 1250:212-219

Bartel J, Krumsiek J, Schramm K, Adamski J, Gieger C, Herder C et al (2015) The human blood metabolome-transcriptome interface. Inouye M, editor. PLoS Genet e1005274:11

Beckett AH (2008) Metabolic oxidation of aliphatic basic nitrogen atoms and their α-carbon atoms. Xenobiotica 1:365-384

Beckonert O, Keun HC, Ebbels TMD, Bundy J, Holmes E, Lindon JC et al (2007) Metabolic profiling, metabolomic and metabonomic procedures for NMR spectroscopy of urine, plasma, serum and tissue extracts. Nat Protoc 2:2692-2703

Beckonert O, Coen M, Keun HC, Wang Y (2010) High-resolution magic-angle-spinning NMR spectroscopy for metabolic profiling of intact tissues. Nat Protoc 5(6):1019-1032

Benton HP, Want E, Keun HC, Amberg A, Plumb RS, Goldfain-Blanc F et al (2012) Intra- and interlaboratory reproducibility of ultra performance liquid chromatography-time-of-flight mass spectrometry for urinary metabolic profiling. Anal Chem 84:2424-2432

Blaise BJ, Correia G, Tin A, Young JH, Vergnaud A-C, Lewis M et al (2016) Power analysis and sample size determination in metabolic phenotyping. Anal Chem 88:5179-5188

Bouatra S, Aziat F, Mandal R, Guo AC, Wilson MR, Knox C et al (2013) The human urine metabolome. Dzeja P, editor. PLoS One e73076:8

Budde K, Gök Ö-N, Pietzner M, Meisinger C, Leitzmann M, Nauck M et al (2016) Quality assurance in the pre-analytical phase of human urine samples by 1H NMR spectroscopy. Arch Biochem Biophys 589:10-17

Caspi R, Altman T, Billington R, Dreher K, Foerster H, Fulcher CA et al (2014) The MetaCyc database of metabolic pathways and enzymes and the BioCyc collection of Pathway/Genome Databases. Nucleic Acids Res 42:D459-D471

Chan ECY, Pasikanti KK, Nicholson JK (2011) Global urinary metabolic profiling procedures using gas chromatography-mass spectrometry. Nat Protoc 6:1483-1499

Cherney DP, Ekman DR, Dix DJ, Collette TW (2007) Raman spectroscopy-based metabolomics for differentiating exposures to triazole fungicides using rat urine. Anal Chem 79:7324-7332

Contrepois K, Jiang L, Snyder M (2015) Optimized analytical procedures for the untargeted metabolomic profiling of human urine and plasma by combining hydrophilic interaction (HILIC) and reverse-phase liquid chromatography (RPLC)-mass spectrometry. Mol Cell Proteomics 14:1684-1695

Creek DJ (2013) Stable isotope labeled metabolomics improves identification of novel metabolites and pathways. Bioanalysis 5:1807-1810. https://doi.org/10.4155/bio.13.131

Creek DJ, Chokkathukalam A, Jankevics A, Burgess KEV, Breitling R, Barrett MP (2012) Stable isotope-assisted metabolomics for network-wide metabolic pathway elucidation. Anal Chem 84:8442-8447

Cui Q, Lewis IA, Hegeman AD, Anderson ME, Li J, Schulte CF et al (2008) Metabolite identification via the Madison Metabolomics Consortium Database. Nat Biotechnol 26:162-164

Cumeras R, Figueras E, Davis CE, Baumbach JI, Gràcia I (2015a) Review on Ion Mobility Spectrometry. Part 1: current instrumentation. Analyst 140:1376-1390

Cumeras R, Figueras E, Davis CE, Baumbach JI, Gràcia I (2015b) Review on Ion Mobility Spectrometry. Part 2: hyphenated methods and effects of experimental parameters. Analyst 140:1391-1410

Damjanovich L, Darzi A, Nicholson JK (2013) Intraoperative tissue identification using rapid evaporative ionization mass spectrometry. Sci Transl Med 5(194):194ra93

Damsten MC, Commandeur JNM, Fidder A, Hulst AG, Touw D, Noort D et al (2007) Liquid chromatography/tandem mass spectrometry detection of covalent binding of acetaminophen to human serum albumin. Drug Metab Dispos 35:1408-1417

Davidson RL, Weber RJM, Liu H, Sharma-Oates A, Viant MR (2016) Galaxy-M: a Galaxy workflow for processing and analyzing direct infusion and liquid chromatography mass spectrometry-based metabolomics data. Gigascience 5:10

Davies SK, Ang JE, Revell VL, Holmes B, Mann A, Robertson FP et al (2014) Effect of sleep deprivation on the human metabolome. PNAS 111:10761-10766

Dénes J, Katona M, Hosszú Á, Czuczy N, Takáts Z (2009) Analysis of biological fluids by direct combination of solid phase extraction and desorption electrospray ionization mass spectrometry. Anal Chem 81:1669-1675

Dénes J, Szabó E, Robinette SL, Szatmári I, Szőnyi L, Kreuder JG et al (2012) Metabonomics of newborn screening dried blood spot samples: a novel approach in the screening and diagnostics of inborn errors of metabolism. Anal Chem 84:10113-10120

Dona AC, Jiménez B, Schäfer H, Humpfer E, Spraul M, Lewis MR et al (2014) Precision highthroughput proton NMR spectroscopy of human urine, serum, and plasma for large-scale metabolic phenotyping. Anal Chem 86:9887-9894

Duarte NC, Becker SA, Jamshidi N, Thiele I, Mo ML, Vo TD et al (2007) Global reconstruction of the human metabolic network based on genomic and bibliomic data. PNAS 104:1777-1782

Dunn WB, Broadhurst D, Begley P, Zelena E, Francis-McIntyre S, Anderson N et al (2011) Procedures for large-scale metabolic profiling of serum and plasma using gas chromatography and liquid chromatography coupled to mass spectrometry. Nat Protoc 6:1060-1083

Dunn WB, Lin W, Broadhurst D, Begley P, Brown M, Zelena E et al (2014) Molecular phenotyping of a UK population: defining the human serum metabolome. Metabolomics 11:9-26

Ellis DI, Goodacre R (2006) Metabolic fingerprinting in disease diagnosis: biomedical applications of infrared and Raman spectroscopy. Analyst 131:875-885

Ellis JK, Athersuch TJ, Thomas LD, Teichert F, Pérez-Trujillo M, Svendsen C et al (2012) Metabolic profiling detects early effects of environmental and lifestyle exposure to cadmium in a human population. BMC Med 10:61

Fiehn O (2001) Combining genomics, metabolome analysis, and biochemical modelling to understand metabolic networks. Comp Funct Genomics 2:155-168

Fiehn O, Robertson D, Griffin J, van der Werf M, Nikolau B, Morrison N et al (2007) The metabolomics standards initiative (MSI). Metabolomics 3:175-178

Fink T, Reymond J-L (2007) Virtual exploration of the chemical universe up to 11 atoms of C, N, O, F: assembly of 26.4 million structures (110.9 million stereoisomers) and analysis for new ring systems, stereochemistry, physicochemical properties, compound classes, and drug discovery. J Chem Inf Model 47: 342-353

García A, Barbas C (2010) Gas chromatography-mass spectrometry (GC-MS)-based metabolomics. In: Fan J-B (ed) Metabolic profiling. Humana Press, Totowa, NJ, pp 191-204

Ghaste M, Mistrik R, Shulaev V (2016) Applications of fourier transform ion cyclotron resonance (FT-ICR) and orbitrap based high resolution mass spectrometry in metabolomics and lipidomics. Int J Mol Sci 17(6):pii: E816

Gieger C, Geistlinger L, Altmaier E, Hrabé de Angelis M, Kronenberg F, Meitinger T et al (2008) Genetics meets metabolomics: a genome-wide association study of metabolite profiles in human serum. PLoS Genet 4: e1000282

Gika HG, Theodoridis GA, Wilson ID (2008) Liquid chromatography and ultra-performance liquid chromatography-mass spectrometry fingerprinting of human urine. J Chromatogr A 1189:314-322

Gika HG, Theodoridis GA, Earll M, Wilson ID (2012) A QC approach to the determination of dayto-day reproducibility and robustness of LC-MS methods for global metabolite profiling in metabonomics/metabolomics. Bioanalysis 4:2239-2247. https://doi.org/10.4155/bio.12.212

Giskeødegård GF, Davies SK, Revell VL, Keun H, Skene DJ (2015) Diurnal rhythms in the human urine metabolome during sleep and total sleep deprivation. Sci Rep 5:14843

Gray N, Zia R, King A, Patel VC, Wendon J, McPhail MJW et al (2017) High-speed quantitative UPLC-MS analysis of multiple amines in human plasma and serum via precolumn derivatization with 6-aminoquinolyl-N-hydroxysuccinimidyl carbamate: application to acetaminophen-induced liver failure. Anal Chem 89:2478-2487

Guthrie R, Susi A (1963) A simple phenylalanine method for detecting phenylketonuria in large populations of newborn infants. Pediatrics 32:338-343

Hastings J, de Matos P, Dekker A, Ennis M, Harsha B, Kale N et al (2013) The ChEBI reference database and ontology for biologically relevant chemistry: enhancements for 2013. Nucleic Acids Res 41:D456-D463

Haug K, Salek RM, Conesa P, Hastings J (2013) MetaboLights—an open-access general-purpose repository for metabolomics studies and associated meta-data. Nucleic Acids Res 41:D781-D786

Haug K, Salek RM, Steinbeck C (2017) Global open data management in metabolomics. Curr Opin Chem Biol 36:58-63

Hebels DGAJ, Georgiadis P, Keun HC, Athersuch TJ, Vineis P, Vermeulen R et al (2013) Performance in omics analyses of blood samples in long-term storage: opportunities for the exploitation of existing biobanks in environmental health research. Environ Health Perspect 121(4):480-487

Hernandes VV, Barbas C, Dudzik D (2017) A review of blood sample handling and pre-processing for metabolomics studies. Electrophoresis 38(18):2232-2241

Hicks AA, Pramstaller PP, Johansson Å, Vitart V, Rudan I, Ugocsai P et al (2009) Genetic determinants of circulating sphingolipid concentrations in European populations. Gibson G, editor. PLoS Genet e1000672:5

Holmes E, Nicholson JK (2008) Human metabolic phenotyping and metabolome wide association studies.

Oncogenes meet metabolism. Springer, Berlin, Heidelberg, pp 227-249

Holmes E, Loo RL, Cloarec O, Coen M, Tang H, Maibaum E et al (2007) Detection of urinary drug metabolite (xenometabolome) signatures in molecular epidemiology studies via statistical total correlation (NMR) spectroscopy. Anal Chem 79:2629-2640

Holmes E, Wilson ID, Nicholson JK (2008) Metabolic phenotyping in health and disease. Cell 134:714-717

Holmes E, Stamler J, Nicholson JK (2010) Opening up the "Black Box": metabolic phenotyping and metabolome-wide association studies in epidemiology. J Clin Epidemiol 63(9):970-979

Horai H, Arita M, Kanaya S, Nihei Y, Ikeda T, Suwa K et al (2010) MassBank: a public repository for sharing mass spectral data for life sciences. J Mass Spectrom 45:703-714

Hu Q, Noll RJ, Li H, Makarov A, Hardman M, Graham CR (2005) The Orbitrap: a new mass spectrometer. J Mass Spectrom 40:430-443

Huan T, Forsberg EM, Rinehart D, Johnson CH (2017) Systems biology guided by XCMS Online metabolomics. Nat Methods 14(5):461-462

IARC (2012) Chemical agents and related occupations. Benzo[α]pyrene. IARC Monogr Eval Carcinog Risk Chem Man 100F:111-144

Illig T, Gieger C, Zhai G, Römisch-Margl W, Wang Sattler R, Prehn C et al (2010) A genome-wide perspective of genetic variation in human metabolism. Nat Genet 42:137-141

Jansen RJ, Argos M, Tong L, Li J, Rakibuz-Zaman M, Islam MT et al (2016) Determinants and consequences of arsenic metabolism efficiency among 4 794 individuals: demographics, lifestyle, genetics, and toxicity. Cancer Epidemiol Biomark Prev 25(2):381-390

Jenkins H, Hardy N, Beckmann M, Draper J, Smith AR, Taylor J et al (2004) A proposed framework for the description of plant metabolomics experiments and their results. Nat Biotechnol 22:1601-1606

Jones DP (2016) Sequencing the exposome: a call to action. Toxicol Rep 3:29-45

Jones DR, Wu Z, Chauhan D, Anderson KC, Peng J (2014) A nano ultra-performance liquid chromatography-high resolution mass spectrometry approach for global metabolomic profiling and case study on drug-resistant multiple myeloma. Anal Chem 86:3667-3675

Kamlage B, Maldonado SG, Bethan B, Peter E, Schmitz O, Liebenberg V et al (2014) Quality markers addressing preanalytical variations of blood and plasma processing identified by broad and targeted metabolite profiling. Clin Chem 60:399-412

Karagas MR, Gossai A, Pierce B, Ahsan H (2015) Drinking water arsenic contamination, skin lesions, and malignancies: a systematic review of the global evidence. Curr Envir Health Rep 2:52-68

Kassner MK, Charney R, Fernandez FM (2008) Novel approach to employing SFC for metabolomics research. In: Aiche annual meeting, conference proceeding Kastenmüller G, Raffler J, Gieger C, Suhre K (2015) Genetics of human metabolism: an update. Hum Mol Genet 24(R1):R93-R101

Keun HC, Athersuch TJ (2010) Nuclear magnetic resonance (NMR)-based metabolomics. In: Fan J-B (ed) Metabolic profiling. Humana Press, Totowa, NJ, pp 321-334

Keun HC, Beckonert O, Griffin JL, Richter C, Moskau D, Lindon JC, Nicholson JK et al (2002) Cryogenic probe 13C NMR spectroscopy of urine for metabonomic studies. Anal Chem 74:4588-4593

Kim K, Mall C, Taylor SL, Hitchcock S, Zhang C, Wettersten HI et al (2014) Mealtime, temporal, and daily variability of the human urinary and plasma metabolomes in a tightly controlled environment. Brennan L, editor. PLoS One e86223:9

Kim S, Thiessen PA, Bolton EE, Chen J (2016) PubChem substance and compound databases. Nucleic Acids Res 44:D1202-D1213

Kind T, Wohlgemuth G, Lee DY, Lu Y, Palazoglu M, Shahbaz S et al (2009) FiehnLib: mass spectral and retention index libraries for metabolomics based on quadrupole and time-of-flight gas chromatography/mass spectrometry. Anal Chem 81:10038-10048

Lewis MR, Pearce JTM, Spagou K, Green M, Dona AC, Yuen AHY et al (2016) Development and application of ultra-performance liquid chromatography-TOF MS for precision large scale urinary metabolic phenotyping. Anal Chem 88:9004-9013

Li N, Song YP, Tang H, Wang Y (2016) Recent developments in sample preparation and data pre-treatment in metabonomics research. Arch Biochem Biophys 589:4-9

Lindon JC, Nicholson JK, Holmes E, Everett JR (2000) Metabonomics: metabolic processes studied by NMR spectroscopy of biofluids. Concepts Magn Reson 12:289-320

Lindon JC, Nicholson JK, Holmes E, Keun HC (2005) Summary recommendations for standardization and reporting of metabolic analyses. Nat Biotechnol 23(7):833-838

Loo RL, Coen M, Ebbels T, Cloarec O, Maibaum E, Bictash M et al (2009) Metabolic profiling and population screening of analgesic usage in nuclear magnetic resonance spectroscopy-based large-scale epidemiologic studies. Anal Chem 81:5119-5129

Ma H, Sorokin A, Mazein A, Selkov A, Selkov E, Demin O et al (2007) The Edinburgh human metabolic network reconstruction and its functional analysis. Molecular Systems Biology. EMBO Press 3:135

Maier TV, Schmitt-Kopplin P (2016) Capillary electrophoresis in metabolomics. Methods Mol Biol 1483:437-470

Maitre L, Lau C-HE, Vizcaino E, Robinson O, Casas M, Siskos AP et al (2017) Assessment of metabolic phenotypic variability in children's urine using (1)H NMR spectroscopy. Sci Rep 7:46082

Marchand J, Martineau E, Guitton Y, Dervilly-Pinel G, Giraudeau P (2017) Multidimensional NMR approaches towards highly resolved, sensitive and high-throughput quantitative metabolomics. Curr Opin Biotechnol 43:49-55

Martin J-C, Maillot M, Mazerolles G, Verdu A, Lyan B, Migné C et al (2015) Can we trust untargeted metabolomics? Results of the metabo-ring initiative, a large-scale, multi-instrument inter-laboratory study. Metabolomics 11:807-821

McShane LM, Cavenagh MM, Lively TG, Eberhard DA, Bigbee WL, Williams PM et al (2013) Criteria for the use of omics-based predictors in clinical trials. Nature 502:317-320

Melkonian S, Argos M, Hall MN, Chen Y, Parvez F, Pierce B et al (2013) Urinary and dietary analysis of 18 470 bangladeshis reveal a correlation of rice consumption with arsenic exposure and toxicity. States JC, editor. PLoS One e80691:8

Miller GW, Jones DP (2014) The nature of nurture: refining the definition of the exposome. Toxicol Sci 137(1):1-2

Moros G, Chatziioannou AC, Gika HG, Raikos N, Theodoridis G (2017) Investigation of the derivatization conditions for GC-MS metabolomics of biological samples. Bioanalysis 9:53-65

Nakamura Y, Afendi FM, Parvin AK, Ono N, Tanaka K, Hirai Morita A et al (2014) KNApSAcK Metabolite Activity Database for retrieving the relationships between metabolites and biological activities. Plant Cell Physiol 55:e7

Nicholson G, Rantalainen M, Maher AD, Li JV, Malmodin D, Ahmadi KR et al (2011) Human metabolic profiles are stably controlled by genetic and environmental variation. Mol Syst Biol 7:525-525

Nicholson JK, Wilson ID (2003) Understanding "global" systems biology: metabonomics and the continuum of metabolism. Nat Rev Drug Discov 2:668-676

Nicholson JK, Lindon JC, Holmes E (1999) "Metabonomics": understanding the metabolic responses of living systems to pathophysiological stimuli via multivariate statistical analysis of biological NMR spectroscopic data. Xenobiotica 29:1181-1189

Oliver S (1998) Systematic functional analysis of the yeast genome. Trends Biotechnol 16:373-378

Paglia G, Angel P, Williams JP, Richardson K, Olivos HJ, Thompson JW et al (2014a) Ion mobility-derived collision cross section as an additional measure for lipid fingerprinting and identification. Anal Chem 87:1137-1144

Paglia G, Williams JP, Menikarachchi L, Thompson JW, Tyldesley-Worster R, Halldórsson S et al (2014b) Ion mobility derived collision cross sections to support metabolomics applications. Anal Chem 86:3985-3993

Peter Guengerich F, Shimada T (1998) Activation of procarcinogens by human cytochrome P450 enzymes. Mutat Res 400:201-213

Petersen A-K, Zeilinger S, Kastenmüller G, Römisch-Margl W, Brugger M, Peters A et al (2014) Epigenetics meets metabolomics: an epigenome-wide association study with blood serum metabolic traits. Hum Mol Genet 23:534-545

Pierce BL, Tong L, Argos M, Gao J, Jasmine F (2013) Arsenic metabolism efficiency has a causal role in arsenic toxicity: Mendelian randomization and gene-environment interaction. Int J Epidemiol 42(6):1862-1871

Pitt JJ (2010) Newborn screening. Clin Biochem Rev 31(2):57-68

Plumb RS, Shockcor J, Holmes E, Nicholson JK (2010) Global metabolic profiling procedures for urine using UPLC-MS. Nat Protoc 5(6):1005-1018

Posma JM, Robinette SL, Holmes E, Nicholson JK (2014) MetaboNetworks, an interactive Matlabbased toolbox for creating, customizing and exploring sub-networks from KEGG. Bioinformatics 30:893-895

Posma JM, Garcia-Perez I, Heaton JC, Burdisso P, Mathers JC, Draper J et al (2017) Integrated analytical and statistical two-dimensional spectroscopy strategy for metabolite identification: application to dietary biomarkers. Anal Chem 89:3300-3309

Psychogios N, Hau DD, Peng J, Guo AC, Mandal R (2011) The human serum metabolome. PLoS One 6(2):e16957

Qi Y, Song Y, Gu H, Fan G, Chai Y (2014) Global metabolic profiling using ultra-performance liquid chromatography/quadrupole time-of-flight mass spectrometry. Methods Mol Biol 1198:15-27

Ramautar R, Somsen GW, de Jong GJ (2017) CE-MS for metabolomics: developments and applications in the period 2014-2016. Rassi El Z, editor. Electrophoresis 38:190-202

Rappaport SM, Barupal DK, Wishart D, Vineis P, Scalbert A (2014) The blood exposome and its role in discovering causes of disease. Environ Health Perspect 122:769

Reymond J-L, van Deursen R, Blum LC, Ruddigkeit L (2010) Chemical space as a source for new drugs. Med Chem Commun 1:30-38

Reymond J-L, Ruddigkeit L, Blum L, van Deursen R (2012) The enumeration of chemical space. Wiley Interdiscip Rev Comput Mol Sci 2:717-733

Robinette SL, Lindon JC, Nicholson JK (2013) Statistical spectroscopic tools for biomarker discovery and systems medicine. Anal Chem 85:5297-5303

Rocca-Serra P, Salek RM, Arita M, Correa E, Dayalan S, Gonzalez-Beltran A et al (2016) Data standards can boost metabolomics research, and if there is a will, there is a way. Metabolomics 12:14

Ruddigkeit L, van Deursen R, Blum LC, Reymond J-L (2012) Enumeration of 166 billion organic small molecules in the chemical universe database GDB-17. J Chem Inf Model 52:2864-2875

Salek RM, Neumann S, Schober D, Hummel J, Billiau K, Kopka J et al (2015) COordination of standards in MetabOlomicS (COSMOS): facilitating integrated metabolomics data access. Metabolomics 11:1587-1597

Sampson JN, Boca SM, Shu XO, Stolzenberg-Solomon RZ, Matthews CE, Hsing AW et al (2013) Metabolomics in epidemiology: sources of variability in metabolite measurements and implications. Cancer Epidemiol Biomark Prev 22:631-640

Sansone S-A, Fan T, Goodacre R, Griffin JL, Hardy NW, Kaddurah-Daouk R et al (2007) The metabolomics standards initiative. Nat Biotechnol 25:846-848

Scalbert A, Brennan L, Manach C, Andres-Lacueva C, Dragsted LO, Draper J et al (2014) The food metabolome: a window over dietary exposure. Am J Clin Nutr 99:1286-1308

Schmelzer K, Fahy E, Subramaniam S, Dennis EA (2007) The lipid maps initiative in lipidomics. Methods Enzymol 432:171-183

Shimada T, Oda Y, Gillam EMJ, Guengerich FP, Inoue K (2001) Metabolic activation of polycyclic aromatic hydrocarbons and other procarcinogens by cytochromes P450 1A1 and P450 1B1 allelic variants and other human cytochromes P450 in Salmonella typhimurium NM2009. Drug Metab Dispos 29:1176-1182

Siskos AP, Jain P, Römisch-Margl W, Bennett M, Achaintre D, Asad Y et al (2017) Interlaboratory reproducibility of a targeted metabolomics platform for analysis of human serum and plasma. Anal Chem 89:656-665

Smith CA, O'Maille G, Want EJ, Qin C, Trauger SA, Brandon TR et al (2005) METLIN: a metabolite mass spectral database. Ther Drug Monit 27:747-751

Spagou K, Wilson ID, Masson P, Theodoridis G, Raikos N, Coen M et al (2010) HILIC-UPLC-MS for exploratory urinary metabolic profiling in toxicological studies. Anal Chem 83:382-390

Strittmatter N, Rebec M, Jones EA, Golf O, Abdolrasouli A, Balog J et al (2014) Characterization and identification of clinically relevant microorganisms using rapid evaporative ionization mass spectrometry. Anal Chem 86:6555-6562

Sud M, Fahy E, Cotter D, Azam K, Vadivelu I, Burant C et al (2016) Metabolomics Workbench: an international repository for metabolomics data and metadata, metabolite standards, protocols, tutorials and training, and analysis tools. Nucleic Acids Res 44:D463-D470

Suhre K, Meisinger C, Döring A, Altmaier E, Belcredi P, Gieger C et al (2010) Metabolic footprint of diabetes: a multiplatform metabolomics study in an epidemiological setting. Breant B, editor. PLoS One e13953:5

Suhre K, Wallaschofski H, Raffler J, Friedrich N (2011) A genome-wide association study of metabolic traits in human urine. Nature 43(6):565-569

Suhre K, Raffler J, Kastenmüller G (2016) Biochemical insights from population studies with genetics and metabolomics. Arch Biochem Biophys 589:168-176

Swainston N, Smallbone K, Hefzi H, Dobson PD, Brewer J, Hanscho M et al (2016) Recon 2.2: from reconstruction to model of human metabolism. Metabolomics 12:109

Takáts Z, Wiseman JM, Gologan B, Cooks RG (2004) Mass spectrometry sampling under ambient conditions with desorption electrospray ionization. Science 306:471-473

Takáts Z, Wiseman JM, Cooks RG (2005) Ambient mass spectrometry using desorption electrospray ionization (DESI): instrumentation, mechanisms and applications in forensics, chemistry, and biology. J Mass Spectrom 40:1261-1275

Tanabe M, Sato Y, Morishima K (2017) KEGG: new perspectives on genomes, pathways, diseases and drugs. Nucleic Acids Res 45(D1):D353-D361

Tautenhahn R, Patti GJ, Rinehart D, Siuzdak G (2012) XCMS online: a web-based platform to process untargeted metabolomic data. Anal Chem 84:5035-5039

Teahan O, Gamble S, Holmes E, Waxman J, Nicholson JK, Bevan C et al (2006) Impact of analytical bias in metabonomic studies of human blood serum and plasma. Anal Chem 78:4307-4318

Thévenot EA, Roux A, Xu Y, Ezan E, Junot C (2015) Analysis of the human adult urinary metabolome variations with age, body mass index, and gender by implementing a comprehensive workflow for univariate and OPLS statistical analyses. J Proteome Res 14(8):3322-3335

Thiele I, Swainston N, Fleming RMT, Hoppe A, Sahoo S, Aurich MK et al (2013) A communitydriven global reconstruction of human metabolism. Nat Biotechnol 31:419-425

Thomas L, Hodgson S, Nieuwenhuijsen M, Jarup L (2007) Early renal damage in a population environmentally exposed to cadmium—the Avonmouth Pilot Study. Epidemiology 18:S123

Ulrich EL, Akutsu H, Doreleijers JF, Harano Y, Ioannidis YE, Lin J et al (2008) BioMagResBank. Nucleic Acids Res 36:D402-D408

Uppal K, Walker DI, Liu K, Li S, Go Y-M, Jones DP (2016) Computational metabolomics: a framework for the million metabolome. Chem Res Toxicol 29:1956-1975

Van Deemter JJ, Zuiderweg FJ, Klinkenberg A (1956) Longitudinal diffusion and resistance to mass transfer as causes of nonideality in chromatography. Chem Eng Sci 5:271-289

Vineis P, Veldhoven K, Chadeau-Hyam M, Athersuch TJ (2013) Advancing the application of omics-based biomarkers in environmental epidemiology. Environ Mol Mutagen 54(7):461

Vineis P, Chadeau-Hyam M, Gmuender H, Gulliver J, Herceg Z, KLEINJANS J et al (2017) The exposome in practice: design of the EXPOsOMICS project. Int J Hyg Environ Health 220:142-151

Vlaanderen JJ, Janssen NA, Hoek G, Keski-Rahkonen P, Barupal DK, Cassee FR et al (2017) The impact of ambient air pollution on the human blood metabolome. Environ Res 156:341-348

Vrijheid M, Slama R, Robinson O, Chatzi L, Coen M, van den Hazel P et al (2014) The human early-life exposome (HELIX): project rationale and design. Environ Health Perspect 122(6):535-544

Want EJ, Wilson ID, Gika H, Theodoridis G, Plumb RS, Shockcor J et al (2010) Global metabolic profiling procedures for urine using UPLC[ndash]MS. Nat Protoc 5:1005-1018

Warth B, Levin N, Rinehart D, Teijaro J, Benton HP, Siuzdak G (2017) Metabolizing data in the cloud. Trends Biotechnol 35:481-483

Wild CP (2005) Complementing the genome with an "exposome": the outstanding challenge of environmental exposure measurement in molecular epidemiology. Cancer Epidemiol Biomark Prev 14:1847-1850

Wild CP (2012) The exposome: from concept to utility. Int J Epidemiol 41:24-32

Wild CP, Scalbert A, Herceg Z (2013) Measuring the exposome: a powerful basis for evaluating environmental exposures and cancer risk. Environ Mol Mutagen 54:480-499

WILSON I, Plumb R, Granger J, Major H, WILLIAMS R, LENZ E (2005a) HPLC-MS-based methods for the study of metabonomics. J Chromatogr B 817:67-76

Wilson ID, Nicholson JK, Castro-Perez J, Granger JH, Johnson KA, Smith BW et al (2005b) High resolution "ultra performance" liquid chromatography coupled to oa-tof mass spectrometry as a tool for differential metabolic pathway profiling in functional genomic studies. J Proteome Res 4:591-598

Wishart DS, Lewis MJ, Morrissey JA, Flegel MD, Jeroncic K, Xiong Y et al (2008) The human cerebrospinal fluid metabolome. J Chromatogr B 871:164-173

Wishart DS, Jewison T, Guo AC, Wilson M, Knox C, Liu Y et al (2012) HMDB 3.0—the human metabolome database in 2013. Nucleic Acids Res 41:D801-D807

Wist J (2017) Complex mixtures by NMR and complex NMR for mixtures: experimental and publication challenges. A special issue of the associate ed, editor. Magn Reson Chem 55:22-28

Xia J, Sinelnikov IV, Han B, Wishart DS (2015) MetaboAnalyst 3.0—making metabolomics more meaningful.

Nucl Acids Res 43(W1):W251-W257

Xiao R, Zhang X, Rong Z, Xiu B, Yang X, Wang C et al (2016) Non-invasive detection of hepatocellular carcinoma serum metabolic profile through surface-enhanced Raman spectroscopy. Nanomedicine 12:2475-2484

Xu X, Veenstra TD, Fox SD, Roman JM, Issaq HJ, Falk R et al (2005) Measuring fifteen endogenous estrogens simultaneously in human urine by high-performance liquid chromatography-mass spectrometry. Anal Chem 77:6646-6654

Yin P, Lehmann R, Xu G (2015) Effects of pre-analytical processes on blood samples used in metabolomics studies. Anal Bioanal Chem 407:4879-4892

Zhao L, Pickering G (2011) Paracetamol metabolism and related genetic differences. Drug Metab Rev 43:41-52

Zheng X, Zhao A, Xie G, Chi Y, Zhao L (2013) Melamine-induced renal toxicity is mediated by the gut microbiota. Sci Transl Med 5(172):172ra22

Zubarev RA, Makarov A (2013) Orbitrap mass spectrometry. Anal Chem 85:5288-5296

第7章 暴露范式中的转录组学

　　组学技术的出现显著地提升了我们从机制上解释环境暴露与疾病之间关系的能力。虽然理解这些相互作用需要捕捉不同层次生物组织的扰动,而转录组学在其中起着关键作用。基因表达的调节代表了由于环境暴露引起的起始生物扰动,这在评估现实生活中的暴露时尤其重要,因为现实生活中的暴露涉及高度变化的时间条件下的多种应激源。

　　本章旨在论证转录组学在现代风险评估和环境健康关系中的作用,强调解释这种关系所必需的各种生物信息学工具,以及证明转录组学在理解现实生活中普遍存在的混合物相关的环境风险方面的可行性。虽然环境暴露的对象是多种化合物的混合物而不是单一物质,但大多数空气污染物的毒性作用都被归因于单一化学物。然而,需要采取更全面的方法来管理复杂化学混合物对人类健康的潜在影响,从这个角度来看,毒理基因组学有望成为评估复杂化学混合物生物效应的合适筛选方法,它使我们能够审查潜在生物反应的全部生化谱系,而不是像经典毒理学分析那样仅关注预先定义数量化学物的终点。

　　本章内容除概述在暴露组环境中实施毒理基因组学所需的分析和计算方面外,还提供了具体案例分别阐明其在两类暴露(室内或室外)的特定生物标志物上的应用,分别是欧盟国家室内暴露限值综述研究中对于典型室内空气混合物的应用以及对于米兰市空气中分离出的多环芳烃(PAHs)混合物的应用。研究者采用了一种来源于人肺支气管系统的细胞系(A549细胞)作为受到广泛认可的体外模型,来验证基于流行病学证据的室内和/或室外空气污染不良结局分子基础研究。通过应用生物系统微阵列(Applied Biosystems Microarrays),用总基因表达测定对单一混合物暴露调节的大量基因进行了分析。我们确定了该过程中常见的生化途径和具体的分子反应。室内空气混合物比环境空气中的多环芳烃诱导了更高水平的基因调控。仔细观察生物反应的差异,证实两种混合物的作用方式存在重大差异。室内空气主要诱导与蛋白质靶向和定位相关的基因调节,尤其包括细胞骨架组织;多环芳烃主要调节与细胞运动相关的基因表达,以及调节细胞间信号传导以及细胞增殖和分化的基因网络。这些结果提供的生物信息有助于阐明外源混合物暴露与生理反应之间关系机制的假说。后者得到了大量流行病学证据的支持,将城市空气污染暴露与呼吸道过敏、慢性阻塞性肺病、心血管疾病和癌症关联起来。最近,这些证据已经将关联扩展到环境污染和室内空气暴露与肾脏疾病甚至神经退行性疾病,特别是痴呆症。

　　关键词:转录组学;遗传易感性;综合暴露生物学;系统生物学

1 引言

由于组学技术的大规模改进,可以对生化过程的变化进行前所未有的详细追踪。尽管取得了这些成就,许多现有研究仍然将基因组、转录组、蛋白质组和代谢组视为孤立的生物层,未能评估它们之间的相互联系。这一缺陷主要是由于缺乏在同一组个体上收集的多组学数据,以及用于高维分析的合适工具(Yan et al.,2017)。尽管这些测量涵盖了多种细胞活动,但仍然缺乏定量关联和有意义的生物情境(Ebrahim et al.,2016)。

最近在同一组个体中收集多组学数据的研究为更全面地分析复杂疾病提供了许多机会。示例项目包括阿尔茨海默病神经成像倡议(ADNI)(Weiner et al.,2010)、癌症基因组图谱(TCGA)研究网、国际癌症基因组联盟(ICGC),以及欧洲的HEALS项目(通过大规模人口调查来研究健康和环境的关系)。这些数据收集并没有局限于单个组学层面,而是创造了一个涵盖基因组、转录组、蛋白质组甚至代谢组的分子全景(Saykin et al.,2015)。

另一方面,TCGA数据通过揭示各种癌症中分子畸变的大规模综合视图,推动了癌症研究的进展(TCGA,2011,2014;Ciriello et al.,2015)。

最后,通过转录组学和脂质组学的耦合分析,研究了不同纯度碳纳米管暴露及其对免疫系统的影响(Vitkina et al.,2016)。研究发现,激活NF-kB通路的基因调节与炎症反应相关,它导致IL-6信号通路的扰动,从而调节炎症过程并代偿细胞凋亡引起的变化。

不良结局路径(AOPs)的研究方法提供了一个有价值的框架,不仅可以从生物学上合理沟通方式来收集信息,还可以作为风险评估的工具。为了最大限度地将有害结局路径的概念应用于监管,可以进行一些改进。尽管暴露组和有害结局路径的概念分别是在人类毒理学和生态毒理学领域发展起来的,但对环境暴露引起的生物扰动的低估在有害结局路径和暴露组之间产生了协同作用。这两个概念趋同的一个关键点是长期累积暴露(即暴露组)导致的持续生物扰动,这不仅诱发而且维系了有害结局路径。持续性关键事件的识别还将确立早期效应标志物,其能很方便地应用于分子流行病学。总的来说,通过整合由多种应激源激活的有害结局路径网络,有害结局路径可以为联合暴露毒性效应假说的生物学合理性提供更多的见解。

目前记录和建立对事件和路径的科学置信度方法是可信和透明的,但需要结合半定量或定量的置信度度量,如证据权重、多标准决策或贝叶斯建模,以便于在风险型决策中使用有害结局路径(Linkov et al.,2015)。

此外,有害结局路径的制定不应基于单个关键事件的调查,而应基于能够描述事件之间剂量−反应关系的数据(Perkins et al.,2015)。为了成功地将有害结局路径纳入风险评估,应考虑多种相互作用的有害结局路径或网络(Villeneuve et al.,2014;Garcia,2015)。当前的线性有害结局路径必须演变为有害结局路径网络,这一网络可以使用关键事件分析进行监控,关键事件分析通过与其他关键事件或结果的定量关系充分联系,以了解化学品的作用(一般危害识别),而不仅仅是识别某种化学品能否激活特定有害结局路径(特定危害识别)。

因此，在整合足够数量毒性通路（PoT）的情况下，有害结局路径的使用成为理解健康影响的关键组成部分，旨在捕获所有潜在危害和不良反应。将多组学结果联合映射到毒性通路能够建立合理的假设，这些假设可以与有害结局路径的机制联系起来。

在组学规模上调查健康和疾病所提供的机会是需要实施一种新的操作方法来处理数据生成、分析和共享问题。认识到（多重）组学数据，即在孤立且尚未整合的环境中生成的组学数据，需要通过有效且综合的数据分析路径来进行分析和解释这一点至关重要。将组学技术与生物学上细胞功能和生理过程衍生的生物信息模型相结合，如果适当地与表型证据相关联，可以显著提高我们对外源性暴露导致的相关人类病变出现或恶化的生物学机制的理解。这些结果还必须考虑到表达谱中个体间和个体内的变异性，它们还必须能够区分适应和防御机制与可能导致病变的实际反应。环境应激源及其混合物的综合健康影响评估需要遵循所谓的"全链"方法，将所有相关健康应激源及其相互作用都纳入考量范畴。

这突出表明需要将暴露的分子、生化和生理过程与健康结果连接并进行全面的数据解释；因此，需要为环境和健康领域的跨学科科学工作打造新的范式，我们称之为"风险评估的连通性范式"，这种范式基于对多种应激源共存与不同水平生物组织之间相互联系的探索而建立，这种相互联系能够产生最终的不良健康结局（Sarigiannis et al., 2009年）。

Sarigiannis等（2009）已经在这方面证明了这种连通性范式，其使用转录组学全面研究了时间–剂量反应在识别苯、甲苯、乙苯和二甲苯四元混合物（BTEX，普遍存在于环境和室内空气中）在不同剂量和持续时间下的持续网络激活作用。结果显示了重要调节通路激活的时间–剂量依赖性，在不同剂量和不同时间长度（如趋化因子和细胞因子信号介导的炎症、细胞凋亡和氧化应激）处理后，其表达存在差异。

计算毒理学方法和生物学建模有助于建立从多组学数据中建立连贯的生理背景、以及全面了解与不良后果相关的毒性机制一种系统方法，用于推导剂量–时间响应函数及其在风险评估情境中的有效应用。这一过程需要先进的生物信息学和生物统计学的支持。Manrai等人最近强调了在暴露组情境下构建大数据基础设施和联合路径分析，以理解多组学数据的需求。目前，尽管有多种可用于开发基于单组学数据分子网络的工具，但缺乏用于评估多组学数据的综合生物信息学平台（Yan et al., 2017）。

目前，最适合进行多组学分析的平台是安捷伦公司的GeneSpring平台，该平台已有效地应用于人类乳腺上皮MCF10A细胞经莱菔硫烷治疗后与雌激素受体相关的选定转录本和蛋白质变化的联合分析（Agyeman et al., 2012年）。然而，在大型多中心暴露组学项目（如HEALS）的框架内，GeneSpring对多组学数据的联合途径分析已应用于研究与神经发育障碍相关的重金属和内分泌干扰物的联合暴露。其他工作包括使用贝叶斯网络整合临床和组学数据以预测乳腺癌的预后（Gevaert ete al., 2006）。通过整合大鼠的共分离转录组和代谢组，基于网络的多层次系统遗传学数据整合已成功应用于2型糖尿病（Dumas et al., 2016）。

为识别有价值的生物信息，可使用图形度量（例如度连接性、中心性）和图形算法（例如子网络），例如Inserm/UPD团队最近在法国发布了用于药物靶向治疗的基于网络的概念（Boezio et al., 2017）。在先前的研究（Taboureau et al., 2017; Taboureau et al., 2013; Audouze et al., 2010）中应用的分子复合物检测（MCODE）分析和马尔可夫聚类算法（MCL）提供了额外的见解。对于系统生物学方法，基于三种基因本体类别（分子功能、生物过程和细胞成分）的基因集功能注释先前已在棕色脂肪组织转录组分析研究中发挥了作用（Hao et al., 2015），而在脂肪细胞分化的蛋白质组学分析中，也进行了生物通路的探索(Borkowski et al.,2014)。

关于蛋白质，重要的是，通过使用高置信度人类相互作用组，将一级蛋白质-蛋白质相互作用纳入蛋白质列表，从而对其进行扩展(Szklarczyk et al.,2017;Li et al.,2017)。例如，In-Web 相互作用组包含 428429 种基于精细实验蛋白质组学数据的独特蛋白质-蛋白质互动。该方法已被证明提供了基于评分的复合物，可用于功能注释、通路表征和疾病研究，如 Kongsbak 等人先前对一种化学混合物所做的那样。

❷ 转录组学在多组学整合范例框架中对阐释暴露组学的作用

为对来自多组学数据的最大可用信息进行评估，以达到阐明内暴露组的综合多组学方法的目的，我们必须遵循一个结构良好的暴露生物学工作流程，如图 7.1 所示。

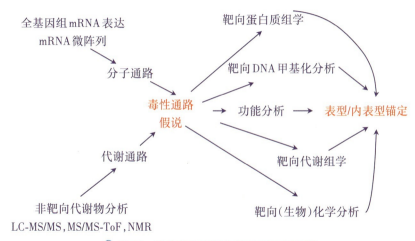

图 7.1　从非靶向到靶向的组学工作流程

这个工作流程是专门为破译基因组、环境和疾病之间的因果联系而设计的，它包含一个循序渐进的过程。

(1) 总体评估需要从不可知论的观点出发；除非有证据表明路径受到干扰，否则先前的假设均不成立。因此，评估的第一步是研究非靶向组学，包括全基因组 mRNA 表达和非靶向代谢物图谱。

(2) 联合分析非靶向代谢组学和转录组学结果（分子和代谢通路分析），以构建关于毒性（或不良健康后果）通路的假定假说。

(3) 建立毒性通路的假说（从而限制了潜在干扰通路的数量）之后，通过靶向组学（包括蛋白质组学和代谢组学）、DNA 甲基化、功能分析和生化监测来提供更多的证据。不同内型的锚定将进一步得到用于机理确认的体外分析、生物启发建模和用于数据分析的生物信息学的支持。

这些结果用于：

(a)可能与不良健康后果的表型有因果关系的内在类型鉴定(早期生物事件标志物)。

(b)测定被分析个体的非稳态状态。

(c)非稳态状态与个体疾病风险乃至人群疾病负担的关联。

从技术上讲,不同的分析暴露生物学阵列将包括(a)转录组学,即基因组在特定环境下或在特定细胞中使用高通量方法(如微阵列分析)产生的一整套RNA转录本;(b)代谢组学(非靶向和靶向)需要对容易获得的人体体液中的代谢物进行全面分析。这需要我们将公认可靠样品(如血浆、尿液)的制备方案与最新一代检测技术如核磁共振(NMR)、超高效液相色谱(UPLC)-质谱(MS)、高效液相色谱-电化学检测(HPLC-ED)和LC-ECA(电化学库仑阵列)结合起来。这些方法应当应用于特定人群队列中提取的样本,以确定化学品(如农药、工业溶剂等)暴露对人类暴露组学的影响;(c)加合物组学研究亲电试剂与DNA、血液蛋白(血红蛋白、白蛋白)和谷胱甘肽的加合。关于毒理相关基因的SNP分析方法,将会进一步得到发展以便进行基因分型分析。全基因组DNA甲基化图谱和miRNA表达是研究表观遗传效应对环境健康重要性的关键。而基于阵列和测序的DNA甲基化分析技术可以用来实现这一目标,特别是安捷伦微阵列miRNA谱分析和全基因组亚硫酸氢盐测序,可分别用于分析暴露组学研究框架中待分析队列上生物样本的miRNA表达和DNA甲基化:

(1) 应用SNP分析、miRNA分析和下一代测序,在群体水平确定化合物的遗传易感性(例如,DNA修复表型,II期反应基因型)。

(2) 识别受表观遗传影响SNPs和独立SNPs之间的差异。

(3) 制定样品处理和代谢组学工作流程。

(4) 生成代谢物表达数据;识别来自队列和体外模型的生物标志物(谷胱甘肽、s-腺苷蛋氨酸和双酚A)。

(5) 开发方法学(FS-SRM)并从队列中生成DNA和蛋白质加合物数据。

(6) 确定特定基因组序列的甲基/羟甲基胞嘧啶(启动子、CpG岛分析工具和重复序列)。

(7) 基于Illumina芯片鉴定20个基因的甲基化,并对这些基因进行Methylator表型分析。

组学效应标记物的识别能揭示暴露与疾病终点之间的因果关系,但需要机制层面的证明,这种证明可以基于在细胞模型上进行的、与疾病终点相关的复杂毒性终点的体外实验,从而建立针对不同技术组学的复杂特异性危险标志物,这些细胞可来自肝脏(HepG2/HuH7、HepaRG)、脂肪细胞(hmad)、或分化为神经元的细胞(C11)。这也将支持系统生物学因果关系模型的完善。

除了确定系统生物学暴露模型外,这些机制研究还提供了动力学常数和复合受体结合数据,这有助于进一步开发该模型。在这种情况下,有可能运用这些数据来设计基于体外人体细胞的试验和系统生物学实验,再根据暴露与健康结果数据之间的联系,对队列研究中的组学观察数据进行机制锚定。

当队列生物材料中的组学特征与体外实验模型中获得的特征的对应关系可以证明所选生物标志物的有效性,便可以提出假说。事实上,这种方法可用于证实:(a) 特征是否与实际的复杂暴露(例如,生物转化)更密切相关,从而是代表暴露的标志物;(b) 与疾病机制更密切相关,从而成为健康影响的标志物。总之,从HBM数据(包括组学标记)检测到的经验扰动可以整合到体外测试中,以帮助验证系统生物学层面或"现实世界"环境应激源对人类的毒性(Pleil,2012)。

❸ 生物信息学与联合通路分析

暴露组关联研究的统计和大数据分析

介绍和目的

目前可用的统计方法的范围是：
(1) 了解包括毒性途径及其与外暴露/内暴露相互作用在内的生物功能。
(2) 通过理论(计算)模型确认暴露与疾病终点之间的因果关系。
(3) 利用先进的数据挖掘分析技术，将不同来源的混合数据进行组合。
(4) 提供将多个生物标志物整合到一个机制描述中的方法学工具。
(5) 推导系统生物学暴露模型。

基因表达数据是理解基因调控、生物网络和细胞状态的宝贵工具。表达数据分析的目标之一是确定特定基因的表达如何影响其他基因的表达，其中涉及的基因可能属于同一个基因网络。所谓基因网络，是指一组以非随机模式共同表达的基因。表达数据分析的另一个目标是确定在某些细胞条件下表达的基因，例如，在患病细胞中表达而在健康细胞中不表达的基因。虽然早期使用微阵列的实验只对少数样本进行了分析，但最近的实验对数十个甚至数百个样本进行了分析，从而可以对数据进行更可靠的统计分析。在不久的将来，可利用包含数千个样本的数据集。

随着基因表达数据集的日益增大，电子表格在转录组学数据分析中的作用将越来越小，而使用大型数据库的数据挖掘技术将越来越多地用于分析表达数据。在基因表达数据的分析中，关联规则中的条目可以表示高表达或抑制的基因，以及描述这些基因的细胞环境相关事实(例如，对被剖析的肿瘤样本的诊断，或者在剖析之前对样本中细胞进行的药物治疗)。举一个在数据挖掘中采用关联规则的例子：[癌症]→基因A↑，基因B↓，基因C↑}，这意味着对挖掘的数据集，在大部分使用癌细胞进行的分析试验中，基因A表达增加时(即高表达)，基因B表达下降(即高度抑制)，基因C表达增加。我们可通过将基因表达谱与从生物数据库中提取的相应生物学知识(基因注释、文献等)相结合来解释基因表达技术结果。因此，解释步骤中的关键环节是检测当前共表达的(有相似的表达谱)和共注释的(有相同的功能、调节机制等属性)基因组。

最近报道了几种处理阐释问题的方法。这些方法可以围绕三个轴进行分类(Martinez et al., 2007; Chang et al., 2002)：基于表达的方法、基于知识的方法和共同聚类法。其中目前最常用的解释轴是基于表达的轴，它赋予基因表达谱更多的权重。然而，它呈现出许多众所周知的缺点：首先，这些方法借由各种生物条件下表达谱的相似性来处理基因簇，然而，参与生物过程的基因组可能只在一小部分条件下共表达(Altman et al., 2001)；其次，许多基因在细胞中有不同的生物学作用,它们可能与不同的基因组条件性地共表达,由于几乎所有使用的聚类方法都将每个基因放在一个单独的簇中,即一组基因,因此与不同条件调控下基因组的关系可能仍未被发现(Gasch et al.,2002);再次,即使相似的基因表达谱与相似的生物学角色相关,发现共表达基因之间的生物学关联并非易事,需要大量的额外工作(Shatkay et al.,2000)。

在更广泛的暴露组学分析框架中,如连接性范式所预示的那样,应该应用和增强生物信息学技术以便选择最相关的组学数据,并针对给定的暴露/疾病途径得出特定的数据概况。具体地说,可以基于不同种类的数据集来确定预测性生物标记物,这些数据由人体生物监测、组学和表观遗传学分析以及系统生物学和/或基于生理学的生物动力学(PBTK)建模产生。这会需要:

(1) 产生数据的预处理。
(2) 发现特定数据模式和/或数据簇。
(3) 创建基于训练集的数据模型。
(4) 基于测试数据以多种模型评价其正确性和预测能力。

结果会进行系统评估,并将在人口调查数据集上采用最适合描述暴露数据的模型。多组学生物标记物还可以通过开发系统生物学途径模型和使用预测性生物信息学方法,集成到与外暴露/内暴露有关的毒性途径相互作用的机制描述中。

问题表述

在暴露组数据上应用无监督学习算法之前,需要对数据进行预处理,包括:

(1) 特定技术数据的预处理(例如,光谱反卷积)。
(2) 去噪。以确保数据的一致性和高质量,避免测量中可能出现的异常值或差异。
(3) 数据转换。将数据集中的值归一化,并增加其泛化。
(4) 数据缩减。通过子集表示降低数据中的复杂性,以及降低导出模型的维度。
(5) 离散化。通过聚类和模式提取对数据进行缩放,并为进一步分析做好准备。

在预处理之后,各种数据集的训练和测试可以遵循学习过程,这是描述观察变量之间的关系、识别复杂模式和提取规则所必需的。最后,由于需要识别的状态数可能比可用的数据集大得多,因此要选择具有代表性的训练数据集以对整个数据集进行概括。

数据挖掘

数据挖掘(Fayyad et al.,1996)系统结合了多学科的技术,例如统计学或计算机科学(数据库系统和机器学习)。数据挖掘系统可以根据它们所解决的任务进行分类,包括分类、回归、聚类或描述性系统等。此外,数据挖掘系统也可以根据其产生的知识类型来确定其特征,有连接主义(人工神经网络)、统计(朴素贝叶斯分类器)或逻辑(决策树或分类规则)系统。一些算法结合了几种方法,如多明戈斯的RISE算法(Dong et al.,1999),该算法集成了基于实例和基于规则的学习。最后,数据复杂性标准将数据挖掘系统分为两组:命题系统和关系系统。

尽管统计或连接主义系统在文本挖掘(即文本分类)方面取得了良好的效果,但可能不适合用于挖掘供进一步分析的知识。然而,处理复杂的数据集可能非常困难,例如描述化学分子(有机分子结构)的数据和生物(DNA串)数据。遵循"数据挖掘算法是一个定义良好的过程,它将数据作为输入,并以模型或模式的形式产生输出"这一公理,可以根据图7.2对数据挖掘算法进行分类。

按照此图,根据预测类型(包括线性回归、分段线性、非参数回归和分类模型)、概率分布(包括参数模型、参数模型的混合、图形马尔可夫模型)和结构化模型(包括时间序列、马尔可夫模型、混合转换分布模型、隐马尔可夫模型)对模型结构进行分类。在本章中,挖掘算法将分为两类:描述性和预测性。前者以简洁的方式描述数据集,并呈现一般数据属性;后者对可用数据集进行推理,并通过生成一个或多个模型来预测新数据集的结果。

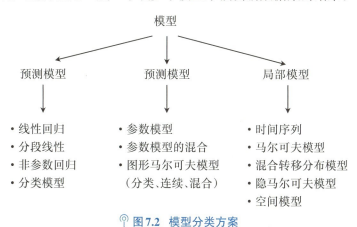

图7.2 模型分类方案

描述性数据挖掘

描述性数据挖掘方法的主要特点是:数据是从一个"良好的"描述性模型中随机生成的,这一模型所生成的数据与"真实"数据具有相同的特征。在描述性数据挖掘方法中,根据图7.3所示的分类,对模式进行全局或局部评估。全局模式包括通过划分区聚类、分层聚类和混合建模的聚类方法,而局部模式包括离群点检测、变化点检测模式、凹凸搜索、扫描统计和关联规则。

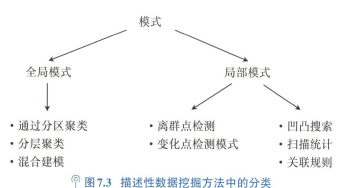

图7.3 描述性数据挖掘方法中的分类

预测数据挖掘

预测数据挖掘可用于根据已知结果确定的模式来预测确切值。有几种技术可用于此目的，包括基于决策树或k近邻算法的典型方法到采用人工神经网络(ANNs)、支持向量机(SVMs)或贝叶斯网络(BNs)等更复杂的方法。因此，可以对可用的数据集进行推断，进行简单的分类，并研究和揭示隐藏在数据中的特征属性(例如暴露组)。各种计算技术，特别是机器学习算法(Larranaga et al.,2003)，被用于选择与有价值性状相关的基因或蛋白，并在微阵列数据的基因表达(Allison et al.,2006)或基于质谱的蛋白组学数据(Aebersold et al.,2003)中对不同类型的样本进行分类，从全基因组关联(GWA)研究中确定疾病相关基因、基因-基因相互作用和基因-环境相互作用(Hirschhorn et al.,2005)，识别DNA或蛋白序列中的调控元件(Zeng et al.,2009)，确定蛋白-蛋白相互作用(Valencia et al.,2002)，或者预测蛋白质结构(Jones,2001)。

设计/使用集成方法(Breiman,1996,2001;Freund et al.,1996)的目的是(对训练数据)实现更精确的分类和(对不可见数据)更好的泛化。然而，这通常是以增加模型复杂性(即降低模型的可解释性)为代价(Kuncheva,2004)。通常使用经典的偏差-方差分解分析(Webb et al.,2004)来解释集合方法更好的泛化特性。具体而言，先前的研究指出了通过减少方差(Breiman,1998)提高泛化能力的装袋算法(图7.4a)，而类似于提升算法(图7.4b)的方法通过减少偏差来实现这一点(Schapire et al.,1998)。

数据挖掘算法

聚类

DNA微阵列技术使得在重要生物过程和相关样本收集过程中同时监测数千个基因的表达水平成为可能。阐明隐藏在基因表达数据中的模式为增强对功能基因组学的理解提供了极大的机会。然而，基因的巨大数量和生物网络的复杂性极大地增加了理解和解释由此产生的大量数据的挑战，这些数据通常包括数百万次测量。在这方面，聚类技术可用于揭示自然结构和识别底层数据中的模式。具体而言，聚类分析旨在根据指定的特征将给定数据集划分为多个组，以便组内的数据点比不同组中的数据点更相似。

许多传统的聚类算法适用于或直接应用于基因表达数据。假定可以获得基因表达的二维矩阵，行代表众多基因，列代表不同的实验组。此表现形式可用于聚类的基因表达谱。图7.5展示了一个这样的例子，其中行表示不同的暴露特征，列为不同表达的基因。其目标是将表达谱组织到簇中，以便同一簇中的实例彼此高度相似，而来自不同簇的实例彼此之间的相似性较低。

由于基因表达数据的特殊性和生物领域的特殊要求，基于基因的聚类面临着一些挑战。

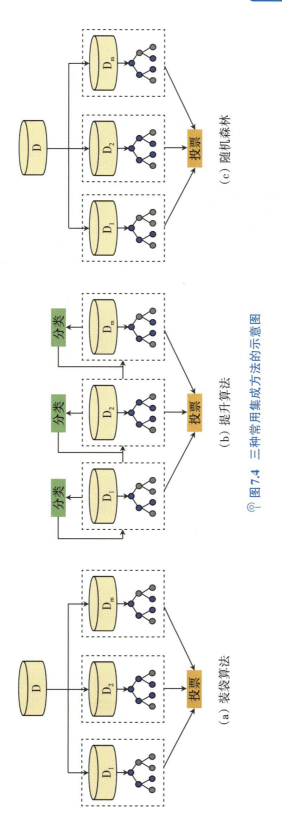

图7.4 三种常用集成方法的示意图

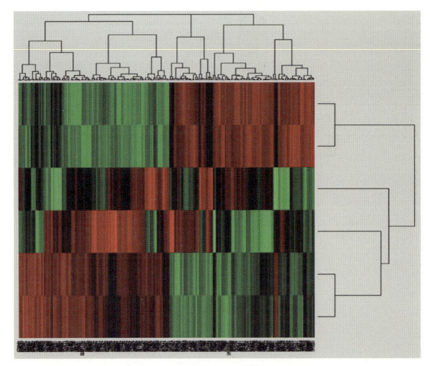

🔖 图7.5 多重暴露处理后典型基因表达谱的欧氏距离分层聚类

首先，聚类分析是数据挖掘和知识发现中的典型应用，对基因表达数据进行聚类的目的是揭示自然的数据结构，并对数据分布有一些初步的了解。因此，一个好的聚类算法应该尽可能少地依赖于先验知识，这在聚类分析之前通常是不可用的。例如，能够准确估计数据集中"真实"聚类数的聚类算法要比需要预定聚类数的算法更受青睐。其次，由于微阵列实验的复杂过程，基因表达数据往往含有大量的噪声。因此，基因表达数据的聚类算法应该能够从高水平的背景噪声中提取有用的信息。

再三，基因表达数据通常是"高度关联的"（Jiang et al., 2003a, 2003b），聚类可能彼此高度交叉，甚至相互嵌入（Jiang et al., 2003a, 2003b）。因此，基于基因的聚类算法应该能够有效地处理这种情况。

最后，微阵列数据的用户可能不仅对基因簇感兴趣，但也要关注簇之间的关系（例如，哪些簇彼此更接近，哪些簇彼此远离）以及同一簇内基因之间的关系（例如，哪些基因可以被视为簇的代表，哪些基因位于簇的边界区域）。在这方面，可用的方法包括K-均值算法（McQueen, 1967）、自组织映射（SOP）方法（Kohonen, 1984）、层次聚类算法、图论方法（Shamir et al., 2000; Ben Dor et al., 1999）、模式聚类方法（Agrawal et al., 1994; Han et al., 2003; Seno et al., 2001），以及基于模型的聚类（Dasgupta et al., 1998; Fraley et al., 1998）。

🌱 分层聚类

层次聚类生成一系列嵌套的层次簇，可以用树图形表示，称为系统树图，如图7.6所示。

系统树图的分支不仅记录了簇的形成，还表明了簇之间的相似性。通过在一定程度上切割系统树图，我们可以获得指定数量的簇。通过对对象重新排序，使相应系统树图的分支不会交叉,数据集可以与放置在一起的类似对象一起排列。根据层次系统树图的形成方式,层次聚类算法可进一步分为凝聚聚类算法和分裂聚类算法。凝聚算法(自下而上方法)首先将每个数据对象视为一个单独的簇,并在每个步骤中合并最近的一对簇,直到所有组合并为一个簇。

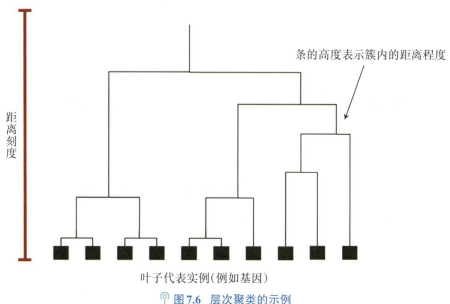

图7.6 层次聚类的示例

分裂算法(自上而下的方法)从一个包含所有数据对象的簇开始,并在每一步分割一个簇,直到只剩下单个对象的单个簇。对于凝聚算法,簇邻近性的不同度量,如单链路、完整链路和最小方差(Dubes,1988;Kaufman et al.,2008),衍生出各种合并策略。对于分裂算法,关键问题是决定如何在每一步分割簇。

模式挖掘

关联规则可以揭示不同基因之间或环境效应与基因表达之间的生物学相关关联。关联规则的形式为LHS→RHS,其中LHS和RHS是不相交的项目集,只要LHS集出现,RHS集就有可能出现。基因表达数据中的项目可以包括高度表达或抑制的基因,以及描述基因细胞环境的相关事实。因此,它是一种常用的方法,用于检测无监督学习系统中的局部模式并表示数据中的特征值条件。分析大型基因组数据有两个重要目标:

第一,确定特定基因的表达如何影响其他基因的表达,这种情况下涉及的基因可能属于同一个基因调控网络,即一组基因以非随机模式共同表达,以编码调节生物功能的特定蛋白质。

第二,为确定哪些基因在特定细胞条件下被表达。例如,哪些基因在疾病细胞中表达而在健康细胞中不表达

先验算法

最基本的基于连接的算法是先验方法(Agrawal et al.,1994)。先验方法使用逐级方

法，在该方法中，所有长度为 k 的频繁项集在长度为 $k+1$ 的频繁项集之前生成。先验算法的主要观察结果是，频繁模式的每个子集也是频繁的。因此，可以使用连接从已知的长度为 k 的频繁模式生成长度为 $k+1$ 的频繁模式的候选者。联接由至少有 $k-1$ 个公共项的频繁 k 模式对来定义。此方法标识数据集中的频繁项，即支持度最低的项。这里支持度(S)定义为数据集中包含项目集的记录所占的比例。这种方法的一个优点是它是自下而上的，因此可以扩展到数据集中经常出现的较大项目集。图7.7显示了数据库 D 中先验方法的实施过程。

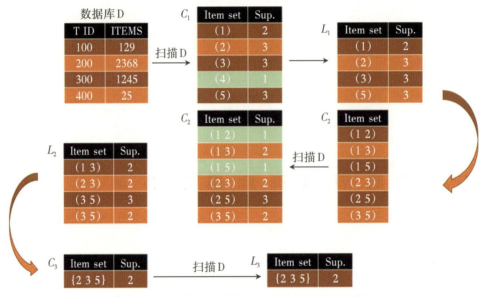

图7.7 先验方法在数据库 D 上的实施错误和观念

频繁模式树增长算法(FP - Growth)

最流行的频繁项集挖掘算法是频繁模式树增长算法(FP-Growth)(Han et al., 2000)。该算法的主要目的是消除先验算法在生成和测试候选集时的瓶颈。先验算法要解决的问题为：引入一种称为频繁模式树(FP-tree)的全新紧凑数据结构，并在此基础上提出了一种基于频繁模式树的模式片段增长方法。使用垂直和水平数据库布局相结合的方式将数据库存储在主内存中。它不是为数据库中的每个项目存储表面，而是以树形结构存储数据库中的实际事务，并且每个项目都有一个链接列表，其中包含该项目的所有事务。这种新的数据结构由频繁模式树(FP-tree)表示(Han et al., 2003)。本质上，所有事务都存储在树数据结构中。这种方法的优点在于它避免了大量候选模式集的迭代扫描和生成，并产生了一个更紧凑的模式集。

长模式挖掘算法(LPMine)

长模式挖掘算法(LPMiner)(Seno et al., 2001)基于 FP-growth 方法，使用伪频繁模式。其背后的主要思想是，最小频率阈值随模式长度的减小而减小，从而产生较少数量的伪频繁模式。因此，引入了一个附加约束，即长度递减支撑约束。使用该方法可以找到频繁项，频繁项的支撑度作为项长函数而减小。该方法将FP-tree数据结构与剪除过程相结合,其速度明显快于FP-growth方法。然而,它在处理短期指标数据集时存在问题。

❹ 联合通路分析——了解疾病机制

转录组学、表观基因组学、蛋白质组学和代谢组学分析结果可映射到调控途径上,这些途径将被联合起来并使用综合系统生物学软件进行分析,如安捷伦GeneSpring生物数据分析软件。这种分析的目的是将多组学反应整合到Manrai等(2016)所描述的与生物合理性有关的内暴露毒性通路相互作用的机制描述中。先进的生物信息学算法将被用于识别一般性的、生物相关性的节点,通过几个途径来识别数量有限的毒性通路。这种方法有望确定不同生物学尺度下细胞稳态外的起始调节通路所调控的最关键的调节通路节点。从而确定AOPs的潜在候选者,并调查所提出的AOPs的生物学合理性。后者将通过开发人类健康结果的生物途径模型来获得。此外,共同通路分析对于克服AOPs的严重缺陷至关重要;AOPs天生具有通路特异性,除了那些界定AOPs情况的关键事件之外,它们无法预测其他分子扰动所造成的毒性影响。然而,即使相应的化学应激源的毒作用模式(MoAs)不同,在几个有害结局路径之间也常常有共同的节点。在处理联合暴露时,这一点非常重要,在这种情况下,几种毒理学通路应该汇聚到一起,整合到更大的AOPs网络中。确定的相关毒性通路能够确定分子启动事件,进而导致对与相应AOPs相关的关键事件关系(KERs)的定量理解。

因此,除了队列研究或体外研究提供的实验数据之外,对于特定关键事件有关的数据缺口来说,这些数据将通过计算预测的AOPs(cpAOP)网络来填补,这些网络可以被探测以产生聚焦子网络,如cpAOP子网络。这些知识源将被用于利用可获取的体内数据确定表型。AOPs是以线性方式排列的,从分子启动事件发展到不良结局。不能假设分子启动事件的识别总是会导致有害结局,因为需要大量的因素来定量理解关键事件和其关系之间的联系。这个问题将通过研究毒性途径的剂量依赖性激活而不是单个关键事件来解决。此外,对不同暴露时间长度后获得的多组学数据进行联合通路分析,将使我们能够区分与病理相关的持续性反应和适应性反应。

要使用AOPs方法进行监管风险评估,需要建立定量的AOPs,并定义触发下游关键事件(KE)或有害结局的分子启动事件的阈值。所研究混合物的浓度范围可以与环境相关的暴露进行比较。KE阈值不仅需要根据被调查混合物的剂量,而且还需要根据触发和维持特定KE所需的暴露持续时间来确定。综合暴露时间内的数据,将建立与持续关键事件相关的基于生物学的剂量-时间响应模型。最后,基于该信息,可以为相关健康终点新效应标志物的确定制定策略。基于这些数据得出区分适应性和病理相关分子变化的预测性生物标志物,需要对产生的大量数据进行预处理,发现特定的数据模式和/或数据簇,基于训练数据集创建数据模型,最后基于测试数据评估该模型的有效性和预测能力。生物标志物证据将被用来验证有关成熟AOPs的机制假说。

5 转录组学在暴露组框架中的应用

 引言

  毒理基因组学是集高通量基因表达技术、生物信息学和毒理学于一体的学科，它得益于制药工业对预测毒理学和基于机理的毒理学的大量投资，这些投资的目的是更快更经济地确定候选药物(Lesko et al., 2004; Yang et al., 2004)。美国食品药品监督管理局和美国国家环境保护局等监管机构也认识到毒理基因组学的潜力，并鼓励使用和提交补充毒理基因组学数据，以便将其纳入已提交的申请和监管决策之中(Hackett et al., 2003)。欧洲在2006年引入了新的化学品安全规定(REACH)，相关法律文本的序言鼓励科学界研究毒理基因组学如何更好地为化学物质的风险评估提供信息。

  然而，利用转录组学进行风险评估，特别是更好地了解在各种环境和微环境中遇到的多种组成部分所涉及的环境风险仍然是有限的。转录组学的一个主要优点是它提供了对环境暴露早期影响的洞察力；考虑到近年来AOPs的出现，这一点特别重要。在AOPs的背景下，转录组学可以有效地描述触发各种AOPs激活的分子启动事件。为了达到这个目的，接下来的研究中转录组学应用在理解公认健康应激原的两种混合物，即室内空气和多环芳烃(主要与室外空气污染有关)的早期效应差异的情景下得到了证明。通过大量的流行病学和毒理学研究，室内和室外空气污染与严重的健康问题有关，例如呼吸道和心血管疾病、动脉粥样硬化、癌症、儿童哮喘和其他过敏性气道疾病(Brunekreef et al., 2002; Fiedler et al., 2005)。

  目前评估空气污染对人类健康影响的科学范式主要是基于对流行病学数据的分析。尽管将空气污染与不良健康后果联系起来的流行病学证据正在稳步增加，但在造成与空气污染有关的健康影响的实际生物机制方面仍然存在众多空白(Fiedler et al., 2005)。

  然而，由于环境中存在的化学混合物的复杂性以及与毒物代谢动力学和毒物效应动力学中的化学间差异相关生物反应的复杂性，有关空气污染物的现有毒理学数据往往难以描述。虽然存在着毒性作用分组的类似或独立机制的可加性模型，但尚未开发出综合模型来研究复杂异质混合物中存在的化学物质之间的相互作用，例如我们呼吸空气中存在的化学物质(Brunekreef et al., 2002)。因此，为更好地理解不同来源的空气污染混合物是如何对人类健康产生影响的(Sarigiannis et al., 2015)，为建立目标明确、成本-效益明显的干预措施框架，找出超出传统流行病学和毒理学所提供信息的其他见解是非常必要的。

材料和方法

整体研究设计

在本文以示例方式描述的研究中,我们应用毒理学基因组学方法来评估来源于支气管肺系培养的人类细胞(A549)基因表达的调节,这些细胞暴露于代表欧洲典型室内空气的室内空气化学混合物,如 INDEX 审查(Kotzias et al., 2005)中定义的那样,或从意大利米兰的城市空气样本中提取的多环芳烃(PAH)的混合物。该方法利用了 Applied Biosystems 公司开发的"全基因组微阵列"检测技术分析。确定了每种被测试的混合物特定的生物学过程和分子功能,这表明基因组技术可能是促进和加快理解复杂空气混合物相互作用的有效工具。图 7.8 提供了我们遵循的整体毒理基因组学方法论的示意图。

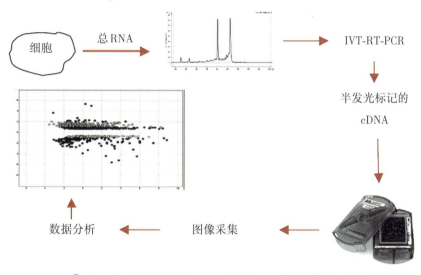

图 7.8 毒理基因组学方法中所遵循的方法学步骤示意图

细胞培养处理

A549 细胞于 37℃含 5%二氧化碳的条件下,培养于含 10%胎牛血清的 F12K 培养液。细胞过夜稳定后,暴露于室内空气化学混合物(INDEX)或从城市空气中提取的多环芳烃混合物。表 7.1 列出了 INDEX 中确定的室内空气中主要的化合物成分(Kotzias et al., 2005)以及细胞处理中使用的混合物中每种化学品的实际剂量。对于 INDEX 中的每一种化合物,先在二甲基亚砜中配制 10 倍原液,然后将这些溶液在适当的培养基中稀释成 1 倍的工作溶液,再将重组后的混合物加入到细胞培养基中。

表 7.2 列出了来自米兰的城市多环芳烃混合物的组成。

表7.1 在INDEX中已鉴定的挥发性有机化合物清单

化 学 物	环 境 浓 度(μg/m³)	细胞处理中使用的剂量(μg/L)
芳烃		
苯	3~23	10
萘	2~46	20
苯乙烯	1~5	1
甲苯	25~130	50
间对二甲苯	25~55	10
邻二甲苯	8~15	10
醛		
乙醛	8	6
甲醛	21~31	25
萜烯		
a-蒎烯	7~18	12
柠檬烯	19~56	40

表7.2 意大利米兰环境空气中PAHs混合物的化学成分

化 学 物 质	浓　　度(pg/m³)
芴	11
菲	122
蒽	20
氟蒽	247
芘	318
苯并(a)蒽	218
金黄色葡萄球	385
苯并(k)氟蒽	441
苯并(a)芘	392
茚(1,2,3-c,d)芘	569
二苯并(a,h)蒽	37
苯并(g,h,i)苝	823

制备1 g/mL环芳烃二甲基亚砜(DMSO)原液。实验前配置0.5 mg/mL作液,现用现配,加入培养基中,将配好的培养基加入细胞培养板中。细胞溶液中二甲基亚砜的最终浓度为0.1%。对照组样本加入0.1%二甲基亚砜(DMSO)。处理24 h后,收集细胞,在1倍的PBS中洗涤,立即在含有硫氰酸胍和巯基乙醇的裂解缓冲液中裂解,按照Qiagen RNasy迷你试剂盒的RNA提取方案进行操作。立即裂解是可靠的基因表达分析的绝对先决条件。裂解产物可以在-80 ℃保存,也可以立即进行RNA提取。

RNA制备

根据制造商的方案,使用Qiagen Rnasy迷你试剂盒从细胞中提取总RNA。用Agilent 2100生物分析仪(美国Agilent科技)验证提取RNA的质量。用分光光度法定量RNA,然后在-80 ℃条件下储存直到使用。

芯片杂交

所有的微阵列芯片实验都是使用基于化学发光检测的应用生物系统表达阵列系统进行的。人类基因组调查阵列包含大约32 000个60聚体寡核苷酸探针,以及大约1 000个对照探针。

简而言之,使用应用生物系统化学发光纳米安培RT-IVT标记试剂盒对每个样品中1μg的总RNA进行逆转录、扩增和地高辛标记(DIG-dUTP;Roche,Germany)。用Agilent 2100生物分析仪控制地高辛标记的cRNA的数量和质量。

每个微阵列先在含有封闭剂的杂交缓冲液中经55 ℃预杂交1 h,然后与15 μg地高辛标记的碎片化cRNA在55 ℃下杂交16 h。并以LIZ荧光染料标记的24聚体寡核苷酸(ICT)为内对照。

杂交后,用杂交洗涤缓冲液和化学发光漂洗缓冲液清洗阵列。先与抗地高辛-碱性磷酸酶孵育阵列,再用化学发光增强液增强,最后加入化学发光底物,进而产生增强的化学发光信号。

在应用生物系统1700化学发光微阵列芯片分析仪上进行微阵列的化学发光信号检测、图像采集和图像分析。图像自动网格化,化学发光信号量化,背景校正,斑点和空间归一化。

芯片数据分析

应用生物系统表达系统软件提取检测信号,并测定芯片图像的信噪比(S/N)。软件标记的不适用的点已从分析中删除。在研究中仅包括平均归一化信号强度高于5 000、背景中值低于600的微阵列芯片。将信号强度导入AB1700Guide©(Integromics,S.L.,Spain)后使用该软件对其余基因集合的检测信号跨阵列(生物导体,R基础统计计算,ABarray库)进行分位数间归一化。采用标准表达阵列系统信噪比阈值(至少一个样本的信噪比大于3,质量标志<5 000)对基因进行筛选以便选出顺式表达的基因。

具有最小p值的基因($p<0.05$,t检验)被确定为显著差异表达基因的候选基因。计算每个基因的差异倍数(处理与对照实验信号比)数据样本。芯片分析的Spotfire Decision Site(Spotfire,Inc)用于结果的图形表示。

使用PANTHER(通过进化关系进行蛋白质分析)分类系统评估重要探针集合与典型途径、分子功能和生物功能的相关性(Sarigiannis et al.,2009)。将表达的基因与应用生物系统人类基因组调查阵列上的全部基因进行了比较。使用观察到的表达基因的数量与某个注释组内偶然预期的数量进行对比,通过二项式统计来确定统计上显著过多和显著不足的注释类别。$p>10^{-2}$的类别被排除在外。

结果与讨论

室内空气混合物暴露与多环芳烃暴露下A549细胞的基因表达分析对比

当RNA完整性数据被提供给生物分析仪即可给出一个评价,所有RNA样品是高质量的。在1~10的范围内,所有样本的这些值都大于等于9.5,其中值等于10被认为是完全完整的。

图7.9显示了在每次处理中显著不同的基因数量,并根据差异倍数值进行分组。同时还报道了两种处理方法共同调控的基因数量。

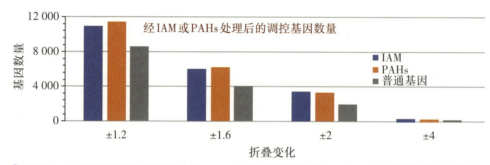

图7.9 A549细胞经室内空气混合物(IAM)或多环芳烃混合物(PAHs)处理后的调控基因数量。根据差异倍数值对基因进行分组,并报告了两种处理共同调控的基因数量。

使用PANTHER评估这些基因与典型途径、生物过程和分子功能的相关性。图7.10列出了差异倍数为2的调控基因在重要生物学过程中的分类。

关注$p<10^{-2}$的类别并加粗显示。显然这里有三组不同的生物过程类别:第一组有11个类别,专门用于室内空气混合物的处理;第二组有10个类别,专门用于多环芳烃的处理;最后一组有26个类别,包括用两种化学空气混合物之一处理的A549细胞中的显著生物学过程。

在第一组用室内空气化学物质(IAM)处理的细胞中,最显著的两个生物学过程是染色体分离(38个基因,$p=6.8E-07$)和胞质分裂(30个基因,$p=6.0E-05$),所有这些基因都参与了细胞分裂过程。

与A549细胞暴露于典型城市环境空气多环芳烃混合物相关的最显著基因表达改变与蛋白质磷酸化(110个基因,$p=7.5E-04$)和蛋白质修饰(98个基因,$p=1.9E-04$)有关。此外,在这些处理后,与细胞增殖和分化以及涉及细胞外基质蛋白的细胞-细胞信号相关的基因被显著调节。

室内空气混合物和多环芳烃混合物处理都显著调节了26个生物过程类别的基因表达:蛋白质生物合成、蛋白质代谢和修饰、蛋白质靶向和定位、蛋白质复合物组装、蛋白质折叠和细胞结构。

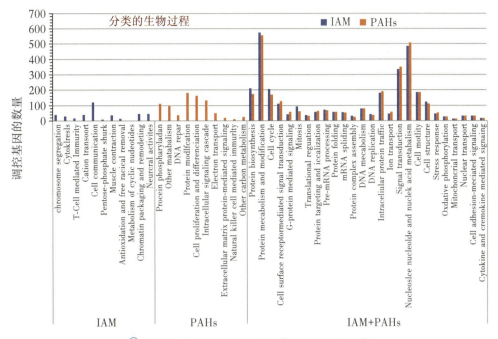

图7.10 PANTHER分析分类的生物过程列表

通过基因表达分析鉴定出的具有双重变化值的调控基因按生物学过程进行分类。在此考虑并提出了涉及每个生物过程的基因数量。仅关注 $p<10^{-2}$ 的类别并用粗体字标注。

为了确定IAM或多环芳烃混合物调控的生物过程的特异性特征,我们主要关注那些在处理后上调或下调4倍以上的基因上。尽管我们应用了严格的截止值,但两个处理组的调控基因数量仍然很高:暴露于INDEX综述中鉴定的混合物后有325个显著调控基因,用多环芳烃处理的细胞中有289个调控基因。图7.11显示了用两种化学空气混合物之一处理的A549细胞中显著过高和过低的生物学过程。在这个基因列表中,$p<10^{-2}$ 的类别被考虑并以粗体字报告。

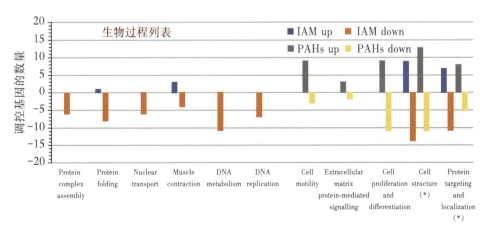

图7.11 PANTHER分析分类的生物过程列表

通过基因表达分析鉴定出的4倍表达的调控基因按生物学过程进行分类。报道了上调和下调调控基因的数量。这里只考虑并呈现出那些 $p<10^{-2}$ 的类别。星号表示同时受室内和室外处理影响的生物过程。

从室内空气化学物质(IAM)混合物处理的细胞中,变化最显著的基因群体(18个基因,$p=5.7E-05$)属于包含蛋白质靶向和定位的生物过程类别;这一类别包括蛋白质分布到适当亚细胞位置(包括细胞骨架组织)的过程。负责蛋白质折叠和催化蛋白质复合物组装过程的蛋白质分别与9个和6个调控基因相关($p=8.9E-04$ 和 $p=4.6E-04$)。其中6个基因($p=3.4E-03$)与核转运相关,7个基因与肌肉收缩相关($p=8.2E-03$)。DNA代谢和DNA复制过程分别涉及11个和7个基因,p值约为 E-03。至少有23个对应于细胞结构生物学过程类别的基因($p=7.8E-03$)因IAM暴露而发生改变。

暴露于多环芳烃(PAHs)混合物的A549细胞相关的最显著基因表达修饰与细胞运动性(12个基因,$p=4.6E-04$)及涉及到细胞外基质蛋白的细胞-细胞信号通路(5个基因,$p=6.4E-04$)有关。20个被鉴定的调控基因被归类为细胞增殖和分化范畴($p=4.2E-03$),证实了暴露细胞中多环芳烃的增殖活性(Svihalkova-Sindlerova et al., 2007)。室内空气混合物和多环芳烃混合物处理均能显著调控两种生物过程类别中的基因表达:蛋白质靶向定位和细胞结构。当差异倍数为4时,相同的生物过程类别,如蛋白质复合物组装、蛋白质折叠、核转运、DNA代谢、DNA复制及细胞死亡的分布发生了重组。差异倍数为2时,以上类别受室内空气和多环芳烃混合物的调节。用更高的差异倍数剪切,基因的数量减少,生物过程的意义变得更具有选择性,通过这种方法,我们可以识别出两种不同混合物中每一种特定的调控基因。鉴于显著调控基因的分子功能观察到了相同的变化趋势,$p<10^{-2}$(图7.12)。

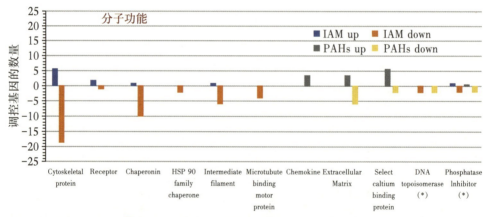

图7.12 PANTHER分析得出的分子功能列表

记录了分子功能组中具有四倍变化值上下调控基因的数量。只考虑$p<10^{-2}$的类别。星号(*)表示分子功能受两种处理的影响(室内和室外)。

用室内空气混合物处理的细胞中,编码细胞骨架蛋白的25个基因属于分子功能,p值为$3.5E-05$,编码受体的三个基因p值为$1.3E-05$。编码伴侣蛋白(11个基因,$p=4.5E-03$)和一个伴侣蛋白家族(2个基因,$p=4.3E-03$)的基因,它们作为细胞质蛋白与新生多肽或未折叠多肽结合,确保其正确折叠或运输,也同样被调控。中间丝(7个基因,$p=3.4E-03$)和微管结合运动蛋白(4个基因,$p=6.6E-3$)是可被室内空气混合物暴露显著调控的其他分子功能。这些结果说明,改变最显著的分子功能涉及形成细胞灵活框架的基因,该框架为细胞器提供附着点并确保细胞间通信功能。

与多环芳烃混合物暴露相关的最显著分子功能修饰与编码趋化因子(4个基因,$p=1.6E-$

03)、细胞外基质蛋白(10个基因,p=5.0E-03)、选择钙结合蛋白(8个基因,p=9.2E-03)的基因有关。只有两个分子功能(DNA拓扑异构酶和磷酸酶抑制剂)同时参与了两个处理,p值为1E-03。

与多环芳烃相比,由室内空气化学物质调控的更大的生物化学活动模式似乎反映了室内空气化学物复杂的组分,包括芳香族化合物、醛和萜烯。有趣的是,暴露于室内空气混合物比暴露于多环芳烃可诱导更显著的基因下调,证实了这两种化学混合物毒性作用方式存在明显差异。深入分析包括p53通路(有效调控细胞生命和凋亡,因此与癌变的发生密切相关)在内的参与关键调控过程的基因表达模式后,发现其在暴露于整体室内空气混合物的不同化学组分之后表现出显著的差异(见图7.13)。

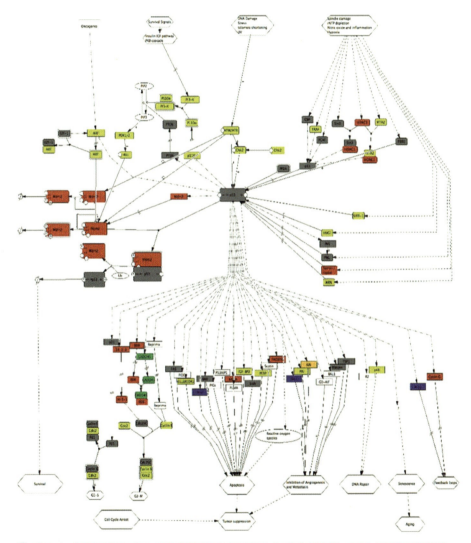

图7.13 暴露于整体室内空气混合物和其主要的化学族组成后,参与p53调控途径的基因集表达的差异调节

红色,只有暴露在整体室内空气混合物后才调控表达的基因;绿色,只受芳香族化合物影响的基因;橙色,被醛类影响的基因;蓝色,只受萜烯影响的基因;黄色,暴露于所有变量后调控表达水平的基因。

将这些复杂的基因调控网络连同它们调控的相关生物和生理过程进行对比分析,可得出关于明确的不良后果通路背后的分子启动和关键事件的重要结论。即使经过不同化学族和整体混合物处理后存在大量表达水平被调控的基因,但在基因表达调控层面上,化学混合物组分之间的分子指纹和协同效应可以被识别。更有趣的是,这些指纹通常与特定的生物过程有关(比如诱导细胞存活),也就是说,相较于混合物中任何化学组分的单独处理,暴露于整体室内空气混合物潜在的致癌性显著增高(见图7.13中与细胞存活相关的大量红框)。反之亦然,受萜烯(图7.13中蓝色标记)暴露影响的基因与细胞凋亡调控、抑制血管生成和转移以及细胞间信号反馈回路的诱导相关。这样的分析为靶向多组学研究提供了动力,从而可以有效揭示连接暴露物和人类疾病出现的复杂网络。

小结

本文阐述了多组学的功能和转录组学在组学领域的地位,以及特有的统计和计算方法。转录组学的特殊用途已经在复杂化学混合物暴露后"早期事件"的完整基因组反应分析实例中得到了证明。本文报道的结果清楚地表明,转录组学方法有助于理解暴露于复杂环境混合物(如室内和室外空气)所调节的广泛的生物过程和生化效应。本研究采用的毒物基因组学方法是为了响应对化学混合物作用机制和模式合理描述的发展的建议。在此背景下,主要目标是确定生物反应中的"关键事件",以便更好地对混合物产生的风险进行关键评估。研究结果表明,使用毒理基因组学中先进的分子和系统生物学方法可以促进合适生物标志物的选择以描述不同化学混合物引起的反应。目前仍然存在的挑战是全面整合不同来源化学和生物数据,包括毒物基因组学等高通量技术,以阐明与毒性相关的机制和网络,并开发能准确预测阈值和暴露-反应函数的定量模型。

作者感谢欧盟委员会通过第603946号赠款(通过大规模人口调查来研究健康与环境的联系)提供的支持,该赠款由欧盟第七个研究和技术发展框架计划资助。

(翻译:郑唯韡)

Aebersold R,Mann M(2003)Mass spectrometry-based proteomics. Nature 422(6928):198-207

Agrawal R, Srikant R (1994) Fast algorithms for mining association rules in large databases. In: VLDB conference, pp 487-499

Agyeman AS, Chaerkady R, Shaw PG, Davidson NE, Visvanathan K, Pandey A, Kensler TW (2012) Transcriptomic and proteomic profiling of KEAP1 disrupted and sulforaphane-treated human breast epithelial cells reveals common expression profiles. Breast Cancer Res Treat 132(1): 175-187. https://doi.org/10.1007/s10549-011-1536-9

Allison DB, Cui X, Page GP, Sabripour M (2006) Microarray data analysis: from disarray to consolidation and consensus. Nat Rev Genet 7(1): 55-65. https://doi.org/10.1038/nrg1749

Altman RB, Raychaudhuri S (2001) Whole-genome expression analysis: challenges beyond clustering. Curr Opin Struct Biol 11(3): 340-347. https://doi.org/10.1016/s0959-440x(00)00212-8

Ankley GT, Bennett RS, Erickson RJ, Hoff DJ, Hornung MW, Johnson RD, Mount DR, Nichols JW, Russom CL, Schmieder PK, Serrrano JA, Tietge JE, Villeneuve DL (2010) Adverse outcome pathways: a conceptual framework to support ecotoxicology research and risk assessment. Environ Toxicol Chem 29(3): 730-741

Audouze K, Juncker AS, Roque FJ, Krysiak-Baltyn K, Weinhold N, Taboureau O, Jensen TS, Brunak S (2010) Deciphering diseases and biological targets for environmental chemicals using toxicogenomics networks. PLoS Comput Biol 6(5): e1000788. https://doi.org/10.1371/journal.pcbi.1000788

Ben-Dor A, Shamir R, Yakhini Z (1999) Clustering gene expression patterns. J Comput Biol 63(3/4): 281-297

Boezio B, Audouze K, Ducrot P, Taboureau O (2017) Network-based approaches in pharmacology. Molecular Inform 36(10), Wiley-VCH Verlag GmbH & Co. KGaA, Weinheim Borkowski K, Wrzesinski K, Rogowska-Wrzesinska A, Audouze K, Bakke J, Petersen RK, Haj FG, Madsen L, Kristiansen K (2014) Proteomic analysis of cAMP-mediated signaling during differentiation of 3 T3-L1 preadipocytes. Biochim Biophys Acta 1844(12): 2096-2107. https://doi.org/10.1016/j.bbapap.2014.07.015

Breiman L (1996) Bagging predictors. Mach Learn 24(2): 123-140

Breiman L (1998) Arcing classifiers (with discussion). Ann Stat 26(3): 801-849

Breiman L (2001) Random forests. Mach Learn 45(1): 5-32. https://doi.org/10.1023/a:1010933404324

Brunekreef B, Holgate ST (2002) Air pollution and health. Lancet 360(9341): 1233-1242. https://doi.org/10.1016/s0140-6736(02)11274-8

Chang B, Halgamuge SK (2002) Protein motif extraction with neuro-fuzzy optimization. Bioinformatics 18(8): 1084-1090

Ciriello G, Gatza ML, Beck AH, Wilkerson MD, Rhie SK, Pastore A, Zhang H, McLellan M, Yau C, Kandoth C, Bowlby R, Shen H, Hayat S, Fieldhouse R, Lester SC, Tse GM, Factor RE, Collins LC, Allison KH, Chen YY, Jensen K, Johnson NB, Oesterreich S, Mills GB, Cherniack AD, Robertson G, Benz C, Sander C, Laird PW, Hoadley KA, King TA, Perou CM (2015) Comprehensive molecular portraits of invasive lobular breast cancer. Cell 163(2): 506-519. https://doi.org/10.1016/j.cell.2015.09.033

Dasgupta A, Raftery AE (1998) Detecting features in spatial point processes with clutter via modelbased clustering. J Am Stat Assoc 93(441): 294-302

Dong G, Zhang X, Wong L, Li J (1999) CAEP: classification by aggregating emerging patterns. In: Springer-Verlag (ed) Proceedings of the second international conference on discovery science, pp 30-42

Dubes R (1988) Algorithms for clustering data. Prentice Hall, Englewood Cliffs, NJ

Dumas ME, Domange C, Calderari S, Martinez AR, Ayala R, Wilder SP, Suarez-Zamorano N, Collins SC, Wallis RH, Gu Q, Wang Y, Hue C, Otto GW, Argoud K, Navratil V, Mitchell SC, Lindon JC, Holmes E, Cazier JB, Nicholson JK, Gauguier D (2016) Topological analysis of metabolic networks integrating co-segregating transcriptomes and metabolomes in type 2 diabetic rat congenic series. Genome Med 8(1):101. https://doi.org/10.1186/s13073-016-0352-6

Ebrahim A, Brunk E, Tan J, O'Brien EJ, Kim D, Szubin R, Lerman JA, Lechner A, Sastry A, Bordbar A, Feist AM, Palsson BO (2016) Multi-omic data integration enables discovery of hidden biological regularities. Nat Commun 7:13091. https://doi.org/10.1038/ncomms13091

Fayyad UM, Piatetsky-Shapiro G, Smyth P (1996) Knowledge discovery and data mining: towards a unifying framework. In: Proceedings of the second international conference on knowledge discovery and data mining, p 82

Fiedler N, Laumbach R, Kelly-McNeil K, Lioy P, Fan ZH, Zhang J, Ottenweller J, Ohman-Strickland P, Kipen H (2005) Health effects of a mixture of indoor air volatile organics, their ozone oxidation products, and stress. Environ Health Perspect 113(11):1542-1548

Fraley C, Raftery AE (1998) How many clusters? Which clustering method? Answers via modelbased cluster analysis. Comput J 41(8):586-588

Freund Y, Schapire R (1996) Experiments with a new boosting algorithm. In: Proceedings of the thirteenth national conference on machine learning, pp 148-156

Garcia-Reyero N (2015) Are adverse outcome pathways here to stay? Environ Sci Technol 49(1):3-9. https://doi.org/10.1021/es504976d

Gasch A, Eisen M (2002) Exploring the conditional corregulation of yeast gene expression through fuzzy k-means clustering. Genome Biol 3:1-22

Gevaert O, De Smet F, Timmerman D, Moreau Y, De Moor B (2006) Predicting the prognosis of breast cancer by integrating clinical and microarray data with Bayesian networks. Bioinformatics 22(14):e184-e190. https://doi.org/10.1093/bioinformatics/btl230

Hackett JL, Lesko LJ (2003) Microarray data--the US FDA, industry and academia. Nat Biotechnol 21(7):742-743. https://doi.org/10.1038/nbt0703-742

Han J, Pei H, Yin Y (2000) Mining frequent patterns without candidate generation. In: Conference on the management of data, ACM Press, Dalas Han J, Pei J, Yin Y, Mao R (2003) Mining frequent patterns without candidate generation: a frequent-pattern tree approach. Data Min Knowl Discov 8:53-87

Hao Q, Yadav R, Basse AL, Petersen S, Sonne SB, Rasmussen S, Zhu Q, Lu Z, Wang J, Audouze K, Gupta R, Madsen L, Kristiansen K, Hansen JB (2015) Transcriptome profiling of brown adipose tissue during cold exposure reveals extensive regulation of glucose metabolism. Am J Phys Endocrinol Metab 308(5):E380-E392. https://doi.org/10.1152/ajpendo.00277.2014

Hirschhorn JN, Daly MJ (2005) Genome-wide association studies for common diseases and complex traits. Nat Rev Genet 6(2):95-108. https://doi.org/10.1038/nrg1521

Jiang D, Pei J, Zhang A (2003a) Interactive exploration of coherent patterns in time-series gene expression data. In: Proceedings of the ACM SIGKDD international conference on knowledge discovery and data mining, pp 565-570. https://doi.org/10.1145/956750.956820

Jiang D, Pei J, Zhang A (2003b) DHC: a density-based hierarchical clustering method for timeseries gene expression data. In: BIBE2003 (ed) 3rd IEEE international symposium on bioinformatics and bioengineering, Bethesda, Maryland, 10-12 Mar 2003

Jones DT (2001) Protein structure prediction in genomics. Brief Bioinform 2(2):111-125

Kaufman L, Rousseeuw PJ (2008) Finding groups in data: an introduction to cluster analysis. Wiley, New York

Kohonen T (1984) Self-organization and associative memory. Spring, Berlin

Kongsbak K, Vinggaard AM, Hadrup N, Audouze K (2014) A computational approach to mechanistic and predictive toxicology of pesticides. ALTEX 31(1):11-22. https://doi.org/10.14573/altex.1304241

Kotzias P, Koistinen K, Kephalopoulos S, Schlitt C, Carrer P, Maroni VI, Jantunen MJ, Cochet C, Kirchner S, Lindvall T, McLaughlin J, Molhave L, Fernandes E, Seifert B (2005) The INDEX project: critical appraisal of the setting and implementation of indoor exposure limits in the EU. EUR 21590 EN. doi: Cited By (since 1996) 1 Export Date 17 April 2012

Kuncheva L (2004) Combining pattern classifiers: methods and algorithms. Wiley, New York

Larranaga P, Calvo B, Santana R, Bielza C, Galdiano J (2003) Machine learning in bioinformatics. Brief Bioinform 7(1):86-112

Lesko LJ, Woodcock J (2004) Translation of pharmacogenomics and pharmacogenetics: a regulatory perspective. Nat Rev Drug Discov 3(9):763-769. https://doi.org/10.1038/nrd1499

Li T, Wernersson R, Hansen RB (2017) A scored human protein-protein interaction network to catalyze genomic interpretation. Nat Methods 14(1):61-64. https://doi.org/10.1038/nmeth.4083

Linkov I, Massey O, Keisler J, Rusyn I, Hartung T (2015) From "weight of evidence" to quantitative data integration using multicriteria decision analysis and Bayesian methods. ALTEX 32(1):3-8. https://doi.org/10.14573/altex.1412231

Manrai AK, Cui Y, Bushel PR, Hall M, Karakitsios S, Mattingly C, Ritchie M, Schmitt C, Sarigiannis DA, Thomas DC, Wishart D, Balshaw DM, Patel CJ (2016) Informatics and data analytics to support exposome-based discovery for public health. Annu Rev Public Health 38:279-294. https://doi.org/10.1146/annurev-publhealth-082516-012737

Martinez R, Collard M (2007) Extracted knowledge: interpretation in mining biological data, a survey. Int J Comput Sci Appl 1:1-21

McQueen JB (1967) Some methods for classification and analysis of multivariate observations. In: Press UoC (ed) Fifth Berkeley symposium on mathematical statistics and probability, University of California Press, Berkeley, pp 281-297

Perkins EJ, Antczak P, Burgoon L, Falciani F, Garcia-Reyero N, Gutsell S, Hodges G, Kienzler A, Knapen D, McBride M, Willett C (2015) Adverse outcome pathways for regulatory applications: examination of four case studies with different degrees of completeness and scientific confidence. Toxicol Sci 148(1):14-25. https://doi.org/10.1093/toxsci/kfv181

Pleil JD (2012) Categorizing biomarkers of the human exposome and developing metrics for assessing environmental sustainability. J Toxicol Environ Health B Crit Rev 15(4):264-280. https://doi.org/10.1080/10937404.2012.672148

Sarigiannis D, Gotti A, Cimino Reale G, Marafante E (2009) Reflections on new directions for risk assessment of environmental chemical mixtures. Int J Risk Assess Manag 13(3-4):216-241

Sarigiannis DA, Kermenidou M, Nikolaki S, Zikopoulos D, Karakitsios SP (2015) Mortality and morbidity attributed to aerosol and gaseous emissions from biomass use for space heating. Aerosol Air Qual Res 15(7):2496-2507

Saykin AJ, Shen L, Yao X, Kim S, Nho K, Risacher SL, Ramanan VK, Foroud TM, Faber KM, Sarwar N, Munsie LM, Hu X, Soares HD, Potkin SG, Thompson PM, Kauwe JS, Kaddurah-Daouk R, Green RC, Toga AW, Weiner MW (2015) Genetic studies of quantitative MCI and AD phenotypes in ADNI: progress, opportunities, and plans. Alzheimers Dement 11(7):792-814. https://doi.org/10.1016/j.jalz.2015.05.009

Schapire R, Freund Y, Bartlett P, Lee WS (1998) Boosting the margin: a new explanation for the effectiveness of voting methods. Ann Stat 26(5):1651-1686

Seno M, Karypis G (2001) LPMiner: an algorithm for finding frequent itemsets using lengthdecreasing support constraint. In: 1st IEEE conference on data mining Shamir R, Sharan R (2000) Click: a clustering algorithm for gene expression analysis. In: AAAI Press (ed) 8th international conference on intelligent systems for molecular biology (ISMB '00)

Shatkay H, Edwards S, Wilbur WJ, Boguski M (2000) Genes, themes, microarrays: using information retrieval for large-scale gene analysis. Proc Int Conf Intell Syst Mol Biol 8:340-347

Svihalkova-Sindlerova L, Machala M, Pencikova K, Marvanova S, Neca J, Topinka J, Sevastyanova O, Kozubik A, Vondracek J (2007) Dibenzanthracenes and benzochrysenes elicit both genotoxic and nongenotoxic events in rat liver 'stem-like' cells. Toxicology 232(1-2):147-159. https://doi.org/10.1016/j.tox.2006.12.024

Szklarczyk D, Morris JH, Cook H, Kuhn M, Wyder S, Simonovic M, Santos A, Doncheva NT, Roth A, Bork P, Jensen LJ, von Mering C (2017) The STRING database in 2017: qualitycontrolled protein-protein association networks, made broadly accessible. Nucleic Acids Res 45(D1):D362-d368. https://doi.org/10.1093/nar/gkw937

Taboureau O, Audouze K (2017) Human Environmental Disease Network: a computational model to assess toxicology of contaminants. ALTEX 34(2):289-300. https://doi.org/10.14573/altex.1607201

Taboureau O, Jacobsen UP, Kalhauge C, Edsgard D, Rigina O, Gupta R, Audouze K (2013) HExpoChem: a systems biology resource to explore human exposure to chemicals. Bioinformatics 29(9):1231-1232. https://doi.org/10.1093/bioinformatics/btt112

TCGA (2011) Integrated genomic analyses of ovarian carcinoma. Nature 474(7353):609-615. https://doi.org/10.1038/nature10166

TCGA (2014) Comprehensive molecular characterization of urothelial bladder carcinoma. Nature 507(7492):315-322. https://doi.org/10.1038/nature12965

Valencia A, Pazos F (2002) Computational methods for the prediction of protein interactions. Curr Opin Struct Biol 12(3):368-373. https://doi.org/10.1016/s0959-440x(02)00333-0

Villeneuve DL, Crump D, Garcia-Reyero N, Hecker M, Hutchinson TH, LaLone CA, Landesmann B, Lettieri T, Munn S, Nepelska M, Ottinger MA, Vergauwen L, Whelan M (2014) Adverse outcome pathway development II: best practices. Toxicol Sci 142(2):321-330. https://doi.org/10.1093/toxsci/kfu200

Vitkina TI, Yankova VI, Gvozdenko TA, Kuznetsov VL, Krasnikov DV, Nazarenko AV, Chaika VV, Smagin SV, Tsatsakis AM, Engin AB, Karakitsios SP, Sarigiannis DA, Golokhvast KS (2016) The impact of multi-walled carbon nanotubes with different amount of metallic impurities on immunometabolic parameters in healthy volunteers. Food Chem Toxicol 87:138-147. https://doi.org/10.1016/j.fct.2015.11.023

Webb G, Zheng Z (2004) Multistrategy ensemble learning: reducing error by combining ensemble learning techniques. IEEE Trans Knowl Data Eng 16(8):980-991

Weiner MW, Aisen PS, Jack CR Jr, Jagust WJ, Trojanowski JQ, Shaw L, Saykin AJ, Morris JC, Cairns N, Beckett LA, Toga A, Green R, Walter S, Soares H, Snyder P, Siemers E, Potter W, Cole PE, Schmidt M (2010) The Alzheimer's disease neuroimaging initiative: progress report and future plans. Alzheimers Dement 6(3):202-211.e207. https://doi.org/10.1016/j.jalz.2010.03.007

Yan J, Risacher SL, Shen L, Saykin AJ (2017) Network approaches to systems biology analysis of complex disease: integrative methods for multi-omics data. Brief Bioinform. https://doi.org/10.1093/bib/bbx066

Yang Y, Blomme EA, Waring JF (2004) Toxicogenomics in drug discovery: from preclinical studies to clinical trials. Chem Biol Interact 150(1):71-85. https://doi.org/10.1016/j.cbi.2004.09.013

Zeng J, Zhu S, Yan H (2009) Towards accurate human promoter recognition: a review of currently used sequence features and classification methods. Brief Bioinform 10(5):498-508. https://doi.org/10.1093/bib/bbp027

第3部分　外暴露组测定

185 / 第8章　食物暴露组学

210 / 第9章　灰尘暴露组学

217 / 第10章　从外向内：将外暴露整合进暴露组学
　　　　　　的概念中

第8章 食物暴露组学

评估食物暴露组(即总膳食暴露)是一项重大挑战,因为摄入食物种类广泛以及摄入量和频率因食物偏好、季节和其他特征而异。估算膳食摄入的经典方法是使用膳食评估工具,如问卷调查和食物成分表。然而这些方法容易受到一系列偏倚和误差的影响,包括错误报告和回忆偏倚。膳食生物标志物的应用提供了一个更加客观的方法来评定膳食中化学物及其食物来源的暴露情况。迄今为止,队列和生物监测研究中已经检测到大约150种膳食生物标志物,并且随着质谱分析和代谢组学技术的迅猛发展,许多新的候选生物标志物也不断被发现。

从大规模人群中采集少量人体生物样本,即可同时检测数百种食物来源的化学物质作为人体暴露组的一部分。本章回顾了这些技术方法以及它们在全膳食关联研究中的应用,这将极大地推动营养流行病学及其在联系膳食暴露与疾病结局中应用的发展。

关键词:食物;食物组;膳食-疾病关联;膳食生物标志物

1 引言

食物是人类维持生存、补充营养以及享受口福的必需品。由于人类消耗的食品种类繁多，且每种食物所含的化学物种类也相当多，从而导致食物的组成成分非常复杂。这些化学物质包括正常生理功能所必需的常量和微量营养素，以及通常特定存在于某些食物种类或群体中的其他大量化学物质。世界各个地区有数千种植物和动物被人类作为食物消耗，其中大约有3万种不同的食物化学物质存在于各种食物中（University of Alberta，2016）。

除营养素外，一些常作为食物的动植物中发现的化学物可能是有毒的，或者可使食物味道不佳（例如：如许多植物中的苦涩化学物）。人们已经学会通过选择可用的食物种类来避免这些化学物质，或者对于某些特定的食物类型，选择含有少量或不含这些化学物质的品种或种类。虽然一些食物化学物质不具有急性毒性，但仍有可能在长期暴露下对健康产生有害影响。不仅如此，各类食物中可能含有500多种添加剂，2 000多种调味品，以及大量自然存在的或人造的污染物（如真菌毒素、杀虫剂和兽药等）。

此外，食物经常需要进行加工和烹饪，导致一些食物化学成分的降解和另一些化学成分的生成。这类在食物加工或贮存过程中发生的化学反应有一些典型的例子，例如酶促或非酶促褐变（美拉德反应）、脂质氧化、淀粉水解、反式脂肪酸的生成、蛋白质的交联和变性、凝胶形成、淀粉退化、肉质增韧和软化、维生素降解、食物风味和异味的形成、烹饪中致癌物的形成和各种化学物质从食品包装材料迁移到食物及其与食物成分的相互作用。

现在，人们普遍认为，消耗的食物不仅仅是提供能量和必需营养素（即不能由机体合成，而必须从食物中摄取的营养素），食物中的成分还可能对机体产生多种有益或有害的生物学效应，降低或提高罹患慢性疾病的风险，如肥胖、糖尿病、心血管疾病、肿瘤、骨质疏松症、神经退行性疾病以及牙科疾病等。这方面的现有知识形成了膳食指南的基础，以便更好的预防慢性疾病。饮食多样性是几乎所有膳食指南的核心指导之一，它建立在以下基本原则基础上：(1)增加为机体提供充分营养素的机会；(2)减少有毒有害食物组份过度暴露的风险。因此需要对大量食物和膳食组分的暴露情况进行整体表征，从而更好地寻找慢性疾病的病因，确定以证据为基础的膳食指南从而更好地预防疾病和在人群中开展暴露监测。

与本章节描述的其他类型暴露相比较，食物暴露组评估，即各种膳食暴露总体的评估（图8.1）是一项具有挑战性的工作。因为一系列特点决定了膳食暴露非常独特。首先，人们消费的食物的性质因个体或国家的不同而存在很大差异；其次，由于食物喜好、季节和其他个人特点，摄入某种特定食物或食物中化学物质的数量和频率在个体之间也相差悬殊；对于某种特定食物而言，由于品种或种类、生产方式、储存、加工以及烹饪方式的不同，其化学物质组分也存在很大的变化。估算膳食摄入的经典方法是使用膳食评估工具，如问卷调查和食物成分表。

评估膳食摄入的经典方法是使用膳食测量工具，如问卷调查和食物成分表。然而这些方法容易受到一系列偏倚和误差的影响，包括错误报告和回忆偏倚（Kristal et al.，2005）。多种现有的食物组分数据库中含有40种最常见的营养素,但还未纳入许多其他种类的食物化学物质。

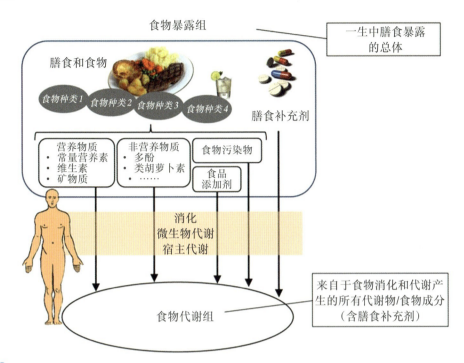

图8.1 食物暴露组和食物代谢组。食物暴露组指的是个体一生中所接触的所有膳食成分,它们作为膳食(食物或食物成分)或膳食补充剂被机体消耗。食物代谢组是直接来源于食物消化的人体代谢组的一部分,包括所有的膳食成分及其代谢产物。

检测血液、尿液等人体生物样本中的膳食生物标志物,为评定食物化学物的暴露提供了一种更为客观的方法。膳食生物标志物的提出是基于这样的观点:它们的水平与一定时期内食物或营养素的摄入高度相关。现代的质谱分析技术可以在人体生物样本中测定数百种食物来源的化学物,它们可能被用作食物摄入或食物化学物暴露的指示剂。迄今为止,队列和生物监测研究中已经检测到大约150种膳食生物标志物(Neveu et al., 2017)。随着质谱分析和代谢组学技术的迅猛发展,许多新的候选生物标志物也不断被发现(Scalbert et al., 2014)。这里回顾了各种表征人群食物暴露组的方法,尤其强调了生物标志物及其在全膳食关联研究(DWAS)中的应用。

❷ 通过膳食摄入评定来检测食物暴露组

食物暴露组可以通过膳食调查问卷(询问研究对象消耗的食物),以及配合食物成分表(可以提供食物中营养成分的详细信息)来进行评定。食物成分表数据与食物消耗数据相匹配,可以评定出营养素以及其他食物成分(如非营养物质)的摄入情况。

膳食摄入评定的调查问卷、回顾以及记录法

广泛使用的膳食评定方法有3种：食物记录（即食物日记）、24小时膳食回顾法（24HDR）和食物频率法问卷调查（FFQ）。目前对于营养研究中膳食摄入评定的最佳方法还没有达成共识，依据预期用途、可行性以及可用的资金，每种方法都有其优缺点。这些方法可以单独使用，也可以在资源允许的情况下组合使用，FFQ方法因为使用方便，且适用于大规模的人群，已经成为大规模流行病学研究中最常使用的膳食评定工具。

食物种类描述的细节取决于膳食评定的方法、研究目的和设计。此外，FFQ食物清单中的食品数量和/或种类根据研究目的和研究人群不同而不同，但是适当的食物清单至关重要，因为每个人的饮食存在多样性，包含了许多食物种类及混合食物，不能由一个有限的食物清单所囊括。某些FFQs中还包含了一些额外的问题，涉及常用食物处理方法（如咖啡的冲泡方法），食物类型识别（如：含咖啡因的和不含咖啡因）以及一些特定食物的品牌。FFQs问卷调查表中一般含有50~150种（大多数为通用的）食物种类。绝大部分研究膳食因子与疾病结局相关性的流行病学调查是采用FFQ来评定个体通常的食物摄入情况或特定食物成分的摄入情况，这种食物频率调查方法需要受访者报告他们在特定时间内（从几周到数年）对一个食物清单中每种食物的消耗频率。通过对较长时间段的调查，FFQ方法可以避免对食物摄入情况的反复检测，同时也避免了对受访者饮食行为的影响。

是否需要食物分量的信息也取决于研究的目的，不同类型的FFQs方法可以根据问卷表中询问的食物分量信息（定性和定量信息）来进行区分。FFQs通常用于根据食物或营养素的摄入而对受访者进行分类，而非衡量食物摄入的绝对水平而广泛用于病例对照和队列研究，以评价膳食摄入与疾病风险的关联（Willett, 1998）。这一方法经常用于那些每日变化大、关键食物来源相对较少的食物、营养素以及食物成分（如乙醇、维生素A和C）平均摄入水平的评估。

24HDR是一种结构性访谈，旨在获得受访者在过去24小时内消耗的所有食物和饮料（可能还有膳食补充剂）的详细信息。24HDR的一个关键特征是，在适当的情况下，要求受访者提供比最初报告更详细的信息（例如，有关食物类型、品牌名称或烹饪方法的额外信息）。24HDR通常由经过训练的访问人员来施行，但是自动化的自填式工具也是可用的，如美国国家癌症研究所的自动化自填式24小时膳食评估工具（ASA24）。这些24HDR方法较少用于大规模的流行病学研究中，一方面因为成本相对较高（例如，相对于自行完成的FFQ，访问者成本较高），另一方面还存在局限性，主要是24HDR方法仅获取一天的膳食信息，并不一定代表受访者的日常膳食摄入情况。

食物记录也是一种详细的评价方法，要求受访者写下（或电子输入）他/她在一个或多个选定的日子里所消耗的所有食物和饮料。虽然在食物和饮料被称重和测定的情况下，这一方法能够非常精确地报告膳食分量大小，但是在许多采用食物记录的研究中，了解消耗的食物分量主要是通过估算而不是测定的方法，因为对所有食物/饮料进行测定会给受访者带来很大负担。食物记录更多用于儿童膳食摄入的评定，因而他们回顾食物摄入的能力有限，而他们的父母或照顾者则可以完成这一食物日记。与24HDR方法相似，除非重复记录多个日

子的食物摄入,否则一天的食物记录还不能估算出受访者的日常膳食摄入情况。

由于多次回顾或记录带来的较高的受访者负担,限制了这些工具在大规模人群调查中作为食物摄入评定应用的主要方法。然而,24HDR 或食物记录经常在大规模流行病学研究的二次抽样中作为 FFQ 方法的校准工具使用(Kaaks et al.,1995)。

膳食评定的方法学还在持续不断的发展中,以期进一步提高膳食暴露数据的质量和有效性。同时也从创新性技术如移动应用、扫描以及以传感器为基础的技术的快速发展中获益不少(Illner et al., 2012)。流行病学研究中膳食评定方法学和技术的总结不属于本文探讨的范围,可以在相关综述和书籍中查询(Slimani et al., 2015;Thompson et al., 2013;Schoeller et al.,2017)。

 食物组成和构成成分数据库

世界各地有一些组织机构都有食物成分表,为消费者、健康专业人员以及研究者提供消费食物的营养信息。

INFOODS 即国际食品数据网,创建于 1984 年。这是一个世界性的食品成分专业网站,旨在提高食品成分数据的质量、可用性、可靠性、国际协调以及应用性。INFOODS 提供了来自世界各个地区的食品成分数据,包括亚洲、非洲、加拿大、美国、欧洲、拉丁美洲、中东和大洋洲。INFOODS 还提供了有关全球豆类、鱼类以及贝类的食品成分数据库、一个全球膳食补充剂数据库、一个食品密度数据库以及一个生物多样性食品成分数据库。

EuroFIR AISBL 是一个建立于 2009 年的以会员为基础的非营利性国际协会,通过提供多个国家食物成分表以确保在欧洲持续公布食物信息。该机构的目标是发展、利用以及发表食物成分相关信息,推动国际合作及相关标准的协调,以提高数据的质量、存储和获取。同时,EuroFIR AISBL 还从欧洲、美国和加拿大的 26 个组织中提取膳食数据,以及验证后的有关生物活性物质的数据(EBASIS)。该机构提供了一个最新的且经科学验证的食物成分信息有关数据库。

食品安全管理机构如欧洲食物安全管理局(EFSA)和美国农业局(USDA)等也通过他们的成员机构收集和整理食物成分数据,其最初的关注点在于食品污染物和添加剂,通过更高安全限值进行管理以确保在其管辖地区食物的安全性。由 EFSA 整理的食物成分数据库的例子包括真菌毒素、杀虫剂残留、几种金属(如铅、镉),以及食品添加剂数据库(如食品色素)。USDA 的食物成分数据库覆盖到主要的营养物质(常量和微量营养素)、一些二级代谢物如类胡萝卜素、黄酮、咖啡因和胆碱。此外还涉及一些食品添加剂和污染物(如杀虫剂残留)。

以上大多数数据库包含了许多不同食物成分(如常量和微量营养素)的数据,一些更特别的食品组分的资料可以在一些专门的数据库中查询。例如,Phenol-Explorer 是一个关于食品中多酚含量的综合数据库。这个数据库包含了 35 000 多个数据值,涉及 400 多种食品中的 500 种不同的多酚。FooDB 数据库(The Food Database)是最全面的食物组分资源,包括了食物的化学和生物学数据,能够提供常量、微量营养素以及超过 26 000 多种化学物质的二级代谢产物的信息资料。FooDB 中的每个化学物质包含了 100 多个单独的数据字段,涵盖详细的成分、生化和生理信息（从文献和其他数据库中获得的）。然而，其食物成分数据并不全面，尤其对于二级代谢产物，还不足以构建食物成分数据表。

食物摄入、营养/非营养成分以及污染物摄入

食物摄入水平是对膳食问卷中食物清单内的食物，或者24HDR和食物记录中经常消耗的食物进行的衡量。由于24HDR和食物记录的开放性，与膳食问卷方法相比能够允许对更多的食物种类进行评价。然而，对于评价那些个人非经常性消耗的食物（例如，非每日消耗的），仍然需要采用多种评价方法，以涵盖涉及特定食物摄入至少一天的情况。

如上文所述，计算营养、非营养物质的摄入需要适当的食物成分数据库及其相匹配的食物消耗数据。在寻找与食物消耗数据相匹配的最适当的食物成分数据时，应考虑几个因素，如地理区域、饮食文化和当地有关强化食品的法规等。理想情况下，当地/国家的食物成分表与特定地区/国家的膳食摄入量相匹配。然而，当缺乏当地/国家的食物成分数据时，具有相似饮食文化的邻近国家或者人群的数据库可以用作替代。当研究的是不一定能在国家食品成分表中找到的特定食品成分（如多酚、添加剂或污染物）时，可以使用如前一节所述的特定数据库。

问卷、回顾或者记录方法评价膳食摄入的局限性

使用膳食问卷如FFQs来评价膳食摄入的一个重要局限性是许多问卷提供的细节水平有限。FFQs通常是为了实现特定研究的目标而制定的（例如，通过基于食物的膳食指南来比较食物摄入），对于在制定问卷时没有预见到的其他分析，FFQs并不总是灵活的。特定膳食因子（例如能量）摄入的定量分析能力取决于FFQ中列出的食物项目的数量，以及是否含有食物、或一组食物的分量信息（Block et al.，1986；Rimm et al.，1992）。此外，完成一个FFQ可能对某些受访者而言是一个认知的挑战，而且由于季节性的原因，一些食物的通常摄入量也可能难以得到精确的估计（Kristal et al.，2005）。

虽然24HDR和食物记录的方法由于其开放性的特点，在从受访者处获得食物清单方面有更好的灵活性（最初在食物清单中未预见的食物通常可以作为新项目输入），但它们在个体层面上评价一种食物通常摄入量的有效性方面取决于重复评估的次数，特别对于那些不常食用的食物。

食物成分数据的缺乏也是一个局限性。一些国家或地区（尤其是低收入国家）在其特色的食物或食谱上，可能还缺乏对主要食物种类的精确食物成分数据。此外，某些特定组分，如特定的食品添加剂和污染物的准确的食物成分数据可能无法获得，或者在某一特定食物中差异很大（例如，取决于植物种类和动物品种、种植和养殖条件、食物加工和烹调）。在这些情况下，生物标志物可能为膳食暴露评估提供了一种适宜的替代方法。

❸ 食物代谢组,定义和表征

食物代谢组定义为直接来自于食物消化和在肠道吸收的,以及由宿主组织和微生物群代谢转化形成的所有代谢物的总和(图8.1)(Scalbert et al.,2014)。各种食物中有超过25000种化学物质(University of Alberta,2016),它们通常随着饮食摄入,并最终通过肠道吸收。更加复杂的是,每一种食物的化学物质,不管是营养物质还是非营养物质,在肠道、肝脏以及其他组织消化时,常常转化为多种代谢物。这些代谢物很多已经被发现,但是还有更多的尚未被完全鉴定。有必要识别这些代谢物及其生成的条件,以阐明膳食暴露和健康效应之间的机制,或者验证这些代谢物在作为膳食暴露生物标志物方面的应用。

目前仍然很难识别大量消化的食物化学物中形成的所有代谢物。常量营养素在消化过程中水解为简单分子,如糖、氨基酸和脂肪酸,随即在宿主组织中被迅速代谢,这些代谢物通常无法与人体内源性代谢物区分开来。另一方面,其他化学物质,如植物性食物中的二级代谢物、动物性食物的某些氨基酸和脂质、食品添加剂以及污染物等,可能具有食物特异性,能够明确地与人体内源性代谢物区分开来。这些物质被机体识别为外源性化学物,并且通过各种解毒反应(Ⅰ相和Ⅱ相代谢酶)进行代谢,以促进其在尿液和胆汁中的排泄,从而防止它们在机体中的累积。通常,食物中外源化学物被广泛代谢,并仅以各种结合物的形式存在(例如,葡萄糖醛酸、硫酸、甘氨酸结合物),在人体生物样本中无母化合物被检测到。其中许多化学物从未被分离出来,在大多数公共代谢数据库,如人类代谢组数据库(Human Metabolome Database,HMDB)中都不存在,而且人体生物样本中也不易被识别。

有关外源化学物在宿主组织或肠道微生物群的代谢已经描述了很多,也有数百种代谢物被确定(Scheline,1978)。虽然目前对相关的主要代谢反应已经很清楚了,但是考虑到数千种出版物中信息的分散,仍然难以对代谢物有一个整体的认知。这一资料对于今后通过全暴露组关联研究(或全营养素关联研究)来识别与疾病结局相关的食物来源的化学物显得至关重要(Rappaport et al.,2014;Tzoulaki et al.,2012),然而,由于目前缺乏一个全面的食物代谢组数据库,使得难以在血液和尿液中识别食物的代谢物谱。

最近已经做了一些努力,对公共数据库中食物代谢物的一些特定类别的信息进行整理。一些很好的案例包括Phenol-Explorer和PhytoHub数据库,前者包含从膳食多酚中形成的375种代谢物的信息,后者则包含了从植物化学物如萜类和多酚中形成的约300种代谢物的信息(Rothwell et al.,2012)。

这些数据库中的食物代谢物可以根据其准确的质量,与通过高分辨率质谱分析检测到的血液或尿液中的复杂代谢谱信号进行匹配。采用Phenol-Explorer数据库对欧洲癌症和营养前瞻性调查(EPIC)队列中收集的500名研究对象尿液样本中的80种以上多酚代谢物进行了注释(Edmands et al.,2015)。然而,还有更多的食物代谢物有待鉴定。对于目前尚未包含在任何数据库中的代谢物,可以系统地获取质谱片段,并将新的软件工具应用于这些数据,以识别代表一类化学物质的特定分子结构,或者代表结合基团,如葡萄糖醛酸、硫酸盐或巯基尿酸基团的特定分子结构(van der Hooft et al., 2016; Edmands et al., 2017; Yao et al., 2016)。

④ 通过生物标志物测定食物暴露组

食物代谢组的特定成分已经被用于评价营养状态或者预测相关疾病风险超过30多年了(Hunter, 1998)。这些成分可能是维生素、矿物质以及其他食物成分。对于必需营养素而言,它们也可以成为直接依赖于营养素摄入和生物利用度的生化指标。

膳食生物标志物可以分为两种主要类型:回收型和浓度型生物标志物(recovery and concentration biomarkers),取决于所测量组织区域的回收程度以及排泄或浓度水平与摄入之间的相关性(Jenab et al., 2009)。回收型生物标志物(例如24小时采集尿液中的钾和氮; Bingham 2002)在采集的生物样本(尿液)中表现出高的回收性,以及与摄入之间的相关性。这类生物标志物提供了对绝对摄入水平的估计,并已被用于膳食调查问卷的校准(Kaaks, 1997)。相反,浓度型生物标志物(例如血清维生素、血脂和尿电解质)直接与摄入的相应食物或营养素相关,但是这类标志物的浓度不能转换为摄入量的绝对数值,因为它们与所检测的摄入量的关联性强度(<0.6)低于预期的回收型生物标志物(>0.8)。由于与营养素生物标志物相关的误差不依赖于膳食问卷相关的误差,这些生物标志物可以考虑作为评价膳食摄入的补充方法。

与通过问卷确定的摄入值相比,生物标志物可以提供更直接的内剂量估计。在研究营养素或食物化学物的生物学效应时,生物标志物可能是关键的信息,因为暴露也会受到遗传因素、肥胖以及生活方式因素(除了膳食)的影响,例如,通过问卷、回顾或者记录的方法测量摄入时通常未考虑吸烟和体育运动这些因素。当生物标志物的浓度基本不受到此类混杂因素影响时,也可将其作为膳食摄入的替代物。本节将讨论膳食生物标志物的这两种不同的应用。

营养素和食物化学物的生物标志物

营养素、非营养素以及污染物暴露的生物标志物的案例如下。

维生素的生物标志物

血浆/血清叶酸和维生素B12经常在队列研究中作为叶酸和维生素B12摄入的替代标志物,它们作为摄入评估替代物的应用性通常通过测量血浆/血清中含量与膳食摄入量的关联来进行研究。天然食物中维生素B12和叶酸的摄入量与生物标志物之间的关联相当低(一般 $r<0.30$)(Mendonça et al., 2016; de Batlle et al., 2016; Verkleij-Hagoort et al., 2007; Bailey et al., 2015)。叶酸水平在强制性叶酸强化的国家明显较高,其次是自愿强化的国家。

维生素C很容易在食物中被氧化,食物中维生素C含量的变化可能会在评估其摄入时导致严重的错误。因此血液维生素C(抗坏血酸和二氢抗坏血酸)的检测可以考虑作为维生素C摄入的替代标志物。一个系统综述分析显示,这种替代标志物与通过以下方法评估的维生素C摄入之间存在适度关联:FFQ($r=0.35$),24HDR($r=0.46$)、加权膳食记录($r=0.39$)(Dehghan et al., 2007)。然而,相关性在不同研究和人群之间存在很大的差异,这是由于生活方式的因素(如吸烟、体育运动和慢性低水平炎症)可能降低全身维生素C的水平。此外,吸收效率也因消耗量的不同存在差异,维生素C摄入的关键蛋白在高剂量摄入条件下会出现饱和或下调(MacDonald et al., 2002),导致肠道吸收减少或剂量−反应曲线的饱和(Levine et al., 1996)。因此血浆维生素C检测不能很好地代表高水平的摄入。

血清25-羟基维生素D(25-hydroxyvitamin D,25(OH)D)是公认的维生素D状态的标志物。然而,维生素D也在日光催化下由皮肤大量合成,因此限制了它作为膳食维生素D摄入的生物标志物的用途(Saraff, Shaw, 2016;Personne et al., 2013)。

类胡萝卜素

少数几个种类的胡萝卜素(主要是α-胡萝卜素、β-胡萝卜素、β-隐黄质、角黄素、番茄红素、叶黄素和玉米黄质)可以在血液中大量存在(Crews et al., 2001a)。它们作为类胡萝卜素摄入的生物标志物在血液中的检测也受到上述维生素C标志物相似的许多问题的影响。它们的肠道吸收受到膳食中的脂质含量、食物来源特性、与其他类胡萝卜素的竞争性、结肠发酵程度、月经周期以及激素因素的影响,根据食物来源和类型,其肠道吸收范围从小于10%到超过50%(Reboul et al., 2006),并且血液浓度与膳食水平存在适度的关联($r: 0.2 \sim > 0.5$)(Kaaks et al., 1997)。

脂肪酸

在脂肪组织、血浆、血清或者红细胞中检测到多种脂肪酸,必需脂肪酸如二十二碳六烯酸(DHA)和二十碳五烯酸(EPA)来自于膳食,个体血清或血浆的脂肪酸水平能够反映过去几天或数餐的摄入情况,并被认为是膳食多不饱和脂肪酸摄入变化的敏感指标(Arab, 2003;Hedrick et al., 2012)。血液中反式脂肪酸的测定被发现是这类由工业食品加工过程形成的脂肪酸摄入量的一个很好的指标(Chajes et al., 2011a)。

然而,对于其他脂肪酸而言,一般情况下难以区分膳食脂肪和内源性脂肪的贡献。多种因素(酒精消耗和吸烟、载脂蛋白水平和激素)也能影响个体脂肪的沉积和动员,这些因素在个体内部和个体之间可能有所不同(Arab, 2003)。

多酚类

在尿液和血浆中都可以检测到多酚生物标志物,某些多酚如亚洲人群中异黄酮的习惯性摄入与相应的生物标志物水平之间存在较高的相关性($r=0.57\sim 0.72$)(Zamora-Ros et al., 2016),而其他种类多酚的相关性并不高(黄酮醇类$r=0.33\sim 0.52$;黄烷酮类$r=0.32\sim 0.35$;木脂素类$r=0.09\sim 0.19$)。相关性数值取决于药代动力学特性(大多数多酚在摄入后24小时内排泄出去)、主要膳食来源的摄入频率以及摄入评估的准确性。相关性也可能因为地理区域和膳食习惯的不同而有很大差异。对于大豆中摄入的异黄酮,其相关性在经常食用大豆的亚洲国家高于食用有限的欧洲和北美国家。

咖啡因

咖啡因的摄入情况很难通过问卷或者回顾的方法进行评估，因为咖啡因的浓度在不同食物和饮料中变化很大，而且往往在食物成分表中缺乏相关数据。因此咖啡因及其代谢物可以被用作暴露的标志物。人们已经描述过数种咖啡因代谢物，其中一些与咖啡因摄入的相关性更强，并且也不易受到遗传因素的影响 (Crews et al., 2001b)。

其他营养素和污染物

其他不易通过膳食摄入测定来进行评估的营养素有铁、碘以及钠，它们都可以通过生物标志物来进行评估 (Ovesen et al., 2002)。这些生物标志物被提议用作欧洲健康监测的暴露指标 (Steingrimsdottir et al., 2002)。

食品污染物的暴露也很难通过问卷方式进行评估，因为在高度多样化的食物中它们的浓度变化很大。生物标志物可以为流行病学调查提供更好的暴露估计。黄曲霉毒素 M1 (AFM1) 和黄曲霉毒素 B1 (AFB1)-巯基尿酸是真菌毒素的两种代谢产物，尿液中的检测可以作为黄曲霉毒素近期暴露的指示物。尿液 AFB1-N7-Gua 的排泄水平是黄曲霉毒素 B1 暴露引起遗传损伤的标志物。伏马菌素 B1 和赭曲霉毒素 A 是另外两种可以在尿液、血清、头发、乳汁或者脐血中检测的真菌毒素，也被用作暴露的指示物 (Zain, 2011; de Nijs et al., 2016)。尿脱氧雪腐镰刀菌烯醇 (DON) 已经被多个人群研究证实是一种可靠的暴露生物标志物，该毒素可以在大约 99% 的样本中检出，并且尿液 DON 水平与生物样本采集前一天的受污染谷物摄入量显著相关 (Turner et al., 2010)。

食物杀虫剂残留也可以在尿液样本中检测。例如，在最近一项多种族的动脉粥样硬化队列研究中比较了膳食杀虫剂残留水平与尿液有机磷酸酯 (OP) 杀虫剂的二烷基磷酸酯 (DAP) 代谢物水平。在传统的消费者中，膳食 OP 估计暴露水平的三分位数增加与尿液 DAP 浓度升高相关 ($p<0.05$)，在经常食用有机产品的人群中 DAP 浓度也明显较低 ($p<0.02$)。因此，根据食物摄入数据估计的膳食 OP 类杀虫剂长期膳食暴露与 DAP 检测值似乎一致 (Curl et al., 2015)。

人体内的污染物如真菌毒素和有机磷酸酯类通常都处于低到非常低的水平 (Rappaport et al., 2014)，并且在尿液样本中的检测浓度较血液样本更高。已经明确许多污染物在摄入后可以快速排泄出，由此造成尿液排泄水平也存在很大的个体内差异 (Bradman et al., 2013)。因此，对个体暴露水平可靠的评估需要重复多次的测量。

食物摄入的生物标志物

食物代谢组中的多种成分被用作个体食物摄入的生物标志物 (Hedrick et al., 2012; Jenab et al., 2009; Scalbert et al., 2017)。这类标志物一般被认为是所研究的食物中或一组食物中相对较为丰富的化学物，或者该化学物在体内形成的代谢物。食物摄入生物标志物主要用于生物监测研究中验证膳食调查问卷，队列研究中作为食物摄入的替代物，或者干预研究中评估依从性。在采用问卷资料不能精确评估相关暴露水平时,生物标志物就显得特别有用(例如:调查问卷未考虑的食物,由于误报或某种给定食物特性的变化而造成的重要检测误差)。

咖啡消耗量的准确评估可能出现问题,因为不同的咖啡冲泡方法会导致咖啡饮料的稀释程度存在很大差异,而这些差异很难通过问卷调查得到。咖啡生物标志物为咖啡溶质暴露提供了更直接的估计,已经有不同的生物标志物被提出,如多酚类(绿原酸、咖啡酸和各种代谢物),甲基黄嘌呤(1-甲基黄嘌呤、副黄嘌呤),葫芦巴碱、N-2糠醛甘氨酸,环(异亮氨酸丙酰基)能够在独立生活人群中很好地区分高和低咖啡消费者,它们的各自的特性以及最适合检测的生物样本仍然需要更彻底的评估(Rothwell et al., 2018)。

酒精饮料的生物标志物也很受关注,因为在采用问卷调查评估摄入时常常出现漏报。酒精摄入的生物标志物包括酒精代谢物,如葡糖醛酸乙酯、硫酸乙酯或磷脂酰乙醇胺(Isaksson et al., 2011;Dahl et al., 2011),以及特殊酒精饮料专有的其他化学物,如葡萄酒的羟基酪醇、白藜芦醇、没食子酸乙酯或酒石酸(Edmands et al., 2015;Regueiro et al., 2014;Schroeder et al., 2009;Zamora-Ros et al., 2009),啤酒的异黄腐酚、N-甲基酪胺、焦谷氨酰脯氨酸以及2-乙基苹果酸(Quifer-Rada et al., 2014;Gurdeniz et al., 2016)。

不同种类植物的化学成分不同,并且通常含有一些在某种特定植物性食物中较为丰富而在所有其他食物中缺乏或者浓度很低的二级代谢产物。通过对植物性食物成分的系统性分析,以及在横断面研究中通过对候选生物标志物与相应食物消耗量的相关性分析,已经确定了许多这类化学物。下面是已知的与特定食物摄入有关的特异性生物标志物:全谷物食物的烷基间苯二酚(Landberg et al., 2009)、柑橘类水果的脯氨酸甜菜碱、橘子的橙皮素、葡萄柚的柚皮素(Pujos-Guillot et al., 2013;Heinzmann et al., 2010)、苹果的根皮素(Edmands et al., 2015)、西红柿的番茄红素(Al-Delaimy et al., 2005)和十字花科蔬菜的S-甲基-L-半胱氨酸亚砜(Edmands et al., 2011)。

虽然传统的单一生物标志物已被用于表征膳食暴露,但转变为基于膳食成分组合的更复杂的分析方法则可能提高膳食暴露检测的特异性。一项对水果和蔬菜摄入的生物标志物的系统综述回顾了90多项干预试验,与单一生物标志物相比,水果和蔬菜干预试验中组合的生物标志物(α-,β-胡萝卜素,维生素C,叶黄素,玉米黄素和β隐黄质)是更好的摄入依从性指标(Baldrick et al., 2011)。可能的例外是单纯水果的干预研究,其中对维生素C状态进行评估可能就足够了,似乎很少可能依靠对单一生物标志物的评估作为水果和蔬菜摄入变化的指标。

许多化学物被提议作为动物性食物的生物标志物。肉类食物的标志物涉及氨基酸(3-甲基组氨酸、β-丙氨酸和羟脯氨酸)、含有这类氨基酸的二肽(鹅肌肽、肌肽和蛇毒碱)、氨基酸代谢物(肌酐和肌酸)、季胺(肉毒碱)以及酰基肉碱(Dragsted 2010;Ross et al., 2015),这些标志物作为肉类食物或特定肉类产品的特异性经常被忽视,特别是3-甲基组氨酸和鹅肌肽(一种3-甲基组氨酸和β-丙氨酸的二肽)是特别针对鸡肉的标志物,而肌肽(一种β-丙氨酸和组氨酸的二肽)和酰基肉碱(乙酰基、丙基或2-甲基丁基肉碱)似乎是所有肉食种类的通用性的标志物(Cheung et al., 2017)。反刍动物的瘤胃中形成的植烷酸(一种叶绿素的代谢物)和含奇数碳的脂肪酸(十五烷酸,十七烷酸)被认为是牛奶和奶制品摄入的生物标志物(Allen et al., 2008;Brevik et al., 2005;Hodson et al., 2008)。一种在血液磷脂中检测的反式脂肪

酸-反油酸是高度加工食物摄入的良好指标(Chajes et al.,2011a)

对于鱼类的摄入评价,有两种生物标志物需要被特别提及:n-3多不饱和脂肪酸[PU-FAs;二十碳五烯酸(EPA)和二十二碳六烯酸(DHA)]以及多种鱼类中丰富的渗透性物质三甲胺氧化物(TMAO)。EPA和DHA更特异地针对脂肪型鱼类,但这些标志物可能被n-3 PU-FA膳食补充剂所混淆(Brantsaeter et al.,2010;Chung et al.,2008)。TMAO是许多瘦肉型和脂肪型鱼类中常见的成分,似乎也是鱼类摄入的一个更通用的标志物(Cheung et al.,2017)。

这几个例子说明了食物代谢组成分的多样性,可以作为食物摄入的生物标志物。然而,这些标志物有许多尚未得到充分验证,需要更多的研究来评估它们的特异性和敏感性,剂量-反应关系,以及随着时间推移的可重复性(Scalbert et al.,2017)。

 生物标志物作为食物摄入替代物的局限性

随时间推移的可重复性是生物标志物的重要特性之一,尤其是当应用于大型的队列研究中时,生物样本是在基线调查的特定时间点收集的,在基线调查时对膳食生物标记物的检测应能代表今后几年的膳食暴露情况。重复性取决于生物标志物的药代动力学特性以及膳食暴露的频率(Scalbert et al.,2017)。

上述一些生物标志物消除的半衰期相对较短,许多多酚类、乙醇代谢物和脯氨酸甜菜碱的半衰期不到12小时,在吸收后迅速排除出体外。其他膳食生物标志物,尤其是脂溶性较强的化学物,如类胡萝卜素、脂肪酸或生育酚,有较长的半衰期(可达60天),这就解释了它们在流行病学研究中更常被使用的原因。但是半衰期短的生物标志物仍然有助于评估经常食用的食物和饮料的摄入量,例如每天饮用的咖啡。

生物标志物其他可能的局限性是某些营养物质如抗坏血酸或叶酸在高剂量或极高剂量下剂量-反应关系曲线的饱和(Levine et al.,1996;Gregory et al.,2002)。肠道内营养物质之间的各种相互作用也已被描述,例如,类胡萝卜素与脂肪之间、非血红素铁与抗坏血酸之间的相互作用,并且这些相互作用可能影响剂量-反应关系(Hunter,1998)。

生物标志物作为膳食摄入替代标志物的进一步局限性可能与遗传因素、生理(病理)因素(如低水平炎症、体液排泄)以及生活方式(如酒精摄入和吸烟)的相互作用有关(Hedrick et al.,2012;Jenab et al.,2009)。体质指数与一些亲脂性物质如类胡萝卜素之间的相互作用也有报道(Vioque et al.,2007)。

最后,饮食的一些重要特征可能也不容易用生物标志物来描述。饮食模式是与肥胖和代谢综合征等多种疾病结局相关的潜在的重要膳食因子(Leech et al.,2015),不能通过食物生物标志物进行检测,这就凸显了将饮食摄入评估方法与食物生物标志物相结合的重要性。

⑤ 全膳食关联研究中的食物暴露组

在所谓的"全暴露组关联研究"(EWAS)或"全代谢物关联研究"(MWAS)中,检测大量不同的食物暴露,同时评估它们与疾病结局或替代终点的关联是真正具有价值的研究(Patel et al.,2010;Chadeau Hyam et al.,2010)。当检测的暴露仅限于营养物质时,这些研究又被称为"全营养素关联研究"(NWAS)(Tzoulaki et al.,2012)。在本章节中,我们回顾了检测所有膳食成分(无论是食物还是食物成分)的关联研究,并采用更通用的术语"全膳食组关联研究"(DWAS)(图8.2)(Davis et al.,2014)。最初的一项DWAS研究开展于包含4 680个受试者的INTERMAP横断面研究,以明确82种营养素摄入量和3种尿电解质水平与血压之间的关联,一些饮食因素(如:酒精、钠/钾比值和B族维生素)与收缩压和舒张压显著相关(Tzoulaki et al.,2012)。同样,另一项开展于EPIC队列中的DWAS研究在荷兰队列中采用了重复的步骤,研究了84种食物和营养素与子宫内膜癌风险之间的关联,发现咖啡与这种恶性肿瘤的发展之间呈负相关(Merritt et al.,2015)。这两项早期的全膳食组关联研究(DWAS)中,多样化的膳食暴露包括营养素、非营养素和污染物已被考虑且主要通过膳食调查问卷评估。

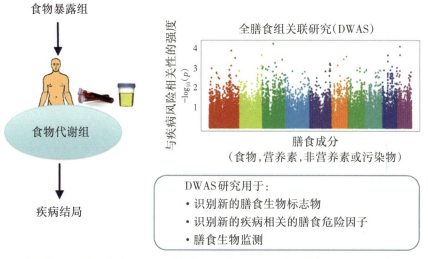

🔍 **图8.2 全膳食组关联研究(DWAS)**。曼哈顿散点图显示了食物暴露组的成分,食物、营养素、非营养素和污染物通过问卷或者生物标志物进行检测,与膳食暴露或疾病结局的相关性研究可以确定新的膳食生物标志物或者新的疾病相关的膳食危险因素。

分析技术方法的进步以及已经确定的膳食生物标志物数量的增加使得开展DWAS研究成为可能,其中许多或大部分饮食暴露都采用了生物标志物进行检测。NHANES队列中首次进行的原则性验证研究分析了211种以上在尿液和血液中检测的独特的环境因素与空腹血糖之间的关联(Patel et al.,2010)。这些环境因素主要是污染物,同时也包括30种以上与膳食有关的化学物质,如维生素、类胡萝卜素和植物雌激素,以及营养状态有关的标志物(如转铁蛋白饱和)。以空腹血糖作为2型糖尿病的替代标志物,检测发现与β-胡萝卜素和α-生育酚两种膳食化学物之间存在显著关联。这211种化学物是通过特定的(生物)化学方法检测的,这些分析是在几年内采用相对较高的成本完成的,并且需要大量的血液和尿液来开展多种不同的检测。

基于质谱的现代分析测试方法可以使DWAS研究在一次检测中对大量膳食生物标志物进行分析。这些研究旨在识别与疾病结局有关的膳食因素的病例-对照研究或队列研究以及识别新的膳食生物标志物的横断面研究和饮食干预研究。DWASs采用两种不同的分析方法，一种是靶向分析方法，其中通常检测100种以下已知的食物化学物质，另一种是非靶向的分析方法，其中要检测1 000种以上未知特性的代谢物/化学物，随后对数据进行挖掘以提取有关膳食化学物的信息。

 靶向分析方法

已经开发了多种靶向分析方法用于检测来自特定类别食物成分的化学物，并研究它们与疾病或饮食暴露的关联。例如，30～60脂肪酸，包括一些直接来自于膳食的脂肪酸如反油酸或n-多不饱和脂肪酸，在队列研究中可通过气相色谱法从血液中进行检测，并发现与几种疾病如肿瘤或2型糖尿病的发病风险存在关联（Chajes et al.，2011b；Forouhi et al.，2016）。在不同队列人群血液中检测了6种类胡萝卜素，并有一些与肿瘤关联的报道（Al-Delaimy et al.，2004；Lu et al.，2001；Aune et al.，2012）。有研究检测了尿液中的34种多酚类化学物，发现与多种食物的摄入或者直结肠癌结局相关（Achaintre et al.，2016；Zamora-Ros et al.，2016；Murphy et al.，2018）。血液中测定的5种烷基间苯二酚与远端结肠癌或2型糖尿病相关（Kyro et al.，2014；Biskup et al.，2016）。总之，这些研究揭示了各种化学种类中特定化学物与疾病之间的新关联，提供了用于疾病风险评估的新证据和疾病风险的主要膳食来源的证据。

 非靶向代谢组方法

迄今为止，还没有人尝试在同一研究中同时定量分析来自于多种膳食化学物中的大量膳食生物标志物。然而，尽管不是非靶向代谢组学分析的重点，使用这种非靶向的方法可以检测食物代谢组的多种成分。对核磁共振波谱或质谱与气相/液相色谱联用中获得的数据进行事后挖掘，可以确定饮食干预或横断面研究中新的膳食生物标志物，或者病例-对照研究和队列研究中与疾病关联的新的饮食因素。通过统计方法比较代谢指纹，以确定一组或另一组受试者（例如，特定食物的消费者和非消费者，或者病例和对照）的化学物或代谢物特征。核磁共振波谱是一种可靠的技术，可以用于大量样本的检测（Soininen et al.，2015）。但是，由于该技术的灵敏度有限，通常报道的代谢物不超过200种。在独立生活个体的核磁共振代谢指纹中，仅检测到少数几种来源于食物的化学物（如脯氨酸、甜菜碱、酰基肉碱和几种常见有机酸）（Scalbert et al.，2017）。

液相色谱或气相色谱与高分辨率质谱联用是一种更敏感的分析技术，广泛用于检测血液和尿液等生物样本中成百上千的化学物，包括许多来自于食物的化学物（Keski-Rahkonen et al.，2017）。通过统计方法对不同的色谱图进行比对，比较不同样品的峰值强度，这些基于峰值强度的数据是"半定量"的，不同于定量的数据，其结果是用真实的化学标准校正后的浓度数值来表示的（考虑到所测化学物数量众多，非靶向分析中校准显然是不可能的）。通过将其质谱特征（精确的质量，质谱/质谱图）与代谢数据库中的代谢物进行匹配，就能将感兴趣的波峰进行确定。

最近对旨在发现新的膳食生物标志物的代谢组学研究进行了综述（Scalbert et al.，2017），其中有13项是与本讨论特别相关的在独立生活个体中进行的横断面研究，大多数采用尿液样本和高分辨率质谱分析进行数据采集,膳食摄入采用24小时膳食回顾法(急性食物摄入)或者食物频率问卷法(习惯性食物摄入)进行测量。在一项对68名志愿者进行的早期研究中,系统探索了尿液代谢组与58种饮食因素习惯性摄入之间的关联,并确定了几种代谢物可能作为柑橘、油性鱼类、咖啡和番茄摄入的潜在生物标志物(Lloyd et al.,2011)。在EPIC队列的481名个体中开展了相似的研究,并且发现尿液的多种多酚类代谢物可以很好预测一些富含多酚的食物和饮料的摄入,包括咖啡、茶、红酒、柑橘、苹果和梨子(Edmands et al.,2015)。EPIC队列中采用同样分析方法在尿液和血液中确定了鸡肉、牛肉、加工肉类以及鱼类摄入的生物标志物(Cheung et al.,2017)。在PREDIMED队列的尿液样本中识别到几种鞣花单宁酸和脂肪酸的代谢物,可以作为核桃摄入的生物标志物(Garcia-Aloy et al.,2014)。

这些在横断面研究中发现的生物标志物的特异性,可以通过分析它们在潜在的混杂食物中的来源(Heinzmann et al.,2010;Cheung et al.,2017)或者审查现有的食物成分数据库(Edmands et al.,2015)来进一步评估。此外,最终将评估剂量-反应关系以及随着时间的重复性(Sun et al.,2017;Scalbert et al.,2017),这些信息目前正在Exposome-Explorer数据库中进行整理(Neveu et al.,2017),这是一个新的数据库,对于选择最适合进行DWAS研究的膳食生物标志物组合应该非常有用。

在其他一些应用非靶向代谢组学的流行病学研究中,统计分析仅限于使用内部代谢物数据库可以预先确定的代谢物,Metabolon公司从血液或尿液样本中获取代谢组学数据,最多可以识别400种以上的代谢物,其中一些代谢物是膳食化学物,并且研究也系统探讨了它们与各种食物摄入之间的关联(Pallister et al.,2016a,b;Zheng et al.,2014b;Playdon et al.,2016;Guertin et al.,2014)。观察到一些预期的相关性(例如:脯氨酸甜菜碱与柑橘类水果的关联,葫芦巴碱与咖啡的关联)(Guertin et al.,2014)。其他一些化学物显示出与数种食物或食物种类的相关性,但是除非与其他化学物组合使用,否则可能无法用作膳食生物标志物。血液鲨肌醇水平同时与柑橘类水果和红酒的摄入相关,这与已知柑橘类水果和葡萄中都含有这种化学物的情况一致(Sanz et al.,2004)。一些代谢物也可以观察到显著的正相关,但是由于食物成分数据太有限,无法支持它们作为膳食暴露的生物标志物。血液的亮酰脯氨酸与酒精摄入呈正相关(Guertin et al.,2014),这是一些发酵类食品中已知化学物,但其在酒精性饮料中的存在却鲜有报道(Axel et al.,2014)。最后,血液和尿液中发现的一些化学物要区分其内源性或外源性的来源往往相当困难,一些观察到的关联可能并非饮食暴露的直接结果,而是反映了某些饮食暴露造成的生物学效应,由此这些关联可能提出将饮食暴露与疾病联系起来的新的机制(Zheng et al.,2014a;Troche et al.,2016;Wurtz et al.,2016;Wittenbecher et al.,2015)。

以指定代谢物为重点的非靶向代谢组学研究的一个局限是这些代谢物不是有目的性选择的,会造成其并非饮食暴露的最佳生物标志物。事实上,来自于给定食物的多种生物标志物可能显示出不同的预测食物摄入的能力,这取决于它们在感兴趣的食物中含量的变化,以及它们在其他食物中可能存在的情况,这可能会部分混淆所观察到的关联(Edmands et al.,2015)。最好的生物标志物可能对应着一些尚未注释的分子信号,它们甚至构成检测到的信号的绝大部分。然而,随着更多的生物标志物被发现和验证,代谢组学数据可以进一步挖掘,与食物或饮料特异性相关的代谢物数据可以从非靶向代谢组学数据集中提取,从已经确定的疾病或替代终点的关联中提取。与咖啡摄入直接相关的葫芦巴碱和其他几种生物标志物被证实与直结肠癌风险存在负相关(Guertin et al., 2015)。TMAO是一种鱼类摄入的生物标志物，在ATBC队列人群中发现与侵袭性前列腺癌风险相关(Mondul et al., 2015)，在一个患者队列中发现与心血管疾病的高风险有关(Wang et al., 2011)。

通过代谢组学方法测量食物代谢组不仅有助于评估特定食物的暴露情况。在代谢组学实验中，对膳食生物标志物的组合进行联合分析使该方法特别适用于描绘和监测饮食模式的变化。在一项应用核磁共振波谱的干预研究中建立了尿代谢物模型，以表征与健康饮食指南存在不同一致性的4种饮食——预防高血压饮食方法(Dietary Approaches to Stop Hypertension, DASH)评分(Garcia-Perez et al., 2017)。这些模型建立在28种代谢物基础上，包括食物来源的代谢物(如：3-甲基组氨酸、TMAO、马尿酸、N-乙酰-S-甲基-L-半胱氨酸亚砜和酒石酸)和内源性代谢物，并且在两个不同的队列中进行了验证。另一项研究中，开发了一个基于GC-MS在血浆中检测的33种代谢物的模型，以区分食用健康的北欧饮食的个体与食用普通丹麦饮食的个体(Khakimov et al., 2016)。这些代谢物要么直接来自于膳食，要么反映对能量代谢的不同影响。

6 小结

在过去十年中，分析技术取得了相当大的进步，这意味着同时检测数百到数千种高度多样化的化学物成为可能，这些化学物只是食物暴露组的一部分。这些分析方法可以在少量的生物样本中进行，并且具有高通量特点，这种进步在十年前是不可想象的。分析技术的进步显著推动了营养流行病学及其在饮食暴露与疾病结局关联研究中的应用。十多年前，Kristal等(2005)发表了一篇题为"是时候放弃食物频率问卷了吗？"的论文，强调了FFQs的局限性，并且提出了一些改善食物摄入测量的建议，但是膳食生物标志物在该文中受到的关注有限。十多年以后，FFQs仍被广泛使用，而膳食生物标志物虽然越来越多地被纳入流行病学研究，但是并未被视为FFQs的替代方法，而是作为评估膳食暴露的补充工具。

膳食生物标志物和DWAS研究的发展进步面临着一系列挑战。首先是需要进一步开发数据库和软件工具，这对于在生物标志物发现研究中对食物代谢组进行注释是必须的。第二个挑战是确定那些随着时间推移可重复和稳定的生物标志物，有必要投入更多的时间和精力去验证候选膳食生物标志物，并在人群研究中测试其敏感性和特异性。最后，必须开发新的分析方法对大量的具有多种化学特性的膳食生物标志物进行量化，到目前为止，DWAS研究使用的方法主要是半定量的，并应用于不超过100个样本的分析。当分析大量膳食生物标志物时，需要使用可用于更大样本库的定量的且更具重现性的检测方法来限制错误的发现。一旦所有这些条件得到满足，我们可以期待DWAS研究将在营养流行病中得到广泛应用，以识别新的疾病相关的膳食危险因素并监测人群的膳食暴露情况。

致谢

感谢BIO-NH联合规划倡议"健康饮食,健康生活"(资助号529051002)对FoodBAll项目的支持。

(翻译:敖琳)

参考文献

Achaintre D, Bulete A, Cren-Olive C, Li L, Rinaldi S, Scalbert A (2016) Differential isotope labeling of 38 dietary polyphenols and their quantification in urine by liquid chromatography electrospray ionization tandem mass spectrometry. Anal Chem 88(5):2637-2644

Al-Delaimy WK, van Kappel AL, Ferrari P, Slimani N, Steghens JP, Bingham S, Johansson I, Wallstrom P, Overvad K, Tjonneland A, Key TJ, Welch AA, Bueno-de-Mesquita HB, Peeters PH, Boeing H, Linseisen J, Clavel-Chapelon F, Guibout C, Navarro C, Quiros JR, Palli D, Celentano E, Trichopoulou A, Benetou V, Kaaks R, Riboli E (2004) Plasma levels of six carotenoids in nine European countries: report from the European Prospective Investigation into Cancer and Nutrition (EPIC). Public Health Nutr 7(6):713-722

Al-Delaimy WK, Ferrari P, Slimani N, Pala V, Johansson I, Nilsson S, Mattisson I, Wirfalt E, Galasso R, Palli D, Vineis P, Tumino R, Dorronsoro M, Pera G, Ocke MC, Bueno-de-Mesquita HB, Overvad K, Chirlaque MAD, Trichopoulou A, Naska A, Tjonneland A, Olsen A, Lund E, Alsaker EHR, Barricarte A, Kesse E, Boutron-Ruault MC, Clavel-Chapelon F, Key TJ, Spencer E, Bingham S, Welch AA, Sanchez-Perez MJ, Nagel G, Linseisen J, Quiros JR, Peeters PHM, van Gils CH, Boeing H, van Kappel AL, Steghens JP, Riboli E (2005) Plasma carotenoids as biomarkers of intake of fruits and vegetables: individual-level correlations in the European Prospective Investigation into Cancer and Nutrition (EPIC). Eur J Clin Nutr 59(12):1387-1396

Allen NE, Grace PB, Ginn A, Travis RC, Roddam AW, Appleby PN, Key T (2008) Phytanic acid: measurement of plasma concentrations by gas-liquid chromatography-mass spectrometry analysis and associations with diet and other plasma fatty acids. Br J Nutr 99(3):653-659

Arab L (2003) Biomarkers of fat and fatty acid intake. J Nutr 133(3):925S-932S

Aune D, Chan DSM, Vieira AR, Rosenblatt DAN, Vieira R, Greenwood DC, Norat T (2012) Dietary compared with blood concentrations of carotenoids and breast cancer risk: a systematic review and meta-analysis of prospective studies. Am J Clin Nutr 96(2):356-373. https://doi.org/10.3945/ajcn.112.034165

Axel C, Zannini E, Arendt EK, Waters DM, Czerny M (2014) Quantification of cyclic dipeptides from cultures of Lactobacillus brevis R2Delta by HRGC/MS using stable isotope dilution assay. Anal Bioanal Chem 406(9-10):2433-2444. https://doi.org/10.1007/s00216-014-7620-3

Bailey LB, Stover PJ, McNulty H, Fenech MF, Gregory JF 3rd, Mills JL, Pfeiffer CM, Fazili Z, Zhang M, Ueland PM, Molloy AM, Caudill MA, Shane B, Berry RJ, Bailey RL, Hausman DB, Raghavan R, Raiten DJ

(2015) Biomarkers of nutrition for development-folate review. J Nutr 145(7):1636S-1680S. https://doi.org/10.3945/jn.114.206599

Baldrick FR, Woodside JV, Elborn JS, Young IS, McKinley MC (2011) Biomarkers of fruit and vegetable intake in human intervention studies: a systematic review. Crit Rev Food Sci Nutr 51(9):795-815. https://doi.org/10.1080/10408398.2010.482217

Bingham SA (2002) Biomarkers in nutritional epidemiology. Public Health Nutr 5(6A):821-827

Biskup I, Kyro C, Marklund M, Olsen A, van Dam RM, Tjonneland A, Overvad K, Lindahl B, Johansson I, Landberg R (2016) Plasma alkylresorcinols, biomarkers of whole-grain wheat and rye intake, and risk of type 2 diabetes in Scandinavian men and women. Am J Clin Nutr 104(1):88-96. https://doi.org/10.3945/ajcn.116.133496

Block G, Hartman AM, Dresser CM, Carroll MD, Gannon J, Gardner L (1986) A data-based approach to diet questionnaire design and testing. Am J Epidemiol 124(3):453-469

Bradman A, Kogut K, Eisen EA, Jewell NP, Quiros-Alcala L, Castorina R, Chevrier J, Holland NT, Barr DB, Kavanagh-Baird G, Eskenazi B (2013) Variability of organophosphorous pesticide metabolite levels in spot and 24-hr urine samples collected from young children during 1 week. Environ Health Perspect 121(1):118-124

Brantsaeter AL, Haugen M, Thomassen Y, Ellingsen DG, Ydersbond TA, Hagve TA, Alexander J, Meltzer HM (2010) Exploration of biomarkers for total fish intake in pregnant Norwegian women. Public Health Nutr 13(1):54-62. https://doi.org/10.1017/s1368980009005904

Brevik A, Veierød MB, Drevon CA, Andersen LF (2005) Evaluation of the odd fatty acids 15:0 and 17:0 in serum and adipose tissue as markers of intake of milk and dairy fat. Eur J Clin Nutr 59(12):1417-1422

Chadeau-Hyam M, Ebbels TMD, Brown IJ, Chan Q, Stemler J, Huang CC, Daviglus ML, Ueshima H, Zhao LC, Holmes E, Nicholson JK, Elliott P, De IorioM (2010) Metabolic profiling and the metabolome-wide association study: significance level for biomarker identification. J Proteome Res 9(9):4620-4627

Chajes V, Biessy C, Byrnes G, Deharveng G, Saadatian-Elahi M, Jenab M, Peeters PHM, Ocke M, Bueno-de-Mesquita HB, Johansson I, Hallmans G, Manjer J, Wirfalt E, Jakszyn P, Gonzalez CA, Huerta J-M, Martinez C, Amiano P, Rodriguez Suarez L, Ardanaz E, Tjonneland A, Halkjaer J, Overvad K, Jakobsen MU, Berrino F, Pala V, Palli D, Tumino R, Vineis P, de Magistris MS, Spencer EA, Crowe FL, Bingham S, Khaw K-T, Linseisen J, Rohrmann S, Boeing H, Noeethlings U, Olsen KS, Skeie G, Lund E, Trichopoulou A, Zilis D, Oustoglou E, Clavel-Chapelon F, Riboli E, Slimani N (2011a) Ecological-level associations between highly processed food intakes and plasma phospholipid elaidic acid concentrations: results from a cross-sectional study within the European prospective investigation into cancer and nutrition (EPIC). Nutr Cancer 63(8):1235-1250. https://doi.org/10.1080/01635581.2011.617530

Chajes V, Jenab M, Romieu I, Ferrari P, Dahm CC, Overvad K, Egeberg R, Tjonneland A, Clavel-Chapelon F, Boutron-Ruault M-C, Engel P, Teucher B, Kaaks R, Floegel A, Boeing H, Trichopoulou A, Dilis V, Karapetyan T, Mattiello A, Tumino R, Grioni S, Palli D, Vineis P, Bueno-de-Mesquita HB, Numans ME, Peeters PHM, Lund E, Navarro C, Ramon Quiros J, Sanchez-Cantalejo E, Barricarte Gurrea A, Dorronsoro M, Regner S, Sonestedt E, Wirfaelt E, Khaw K-T, Wareham N, Allen NE, Crowe FL, Rinaldi S, Slimani N, Carneiro F, Riboli E, Gonzalez CA (2011b) Plasma phospholipid fatty acid concentrations and risk of gastric adenocarcinomas in the European Prospective Investigation into Cancer and Nutrition (EPICEURGAST). Am J Clin Nutr 94(5):1304-1313. https://doi.org/10.3945/ajcn.110.005892

Cheung W, Keski-Rahkonen P, Assi N, Ferrari P, Freisling H, Rinaldi S, Slimani N, Zamora-Ros R, Rundle M, Frost G, Gibbons H, Carr E, Brennan L, Cross AJ, Pala V, Panico S, Sacerdote C, Palli D, Tumino R, Kühn T, Kaaks R, Boeing H, Floegel A, Mancini F, Boutron-Ruault M-C, Baglietto L, Trichopoulou A,

Naska A, Orfanos P, Scalbert A (2017) A metabolomic study of biomarkers of meat and fish intake. Am J Clin Nutr 105(3):600-608. https://doi.org/10.3945/ajcn.116.146639

Chung H, Nettleton JA, Lemaitre RN, Barr RG, Tsai MY, Tracy RP, Siscovick DS (2008) Frequency and type of seafood consumed influence plasma (n-3) fatty acid concentrations. J Nutr 138(12):2422-2427

Crews H, Alink G, Andersen R, Braesco V, Holst B, Maiani G, Ovesen L, Scotter M, Solfrizzo M, van den Berg R, Verhagen H, Williamson G (2001a) A critical assessment of some biomarker approaches linked with dietary intake. Br J Nutr 86(Suppl 1):S5-S35

Crews HM, Olivier L, Wilson LA (2001b) Urinary biomarkers for assessing dietary exposure to caffeine. Food Addit Contam 18(12):1075-1087. https://doi.org/10.1080/02652030110056630

Curl CL, Beresford SA, Fenske RA, Fitzpatrick AL, Lu C, Nettleton JA, Kaufman JD (2015) Estimating pesticide exposure from dietary intake and organic food choices: the Multi-Ethnic Study of Atherosclerosis (MESA). Environ Health Perspect 123(5):475-483. https://doi.org/10.1289/ehp.1408197

Dahl H, Carlsson AV, Hillgren K, Helander A (2011) Urinary ethyl glucuronide and ethyl sulfate testing for detection of recent drinking in an outpatient treatment program for alcohol and drug dependence. Alcohol Alcohol 46(3):278-282. https://doi.org/10.1093/alcalc/agr009

Davis MA, Gilbert-Diamond D, Karagas MR, Li Z, Moore JH, Williams SM, Frost HR (2014) A dietary-wide association study (DWAS) of environmental metal exposure in US children and adults. PLoS One 9(9): e104768. https://doi.org/10.1371/journal.pone.0104768

de Batlle J, Matejcic M, Chajes V, Moreno-Macias H, Amadou A, Slimani N, Cox DG, Clavel-Chapelon F, Fagherazzi G, Romieu I (2016) Determinants of folate and vitamin B12 plasma levels in the French E3N-EPIC cohort. Eur J Nutr 57(2):751-760. https://doi.org/10.1007/s00394-016-1365-z

de Nijs M, Mengelers MJB, Boon PE, Heyndrickx E, Hoogenboom LAP, Lopez P, Mol HGJ (2016) Strategies for estimating human exposure to mycotoxins via food. World Mycotoxin J 9(5):831-845. https://doi.org/10.3920/WMJ2016.2045

Dehghan M, Akhtar-Danesh N, McMillan CR, Thabane L (2007) Is plasma vitamin C an appropriate biomarker of vitamin C intake? A systematic review and meta-analysis. Nutr J 6:41. https://doi.org/10.1186/1475-2891-6-41

Dragsted LO (2010) Biomarkers of meat intake and the application of nutrigenomics. Meat Sci 84(2):301-307

Edmands WM, Ferrari P, Rothwell JA, Rinaldi S, Slimani N, Barupal DK, Biessy C, Jenab M, Clavel-Chapelon F, Fagherazzi G, Boutron-Ruault MC, Katzke VA, Kuhn T, Boeing H, Trichopoulou A, Lagiou P, Trichopoulos D, Palli D, Grioni S, Tumino R, Vineis P, Mattiello A, Romieu I, Scalbert A (2015) Polyphenol metabolome in human urine and its association with intake of polyphenol-rich foods across European countries. Am J Clin Nutr 102(4):905-913. https://doi.org/10.3945/ajcn.114.101881

Edmands WMB, Beckonert OP, Stella C, Campbell A, Lake BG, Lindon JC, Holmes E, Gooderham NJ (2011) Identification of human urinary biomarkers of cruciferous vegetable consumption by metabonomic profiling. J Proteome Res 10(10):4513-4521. https://doi.org/10.1021/pr200326k

Edmands WMB, Petrick L, Barupal DK, Scalbert A, Rappaport SM (2017) compMS2Miner: an automatable metabolite identification, visualization and data-sharing R package for highresolution LC-MS datasets. Anal Chem 89(7):3919-3928

Forouhi NG, Imamura F, Sharp SJ, Koulman A, Schulze MB, Zheng J, Ye Z, Sluijs I, Guevara M, Huerta JM, Kroger J, Wang LY, Summerhill K, Griffin JL, Feskens EJ, Affret A, Amiano P, Boeing H, Dow C, Fagherazzi G, Franks PW, Gonzalez C, Kaaks R, Key TJ, Khaw KT, Kuhn T, Mortensen LM, Nilsson PM, Overvad K, Pala V, Palli D, Panico S, Quiros JR, Rodriguez-Barranco M, Rolandsson O, Sacerdote C,

Scalbert A, Slimani N, Spijkerman AM, Tjonneland A, Tormo MJ, Tumino R, van der AD, van der Schouw YT, Langenberg C, Riboli E, Wareham NJ (2016) Association of plasma phospholipid n-3 and n-6 polyunsaturated fatty acids with Type 2 diabetes: the EPIC-InterAct case-cohort study. PLoS Med 13(7): e1002094. https://doi.org/10.1371/journal.pmed.1002094

Garcia-Aloy M, Llorach R, Urpi-Sarda M, Tulipani S, Estruch R, Martinez-Gonzalez MA, Corella D, Fito M, Ros E, Salas-Salvado J, Andres-Lacueva C (2014) Novel multimetabolite prediction of walnut consumption by a urinary biomarker model in a free-living population: the PREDIMED study. J Proteome Res 13(7):3476-3483

Garcia-Perez I, Posma JM, Gibson R, Chambers ES, Hansen TH, Vestergaard H, Hansen T, Beckmann M, Pedersen O, Elliott P, Stamler J, Nicholson JK, Draper J, Mathers JC, Holmes E, Frost G (2017) Objective assessment of dietary patterns by use of metabolic phenotyping: a randomised, controlled, crossover trial. Lancet Diabetes Endocrinol 5(3):184-195. https://doi.org/10.1016/s2213-8587(16)30419-3

Gregory JF, Quinlivan EP (2002) In vivo kinetics of folate metabolism. Annu Rev Nutr 22:199-220. https://doi.org/10.1046/annurev.nutr.22.120701.083554

Guertin KA, Moore SC, Sampson JN, Huang W-Y, Xiao Q, Stolzenberg-Solomon RZ, Sinha R, Cross AJ (2014) Metabolomics in nutritional epidemiology: identifying metabolites associated with diet and quantifying their potential to uncover diet-disease relations in populations. Am J Clin Nutr 100:208-217. https://doi.org/10.3945/ajcn.113.078758

Guertin KA, Loftfield E, Boca SM, Sampson JN, Moore SC, Xiao Q, Huang W-Y, Xiong X, Freedman ND, Cross AJ, Sinha R (2015) Serum biomarkers of habitual coffee consumption may provide insight into the mechanism underlying the association between coffee consumption and colorectal cancer. Am J Clin Nutr 101:1000-1011. https://doi.org/10.3945/ajcn.114.096099

Gurdeniz G, Jensen MG, Meier S, Bech L, Lund E, Dragsted LO (2016) Detecting beer intake by unique metabolite patterns. J Proteome Res 15(12):4544-4556. https://doi.org/10.1021/acs.jproteome.6b00635

Hedrick VE, Dietrich AM, Estabrooks PA, Savla J, Serrano E, Davy BM (2012) Dietary biomarkers: advances, limitations and future directions. Nutr J 11:109. https://doi.org/10.1186/1475-2891-11-109

Heinzmann SS, Brown IJ, Chan Q, Bictash M, Dumas M-E, Kochhar S, Stamler J, Holmes E, Elliott P, Nicholson JK (2010) Metabolic profiling strategy for discovery of nutritional biomarkers: proline betaine as a marker of citrus consumption. Am J Clin Nutr 92(2):436-443

Hodson L, Skeaff CM, Fielding BA (2008) Fatty acid composition of adipose tissue and blood in humans and its use as a biomarker of dietary intake. Prog Lipid Res 47(5):348-380

Hunter D (1998) Biochemical indicators of dietary intake. In: Willett WC (ed) Nutritional epidemiology, 2nd edn. Oxford University Press, Oxford, pp 174-243

Illner A-K, Freisling H, Boeing H, Huybrechts I, Crispim S, Slimani N (2012) Review and evaluation of innovative technologies for measuring diet in nutritional epidemiology. Int J Epidemiol 41(4):1187-1203. https://doi.org/10.1093/ije/dys105

Isaksson A, Walther L, Hansson T, Andersson A, Alling C (2011) Phosphatidylethanol in blood (B-PEth): a marker for alcohol use and abuse. Drug Test Anal 3(4):195-200. https://doi.org/10.1002/dta.278

Jenab M, Slimani N, Bictash M, Ferrari P, Bingham SA (2009) Biomarkers in nutritional epidemiology: applications, needs and new horizons. Hum Genet 125(5-6):507-525

Kaaks R, Riboli E, Vanstaveren W (1995) Calibration of dietary intake measurements in prospective cohort studies. Am J Epidemiol 142(5):548-556

Kaaks R, Riboli E, Sinha R (1997) Biochemical markers of dietary intake. IARC Sci Publ 142:103-126

Kaaks RJ (1997) Biochemical markers as additional measurements in studies of the accuracy of dietary questionnaire measurements: conceptual issues. Am J Clin Nutr 65(4 Suppl):1232S-1239S

Keski-Rahkonen P, Rothwell JA, Scalbert A (2017) Metabolomic techniques to discover food biomarkers. In: Schoeller DA, Westerterp-Plantenga M (eds) Advances for in the assessment of dietary intake. CRC Press, Boca Raton

Khakimov B, Poulsen SK, Savorani F, Acar E, Gurdeniz G, Larsen TM, Astrup A, Dragsted LO, Engelsen SB (2016) New Nordic diet versus average Danish diet: a randomized controlled trial revealed healthy long-term effects of the new Nordic Diet by GC-MS blood plasma metabolomics. J Proteome Res 15(6):1939-1954

Kirkpatrick SI, Subar AF, Douglass D, Zimmerman TP, Thompson FE, Kahle LL, George SM, Dodd KW, Potischman N (2014) Performance of the Automated Self-Administered 24-hour Recall relative to a measure of true intakes and to an interviewer-administered 24-h recall. Am J Clin Nutr 100(1):233-240

Kristal AR, Peters U, Potter JD (2005) Is it time to abandon the food frequency questionnaire? Cancer Epidemiol Biomark Prev 14(12):2826-2828. https://doi.org/10.1158/1055-9965.epi-12-ed1

Kyro C, Olsen A, Landberg R, Skeie G, Loft S, Aman P, Leenders M, Dik VK, Siersema PD, Pischon T, Christensen J, Overvad K, Boutron-Ruault M-C, Fagherazzi G, Cottet V, Kuehn T, Chang-Claude J, Boeing H, Trichopoulou A, Bamia C, Trichopoulos D, Palli D, Krogh V, Tumino R, Vineis P, Panico S, Peeters PH, Weiderpass E, Bakken T, Asli LA, Argueelles M, Jakszyn P, Sanchez M-J, Amiano P, Huerta JM, Barricarte A, Ljuslinder I, Palmqvist R, Khaw K-T, Wareham N, Key TJ, Travis RC, Ferrari P, Freisling H, Jenab M, Gunter MJ, Murphy N, Riboli E, Tjonneland A, Bueno-de-Mesquita HB (2014) Plasma alkylresorcinols, biomarkers of whole-grain wheat and rye intake, and incidence of colorectal cancer. J Natl Cancer Inst 106(1):djt352. https://doi.org/10.1093/jnci/djt352

Landberg R, Aman P, Friberg LE, Vessby B, Adlercreutz H, Kamal-Eldin A (2009) Dose response of whole-grain biomarkers: alkylresorcinols in human plasma and their metabolites in urine in relation to intake. Am J Clin Nutr 89(1):290-296

Leech RM, Worsley A, Timperio A, McNaughton SA (2015) Understanding meal patterns: definitions, methodology and impact on nutrient intake and diet quality. Nutr Res Rev 28(1):1-21. https://doi.org/10.1017/S0954422414000262

Levine M, Conry-Cantilena C, Wang Y, Welch RW, Washko PW, Dhariwal KR, Park JB, Lazarev A, Graumlich JF, King J, Cantilena LR (1996) Vitamin C pharmacokinetics in healthy volunteers: evidence for a recommended dietary allowance. Proc Natl Acad Sci U S A 93(8):3704-3709

Lloyd AJ, Beckmann M, Fave G, Mathers JC, Draper J (2011) Proline betaine and its biotransformation products in fasting urine samples are potential biomarkers of habitual citrus fruit consumption. Br J Nutr 106(6):812-824. https://doi.org/10.1017/s0007114511001164

Lu QY, Hung JC, Heber D, Go VLW, Reuter VE, Cordon-Cardo C, Scher HI, Marshall JR, Zhang ZF (2001) Inverse associations between plasma lycopene and other carotenoids and prostate cancer. Cancer Epidemiol Biomark Prev 10(7):749-756

MacDonald L, Thumser AE, Sharp P (2002) Decreased expression of the vitamin C transporter SVCT1 by ascorbic acid in a human intestinal epithelial cell line. Br J Nutr 87(2):97-100

Mendonça N, Mathers JC, Adamson AJ, Martin-Ruiz C, Seal CJ, Jagger C, Hill TR (2016) Intakes of folate and vitamin B12 and biomarkers of status in the very old: the Newcastle 85+ Study. Nutrients 8(10):pii: E604. https://doi.org/10.3390/nu8100604

Mennen L, Sapinho D, Ito H, Galan P, Hercberg S, Scalbert A (2006) Urinary flavonoids and phenolic acids as biomarkers of intake for polyphenol-rich foods. Br J Nutr 96:191-198

Merritt MA, Tzoulaki I, Tworoger SS, De Vivo I, Hankinson SE, Fernandes J, Tsilidis KK, Weiderpass E,

Tjonneland A, Petersen KE, Dahm CC, Overvad K, Dossus L, Boutron-Ruault MC, Fagherazzi G, Fortner RT, Kaaks R, Aleksandrova K, Boeing H, Trichopoulou A, Bamia C, Trichopoulos D, Palli D, Grioni S, Tumino R, Sacerdote C, Mattiello A, Bueno-de-Mesquita HB, Onland-Moret NC, Peeters PH, Gram IT, Skeie G, Quiros JR, Duell EJ, Sanchez MJ, Salmeron D, Barricarte A, Chamosa S, Ericson U, Sonestedt E, Nilsson LM, Idahl A, Khaw KT, Wareham N, Travis RC, Rinaldi S, Romieu I, Patel CJ, Riboli E, Gunter MJ (2015) Investigation of dietary factors and endometrial cancer risk using a nutrient-wide association study approach in the EPIC and Nurses' Health Study (NHS) and NHSII. Cancer Epidemiol Biomark Prev 24(2): 466-471

Mondul AM, Moore SC, Weinstein SJ, Karoly ED, Sampson JN, Albanes D (2015) Metabolomic analysis of prostate cancer risk in a prospective cohort: the alpha-tocolpherol, beta-carotene cancer prevention (ATBC) study. Int J Cancer 137(9): 2124-2132. https://doi.org/10.1002/ijc.29576

Murphy N, Achaintre D, Zamora-Ros R, Jenab M, Boutron-Ruault MC, Carbonnel F, Savoye I, Kaaks R, Kühn T, Boeing H, Aleksandrova K, Tjønneland A, Kyrø C, Overvad K, Quirós JR, Sánchez MJ, Altzibar JM, María Huerta J, Barricarte A, Khaw KT, Bradbury KE, Perez-Cornago A, Trichopoulou A, Karakatsani A, Peppa E, Palli D, Grioni S, Tumino R, Sacerdote C, Panico S, Bueno-de-Mesquita B, Peeters PH, Rutegård M, Johansson I, Freisling H, Noh H, Cross AJ, Vineis P, Tsilidis K, Gunter MJ, Scalbert A (2018) A prospective evaluation of plasma polyphenol levels and colon cancer risk. Int J Cancer: in press. https://https://doi:10.1002/ijc.31563

Neveu V, Moussy A, Rouaix H, Wedekind R, Pon A, Knox C, Wishart DS, Scalbert A (2017) Exposome-explorer: a manually-curated database on biomarkers of exposure to dietary and environmental factors. Nucleic Acids Res 45(D1): D979-D984. https://doi.org/10.1093/nar/gkw980

Ovesen L, Boeing H, EFCOSUM Group (2002) The use of biomarkers in multicentric studies with particular consideration of iodine, sodium, iron, folate and vitamin D. Eur J Clin Nutr 56(Suppl 2): S12-S17. https://doi.org/10.1038/sj.ejcn.1601424

Pallister T, Haller T, Thorand B, Altmaier E, Cassidy A, Martin T, Jennings A, Mohney RP, Gieger C, MacGregor A, Kastenmüller G, Metspalu A, Spector TD, Menni C (2016a) Metabolites of milk intake: a metabolomic approach in UK twins with findings replicated in two European cohorts. Eur J Nutr 56(7): 2379-2391. https://doi.org/10.1007/s00394-016-1278-x

Pallister T, Jennings A, Mohney RP, Yarand D, Mangino M, Cassidy A, MacGregor A, Spector TD, Menni C (2016b) Characterizing blood metabolomics profiles associated with self-reported food intakes in female twins. PLoS One 11(6): e0158568

Patel CJ, Bhattacharya J, Butte AJ (2010) An environment-wide association study (EWAS) on type 2 diabetes mellitus. PLoS One 5(5): e10746

Personne V, Partouche H, Souberbielle JC (2013) Vitamin D insufficiency and deficiency: epidemiology, measurement, prevention and treatment. Presse Med 42(10): 1334-1342. https://doi.org/10.1016/j.lpm.2013.06.013

Playdon MC, Sampson JN, Cross AJ, Sinha R, Guertin KA, Moy KA, Rothman N, Irwin ML, Mayne ST, Stolzenberg-Solomon R, Moore SC (2016) Comparing metabolite profiles of habitual diet in serum and urine. Am J Clin Nutr 104(3): 776-789. https://doi.org/10.3945/ajcn.116.135301

Pujos-Guillot E, Hubert J, Martin J-F, Lyan B, Quintana M, Claude S, Chabanas B, Rothwell JA, Bennetau-Pelissero C, Scalbert A, Comte B, Hercberg S, Morand C, Galan P, Manach C (2013) Mass spectrometry-based metabolomics for the discovery of biomarkers of fruit and vegetable intake: citrus fruit as a case study. J Proteome Res 12(4): 1645-1659. https://doi.org/10.1021/pr300997c

Quifer-Rada P, Martinez-Huelamo M, Chiva-Blanch G, Jauregui O, Estruch R, Lamuela-Raventos RM (2014) Urinary isoxanthohumol is a specific and accurate biomarker of beer consumption. J Nutr 144(4):484-488. https://doi.org/10.3945/jn.113.185199

Rappaport SM, Barupal DK, Wishart D, Vineis P, Scalbert A (2014) The blood exposome and its role in discovering causes of disease. Environ Health Perspect 122(8):769-774. https://doi.org/10.1289/ehp.1308015

Reboul E, Richelle M, Perrot E, Desmoulins-Malezet C, Pirisi V, Borel P (2006) Bioaccessibility of carotenoids and vitamin E from their main dietary sources. J Agric Food Chem 54(23):8749-8755. https://doi.org/10.1021/jf061818s

Regueiro J, Vallverdu-Queralt A, Simal-Gandara J, Estruch R, Lamuela-Raventos RM (2014) Urinary tartaric acid as a potential biomarker for the dietary assessment of moderate wine consumption: a randomised controlled trial. Br J Nutr 111(9):1680-1685. https://doi.org/10.1017/s0007114513004108

Rimm EB, Giovannucci EL, Stampfer MJ, Colditz GA, Litin LB, Willett WC (1992) Reproducibility and validity of an expanded self-administered semiquantitative food frequency questionnaire among male health professionals. Am J Epidemiol 135(10):1114-1126

Ross AB, Svelander C, Undeland I, Pinto R, Sandberg AS (2015) Herring and beef meals lead to differences in plasma 2-aminoadipic acid, beta-alanine, 4-hydroxyproline, cetoleic acid, and docosahexaenoic acid concentrations in overweight men. J Nutr 145(11):2456-2463

Rothwell J, Madrid-Gambin F, Garcia-Aloy M, Gao Q, Andres-Lacueva C, Logue C, Gallagher AM, Mack C, Kulling S, Dragsted L, Scalbert A (2018) Biomarkers of intake for coffee, tea and sweetened beverages. Genes Nutr, In Revision

Rothwell JA, Fillâtre Y, Martin J-F, Lyan B, Pujos-Guillot E, Fezeu L, Hercberg S, Comte B, Galan P, Touvier M, Manach C (2014) New biomarkers of coffee consumption identified by the non-targeted metabolomic profiling of cohort study subjects. PLoS One 9(4):e93474. https://doi.org/10.1371/journal.pone.0093474

Rothwell JR, Urpi-Sarda M, Boto-Ordonez M, Knox C, Llorach R, Eisner R, Cruz J, Neveu V, Wishart D, Manach C, Andres-Lacueva C, Scalbert A (2012) Phenol-Explorer 2.0: a major update of the Phenol-Explorer database integrating data on polyphenol metabolism and pharmacokinetics in humans and experimental animals. Database 2012:bas031

Sanz ML, Villamiel M, Martínez-Castro I (2004) Inositols and carbohydrates in different fresh fruit juices. Food Chem 87(3):325-328. https://doi.org/10.1016/j.foodchem.2003.12.001

Saraff V, Shaw N (2016) Sunshine and vitamin D. Arch Dis Child 101(2):190-192. https://doi.org/10.1136/archdischild-2014-307214

Scalbert A, Brennan L, Manach C, Andres-Lacueva C, Dragsted LO, Draper J, Rappaport SM, van der Hooft JJJ, Wishart DS (2014) The food metabolome—a window over dietary exposure. Am J Clin Nutr 99:1286-1308

Scalbert A, Rothwell JA, Keski-Rahkonen P, Neveu V (2017) The food metabolome and dietary biomarkers. In: Schoeller DA, Westerterp-Plantenga M (eds) Advances in the assessment of dietary intake. CRC Press, Boca Raton

Scheline R (1978) Mammalian metabolism of plant xenobiotics. Academic Press, New York

Schoeller DA, Westerterp-Plantenga M (eds) (2017) Advances in the assessment of dietary intake. CRC Press, Boca Raton

Schroeder H, de la Torre R, Estruch R, Corella D, Angel Martinez-Gonzalez M, Salas-Salvado J, Ros E, Aros F, Flores G, Civit E, Farre M, Fiol M, Vila J, Fernandez-Crehuet J, Ruiz-Gutierrez V, Lapetra J, Saez G, Covas M-I, Investigators PS (2009) Alcohol consumption is associated with high concentrations of urinary hydroxytyrosol. Am J Clin Nutr 90(5):1329-1335

Slimani N, Freisling H, Illner AK, Huybrechts I (2015) Methods to determine dietary intake. In: Lovegrove JA, Hodson L, Sharma S, Lanham-New SA (eds) Nutrition research methodologies. Wiley, Hoboken

Soininen P, Kangas AJ, Würtz P, Suna T, Ala-Korpela M (2015) Quantitative serum nuclear magnetic resonance metabolomics in cardiovascular epidemiology and genetics. Circ Cardiovasc Genet 8(1): 192-206. https://doi.org/10.1161/circgenetics.114.000216

Steingrimsdottir L, Ovesen L, Moreiras O, Jacob S (2002) Selection of relevant dietary indicators for health. Eur J Clin Nutr 56(Suppl 2):S8-S11. https://doi.org/10.1038/sj.ejcn.1601423

Sun Q, Bertrand KA, Franke AA, Rosner B, Curhan GC, Willett WC (2017) Reproducibility of urinary biomarkers in multiple 24-h urine samples. Am J Clin Nutr 105(1): 159-168. https://doi.org/10.3945/ajcn.116.139758

The_Joint_FAO/WHO_Expert_Committee_on_Food_Additives_ (JECFA) (2017) Chemical risks and JECFA. Food and Agriculature Organisation (FAO), http://www.fao.org/food/food-safetyquality/scientific-advice/jecfa/en/. Accessed 15 Feb 2017

Thompson FE, Subar AF (2013) Dietary assessment methodology. In: Coulston AM, Boushey CJ, Ferruzzi MG (eds) Nutrition in the prevention and treatment of disease, 3rd edn. Elsevier, San Diego, CA, pp 5-46

Troche JR, Mayne ST, Freedman ND, Shebl FM, Guertin KA, Cross AJ, Abnet CC (2016) Alcohol consumption-related metabolites in relation to colorectal cancer and adenoma: two case-control studies using serum biomarkers. PLoS One 11:e0150962. https://doi.org/10.1371/journal.pone.0150962

Turner PC, Hopton RP, Lecluse Y, White KL, Fisher J, Lebailly P (2010) Determinants of urinary deoxynivalenol and de-epoxy deoxynivalenol in male farmers from Normandy, France. J Agric Food Chem 58(8):5206-5212. https://doi.org/10.1021/jf100892v

Tzoulaki I, Patel CJ, Okamura T, Chan Q, Brown IJ, Miura K, Ueshima H, Zhao L, Van Horn L, Daviglus ML, Stamler J, Butte AJ, Ioannidis JPA, Elliott P (2012) A nutrient-wide association study on blood pressure. Circulation 126(21):2456-2464. https://doi.org/10.1161/circulationaha.112.114058

University_of_Alberta (2016) FooDB—the food component database. http://www.foodb.ca/. Accessed 11 Dec 2016

van der Hooft JJ, Wandy J, Barrett MP, Burgess KE, Rogers S (2016) Topic modeling for untargeted substructure exploration in metabolomics. Proc Natl Acad Sci U S A 113(48): 13738-13743. https://doi.org/10.1073/pnas.1608041113

Verkleij-Hagoort AC, de Vries JHM, Stegers MPG, Lindemans J, Ursem NTC, Steegers-Theunissen RPM (2007) Validation of the assessment of folate and vitamin B-12 intake in women of reproductive age: the method of triads. Eur J Clin Nutr 61(5):610-615

Vioque J, Weinbrenner T, Asensio L, Castello A, Young IS, Fletcher A (2007) Plasma concentrations of carotenoids and vitamin C are better correlated with dietary intake in normal weight than overweight and obese elderly subjects. Br J Nutr 97(5):977-986

Wang Z, Klipfell E, Bennett BJ, Koeth R, Levison BS, DuGar B, Feldstein AE, Britt EB, Xiaoming F, Yoon-Mi C, Yuping W, Schauer P, Smith JD, Hooman A, Wilson Tang WH, DiDonato JA, Lusis AJ, Hazen SL (2011) Gut flora metabolism of phosphatidylcholine promotes cardiovascular disease. Nature 472(7341): 57-63

Willett WC (ed) (1998) Nutritional epidemiology, 2nd edn. Oxford University Press, Oxford Wittenbecher C, Muehlenbruch K, Kroeger J, Jacobs S, Kuxhaus O, Gel AF, Fritsche A, Pischon T, Prehn C, Adamski J, Joost H-G, Boeing H, Schulze MB (2015) Amino acids, lipid metabolites, and ferritin as potential mediators linking red meat consumption to type 2 diabetes. Am J Clin Nutr 101(6):1241-1250. https://doi.org/10.3945/ajcn.114.099150

Wurtz P, Cook S, Wang Q, Tiainen M, Tynkkynen T, Kangas AJ, Soininen P, Laitinen J, Viikari J, Kahonen M, Lehtimaki T, Perola M, Blankenberg S, Zeller T, Mannisto S, Salomaa V, Jarvelin MR, Raitakari OT, Ala-Korpela M, Leon DA (2016) Metabolic profiling of alcohol consumption in 9778 young adults. Int J Epidemiol 45(5): 1493-1506. https://doi.org/10.1093/ije/dyw175

Yao YY, Wang PG, Shao G, Del Toro LVA, Codero J, Giese RW (2016) Nontargeted analysis of the urine nonpolar sulfateome: a pathway to the nonpolar xenobiotic exposome. Rapid Commun Mass Spectrom 30(21): 2341-2350. https://doi.org/10.1002/rcm.7726

Zain ME (2011) Impact of mycotoxins on humans and animals. J Saudi Chem Soc 15(2): 129-144. https://doi.org/10.1016/j.jscs.2010.06.006

Zamora-Ros R, Urpi-Sarda M, Lamuela-Raventos RM, Estruch R, Martinez-Gonzalez MA, Bullo M, Aros F, Cherubini A, Andres-Lacueva C (2009) Resveratrol metabolites in urine as a biomarker of wine intake in free-living subjects: the PREDIMED Study. Free Radic Biol Med 46(12): 1562-1566

Zamora-Ros R, Achaintre D, Rothwell JA, Rinaldi S, Assi N, Ferrari P, Leitzmann M, Boutron-Ruault M-C, Fagherazzi G, Auffret A, Kühn T, Katzke V, Boeing H, Trichopoulou A, Naska A, Vasilopoulou E, Palli D, Grioni S, Mattiello A, Tumino R, Ricceri F, Slimani N, Romieu I, Scalbert A (2016) Urinary excretions of 34 dietary polyphenols and their associations with lifestyle factors in the EPIC cohort study. Sci Rep 6: 26905. https://doi.org/10.1038/srep26905

Zheng Y, Yu B, Alexander D, Steffen LM, Boerwinkle E (2014a) Human metabolome associates with dietary intake habits among African Americans in the atherosclerosis risk in communities study. Am J Epidemiol 179(12): 1424-1433. https://doi.org/10.1093/aje/kwu073

Zheng Y, Yu B, Alexander D, Steffen LM, Nettleton JA, Boerwinkle E (2014b) Metabolomic patterns and alcohol consumption in African Americans in the Atherosclerosis Risk in Communities Study. Am J Clin Nutr 99(6): 1470-1478. https://doi.org/10.3945/ajcn.113.074070

第9章　灰尘暴露组学

　　室内灰尘接触是人体污染物暴露的重要来源之一。灰尘及其相关污染物的组成因住宅地点、周边物品和人类活动等众多因素的不同而存在差异。室内家具、家电及其他电子产品处的灰尘中往往富含大量商品生产制造过程中使用的化学添加剂,常见的有使用于电子产品、电池、电源和显示器中的塑化剂、全氟碳化物、阻燃剂、润滑剂及金属材料等。其他与灰尘相关的有害物质还包括燃烧过程产生的污染物,如多环芳烃、氯/溴代多环芳烃、卤代二噁英、二苯并呋喃等。上述污染物都是灰尘中已确定存在的组分,经常作为环境监测工作的重点关注对象。然而,非靶向分析结果表明,一些工作场所的灰尘中依然存在很多其他有待鉴定的有机和无机化合物。此外,这些污染物的多数是环境持久性的,可在海鲜等多种食物中发生生物富集,使暴露评估以及灰尘作为暴露源的重要性更为复杂。近期研究已经开始识别灰尘和食物中污染物特征的差异,从而能更准确地判断某些类别污染物如多溴二苯醚(polybrominated diphenyl ethers,PBDEs)的来源。

　　关键词:职业无机物暴露;室内暴露;灰尘;有机物暴露

1 引言

住宅和工作场所中的室内灰尘或颗粒物是近几十年间化学物监测研究的焦点。灰尘的来源与成分各有不同,大致是来自死皮、泥土(步行带入室内)、昆虫、植物、多种微生物和真菌孢子的有机物和无机物,以及房屋材料(天花板和墙壁表面涂料)脱落产生的微粒以及家具和家电释放的物质等构成。灰尘来源的多样化使其化学成分随室内位置、周边物品和人类活动(例如厨房/烹饪或职业相关活动)等不断改变。其他众所周知的因素,如空气循环模式、安装的取暖及制冷系统类型、季节类型等也可影响灰尘成分(Butte et al.,2002),比如室内灰尘含量在夏季等温度较高的月份趋于增加(Edwards et al.,1998)。

除室内表面灰尘总量外,灰尘颗粒的粒径范围分布非常宽广,也是众多研究的焦点。Lewis等研究人员(1999)报道了非常详细的室内灰尘颗粒表征结果:他们测定了北卡罗来纳州25个中产家庭吸尘器中采集出来的灰尘样品,发现质量分数约57%的灰尘由直径大于2 mm的颗粒物构成,其次为直径53~106 μm和小于25 μm的颗粒物,质量分数分别为23%和21%(Lewis et al.,1999)。因此,较大粒径和较小粒径颗粒物在住宅灰尘中均占有较大比重。灰尘颗粒这种宽广的粒径范围可直接影响其暴露途径,现已证实,悬浮颗粒物经呼吸道吸入、经皮肤吸收(通过灰尘的直接接触)和经口摄入(如手口接触)均是人体重要的暴露途径(Butte et al.,2002)。

灰尘接触引起的污染物暴露是暴露组中的重要来源,原因如下:(1) 室内灰尘是多种人为和天然污染物的贮存库。几乎所有已知或确认的污染物类型,在灰尘中均有发现;(2) 室内灰尘接触已证实为人体污染物暴露的重要途径,尤其是在婴幼儿群体中(Moya et al.,2014)。近期研究发现,由于婴幼儿较多的手口接触及爬行行为中的地面接触,其日均灰尘摄入速率几近成年人的20倍(Wilson et al.,2013)。然而该差异尚未考虑体型,如果将灰尘摄入量进行体重标准化,婴幼儿的污染物暴露量将远高于成年人。以暴露组的观点,室内灰尘很可能代表着人体污染物暴露的最初来源之一;(3) 灰尘中发现的很多污染物(如不同类型的阻燃剂)都与多种不良健康后果有关,如内分泌干扰效应(Hwang et al.,2008)。

2 灰尘采集方法

室内灰尘样本的采集可采用主动采样或被动采样的方式。被动采样的方法之一是:在室内放置非静电板,在预设定时间结束后收集自然沉降在板上的灰尘(Edwards et al.,1998)。主动采样的方法近年来不断普及,该方法通常使用带有集尘器的真空装置收集灰尘。已有多种类型的真空装置和集尘器投入应用。

其他方法也可用于灰尘采集,例如可以使用湿纸巾擦除可能吸附在地板或台面上的灰尘和污染物。灰尘样本的采集并无公认的"最佳"方法,每种方法均有其独特的优势。但需注意,灰尘采集方法会直接影响灰尘颗粒的回收率和粒径范围(例如,被动采样法适用于采集小粒径的灰尘颗粒,而主动采样法主要适用于采集地毯上的灰尘(Edwards et al.,1998;Reynolds et al.,1997),也可影响灰尘中污染物的检测。因此,室内灰尘中污染物的全面系统表征可能需要联合使用不同的采集方法。

主动采样方法在灰尘样本采集中的应用近年来越来越受重视,该方法通常涉及两种方式:(1) 研究参与者自我报告,即直接采用家用吸尘器采集中收集的灰尘样本;(2) 严格控制的灰尘采集。相对而言,自我报告法更加经济,而且可能是进行大范围横断面研究的唯一可行方法,但灰尘采集效率存在差异;严格控制法通过培训调查人员使用装有纤维素萃取套管的便携式吸尘器收集灰尘,该方法的优势在于易于实现灰尘样品采集流程的标准化,且最大限度地降低了来自吸尘器部件或其他来源的污染(Allen et al.,2008)。

标准化的采样流程和一次性集尘器的使用都有助于不同地点灰尘检测结果的相互比较并可防止交叉污染(Watkins et al.,2012)。一种简单常用的标准采样方法如下:在地板表面划定一个 2 m×2 m 的区域,用吸尘器在整个区域内持续吸取灰尘约 5 min,样本采集完成后拆下萃取套管或集尘器,将其包裹在预先 450 ℃烘烤过夜的铝箔中并密封在聚丙烯塑料袋中,于−20 ℃以下温度条件贮存,直至对样本进行处理。可简单地采用吸尘器吸取铝箔(同样 450 ℃烘烤过夜)中的硫酸钠粉末以制作空白对照灰尘样品。在分析时,灰尘样本通常使用金属筛分离特定粒径的组分,筛分后的灰尘样品可根据需要分成数等份,然后根据已建立的分析方案对样本进行萃取和化学分析。

3 灰尘污染物种类与污染水平

室内灰尘中鉴定出的多数污染物反映了专门添加到住宅或工作场所家具和家电中化学物的种类,包括在电路、电池、电源和显示器中添加的塑化剂、阻燃剂、润滑剂、全氟碳、紫外稳定剂、电解质流体和金属材料等。灰尘中的其他有害物质还包括多环芳烃(PAHs)、氯/溴代多环芳烃、卤代二噁英和二苯并呋喃等,通常为燃烧产生的副产物(Robinson,2009)。上述已确认与健康相关的灰尘组分一直是众多环境监测研究的重点关注对象。但其他污染物在灰尘中也有检出,如溴化偶氮染料(Peng et al.,2016),这也提示我们灰尘中很可能存在其他尚未确认的与人体健康密切相关的组分。

计算机和电视机等家电中通常含有较高的阻燃剂成分,以满足消防安全标准。其中合成多溴二苯醚是使用最广泛的阻燃剂,是灰尘中检出率较高的化学物之一。目前,所有PBDEs均已被禁止使用,由新型溴代阻燃剂(brominated flame retardants,BFRs)取代。非溴阻燃剂也已被用作替代品。通常商品中 PBDEs 和其他溴代/非溴阻燃剂的含量为 3%~33%(Arias,2001;Alaee et al.,2003)。2004 年起,一些特定的 PBDEs 混合物被禁用,使 PBDEs 在商品中的使用量逐渐减少(LaGuardia et al.,2006;Betts,2008)。随特定 PBDEs 禁用而来的后果,这致使PBDEs产品的主要组成PBDE-209使用,但PBDE-209在2013年也被禁用。尽管如此,其他具有相似结构的溴代阻燃剂出现了,作为替代品用(Covaci et al.,2011),溴代/非溴阻燃剂最近预估的全球年产量达到200万吨。因此,PBDEs、其他溴代/非溴阻燃剂依然是灰尘中的一类重要的有机污染物。

除阻燃剂和其他有机污染物之外,数项研究报道了住宅灰尘的元素组成。其中钙、钠、镁、铁和铝在不同地点和不同粒径颗粒中的含量可相差数倍,但均为含量最高的5种化学元素(Seifert et al.,2000; Rasmussen et al.,2001)。其他几种毒性更强的重金属元素如铅、铬和汞含量相对较低,镉或铍通常含量极低(Beamer et al.,2012)。几种在电子产品中应用的稀有金属元素在灰尘颗粒中也有检出,如锑、铟和钒,这可能是此类元素的主要暴露源(Julander et al.,2014)。

表9.1统计了灰尘中发现的主要污染物种类与污染水平,其中展示的污染水平为不同研究报道值的平均值。通常,不同地点灰尘中特定污染物或某类污染物的浓度可以相差10^1~100倍,表中所列污染水平范围可以让读者更清晰直观地认识污染物浓度水平的差异。表9.1将主要类型的污染物按照类别(邻苯二甲酸酯)或同系物(多氯联苯和多溴二苯醚)的形式进行了简要列举,其中PBDE-209作为灰尘中主要的PBDEs组分单独列出。更全面的室内灰尘污染物清单可参考Mercier等(2011)的报道,涵盖了约455个污染物在灰尘中的浓度水平。表9.1及相似清单中的已知污染物浓度来自靶向分析方法,在分析过程中使用标准化学品及/或相近结构类似物确保了结果的高准确度。

表9.1 住宅灰尘中常见及持久性化合物清单及大致丰度

化 合 物 类 别	µg/g·灰尘
邻苯二甲酸酯(邻苯二甲酸二(2-乙基己)酯丰度最高)	10~3200(Mercier et al.,2011)
多溴二苯醚-209(PBDE-209)	10~340(Mercier et al.,2011;Schultz et al.,未发表数据)
非邻苯二甲酸酯型塑化剂(乙酰柠檬酸三丁酯、环己烷1,2-二甲酸二异壬基酯、偏苯三酸三辛酯、偏苯三甲酸三(2-乙基己基)酯)	<1~504(Fromme et al.,2016)
非溴阻燃剂替代物	<1~30(Mercier et al.,2011;Tao et al.,2016)
溴化偶氮染料	0.7~30(Peng et al.,2016)
无机元素钠、镁、铝、铁	5~>1000(Rasmussen et al.,2001;Seifert et al.,2000)
无机元素铅、铜、总汞	22~139、124、1~11(Rasmussen et al.,2001;Seifert et al.,2000;Sun et al.,2013)
多环芳烃	0.5~5.0(Mercier et al.,2011)
多溴二苯醚(PBDEs,除PBDE-209外)	0.5~2.0(Mercier et al.,2011;Schultz et al.,未发表数据;Tao et al.,2016)
溴代阻燃剂替代物	1~6(Mercier et al.,2011;Tao et al.,2016)
六溴环十二烷(HBCD)	0.6~1.3(Mercier et al.,2011)

续表

化 合 物 类 别	μg/g·灰尘
紫外稳定剂/防锈剂	0.6(Wang et al., 2013)
酚类物质(羟基多氯联苯、羟基多溴二苯醚、三氯生)	0.7~2(Mercier et al., 2011)
PCBs	~1或<1(Mercier et al., 2011)
多氯二苯并二噁英/二苯并呋喃(以八氯二苯并二噁英为主)	0.001~6(Hinwood et al., 2014; Deziel et al., 2012)
N-乙基全氟辛基磺基乙醇胺(EtFOSE)	0.1~1(Goosey et al., 2011)
全氟化合物	0.5~2(Goosey et al., 2011)
溴代二苯并二噁英/二苯并呋喃(主要为溴代二苯并呋喃)	0.001~0.01(Suzuki et al., 2010)
无机元素镉、铍	<0.5(Beamer et al., 2012)

不过,最近已有相关研究尝试使用新分析流程进行室内灰尘的非靶向分析。例如,Rager等(2016)使用配备电喷雾电离(ESI)源的液相色谱串联飞行时间质谱(LC-TOF/MS),表征了提取自56份自我报告法采集的灰尘样本中的化学物。离子色谱图分析显示,样本中至少存在978个不同的化学物质,这些化学物质与先前确定或预测的化学结构有关,但其中仅有一小部分化学物可确认,大部分(如>90%)化学物与任何已知的化学品结构均无关(Rager et al., 2016)。

另外一项近期研究使用配备大气压光电离源的LC-MS/MS-Orbitrap系统对灰尘样本中的含溴化合物进行了非靶向分析,研究的23个灰尘样本使用吸尘器及标准采样流程获得(Peng et al., 2016)。分析结果表明样本中至少存在1 008种不同的含溴污染物,分子量约为229~1 000(Peng et al., 2016),部分含溴污染物可确定化学结构,其中78个丰度最高的化合物为含溴偶氮染料(Peng et al., 2016),该研究结果具有重要意义,因为这些染料类污染物可能源于印染的服装,而且在Ames Ⅱ测试中表现出诱变活性(Peng et al., 2016)。上述及更多的实验数据均清楚地表明,室内灰尘含有数以千计的有机和无机污染物的复杂混合物,而且其中大部分化学物仍有待鉴定。

4 结论及对暴露组学的贡献

暴露组概念的引入是为了阐述外源性和内源性因子的全生命周期暴露,是对基因组的环境补充(Wild, 2005)。室内灰尘中的许多污染物也存在于空气、食物和水中,因此暴露组表现为多种介质的联合暴露。尽管如此,灰尘仍然是暴露组的重要组成部分,原因如下:(1)婴幼儿吸入的灰尘比例较高,可认为灰尘是人类首次接触污染物的主要环境介质,因此,儿童早期的大部分暴露组可能均与灰尘暴露有关;(2)人们渐渐地发现灰尘暴露组包含的污染物来源极其多样、丰富,甚至可能多于任何其他人类常规暴露的环境介质;(3)灰尘可能是某些污染物的主要暴露源,例如PBDE-209在食品中无检出,但在灰尘中始终具有高浓度水平(表9.1)。随着暴露组概念的不断发展,室内灰尘中化学物的表征将极大地推进暴露组的进一步研究,有助于揭示人类暴露的众多污染物。

(翻译:林泳峰)

参考文献

Alaee M, Arias P, Sjödin A, Bergman Å (2003) An overview of commercially used brominated flame retardants, their applications, their use patterns in different countries/regions and possible modes of release. Environ Int 29: 683-689

Allen JG, McClean MD, Stapleton HM, Webster T (2008) Critical factors in assessing exposure to PBDEs via house dust. Environ Int 34:1085-1091

Arias P (2001) Brominated flame retardants—an overview. In: the second international workshop on brominated flame retardants, AB Firmatryck, Stockholm, pp 17-19

Beamer PI, Elish CA, Roe DJ, Loh MM, Layton DW (2012) Differences in metal concentration by particle size in house dust and soil. J Environ Monit 14(3):839-844

Betts KS (2008) New thinking on flame retardants. Environ Health Perspect 116:A210-A213

Butte W, Heinzow B (2002) Pollutants in house dust as indicators of indoor contamination. Rev Environ Contam Toxicol 175:1-46

Covaci A, Harrad S, Abdallah MAE, Ali N, Law RJ, Herzke D, de Wit CA (2011) Novel brominated flame retardants: a review of their analysis, environmental fate and behaviour. Environ Int 37(2):532-556

Deziel NC, Nuckols JR, Colt JS, De Roos AJ, Pronk A, Gourley C, Severson RK, Cozen W, Cerhan JR, Hartge P, Ward MH (2012) Determinants of polychlorinated dibenzo-p-dioxins and polychlorinated dibenzofurans in house dust samples from four areas of the United States. Sci Total Environ 433:516-522

Edwards RD, Yurkow EJ, Uoy P (1998) Seasonal deposition of house dusts onto household surfaces. Sci Total Environ 224(1-3):69-80

Fromme H, Schuetze A, Lahrz T, Kraft M, Fernbacher L, Siewering S, Burkardt R, Dietrich S, Koch HM, Voelkel W (2016) Non-phthalate plasticizers in German daycare centers and human biomonitoring of DINCH metabolites in children attending the centers (LUPE 3). Int J Hyg Environ Health 219(1):33-39

Goosey E, Harrad S (2011) Perfluoroalkyl compounds in dust from Asian, Australian, European, and North American homes and UK cars, classrooms, and offices. Environ Int 37:86-92

Hinwood AL, Callan AC, Heyworth J, Rogic D, de Araujo J, Crough R, Mamahit G, Piro N, Yates A, Stevenson G, Odland JO (2014) Polychlorinated biphenyl (PCB) and dioxin concentrations in residential dust of pregnant women. Environ Sci Processes Impacts 16(12):2758-2763

Hwang H, Park EK, Young TM (2008) Occurrence of endocrine-disrupting chemicals in indoor dust. Sci Total Environ 404(1):26-35

Julander A, Lundgren L, Skare L, Grandér M, Palma B, Vahter M, Lidéna C (2014) Formal recycling of e-waste leads to increased exposure to toxic metals: an occupational exposure study from Sweden. Environ Int 73:243-251

LaGuardia MJ, Hale RC, Harvey E (2006) Detailed polybrominated diphenyl ether (PBDE) congener composition of the widely used penta-, octa-, and deca-PBDE technical flameretardant mixtures. Environ Sci Technol 40(20):6247-6254

Lewis RG, Fortune CR, Willis RD, Camann DE, Antley JT (1999) Distribution of pesticides and polycyclic aromatic hydrocarbons in house dust as a function of particle size. Environ Health Perspect 107(9):721-726

Mercier F, Glorennec P, Thomas O, Le Bot B (2011) Organic contamination of settled house dust, a review for exposure assessment purposes. Environ Sci Technol 45:6716-6727

Moya J, Phillips L (2014) A review of soil and dust ingestion studies for children. J Expo Sci Environ Epidemiol 24(6):545-554

Peng H, Saunders DMV, Sun J, Jones PD, Wong CKC, Liu HL, Giesy JP (2016) Mutagenic azo dyes, rather than flame retardants, are the predominant brominated compounds in house dust. Environ Sci Technol 50(23):12669-12677

Rager JE, Strynar MJ, Liang S, McMahen RL, Richard AM, Grulke CM, Wambaugh JF, Isaacs KK, Judson R, Williams AJ, Sobus JR (2016) Linking high resolution mass spectrometry data with exposure and toxicity forecasts to advance high-throughput environmental monitoring. Environ Int 88:269-280

Rasmussen PE, Subramanian KS, Jessiman BJ (2001) A multi-element profile of housedust in relation to exterior dust and soils in the city of Ottawa, Canada. Sci Total Environ 267(1-3):125-140

Reynolds SJ, Etre L, Thorne PS (1997) Laboratory comparison of vacuum, OSHA, and HUD sampling methods for lead in household dust. Am Ind Hyg Assoc J 58(6):439-446

Robinson BH (2009) E-waste: an assessment of global production and environmental impacts. Sci Total Environ 408:183-191

Seifert B, Becker K, Helm D (2000) The German Environmental Survey 1990/1992 (GerES II): reference concentrations of selected environmental pollutants in blood, urine, hair, house dust, drinking water and indoor air. J Expo Anal Environ Epidemiol 10(6):552-565

Sun GY, Li ZG, Bi XY, Chen YP, Lu SF, Yuan X (2013) Distribution, sources and health risk assessment of mercury in kindergarten dust. Atmos Environ 73:169-176

Suzuki GO, Someya M, Takahashi S (2010) Dioxin-like activity in Japanese indoor dusts evaluated by means of in vitro bioassay and instrumental analysis: brominated dibenzofurans are an important contributor. Environ Sci Technol 44(21):8330-8336

Tao F, Abdallah MA, Harrad S (2016) Emerging and legacy flame retardants in UK indoor air and dust: evidence for replacement of PBDEs by emerging flame retardants? Environ Sci Technol 50(23):13052-13061

Wang L, Asimakopoulos AG, Hyo-Bang M, Nakata H, Kannan K (2013) Benzotriazole, benzothiazole, and benzophenone compounds in indoor dust from the United States and East Asian Countries. Environ Sci Technol 47:4752-4759

Watkins DJ, McClean MD, Fraser AJ, Weinberg J, Stapleton HM, Sjodin A (2012) Impact of dust from multiple microenvironments and diet on PentaBDE body burden. Environ Sci Technol 46:1192-1200

Wild CP (2005) Complementing the genome with an "exposome": the outstanding challenge of environmental exposure measurement in molecular epidemiology. Cancer Epidemiol Biomark Prev 14:1847-1850

Wilson R, Jones-Otazo H, Petrovic S (2013) Revisiting dust and soil ingestion rates based on handto-mouth transfer. Hum Ecol Risk Assess 19(1):158-188

第 10 章 从外向内:将外暴露整合进暴露组学的概念中

暴露组学同时涵盖了内源性过程和外环境产生的暴露,其暴露不仅包括化学物,也包括营养素、药物、感染原、微生物组、生理应激以及社会心理压力。但是,这些暴露来自何方? 我们又如何去应对它们? 本章将集中讨论两个相互独立而又相互关联的问题:(1)为什么理解体外环境对解读暴露组学至关重要?(2)如何从体外来测量暴露组学? 外环境对解读暴露组学至关重要,因为它能提供的信息深度是分析生物样本所不能达到的,它同时还能提供暴露的外部来源和内暴露剂量间的关联,为数据解读提供依据。在某些情况下,外部评估是客观评价社会、建筑环境以及行为因素等暴露因素的唯一途径。如何从暴露组的角度提供一个全面而细致的针对外环境的界定,将是一个巨大的挑战。本章将讨论:

从外环境揭示暴露组学所面临的科学进步、新兴技术以及全新机遇。

多尺度数据整合在评估暴露组学的时间和空间动力学中的重要性。

暴露组学研究中整合内环境及外环境的策略及价值。

应用暴露组学来为公众科学及疾病预防提供信息的机遇。

关键词:整合外暴露与暴露组学;多尺度的数据整合

1 引言

2005年，Chirs Wild提出了暴露组学的概念，引起了人们对制定用于流行病学研究中更准确、更完整的暴露评价方法学的重视(Wild, 2005)。2012年，他进一步定义了暴露组学(所有非遗传性暴露)可基于暴露的性质而分为三大类：内暴露，比如代谢、内源性激素、肠道微生物组以及氧化应激压力；特定的外暴露，如辐射、环境污染物、饮食及生活方式因素，以及一般外暴露，如社会和建筑环境(Wild, 2012)。虽然外暴露能通过与内部生物过程相互作用从而影响人类健康，且很多暴露可通过生物样品分析以进行估计，但测量体外暴露仍然是理解复杂环境暴露的一项基本方法，有时还是客观评估暴露的唯一方法。

为什么我们需要从体外来测量暴露组？

越来越多的证据显示，复杂人类疾病的原因更加复杂，很可能是由于混合暴露所致。这种混合暴露包括外暴露和内暴露，且与暴露的剂量、时间、特定的个体遗传环境相关。质谱和组学技术的新发展带来了在生物样品中检测和量化环境化学物及其代谢产物或环境暴露的分子标志物的机遇(Athersuch, 2016; Dennis et al., 2016; Rappaport, 2012)。很大程度上，由于这些技术天生具有同时全面测量多种暴露相关信号的能力，它们已经成为了实施暴露组研究的主要突破点，这些在本书中已有讨论。尽管如此，在生物样品中的暴露分析仅能提供体内既往暴露事件的快照。它不能阐明暴露的产生时间、持续时长、或暴露的来源。这一方法也无法了解暴露的顺序，而这一点对于理解复杂混合物的效应至关重要。而另一方面，外暴露评估却可以提供生物样品分析所欠缺的深入分析，如暴露的时间和地点，以及暴露的动态特征。具有时间和空间解析的环境暴露数据不仅可以使暴露与不良健康事件间的关联更为准确，当其与内暴露及生物效应评估相结合时，它还能更好地描述暴露生物学特征，从而加深我们对环境暴露如何导致疾病的理解。

此外，外部暴露评估可以帮助精确定位致病性暴露的环境来源，而后者是有效的公共卫生干预和预防策略制订的关键步骤。应用环境和个体传感器来追踪学龄儿童细颗粒物(PM)暴露的研究揭示了一个事实，即校车排放的柴油尾气是乘校车上学及位于邻近学校建筑的儿童的一个重要PM暴露来源(Hochstetler et al., 2001)。这些研究导致一系列的地方性推荐办法及国家项目的出台，以降低校车柴油尾气排放和儿童大气污染暴露，如美国国家环境保护局的清洁校车项目。

在其他一些情况下，当一种暴露没有直接的体内相关因子时(如噪音、热量、绿化及其他社会和建筑环境暴露)，外部暴露测量可能是捕获暴露的唯一方法。越来越多的证据提示，这些非化学性环境暴露在人类健康与疾病中起着重要作用。如何在流行病学研究中评估及量化这些暴露，从而更全面地了解某一个体的环境暴露，仍然是一个重大挑战。

我们能从外部测量哪些暴露？

大部分环境暴露来源于体外，多数环境暴露可以在人体所处的环境中进行测量，包括环境化学物、饮食暴露、消费品，以及社会和建筑环境。事实上，目前人类在外环境中进行多重暴露测量的能力有限，对于将外暴露评估整合入暴露组是一个重大挑战。我们在此简要地讨论几类在表征时较高依赖于外部测量方法的环境因素，以及对其进行表征在环境健康研究中的重要性。

大量的人群研究表明，大气污染与多种人类不良健康效应有关（Beelen et al., 2014; Hoek et al., 2013; Shah et al., 2013）。WHO数据表明，世界上92%的人口居住于大气污染水平超过WHO限值的区域，使之成为最大的单一环境健康风险（WHO, 2016）。传统上，个体的大气污染暴露由监测站的数据以及基于监测站数据的计算机模型估计而来。

过去十年中，由于室内、室外和个人空气关联研究（RIOPA）结果的发表，以及NIH的基因、环境与健康促进项目针对开发改良具有高费效比的个人大气污染监控工具提供的资助，外暴露评估的能力出现了飞跃（Weisel et al., 2005; Turpin et al., 2007; NIH, 2007）。今天，随着低成本的个体空气监测器出现，更多具有高时空分辨率的个人暴露数据可以用于更准确地评估大气污染暴露，且可将这些数据整合到环境健康研究中。

生活方式及行为因素，如饮食摄入、酒及药物的使用及体育活动，是复杂人类疾病的主要影响因素（Lopresti et al., 2013; Philips et al., 2013; Weston et al., 2014）。从外部评估这些风险因素的方法包括问卷调查、面对面访谈，最近应用的记录身体活动的仪器，以及基于移动电子技术的实时个人行为自我上报技术。这些新技术的实时数据采集功能对于验证及完成自我上报的生活方式及行为评估具有很高价值。此外，实时数据采集也能提供体内生物标记物测量所不能提供的背景信息，比如说行为是何时、何地、如何触发的，这可能为干预提供机会（Grenard et al., 2013; Thomas et al., 2011）。

越来越多的证据提示，街区情况，包括绿地空间、可通行性、街区安全性及资源可及性，能影响个人的健康结局（Chiu et al., 2016; Cohen-Cline et al., 2015; Dadvand et al., 2015）。虽然一些效应可以用街区情况促成的被试者行为改变来解释，比如说绿地能促进体育活动，但也有观点认为建筑和社会环境可能还有更广泛的健康效应。因此，鉴定街区情况以理解建筑、社会环境与人类健康的关联，以及阐明特定的影响个体健康的因素都获得了越来越多的关注。Schootman等人对一系列用于鉴定街区情况的新兴工具和方法作了综述，包括谷歌街景、网络摄像头、众包、遥感、社交媒体等（Schootman et al., 2016）。

以上仅仅列举了几个例子，在这些例子中，环境暴露的最佳测量方法是外部测量。本章将概述可以用来从外部阐明暴露组的科学进展，新兴技术及全新机遇，并讨论如何利用多尺度数据整合来评估暴露组的时空动力学，以及通过暴露组为公众科学及疾病预防提供信息的全新机遇。

❷ 科学进展,新兴技术及其在鉴定外部环境中的应用

传统上,因为缺少能在个体水平上量化外暴露水平的技术,环境流行病学研究严重依赖于问卷调查。有时,可以反复应用问卷调查来获取纵向的暴露信息。然而,数据的稀缺性和自我报告数据中的回忆偏倚,经常给准确全面的评估个体外环境带来困难。环境传感技术的进步以及全新的方法学改善了个体暴露的估量,其中很多技术还能做到对更广泛范围外环境应激原的实时暴露评估。当其与相关的生理反应及健康结局的测量结合后,便能够揭示暴露与疾病间的动态关联和因果关系。

遥感

遥感技术一般是指应用基于卫星或飞机的传感器技术以收集地表信息。自大约二十年前,新一代的污染监测卫星开始投入应用。1999年,NASA发射了遥感卫星Terra,装备有三种传感器仪器:中分辨率成像光谱仪(MODIS),多角度成像光谱仪(MISR),以及对流层污染测量仪(MOPITT)。前两个仪器测量细颗粒物(PM),第三个测量一氧化碳(CO)(Streets et al.,2013)。

在那之后,又发射了更多的带有其他优化传感器设备的卫星,如Aura卫星上的臭氧监测仪(OMI)和对流层排放光谱仪(TES)。这些传感器共同促进了人们对地球大气化学成分的理解,提供了许多大气污染物的空间分布和时间趋势的信息,包括二氧化氮,二氧化硫,一氧化碳,细颗粒物等等(Boys et al.,2014;Krokov et al.,2016)。例如,利用从两种卫星设备MISR和SeaWiFS上获取的柱状气溶胶光学厚度(AOD),Boys等(2014)建立了全球地表15年(1998—2012年)间PM2.5浓度时间序列并分析了其年度变化趋势。卫星衍生的遥感数据也能在流行病学研究中实现个体水平上的环境暴露水平评估。Chan等(2015)在姊妹研究中使用基于卫星的二氧化氮数据及土地利用数据,评估了长期的居住区大气污染及其对心血管疾病发病率的影响。VoPham等(2015)报道了应用Landsat遥感图像来评估加利福尼亚的农用杀虫剂暴露。Landsat方法在一个地理信息系统(GIS)中整合了四组数据,包括Landsat卫星图像、地表真实数据、杀虫剂应用数据以及地理编码的居住地信息,以推测个体水平的杀虫剂暴露。

遥感的主要优势是从面积巨大的地理区域和时间跨度中获取对时空趋势的深刻理解,这些结果可以纳入大规模流行病学研究之中,用于重建历史暴露,研究长期暴露与慢性疾病结局之间的关联。然而其局限性主要在于时空覆盖的分辨率较低,无法获取对个体暴露很重要的精细级别的变异数据以及室内浓度数据。受卫星所处的地球低轨的检索返回时间及检索噪声所限,科学家只能在低时间分辨率水平上获取有用的数据,也不大可能获取到短期暴露峰值。

除此之外,从卫星获取的暴露数据还受多个不确定因素影响,包括云层污染、气温以及

地表特征。无人航空器(UAVs),或者说无人机,可以克服卫星数据的部分缺点,在一定程度上填补一些空白,但也并不能替代卫星传感。整合其他地面特性(如土地利用情况、公路交通以及地表环境监测数据)的混合方法具有更好预测个体暴露水平的潜力(Beckerman et al., 2013)。由于近来卫星传感技术的进步,数据的空间分辨率得到了提高,基于AOD衍生的PM2.5水平估算研究报告中,已达到了1千米×1千米的分辨率,显示出该方法在流行病学研究中用于评估个体暴露水平的巨大潜力,特别是在缺乏地面监测的地区(Just et al., 2015; Sorek-Hamer et al., 2016)。

个体暴露评估

环境暴露随时间和空间而改变,个体的暴露水平与其时间活动和行为模式高度相关。个体环境测量能获取某个体毗邻环境的暴露水平,并能得到更准确的暴露估测。广泛的传感技术和新的方法学可以用于个体环境评估。

个体传感器

可穿戴式传感器的最新发展带来了在个体水平上测量各种环境因素的机遇,包括大气污染(细颗粒物、臭氧、有毒气体)、紫外线、噪音、气温及身体活动。Nieuwenhuijsen等(2014)搜索了市面上的传感器,构建了一套个体传感器组合,纳入了十余个独立的个体传感器。总体来说,该传感器组合能连续测量某个体24小时内的紫外线、噪音、碳黑、气温、绿地以及体育活动的暴露水平,同时也能记录位置信息以及诸如血压和心率这样的生理参数。

结果显示,在实验过程中,不但所有测量参数的暴露水平都出现可观的变异性,而且白天的暴露和晚上的暴露之间、室内和室外的暴露之间,在变异性及暴露水平上均有显著差异。这进一步证明了个体的环境暴露随时间长度和空间高度可变,且与个体的行为和活动模式相关。

另外,个体的大气污染身体负荷与体育活动和通气量高度相关。Rodehs等(2012)阐述了一种方法:在个人采样器组合中加入加速度感应器,在测量大气污染暴露水平时,可以同步地估测通气量和潜在的暴露量。

近年来,随着暴露组概念关注度和接受度的提高,我们对具有多环境污染物测量能力的个人感应器的需求越来越高。有几种被动采样技术显示出了同时进行多环境暴露采样的能力。特别引人注意的是由俄勒冈州立大学开发的一种利用硅胶手环采样器的被动采样技术。使用该技术,可通过佩戴手环一段时间后,以实验室分析的手段测量多种环境化学物水平,包括多环芳烃(PAHs)、消费品、个人护理用品、杀虫剂、邻苯二甲酸酯类等(Donald et al., 2016;O'Connell et al., 2014)。由于硅胶和人类具有相似的吸收特性,因此这种硅胶手环也是确定特定有机化合物内暴露剂量的良好替代品。

尽管个人感应技术发展迅速,但要把它们应用于人群研究,还有很多困难要克服。对很多可穿戴感应器来说,电池寿命通常是一个问题,需要用户按时充电,在某些情况下,充电问题甚至会成为开发更适宜穿戴的设备的主要限制因素(例如设备微型化和轻量化)。

数据质量和可重复性也是一个值得关注的问题,这二者需要设备进行实验室和现场的验证，从而在部署至大规模人群研究之前确保其可靠性。应当根据数据收集的目的及质量要求，优先选用适宜的个人监测技术和设备类型。为了改善依从性，可能也需要考虑可操作性。近年来，由于有很多价格可以接受的小型传感器面市，个人暴露监测在公共科学和社区研究中变得越来越常用，其意义将在本章后文讨论。

 基于智能手机的个体传感技术

智能手机是拥有计算能力以及如触摸屏、互联网连接、全球定位系统（GPS）、摄像头等特性的移动电话。在美国，77%的成年人拥有智能手机，在较年轻的成年人中，则几乎是人手一部（Pew Research Center，2017）。智能手机和其他移动通信设备如平板电脑、智能手表、智能手环等的使用，已经成了日常生活的一部分，已经改变了我们日常行为的方方面面。

特别引人关注的是近来移动健康（mHealth）取得的进步，即将移动电话和其他无线技术应用于健康服务之中。移动平台将可穿戴生物传感器、芯片实验室及成像技术加以整合，使急性疾病诊断及慢性疾病管理能够在健康服务机构之外进行（Steinhubl et al.，2015）。一篇系统文献综述阐述了移动医疗在多种健康问题（如糖尿病、哮喘、抑郁、听力丧失等）的研究及管理中的广泛应用（Martinez-Perez et al.，2013）。在过去十年中，移动医疗以指数级速度发展，且至今仍然是医疗保健创新中的热点之一。

智能手机和个人移动通信设备也可用作方便地测量个体大气污染暴露量的平台。Chen等人开发了一种可穿戴传感器，利用智能手机作为接口，进行挥发性有机化合物（VOCs，包括芳香类、烷基类及氯代烃类）的室内及室外个体暴露量估测（Chen et al.，2012）。通过专门开发的应用程序与传感器通信，智能手机可以接收暴露数据，处理数据并显示结果。

另一项研究则采用基于手机的监测系统进行了黑碳暴露的测量：用一个微型的气溶胶过滤采样器收集黑碳，然后采集过滤器的图像，传输到手机，从而进行实时的黑碳水平测量（Ramanathan et al.，2011）。基于纳米技术的、紧凑而低成本的芯片也已经可以整合到智能手机中，用于进行环境中有毒气体的高敏感度探测（Hannon et al.，2016）。

膳食摄入和体育活动被认为是对人类许多慢性疾病有重要影响的环境因素。使用手机来评估膳食摄入和体育活动已经得到了广泛的应用，已经在个体水平实现了更有效率的测量（Sharp et al.，2014）。Daugherty等（2012）描述了一种使用手机食物记录（mpFR）来辅助进行饮食评估的方法，并对mpFR在成人和青少年中的使用熟练度和准确度进行了测试。mpFR通过截取带有比例尺（用于大小参考）的食用前后的食物和饮料图片来帮助进行饮食评估，然后就可以将图像分析和体积估算所得到的信息与营养素数据库相关联，从而得到能量与营养摄入的信息。

最近，一个更高端的智能手机应用问世，除了能做图像分析，还可以计算能量摄入量和总能量消耗（Svensson et al.，2015）。智能手机在体育活动的研究中也得到了广泛的应用，因为人们在日常生活中总是携带手机，其内置的运动感应器可以帮助识别人们的活动模式。如今，一部智能手机可以带有多个感应器，包括加速度计、陀螺仪、磁力计等。单独使用加速度计，或者合用其他运动传感器，智能手机可以将各种体育活动区分开来，包括走路、跑步、上楼梯、下楼梯、开车、骑自行车、静息等（Shoaib et al.，2014；Anjum et al.，2013）。

智能手机和其他基于移动通信的传感技术在环境健康研究中得到越来越多的应用。人们正在开发利用内置传感器的应用。在最近一项关于学生行为改变的研究中,用基于智能手机的传感方法评估了更复杂的活动和社会行为模式:用智能手机的加速度传感器记录日常活动,用麦克风传感器评估社交活动,二者都能用于推测学生今后的发展(Harari et al., 2017)。在另一项研究中,研究者把iPhone6放在胸部,利用智能手机的加速度计检测并计算了心率(Landreani et al., 2016)。

自我报告的环境暴露

虽然受到回忆偏倚和分类错误的影响,通过环境问卷调查获得的自我报告数据能提供个体环境特征(家庭、工作、邻里、社会压力)的回顾性信息,而这些数据可能难以通过其他个人传感技术获取。特别是大型人群研究高度依赖于问卷调查,因为这些方法成本不高,且可以覆盖广泛的环境变量,从而给研究者们提供目的人群的某些基本分类信息。

由RTI国际和美国国家人类基因组研究所领衔开发的PhenX工具包中包含了一系列推荐用于生物医学研究的表型和环境暴露的标准测量方法(Hamilton et al., 2011)。就外环境测量而言,有很大一部分基于调查问卷、或基于自行报告、或通过访谈进行。标准化且任何人都可自由采用的、针对特定暴露水平测定的调查问卷为研究者们提供了一个起点,可基于其上开发更精密且更具针对性的调查问卷,同时为整合数据、横向研究比较提供了可能性。

自我报告的数据通常通过纸张、电话、或面对面的访谈进行收集,调查后的数据处理费时又具有挑战性。随着互联网和移动通信技术的普及,基于网络的调查问卷和应用程序更为频繁地用于收集自我报告的暴露信息。基于网络的或计算机辅助的信息收集法可以提供交互式且用户友好的界面,其中调查问卷可以根据用户的回答进行调整,从而以更有效率的方式采集个体暴露数据,且用户的回答可以迅速地整合进数据集中。

病人报告的结局测量信息系统(PROMIS)已经采用了电脑化适应性测验(CATs)来收集自我报告的健康信息,采用项目反应理论(IRT)来保证所使用的测试目标适合个体的特征,从而获得较传统测试更准确的结果(Cella et al., 2007)。在过去十年间,PROMIS已经广泛应用于评估处于各种疾病状态下的成人和儿童的身体、心理、社会健康。开发环境变量,特别是关于建筑和自然环境的变量并纳入PROMIS中,可能为我们提供宝贵的信息去解读环境对这些疾病的影响,并提供健康干预机会(Heinemann et al., 2016; Ananthakrishnan et al., 2013)。

生态瞬时评价(EMA)最初开发目的是降低基于自我报告的临床心理评估中的回忆偏倚。EMA实时地收集与目标所处微环境相关的真实世界数据。这种使用电子日记进行的重复采样和数据收集为研究目标长时期内的体验和行为差异提供了更完整的表述(Shiffman et al., 2008)。Dunton等(2012)报告了EMA在表征儿童生理和社会环境以及这些环境如何影响儿童的体育活动规律中的应用。Jones等(2016)探索了使用EMA来研究行为模式对非裔美国女性肥胖影响的可行性。

环境传感的全新机遇

技术和社交媒体的发展也提供了从体外揭示暴露组的全新机遇。我们在此选择几个内容,讨论它们在描述个体外环境中的应用。

众包和传感器网络

众包,即从庞大的、通常为非特定的自愿人群中收集信息,它在公众产生的环境数据利用中显示了良好的前景。众包并不是一个新概念,但由于互联网和智能手机的广泛使用、随处可得的低成本环境传感器,以及智能手机内置的GPS,它已经被提升到了一个新高度。使用志愿者的GPS信息,众包环境数据可以用来创建互动式的暴露地图,从而实时了解个体微环境和特定地理区域的环境。例如,HabitatMap所主导的AirCasting项目由一个可穿戴的传感器、一台装有AirCasting安卓应用程序的智能手机、和一个用于暴露数据进行绘图并分享的网站组成(AirCasting,2017)。真实世界的暴露数据,像细颗粒物、一氧化碳和二氧化碳的数据,通过智能手机发送到网站来生成暴露的热图。凭借着数以千计的用户上报他们个体环境实时暴露数据,暴露热图可以针对特定地区的当前暴露提供在时间和空间均具有高分辨率的数据。已有数个案例应用了众包环境感应数据来绘制暴露地图,用于报告个体暴露及进行决策,这些案例包括福岛事件后用于辐射测量和通信的SafeCast项目,以及在萨格勒布市进行噪音污染绘图的NoiseTube应用(Brown et al.,2017;Posloncec-Petric et al.,2016)。

很显然,众包是增加公众参与和增加真实世界环境测量的利器。它在常规监测数据稀缺或无法活动的地区尤为重要。尽管如此,数据质量是人们对众包环境数据投入进一步应用前的重要关注点。众包的数据需要与其他测量方法,如地面监测法相互验证和校正,以及采用适当的质量控制方案来确保数据的准确度。

免费网络地图服务

使用像谷歌地球、谷歌街景和必应地图这样的免费地图服务,我们可以在全世界范围内浏览和搜索许多的街道和城市。这些在线地图囊括了卫星照片、航空照片、鸟瞰图片,以及街景图片,在较为精细的空间尺度上提供了有关建筑环境的丰富信息。已经有人在探索免费在线地图服务作为潜在工具的价值,用其来描述建筑环境和邻里条件,如土地使用情况、交通基础设施、可通行性、卫生设施以及绿地等(Brookfield et al.,2016;Charreire et al.,2014;Kurka et al.,2016;Li et al.,2015)。

通过比较基于在线地图的虚拟评估和直接观察,发现可客观测量项目(如设施和设备的存在与否)的一致度一般较高,而主观评估的项目(如美化、安全、街道和住房状况)的一致度则较低。相较于现场调查,使用免费网络地图来评估建筑环境的主要优势在于其免费,容易获取和应用。然而,其局限性在于地图的时效性和特定的覆盖范围。有时候,网络地图服务可能没有覆盖到研究者感兴趣的时间段和地点(Charreire et al.,2014)。

社交媒体

今天,一个人平均每天在社交媒体上花费的时间接近2个小时(Social Media Today,2017)。人们在社交媒体上分享各种各样的信息,包括与个人日常活动相关的照片和评论。当社交媒体变成了许多人每天的日常时,它就有潜力成为研究人们的环境与社会暴露及其健康影响的数据源。

Chen和Yang(2014)报道了使用Twitter的信息或推文来研究食品环境暴露和饮食行为。在他们的研究中,对众包的、以食品为主题的推文进行了地理编码,并用作健康或不健康的食物选择的指标。通过将这些加上地理编码的推文和不同类型的食品零售商(杂货店和快餐店)在地理信息系统中的分布进行作图,他们发现杂货店在某个体居住地附近的普遍程度可能显著影响对食品的选择。

在另一项研究中,将地理编码的食品推文和经济上处于劣势、人口普查中标注为交通不便(食品荒漠)的地理区域进行了对应标注,以检验"不健康食品在不发达地区更普遍"的假说(Widener et al., 2014)。从推特及其他社交媒体上获取的地理标签数据也可用于研究环境和人类健康的许多其他方面问题,包括体育活动、邻里情况及传染病暴发等(Nguyen et al., 2016;Ye et al., 2016)。

社交媒体数据的优势是其实时性、渗透性和动态性。但是,这些数据也是自愿提供的、自我报告的、未经验证的。此外,并非所有社交媒体数据都是公开的,且仅有一小部分公开的数据具有地理标注。因此,当从此类型的分析中进行推断时,需要考虑数据的准确性和代表性。

❸ 外暴露时空动力学评估中的多尺度数据整合

整合不同尺度的时间和空间数据是全面了解暴露组的关键。地理信息系统(GIS)提供了一个框架,可用于将不同信息来源数据中的地理空间信息整合,从而帮助构建一个更完善的暴露全貌。这些数据包括但不限于大气污染和地表的遥感数据、地表大气质量数据、水及土壤的地理调查数据,以及其他普查数据、在线地图、由社区和公众科学传感器产生的环境数据等。

在流行病学研究中,GIS可以将基于卫星的遥感数据与地表特征和其他本地观测数据相结合,用于构建计算暴露模型、评估个体对大气污染、杀虫剂及绿地的暴露水平(Chan et al., 2015;VoPham et al., 2015;Almanza et al., 2012)。GIS还可以汇集一系列邻里环境特征,包括建筑环境、食品环境、活动空间、可步行性等,也能将邻里情况与个体的健康行为及结局相关联(Chen et al., 2014;Thornton et al., 2011)。

除此之外,随着GPS和其他个体传感设备的普及,这些设备获取的个体时间、空间及活动模式也可以整合到GIS框架之中。将这种个人追踪信息纳入暴露评估之中,可以更好地阐明暴露组的时空动力学,令我们更好地理解个体活动模式对暴露的影响(Chaix et al., 2013;Perchoux et al., 2013;Su et al., 2015)。

尽管如此,个体追踪数据并非总是可用,尤其是在回顾性研究中。在环境流行病学中,居住地点经常被用作替代物,和GIS工具相结合,用于分配相关暴露、重建暴露史。例如,Gallagher等(2010)开发了一个历史地下水模型,整合了参与者的居住史和饮用水源来评估个体的水污染暴露及其与乳腺癌的关联。

为了做出有意义的历史暴露估测,流行病学家们必须考虑参与者的居住流动性,由于自我报告的问卷数据的成本和回忆误差,这是很困难的任务。随着研究者们越来越意识到居住史在长期健康结局研究中的重要性,他们探索了利用公共记录来产生居住史的可能性(Jacquez et al.,2011;Wheeler et al.,2015)。与基于问卷的居住信息相比对后,发现通过LexisNexis公共记录产生的居住史和调查数据吻合得相当好,具有在某些研究中取代相对昂贵的调查的潜力。

数据的整合和分析是暴露组研究中的一个巨大挑战,因为人类的一生会暴露于大量的、可能影响健康和疾病的环境压力因素(Manrai et al.,2016)。有了各种GIS工具、计算暴露模型、个体追踪技术,以及更易获取的居住史信息,通过整合各种环境因素和时间跨度的数据,有望解决暴露组的时空动力学问题。

❹ 在暴露组学研究中整合外环境与内环境

为方便讨论,暴露组被分为内暴露和外暴露,后者是本章的讨论重点。在现实中,外环境通过一系列从暴露到结局的连续过程中所形成的相互联系的事件网络,影响着人类健康。为了清楚地了解因果通路,就需要将外暴露与内环境中发生的事件关联起来。除此之外,整合内环境与外环境可以为暴露模型、预测以及风险评估和政策制定提供信息依据,从而改善公共卫生水平。

通过从内、外同时测量某一环境应激因素,我们可以将外暴露与其内暴露剂量(或代谢物)及相关的生物效应联系起来。很多流行病学研究使用问卷调查或直接测量家庭环境(例如室内尘土中的邻苯二甲酸酯和阻燃剂),以得到外暴露的大体信息,然后再与生物样品中的测量结果相联系,以进行因果推断并确定来源(Cequier et al.,2015;Le Cann et al.,2011)。

个体传感器在环境健康研究中的应用使得更精确的内外环境关联(实时的或类实时的)成为可能。例如,在一项城市青少年队列研究中,研究者们研究了体育活动在BC暴露相关的气道炎症中所起的保护作用。他们应用了个人BC采样器和装在腕带上的加速度计来记录每日的实时BC暴露及体育活动,将外暴露与气道炎症的一项生物标志物测量结果联系起来,发现高水平的BC暴露抵消了体育活动对气道炎症的保护作用。如果没有同时准确地评估外暴露和内环境生物标志物,这一关联将很难发现(Lovinsky-Desir et al.,2016)。

人类生命早期暴露组(HELIX)计划是一个大规模的暴露组计划,包括6个队列和32 000对母婴(Vrijheid et al.,2014)。为了得到外环境与内暴露间的详细联系信息,项目应用了巢式设计,1 200对具有代表性的母婴组成了一个子队列,用于对暴露组进行全面的特征分析,包括暴露生物标志物、组学数据以及社会和行为特征。同时还在子队列中建立了更小的面板设计,目的是开展额外的个体传感和饮食监测,以促进外暴露与内环境的整合。将来,看看从这个子队列得到的信息是否能外推到其父队列中,将是很有意思的一件事。

在理解各种人类疾病的发病机制方面,实验室模型已经发挥了关键作用,它们是填补外暴露到健康结局之间因果关系的知识空白的强力工具。实验室发现的暴露及反应的生物标志物,一旦通过验证,就可以成为内暴露测量或不良健康效应早期发现的有效工具。用动物模型进行的化学物暴露的毒代动力学/毒物效应动力学模型可以为人类暴露的剂量-反应关系提供信息。最后且同样重要的是,在疾病过程的机制研究中,实验室模型提供了极佳的灵活性。最近,基因靶向技术的进步和遗传多样性小鼠模型的普及,为研究基因与环境的交互作用、以及其对人类疾病的影响提供了更多的机遇(Churchill et al.,2012;Tu et al.,2015;Welsh et al.,2012)。

人类暴露于数以万计的潜在有毒化学物质中。然而由于资源和技术的局限性,限制了我们从内、外或二者同时进行暴露测量。大型的生物监测数据库、高通量毒性筛选以及计算模型为预测外暴露、内环境及健康结局间的关系提供了另一种资源。

由美国国家环境保护局领导的 ExpoCast 项目将远场生产量和消费者使用信息整合起来,以预测化学物质的人类暴露潜能(Wambaugh et al.,2014),该项目提供了一个计算框架,用于评价某种化学物是否可能成为进一步数据收集时的目标。

ToxCast 和 Tox21 项目则利用了各种技术,如计算化学、高通量筛选及各种毒理基因组学技术,来预测产生毒性的潜力,并提供关于毒性通路的信息,可以用于预测体内生物过程(Tice et al.,2013)。

另一些额外的数据来源,如 Toxin-Toxin-Target 数据库(T3DB)、暴露组研究人员,以及 NHAES 生物监测数据也可以用来提供各种化学物及跨人群的人类内暴露参考信息(Wishart et al.,2015;Neveu et al.,2017;Centers for Disease Control and Prevention,2015)。

❺ 通过应用暴露组学为公众科学和疾病预防提供信息

公众和社区的参与是环境健康研究的关键要素,因为它们在健康干预和疾病预防中具有重要的作用。暴露组学研究从两个方面令公众科学和社区研究受益。第一,暴露组学研究中对环境的整体观点,让我们有机会去发现既往公众未知的、影响人类健康的环境因素。第二,为揭示暴露组而开发的新工具和新技术,如个人传感器、智能手机感应技术及众包,使科学家们可以与志愿者(亦即公民科学家)和社区成员们合作,来更好地理解人类与环境的相互作用,最终能为更有效的干预和疾病预防作贡献。本章中提到的几个例子,如绘制大气污染地图的 AirCasting 项目和福岛事件后用于测量辐射量及风险交流的 SafeCast 项目,都是很好的例子,证实了由实时个人传感和众包支持的数据密集型公众科学,可以帮助鉴别暴露的热点,并就可能对其健康产生不利影响的暴露向社区发出警告。数据密集型公众科学在环境监测、健康干预及预防的领域显示出了巨大的前景。但是,它也同样面临挑战,包括数据质量控制、数据解读、风险沟通,以及个体水平有关的环境及健康数据的隐私问题。

暴露组的概念也改变了公众对于环境的态度,并已被公民科学家和社区成员用于城市设计中以促进城市环境变得更加健康。影响人类健康的环境因素不仅包括大气污染、高温和噪音,还包括生活方式因素和影响人们行为及活动的物理环境,如城市交通和绿化,这种观点为越来越多的人接受。公民科学家们收集的这些环境因素的有关信息,有助于将城市和交通规划中的不同机构和决策者聚集在一起,从而创造更健康的城市环境,以改善公众健康(Nieuwenhuijsen,2016)。

小结

要将暴露组的概念整合到环境健康研究中,主要需求之一就是改进我们的技术能力和基础设施。与此同时,虽然已经有很多能用于外暴露评估的工具和技术,但如何将这些工具应用在暴露组这样的规模之上,以获取完善而可靠的外环境信息,仍然是一个巨大的挑战。

现有的工具必须经过完善、验证和扩大后,才能进行可靠地部署。尤其目前仍缺少具备多种物质测量能力的多用途设备。因此,还需要一系列补充性的技术和方法,以进行完善的外环境评估,这带来了两个重大的挑战,即研究者和参与者的经济成本和负担,以及对不同类型、不同时/空尺度的数据的整合和分析。

因此,开发新型的、性价比高的工具和方法,来检测及量化分析多种外环境应激因素,以及整合多种数据流,都是将外环境整合入暴露组学研究的关键所在。最后且同样重要的是,暴露组是一个连续体,从外部暴露源到内环境,贯穿一个人的全生命周期。外暴露评估必须在考虑暴露史的情况下与内环境整合,以完整地了解环境与人类健康及疾病间的因果关系。

(翻译:姜启晓)

 参考文献

AirCasting (2017) The AirCasting Platform. http://www.aircasting.org/. Accessed 28 Feb 2017

Almanza E, Jerrett M, Dunton G, Seto E, Pentz MA (2012) A study of community design, greenness, and physical activity in children using satellite, GPS and accelerometer data. Health Place 18(1):46-54. https://doi.org/10.1016/j.healthplace.2011.09.003

Ananthakrishnan AN, Long MD, Martin CF, Sandler RS, Kappelman MD (2013) Sleep disturbance and risk of active disease in patients with crohn's disease and ulcerative colitis. Clin Gastroenterol Hepatol 11(8):965-971. https://doi.org/10.1016/j.cgh.2013.01.021

Anjum A, Ilyas MU (2013) Activity recognition using smartphone sensors. In: IEEE consumer communications and networking conference, IEEE, New York

Athersuch T (2016) Metabolome analyses in exposome studies: profiling methods for a vast chemical space. Arch Biochem Biophys 589:177-186. https://doi.org/10.1016/j.abb.2015.10.007

Beckerman BS, Jerrett M, Serre M, Martin RV, Lee SJ, van Donkelaar A, Ross Z, Su J, Burnett RT (2013) A hybrid approach to estimating national scale spatiotemporal variability of PM2.5 in the contiguous United States. Environ Sci Technol 47(13):7233-7241. https://doi.org/10.1021/es400039u

Beelen R, Raaschou-Nielsen O, Stafoggia M, Andersen ZJ, Weinmayr G, Hoffmann B, Wolf K, Samoli E, Fischer P, Nieuwenhuijsen M, Vineis P, Xun WW, Katsouyanni K, Dimakopoulou K, Oudin A, Forsberg B,

Modig L, Havulinna AS, Lanki T, Turunen A, Oftedal B, Nystad W, Nafstad P, De Faire U, Pedersen NL, Ostenson CG, Fratiglioni L, Penell J, Korek M, Pershagen G, Eriksen KT, Overvad K, Ellermann T, Eeftens M, Peeters PH, Meliefste K, Wang M, Bueno-de-Mesquita B, Sugiri D, Kramer U, Heinrich J, de Hoogh K, Key T, Peters A, Hampel R, Concin H, Nagel G, Ineichen A, Schaffner E, Probst-Hensch N, Kunzli N, Schindler C, Schikowski T, Adam M, Phuleria H, Vilier A, Clavel-Chapelon F, Declercq C, Grioni S, Krogh V, Tsai MY, Ricceri F, Sacerdote C, Galassi C, Migliore E, Ranzi A, Cesaroni G, Badaloni C, Forastiere F, Tamayo I, Amiano P, Dorronsoro M, Katsoulis M, Trichopoulou A, Brunekreef B, Hoek G (2014) Effects of long-term exposure to air pollution on natural-cause mortality: an analysis of 22 European cohorts within the multicentre ESCAPE project. Lancet 383(9919):785-795. https://doi.org/10.1016/s0140-6736(13)62158-3

Boys BL, Martin RV, van Donkelaar A, MacDonell RJ, Hsu NC, Cooper MJ, Yantosca RM, Lu Z, Streets DG, Zhang Q, Wang SW (2014) Fifteen-year global time series of satellite-derived fine particulate matter. Environ Sci Technol 48(19):11109-11118. https://doi.org/10.1021/es502113p

Brookfield K, Tilley S (2016) Using virtual street audits to understand the walkability of older adults' route choices by gender and age. Int J Environ Res Public Health 13(11):12. https://doi.org/10.3390/ijerph13111061

Brown A, Franken P, Bonner S, Dolezal N, Moross J (2016) Safecast: successful citizen-science for radiation measurement and communication after Fukushima. J Radiol Prot 36(2):S82-S101. https://doi.org/10.1088/0952-4746/36/2/s82

Cella D, Yount S, Rothrock N, Gershon R, Cook K, Reeve B, Ader D, Fries JF, Bruce B, Rose M, Grp PC (2007) The patient-reported outcomes measurement information system (PROMIS). Progress of an NIH roadmap cooperative group during its first two years. Med Care 45(5):S3-S11. https://doi.org/10.1097/01.mlr.0000258615.42478.55

Centers for Disease Control and Prevention (2015) The national health and nutrition examination survey. https://www.cdc.gov/nchs/nhanes/nhanes_questionnaires.htm. Accessed 28 Feb 2017

Cequier E, Sakhi AK, Marce RM, Becher G, Thomsen C (2015) Human exposure pathways to organophosphate triesters—a biomonitoring study of mother-child pairs. Environ Int 75:159-165. https://doi.org/10.1016/j.envint.2014.11.009

Chaix B, Meline J, Duncan S, Merrien C, Karusisi N, Perchoux C, Lewin A, Labadi K, Kestens Y (2013) GPS tracking in neighborhood and health studies: a step forward for environmental exposure assessment, a step backward for causal inference? Health Place 21:46-51. https://doi.org/10.1016/j.healthplace.2013.01.003

Chan SH, Van Hee VC, Bergen S, Szpiro AA, DeRoo LA, London SJ, Marshall JD, Kaufman JD, Sandler DP (2015) Long-term air pollution exposure and blood pressure in the sister study. Environ Health Persp 123(10):951-958. https://doi.org/10.1289/ehp.1408125

Charreire H, Mackenbach JD, Ouasti M, Lakerveld J, Compernolle S, Ben-Rebah M, McKee M, Brug J, Rutter H, Oppert JM (2014) Using remote sensing to define environmental characteristics related to physical activity and dietary behaviours: a systematic review (the SPOTLIGHT project). Health Place 25:1-9. https://doi.org/10.1010/j.healthplace.2013.09.017

Chen C, Campbell KD, Negi I, Iglesias RA, Owens P, Tao NJ, Tsow F, Forzani ES (2012) A new sensor for the assessment of personal exposure to volatile organic compounds. Atmos Environ 54:679-687. https://doi.org/10.1016/j.atmosenv.2012.01.048

Chen X, Yang XN (2014) Does food environment influence food choices? A geographical analysis through "tweets". Appl Geogr 51:82-89. https://doi.org/10.1016/j.apgeog.2014.04.003

Chiu M, Rezai MR, Maclagan LC, Austin PC, Shah BR, Redelmeier DA, Tu JV (2016) Moving to a highly walkable neighborhood and incidence of hypertension: a propensity-score matched cohort study. Environ Health

Perspect 124(6):754-760. https://doi.org/10.1289/ehp.1510425

Churchill GA, Gatti DM, Munger SC, Svenson KL (2012) The diversity outbred mouse population. Mamm Genome 23(9-10):713-718. https://doi.org/10.1007/s00335-012-9414-2

Cohen-Cline H, Turkheimer E, Duncan GE (2015) Access to green space, physical activity and mental health: a twin study. J Epidemiol Community Health 69(6):523-529. https://doi.org/10.1136/jech-2014-204667

Dadvand P, Nieuwenhuijsen MJ, Esnaola M, Forns J, Basagana X, Alvarez-Pedrerol M, Rivas I, Lopez-Vicente M, Pascual MD, Su J, Jerrett M, Querol X, Sunyer J (2015) Green spaces and cognitive development in primary schoolchildren. Proc Natl Acad Sci U S A 112 (26): 7937-7942. https://doi.org/10.1073/pnas.1503402112

Daugherty BL, Schap TE, Ettienne-Gittens R, Zhu FQM, Bosch M, Delp EJ, Ebert DS, Kerr DA, Boushey CJ (2012) Novel technologies for assessing dietary intake: evaluating the usability of a mobile telephone food record among adults and adolescents. J Med Internet Res 14(2):12. https://doi.org/10.2196/jmir.1967

Dennis KK, Marder E, Balshaw DM, Cui Y, Lynes MA, Patti GJ, Rappaport SM, Shaughnessy DT, Vrijheid M, Barr DB (2016) Biomonitoring in the era of the exposome. Environ Health Perspect 125(4):502-510. https://doi.org/10.1289/EHP474

Donald CE, Scott RP, Blaustein KL, Halbleib ML, Sarr M, Jepson PC, Anderson KA (2016) Silicone wristbands detect individuals' pesticide exposures in West Africa. R Soc Open Sci 3(8):160433. https://doi.org/10.1098/rsos.160433

Dunton GF, Kawabata K, Intille S, Wolch J, Pentz MA (2012) Assessing the social and physical contexts of children's leisure-time physical activity: an ecological momentary assessment study. Am J Health Promot 26(3):135-142. https://doi.org/10.4278/ajhp.100211-QUAN-43

EPA (2017) Clean school bus. https://www.epa.gov/cleandiesel/clean-school-bus. Accessed 27 Feb 2017

Gallagher LG, Webster TF, Aschengrau A, Vieira VM (2010) Using residential history and groundwater modeling to examine drinking water exposure and breast cancer. Environ Health Persp 118(6):749-755. https://doi.org/10.1289/ehp.0901547

Grenard JL, Stacy AW, Shiffman S, Baraldi AN, MacKinnon DP, Lockhart G, Kishu-Sakarya Y, Boyle S, Beleva Y, Koprowski C, Ames SL, Reynolds KD (2013) Sweetened drink and snacking cues in adolescents. A study using ecological momentary assessment. Appetite 67:61-73. https://doi.org/10.1016/j.appet.2013.03.016

Hamilton CM, Strader LC, Pratt JG, Maiese D, Hendershot T, Kwok RK, Hammond JA, Huggins W, Jackman D, Pan HQ, Nettles DS, Beaty TH, Farrer LA, Kraft P, Marazita ML, Ordovas JM, Pato CN, Spitz MR, Wagener D, Williams M, Junkins HA, Harlan WR, Ramos EM, Haines J (2011) The PhenX Toolkit: get the most from your measures. Am J Epidemiol 174(3):253-260. https://doi.org/10.1093/aje/kwr193

Hannon A, Lu YJ, Li J, Meyyappan M (2016) A sensor array for the detection and discrimination of methane and other environmental pollutant gases. Sensors 16(8):11. https://doi.org/10.3390/s16081163

Harari GM, Gosling SD, Wang R, Chen FL, Chen ZY, Campbell AT (2017) Patterns of behavior change in students over an academic term: a preliminary study of activity and sociability behaviors using smartphone sensing methods. Comput Hum Behav 67:129-138. https://doi.org/10.1016/j.chb.2016.10.027

Heinemann AW, Lai JS, Wong A, Dashner J, Magasi S, Hahn EA, Carlozzi NE, Tulsky DS, Jerousek S, Semik P, Miskovic A, Gray DB (2016) Using the ICF's environmental factors framework to develop an item bank measuring built and natural environmental features affecting persons with disabilities. Qual Life Res 25(11):2775-2786. https://doi.org/10.1007/s11136-016-1314-6

Hochstetler HA, Yermakov M, Reponen T, Ryan PH, Grinshpun SA (2011) Aerosol particles generated by diesel-powered school buses at urban schools as a source of children's exposure. Atmos Environ 45(7):

1444-1453. https://doi.org/10.1016/j.atmosenv.2010.12.018

Hoek G, Krishnan RM, Beelen R, Peters A, Ostro B, Brunekreef B, Kaufman JD (2013) Long-term air pollution exposure and cardio- respiratory mortality: a review. Environ Health 12(1):43

Jacquez GM, Slotnick MJ, Meliker JR, AvRuskin G, Copeland G, Nriagu J (2011) Accuracy of commercially available residential histories for epidemiologic studies. Am J Epidemiol 173(2):236-243. https://doi.org/10.1093/aje/kwq350

Jones KK, Zenk SN, McDonald A, Corte C (2016) Experiences of African-American women with smartphone-based ecological momentary assessment. Public Health Nurs 33(4):371-380. https://doi.org/10.1111/phn.12239

Just AC, Wright RO, Schwartz J, Coull BA, Baccarelli AA, Tellez-Rojo MM, Moody E, Wang YJ, Lyapustin A, Kloog I (2015) Using high-resolution satellite aerosol optical depth to estimate daily PM2.5 geographical distribution in Mexico City. Environ Sci Technol 49(14):8576-8584. https://doi.org/10.1021/acs.est.5b00859

Krotkov NA, McLinden CA, Li C, Lamsal LN, Celarier EA, Marchenko SV, Swartz WH, Bucsela EJ, Joiner J, Duncan BN, Boersma KF, Veefkind JP, Levelt PF, Fioletov VE, Dickerson RR, He H, Lu ZF, Streets DG (2016) Aura OMI observations of regional SO2 and NO2 pollution changes from 2005 to 2015. Atmos Chem Phys 16(7):4605-4629. https://doi.org/10.5194/acp-16-4605-2016

Kurka JM, Adams MA, Geremia C, Zhu WF, Cain KL, Conway TL, Sallis JF (2016) Comparison of field and online observations for measuring land uses using the microscale audit of pedestrian streetscapes (MAPS). J Transp Health 3(3):278-286. https://doi.org/10.1016/j.jth.2016.05.001

Landreani F, Martin-Yebra A, Casellato C, Frigo C, Pavan E, Migeotte PF, Caiani EG (2016) Beat-to-beat heart rate detection by smartphone accelerometers. Eur Heart J 37:859-860

Le Cann P, Bonvallot N, Glorennec P, Deguen S, Goeury C, Le Bot B (2011) Indoor environment and children's health: recent developments in chemical, biological, physical and social aspects. Int J Hyg Environ Health 215(1):1-18. https://doi.org/10.1016/j.ijheh.2011.07.008

Li XJ, Zhang CR, Li WD, Ricard R, Meng QY, Zhang WX (2015) Assessing street-level urban greenery using Google Street View and a modified green view index. Urban For Urban Green 14(3):675-685. https://doi.org/10.1016/j.ufug.2015.06.006

Lopresti AL, Hood SD, Drummond PD (2013) A review of lifestyle factors that contribute to important pathways associated with major depression: diet, sleep and exercise. J Affect Disord 148(1):12-27. https://doi.org/10.1016/j.jad.2013.01.014

Lovinsky-Desir S, Jung KH, Rundle AG, Hoepner LA, Bautista JB, Perera FP, Chillrud SN, Perzanowski MS, Miller RL (2016) Physical activity, black carbon exposure and airway inflammation in an urban adolescent cohort. Environ Res 151:756-762. https://doi.org/10.1016/j.envres.2016.09.005

Manrai AK, Cui Y, Bushel PR, Hall M, Karakitsios S, Mattingly CJ, Ritchie M, Schmitt C, Sarigiannis DA, Thomas DC, Wishart D, Balshaw DM, Patel CJ (2016) Informatics and data analytics to support exposome-based discovery for public health. Annu Rev Public Health. https://doi.org/10.1146/annurev-publhealth-082516-012737

Martinez-Perez B, de la Torre-Diez I, Lopez-Coronado M (2013) Mobile health applications for the most prevalent conditions by the world health organization: review and analysis. J Med Internet Res 15(6):19. https://doi.org/10.2196/jmir.2600

National Institutes of Health (2007) Genes, environment and health initiative invests in genetic studies, environmental monitoring technologies. https://www.nih.gov/news-events/newsreleases/genes-environment-health-initiative-invests-genetic-studies-environmental-monitoring-technologies. Accessed

14 Mar 2017

Neveu V, Moussy A, Rouaix H, Wedekind R, Pon A, Knox C, Wishart DS, Scalbert A (2017) Exposome-explorer: a manually-curated database on biomarkers of exposure to dietary and environmental factors. Nucleic Acids Res 45(D1):D979-D984. https://doi.org/10.1093/nar/gkw980

Nguyen QC, Kath S, Meng HW, Li DP, Smith KR, VanDerslice JA, Wen M, Li FF (2016) Leveraging geotagged Twitter data to examine neighborhood happiness, diet, and physical activity. Appl Geogr 73:77-88. https://doi.org/10.1016/j.apgeog.2016.06.003

Nieuwenhuijsen MJ (2016) Urban and transport planning, environmental exposures and health-new concepts, methods and tools to improve health in cities. Environ Health-Glob 15:11. https://doi.org/10.1186/s12940-016-0108-1

Nieuwenhuijsen MJ, Donaire-Gonzalez D, Foraster M, Martinez D, Cisneros A (2014) Using personal sensors to assess the exposome and acute health effects. Int J Environ Res Public Health 11(8):7805-7819. https://doi.org/10.3390/ijerph110807805

O'Connell SG, Kind LD, Anderson KA (2014) Silicone wristbands as personal passive samplers. Environ Sci Technol 48(6):3327-3335. https://doi.org/10.1021/es405022f

O'Connell SG, Kerkvliet NI, Carozza S, Rohlman D, Pennington J, Anderson KA (2015) In vivo contaminant partitioning to silicone implants: implications for use in biomonitoring and body burden. Environ Int 85:182-188. https://doi.org/10.1016/j.envint.2015.09.016

Perchoux C, Chaix B, Cummins S, Kestens Y (2013) Conceptualization and measurement of environmental exposure in epidemiology: accounting for activity space related to daily mobility. Health Place 21:86-93. https://doi.org/10.1016/j.healthplace.2013.01.005

Peters A, Hoek G, Katsouyanni K (2012) Understanding the link between environmental exposures and health: does the exposome promise too much? J Epidemiol Community Health 66(2):103-105. https://doi.org/10.1136/jech-2011-200643

Pew Reserch Center (2017) Record shares of Americans now own smartphones, have home broadband. http://www.pewresearch.org/fact-tank/2017/01/12/evolution-of-technology/. Accessed 28 Feb 2017

Phillips CM, Dillon C, Harrington JM, McCarthy VJC, Kearney PM, Fitzgerald AP, Perry IJ (2013) Defining metabolically healthy obesity: role of dietary and lifestyle factors. PLoS One 8(10):13. https://doi.org/10.1371/journal.pone.0076188

Posloncec-Petric V, Vukovic V, Franges S, Bacic Z (2016) Voluntary noise mapping for smart city. In: Zlatanova S, Laurini R, Baucic M, Rumor M, Ellul C, Coors V (eds) First international conference on smart data and smart cities, 30th Udms, vol 4-4. International Archives of the Photogrammetry Remote Sensing and Spatial Information Sciences, vol W1. Copernicus Gesellschaft Mbh, Gottingen, pp 131-137. https://doi.org/10.5194/isprs-annals-IV-4-W1-131-2016

Ramanathan N, Lukac M, Ahmed T, Kar A, Praveen PS, Honles T, Leong I, Rehman IH, Schauer JJ, Ramanathan V (2011) A cellphone based system for large-scale monitoring of black carbon. Atmos Environ 45(26):4481-4487. https://doi.org/10.1016/j.atmosenv.2011.05.030

Rappaport SM (2012) Biomarkers intersect with the exposome. Biomarkers 17(6):483-489. https://doi.org/10.3109/1354750x.2012.691553

Rodes CE, Chillrud SN, Haskell WL, Intille SS, Albinali F, Rosenberger ME (2012) Predicting adult pulmonary ventilation volume and wearing compliance by on-board accelerometry during personal level exposure assessments. Atmos Environ 57:126-137. https://doi.org/10.1016/j.atmosenv.2012.03.057

Schootman M, Nelson EJ, Werner K, Shacham E, Elliott M, Ratnapradipa K, Lian M, McVay A (2016)

Emerging technologies to measure neighborhood conditions in public health: implications for interventions and next steps. Int J Health Geogr 15(1):20. https://doi.org/10.1186/s12942-016-0050-z

Shah ASV, Langrish JP, Nair H, McAllister DA, Hunter AL, Donaldson K, Newby DE, Mills NL (2013) Global association of air pollution and heart failure: a systematic review and metaanalysis. Lancet 382(9897): 1039-1048. https://doi.org/10.1016/S0140-6736(13)60898-3

Sharp DB, Allman-Farinelli M (2014) Feasibility and validity of mobile phones to assess dietary intake. Nutrition 30(11-12):1257-1266. https://doi.org/10.1016/j.nut.2014.02.020

Shiffman S, Stone AA, Hufford MR (2008) Ecological momentary assessment. Annu Rev Clin Psychol 4:1-32. https://doi.org/10.1146/annurev.clinpsy.3.022806.091415

Shoaib M, Bosch S, Incel OD, Scholten H, Havinga PJM (2014) Fusion of smartphone motion sensors for physical activity recognition. Sensors 14(6):10146-10176. https://doi.org/10.3390/s140610146

SocialMediaToday (2017) How much time do people spend on social media. http://www.socialmediatoday.com/marketing/how-much-time-do-people-spend-social-media-infographic. Accessed 28 Feb 2017

Sorek-Hamer M, Just AC, Kloog I (2016) Satellite remote sensing in epidemiological studies. Curr Opin Pediatr 28(2):228-234. https://doi.org/10.1097/mop.0000000000000326

Steinhubl SR, Muse ED, Topol EJ (2015) The emerging field of mobile health. Sci Transl Med 7(283):6. https://doi.org/10.1126/scitranslmed.aaa3487

Streets DG, Canty T, Carmichael GR, de Foy B, Dickerson RR, Duncan BN, Edwards DP, Haynes JA, Henze DK, Houyoux MR, Jacobi DJ, Krotkov NA, Lamsal LN, Liu Y, Lu ZF, Martini RV, Pfister GG, Pinder RW, Salawitch RJ, Wechti KJ (2013) Emissions estimation from satellite retrievals: a review of current capability. Atmos Environ 77:1011-1042. https://doi.org/10.1016/j.atmosenv.2013.05.051

Su JG, Jerrett M, Meng YY, Pickett M, Ritz B (2015) Integrating smart-phone based momentary location tracking with fixed site air quality monitoring for personal exposure assessment. Sci Total Environ 506:518-526. https://doi.org/10.1016/j.scitotenv.2014.11.022

Svensson A, Larsson C (2015) A mobile phone app for dietary intake assessment in adolescents: an evaluation study. JMIR mHealth uHealth 3(4):15-35. https://doi.org/10.2196/mhealth.4804

Thomas JG, Doshi S, Crosby RD, Lowe MR (2011) Ecological momentary assessment of obesogenic eating behavior: combining person-specific and environmental predictors. Obesity 19(8):1574-1579. https://doi.org/10.1038/oby.2010.335

Thornton LE, Pearce JR, Kavanagh AM (2011) Using Geographic Information Systems (GIS) to assess the role of the built environment in influencing obesity: a glossary. Int J Behav Nutr Phys Act 8:9. https://doi.org/10.1186/1479-5868-8-71

Tice RR, Austin CP, Kavlock RJ, Bucher JR (2013) Improving the human hazard characterization of chemicals: a Tox21 update. Environ Health Persp 121(7):756-765. https://doi.org/10.1289/ehp.1205784

Tu ZC, Yang WL, Yan S, Guo XY, Li XJ (2015) CRISPR/Cas9: a powerful genetic engineering tool for establishing large animal models of neurodegenerative diseases. Mol Neurodegener 10:8. https://doi.org/10.1186/s13024-015-0031-x

Turpin BJ, Weisel CP, Morandi M, Colome S, Stock T, Eisenreich S, Buckley B (2007) Relationships of Indoor, Outdoor, and Personal Air (RIOPA): part II. Analyses of concentrations of particulate matter species. Res Rep Health Eff Inst 130(Pt 2):1-77. discussion 79-92

VoPham T, Wilson JP, Ruddell D, Rashed T, Brooks MM, Yuan JM, Talbott EO, Chang CCH, Weissfeld JL (2015) Linking pesticides and human health: a geographic information system (GIS) and Landsat remote sensing method to estimate agricultural pesticide exposure. Appl Geogr 62:171-181. https://doi.org/10.1016/j.

apgeog.2015.04.009

Vrijheid M, Slama R, Robinson O, Chatzi L, Coen M, van den Hazel P, Thomsen C, Wright J, Athersuch TJ, Avellana N, Basagana X, Brochot C, Bucchini L, Bustamante M, Carracedo A, Casas M, Estivill X, Fairley L, van Gent D, Gonzalez JR, Granum B, Grazuleviciene R, Gutzkow KB, Julvez J, Keun HC, Kogevinas M, McEachan RRC, Meltzer HM, Sabido E, Schwarze PE, Siroux V, Sunyer J, Want EJ, Zeman F, Nieuwenhuijsen MJ (2014) The human early-life exposome (HELIX): project rationale and design. Environ Health Persp 122(6):535-544. https://doi.org/10.1289/ehp.1307204

Wambaugh JF, Wang A, Dionisio KL, Frame A, Egeghy P, Judson R, Setzer RW (2014) High throughput heuristics for prioritizing human exposure to environmental chemicals. Environ Sci Technol 48(21):12760-12767. https://doi.org/10.1021/es503583j

Weisel CP, Zhang J, Turpin BJ, Morandi MT, Colome S, Stock TH, Spektor DM, Korn L, Winer AM, Kwon J, Meng QY, Zhang L, Harrington R, Liu W, Reff A, Lee JH, Alimokhtari S, Mohan K, Shendell D, Jones J, Farrar L, Maberti S, Fan T (2005) Relationships of Indoor, Outdoor, and Personal Air (RIOPA). Part I. Collection methods and descriptive analyses. Res Rep Health Eff Inst 130(Pt 1):1-107. discussion 109-127

Welsh CE, Miller DR, Manly KF, Wang J, McMillan L, Morahan G, Mott R, Iraqi FA, Threadgill DW, de Villena FPM (2012) Status and access to the collaborative cross population. Mamm Genome 23(9-10):706-712. https://doi.org/10.1007/s00335-012-9410-6

Weston KS, Wisloff U, Coombes JS (2014) High-intensity interval training in patients with lifestyle-induced cardiometabolic disease: a systematic review and meta-analysis. Br J Sports Med 48(16):1227-U1252. https://doi.org/10.1136/bjsports-2013-092576

Wheeler DC, Wang AB (2015) Assessment of residential history generation using a public-record database. Int J Environ Res Public Health 12(9):11670-11682. https://doi.org/10.3390/ijerph120911670

WHO (2016) Ambient air pollution: a global assessment of exposure and burden of disease. http://apps.who.int/iris/bitstream/10665/250141/1/9789241511353-eng.pdf? ua¼1. Accessed 27 Feb 2017

Widener MJ, LiWW(2014) Using geolocated Twitter data to monitor the prevalence of healthy and unhealthy food references across the US. Appl Geogr 54:189-197. https://doi.org/10.1016/j.apgeog.2014.07.017

Wild CP (2005) Complementing the genome with an "exposome": the outstanding challenge of environmental exposure measurement in molecular epidemiology. Cancer Epidemiol Biomark Prev 14(8):1847-1850. https://doi.org/10.1158/1055-9965.epi-05-0456

Wild CP (2012) The exposome: from concept to utility. Int J Epidemiol 41(1):24-32. https://doi.org/10.1093/ije/dyr236

Wishart D, Arndt D, Pon A, Sajed T, Guo AC, Djoumbou Y, Knox C, Wilson M, Liang Y, Grant J, Liu Y, Goldansaz SA, Rappaport SM (2015) T3DB: the toxic exposome database. Nucleic Acids Res 43(Database issue):D928-D934. https://doi.org/10.1093/nar/gku1004

Ye XY, Li SW, Yang XN, Qin CL (2016) Use of social media for the detection and analysis of infectious diseases in China. ISPRS Int Geo-Inf 5(9):17. https://doi.org/10.3390/ijgi5090156

第4部分　暴露组学数据分析

237 / 第11章　暴露组学分析统计模型：从组学分析到"机制组"表征

269 / 第12章　全暴露组关联分析：一个数据驱动寻找表型相关暴露的方法

第11章 暴露组学分析统计模型：从组学分析到"机制组"表征

在过去的十年里，基于组学技术的高分辨率分子图谱测量使得各种前所未有的信息得以积累，让我们有机会探究各种外界压力源的生物学影响，并发现疾病的致病风险因子。尽管组学数据的体量、维度和复杂度在不断增加，但已有的若干种方法可用于不同组学数据分析。这些数据进行探索所依赖的统计方法包括单变量模型联合多重分析校正，降维技术，以及变量选择方法。尽管这些方法都比较成熟，但将它们应用于暴露组学数据分析时，会在方法学上带来特定的挑战。

另外，尽管单独分析一种组学数据可以找到压力源引发的可能影响个体风险的生物/生化变化，但这仅仅触及到相关复杂分子事件的一小部分，因而限制了我们对于暴露组响应机制的理解。尽管系统生物学方法已有了长足进展，但数据整合目前只停留在特定的数据集，通常只是针对特定疾病，并且只能用于探索某个或某些事先定义的假设。机制组学可以定义为在全生命周期中决定个体致病风险的压力源引起的所有分子机制的集合，对机制组学的探寻是一个具有挑战性的任务，该任务可以细分为三个相互依赖的分支方向：(1)组学图谱表征；(2)组学数据整合；(3)探寻暴露介导的(慢性)疾病发展过程背后的分子机制。

关键词：统计模型；组学；机制组学；生物信息学

1 暴露组学及其统计学挑战

暴露组的最初定义(Wild,2005)范围较广,包括所有外界压力源,也就是所有可能在不同生命阶段影响个体慢性疾病发生风险的非遗传因素。随后,Rappaport和Smith(2010)改进了这一定义,即假定暴露组中的有效成分必须在人体内环境能检测到,因而有了内暴露组的概念。

内暴露组由几部分组成:对于外部环境的生物响应,与外源化合物的相互作用,以及进入人体内环境的外源化合物本身。

随着分子生物学的快速发展,各种低成本技术不断涌现,使得在大规模研究当中测量各种高分辨率及高质量的分子图谱成为可能。所得到的组学图谱可以定义为参与诸如代谢及其调控等主要生物过程的各种分子的浓度和/或结构特征的高通量生化测量。如图11.1所示,组学数据得到包括DNA,RNA,蛋白质,以及(可能无机)小分子等多种分子的支持。组学数据天然具有异质性,体现在它们的:

维度:同时测量从十多个到几百万个特征变量。

性质:组学数据可以是二进制,分类数据,整数,或者连续变量。

复杂度:在单一组学中分析特征间相关性模型的强度和复杂性都可以简单地由距离驱动,或者涉及非线性随机变量和多元相关分析。

稳定性/波动性:组学数据对于外界压力响应的幅度和变化动态并不恒定。

不同来源的异质性给组学数据统计分析带来了特别的挑战。然而,这些异质性也使得组学数据具有较大的生物学互补性。这些互补性,加上数据本身的高维度,提供了一个不同分子水平上关于细胞活性及其调节的客观图景,由此为鉴定外界压力源引起的效应和功能性改变提供了潜在可能性。

对内暴露组的表征首先要通过组学分析鉴定出的与不良健康后果相关的生物/生理信号,其次要鉴定出可能引起这些改变的一个或一组暴露源。因而,内暴露组的全面分析需要得到外暴露组的补充,包括全套的外暴露组及可能触发生物及健康相关因子的变化过程。

对于组学图谱与暴露组因子之间关系的分析在方法学上需要有特定的考虑,这是因为(一组)暴露预计只会产生轻微但复杂的效应,因而给筛选模型的统计功效带来挑战。为了提高统计功效,必须采用多次观察每位参与者的复杂研究设计,例如交叉实验设计(Vieneis et al.,2016)。另外,混合暴露会比单独某个暴露扮演更为重要的角色,所用到的统计模型必须能够处理多变量预测因子,以及解释成组暴露引发的复杂生物响应、多变量结局,和不同暴露间可能存在的相互作用。

因此,一个完整的暴露组数据集是复杂的,对于特定的健康状况及特定的年龄范围,它包括三方面的内容:一种健康状况,一组暴露因素,以及一组组学图谱(图11.2)。

支持类型	测量平台 (log 数据范围)	特点
 基因组 DNA	基因芯片(6) 测序(9)	分类数据 距离驱使的相关性 非常稳定
 表观组 DNA甲基化 组蛋白修饰 非编码RNA	基因芯片(5) 亚硫酸氢盐测序(1)	连续数据 受到时间及暴露影响 (灵活性降低)
 转录组 mRNA	基因芯片(5) RNA测序(9)	连续数据 受到时间及暴露影响 强测量噪音
 蛋白质组 蛋白质	蛋白芯片(5) 质谱(5)	连续数据 受到时间及暴露影响
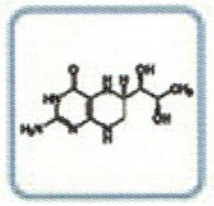 代谢组 小分子	质谱(5) NMR光谱(4)	连续数据 在结构上相关 受暴露强烈影响

图11.1 现有的主要组学数据类型的概述（Chadeau-Hyam et al.,2013）

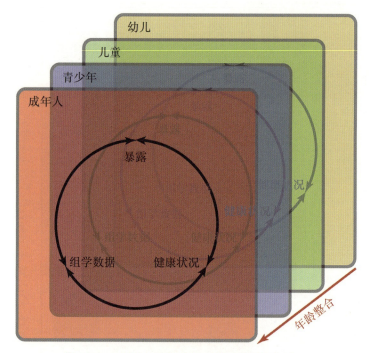

图11.2 某种特定健康状况的组学数据集图示

对于暴露组数据的全面探索主要包括三个分析。第一，暴露-健康状况分析，目的是鉴定某种或一组引发不良健康后果的暴露因素。第二，组学-健康状况图谱分析，致力于鉴定与特定健康状态形成相关的分子改变，所得结果包括潜在的早期疾病表征，影响健康风险的有效生理改变，或者影响（直接或在通路中）特定健康状况的暴露相关标记。最后，组学-暴露图谱分析致力于分析内暴露组，也就是对外界多种应激原体内生理响应。

为了全面利用整个数据集，需要进行几个不同层次的数据整合。第一，当同样的个体拥有各个不同类型的组学图谱数据时，"交叉组学"分析是研究某一类型分子水平上发现的疾病或暴露相关信号如何与其他水平的信号相关。同样，此类的多组学分析可以分清冗余和互补的分子信号，找到暴露诱发的和/或参与疾病发展的分子信号级联网络。第二，另一层次的整合则注重研究暴露标志物和健康结局标志物之间的共同信息。这一方法也被称为"中间汇合"（Assi et al.，2015；Vineis et al.，2007；Chadeau-Hyam et al.，2011），其有助于鉴定在分子通路中连接暴露及健康状况之间的中间生物标志物。

暴露组学表征的另外一个复杂之处在于暴露组的动态性。其一，暴露水平在不同时间尺度下会随着时间自然发生变化：比如，长期的，一天之内或紧接着环境变化的，或者跨越历史时期。此外，暴露效应会有不同的响应动态（如急性或慢性效应），同时可能存在与年龄相关的效应修饰和易感性差异，也就是生命不同阶段年龄可能影响暴露的效应，使得在某一生命阶段，暴露会引发更强的效应。

针对暴露组的动态性，研究设计必须做出相应的改动。这包括让参与者接受不同水平的暴露，以便探索暴露引起的急性效应（Font-Ribera et al.，2010；McCreanor et al.，2007）。个体暴露监测收集多天或多个星期暴露所带来的效应，而长期暴露带来的效应则需要通过队列方法结合暴露模型加以研究。

年龄相关的易感性差异和效应修饰也能被建模,但是,如果缺乏包括了所有年龄阶段的单一研究,或者缺乏同一人群在不同生命阶段的多种测量数据的研究,这样模型只能用于分别研究不同年龄组的组学-暴露-健康状况间的关系,然后再寻找不同年龄所共同或特有的信号分子。

总而言之,暴露组学数据的分析可以分为三个主要的分析方向,本章余下部分将对它们进行详细介绍,包括:组学及暴露组图谱技术,通过整合优先组学信号以提高结果分辨率的分析方法,以及整合更高维度组学数据的方法的发展。在本章结尾,我们将定义"机制组"并提出探索机制组的可能分析框架。

❷ 多组学暴露的分析的主要方法

在过去的十年间,分子生物学的技术进步产生了大量复杂的组学数据集,使得深入研究外部暴露引发的生理反应(如暴露生物标志物及早期效应)及健康状况的内部标记(如疾病风险及疾病起始的生物标记物)成为可能。伴随着这些高通量数据的出现,研究者们也着力开发探索这些数据的方法。相关研究方法现已建立并得到评述(Balding 2006;Chadeau-Hyam et al.,2013;Agier et al.,2016)。

如前所述,分析组学和暴露组数据时,一个需要考虑的关键点是不同变量间存在的相关性结构。对于组学数据而言,相关性结构的强度和复杂性在不同类型的组学数据中都存在异质性。例如,遗传标记之间的相关性主要是由距离驱动的,使得相邻的遗传变异之间存在强相关性。其他组学数据,例如基于核磁共振(NMR)分析的代谢组数据,其关联模式则反映出更复杂的图谱,包括(1)一个局部组分,使得两个附近的特征都与同一个化合物相关起来;(2)一个非局部的组分,源于单一化合物可以在不同的图谱区域得到反映;(3)一个功能组分,反映了所观察到的生物现象不大可能仅仅受到单个化合物的诱导。同样的,外暴露组数据也由大范围的数据集组成,包括生物标记物、暴露测量以及行为因子等。因此,暴露组内部或暴露组之间的相关性图谱是非常复杂的(图11.3)。

尽管组学数据相对较为准确,绝大部分组学数据,以及在稍低的程度上,外暴露组数据都具有高维度的特点,即所谓的"小n,大p"情形,在这种情况下,所测量的指标数p较大,甚至超过了观测的样本量n(图11.4)。

在这种情形下,基于经典方法的统计推论即使最好也是有偏差的,而且它们在数值计算上常常难以处理。有三种不同的策略被应用于处理这种情形:

第一,单变量方法。分别评价预测因子矩阵(暴露或组学数据)中的每个变量和目标结局之间的关联性。这类分析需要与多重分析矫正联用。

第二,降维方法。基于数据之间的相关性,在信息丢失最少的条件下构建一个较低维度的数据汇总。

第三,变量选择方法。假设并非所有的预测因子都和目标结局之间存在关联,因此只寻求发现一小部分和结局最相关的预测因子。

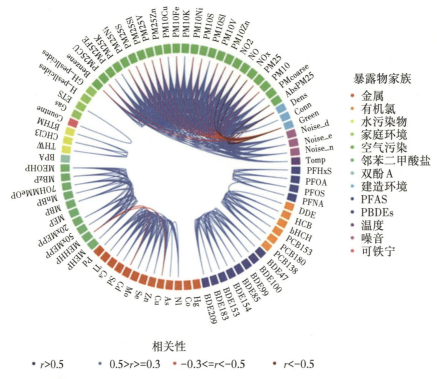

图 11.3 外暴露组数据内相关性的环状图示（Robinson et al., 2015）

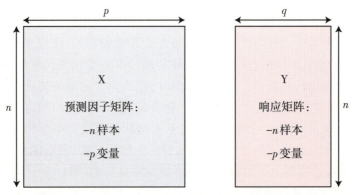

图 11.4 "小 n，大 p"情形（Chadeau-Hyan et al., 2013）

 单变量模型及多重检验校正

第一个处理"小 n，大 p"情形的方法是对预测因子矩阵中的每一个变量分别单独考虑。每个变量和目标结局之间的关联性都采用同一个统计模型进行分析。如果一组 p 个预测因子都针对同一个结局做回归分析，则总共进行了 p 次统计分析，每次都设定了同样的显著水平 a' 以度量假阳性错误的概率（I 类错误）。假设每次分析之间都存在独立性，那么进行 p 次分析后使得假阳性发现的次数增加到 $a' \times p$。为了控制所有分析中发现假阳性的总次数，提出了用于控制全局一类错误率（FWER）和错误发现率（FDR）的方法。

P 次统计检验的结果可以概括为如下表格,其中 V 是假阳性发现次数,即零假设是对的但被拒绝的情形,S 是真阳性发现次数,R 是在 p 次检验中总的阳性发现数目。

	H_0真实	H_0假阳性	总　数
H_0拒绝	V	S	R
H_0不拒绝	U	T	W

全局Ⅰ类错误率(FWER)定义如下:

$$\text{FWER} = p(V \geq 1)$$

它代表了所有 p 次检验中至少得到一次假阳性结论的概率。控制FWER的方法涉及计算单次检验的显著性水平 a',使得将其应用到 p 次检验后实际的FWER$\leq a$,即等同于使得未得到任何假阳性的概率 $1 - \text{FWER}$ 大于 $1 - a$。为了控制FWER,一个直观的做法是调整(如降低)单次检验的显著性水平 a' 以适用于每次检验,建议可以采用Bonferroni $\left(\alpha' = \dfrac{\alpha}{p}\right)$ 或Sidak矫正法 $\left(\alpha' = 1 - (1-\alpha)^{\frac{1}{m}}\right)$。众所周知,这两种校正策略都可以严格防止Ⅰ类错误的发生。然而,由于预测因子(组学数据或暴露特征)之间存在相关性,在实际进行的 p 次检验中,同样的信息(至少部分地)被多次检验,此类冗余性可能由不那么保守的校正方法造成的,它们中的一些依赖于计算有效检验次数(ENT),即实际执行的 p 次检验中所包含的虚拟独立检验次数。

一个直接的方法可通过对方差-协方差矩阵进行特征分析估算ENT,然后在ENT基础上进行Bonferroni或Sidak校正(Patterson et al.,2006)。虽然这个方法在计算上非常高效,它在数值上是受限的,因为估算的ENT的上限不能超过总的观察数目(Schafer et al.,2005)。作为一种可扩展到更小样本数量的替代方法,基于重新采样的估算方法如随机置换已被提出(Castagne et al.,2017;Chadeau-Hyam et al.,2010;Hoggart et al.,2008;Westfall et al.,1993)。在实际计算中,对于一组给定的预测因子和一个给定的统计模型,响应值被随机打乱,所产生的随机数据集模拟了没有关联的零假设情形。根据打乱的结果,对 p 个预测因子进行回归分析,其最小的 p-值(记为 q)就代表了最大的单次分析显著水平,其应用可以避免得到任何假阳性结论。

重复多次这样的随机置换过程,研究者可以估算 q 值的分布范围,并从中推算出用于控制适当FWER水平的单次检验显著水平。类似的方法已被应用于遗传学(Zou et al.,2004;Dudbridge et al.,2008;Hoggart et al.,2008)和代谢组学分析(Chadeau-Hyam et al.,2010),但计算量很大。

错误发现率(FDR)指的是在显著关联中包含假阳性的比例:

$$\text{FDR} = E\left(\dfrac{V}{R}\right)$$

它控制的是预期发现假阳性的比例。控制FDR的方法是一个迭代的过程,其将 p 个 p 值排序之后与一个界限值相比较,该界限值取决于被考虑的 p 值的排序。例如,Benjamini & Hochberg法(1995)将降序排列的 p 值与逐渐变得更严格的界限值相比较。它返回的是一个统计上显著的关联列表,使得列表内的错误发现率的上界限定在期望的水平。

可以证明,控制FWER的同时也控制了FDR,同时很直观地,FDR控制不如FWER严格。假如某人重复100次FWER水平为0.05的实验,平均而言少于5次实验会得到1个或多个假阳性,而采用FDR进行控制的话,在所有这些实验中,每次实验将会包括平均5个假阳性。

基于(广义)线性模型的单变量分析在处理高维数据方面非常成功,主要因为(1)它们在计算上非常高效;(2)它们非常灵活,可用于分析大范围的参数和非参数相关性;(3)它们能容纳所有类型的预测因子和结局指标;(4)它们在大部分的统计分析软件包之中都容易获得。

然而,根据其设计原则,这些模型仅仅评估每个预测因子对目标结局的边际效应,而没有考虑到预测因子间可能存在的联合效应。

多因素模型:降维和变量选择

由于暴露效应的复杂性及其可能引发的下游后果的多面性,需要对与暴露和/或健康结局相关的组学或暴露组数据进行联合建模分析。

 降维方法

降维方法利用预测因子之间的相关性将原始的预测因子整合成为少数几个合成变量(主成分,PC),使得这些主成分能够获取数据内的潜在结构。它主要通过搜索原变量的线性组合来实现的,使其能优化所得观测间的某种多样性度量。第i个主成分PC_i定义为

$$PC_i = \alpha_{i1} X_1 + \alpha_{i2} X_2 + \cdots + \alpha_{ip} X_p$$

其中$X_1, \cdots, X_p$为预测因子矩阵中的p个原始变量;$a_{i1}, \cdots, a_{ip}$为一组向量,定义了每个原始变量对于主成分i贡献度的线性系数或权重。

因此,降维方法可以简化为搜索合适的p权重向量,而这依赖于特征分析。当主成分个数为p时,则只进行一个简单的原数据集的旋转(也就是没有信息丢失)。降维分析的原则是识别尽量最少的主成分,以使原始数据的失真最小化。在不同的降维方法中,应用了不同的方法来测量信息:主成分分析(PCA)使用方差(Hotelling, 1933a,b; Pearson, 1901),而对应分析(CA)使用卡方距离(Greenacre, 1984)。经由特征分解,可以根据所能解释的信息多少,对各个成分进行排序。例如,对于PCA,碎石图(图11.5)展示了信息恢复程度,也就是每个成分所能解释的方差在原数据集中的占比。

从图11.5a中可以得出,为了解释一定比例的原始方差,需要利用的主成分个数:如要解释80%或90%的方差的话,就分别需要25或72个主成分。从第4个主成分开始,每个主成分对于方差解释的贡献都较为细微。将数据投映到前两个主成分(图11.5b的得分图),提示这两个主成分所解释的45%方差可以将处理组和对照组很好区分开来。

主成分分析发现的潜在变量随后可用于构造一个(可能是多变量)回归模型,以便评估原始变量集中变异的主要决定因素如何影响目标结局。尽管这样的分析可以得到数理上容易处理的推论,对于可能的关联性的分析仍然取决于主成分的可解析性。载荷图(图11.6)

准确反映了每个原始变量对于主成分的贡献,有助于增进对于每个组成分所获取的潜在结构的理解。

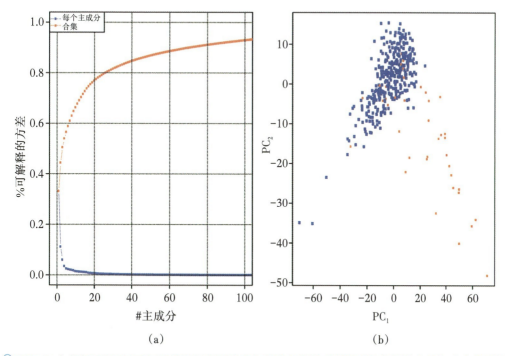

图11.5 (a)碎石图展示了与慢性淋巴细胞性白血病致病风险相关的745个转录本的主成分分析结果。在(b)的分数图中,个体按照他们预期的疾病状态标记颜色:红色代表病例,蓝色代表对照(Chadeau-Hyam et al.,2014)。

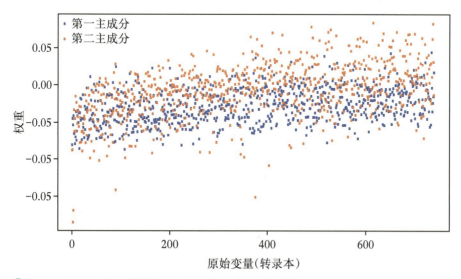

图11.6 745个CLL相关转录本强两个主成分的荷载图(Chadeau-Hyam et al.,2014)

在图11.6的例子中,尽管前两个成分很好地区分了病例和对照,但没有任何一个成分是由一个特定的转录本集合所决定的,因而阻碍了对潜在关联的生物学意义的理解。一个提高主成分可解释度的方法是通过惩罚保证载荷系数的稀疏度（见下文）。

主成分分析（Hotelling 1933a,b；Pearson 1901）在遗传学中已得到很好的应用。它也成为全基因组关联研究（GWAS）的标准，主要被用于校正族群分层（Price et al.，2006；Reich et al.，2008）。PCA可处理连续或离散数据，不会受到预测因子间的相关性或者变量数目远大于观测数目的影响。

然而，尽管PCA能够有效地将大型数据集概括为（远远）少量的维度，同时仍能代表那些能够驱动原始数据集中大部分变异的潜在结构，但其并不能保证这样的变异一定和目标结局相关。

偏最小二乘法（PLS）是一个可用于替代PCA的监督学习方法（Wold et al.，1984）。PLS成分的定义使得它们能够最大化预测因子和响应变量之间的协方差。因此，PLS成分不仅能够获取尽量多的原始数据方差，而且聚焦于与目标结局相关的方差上。基于PLS的方法在化学计量学领域广受欢迎，并被成功应用于代谢组学的分析（Holmes et al.，2008；Fonville et al.，2010；Yap et al.，2010）。同时也成功应用于其他组学数据，如表观遗传学（Belshaw et al.，2010），转录组学（Musumarra et al.，2011；Fasoli et al.，2012），和蛋白质组学（Wang et al.，2011）。

无论哪种分析方法，在回归分析中使用潜在变量需要考虑潜在变量的数目，而这往往由交叉检验来决定，旨在得到能同时优化可解释性及预测误差的最佳成分数目。

惩罚

如前所述，在多变量模型中，一个提高结果可解释性的途径是确保所发现的与结局相关的变量的数目越稀疏越好。提高稀疏性依赖于支持与结局共同相关的非冗余变量的最小集合，同时惩罚不相关的变量或变量群。

惩罚分析技术已被引入到回归模型中以提高回归系数向量的稀疏性。惩罚回归分析的原则是给回归系数设立限定范围，该范围由一个包含回归系数的惩罚函数所定义，而函数的取值有固定的上界。

在不同的惩罚回归分析中，岭回归使用L^2范数作为惩罚（Hoerl et al.，1970）：

$$L^2 = \sum_{i=1}^{p} \beta_i^2$$

其中β_i^2是连接结局与预测因子矩阵中第i个变量的第i回归系数。示范结果表明，在岭回归分析中，最不具有影响力的预测因子的估值将会收缩到0，而最重要的预测因子的估值则保持不变。

LASSO模型则利用L^1范数，定义为p个回归系数的绝对值之和（Tibshirani，1996）：

$$L^1 = \sum_{i=1}^{p} |\beta_i|$$

直观而言，L^1惩罚的上限设定比L^2范数（其中的回归系数被取平方）更为严格。结果显示，因其几何原因，LASSO惩罚可以进行参数选择，把不相关的回归系数完全收缩到0。相反地，尽管岭回归可以为不适定问题提供稳定的参数估计（如当$n<p$时），它并没有保证稀疏性。同时，LASSO方法的一个主要局限是，不被惩罚而保留下来的参数的数目上限是由样本

数目所决定:LASSO模型不能选择多于n个的变量(也就是不能赋予多于n个变量非零回归系数)。作为一个更为通用的方法,弹性网络模型(Zou et al.,2005)结合了岭回归和LASSO回归的优点,使用L^1和L^2范数的加权求和作为惩罚函数,其中L^1和L^2的比例由一个校对系数lamda决定。

在实际应用中,惩罚回归需要对惩罚参数进行预先校准,而惩罚参数的选择会直接影响所选变量的数目,回归系数的估计,以及统计模型的表现。校准过程通常致力于最小化交叉验证过程中的均方误差。

经过校准的模型将返回一个经过收缩后的回归系数列表。对于LASSO和弹性网络而言,那些收缩后仍然具有非零系数的变量被认定为与结局变量联合相关。广义版本的LASSO和弹性网络模型都可以处理线性,逻辑(二元响应)和多元(类别响应),Poisson(整数响应)以及COX(生存模型)回归模型(Friedman et al.,2010;Simon et al.,2011)。

惩罚方法也可应用于线性回归之外的模型,并且已被用于降维分析中提供收缩的载荷参数,由此定义了PCA和PLS分析的稀疏版本。这些模型确保潜在变量的稀疏性,提高了它们的可解释性。稀疏PCA(sPCA)和稀疏PLS(sPLS)也已被应用于分析组学数据(Zou et al.,2006; Shen et al.,2008; Witten et al.,2009; Boulesteix et al.,2007; Le Cao et al.,2008,2009; Chun et al.,2009,2010)。

贝叶斯变量选择方法

全贝叶斯变量选择(BVS)过程也被提出用于应对"大p,小n"的情形,该方法依赖于对于以下潜在二进制向量后验分布的估计:

$$\gamma = (\gamma_1, \gamma_2, \cdots, \gamma_p) \in \{0, 1\}^p,$$

其中γ_i是一个二进制变量,表明了第i个变量是否被包括在模型之中。

在该设定下,一个模型是由它所包含的变量亚群,也就是特定gamma向量所定义(例如,一个空模型对应于一个由p个0组成的γ向量)。

BVS的目标是鉴定变量间的最佳组合方式,使得它们与目标结局共同相关。BVS推论的最大挑战在于用于搜索最佳模型的参数空间的维度,该维度会随着变量数目p呈指数增长(2^p)。尽管已有大量关于BVS模型参数化及数值估算的理论文献发表,但很少软件包提供能应用到高维分析的直接可用接口。这依赖于线性或广义线性模型。鸟枪随机搜索(SSS)是几个最先将BVS应用到贝叶斯大规模基因组筛选的软件包之一(Hans et al.,2007)。

在该软件包中,模型空间搜索通过迭代的方式进行:如果在某一个迭代轮次中q个特征被选中,那么所有的大小为(1) $q-1$;(2) q(将任意一个现有模型中的变量换为任意一个剩下的$p-k$变量);和(3) $q+1$的模型将会被测试和比较。为了更倾向于奖励有意义的模型,piMASS(Guan et al.,2011)通过指定一个考虑到预测因子和结局之间相关性的建议分布(例如,对于一个给定的预测因子,定义它被加入到一个模型的概率)来优化模型搜索策略。

SSS及piMASS模型均可处理二元、分类、及连续变量,而SSS还可额外实现生存模型。

GUESS及其R版本R2GUESS则是另外一种通过应用一个多元线性模型处理多元结局的模型(Liquet et al.,2016a;Bottolo et al.,2011)。它的搜索算法是基于多链遗传算法,其最新版本可利用显卡(GPU)的线性代数包,使得它能够应用于全基因组范围内的分析(同时处理成千上万个预测因子)(Bottolo et al.,2013)。

在实际应用中,BVS模型返回一系列拥有较高后验概率的模型。通过整合这些最佳模型的后验概率,可以推算在这些最佳模型中一个特定变量的边缘后包含概率(MPPI)。这些MPPI(图11.7)可看成该预测因子和目标结局之间的相关性强度。

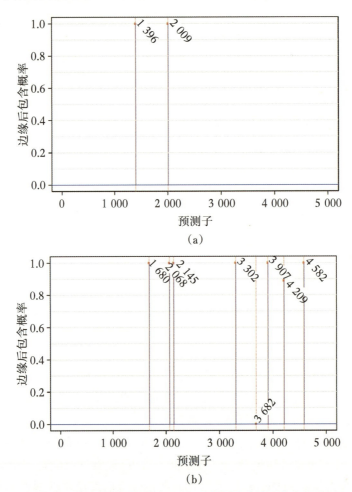

(a)

(b)

📍 **图11.7** 从 **R2GUESS** 中得到的最佳模型之一中变量的边缘后包含概率(**MPPI**),结果展示了利用5 000个SNP做的模拟,其中分别有**2**个(**a**)及**8**个SNP被假定为对模拟结果有显著贡献(Liquet et al.,2016a)。

从图11.7a中可以明显看出,两个用于模拟的SNP被模型检测到,并一直被包含在最佳模型当中。当模拟用到8个SNP时(图11.7b),只有7个SNP被找到(MPPI>0.95),剩下1个SNP则没有,很大程度上是因为它和其他被找到的SNP间存在相关性。

3 组学-暴露组分析实践：应用和扩展

 图谱分析方法的定量评估

为了定量评估主要图谱分析方法的统计性能，研究者们开展了模拟分析（Agier et al.，2016；Liquet et al.，2016a）。其中，一个聚焦于暴露组的研究用到了来源于 INMA 研究的 237 个优先暴露组特征之间的真实相关性矩阵（Guxens et al.，2012）。一系列大范围模拟情景包括（1）几个不同水平的被解释变量，（2）不同数目的"致病"暴露，$k=1,2,3,5,10,$ or 25，以及（3）不同的效应大小。

在所有的场景中，每份模拟数据都用 6 种预先选定的方法进行分析，这些方法分属于上文提到的 3 种方法。

单变量模型：

a. 类似于"全基因组关联分析（GWAS）"的方法，全暴露组关联分析（EWAS）联用基于错误发生率（FDR）的多重分析校正。

b. EWAS 联用多变量回归分析以便限制混杂因素的影响：EWAS-MLR。

降维分析：

c. 稀疏性偏最小二乘法（sPLS）。

变量选择方法：

d. 弹性网络模型 E-NET。

e. 贝叶斯变量选择 R2GUESS。

f. 删除/替换/加入算法 DSA，一个基于惩罚步进模型的选择方法。

在那种模拟背景之下，不同模型的统计性能得以量化和比较，它们的性能主要基于发现用于模拟结局的"真正"预测因子的能力（敏感性），以及排除无关暴露的能力（特异性）。在图 11.8 中，特异性体现为错误发现比例（FDP）。

模拟结果表明，当存在复杂相关性时，在探索外暴露组-结局的关联方面，多变量方法普遍优于单变量方法。尽管这些方法没有实现较低的错误发现率，它们在敏感性和 FDP 间找到了更好平衡。基于改进的性能指标（如考虑到预测因子之间的相关性），DSA 和 R2GUESS 被认为具有更好的性能。基于这个研究以及其他真实分析例子的结果表明，方法的选择也应该从计算复杂性和可行性以及是否能容纳混杂因子等多方面综合考虑。

这些结果也与其他组学数据（如更大数目的变量）分析模拟研究得到的结果一致（Liquet et al.，2016）。这些模拟表明，R2GUESSS 相较其他多变量方法表现更为优异；同时当预测因子之间缺乏复杂的相关关系时，它在所有分析的方法中也具有较为优异的表现（图 11.9）。

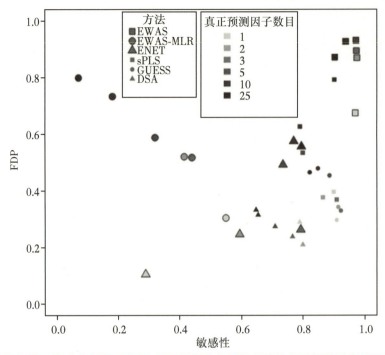

图11.8 利用6种不同方法进行暴露组-结局关联性分析结果的敏感性和错误发现率（FPP），结果基于真正暴露组数据的模拟且包含1到25个"真正"的预测因子（Agier et al., 2016）。

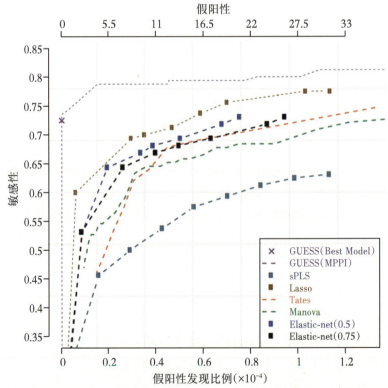

图11.9 比较各种多元组学分析方法的统计性能的ROC图。结果来源于20次独立的模拟数据集，其中包含3 122个个体的273 675个SNP，"真正"预测因子数目设定为8（Liquet et al., 2016）。

干扰变异的建模及校正

如前所述，组学图谱数据获得和暴露组测量都容易受到测量误差的影响，导致所观察到的变异性中，有一部分是来自数据产生过程中的测量因素所引起，而非我们所关心的变量所引发。作为后果之一，这类技术误差很可能会稀释掉我们真正感兴趣的效应，因此也被称为干扰变异。

可以采取几个预防性手段限制这类干扰的产生。第一，在数据采集过程中，需要仔细设计样本的随机化，尤其要确保分析中的单元性结构（如病例-对照对）需放在同一分析批次中进行处理，而所有单元性结构要在不同的批次中随机分布。第二，在数据前处理阶段，利用专门的方法进行数据均一化，这些方法一般依赖于质控样品。

尽管采取这些预防措施，技术噪音仍然存在于数据当中，可以在对分析数据时对它们加以适当处理。

线性混合模型可应用于处理干扰变异（McHale et al.，2011；Chadeau-Hyam et al.，2014b）。这包括在统计模型中引入随机效应以应对样品中遇到的方差变异结构。现认为，该结构及其强度依赖于干扰指数（如技术协变量），它在线性模型中以一个依赖于干扰指数的附加项的形式存在。这些附加项可以通过似然或限制性似然最大化加以估计（Lindstrom et al.，1990）。对于一个给定的变量（Y）（如一个组学测量）和一个个体 i，混合模型公式之一可表述为：

$$Y^i = (\alpha + u_{A^i}) + (\beta_1 + \beta_{A^i})X^i + \beta_2 FE^i + \varepsilon^i \tag{1}$$

其中 α 是模型的截距，ε^i 是残余误差，X^i 是目标输出结果（如病例-对照状态）。所得到的效应大小估计 β_1 可以解读为一个单位的自变量 X^i 的变化所引起的因变量 Y^i 的变化。FE^i 是个体 i 所观测到的固定效应（通常为混杂因子）的向量，它们对应的回归系数为向量 β_2。通过一个随机截距 u_{A^i} 及一个随机斜率 β_{A^i} 来对干扰变异建模，其中，组别因子 A^i 为描述样品 i 的数据是如何产生的技术因子。在这种设定之下，随机截距捕获了实验条件造成的 Y 测量的系统偏移；而随机斜率则解释了因实验条件所引起的测量结果与目标变量之间关联性的减弱或增强。干扰变异常常通过一个随机截距（如忽略随机斜率）来建模，而随机截距 u_{A^i} 则代表 A^i 的漂移，及在个体 i 中观测到的变量 A 的随机效应。例如，在一个基于芯片的基因表达图谱分析中，三个主要实验步骤（RNA 提取、杂交以及染料标记）开展的日期被当成随机效应变量加入到模型中。

针对所有转录本的随机截距可以通过概括它们的方差来进行估计，具体而言，每轮提取、杂交及标记步骤的次数都预期会产生边际噪音（如空方差）。在本例当中，提取、标记及杂交的空方差的占比分别为 19%、13% 和 2%，提示杂交产生的噪音要大于其他两个步骤。对于三个随机效应协变量中的具体某个而言，可以通过分析每一天的估计随机截距的排位，来进一步估计随机截距，如图 11.10 所示。

估算结果表明，某些日期会产生更高的方差（即更多噪音），例如，似乎在 2010 年 5 月 12 那天提取的 RNA 样品有着更高的噪音。干扰变异对于后续统计推断的影响可以通过比较线性混合模型与线性模型（即把随机截距设为 0）之间 p 值分布的差异来加以评估。在图

11.11中，线性模型表现出典型的原假设p值分布，而加入一个随机截距后，结果则更偏向于备择假设，表现为在更小的p值处有更尖的峰。

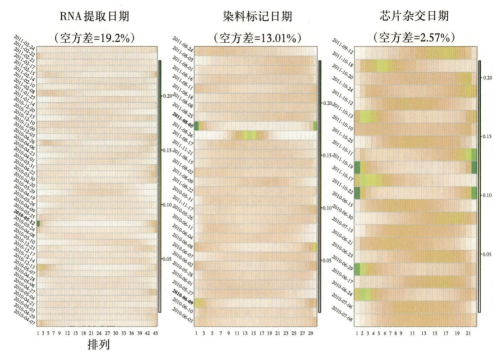

图11.10 一个分析转录本（N=29 662）与将来淋巴肿瘤发生概率的线性混合模型的随机概率的估计总结。随机效应变量为处理每个生物样本的三大步骤的日期。估值为29 662个估值中空变量的占比，每个分组因子（如日期）的形态经由它们的估计方差刻画（Chadeau-Hyam et al., 2014b）

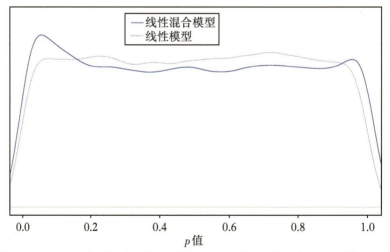

图11.11 用于分析基因表达水平和未来淋巴肿瘤发生率之间相关性的线性混合模型（实线）和线性模型（虚线）的P值分布图。结果来自于两个模型的29 662 p值。

在模型中加入随机效应以校正干扰变异这一方法不仅适用于单变量模型,也适用于惩罚回归及BVS。理论上这些模型本就可以直接用于处理干扰变异,但它们可能在计算资源上要求非常高,也可能会产生收敛或校正方面的问题。同时,在应用降维方法时,也没有一个整体的方案可用于对技术混杂因子进行建模。面对这两种情况,选择之一是采取一种两步法的策略,首先拟合一个如(1)所定义的线性混合模型。拟合之后,模型会返还随机效应的估计值,把随机效应u_{Ai}从观测值Y中减掉之后,就得到已经消除潜在技术混杂因子之后的测量值。所得到的"去噪音"数据随后就可以用于任意的统计模型,进而得到校正干扰变异之后的结果(Castagne et al.,2016;Chadeau-Hyam et al.,2014b;Guida et al.,2015)。

适应复杂的研究设计

为了提高统计能力以检测外界应激原的潜在复杂(和多因素)生物响应,就需要提出更为复杂的研究设计。这包括干预研究,即参与者被置于几个受控环境当中并给予不同的暴露物以进行对比。这些设计也可以进一步设计以研究差异化的响应时间,也可以在每种环境中进行多时点取样。

尽管设计细节上可能有差异,这些研究设计都包括针对每位参与者所进行的重复测量(包括暴露物和/或组学数据)。针对重复测量一种固有建模方法是,在单变量设计的前提下,采用线性混合模型方法,把每位参与者的ID当作一个随机效应变量。这个模型将解构单个个体内和不同个体间的方差,以便鉴定暴露相关的组学变化。在该设定之下,将对每位参与者进行k次观察。线性混合模型将每位参与者的ID当作随机效应,该模型假定在k次观测间存在一个简单的方差–协方差结构,而该结构只取决于参与个体本身(如下所示$k=6$)。

$$\begin{pmatrix} \sigma^2 & \delta & \delta & \delta & \delta & \delta \\ \delta & \sigma^2 & \delta & \delta & \delta & \delta \\ \delta & \delta & \sigma^2 & \delta & \delta & \delta \\ \delta & \delta & \delta & \sigma^2 & \delta & \delta \\ \delta & \delta & \delta & \delta & \sigma^2 & \delta \\ \delta & \delta & \delta & \delta & \delta & \sigma^2 \end{pmatrix}$$

线性混合模型的优势在于它可被扩展应用于其他所有基于单变量或变量选择的线性混合模型,也可加入用于降维计算的多级可拓(Liquet et al.,2012)。

通过采用多元正态(MVN)模型也可获得更多的灵活性,其中的方差–协方差矩阵不仅依赖于单个个体,也依赖于k个实验条件中的每一个:

$$\begin{pmatrix} \sigma_{11}^2 & \delta_{12} & \delta_{13} & \delta_{14} & \delta_{15} & \delta_{16} \\ \delta_{21} & \sigma_{22}^2 & \delta_{23} & \delta_{24} & \delta_{25} & \delta_{26} \\ \delta_{31} & \delta_{32} & \sigma_{33}^2 & \delta_{34} & \delta_{35} & \delta_{36} \\ \delta_{41} & \delta_{42} & \delta_{43} & \sigma_{44}^2 & \delta_{45} & \delta_{46} \\ \delta_{51} & \delta_{52} & \delta_{53} & \delta_{54} & \sigma_{55}^2 & \delta_{56} \\ \delta_{61} & \delta_{62} & \delta_{63} & \delta_{64} & \delta_{65} & \sigma_{66}^2 \end{pmatrix}$$

两个方法均成功应用于鉴定环境暴露后急性变化相关的组学中的生物标志物。尽管样品数目有限,但MVN方法在鉴定水消毒副产物急性实验暴露所引发的改变而导致的代谢组、转录组、及炎症反应改变方面非常有效(van Veldhoven et al.,2017;Vlaanderen et al.,

2017；Espin-Perez et al., 2018）。

暴露组研究会调查多暴露联合作用的复杂效应，而该效应可能引发复杂的生物效应。此类探索需要用到处理多变量暴露及多变量响应的模型。PLS方法可以处理这种情形，而这种方法的多级可拓使其能进一步处理每个参加者的多个观测值。总而言之，多水平PLS首先把观察到的变化分解为个体内和个体间的变化（Liquet et al., 2012）。前者捕获了个体之间的差异，包括混杂因子，而个体内差异衡量的则是不同测量间的暴露和响应的差异，因而代表了实验的效应。后者随之被纳入标准PLS模型，以鉴定最能解释响应效应的暴露的线性组合。最近有一项概念验证研究，聚焦于当参与者在氯化泳池游泳时消毒剂副产品急性暴露所引发的炎症反应（通过13种炎症相关蛋白的血液水平衡量）（Jain et al., 2018）。

X代表了与炎症反应特征相关暴露中最显著的差异性，而PLS则鉴定X中的潜在变量。PLS暴露组分可以根据它们和所有蛋白的相关性排序，同样地，蛋白组分也可以根据它们和暴露物之间的协方差进行排序。每个组分的重要性可以根据它们所解释的变异性的占比来决定。X（或Y）中某一个给定组分所能解释变异性的占比，决定了该组分能概括原始X（或Y）矩阵中所包含的全部信息的准确度。X中的组分所解释的Y的变异性的百分比，衡量了PLS组分所提供的概括信息与输出结果矩阵的相关性。这不仅取决于组分概括的质量，也取决于X和Y之间的相关性。此外，变量投影重要性（VIP）评分量化了每个原始预测因子（此处为暴露）对于每个给定PLS组分的解释性能的贡献度。

根据一般经验，VIP分值小于1表明该变量只有低至中等程度的贡献（图11.12a）。在定义PLS组分时可利用惩罚引入稀疏性（Chun et al., 2010）。当惩罚应用于X的PLS组分时（图11.12b），所得的PLS（sPLS）会将最没有信息含量的变量（暴露物）的载荷系数收缩到0，因而有助于鉴定最能影响炎症图谱的暴露物。同样的，也可针对响应（蛋白质，图11.12c）做变量选择，以便鉴定那些表达量受到暴露影响最大的蛋白质。最后一步时，变量选择也可同时在暴露物和蛋白质上开展（图11.12d）。

研究结果表明，在泳池实验中，相对于其他暴露物而言，$BrCH_3$对于炎症反应的贡献较小，而在13种被调查的蛋白中，8种更倾向于被实验所影响。尽管暴露物间存在很强的相关性和共存性，多级PLS模型成功鉴定出了最相关的暴露物以及受暴露影响最大的蛋白质。

❹ 从提高可解释性到机制组表征

对组学和暴露组学分析方法所产生的丰富数据进行完全挖掘，依赖于数据的生物学解释（并在可能的情况下进行验证）。对于某些分子组合而言，知道它们的分子功能（如蛋白，或在更低层面上的转录本）有助于增进解释，但如果生物标志物的功能未知，它们的功能解释就会变得具有挑战。当组学数据和复杂暴露相关联时，因为其包含了多种环境和生化因素的组合，可解释性就会变得更有挑战。

为了解决这个问题，一种自然而然的方法就是采取"双向搜索"模型（Vineis et al., 2007），并尽可能穷尽探索哪些因子可能影响暴露相关生物标志物的表达水平。这种两步法

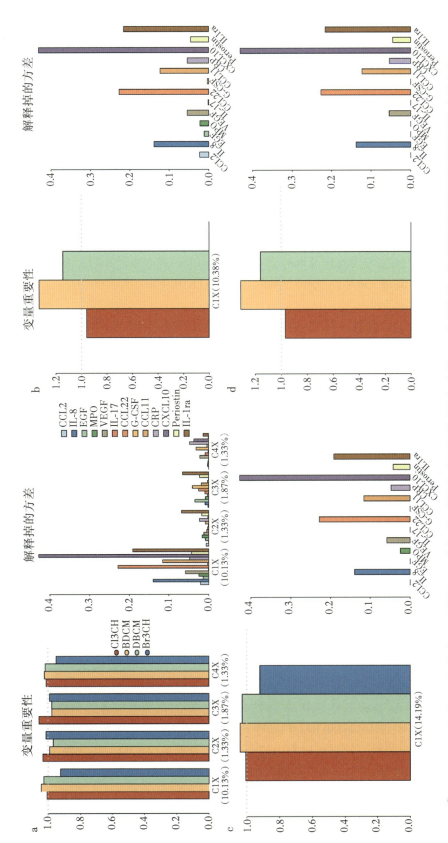

图11.12 一个关于4个泳池DBP暴露与13个炎症相关蛋白水平间关系的多水平PLS分析结果。变量重要性图及蛋白解释掉的方差占比。PLS模型(a),暴露物变量选择的稀疏性PLS(b),包括在蛋白质(c),以及同时在暴露物和蛋白质(d)上的模型。

策略有助于鉴定与外界应激源及健康后果相关的分子变化。尽管实现"双向搜索"关联的自然方式是单变量模型，但有数项案例及最新的进展也采用了多变量方法 (Assi et al., 2015; Chadeau-Hyam et al., 2011)。

在高通量分析中鉴定到的分子变化或分子特征，其生物学可解释性在很大程度上取决于所测量分子的功能表征。通常，靶向蛋白组分析结果的解释会比较容易，因为所分析蛋白的生物功能已有文献支持。尽管基因表达模式决定着RNA翻译，但总体而言，基因表达调控作用可能具有多元性（如，调控涉及多个转录本），且具有多效性（如通过一个包含其他基因和转录本的复杂级联）。因此，对全转录组关联分析（如，仅基于鉴定到的转录本的基因组位置信息）进行直接解释，需要辅以可能影响差异表达的生物途径分析。基于本体论的工具通过查询现有数据库可形成丰富的信息来源，用于推断所发现的候选生物标志物对应的生物途径。具体来说，基因富集分析衡量某一候选转录本列表是否、以及在多大程度上富集于特定的途径中，也就是所鉴定到的转录本的分布和随机抽取的转录本的期望分布之间是否存在显著差异 (The Gene Ontology Consortium 2017; Ashburner et al., 2000; Huang et al., 2008)。

对于代谢组数据而言，特征注释和信号解释也可以依赖于数据库查询和通路鉴定。最新的进展中有一个高效且可靠的工具 (Li et al., 2013)，现已证实，该工具能从全分辨率质谱图中识别分子及其对应的通路。

对于其他组学数据，如DNA甲基化数据，结果解释会更具挑战性，因为到目前为止，还没有数据库可以把位点特异的CpG水平跟它们的下游后靶标生物通路联系起来。在信息缺乏的情况下，差异甲基化的CpG位点的生物学解释可以与相同个体中测量得到的其他组学数据关联，而其他组学的功能也能被更好地表征。

组学数据整合：一个直观的方法

直观的组学数据整合方法由以下两步策略组成，它对应的是一项靶向组学整合（图11.13）：

首先，将第一矩阵（X_1，例如甲基化数据）对结果（Y）进行回归，以确定X_{1y}，即与Y相关的、大小为p_{1y}的变量子集。该p_{1y}候选生物标志物列表可以从p_1单变量模型或单一的多变量模型中得到。

其次，用p_{1y}结果关联的组学数据（如，吸烟相关的CpG位点），对全分辨率的第二组学图谱（X_2，如转录本）进行回归。采用单变量的方法，对应地，将会有$p_{1y} \times p_2$次检验。

这一策略已被应用于数项研究当中，特别是在一项关于吸烟诱导的DNA甲基化变化研究中 (Guida et al., 2015)。在该研究当中，来自EPIC及NOWAC队列参与者的745份基于Illumina Infinium HumanMethylation450 BeadChip平台得到甲基化谱被用于鉴定751个差异甲基化位点与吸烟史的相关性。针对该研究中的一个参与者子集（$N=271$），还获得了他们基于Illumina HumanWG-6芯片的全基因组基因表达图谱（分析基因$N=8\,952$）。

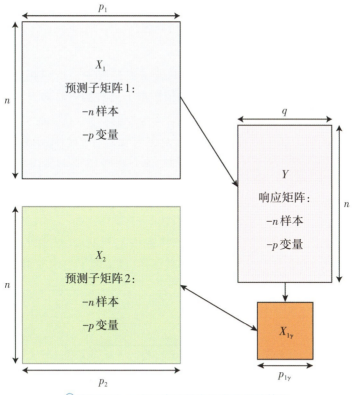

🛰 图11.13　一个二步法整合组学数据的策略

采用单变量线性方法检验 751×8 953=6.72×10^6 个成对相关性后,发现其中 5 636 对 CpG-转录本(对应于 265 个 CpG 位点和 426 个基因)间存在显著相关。大部分的 CpG-转录本形成的配对均呈负相关,表明高甲基化和基因下调相关。同时,若某个 CpG 位点和几个转录本相关,那么在几个转录本之间,它们的相关性方向在大体上具有一致性。

上述过程中发现的与吸烟相关的差异甲基化位点的转录本列表,可以作为自变量进行富集分析,在上述案例中,就用其鉴定了烟草暴露介导效应(经由甲基化改变)所涉及的相关生物学通路。

这一分析中还有另一个引人注目的结果,在 5 636 个具有统计学意义的 CpG-转录本对中,只有 5 对的 CpG 及转录本均位于同一个基因内。这表明,暴露诱导的甲基化改变,其影响的调控级联信号具有复杂性,而且涉及到远距离(反式)关联。

上述结果表明,不应该把组学数据整合局限在局部互作或相关性上,而是需要扩展筛选的方法,令其能探索远距离互作。在这种背景之下,可以考虑降维方法,及可以处理多变量 X 和 Y 的贝叶斯变量选择方法,而该方法已用于一个稀疏矩阵之中。然而,尽管引入稀疏性可以提高可解释度,但可能还不足以保证全面理解组学数据整合所呈现的复杂模式,而且还可能需要引入与功能相关的结构的先验知识。

进一步整合组学数据的方法

PLS算法被证明可以有效地在两块独立高通量数据当中挑选出相关性的信号(Le Cao et al.,2008;Parkhomenko et al.,2009)。为了利用数据中已有的先验知识,可以设想将每一区块数据中存在的协变量分组(Zhou et al.,2010)。

基于一个最新的可以同时控制分组数目及组内稀疏性的惩罚函数,有学者提出了一个分组及稀疏分组PLS(gPLS及sgPLS)的方法,该方法可以同时提高稀疏性及可解释性(Liquet et al.,2016b)。在实践中,对于稀疏PLS模型,它们的组分可定义为

$$C^X = \underbrace{\alpha_1 X_1}_{\neq 0} + \underbrace{\alpha_2 X_2}_{= 0} + \cdots + \underbrace{\alpha_k X_k}_{\neq 0} + \underbrace{\alpha_{k+1} X_{k+1}}_{= 0} + \cdots + \underbrace{\alpha_k X_k}_{\neq 0}$$

其中不重要变量的载荷被收缩到0(如,该例当中X_2和X_k)。对于分组PLS,模型将会被给予先验的分组结构,其中的一些组会整组都被选择(以下例子当中的组i及j):

$$C^X = \overbrace{\underbrace{\alpha_1 X_1}_{\equiv 0} + \underbrace{\alpha_2 X_2}_{\equiv 0} + \underbrace{\alpha_3 X_3}_{\equiv 0}}^{\text{group 1}} + \cdots + \overbrace{\underbrace{\alpha_k X_k}_{\neq 0} + \underbrace{\alpha_{k+1} X_{k+1}}_{\neq 0}}^{\text{group } i}$$
$$+ \cdots + \overbrace{\underbrace{\alpha_{p-2} X_{p-2}}_{\neq 0} + \underbrace{\alpha_{p-1} X_{p-1}}_{\neq 0} + \underbrace{\alpha_p X_p}_{\neq 0}}^{\text{group } j}$$

对于稀疏分组PLS模型(sgPLS),它的组分将被成组地定义为选择或不选择,同时在每一个被选择的组内也只有最相关的变量被选择(以下例子当中组i的X_k及组j的X_p):

$$C^X = \overbrace{\underbrace{\alpha_1 X_1}_{\equiv 0} + \underbrace{\alpha_2 X_2}_{\equiv 0} + \underbrace{\alpha_3 X_3}_{\equiv 0}}^{\text{group 1}} + \cdots + \overbrace{\underbrace{\alpha_k X_k}_{\neq 0} + \underbrace{\alpha_{k+1} X_{k+1}}_{\neq 0}}^{\text{group } i}$$
$$+ \cdots + \overbrace{\underbrace{\alpha_{p-2} X_{p-2}}_{\equiv 0} + \underbrace{\alpha_{p-1} X_{p-1}}_{\equiv 0} + \underbrace{\alpha_p X_p}_{\neq 0}}^{\text{group } j}$$

这些特点是提高组学数据分析结果可解释性的关键,并有助于整合来源于不同平台的数据。为了现实地、功能性地定义这些分组,可以考虑使用外部信息(如,其他研究得来的经验信息),或者根据每份组学数据的特征自动定义标准以进行分组。此操作可能牵涉到对每种组学数据所形成的网络进行初步的拓扑结构分析。变量分组及惩罚联用也可应用到惩罚回归(如通过分组LASSO)(Simon et al.,2013)。

组学数据分析及它们的整合分析产出了一个优先的(多)组学标志物列表,这些标志物联系在一起时,就反映了暴露的分子效应。通过探索它们的相互联系以及它们所参与的调控级联,可以理解它们的作用机制。

网络拓扑分析可以鉴定节点,节点由暴露相关的分子标志物(组合)定义,如果标志物之前相互具有关系(通常为较高的成对相关),节点将会被连接起来。另一类则为监督方法,例如由差异网络所定义的监督方法(Salamanca Beatriz et al.,2014;Valcarcel et al.,2011,2014),如果在两个群体中,某两个节点间的关系不相同(如样本和对照),那么它们将被连接起来,以此描述亚群间的差异性。

作为一个原理验证例子,我们在之前讨论过的吸烟暴露例子中,将此类模型应用于分析吸烟相关的标志物(265个差异甲基化位点及425个相关转录本)。差异网络的使用需要谨慎选择用于衡量成对相关(如,斯皮尔曼等级相关、偏相关、收缩相关)的度量标准,以及选择影响边际方法(如通过随机置换评估重要性,或稳定性分析)。一旦确定了选择,差异网络可以使两个不同亚群中有着差异相关的特征可视化。经过较强的网络拓扑收缩,吸烟相关CpG位点及相关转录本分析发现了一组相互独立的包含CpG位点及转录本的模块(图11.14),从而增进了对这些位点及转录本功能解释。

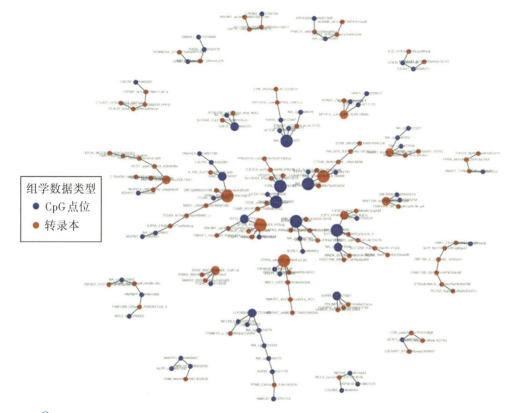

图11.14 包含265个吸烟相关差异性甲基化CpG位点及426个相关转录本的差分网络

这种方法可以直接外推用于实验研究。例如,差异网络方法已被用于分析氯化消毒泳池中消毒副产物(DBP)暴露相关的代谢物和转录本(van Veldhoven et al., 2017)。对两组组学数据的初步筛选通常会得到游泳前后两幅相关性热图。在两幅热图当中,不同类别之内的生物标志物(代谢产物及转录本)间的相关性要高于类别之间的相关性,而这一相关性在游泳实验之后似乎有所增强(图11.15)。

游泳前后的差异网络分析表明,在这两种分子水平上,尚无证据支持实验诱导暴露的效应间存在相关/互作(图11.16)。

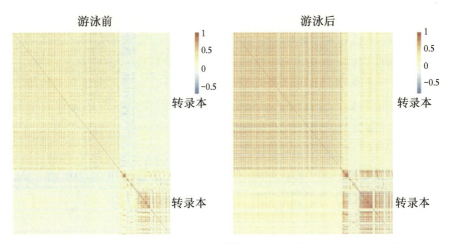

🔍 图11.15 一个氯化泳池实验中发现的与DBP暴露相关的代谢特征（$N=293$）和转录本（$N=721$）间的相关性热图

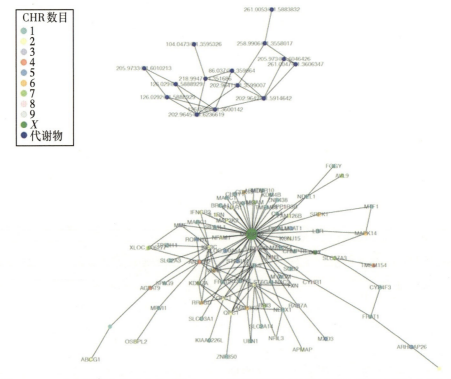

🔍 图11.16 一个氯化泳池实验中发现的与DBP暴露相关的代谢特征（$N=293$）和转录本（$N=721$）间的差分性网络

⑤ 前瞻：迈向机制组表征

本章所描述的一系列已成功应用于暴露组研究中的方法，但仅是一份不完全列表。暴露组表征的主要方法学挑战之一，与数据的高维度以及目标效应的复杂度有关，这些目标效应往往具有多元性以及多效性。处理这些高维数据的模型已经建立，并已成功应用。

用于整合多种暴露组学数据的模型也正在发展当中，同时也已被应用于一些靶向研究当中（如，应用到一组事先选择的暴露物及生物标志物）。尽管从计算的角度来看，这些方法可以扩大到全分辨率数据，但是，在获得更多有关暴露标志物的分子功能信息之前，所得结果的可理解性仍然会是一个限速步骤。

机制组可被定义为暴露诱发的影响个体不良状况风险的调控级联的总称。虽然全面探索机制组仍不可行，但联用本章介绍的分析方法及网络推算方法，有可能得到给定条件下参与机制组的优先生物标记物列表。

假设组学信号的相关性/关联程度可以反应它们在分子通路上功能的远近，序贯实验设计可用于鉴定一个优先的、稀疏且非冗余的、可能参与目标分子机制的组学信号子集（图11.17）。

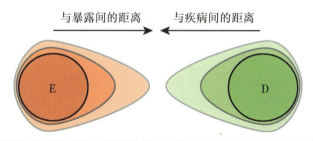

图11.17 探索机制组的相继方法图示，该方法可以从暴露（E）和/或疾病终点（D）开始。

无论是从暴露组或是健康结局出发，研究者均可应用相同的工具集，分别鉴定得到一组暴露或结局的核心组学标记物。应用条件性模型方法，"第一排序"生物标志物子集可定义为那些与至少一个核心生物标志物相关、但是不与暴露及疾病终点直接相关的生物标志物。重复这样的序贯实验流程将会得到一个有序的生物标志物列表，它们将按照与距离暴露或疾病的远近进行排序，而这些信息将可能启示因果结构与关系的架构。

在同一排序等级的标志物中，其架构可以通过网络拓扑研究的方法进行探索，以了解（1）对于暴露的多变量生理响应，以及（2）导致疾病发生的多变量生理变化。通过鉴定暴露后效应或导致不良结局风险升高的功能性转变的关键节点，上述研究就可以在分子途径的不同阶段及不同的分子水平展开。

通过将每一排序内部的标志物视作一个独立的子网络，并探索跨越不同排序位置标志物的最有可能（或最短）的通路，拓扑研究可实现跨分子标志物类别的研究。其发现的核心暴露至核心疾病标记物这样不同种类的中心节点之间的连接，可以为暴露物诱发结局发展的分子通路提供可视化信息。

在此情形下,组学数据整合有两种不同的途径:(1)对每种组学数据分别进行完整的独立分析,之后再把这些不同组学的特定网络通过相应方法(例如多层网络)进行整合(Kiveläet al.,2013);(2)将组学数据(或者其优先子集)汇集到一个单一网络中。

所得到的优先及排序后的生物标志物子集随后可以输入到概率图模型中加以分析,在此类分析中引入有向边可以促进解决因果性关系问题。在此设定之下,数据的机制分析可被视作寻找最为相关的因果网络。为了保证计算的可行性,可以通过数值分析算法(如随机搜寻算法及重要性取样)高效地探索如此巨大的模型空间。

纵向数据为机制研究提供了一个金标准,因为对于引发观测结果的过程,它们使明确建模得以实现,并允许对因果推断进行正式评价。纵向模型包括多状态模型,该模型由一系列反映健康状态演变的有序状态进行定义,且由不同状态间的演变概率进行完整表征。模型估计结果致力于量化演变过程以确保每个病例的疾病发展轨迹得到最佳重建,因此该模型在分类问题(区分健康和疾病对象)中加入了动态组分(估计疾病起始时间)。

尽管这些模型最初的开发目的是适应纵向研究数据研究,但它们也可以被有效地推广用于分析横断面数据及外部压力源的暴露史(例如吸烟史),最近一篇有关吸烟诱发肺癌的概念论证论文就应用了这一方法(Chadeau-Hyam et al.,2014)。把生物标志物纳入演变概率的定义之中,可能会有助于鉴定它们在致病途径中的哪一步骤发挥了作用,进而帮助理解它们所扮演的功能角色。

这个方法学构架也可用于分析重复测量的组学图谱中的数据轨迹。因此,该方法可作为轨迹分类程序(如流形和动态时间规整算法)的一种量化补充,通过利用组学轨迹内嵌入的自相关结构所提供的信息,来鉴定组学数据中的外部压力源暴露和/或未来疾病风险所特有的演化图谱。

总体而言,机制组的分析依赖于厘清在优先暴露相关生物标志物中所包含的因果结构。因为正式的因果推断只能从纵向数据分析中获得,所以,对于暴露组相关机制的深入理解,无疑要依赖于同一批个体在不同生命阶段暴露组数据的产生与利用。在暴露组学数据中引入时间这一组分,将带来一系列新的统计学挑战,而这也正好代表了未来几年内暴露组学方法学的优先发展方向。

(翻译:马世嵩)

参考文献

Agier L, Portengen L, Chadeau-Hyam M, Basagana X, Giorgis-Allemand L, Siroux V, Robinson O, Vlaanderen J, Gonzalez JR, Nieuwenhuijsen MJ, Vineis P, Vrijheid M, Slama R, Vermeulen R (2016) A systematic comparison of linear regression-based statistical methods to assess exposome-health associations. Environ Health Perspect 124(12):1848-1856. https://doi.org/10.1289/EHP172

Ashburner M, Ball CA, Blake JA, Botstein D, Butler H, Cherry JM, Davis AP, Dolinski K, Dwight SS, Eppig JT, Harris MA, Hill DP, Issel-Tarver L, Kasarskis A, Lewis S, Matese JC, Richardson JE, Ringwald M,

Rubin GM, Sherlock G (2000) Gene ontology: tool for the unification of biology. Nat Genet 25:25. https://doi.org/10.1038/75556

Assi N, Fages A, Vineis P, Chadeau-Hyam M, Stepien M, Duarte-Salles T, Byrnes G, Boumaza H, Knüppel S, Kühn T, Palli D, Bamia C, Boshuizen H, Bonet C, Overvad K, Johansson M, Travis R, Gunter M, Lund E, Dossus L, Elena-Herrmann B, Riboli E, Jenab M, Viallon V, Ferrari P (2015) A statistical framework to model the meeting-in-the-middle principle using metabolomic data: application to hepatocellular carcinoma in the EPIC study. Mutagenesis 30(6):743-753

Balding DJ (2006) A tutorial on statistical methods for population association studies. Nat Rev Genet 7(10):781-791. https://doi.org/10.1038/nrg1916

Belshaw NJ, Pal N, Tapp HS, Dainty JR, Lewis MPN, Williams MR, Lund EK, Johnson IT (2010) Patterns of DNA methylation in individual colonic crypts reveal aging and cancer-related field defects in the morphologically normal mucosa. Carcinogenesis 31(6):1158-1163. https://doi.org/10.1093/carcin/bgq077

Benjamini Y, Hochberg Y (1995) Controlling the false discovery rate: a practical and powerful approach to multiple testing. J R Stat Soc Series B Stat Methodol 57:289-300

Bottolo L, Chadeau-Hyam M, Hastie DI, Langley SR, Petretto E, Tiret L, Tregouet D, Richardson S (2011) ESSþþ: a Cþþ objected-oriented algorithm for Bayesian stochastic search model exploration. Bioinformatics 27(4):587-588. https://doi.org/10.1093/bioinformatics/btq684

Bottolo L, Chadeau-Hyam M, Hastie DI, Zeller T, Liquet B, Newcombe P, Yengo L, Wild PS, Schillert A, Ziegler A, Nielsen SF, Butterworth AS, Ho WK, Castagne R, Munzel T, Tregouet D, Falchi M, Cambien F, Nordestgaard BG, Fumeron F, Tybjaerg-Hansen A, Froguel P, Danesh J, Petretto E, Blankenberg S, Tiret L, Richardson S (2013) GUESS-ing polygenic associations with multiple phenotypes using a GPU-based evolutionary stochastic search algorithm. PLoS Genet 9(8):e1003657. https://doi.org/10.1371/journal.pgen.1003657

Boulesteix AL, Strimmer K (2007) Partial least squares: a versatile tool for the analysis of highdimensional genomic data. Brief Bioinform 8(1):32-44. https://doi.org/10.1093/bib/bb1016

Carlin DJ, Rider CV, Woychik R, Birnbaum LS (2013) Unraveling the health effects of environmental mixtures: an NIEHS priority. Environ Health Perspect 121(1):A6-A8

Castagne R, Kelly-Irving M, Campanella G, Guida F, Krogh V, Palli D, Panico S, Sacerdote C, Tumino R, Kleinjans J, de Kok T, Kyrtopoulos SA, Lang T, Stringhini S, Vermeulen R, Vineis P, Delpierre C, Chadeau-Hyam M (2016) Biological marks of early-life socioeconomic experience is detected in the adult inflammatory transcriptome. Sci Rep 6:38705. https://doi.org/10.1038/srep38705

Castagne R, Boulange CL, Karaman I, Campanella G, Santos Ferreira DL, Kaluarachchi MR, Lehne B, Moayyeri A, Lewis MR, Spagou K, Dona AC, Evangelos V, Tracy R, Greenland P, Lindon JC, Herrington D, Ebbels TMD, Elliott P, Tzoulaki I, Chadeau-Hyam M (2017) Improving visualization and interpretation of metabolome-wide association studies: an application in a population-based cohort using untargeted 1h nmr metabolic profiling. J Proteome Res 16(10):3623-3633. https://doi.org/10.1021/acs.jproteome.7b00344

Chadeau-Hyam M, Ebbels TMD, Brown IJ, Chan Q, Stemler J, Huang CC, Daviglus ML, Ueshima H, Zhao L, Holmes E, Nicholson JK, Elliott P, De Iorio M (2010) Metabolic profiling and the metabolome-wide association study: significance level for biomarker identification. J Proteome Res 9(9):4620-4627. https://doi.org/10.1021/pr1003449

Chadeau-Hyam M, Athersuch TJ, Keun HC, De Iorio M, Ebbels TMD, Jenab M, Sacerdote C, Bruce SJ, Holmes E, Vineis P (2011) Meeting-in-the-middle using metabolic profiling - a strategy for the identification of intermediate biomarkers in cohort studies. Biomarkers 16(1):83-88. https://doi.org/10.3109/

1354750x.2010.533285

Chadeau-Hyam M, Campanella G, Jombart T, Bottolo L, Portengen L, Vineis P, Liquet B, Vermeulen RC (2013) Deciphering the complex: methodological overview of statistical models to derive OMICS-based biomarkers. Environ Mol Mutagen 54(7):542-557. https://doi.org/10.1002/em.21797

Chadeau-Hyam M, Tubert-Bitter P, Guihenneuc-Jouyaux C, Campanella G, Richardson S, Vermeulen R, De Iorio M, Galea S, Vineis P (2014a) Dynamics of the risk of smokinginduced lung cancer: a compartmental hidden Markov model for longitudinal analysis. Epidemiology 25(1):28-34. https://doi.org/10.1097/EDE.0000000000000032

Chadeau-Hyam M, Vermeulen RC, Hebels DG, Castagne R, Campanella G, Portengen L, Kelly RS, Bergdahl IA, Melin B, Hallmans G, Palli D, Krogh V, Tumino R, Sacerdote C, Panico S, de Kok TM, Smith MT, Kleinjans JC, Vineis P, Kyrtopoulos SA, EnviroGenoMarkers project consortium (2014b) Prediagnostic transcriptomic markers of chronic lymphocytic leukemia reveal perturbations 10 years before diagnosis. Ann Oncol 25(5):1065-1072. https://doi.org/10.1093/annonc/mdu056

Chun H, Keles S (2009) Expression quantitative trait loci mapping with multivariate sparse partial least squares regression. Genetics 182(1):79-90. https://doi.org/10.1534/genetics.109.100362

Chun H, Keles S (2010) Sparse partial least squares regression for simultaneous dimension reduction and variable selection. J R Stat Soc Series B Stat Methodol 72:3-25

Dominici F, Peng RD, Barr CD, Bell ML (2010) Protecting human health from air pollution: shifting from a single-pollutant to a multipollutant approach. Epidemiology 21(2):187-194. https://doi.org/10.1097/EDE.0b013e3181cc86e8

Dudbridge F, Gusnanto A (2008) Estimation of significance thresholds for genomewide association scans. Genet Epidemiol 32(3):227-234. https://doi.org/10.1002/gepi.20297

Espin-Perez A, Font-Ribera L, van Veldhoven K, Krauskopf J, Portengen L, Chadeau-Hyam M, Vermeulen R, Grimalt JO, Villanueva CM, Vineis P, Kogevinas M, Kleinjans JC, de Kok TM (2018) Blood transcriptional and microRNA responses to short-term exposure to disinfection by-products in a swimming pool. Environ Int 110:42-50. https://doi.org/10.1016/j.envint.2017.10.003

Fasoli M, Dal Santo S, Zenoni S, Tornielli GB, Farina L, Zamboni A, Porceddu A, Venturini L, Bicego M, Murino V, Ferrarini A, Delledonne M, Pezzotti M (2012) The grapevine expression atlas reveals a deep transcriptome shift driving the entire plant into a maturation program. Plant Cell 24(9):3489-3505. https://doi.org/10.1105/tpc.112.100230

Font-Ribera L, Kogevinas M, Zock JP, Gomez FP, Barreiro E, Nieuwenhuijsen MJ, Fernandez P, Lourencetti C, Perez-Olabarria M, Bustamante M, Marcos R, Grimalt JO, Villanueva CM (2010) Short-term changes in respiratory biomarkers after swimming in a chlorinated pool. Environ Health Perspect 118(11):1538-1544. https://doi.org/10.1289/ehp.1001961

Fonville JM, Richards SE, Barton RH, Boulange CL, Ebbels TMD, Nicholson JK, Holmes E, Dumas ME (2010) The evolution of partial least squares models and related chemometric approaches in metabonomics and metabolic phenotyping. J Chemom 24(11-12):636-649. https://doi.org/10.1002/cem.1359

Friedman J, Hastie T, Tibshirani R (2010) Regularization paths for generalized linear models via coordinate descent. J Stat Softw 33(1):1-22

Greenacre M (1984) Theory and applications of correspondence analysis. Academic Press, London Guan YT, Stephens M (2011) Bayesian variable selection regression for genome-wide association studies and other large-scale problems. Ann Appl Stat 5(3):1780-1815. https://doi.org/10.1214/11-aoas455

Guida F, Sandanger TM, Castagne R, Campanella G, Polidoro S, Palli D, Krogh V, Tumino R, Sacerdote C,

Panico S, Severi G, Kyrtopoulos SA, Georgiadis P, Vermeulen RCH, Lund E, Vineis P, Chadeau-Hyam M (2015) Dynamics of smoking-induced genome-wide methylation changes with time since smoking cessation. Hum Mol Genet 24(8): 2349-2359. https://doi.org/10.1093/hmg/ddu751

Guxens M, Ballester F, Espada M, Fernandez MF, Grimalt JO, Ibarluzea J, Olea N, Rebagliato M, Tardon A, Torrent M, Vioque J, Vrijheid M, Sunyer J, Project I (2012) Cohort profile: the INMA--INfancia y Medio Ambiente--(environment and childhood) project. Int J Epidemiol 41(4): 930-940. https://doi.org/10.1093/ije/dyr054

Haight TJ, Wang Y, van der Laan MJ, Tager IB (2010) A cross-validation deletion-substitutionaddition model selection algorithm: application to marginal structural models. Comput Stat Data Anal 54(12): 3080-3094. https://doi.org/10.1016/j.csda.2010.02.002

Hans C, Dobra A, West M (2007) Shotgun stochastic search for "large p" regression. J Am Stat Assoc 102(478): 507-516. https://doi.org/10.1198/016214507000000121

Hoerl AE, Kennard RW (1970) Ridge regression—biased estimation for nonorthogonal problems. Technometrics 12(1): 661-676. https://doi.org/10.2307/1267351

Hoggart CJ, Clark TG, De Iorio M, Whittaker JC, Balding DJ (2008) Genome-wide significance for dense SNP and resequencing data. Genet Epidemiol 32(2): 179-185

Holmes E, Loo RL, Stamler J, Bictash M, Yap IK, Chan Q, Ebbels T, De Iorio M, Brown IJ, Veselkov KA, Daviglus ML, Kesteloot H, Ueshima H, Zhao L, Nicholson JK, Elliott P (2008) Human metabolic phenotype diversity and its association with diet and blood pressure. Nature 453(7193): 396-400

Hotelling H (1933a) Analysis of complex statistical variables into principal components. J Educ Psychol 24(6): 417-441

Hotelling H (1933b) Analysis ofc omplex statistical variables into principal components. J Educ Psychol 24(7): 498-520

Huang DW, Sherman BT, Lempicki RA (2008) Systematic and integrative analysis of large gene lists using DAVID bioinformatics resources. Nat Protoc 4: 44. https://doi.org/10.1038/nprot.2008.211

Jain P, Vineis P, Liquet B, Vlaanderen J, Bodinier B, van Veldhoven K, Kogevinas M, Athersuch TJ, Font-Ribera L, Villanueva CM, Vermeulen R, Chadeau-Hyam M (2018) A multivariate approach to investigate the combined biological effects of multiple exposures. J Epidemiol Community Health 72(7): 564-571. https://doi.org/10.1136/jech-2017-210061

Jombart T, Pontier D, Dufour AB (2009) Genetic markers in the playground of multivariate analysis. Heredity 102(4): 330-341. https://doi.org/10.1038/hdy.2008.130

Kivelä M, Arenas A, Barthelemy M, Gleeson J, Moreno Y, Porter M (2013) Multilayer networks. J Complex Netw 2(3): 203-271

Le Cao KA, Rossouw D, Robert-Granie C, Besse P (2008) A sparse PLS for variable selection when integrating omics data. Stat Appl Genet Mol Biol 7(1): 35

Le Cao KA, Martin PGP, Robert-Granie C, Besse P (2009) Sparse canonical methods for biological data integration: application to a cross-platform study. BMC Bioinformatics 10: 34. https://doi.org/10.1186/1471-2105-10-34

Li S, Park Y, Duraisingham S, Strobel FH, Khan N, Soltow QA, Jones DP, Pulendran B (2013) Predicting network activity from high throughput metabolomics. PLoS Comput Biol 9(7): e1003123. https://doi.org/10.1371/journal.pcbi.1003123

Lindstrom MJ, Bates DM (1990) Nonlinear mixed effects models for repeated measures data. Biometrics 46(3): 673-687. https://doi.org/10.2307/2532087

Liquet B, Le Cao K-A, Hocini H, Thiebaut R (2012) A novel approach for biomarker selection and the integration of repeated measures experiments from two assays. BMC Bioinformatics 13(1):325

Liquet B, Bottolo L, Campanella G, Richardson S, Chadeau-Hyam M (2016a) R2GUESS: a graphics processing unit-based R package for Bayesian variable selection regression of multivariate responses. J Stat Softw 69(2). https://doi.org/10.18637/jss.v069.i02

Liquet B, Lafaye de Micheaux P, Hejblum B, Thiebaut R (2016b) Group and sparse group partial least square approaches applied in genomics context. Bioinformatics 32(1):35-42

McCreanor J, Cullinan P, Nieuwenhuijsen MJ, Stewart-Evans J, Malliarou E, Jarup L, Harrington R, Svartengren M, Han IK, Ohman-Strickland P, Chung KF, Zhang J (2007) Respiratory effects of exposure to diesel traffic in persons with asthma. N Engl J Med 357(23):2348-2358. https://doi.org/10.1056/NEJMoa071535

McHale CM, Zhang LP, Lan Q, Vermeulen R, Li GL, Hubbard AE, Porter KE, Thomas R, Portier CJ, Shen M, Rappaport SM, Yin SN, Smith MT, Rothman N (2011) Global gene expression profiling of a population exposed to a range of benzene levels. Environ Health Perspect 119(5):628-634. https://doi.org/10.1289/ehp.1002546

Musumarra G, Condorelli DF, Fortuna CG (2011) OPLS-DA as a suitable method for selecting a set of gene transcripts discriminating RAS- and PTPN11-mutated cells in acute lymphoblastic leukaemia. Comb Chem High Throughput Screen 14(1):36-46

Parkhomenko E, Tritchler D, Beyene J (2009) Sparse canonical correlation analysis with application to genomic data integration. Stat Appl Genet Mol Biol 8:1. https://doi.org/10.2202/1544-6115.1406

Patterson N, Price AL, Reich D (2006) Population structure and eigenanalysis. PLoS Genet 2(12):e190. https://doi.org/10.1371/journal.pgen.0020190

Pearson K (1901) On lines and planes of closest fit to systems of points in space. Philos Mag 2(6):559-572

Price AL, Patterson NJ, Plenge RM, Weinblatt ME, Shadick NA, Reich D (2006) Principal components analysis corrects for stratification in genome-wide association studies. Nat Genet 38(8):904-909. https://doi.org/10.1038/ng1847

Rappaport SM, Smith MT (2010) Environment and disease risks. Science 330(6003):460-461. https://doi.org/10.1126/science.1192603

Reich D, Price AL, Patterson N (2008) Principal component analysis of genetic data. Nat Genet 40(5):491-492. https://doi.org/10.1038/ng0508-491

Rider CV, Carlin DJ, Devito MJ, Thompson CL, Walker NJ (2013) Mixtures research at NIEHS: an evolving program. Toxicology 313(2-3):94-102. https://doi.org/10.1016/j.tox.2012.10.017

Robinson O, Basagana X, Agier L, de Castro M, Hernandez-Ferrer C, Gonzalez JR, Grimalt JO, Nieuwenhuijsen M, Sunyer J, Slama R, Vrijheid M (2015) The pregnancy exposome: multiple environmental exposures in the INMA-Sabadell birth cohort. Environ Sci Technol 49(17):10632-10641. https://doi.org/10.1021/acs.est.5b01782

Salamanca Beatriz V, Ebbels Timothy MD, Iorio Maria D (2014) Variance and covariance heterogeneity analysis for detection of metabolites associated with cadmium exposure. Stat Appl Genet Mol Biol 13:191-201. https://doi.org/10.1515/sagmb-2013-0041

Schafer J, Strimmer K (2005) A shrinkage approach to large-scale covariance matrix estimation and implications for functional genomics. Stat Appl Genet Mol Biol 4:32. https://doi.org/10.2202/1544-6115.1175

Shen HP, Huang JHZ (2008) Sparse principal component analysis via regularized low rank matrix approximation. J Multivar Anal 99(6):1015-1034. https://doi.org/10.1016/j.jmva.2007.06.007

Simon N, Friedman J, Hastie T, Tibshirani R (2011) Regularization paths for cox's proportional hazards model via coordinate descent. J Stat Softw 39(5): 1-13

Simon N, Friedman J, Hastie T, Tibshirani R (2013) A sparse-group lasso. J Comput Graph Stat 22(2): 231-245. https://doi.org/10.1080/10618600.2012.681250

The Gene Ontology Consortium (2017) Expansion of the gene ontology knowledgebase and resources. Nucleic Acids Res 45(D1): D331-D338. https://doi.org/10.1093/nar/gkw1108

Tibshirani R (1996) Regression shrinkage and selection via the lasso. J R Stat Soc Series B Stat Methodol 58(1): 267-288. https://doi.org/10.2307/2346178

Valcarcel B, Wurtz P, al Basatena NKS, Tukiainen T, Kangas AJ, Soininen P, Jarvelin MR, Ala-Korpela M, Ebbels TM, de Iorio M (2011) A differential network approach to exploring differences between biological states: an application to prediabetes. PLoS One 6(9): e24702. https://doi.org/10.1371/journal.pone.0024702

Valcarcel B, Ebbels TMD, Kangas AJ, Soininen P, Elliot P, Ala-Korpela M, Jarvelin MR, de Iorio M (2014) Genome metabolome integrated network analysis to uncover connections between genetic variants and complex traits: an application to obesity. J R Soc Interface 11(94): 20130908. https://doi.org/10.1098/rsif.2013.0908

van Veldhoven K, Keski-Rahkonen P, Barupal DK, Villanueva CM, Font-Ribera L, Scalbert A, Bodinier B, Grimalt JO, Zwiener C, Vlaanderen J, Portengen L, Vermeulen R, Vineis P, Chadeau-Hyam M, Kogevinas M (2017) Effects of exposure to water disinfection by-products in a swimming pool: a metabolome-wide association study. Environ Int 111: 60-70. https://doi.org/10.1016/j.envint.2017.11.017

Vineis P, Perera F (2007) Molecular epidemiology and biomarkers in etiologic cancer research: the new in light of the old. Cancer Epidemiol Biomark Prev 16(10): 1954-1965

Vineis P, Chadeau-Hyam M, Gmuender H, Gulliver J, Herceg Z, Kleinjans J, Kogevinas M, Kyrtopoulos S, Nieuwenhuijsen M, Phillips DH, Probst-Hensch N, Scalbert A, Vermeulen R, Wild CP (2016) The exposome in practice: design of the EXPOsOMICS project. Int J Hyg Environ Health 220(2 Pt A): 142-151. https://doi.org/10.1016/j.ijheh.2016.08.001

Vlaanderen J, van Veldhoven K, Font-Ribera L, Villanueva CM, Chadeau-Hyam M, Portengen L, Grimalt JO, Zwiener C, Heederik D, Zhang X, Vineis P, Kogevinas M, Vermeulen R (2017) Acute changes in serum immune markers due to swimming in a chlorinated pool. Environ Int 105: 1-11. https://doi.org/10.1016/j.envint.2017.04.009

Wang H, Gottfries J, Barrenäs F, Benson M (2011) Identification of novel biomarkers in seasonal allergic rhinitis by combining proteomic, multivariate and pathway analysis. PLoS One 6(8): e23563. https://doi.org/10.1371/journal.pone.0023563

West M (2003) Bayesian factor regression models in the "large p, small n" paradigm. Bayesian statistics 7. Clarendon Press, Oxford Westfall P, Young S (1993) Resampling-based multiple testing: examples and methods for p-value adjustment (Wiley Series in Probability and Statistics). Wiley-Interscience Wild CP (2005) Complementing the genome with an 'exposome': the outstanding challenge of environmental exposure measurement in molecular epidemiology. Cancer Epidemiol Biomark Prev 14(8): 1847-1850. https://doi.org/10.1158/1055-9965.EPI-05-0456

Witten DM, Tibshirani R, Hastie T (2009) A penalized matrix decomposition, with applications to sparse principal components and canonical correlation analysis. Biostatistics 10(3): 515-534. https://doi.org/10.1093/biostatistics/kxp008

Wold S, Ruhe A, Wold H, Dunn WJ (1984) The collinearity problem in linear-regression — the partial least-squares (PLS) approach to generalized inverses. SIAM J Sci Stat Comput 5(3): 735-743. https://doi.org/10.1137/0905052

Yap IKS, Brown IJ, Chan Q, Wijeyesekera A, Garcia-Perez I, Bictash M, Loo RL, Chadeau-Hyam M, Ebbels T, Iorio MD, Maibaum E, Zhao L, Kesteloot H, Daviglus ML, Stamler J, Nicholson JK, Elliott P, Holmes E (2010) Metabolome-wide association study identifies multiple biomarkers that discriminate north and south chinese populations at differing risks of cardiovascular disease: INTERMAP study. J Proteome Res 9(12): 6647-6654. https://doi.org/10.1021/pr100798r

Zhou H, Sehl ME, Sinsheimer JS, Lange K (2010) Association screening of common and rare genetic variants by penalized regression. Bioinformatics 26(19): 2375-2382. https://doi.org/10.1093/bioinformatics/btq448

Zou F, Fine JP, Hu J, Lin DY (2004) An efficient resampling method for assessing genome-wide statistical significance in mapping quantitative trait loci. Genetics 168(4): 2307-2316. https://doi.org/10.1534/genetics.104.031427

Zou H, Hastie T (2005) Regularization and variable selection via the elastic net. J R Stat Soc Series B Stat Methodol 67(2): 301-320. https://doi.org/10.1111/j.1467-9868.2005.00503.x

Zou H, Hastie T, Tibshirani R (2006) Sparse principal component analysis. J Comput Graph Stat 15(2): 265-286. https://doi.org/10.1198/106186006x113430

第12章 全暴露组关联分析：一个数据驱动寻找表型相关暴露的方法

用一种统一的方法测量人类暴露组有望发现新的疾病相关或直接致病的环境因子。人类暴露组初步定义为人类从出生到死亡所接受的环境暴露总和，包括营养饮食、医疗药物、感染源，以及污染物等。正如人类遗传学研究受益于基于高通量图谱分析的全基因组关联分析方法(GWAS)一样，暴露组研究也需要一个数据驱动的范式以便系统性和可重复性地发现疾病的环境决定因子。

在这一章中，我们将描述暴露组和表型状态如疾病关联性的方法。具体而言，本章将介绍用于寻找表型相关暴露组的实际分析例子和数据，该方法被称为"全环境/暴露组关联分析"(EWAS)。

首先，我们将介绍这种分析背后的原理，包括透明性和减低选择偏差几率。其次，我们将介绍如何降低I类错误及探究在众多假阳性信号中寻找真正信号的可能性。我们将介绍一些用于可视化相关性数据的开源工具，以便让研究人员高效确定表型关联图谱。在结尾部分我们将介绍几个这些方法的成功应用案例。

关键词：EWAS；暴露组-表型关联；开源工具

1 引言和概论

在一个应用高通量方法测量暴露组的新时代,我们急需发展新的分析方法以推动发现新的与疾病和表型相关联的暴露因素(Patel et al.,2014a)。这一点尤为重要,因为许多负担沉重的疾病是复杂的,是遗传和环境因素的联合作用的结果。例如,遗传性,即群体的表型变异中可以归因到遗传因素的部分,一般平均为50%,而剩下50%的表型变异则是由环境因素所决定的(Polderman et al.,2015)。

然而,我们缺乏分析工具和数据去发现新的暴露因素,以便解释群体中不能解释的表型变异。相反,基因组研究已大大加快了发现新的疾病相关遗传因子的步伐,同样的进步也应该被用于发现与疾病相关的暴露因素(Manrai et al.,2017)。

在本章中,我们将介绍"全暴露组关联分析"方法,也称为"全环境关联分析"(EWASs),用于推动发现新的疾病相关暴露因素和人群中的未知表型差异(Patel et al.,2010,2012,2013;McGinnis et al.,2016)。正如将介绍的那样,EWASs提供了很多优势,包括明确减少假阳性结果及系统性分析整个数据库中全部可能的环境相关暴露因素,以便避免从文献报道中得来的碎片化关联信息(Ioannidis 2016;Ioannidis et al.,2011;Patel et al.,2015a)。

尽管还远非真正意义上的因果关联(仅仅是观察性的),所发现的关联可在生物实验中加以优先研究。例如,在利用类似于EWAS的方法找到与端粒长度相关的可能暴露因素之后,Patel等(2016b)利用Gene Expression Omnibus的公共数据研究这些暴露因素如何影响基因表达。假如是因果关联,暴露必然影响生物学功能的改变(Gibson,2008),而基因表达分析只是其中一个分析致病原因的方法。

然而,暴露组所具有的大数据特点给分析带来挑战。EWAS是观察性研究,容易受到混杂因素及反向因果关系(如疾病先于暴露发生)等偏差的影响(Ioannidis et al.,2009)。尽管已有多种分析和流行病学研究设计试图减轻这些偏倚,这些方法还没有被应用到高通量暴露组研究之中。

而另外一个问题包括多个显著但效应尺寸很小的关联。例如,Patel等(2016a)最近利用一个大而全的瑞典数据库进行了一项关于致癌时间的"全药方关联分析",他们发现在500多种药方中,几乎有四分之一和癌症有着小尺寸效应关联。而且,它们的效应随着分析方法的改变而发生变化(例如,样品-交叉vs.Cox比例风险),使研究人员面临很多必须过滤掉的假阳性关联。这在全暴露组分析中经常发生,也就是相关性可能较小但似乎与所有因素都相关,因而难以真正确定哪个引起哪个(Patel et al.,2014b;Patel et al.,2015)。

尽管面临这些挑战,暴露组分析范式可能有助于发现和鉴别之前难以鉴定的致病风险因子。在大规模人群中以成本效益的方式测定环境暴露的新技术是必要的。同时,可以利用完善的流行病学研究设计以便从噪音中提取可能的信号,并且将数据存放到公有领域以方便让不同领域的研究者分析这些结果(Patel et al.,2016c)。

在本章中,我们将概述已有的分析方法、相关数据集以及可用于加速发现过程的工具,以便在面对多种暴露时挑选到优先研究的对象。

❷ 从遗传和环境探讨疾病和表型的结构体系

表型是生物医学研究的精髓,它定义为性状的表现,例如眼睛颜色,头发颜色,身高,体重,疾病,甚至基因如何表达。此外,表型在不同程度上受到遗传和环境因素影响,而环境因素正是本书关注的主题。因此,生物学家用一个经典方程来描述这样一种关系:$P=G+E$,其中 P 是表型(如身高,体重,眼睛颜色,糖尿病),G 是通过基因组传递的遗传因子,而 E 是环境因子,如饮食,药品,和感染。

例如,以你的家庭为例,你可能会回想起你的孩子和父母眼睛的颜色是一样的,或者糖尿病在你的亲戚中可能广泛存在。在这些例子中,糖尿病和眼睛颜色可能受到两种因素的共同影响,包括编码在我们的基因组里而代代相传的遗传因素,以及因为我们生活在一起而传递下来的共同环境因素。然而,如同之后描述的一样,在由多个基因和暴露因素相互作用而形成的复杂性状或表型中,大部分影响往往是由个体从出生到死亡一直面对的特定环境或环境暴露因素所引起的。

环境暴露的症候是复杂的(Patel et al., 2014a, b)。如同本书一直讨论的,首要需要鉴定人群中与疾病相关联的多种因素。然而大部分关联和流行病学研究每次只考虑少数几种暴露因素,而我们尚缺乏数据驱动的方法去关联和发现多个与表型和疾病相关的环境暴露因素。这是值得关注的,因为疾病是多因素的,即由多个遗传和环境因子叠加或协作引起的(Schwartz et al., 2007)。例如,基因组全关联分析(GWAS)是一种广受欢迎的低成本研究方法,研究者们利用该方法在整个基因组中分析引发疾病或表型的遗传因子(Visscher et al., 2012; Hindorff et al., 2009)。由于基因组水平 GWAS 分析广泛可及,而该方法又可同时分析几百万个遗传变异,人类遗传学家已经不再每次只研究少数几个遗传变异,而是采取一种更加数据驱动的、全面的、系统的和无偏的方法分析稳固的遗传关联,并研究在不同人群中的重复性。

迄今为止,超过500个GWAS研究已经发表,对于某些疾病如2型糖尿病已有20项以上的研究,而这些研究的样本数量达到了几十万(Welter et al., 2014)。GWAS加强了筛选和验证遗传变异的流行病学研究过程和方法,取代了基于先验假设研究表型的候选基因研究方法。有报道表明大多数候选基因的研究结果都无法重复(Ioannidis et al., 2001, 2009)。在这里,我们提出将类似的方法应用于环境暴露使得基于数据驱动发现多个环境暴露成为可能,这些暴露反映了疾病相关因素的混合效应。

具体而言,在本章我们提出一个类似于GWAS的研究框架,称为"全环境关联分析",或"全暴露组关联分析"(EWASs),用于搜寻并验证与连续表型或离散表型(例如疾病)相关联的环境因素。这个方法与假设驱动的研究方法不同,在假设驱动的研究方法里,候选环境因子是基于先验的知识被挑选出来,并一一验证它们和表型之间的关联。而EWAS方法类似于GWAS方法。为了更多了解数据驱动的分析方法和信息学在高通量暴露生物学中所扮演的角色,读者们可以参考Marai等(2017)的研究。

不过,首先,是什么加速了GWAS方法的应用?最主要的原因是低成本、高通量以及整体的基因组水平分析方法的出现给了遗传学家和遗传流行病学家们一种更全面搜索致病遗传因子的方法(Wild,2012;Wild et al.,2013)。时至今日,类似方法在环境流行病研究中的应用并不多见(Patel et al.,2014a)。为了迎接这一挑战,正如本书的主要目的一样,研究者们呼吁应致力于阐明并测量暴露组,即类似于基因组的环境暴露因素的总和。高通量的暴露组方法能够同时测量人体在生命全过程中所遭受到的来自于感染、污染物以及饮食的环境暴露(Dennis et al.,2017;Rappaport et al.,2014;Rappaport,2012;Louis et al.,2012;Miller et al.,2014)。

因此,我们很少有流行病队列能够鉴定暴露组,用于协助识别疾病相关的混合暴露。美国国家健康与营养分析调查是一种能够开展暴露组和混合暴露研究的流行病学调查。读者可以自行下载它们的数据,并开始分析暴露和表型之间的相关性(Patel et al.,2016c)。

NHANES是一个美国横断面调查的代表,它由健康调查问卷及基于多阶段概率抽样设计的实验和临床数据构成。该调查的主要管理机构,即疾病预防控制中心通过面谈,移动检查中心的体检,以及人体样本来收集信息。时至今日,NHANES已成为定量测定人体组织中暴露组的金标准,包含了超过300个的环境暴露生物标志物。对于部分人群,他们的长期随访信息例如死亡原因及医保使用记录也对公众开放。

实际上,我们已经应用NHANES对多个表型开展了EWASs分析,包括以数据驱动的方法鉴定到多个暴露因素,它们分别与2型糖尿病(Patel et al.,2010),血压(Tzoulaki et al.,2012;McGinnis et al.,2016),血脂水平(Patel et al.,2012)(图12.1),全因死亡率(Patel et al.,2013)(图12.2),早产孕妇(Patel et al.,2014),甚至与收入(Patel et al.,2015b)相关联。这些分析表明了在人群中鉴定多因素的潜在可能性,我们推荐读者阅读这些研究以获得更多的细节。下面,我们首先通过简短介绍GWAS来引出EWAS的描述。其次,将介绍EWAS分析框架及现有EWAS方法。最后,我们将讨论我们获得的结果以及扩展EWAS方法学的途径。

❸ 方法背景

疾病的全基因组关联

随着人类基因组的测序以及测量常见遗传变异的项目如HapMan的展开,研究者现在可以在流行病学水平上分析基因组水平上的遗传变异如何关联到疾病及相关表型上(Hardy et al.,2009)。这些革命性的"全基因组关联研究"(GWAS)使得研究者可以通过一个无偏的、系统性的、全面的,并且消除掉多重比较影响的方法寻找哪些常见遗传位点可能和某一个表型相关联。

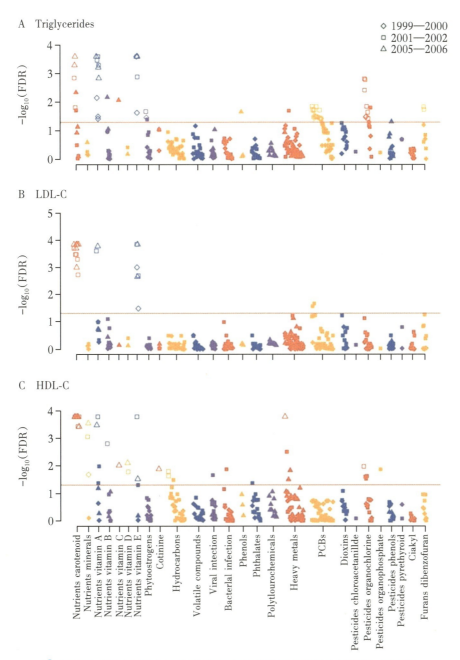

📍 图12.1 NHANES参与者中暴露物与脂质水平关联分析结果的曼哈顿图

188个因子与(a)甘油三酸脂,(b)LDL-C,及(c)HDL-C间关联的显著水平[−log10(FDR)(Benjamini及Hochberg 1995)]。Y轴显示的是每个环境因子调整后的线性回归系数的−log10(FDR)值。颜色代表不同组别的环境因子。红线对应FDR值0.05。空心标记代表在独立分析中得以重复被发现。

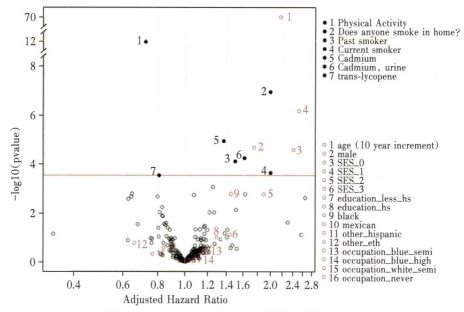

图 12.2 暴露和行为与死亡之间相关性的火山图

249个暴露组、行为因子和全因死亡率之间相关性的火山图。红色水平线代表FDR校正后的显著水平（FDR=5%，P值=0.0003）。红点代表用作校正的标准的人口统计和社会-经济（外暴露组）因子。

对于SES：SES_0：第1个SES四分位，SES_1：第2个SES四分位，SES_2：第3个SES四分位，SES_3：第4个SES四分位；SES HR为相对于最高四分位的SES。

对于教育水平：education_hs：高中水平，education_less_hs：高中以下，education HR为相对高中以上的教育水平。

对于职业：occupation_blue_semi：半蓝领，occupation_blue_high：高级蓝领，occupation_white_semi：半白领，occupation_never：从未工作。

实心点为验证过的因子。体育活动和年龄的-log10(P值)在括号中标注，原因是它们的取值较为极端。为了容纳体育活动和年龄较高的-log10(P值)，Y轴是不连续的。暴露因子如番茄红素（营养状态标志之一）与较长生存相关；然而，血清和尿液镉含量则与1.5倍以上的风险危害相关，也就是暴露者的死亡风险比低暴露者（受到少于1个标准差的暴露水平）高50%。

具体来说，HapMap项目测量了常见单核苷酸多态性（SNP）位点的信息，包括它们在人群中的频率（≥10%群体比例），以及它们的主要和次要等位基因版本（Manolio et al.，2008）。每个SNP在基因组上的位置被称为"位点"，每个特定位点上存在的变异被称为一个"多态性"或一个"具多态性的"位点。常见的多态性是指在那些人群中出现频率大于5%~10%的多态性。因此，根据定义，一个常见SNP必然位于一个多态性位点。在基因组中存在多于一百万个常见SNPs（International HapMap，2005）。除了SNP是基因组中最常见的多态性，占到多态性的90%之外，也存在其他类型的遗传变异，例如拷贝数目变异（如基因组片段的插入和缺失）。

GWAS分析将性状和基因组上的每个——或者大部分——常见多态性位点关联起来，该技术得益于基因组技术，即"SNP微阵列芯片"技术的发展，这些芯片可以同时分析一个个体内超过一百万个多态性位点。这些芯片现在已经商用化，就如同电脑一般，使得测量大量人群的全基因组信息成为可能。同时，这些技术平台的测量误差非常低（Ioannidis 2016；Ioannidis et al., 2009)。

GWAS分析需要招募几千个拥有（病例）和没有（对照）某种疾病或性状的个体。然后，病例和对照的基因组上每个位点的基因型频率将通过常见的统计检验如卡方检验（Pearson et al., 2008）进行比较，这些检验假定每个位点之间存在独立性。连续性状，如生物标志物的水平，与遗传变异之间的相关性也可以通过对连续性状进行线性回归建模分析得出（Frayling et al., 2007）。可以通过保守的 Bonferroni 校正处理多重检验，并且显著性位点需要经由独立的人群进行验证。

在 GWAS 之前是"候选基因研究"，一种假设驱动的研究方法，通常只使用较小的样本量研究少数几个遗传变异和目标性状之间的相关性。由于统计效能的缺乏（样本量少）和昂贵的基因型鉴定费用，传统的遗传关联分析缺乏 GWAS 所具有的无偏、全面以及系统的分析和验证手段（NCI-NHGRI Working Group on Replication in Association Studies et al., 2007; Manolio et al., 2009; Goldstein, 2009）。为了更好推进关于"全环境关联分析"的讨论，我们将描述 GWAS 所具有的无偏、系统以及全面的特点。

疾病的全暴露组关联

我们将提出一种类似于 GWAS 的分析方法，称为"全环境关联分析（EWAS）"，用于寻找并鉴定与复杂疾病和表型相关的环境因素。EWAS 采取和 GWAS 相似的数据结构。在 GWAS 分析中，每个个体的多个遗传因子与表型信息会被同时分析，也就是说，遗传因子是自变量，而表型是因变量。

具体来说，对每个个体将直接测量环境因素的数量或者存在与否，例如体内组织中某种化学物的含量，或者其替代测定，例如自我报告的历史暴露。其次，与 GWAS 的数据结构不同，环境是一个变化的实体。因此可将时间维度加入到 EWAS 的数据结构之中，将其表述为一种纵向结构。

GWAS 遗传变量根据它们在染色体的位置进行"分箱"，以便在可视化它们的位置时方便描述它们之间的相关性结构，也称为连锁不平衡（LD）。LD 值指的是基因组上两个位点间的相关性。更进一步，LD 是由两个位点之间的相对位置所决定的公式，通常两个位点在染色体上的位置越靠近，它们的 LD 越高。

假设我们在考虑一个位点时：在此情况下，我们从父母那里遗传了该位点的等位基因，一个来自于母亲一个来自于父亲。该位点基因型是随机的，而且依赖于它在母本和父本的等位基因频率。现在假设两个位点（两组基因型）处于 LD，这意味着它们的遗传模式是相关的，也就是在位点 A 出现一个特定等位基因 A 及在位点 B 出现等位基因 B 的频率并不是随机的，而是相互依赖的。也就是说，一个等位基因的存在可以预测另一个的存在。不同人群中的 LD 已被 HapMap 项目所鉴定，也正在被 1000 基因组研究项目进行分析（International HapMap, 2005）。

在 GWAS 中，LD 结构是重要的。首先，因为我们只分析一小部分广泛存在的多态性位点，LD 可让我们缩小范围找到哪些变异是致病的；例如，假如一个变异存在一个关联信号，则致病的变异可能与该变异有着较强的 LD。LD 同时给了我们一个衡量有效性的内部度量;例如,假如位于位点X的一个变异有着强关联信号,则我们会认为与X连锁的常见变异也会有一定的关联信号。

目前,EWAS分析中的LD只是定性的,而非如GWAS那样是定量的。在我们的分析中,我们把因子按照分类进行分箱。分箱的依据是他们是否属于相同的化合物"种类",有着共同的环境健康"关联性",或者以其他一些人为假定的特点作为分类依据。我们预期,当研究者分析暴露组时,这些分类将包含压力、微生物群体、药物、噪音,及生态测量等方面的分析。其中的一个研究努力是全面分析暴露组的连锁不平衡,包括它们的相关性/协变量结构及它们在全部人群中的存在情况,正如人类基因组草图研究所做的那样。

EWAS具有如GWAS一样的客观性、系统性以及全面性的特性。首先,EWAS客观地分析多个环境因子,而非每次仅仅分析少数几个环境关联。EWAS具备全面性,每一个测量的因子都会被分析它们与表型之间的相关性。其次,EWAS中的所有关联因为多重检验的开展而进行系统校正。最后,EWAS研究需要对在独立人群中对显著性关联进行验证。

EWAS框架呼吁对高度显著或验证过的因子进行系统全面的敏感性分析。具体来说,所有可能的混杂因子都包括在最后的模型里,它们在环境因子估计中的效应将会被分析。最后,由于非遗传因素测量之间存在的稠密相关性网络,例如:环境因子和临床指标之间,鉴定过的环境因子和风险因子之间的相关性结构将会被系统性地计算化和可视化,以便理解它们之间相互依赖的程度,也被称为"暴露组全局"(Patel et al.,2014b;Patel et al.,2015)。通过这样的可视化,我们可以推断与表型相关的非独立暴露混合,类似于"相关性网络"或聚类分析类似(Butte et al.,2000)。

疾病的环境暴露数据驱动性分析中的概念挑战

观测研究相关的挑战和偏倚影响所有的关联研究,无论是假设驱动的候选因子研究、GWAS,还是EWAS。与金标准的随机对照临床试验不同,这两种环境流行病学研究都依赖于观察性研究数据,例如纵向队列、病例-对照或横断面研究数据。这两类流行病学方法都受到混杂偏倚的影响,这些偏倚会阻碍因果推断,但在一定程度上,这些偏倚可以在随机试验中避免。然而,临床对照实验中的金标准并不适用于暴露组研究的无偏设计,因为不能对大量的因子进行随机化。

"混杂"指的是一个变量同时与感兴趣的因子(自变量)和表型(因变量)都相关(Greenland,2011);在我们的分析中,感兴趣的因子作为混杂因子的"替代品",导致了因变量和自变量之间的假阳性相关。把混杂因子作为协变量纳入统计模型,或对混杂因子进行"控制",是一种在一定程度上解决偏倚的方法。当然,这需要该混杂因子已知且已被测量的前提下,才有可能实现。

著名的例子包括由观察性研究得到关联,之后被随机对照试验(RCTs)推翻:(1)β-葫芦卜素过去被认为可以减轻吸烟引发癌症的风险(Peto et al.,1981),但之后被一个RCT试验否定(Omenn et al.,1996);(2)同样,维生素E和降低冠心病(CHD)风险间也有类似的经历(Hooper et al.,2001);以及(3)对于维生素C和冠心病间的关联,由观察性实验和RCT得出的相对风险,二者甚至背道而驰(Davey et al.,2005)!

"偏倚"的另一个来源涉及到"反向因果关系":反向因果使得因变量(即表型)和自变量之间的正确"前进"方向推断失败。具体而言,当自变量可以直接或间接地成为因变量的结果时,这样的错误就会发生。例如,因为某一有害表型导致了维生素服用增加,这一因变量(有害表型)导致了全部样本的行为发生了变化。

当我们把环境因子即维生素,与表型(视作因变量)关联起来时,那么对该模型进行解释时,将提示维生素暴露的改变导致了表型改变,然而实际情况正好相反。尤其是在病例-对照或横断面研究当中,更可能发生这样的偏倚,因为在这些研究中,个体通常只进行一次测量。将非遗传变量的动态性以及诸如反向因果关系偏倚纳入考虑的方法之一,就是开展纵向研究,在此类研究中,我们可以同时观测表型和暴露组图谱随时间的变化情况。

环境因子的固有性质也会给结果带来偏倚。首先,测量血液和血清中的环境因子水平会受到测量误差的影响(Ioannidis et al.,2009),而自我报告的变量则会有回忆偏倚。其次,因子本身的生理特点也会影响测量,包括化学因子的动态变化,比如它们在可分布的身体组织里驻留时间的长短。例如,易于测量的化合物中,包括那些持久存在于脂肪组织的亲脂性物质。由于肥胖通常会同时关联于测量的因子及感兴趣的表型(如代谢综合征),所以正相关可能暗示了存在混杂。另一方面,多种因子会很快被排泄,对其测量及推断其与目标表型间的相关性均有影响;然而,"稳态"或恒定的暴露有可能减轻环境化合物的动力学效应(Bartell et al.,2004)。

重要的是,现在的流行病学调查面临着多重性的问题,而这些问题会被环境暴露间的稠密相关网络所放大。多重性代表了假设检验的空间:例如,给定一个包含了300个暴露物的数据库,相当于要对一个疾病表型作300次假设检验。检验多个变量和其他暴露及结果的相关性时,将使得发现显著差异的几率增加,但是多重性的代价是导致Ⅰ型错误,即假阳性。

当鉴定与疾病相关联的多个暴露物时,就需要考虑多重性的问题,我们推荐针对多重检验进行校正,这种校正是寻找众多暴露时所付出的"代价"。校正的方法之一是简单但保守的班费罗尼(Bonferroni)校正,而另外一种则是错误发现率(FDR)方法。我们将在下文详细讨论这些话题。

4 EWAS方法

EWAS方法学和分析框架与GWAS相似。第一,我们通过一般线性模型(如逻辑或线性回归模型)对关联于目的表型的环境因子进行一个初步扫描。因为环境关联产生于观察性模型(相较于随机对照试验情形)中,这些模型纳入了对已知混杂因子变量的校正,例如临床风险因子。第二,我们通过估算错误发现率(FDR)来处理多重假设检验。第三,我们认为在错误发现之外的、与表型显著相关的因子需要通过独立队列进行验证。经过验证的因子被认为是真实的、应当在未来研究中继续跟进的发现。

EWAS框架也需要系统化的敏感性分析,即将验证过的因子放在不同假设中,或是纳入更多协变量进行建模分析。而且,每个验证过的因子之间也要进行成对的相关分析,以确定它们之间的依存关系,通过展现所鉴定因子(呈现为一群与表型相关的因子的集合)之间的相关性,其结果可以解读为暴露途径或混杂因素的潜在证据。分析步骤详细描述如下。

 步骤1:线性建模

通过一般线性模型,每个环境因子与某一表型相关联,例如,每个因子可通过逻辑回归模型和疾病状态(如,病例或对照)相关联。正态分布的连续表型可通过线性回归模型和环境因子相关联。可以在模型中加入常见的风险、人口学特征和临床因子(例如年龄、性别、民族、社会经济状态)作为校正变量,因为表型状态和环境因子会受到这些变量的混杂影响。因此,对于我们测量的环境因子列表 $X_1 \cdots X_p$ 当中的因子 X_i,我们可以将疾病状态(Y)建模为环境因子和混杂因子(以 Z 代表)的线性函数:

$$Y = a + b_i x_i + \zeta Z$$

其中 X_i 代表环境因子,b_i 代表该校正其他因子的影响之后、该因子的效应大小。

关联的强度可通过计算 b_i 的双尾 p 值得到,该 p 值检验的是 b_i 等于0的"无效假设"。当以逻辑回归模型对表型建模时,b_i 的幂运算则得到比值比,也就是当因子改变一个单位时疾病和非疾病状态间概率的比值变化幅度。在线性回归模型中,b_i 可解读为因子改变一个单位时表型改变的幅度。P 值可由常见的显著性检验方法、例如Wald检验来计算。

连续因子将进行 Z 变换(减去均值后除以标准差)以便比较它们的效应大小。许多生物组织中测量的因子倾向于呈右偏态分布,因此在对它们进行 Z 变换之前需先进行对数转换。二元因子(例如某因素存在或不存在)需进行标准化,使得效应大小反映的是暴露相对于非暴露状态的单位变化;即参比标准始终是二元测量结果中为"阴性"的结果。有序因子则不作转换。

 步骤2:估算错误发现率,校正多重假设

对于给定的一组"发现",或一份显著关联因子的候选列表,我们应如何确定哪些是假阳性发现? 在GWAS场景中,可使用Bonferroni校正来校正多重检验。Bonferroni校正很直观:它简单地将显著性水平 a 除以所进行过的检验总次数。它保证了"全部检验的错误率"——在一组结果中出现一个或一个以上假阳性的概率,与在水平 a 下仅进行一次检验假设时相同。然而,这是一个保守的阈值,会导致发现能力的丢失。

为了处理多重对比检验,EWAS通过多次表型置换以创建用于统计检验的"零分布",然后再估算经验性的错误发现率(FDR)。与Bonferroni校正不同,FDR定量估计了在一组"发现"中假阳性发现的数量。相较于Bonferroni校正,FDR的保守程度较低,因此具有更强的统计效力(Noble,2009)。而且,因为FDR的估计用到了数据本身,它自然也就考虑到了数据本身的协方差结构。考虑到非遗传因子之间的高度相关性,这点变得尤为重要(Noble,2009)。

FDR 是在给定的显著水平 a 之下、错误发现与真实发现的数量比例的估计值,从而对多重假设检验进行了控制。为估计错误发现的数目,我们多次(100～1 000)混排表型以创建回归统计检验的"零分布",然后再重新拟合回归模型。FDR 则是给定水平 a 下,空分布中被认为是显著性结果的数目,与真正测试中的显著性结果数目的比例。我们通常选择一个对应于 FDR 值 5%～10% 的显著水平来筛选关联结果。

计算 FDR 值的伪代码如下:
1. Do:Stage 1,Linear Modeling.
2. nullPvalues＜－NewList()
3. For i in[1...numberPermutations]:
4. randomPheno＜－permutePhenotypeWithoutReplacement(phenotype)
5. For xi in[X1...Xp]:
6. Modi＜－GeneralLinearModel(randomPheno,xi,Xses,Xeth,Xsex,Xage)
7. ListAppend(nullPvalues,getPvalue(Modeli,xi))
8. fdrRaw＜－[ ]
9. for pvalue in Pvalues:
10. numerator＜－sum(nullPvalues＜pvalue)/numberPermutations
11. denominator＜－sum(Pvalues＜pvalue)
12. listAppend(fdrRaw,numerator/denominator)
13. fdrs＜－[ ]
14. for I in[1...p]:
15. fdr＜－min(rawFdr[i...p])
16. ListAppend(fdrs,fdr)

算法 1 在 EWAS 步骤 1 中计算每个 p 值的 FDR(q-value)。

为了运行算法 1,我们需要针对每个因子计算出关联的 p 值。在一定数目的置换后,我们为每个环境因子和随机表型重新拟合模型,并收集相应的"空" p 值(3～7 行)。对于每个算出的 p 值,我们计算原始 FDR,也就是在置换数据中,结果超过 p 值的数目,与步骤 1 中结果超过 p 值的数目之间的比值(11、12、13 行)。由于 FDR 值应当随着 p 值单调递增,所以我们需确保,对于给定的某个 p 值,相对其余大于或等于它的 p 值,它的 FDR 值应为最小(15 行)。由此产生的 FDR 值数列,就是步骤 1 得到的每个 p 值所对应的 FDR 值。

另外也可撇开算法 1,转而采用原始的 FDR 计算方法(Benjamini et al.,1995)。然而正如之前的讨论,当场景中存在自变量间相关时,通过置换因变量估算 FDR 值是更好的方法。另外,很多论文也讨论了应该置换或重采样哪些变量。例如,有研究认为应该置换(或重采样)模型残差,也就是预测值和实测值间的差值,而不是原始的结果变量(替换代码中的第 4 行)。根据我们自己的经验,我们用文献中记载的不同置换方法得到了相似的 FDR 值。建议读者参考 Manly、Efron、Westfall 及 Young 在此领域中的工作,获取更多信息(Manly 2007;Westfall et al.,1993;Efron,2010)。

步骤3：验证

在一个或多个的独立队列中及标准p值水平下（如独立验证队列中取$p=0.05$），验证部分基于标准FDR水平的阳性发现。重要之处在于，在验证队列和原始筛选人群中，效应值的方向必须一致。

步骤4：敏感性分析

混杂和反向因果关系会影响关联的强度，给效应值估计带来偏倚，而且一般还会影响从环境因子向表型进行的因果推断。因此，我们提出一种方法，可以启动对这些偏倚的近似测量。但是，我们并不能宣称已经找到或消除这些偏倚；尽管如此，考虑到这些偏倚已得到测量，我们仍然描述了对偏倚进行评估的方法。

首先，我们要系统性梳理所有已测量、但没有纳入我们所考虑的环境因子列表之内的变量——但这些变量或许会影响关联性——然后将它们以协变量的方式顺次加入到线性模型当中。然后，这一扩充后的模型中计算所得的环境变量的关联p值和效应值，将用来和步骤2中原始模型的计算值相比较。模型扩充前后因子系数的差值量化了新变量所导致的近似偏倚。

可能给关联带来偏倚的变量类型取决于所研究的表型和环境因子，但通常包括对临床状态（如疾病诊断）的信息、近期饮食、膳食补充剂或药物的使用，以及运动信息等。例如，对自身疾病状态的了解，可能会引发行为变化，引起暴露转向更多富含高维生素和某种营养素的食物；那么，这些维生素暴露因素和疾病之间的关联可能就会归结为反向因果关系。

另外，药物服用也可能引起表型变化，使估算的效应向无效偏倚。这个方法依赖于对潜在混杂因子进行测量的广度。由公共领域或大型联盟发起的大型流行病学数据集中，通常会测量大量这些非临床的及行为方面的非遗传因素，它们可被用于测试那些最终经过效应验证的、与表型相关的环境因子的"敏感性"。

步骤5：相关性球图

众所周知，非遗传指标间的相关性/协方差结构是紧密的，而该结构会影响我们推断因子对（EWAS中发现的）表型的独立效应。而且我们最初的筛选方法假定因子之间相互独立，因而我们对它们之间的相关性知之甚少。

具体来说，给定一个已发现因素的列表，它们和目标表型的共同关联可能来自于它们之间的相关性，例如类似的暴露途径。我们通过计算已验证因子之间的原始相关性系数（斯皮尔曼ρ）来衡量它们之间的相互依赖程度，并通过一个相关性"球图"来对这种关系进行可视化（Patel，Manrai 2015）（图12.3）。

第12章 全暴露组关联分析：一个数据驱动寻找表型相关暴露的方法

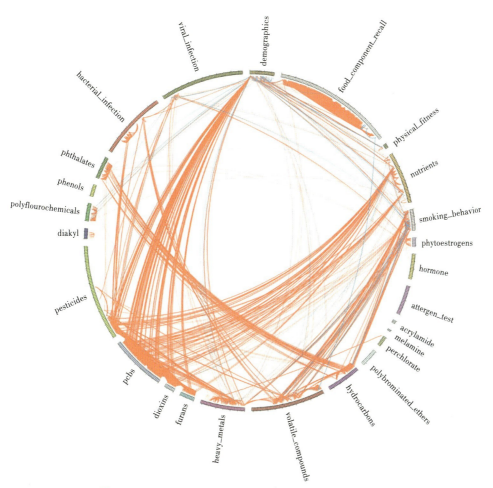

图12.3 暴露组的相关性球形图（引自Patel et al., 2015）

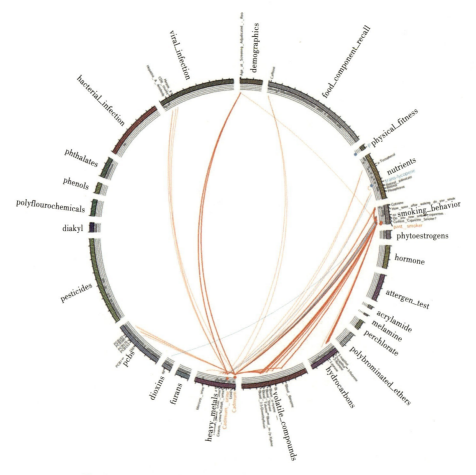

图12.3(续) 暴露组的相关性球形图(引自Patel et al., 2015)

球图中,每条刻度线代表一种在NHANES参与者体内测量的暴露物,两个暴露间的连线描述了它们之间的相关性(参考"步骤5:相关球图")。

(a)NHANES内所有的成对的及复现的暴露相关关系。

EWAS相关性 p 值以位于每种暴露上方的单独轨道("EWAS"轨道)呈现(红点代表验证过的正向效应值关联【表示风险】,蓝点代表验证过的负向效应值关联【表示保护】)。经过验证的糖尿病及全因死亡率EWAS关联旁边标有红色或蓝色文字。仅"一级"相关(EWAS中发现的且已验证的相关关系)会在球图中以黑色文字展示。Acryl——丙烯酰胺,Mel——三聚氰胺,VoC——挥发性有机物,PCBs——多氯联苯,PFCs——多氟化物。

(b)以全因死亡率EWAS中发现的暴露为条件进行筛选。

图12.2中EWAS的关联($-\log10(p$值))在每种暴露上以单独轨道呈现(红点代表有正向效应值的EWAS复现关联,蓝点代表负向效应值的EWAS复现关联)。全因死亡率(死亡时间)的EWAS复现关联以红色或蓝色文字展示在旁边。仅"一级"相关(已验证的EWAS发现中的相关性)以黑色文字展示在球图中(区别于图12.3a展示的NHANES研究中发现的所有关联)。

简而言之，暴露之间的相关性使分析人员能够描述暴露如何引起其他暴露，例如，营养元素会发生多种同时摄入的现象。不健康（撇开其定义不谈）饮食可能会导致某一族维生素和营养元素缺乏。还有另外一个例子，如果某个体有空气污染暴露，那么他同样可能会检出高水平的烃类物质、挥发性化合物和重金属水平。

学界已提出多种方法来描述多变量间的相关性，它们已被成功应用于基因组研究领域（例如Langfelder et al.，2008；Eisen et al.，1998）。对于EWAS鉴定到的暴露之间互相关联的集群（"EWAS识别的暴露"，图12.3b），我们利用暴露组球图将其可视化。我们推测，利用暴露组球图，可以对EWAS鉴定到的暴露形成更广泛、更具解释性的观点。

简而言之，为了计算和可视化暴露组球图，需要估算每一对环境暴露因子之间的非参数相关性系数。二元变量的因子会得到双列相关系数，而连续因子则得到斯皮尔曼等级相关系数。计算变量之间相关系数的方法很多。我们选择非参数的指标，是为了避免对环境因子的分布做任何假设。

下一步，我们将利用一个基于置换的方法（与算法1所描述的类似），来估算每对相关系数的双尾p值。具体来说，每个环境因子将被随机置换（无放回抽样）并进行相关性系数计算，以得到一组相关性，反映了没有相关性的零分布。之后，通过计数置换后的相关性（对应零分布）中超过所考察因素间相关性大小的数目，来估算该具体因素间相关性的p值。之后，再使用Benjamini-Hochberg step-down方法估算错误发现率FDR（Benjamini et al.，1995）。

这样的计算产生了一个成对暴露物构成的阵列，它们之间的相互依赖性由相关性系数来体现。用Circos可视化工具包（版本0.67）将每一成对相关性进行可视化（Krzywinski et al.，2009）。每个环境因子都将被分入某组并排列在一个圆圈中。在圆圈内部，因子之间的连线代表了它们之间的复现相关性，而线条的粗细代表了相关性大小的绝对值。红色和蓝色分别代表正相关及负相关。经由这种可视化手段，我们可以推断和表型相关的非独立暴露（图12.3）。

我们认为，暴露组球图是鉴定与疾病相关的混合暴露假设的第一步。这些混合暴露可能来源于共同的暴露途径或暴露行为（例如食物是营养元素的混合，又或是吸烟行为同样可引致烃类化合物及重金属的混合暴露）。这些系统性的相关关系还有助于鉴定暴露物的共同特征；例如含氯持久性污染物之间都具有密集的相关性，这可能是由于它们具有相同的暴露途径，也有可能是因为它们都具有亲脂性且具有相似的代谢路径。

5 讨论

如上所述，在筛选暴露因素时，EWAS可用于多种筛选方法中。下面我们将描述能直接应用于纵向数据的扩展方法，以及同时考虑所有因变量矩阵的统计机器学习方法。

纵向数据

前已述及,环境因子是动态的。捕获环境因子和目的表型间的动态关系的方法之一,涉及在时间序列上多次测量同一组对象。以纵向队列研究为例,在此类研究中,从发病之前(如儿童期或青春期)就开始随访队列一段时间。此类研究设计可以减少反向因果关系的偏差,但并不能完全消除。

Cox 比例风险模型是一个常用于分析二元因变量的模型,可以同时处理时间依赖的自变量和因变量。要使用这个模型,我们只需要将算法 1 的第 4 行替代为 Cox 模型,用于输入时间依赖的变量。对于连续变量和因变量,可以应用分层建模技术例如广义估计方程。算法 1 所描述的 EWAS 研究依赖于对环境因子的 p 值及效应值大小的计算,而这些建模技术的统计学检验也有这一需求。经验性的错误发现率可以采用相同方法进行计算。

特征选择:收缩方法

EWAS 筛选方法会反复地在独立线性模型中去考察每一个环境因子(算法 1)。此方法在筛选和解释众多变量上具有可操作性,同时避免了线性模型(即 $p \ll n$,其中 p 是预测因子数目,n 是样本量)过度拟合。然而,该方法错误地假设了环境因子之间的独立性。统计机器学习方法,例如"收缩"方法,可用于在"超定的"($p \geq n$)前提下对多个因变量同时进行建模。

两种较流形的收缩方法是 Lasso(Tibshirani,1996)和 elastic net(Zou et al.,2005)。这些模型是多元回归方法的扩展,它们与"提升"树算法有一定的关系,可用于广义线性模型家族,包括面向纵向数据的 Cox 比例风险模型。Lasso 和 elastic net 都可通过限制系数大小(收缩)来拟合超定模型。由于这些方法同时考虑所有的自变量集(即多重回归),所以算法 1 将被收缩步骤取代。同时,采用 k 折交叉验证,选择未被建模过程排除的 k 个数据集中具有最低预测变异性的特征(James et al.,2013)。

通过优化因变量的预测准确度来进行特征选择,而不要使用统计推断中单一系数的检验统计量来排序。因此,我们必须重新配置步骤 1(FDR 估算)和步骤 2(验证)中的部分内容,以处理这一情况。在重新配置步骤 1 时,我们把一个队列当作"发现"队列,通过收缩方法找到和表型相关的因子。在此队列中将进行 k 折交叉验证,以优化预测队列的预测准确度。然后,通过这个方法找到的首要因子,将在其他验证队列中使用通用的推断工具(如 GLM)进行单独验证。验证分析中出现较低的常规 p 值和 FDR 即为验证成功。

当然,线性回归领域也有一些"经典的"特征选择方法,例如"前向逐步"和"后向逐步"法。这些方法也可用于选择环境因子,但我们不在此对其进行讨论,因为逐步的过程会造成子集选择出现高变异性,最终降低了它们的预测精度(Vittinghoff et al.,2005)。以上讨论的收缩方法则避免了该问题。

在本章中,我们介绍了一种直观的、可外推的方法,将环境变量与疾病中多因子鉴定进行关联。进而,我们介绍了一种通过计算 FDR 将变量排序以筛选可作为进一步深入研究的对象。根据其推荐用途,该方法已成为讨论和争辩的焦点。我们也讨论了观察性数据容易受到偏倚（例如混杂）、大量和表型潜在相关的变量影响，使发现的结果存疑，增加了假阳性关联的概率，在当今的环境健康科学研究中，上述情形无可避免（Ioannidis 2005；Ioannidis et al.，2011）。多重检验校正及效应不稳健性评估（Patel et al.，2015a）等方法可以缓和此类问题。

我们预期，随着新兴数据、更大样本量以及先进分析方法的出现，我们或许可以应用这种新的、激动人心的数据形态，去发现和疾病具有因果关系的多种致病因子。而接下来的挑战中将会有：我们——作为卫生专业人员、护理工作者或是以及普罗大众，要如何才能越过一个或数个环境因子，去全面地干预暴露组本组！

（翻译：马世嵩）

参考文献

Bartell SM, Griffith WC, Faustman EM（2004）Temporal error in biomarker-based mean exposure estimates for individuals. J Expo Anal Environ Epidemiol 14:173-179

Benjamini Y, Hochberg Y（1995）Controlling the false discovery rate: a practical and powerful approach to multiple testing. J R Stat Soc Series B Stat Methodology 57(1):289-300

Butte AJ, Kohane IS（2000）Mutual information relevance networks: functional genomic clustering using pairwise entropy measurements. Pac Symp Biocomput 5:418-429

Centers for Disease Control and Prevention（CDC），and National Center for Health Statistics（NCHS）（2013a）National Health and Nutrition Examination Survey Data，1999-2000.

U.S. Department of Health and Human Services，Centers for Disease Control and Prevention，Hyattsville http://www.cdc.gov/nchs/nhanes/nhanes99_00.htm

Centers for Disease Control and Prevention（CDC），and National Center for Health Statistics（NCHS）（2013b）National Health and Nutrition Examination Survey Data，2001-2002.

U.S. Department of Health and Human Services，Centers for Disease Control and Prevention，Hyattsville http://www.cdc.gov/nchs/nhanes/nhanes01-02.htm

Centers for Disease Control and Prevention（CDC），and National Center for Health Statistics（NCHS）（2013c）National Health and Nutrition Examination Survey Data，2005-2006.

U.S. Department of Health and Human Services，Centers for Disease Control and Prevention，Hyattsville http://www.cdc.gov/nchs/nhanes/nhanes2005-2006/nhanes05_06.htm

Centers for Disease Control and Prevention（CDC），and National Center for Health Statistics（NCHS）（2013d）National Health and Nutrition Examination Survey Data，2003-2004. U.S. Department of Health and Human Services，Centers for Disease Control and Prevention，Hyattsville http://www.cdc.gov/nchs/nhanes/nhanes2003-2004/nhanes03_04.htm

Davey Smith G，Ebrahim S（2005）What can mendelian randomisation tell us about modifiable behavioural and environmental exposures? BMJ 330(7499):1076-1079

Dennis KK, Marder E, Balshaw DM, Cui Y, Lynes MA, Patti GJ, Rappaport SM, Shaughnessy DT, Vrijheid M, Barr DB（2017）Biomonitoring in the era of the exposome. Environ Health Perspect 125(4):502

Efron B（2010）Large-scale inference. Cambridge University Press，Cambridge Eisen MB, Spellman PT, Brown

PO, Botstein D (1998) Cluster analysis and display of genomewide expression patterns. Proc Natl Acad Sci U S A 95(25):14863-14868

Frayling T, Timpson N, Weedon M, Zeggini E, Freathy R, Lindgren C, Perry J et al (2007) A common variant in the FTO gene is associated with body mass index and predisposes to childhood and adult obesity. Science 316 (5826):889-894

Gibson G (2008) The environmental contribution to gene expression profiles. Nat Rev Genet 9(8):575-581

Goldstein D (2009) Common genetic variation and human traits. N Engl J Med 360(17):1696-1698

Greenland S, Morgenstern H (2011) Confounding in health research. Annu Rev Public Health 22:189-212

Hardy J, Singleton A (2009) Genomewide association studies and human disease. N Engl J Med 360(17):1759-1768

Hindorff LA, Sethupathy P, Junkins HA, Ramos EM, Mehta JP, Collins FS, Manolio TA (2009) Potential etiologic and functional implications of genome-wide association loci for human diseases and traits. Proc Natl Acad Sci U S A 106:9362-9367

Hooper L, Ness AR, Smith GD (2001) Antioxidant strategy for cardiovascular diseases. Lancet 357:1705-1706

International HapMap, Consortium (2005) A haplotype map of the human genome. Nature 437(7063):1299-1320

Ioannidis JP, Ntzani EE, Trikalinos TA, Contopoulos-Ioannidis DG (2001) Replication validity of genetic association studies. Nat Genet 29(3):306-309

Ioannidis JPA (2005) Why most published research findings are false. PLoS Med 2(8):e124

Ioannidis JPA (2016) Exposure-wide epidemiology: revisiting Bradford hill. Stat Med 35(11):1749-1762

Ioannidis JPA, En YL, Poulton R, Chia KS (2009) Researching genetic versus nongenetic determinants of disease: a comparison and proposed unification. Sci Transl Med 1(7):7ps8

Ioannidis JPA, Tarone R, McLaughlin JK (2011) The false-positive to false-negative ratio in epidemiologic studies. Epidemiology 22(4):450-456

James G, Witten D, Hastie T, Tibshirani R (2013) An introduction to statistical learning: with applications in R. Springer Texts in Statistics 103. Springer, New York

Krzywinski M, Schein J, Birol I, Connors J, Gascoyne R, Horsman D, Jones SJ, Marra MA (2009) Circos: an information aesthetic for comparative genomics. Genome Res 19(9):1639-1645

Langfelder P, Horvath S (2008) WGCNA: an R package for weighted correlation network analysis. BMC Bioinformatics 9(1):559

Louis B, Germaine M, Sundaram R (2012) Exposome: time for transformative research. Stat Med 31(22):2569-2575

Manly BFJ (2007) Randomization, bootstrap and Monte Carlo methods in biology, 3rd edn. Chapman and Hall/CRC, Boca Raton

Manolio TA, Brooks LD, Collins FS (2008) A HapMap harvest of insights into the genetics of common disease. J Clin Invest 118(5):1590-1605

Manolio TA, Collins FS, Cox NJ, Goldstein DB, Hindorff LA, Hunter DJ, Mccarthy MI et al (2009) Finding the missing heritability of complex diseases. Nature 461(7265):747-753

Manrai AK, Cui Y, Bushel PR, Hall M, Karakitsios S, Mattingly CJ, Ritchie M et al (2017) Informatics and data analytics to support exposome-based discovery for public health. Annu Rev Public Health 38(1):279-294

McGinnis DP, Brownstein JS, Patel CJ (2016) Environment-wide association study of blood pressure in the national health and nutrition examination survey (1999-2012). Sci Rep 6:30373

Miller GW, Jones DP (2014) The nature of nurture: refining the definition of the exposome. Toxicol Sci 137(1):1-2

NCI-NHGRI Working Group on Replication in Association Studies, Chanock SJ, Manolio T, Boehnke M, Boerwinkle E, Hunter DJ, Thomas G et al (2007) Replicating genotype-phenotype associations. Nature 447 (7145):655-660

Noble WS (2009) How does multiple testing correction work? Nat Biotechnol 27(12):1135-1137 Omenn GS, Goodman GE, Thornquist MD, Balmes J, Cullen MR, Glass A, Keogh JP et al (1996) Effects of a combination of beta carotene and vitamin a on lung cancer and cardiovascular disease. N Engl J Med 334: 1150-1155

Patel CJ, Ioannidis JPA (2014a) Studying the elusive environment in large scale. JAMA 311(21):2173-2174

Patel CJ, Ioannidis JPA (2014b) Placing epidemiological results in the context of multiplicity and typical correlations of exposures. J Epidemiol Community Health 68(11):1096-1100

Patel CJ, Manrai AK (2015) Development of exposome correlation globes to map out environmentwide associations. Pac Symp Biocomput 20:231-242

Patel CJ, Bhattacharya J, Butte AJ (2010) An environment-wide association study (EWAS) on type 2 diabetes mellitus. PLoS One 5(5):e10746

Patel CJ, Cullen MR, Ioannidis JPA, Butte AJ (2012) Systematic evaluation of environmental factors: persistent pollutants and nutrients correlated with serum lipid levels. Int J Epidemiol 41(3):828-843

Patel CJ, Rehkopf DH, Leppert JT, Bortz WM, Cullen MR, Chertow GM, Ioannidis JPA (2013) Systematic evaluation of environmental and behavioural factors associated with all-cause mortality in the United States national health and nutrition examination survey. Int J Epidemiol 42(6):1795-1810

Patel CJ, Yang T, Zhongkai H, Wen Q, Sung J, El-Sayed YY, Cohen H et al (2014) Investigation of maternal environmental exposures in association with self-reported preterm birth. Reprod Toxicol 45:1-7

Patel CJ, Burford B, Ioannidis JPA (2015a) Assessment of vibration of effects due to model specification can demonstrate the instability of observational associations. J Clin Epidemiol 68:1046-1058

Patel CJ, Ioannidis JPA, Cullen MR, Rehkopf DH (2015b) Systematic assessment of the correlations of household income with infectious, biochemical, physiological, and environmental factors in the United States, 1999-2006. Am J Epidemiol 181(3):171-179

Patel CJ, Ji J, Sundquist J, Ioannidis JPA, Sundquist K (2016a) Systematic assessment of pharmaceutical prescriptions in association with cancer risk: a method to conduct a population-wide medication-wide longitudinal study. Sci Rep 6:31308

Patel CJ, Manrai AK, Corona E, Kohane IS (2016b) Systematic correlation of environmental exposure and physiological and self-reported behaviour factors with leukocyte telomere length. Int J Epidemiol 46(1):44-56. https://doi.org/10.1093/ije/dyw043

Patel CJ, Pho N, McDuffie M, Easton-Marks J, Kothari C, Kohane IS, Avillach P (2016c) A database of human exposomes and phenomes from the US national health and nutrition examination survey. Sci Data 3:160096

Pearson TA, Manolio TA (2008) How to interpret a genome-wide association study. JAMA 299(11):1335-1344

Peto R, Doll R, Buckley JD, Sporn MB (1981) Can dietary beta-carotene materially reduce human cancer rates? Nature 290:201-208

Polderman TJC, Benyamin B, de Leeuw CA, Sullivan PF, van Bochoven A, Visscher PM, Posthuma D (2015) Meta-analysis of the heritability of human traits based on fifty years of twin studies. Nat Genet 47:702-709

Rappaport SM (2012) Discovering environmental causes of disease. J Epidemiol Community Health 66:99-102

Rappaport SM, Barupal DK, Wishart D, Vineis P, Scalbert A (2014) The blood exposome and its role in discovering causes of disease. Environ Health Perspect 122(8):769-774

Schwartz D, Collins F (2007) MEDICINE: environmental biology and human disease. Science 316:695-696

Tibshirani R (1996) Regression shrinkage and selection via the lasso. J R Stat Soc Series B Stat Methodology 58(1):267-288

Tzoulaki I, Patel CJ, Okamura T, Chan Q, Brown IJ, Miura K, Ueshima H et al (2012) A nutrientwide association study on blood pressure. Circulation 126(21):2456-2464

Visscher PM, Brown MA, McCarthy MI, Yang J (2012) Five years of GWAS discovery. Am J Hum Genet 90(1):7-24

Vittinghoff E, Glidden D, Shiboski S, McCulloch C (2005) Regression methods in biostatistics: linear, logistic, survival, and repeated measures models. Springer, New York

Welter D, MacArthur J, Morales J, Burdett T, Hall P, Junkins H, Klemm A et al (2014) The NHGRI GWAS catalog, a curated resource of SNP-trait associations. Nucleic Acids Res 42:D1001-D1006

Westfall PH, Stanley Young S (1993) Resampling-based multiple testing. Wiley, New York Wild CP, Scalbert A, Herceg Z (2013) Measuring the exposome: a powerful basis for evaluating environmental exposures and cancer risk. Environ Mol Mutagen 54(7):480-499

Wild CP (2012) The exposome: from concept to utility. Int J Epidemiol 41(1):24-32

Wood AR, Esko T, Yang J, Vedantam S, Pers TH, Gustafsson S, Chu AY et al (2014) Defining the role of common variation in the genomic and biological architecture of adult human height. Nat Genet 46(11):1173-1186

Zou H, Hastie T (2005) Regularization and variable selection via the elastic net. J R Stat Soc Series B Stat Methodology 67:301-320

第5部分　全球各地暴露组研究特征

291 / 第13章　HERCULES：为暴露组研究提供支持的学术中心

301 / 第14章　EXPOsOMICS项目：双向搜索与网络扰动

340 / 第15章　HELIX：通过整合多个出生队列建立生命早期暴露组学

351 / 第16章　基于大型人群调查的健康与全环境关联研究

第13章　HERCULES:为暴露组研究提供支持的学术中心

2013年,HERCULES暴露组研究中心首次获得了美国国立环境卫生科学研究所环境卫生科学中心P30项目的资助,该中心旨在支持环境健康研究的基础架构。埃默里大学采取了一种独特的方法并将他们的建议集中在暴露体这一单一主题上。其构想是建立智力和物质的基础架构,以促进暴露组学研究。该中心构建了一系列的研究核心,以扩大靶向和非靶向质谱的分析能力,并为数据分析提供支撑。

HERCULES的主要目标之一是推广暴露组的概念,这已经通过一系列的工作坊、讨论会和课程得以实现。HERCULES支持了新的研究中心来应用暴露组学方法,并预计将在各个中心继续扩大暴露组研究。

关键词:HERCULES;暴露组研究;数据分析工具;靶向和非靶向质谱分析

1 NIEHS 的核心中心计划

美国国立环境卫生科学研究所（National Institute of Environmental Health Sciences，NIEHS）是美国国立卫生研究院（National Institutes of Health，NIH）下辖的 27 个机构和中心之一，其使命是揭示环境对人类健康的影响。为推进此目标，NIEHS 资助了一系列环境健康科学（Environmental Health Sciences，EHS）核心中心，这类中心是一种集中化组织构架，用于支持各学术机构的环境健康研究工作。截至 2017 年，全美共有 20 个 EHS 核心中心。NIEHS 指出，EHS 核心中心支持创新，并身处于科学的最前沿。EHS 核心中心开展跨学科研究，各项活动产生协同效应，使其在深度、广度、质量、创新和生产力方面超过单一研究人员独立工作所能达到的水平。

2 环境健康研究中的暴露组学

NIEHS 对创新、跨学科研究的重视在暴露组的概念中得到了体现。2005 年，Christopher Wild 首次提出了暴露组概念，其囊括了贯穿整个生命过程的复杂的环境暴露——从各种内暴露和外暴露，包括建筑环境和社会因素（Wild，2012）。2013 年底，Miller 和 Jones 改进了这一概念，囊括了生物体对这些暴露产生的生物反应，并明确包括了由内源性过程产生的化学物（Miller，2014）。作为基因组的补充，暴露组研究的重点是研究复杂环境暴露对人类健康的影响，其主要目标之一是改进暴露检测、量化和分析的方法，以便更好地理解复杂暴露导致的生物系统效应。

3 HERCULES：一个专注于暴露组的 NIEHS 核心中心

位于佐治亚州亚特兰大埃默里大学的 HERCULES（Health and Exposome Research Center：Understanding Lifetime Exposures）暴露组研究中心，是第一个强调暴露组概念的 NIEHS P30 核心中心。2013 年，HERCULES 中心获得了 NIEHS 的首轮资助，并在 2017 年获得了滚动资助。HERCULES 中心试图在我们研究、预防和治疗人类疾病的过程中，将环境放在适当的位置。

HERCULES 中心的愿景是利用暴露组平台，明确推进环境健康科学在临床和公共卫生中的作用。医疗保健和生物医学研究已经变得越来越以基因组为中心，这一现象部分归因于基因组学领域中令人瞩目的成就和技术进步。

暴露组采用了与基因组研究类似的策略和规模,旨在凸显环境因素在健康和疾病研究中的重要性。在最初申请P30核心中心时,埃默里大学就提出,暴露组的宏伟愿景将创造一个促进创新、合作和进步的知识氛围。对于这项任务,该中心有12个以行动为导向的目标:

① 作为环境健康研究的知识中心。
② 促进环境健康研究。
③ 支持技术革新。
④ 促进合作。
⑤ 揭示环境与人类健康之间的联系。
⑥ 研发环境健康数据的基础架构。
⑦ 构建社区伙伴关系。
⑧ 以创新形式传播科学。
⑨ 在埃默里大学内外描绘环境健康愿景。
⑩ 为暴露组发展贡献力量。
⑪ 利用暴露组框架促进儿童健康研究。
⑫ 推进NIEHS的战略计划目标。

HERCULES中心的各个核心

为实现上述12个目标,HERCULES中心划分了五个独立核心——行政核心(Administrative Core)、综合健康科学设施核心(Integrated Health Sciences Facility Core, IHFSC)、环境健康数据科学核心(Environmental Health Data Sciences Core, EHDSC)、社区外展和参与核心(Community Outreach and Engagement Core, COEC)以及试点项目核心(Pilot Core),为整个机构的暴露组研究工作的发展、应用和推广提供服务。

 行政核心

在主任Gary W. Miller(毒理学博士)和副主任Paige Tolbert(环境流行病学博士)的领导下,行政核心承担HERCULES中心的关键领导、组织机构和身份识别职能。行政核心的目标是:(1)为HERCULES中心提供战略愿景;(2)通过有效和充满活力的领导来促进HERCULES中心完成使命;(3)有效地进行中心资源组织和结果评估;(4)监督中心成员的招聘、任命、评估、培训和发展;以及(5)向科学界和HERCULES中心合作伙伴传播HERCULES中心工作中产出的知识。通过提供鼓舞人心的愿景、科学的监督、规模化的管理、资源分配和对工作的批判性评估等方式,行政核心将确保HERCULES中心继续保持卓越的发展路径。

执行委员会由五个核心的主任和利益相关者咨询委员会(Stakeholder Advisory Board, SAB,将在后面的COEC段落中描述)选出的一名代表组成,定期开会讨论中心的运作,同

时讨论埃默里大学、NIEHS 或更广泛的科学界中所发生的可能对中心运作产生影响的进展。中心该如何做才能够最好地服务于埃默里大学的个人及更大的科学团体的需求,内部咨询委员会、外部咨询委员会和 SAB 会就此问题提供反馈,而执行委员会与上述机构沟通。

综合健康科学设施核心(IHFSC)

IHFSC 旨在促进研究范围内的暴露研究工作的转化和整合,研究范围包括基础研究、临床研究和基于人群的研究。该中心强调研究复杂的、随时间变化的暴露对生物系统的影响,其在三个主要领域提供支持:靶向暴露分析、非靶向暴露分析,以及转化研究/人群研究咨询。

4 靶向暴露分析

该项服务由国际知名的分析化学和生物标志物研发专家 Dana Boyd Barr 博士领导。IHSFC 采用经广泛测试过的金标准程序,对各种生物基质中的环境化学品进行靶向分析,并为每种感兴趣的化学品提供可信标准。实验室具备多种类型的质谱仪(例如,三重四极杆质谱仪、飞行时间质谱仪、离子阱质谱仪),拥有不同的介质检测和电离技术,例如,高效液相色谱(HPLC)、气相色谱(GC)、电喷雾电离(ESI)、化学电离(EI)、基质辅助激光解吸电离(MAL-DI)。该项目还提供有关样品收集和储存流程的指导,并根据需要为研究人员提供仪器操作培训。

5 非靶向暴露分析

非靶向暴露项目术语为"高分辨率代谢组学"(high-resolution metabolomics,HRM),由 Dean Jones 博士领导。该项目构建于环境代谢组学项目的基础之上,由 Jones 博士在 NIEHS 和其他经费资助下推进。HRM 能够测量生物样本中成千上万的小分子代谢产物,为细胞培养、动物模型和人类研究提供创新能力。通过提供代谢途径中的代谢物、数百种已知的环境化学物和数千种未识别的化学物的信息,该平台成为了一个典型的将暴露和生物反应联系起来的暴露组"参考平台"(Jones,2016)。HRM 分析运行于一系列高灵敏度质谱仪上,包括赛默飞世尔科技公司的静电场轨道阱超高分辨质谱仪(Thermo Scientic Q-Exactive HF)、傅里叶变换高分辨质谱(Orbitrap-LTQ Velos)和傅里叶变换静电场轨道阱(Orbitrap-LTQ-FT)。对于那些用 ESI 或大气压化学电离法不能良好电离的环境化学物,赛默飞世尔科技公司的 GC-Orbitrap 能提供额外的功能。

该项服务还专注于开发新的方法来处理和解释非靶向代谢组学数据,特别是在暴露组方面。新进的进展包括针对低丰度化学品质谱数据提取的新方法(Yu et al.,2009)、电离模式和色谱法的优化组合,以及增强的生物信息学方法(例如,数据分析工作流程(Uppal et al.,2013)、通径和网络分析软件(Li et al.,2013),以及基于概率的特征识别(Uppal et al.,2017)。

值得注意的是,该核心开发了一个实验方案,可以利用参考标品方法对血液和尿液中的环境化学品进行量化(Go et al.,2015)。具备这些能力后,该项目为用户提供了可重复的、生物学可解释的、具有成本效益的暴露组水平的数据。

❻ 转化研究/人群研究咨询

该项目由流行病学家、生物学家 Carmen Marsit 博士以及内科医生和科学家 Thomas Ziegler 博士和 Miriam Vos 博士领导,旨在促进基础科学概念向临床/人群研究设计转化,特别是促进暴露组纳入临床研究和人群健康研究。项目提供:(1)与研究者讨论研究目标及临床转化的需求/益处;(2)组织有关基础和人群研究临床转化的非正式专题研讨会;(3)协助临床研究设计及临床和人群研究资源获取;(4)获取临床人群和表型良好的队列样本及健康对照数据,以之与特定疾病人群对比;以及(5)通过组织专题讨论会和研讨会进行培训和教育。

环境健康数据科学核心

暴露组学级别的问题需要一个基于相互联系、相互依赖的系统与元素构成的"数据生态系统"。环境健康数据科学核心(EHDSC)整合了跨学科的专业知识,以更全面的方式促进大数据分析,从而实现了独立项目小组难以企及的模式。在佐治亚理工学院系统生物学家 Eberhard Voit 博士和埃默里大学生物统计学家 Lance Waller 博士的共同领导下,EHDSC 的目标是扩大和促进(1)数据生态系统,(2)分析生态系统,以及(3)与暴露组研究相关的协作生态系统。对于这些任务,EHDSC 的重点是继续开发可用于暴露组数据生成、整合和分析的数据科学管线。

数据生态系统

暴露组研究涉及复杂的、相互关联的数据集,这些数据集来自常见的(如特定污染物水平的时间序列)、成熟的(如代谢组)和新兴的(如微生物组)数据类型,以及来自传感器和电子健康档案的数据流。暴露组数据的多样性和异质性需要灵活且适应性强的支撑系统来进行数据收集、整合、管理、查询、链接和分析,同时要保持严谨性和可重复性。在美国国立卫生研究院大数据知识化(Big Data to Knowledge,BD2K)(Margolis et al.,2014)倡议的基础上,EHDSC 在数据生态系统上已在两方面进行了具体的开发——数据库/信息学,及本地-云混合计算结构,以满足上述需求。

EHDSC对长期数据存储计划进行制定、实施和监测,对研究人员的访问进行跟踪。为了最好地满足HERCULES研究人员的需求,EHDSC正在开发一个系统,系统将在可行的情况下采用本地计算,并为大规模、复杂的分析和大型数据集的备份存储提供基于云的解决方案。最终,EHDSC希望牵头创建一个"暴露组工作平台",这是一个基于云的虚拟数据库和暴露组研究的工具箱,类似于加州大学圣地亚哥分校的代谢组学工作平台(Sud et al., 2016)。

分析生态系统

EHDSC为暴露组研究提供方法学进展和实施方面的专业知识,无论是通过靶向或非靶向提出的假设(如数据总结、分类、可视化和探索),还是对预先确定的假设进行验证和评估(如数学和统计建模、参数估计、模拟和预测)。针对这些任务,EHDSC将聚焦于分析/可视化、生物统计学、生物信息学、计算毒理学、机器学习和系统生物学方面。以综合性、高维数据分析来描述复杂系统时,EHDSC具有特别的优势,例如,多器官组学分析、基于生理的毒物动力学(PBTK)建模,以及非线性区段系统的非参数建模。

协作生态系统

该协作生态系统包括数据源、数据分析人员和对结果感兴趣的人,包括了从社区的利益相关者到实验室科研人员的各类型人员。EHDSC为HERCULES中心的研究人员的标书写作提供协助,为初级研究人员和那些刚开始从事暴露组研究的人提供职业发展培训和支持,并为同事和社区提供暴露组结果交流和解释。此外,EHDSC还定期参加HERCULES中心数据俱乐部(Data Club)会议,并资助工作坊和课程,以向研究人员介绍新工具、数据产品和研究设计。

社区外展和参与核心(COEC)

在公共卫生博士Michelle Kegler和Melanie Pearson博士领导下,COEC与社区领导、政府机构和其他本地机构的研究人员建立了伙伴关系,以更好地了解广大社区面临的环境健康问题。COEC的行动以基于社区的参与式研究(community-based participatory research,CBPR)原则为中心(O'Fallon and Dearry, 2002),以确保所有利益相关者的公平投入。COEC的目标是:(1)保持和扩大与亚特兰大社区的多向对话;(2)实施和评估社区资助计划,以提高社区解决当地环境健康问题的能力,并在社区参与的研究项目中建立伙伴关系;(3)指导和支持HERCULES科学家的社区外展活动。

上述目标主要因利益相关者咨询委员会(SAB)的积极参与而实现,该委员会不仅是一个关注环境健康问题和研究的多向交流平台,而且还负责决定COEC该如何推进其议程。SAB由30名成员组成,包括感兴趣的公民、小型和全国性非营利组织的代表、学术伙伴以及来自市、县、州和联邦政府机构的代表。

SAB与HERCULES中心的工作人员定期举行会议,参加HERCULES中心的务虚会议(retreats),并组织论坛与当地社区进行互动。COEC促进以社区为基础的努力,并向社区的组织机构提供少量补助金，使公民能够在自己的社区内开发并主持项目。此外，COEC促进以社区为基础的参与式研究，有项目已经成长为下文所述的试点项目核心资助下的项目。

试点项目核心

试点项目是向整个埃默里大学和广大科学共同体推广暴露组概念的主要手段。在Edward Morgan博士领导下，试点项目核心旨在实现以下目标：(1) 扩大和整合埃默里大学与佐治亚理工学院的暴露组学相关研究，同时强调尖端技术研发；(2) 通过鼓励暴露组相关的合作研究项目，来刺激跨学科合作；(3) 促进青年研究人员的发展；(4) 通过产出新的初步数据及构建强大的跨学科研究团队，增加来自NIEHS的研究型项目资助数量；(5) 促进环境健康科学的转化研究。

值得注意的是，CBPR是一个重点领域，其增强了COEC和更广大社区与HERCULES中心的双向联系。

在HERCULES中心的第一个四年周期中，共有19个试点项目（每个项目4万美元）获得资助。为了与试点项目核心的目标保持一致，有9名资助获得者是青年研究人员；8名是新涉足环境健康科学的研究人员；资助获得者计划采用尖端技术，其中7个项目使用代谢组学核心，2项使用系统生物学核心，4项使用靶向分析核心；获资助者采用转化研究方法，其中13项涉及人类临床或流行病学研究设计。

展望未来，试点项目核心已经确定了几个暴露组相关的关键增长领域（表观遗传学、系统生物学、机器学习、生物信息学、高通量毒理学以及空间和时间统计学模型），并将大力鼓励面向这些领域的试点项目申请。

促进暴露组学发展

工作坊、研讨会、课程和专题讨论会

HERCULES中心已经开发、主持并参与了一系列项目，传授与暴露组相关的概念和方法。例如，当认识到微生物组是暴露组研究的一个新兴领域时，该中心在2015年5月共同主办了埃默里微生物组研讨会，有将近300人参加了会议。HERCULES各个核心的主任们帮助举办了一个系列的大数据研讨会，被称为"大思考"（Thinking Big），目标指向解决健康科学中的问题。在2015年1月为期两天的NIEHS暴露组研讨会上，来自HERCULES中心的数个研究员发挥了重要作用（Dennis et al., 2016, 2017）。

HERCULES中心还开发了一门有关暴露组的学术课程，即《基因组、暴露组与健康》，并在现有课程中开设了几个以暴露组为重点的讲座，向埃默里大学的1 500多名本科生介绍了暴露组学范式。中心主任Gary Miller博士撰写了《暴露组入门》（*The Exposome: A Primer*）（Miller, 2014）一书，该书被用于暴露组学的学期课程，同时也供COEC SAB成员和HERCULES中心研究人员使用。

埃默里大学暴露组暑期课程

在"基因组、暴露组与健康"课程的基础上,HERCULES中心于2016年6月12日至17日推出了首届埃默里暴露组暑期课程(Niedzwiecki and Miller,2017)。该课程吸引了来自全球各地的150名参与者,对新兴的暴露组科学进行了全面而深入的概述。

来自约翰霍普金斯大学、哈佛大学、加州大学洛杉矶分校、加州大学伯克利分校、美国国家环境保护局、埃默里大学、NIEHS、美国国立转化科学促进中心(NCATS)等顶级机构顶级专家们介绍了与暴露组有关的概念,互动的实验室课程让参与者能体验用基于云的程序来分析与暴露组有关的数据集。

HERCULES中心计划将暑期课程变成一个经常性的活动,另外还计划将学期课程和暑期课程的内容相结合,创建一个有关暴露组的改良慕课(MOOC),以扩大影响。

非传统的传播举措

除传统的科学传播渠道外,HERCULES中心还支持一些针对公众的传播举措。人类暴露组项目网站(humanexposomeproject.com)和埃默里HERCULES中心网站(emoryhercules.com)以清晰易懂的语言提供了与暴露组相关的研究信息和HERCULES中心的活动。通过HERCULES中心对暴露组概念的在线推广,成千上万的人了解了该话题:中心的推特帐户已经收到了成千上万的留言,而中心创建的暴露组维基百科页面也持续收到大量访问。在线下,中心还编写了有关暴露组的小册子,被社区成员用来教育公众了解环境健康,并在各种学术会议和行业会议上进行分发。

7 HERCULES中心的未来

HERCULES中心成功获得滚动资助,为该中心再次提供了为期五年的支持。预计在未来几年内,埃默里大学的暴露组研究将继续扩展。

有两个明显受益于HERCULES中心的案例,它们是埃默里大学新近获得资助的儿童健康暴露分析资源(Children's Health Exposure Analysis Resource,CHEAR),以及儿童健康、环境、微生物组和代谢组学(Children's Health, the Environment, the Microbiome, and Metabolomics, C-CHEM^2)中心,这两个项目均构建在HERCULES中心奠定的基础之上。

其他一些研究基金和项目也已经利用HERCULES中心的资源优势,将环境因素纳入人类疾病研究,更与国立癌症研究所和NCATS支持的主要中心建立起了伙伴关系。在埃默里大学,一个由美国NIH资助的旨在促进暴露组相关研究的核心中心已经极大地促进了将环境暴露与人类健康联系起来的努力。

(翻译:杨桓)

参考文献

Dennis KK, Auerbach SS, Balshaw DM, Cui Y, Fallin MD, Smith MT, Spira A, Sumner S, Miller GW (2016) The importance of the biological impact of exposure to the concept of the exposome. Environ Health Perspect 124(10):1504-1510. https://doi.org/10.1289/ehp140

Dennis KK, Marder E, Balshaw DM, Cui Y, Lynes MA, Patti GJ, Rappaport SM, Shaughnessy DT, Vrijheid M, Barr DB (2017) Biomonitoring in the era of the exposome. Environ Health Perspect 125(4):502-510. https://doi.org/10.1289/ehp474

Go YM, Walker DI, Liang Y, Uppal K, Soltow QA, Tran V, Strobel F, Quyyumi AA, Ziegler TR, Pennell KD, Miller GW, Jones DP (2015) Reference standardization for mass spectrometry and high-resolution metabolomics applications to exposome research. Toxicol Sci 148(2):531-543. https://doi.org/10.1093/toxsci/kfv198

Jones DP (2016) Sequencing the exposome: a call to action. Toxicol Rep 3:29-45. https://doi.org/10.1016/j.toxrep.2015.11.009

Li S, Park Y, Duraisingham S, Strobel FH, Khan N, Soltow QA, Jones DP, Pulendran B (2013) Predicting network activity from high throughput metabolomics. PLoS Comput Biol 9(7):e1003123. https://doi.org/10.1371/journal.pcbi.1003123

Margolis R, Derr L, Dunn M, Huerta M, Larkin J, Sheehan J, Guyer M, Green ED (2014) The National Institutes of Health's Big Data to Knowledge (BD2K) initiative: capitalizing on biomedical big data. J Am Med Inform Assoc 21(6):957-958. https://doi.org/10.1136/amiajnl-2014-002974

Miller GW (2014) The exposome: a primer. Academic Press, Waltham, MA Miller GW, Jones DP (2014) The nature of nurture: refining the definition of the exposome. Toxicol Sci 137(1):1-2. https://doi.org/10.1093/toxsci/kft251

Niedzwiecki MM, Miller GW (2017) The exposome paradigm in human health: lessons from the Emory Exposome Summer Course. Environ Health Perspect 125(6):064502. https://doi.org/10.1289/ehp1712

O'Fallon LR, Dearry A (2002) Community-based participatory research as a tool to advance environmental health sciences. Environ Health Perspect 110(Suppl 2):155-159

Sud M, Fahy E, Cotter D, Azam K, Vadivelu I, Burant C, Edison A, Fiehn O, Higashi R, Nair KS, Sumner S, Subramaniam S (2016) Metabolomics Workbench: an international repository for metabolomics data and metadata, metabolite standards, protocols, tutorials and training, and analysis tools. Nucleic Acids Res 44(Database issue):D463-D470. https://doi.org/10.1093/nar/gkv1042

Uppal K, Soltow QA, Strobel FH, Pittard WS, Gernert KM, Yu T, Jones DP (2013) xMSanalyzer: automated pipeline for improved feature detection and downstream analysis of large-scale, non-targeted metabolomics data. BMC Bioinformatics 14(1):15. https://doi.org/10.1186/1471-2105-14-15

Uppal K, Walker DI, Jones DP (2017) xMSannotator: an R package for network-based annotation of high-resolution metabolomics data. Anal Chem 89(2):1063-1067. https://doi.org/10.1021/acs.analchem.6b01214

Wild CP (2005) Complementing the genome with an "exposome": the outstanding challenge of environmental exposure measurement in molecular epidemiology. Cancer Epidemiol Biomark Prev 14(8):1847-1850. https://doi.org/10.1158/1055-9965.epi-05-0456

Wild CP (2012) The exposome: from concept to utility. Int J Epidemiol 41(1):24-32. https://doi.org/10.1093/ije/dyr236

Yu T, Park Y, Johnson JM, Jones DP (2009) apLCMS—adaptive processing of high-resolution LC/MS data. Bioinformatics 25(15):1930-1936. https://doi.org/10.1093/bioinformatics/btp291

第14章 EXPOsOMICS项目：双向搜索与网络扰动

系统生物学受到技术（组学的发展），统计建模和生物信息学的推动而发展。我们的目标是把生物学思维带回来。我们认为需要考虑三个传统思想：(1)流行病学中的因果关系，例如，充分-组分病因框架和其他学科中的因果关系，例如Salmon和Dowe方法；(2)疾病发病机制的新发现，例如癌症中的"分支进化模型"和生物标志物在这个过程中的作用；(3)组学研究的迅速发展，有大量的"信号"需要解译。为了应对流行病学的新挑战，"暴露组学"的概念被提了出来。我们列举了该领域最新的项目案例，即新组学方法应用于流行病学研究；特别是根据双向搜索概念，将肿瘤特征的识别作为暴露于致癌物和癌症表型之间的中间步骤。我们使用的案例来源于以苯并芘与双酚A为致癌物模型的肿瘤突变谱研究。我们建议从信息传输的角度对信号的检测和跟踪进行相关概念的定义。

关键词：流行病学；加合物组学；证据多元论；信息转换

1 引言:双向搜索概念作为强化因果关联的工具

正如本书其他章节所讨论的,对于暴露组有两种广义的解释,并且二者是互补的。一种称作"自上而下",主要是通过一种基于组学技术的不可知论的方法来发现新的病因,类似于全基因组关联研究(GWAS)设计在遗传学中的应用。第一种方法有时被称为"EWAS"或者"全暴露组关联研究"(Rappaport,2016),或者使用代谢组学或加合物组学等工具生成新的关于疾病病因学的假说。

第二种方法一般称为"自下而上",即从一组暴露或环境分区开始,到确定这些暴露导致疾病的通路或网络,即哪些通路或网络受到干扰。如下文所述,我们在暴露组学项目研究中使用后一种方法(Vineis et al.,2017)。另一个常见的区别是在非靶向(不可知论者)和靶向研究之间,后者涉及基于先验假说的特定分子。

不论我们的研究是从疾病入手寻找病因(自上而下)还是反向开始(自下而上),均需要通过一系列的中间生物标志物将外部暴露和疾病结局联系起来。实现这个最简单的方法是"双向搜索"(meet-in-the-middle,MITM)技术。这包括测量中间生物标记物(常用探索未知的组学调查),在纵向调查的背景下,以回顾性的外暴露测量与前瞻性的健康结局建立关联(疾病、老化或其他结果)。

如果同一组标记物与暴露到疾病连续带的两端都密切相关,这就是对因果假设的有力验证。正如我们从EXPOsOMICS项目中获得的经验所示,这种方法的实现得益于组学和外部测量技术的发展,以及具有长期纵向人群队列的多年生物样本。

这种方法以前很少用,正如后文展示的冠心病的例子,之前的调查要么分析了与空气污染暴露相关的生物标志物,要么分析了与疾病风险有关的生物标志物,但没有通过纵向设计在同一组个体中研究这二者的关联。

2 EXPOsOMICS项目及其目标

EXPOsOMICS是一个由欧盟委员会资助的关于空气污染和水污染暴露的一个"自下而上"的项目。在个体层面全面整合内源暴露和外源暴露。

EXPOsOMICS项目:

汇集和整合来自短期、人体实验研究和长期的流行病学队列(包括成人、儿童和新生儿)的信息。基于生命过程流行病学的概念,进行有针对性的调查以改进环境暴露评估。

通过以下方式鉴定暴露组:(a)使用新工具和吸取现有项目的经验(个人暴露监测、数据库与GIS结合和遥感技术),以空气和水污染为重点,来测量不同关键生命阶段外暴露组的成分;(b) 使用组学技术(加合物组、代谢组、转录组、表观基因组和蛋白质组)测量内暴露生物标志物(外源性物质和代谢物)。

整合外部和内部暴露监测,通过新的统计模型,全面模拟和评估大规模人群队列中的空气污染和水污染暴露。

在EXPOsOMICS项目结束时,我们对2 000到3 000名研究对象测量了5种组学数据,由此建立了一个可以有多种用途的大型数据库:

- 通过不可知论的精细分析数据库生成新的关于疾病病因学的假设。
- 探索通路和跨组学网络。
- 随访有组学数据的研究对象(例如,有几千名受试者都有甲基化组和代谢组学数据)的死亡率和其他结果。
- 在数据库队列中进行新的巢式病例对照研究,以收集进一步的暴露信息。
- 附加的组学测量数据,以便与当前的测量数据相补充。

作为最终目标,对于其他的未来的暴露组工作研究者来说,这个数据库也可能成为一个开源数据。更详尽的方案设计已经发表于Vineis等(2017)的文章。

❸ 双向搜索:以空气污染与冠心病为例

为了举例说明如何使用EXPOsOMICS数据进行MITM分析,我们考虑了蛋白质和甲基化标记物在空气污染和冠心病之间关系的介导作用。冠心病(CHDs)是全球范围内导致死亡和残疾的主要原因之一。暴露于空气污染的环境中与广泛的不良健康效应有关,包括呼吸系统疾病和冠心病导致的死亡率和发病率(Wolf et al.,2015)。

多项流行病学研究报告称,各种原因造成的死亡风险增加,心血管疾病和呼吸系统疾病与长期暴露于细颗粒物和粗颗粒物(PM2.5和PM10)、氮氧化物(NOx)、二氧化氮(NO_2)和有机碳相关。已有机制可以用来阐释空气污染对心血管系统的影响,特别是氧化应激和炎症反应(Uzoigwe et al.,2013;Newby et al.,2015)。为了评估因果关系,理想情况下需要MITM方法的证据,即生物标志物在同一受试者中暴露的回顾性与疾病的前瞻性相关(Vineis et al., 2013)。

在我们的EXPOsOMICS项目巢式病例对照研究中(非吸烟者),DNA甲基化中的炎症和氧化应激通路与空气污染测量和冠心病都相关,特别是"黏附–外渗–迁移""G蛋白偶联受体信号""MAPK信号"和"活性氧/谷胱甘肽/细胞毒性颗粒"。此外,蛋白质的参与也表明炎症是暴露与疾病之间的纽带。我们的研究首次使用"MITM"设计来纵向研究空气污染与冠心病风险之间的联系机制链,并提示了氧化应激和炎症途径的参与(Fiorito et al., 2017)(图14.1)。同样的方法现在可以用于儿童和成人的其他结果。

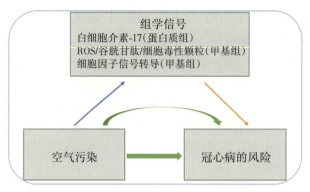

图14.1 双向搜索模式图

来自 Fiorito 等(2017):氧化应激诱导的炎症调节介导空气污染对冠心病的影响:一项前瞻性研究。一个炎症蛋白(白介素17)和两个DNA甲基化炎症通路(活性氧/谷胱甘肽/细胞毒性颗粒和细胞因子信号)明显与空气污染暴露和冠心病风险都显著相关,完善了"双向搜索"的假说。

❹ 双向搜索的延伸:癌症的特征及致癌物的关键特性

 网络扰动:概念

MITM的理念可以进一步扩大用来研究网络和网络扰动。这对于在风险识别方面加强因果评估特别有用。致癌物已经被认为会扰动一个或多个"有害结局路径"(AOPs),这些路径由一系列事件组成,包括分子启动事件、生化反应、细胞反应、组织器官反应、个体反应和最终群体反应(NAS,2017)。

AOPs是特定上下文中使用的术语,我们更倾向于泛指"通路扰动"或"网络扰动",因为癌变并非沿着一系列事件线性发展,而是像网络状那样多方位发展。

一个概念的提出来自于两个不同框架的整合,一个基于致癌作用的"分支进化"理论(了解突变和选择致突变事件的作用),另一个是充分/组分病因框架,这在流行病学中已经使用了几十年,也可以应用于通路/网络扰动。这两个框架总结如下。

 癌变的因果框架

近几十年来,在对癌变的分子机制解释方面有几个重要的变化,可以总结为表观遗传变化(定义:DNA的功能改变而不涉及核苷酸序列的变化)的发现、对突变细胞或非突变细胞选择的重要性的认识,以及"分支进化"概念的统一。后一概念总结如下:"最近越来越多的数据表明,进化通常以分支方式发生在几种肿瘤类型中,导致肿瘤内多样性,亚克隆在基因和功能上存在差异。任何基因型的选择优势都依赖于环境。这里的环境必须是一个宽泛的定义,包括细胞的基因和蛋白质表达、细胞中已经存在的突变和表观遗传变化、局部外部微环境、远距离作用因子(如激素)和宿主外部因素(如致癌物和外源疗法)。对于某些驱动突变,环境变化可能影响较小,因为这种突变几乎总是会带来选择性优势"(Gerlinger et al.,2014)。

这些概念是如何与外部暴露联系起来的呢?我们知道,根据流行病学证据,现在约40%的癌症是可以预防的。这些癌症发生的原因不可能是单独的外暴露(内暴露)造成的。例如,即使是引起癌症发生的必要因素,人乳头瘤病毒(HPV),它本身也不足以在个体中引起宫颈癌。在群体规模上,HPV感染可解释100%的宫颈癌病例,对于宫颈癌个案,并不能完全靠HPV感染独自解释。适用于个体的因果模型被称为"充分/组份病因框架"。

"充分/组份病因框架"考虑了暴露或打击共同导致的结果。这个框架与科学家John Mackie命名的INUS模型一致,即"一个不必要的充分因果是复杂的不充分非冗余构成的组件"。该模型提供了一个方法来解释多重因素(无论是环境暴露还是基因)如何联合作用导致个人或群体疾病。INUS方法类似Kenneth Rothman提出的组合病因构成的因果关系模型,该模型在流行病学中被广泛应用。在这个模型中,有效的因果复合体用饼状图表示,图中每一个扇形就是一个单独的INUS,这是一个不充分的组合(Rothman et al.,2005)。通常,这些组份都不是必需的。事实上,就癌症和其他非传染性疾病而言,仅有少数几个病例表现出有明显的必然原因:例如,HPV与宫颈癌,石棉和石棉纤维与间皮瘤。

"饼图"中的每个组合因素的图条代表一个充分的因果复合体,如果饼图完整,就会导致结局,并且不存在多余的组合因素,去除任何一个因素都可以完全避免不良结局、预防疾病的发生。每个组成因素都是该特定因果复合体的非冗余部分,但特定因素可能在多个因果复合体中发挥作用。

 用于癌变的因果关系与双向搜索方法

关于致癌作用的分子解释,通路或网络扰动事件作为"因果饼图"中的不同组份,癌症起始所需的组分数量最少。通路扰动事件可以直接(突变剂)或间接(选择剂)提供选择优势。因此,暴露后通路扰动事件的顺序可以增强对致癌性的理解和评估。

因此,在试图整合致癌物评估中有关机制数据时,基于双向搜索的方法,了解致癌过程中事件的时间顺序非常重要。然而,目前分子证据顺序方向或机制资料的评估由于缺乏证实或甚至假设的癌变中的事件的顺序而受到阻碍。事实上,迄今为止还没有人试图将癌症的机制变化按时间顺序排列。

在随后的章节中,参考前文描述的因果框架,我们试图收集致癌过程中诸多事件的潜在时间顺序证据。我们之所以提起致癌作用,是因为与其他非传染性疾病相比,Hanahan和Weinberg(2011)撰写的关于癌症标志物一文(表14.1)中对致癌作用所涉及的机制事件有清晰的认知。

除致癌事件的时间顺序外,双向搜索法在风险评估中的实际应用还取决于癌症特征与致癌物的关键特征之间的差别和相互作用,就像Smith等(2016b)所描述的那样。致癌物的主要特征如表14.2所示。显然,两者有大量的重叠,但这两个概念有不同意义和目的,前者被认为是癌症表型的标记,而后者则与致癌物的作用方式有关。我们建议用自中间向下与自下向中间的方法,来评估致癌物以及这些收集的数据是否会呈现出事件的时间顺序(图14.2)。不管如何,为了简单起见,应容许与癌症特征重叠,我们在致癌物评估中更倾向于选择后一种方法(而不是用如表14.2中描述的关键特征)。因此,我们将在本章中使用癌症特征的框架。

表 14.1　癌症的特征(Hanahan,2011)

基因组不稳定和突变
炎症
维持增殖信号
逃避生长抑制
抵抗细胞死亡
无限增殖能力
诱导血管生成
激活侵袭和转移
能量代谢重塑
免疫逃逸

表 14.2　致癌物的主要特征

是亲电子的还是代谢激活的
母体化合物或代谢物含有亲电结构(如环氧化物或醌),形成 DNA 和蛋白质加合物
是否有基因毒性
DNA 损伤(DNA 链断裂,DNA 与蛋白交联或非常规 DNA 合成)、嵌入、基因突变、细胞遗传学改变(例如:染色体异常或微核)
DNA 修复改变或基因组不稳定
DNA 修复或复制的改变(例如:拓扑异构酶Ⅱ,碱基切除或双链断裂修复
诱导表观遗传改变
DNA 甲基化,组蛋白修饰,microRNA 表达
诱导氧化应激
氧自由基,氧化应激,大分子氧化性损伤(如 DNA 或脂类)
诱导慢性炎症
白细胞,髓过氧化物酶活性增加,细胞因子或趋化因子产生改变
是否免疫抑制
降低免疫监视,免疫系统功能障碍
调节受体介导的作用
受体激活或失活(如 ER、PPAR、AhR)或调节内源性配体(包括荷尔蒙)
引起永生化
抑制衰老,细胞转化
改变细胞增殖、死亡或营养供应
细胞增殖加速,凋亡减少,与细胞周期和复制相关生长因子、能量和信号通路的改变

图 14.2 双向搜索方法的组件

从下游到中游指致癌物的作用,根据癌症的特征,从中游到上游显示为癌症的表型。

5 癌变中遗传变异的时间顺序

这篇综述提供了癌症特征的时间特性的证据,这是 Hanahan 和 Weinberg 在 2011 年发表的论文里没有发现的部分,以便提供更多的通路并最终以基于网络的方式来理解细胞癌变的各种机制之间的关系。

该综述首先从癌症病理标本(本质上是分支突变)的角度,讨论了癌症特征的时间顺序,然后考虑了一些相关致癌物[根据作用的模式不同而选择双酚 A 和苯并(A)芘]的作用。

任何一种特征都可以与其他特征相互作用(例如氧化应激、DNA 损伤和慢性炎症),组合因素提供了比单一因素更强有力的癌症机制证据。

肿瘤分支演变

肿瘤中基因事件顺序的确立是非常有见地的,特别是在阐明致癌作用中的关键事件方面。这种基因改变的先后顺序已经被证明在肿瘤之间和肿瘤内部是不同的。以下是多项研究的概述,他们检测了单个肿瘤、不同肿瘤和/或同一个肿瘤内的不同阶段的基因组改变和分支进化。

这些研究的前提是,如果发现一个基因在许多不同患者的多种肿瘤中或者在相同肿瘤的大量样本中发现了高频率的突变,它不可能是一个"过客突变",更有可能是为细胞提供选择性的优势,从而能够扩张并在群体中占主导优势。

此外,来自同一肿瘤的多个样本之间普遍存在的基因改变更有可能发生在癌症演变的早期,而后期的改变只出现在肿瘤某些部分中,最有可能导致肿瘤分支。

回顾性研究中的证据是为了试图将癌症的特征按出现的时间顺序排列。所有背景信息都在附录中,这些研究是按癌症的类型分组的。

从我们回顾的研究来看,尽管肿瘤细胞在进化过程中积累了许多突变,但并非所有这些突变都是驱动突变的(即发挥因果作用)。一些突变仅仅是基因不稳定增加的副产物,而基因不稳定性也是肿瘤发生过程中的特征。

研究表明,每类肿瘤中大约有 20 个驱动基因经常发生突变(Sjöblom et al.,2006),但在不同的肿瘤中,发生突变的特异基因可能会有所不同。另外,同一肿瘤不同部位的细胞可能有不同的突变,表明不同的突变可能导向相同的表型结果。

这是因为在癌症中,细胞内信号通路(驱使癌变的信号通路)通常是不受控制的,它包含很多信号传递级联的基因。这些基因中的任何一个发生突变都会有相似的结果,那就是会终止级联反应和信号传递。

这一观点得到了以下观察结果的支持:在单个肿瘤中,同一通路的不同基因中的多个命中率低于预期(Vogelstein et al., 2004),而且在不同肿瘤中,每条通路的不同成员可能以相互排斥的方式受到影响(Parsons et al., 2008)。

此外,同一类型肿瘤的不同癌症标本携带各自的癌症驱动基因突变特征,这似乎是相互排斥的,因为肿瘤之间常见的突变癌症驱动基因数量是有限的(Sjöblom et al., 2006)。

尽管驱动基因改变的顺序可能在肿瘤之间和肿瘤内部有所不同,即使在不同的肿瘤中,每条通路的不同成员可能会以相互排斥的方式受到影响,但受影响的主要癌症通路几乎是普遍存在的,并遵循一个大致相同的顺序。有关此证据见本章第7小节。这些癌症的通路和它们的顺序改变能够提示癌症特征出现的时间顺序:抵制细胞死亡、对生长信号不敏感、持续增殖、能量调节失控、持续复制和激活侵袭&转移。前三个特征可以看作是几乎同时发生,他们的确切顺序在不同的研究中被调换。血管生成和免疫逃逸可能是上述顺序中具有不同位置的唯一标志,但它们通常被证明发生在能量失控之后,无限复制、侵袭和转移之前。

总之,肿瘤活检的证据提供了5个肿瘤特征的顺序,其他两个可位于路径中的不同位置,如图14.3所示。

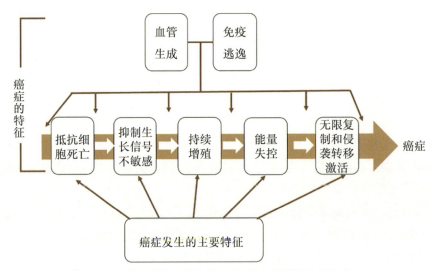

图14.3 基于活检组织中的突变,肿瘤特征顺序的初步构建

应当注意的是,前三个环节可以按不同的顺序发生。此外,我们暂时没有考虑将来突变和克隆选择都会在致癌作用中起作用的情况。

致癌物对癌症特征的扰动:例子

作为第二步,我们总结了特殊致癌物激活的癌症特征的证据(大致相当于致癌物的主要特征)。之所以选择这些致癌物,是因为它们在人体中的证据充分程度不同:苯并(a)芘致癌性有强而有力的证据,BPA的致癌性以及不同的作用模式的证据较弱。我们按照上面提出的相同方案,来整理癌症特征如何受致癌物影响的证据。

最近,Halifax项目中的一篇综述描述了苯并(a)芘(BaP)作为一个典型的干扰物,在肿瘤发生过程中影响持续增殖。有趣的是,他们发现导致这种表型的机制不能完全用其代谢物的遗传毒性来解释。特别是对于多环芳烃(PAHs)混合物,已经描述过包括化学物与受体相互作用的机制,尤其是与雌激素受体和芳烃受体(Baird et al., 2005)。此外,除核受体激活外,BaP还被证明可诱导表观遗传改变,影响DNA甲基化、组蛋白修饰和非编码RNA表达(Chappell et al., 2016)。最后,与我们的文献综述得出相似的结论,发现BaP与致癌物的大多数关键特征相关联(Engström et al., 2015),但是这里没有证据支持这些事件的时间顺序。

总的来说,BaP可能通过影响癌症的所有特征而发挥其多能性和多组织致癌作用。甚至在低浓度和作为化学混合物的一部分,BaP和PAHs也会扰动多条信号通路,包括激素通路和调节能量代谢的信号通路,具体影响的通路取决于靶细胞的状态。

根据我们的文献综述,发现BPA直接或间接与癌症的所有特征相关(附件材料中的表一,包含了BPA对至少一种癌症特征的直接影响。然而,对于某些肿瘤特征(如细胞能量失控和无限复制)的证据是不够直接或一致的。

同样,最近评估环境中的低剂量化学混合物暴露的致癌潜力的综述也研究了BPA及其对肿瘤特征相关通路的破环作用(Goodson et al., 2015)。这篇综述已经证实了BPA在通路中的作用,包括组织侵袭和转移、抵制细胞死亡、持续的增殖信号、肿瘤促进炎症、免疫系统逃逸、抑制生长信号逃逸、肿瘤微环境和基因组不稳定。

总之,尽管证据不足以证明BPA具有致癌作用,但即使在低浓度下,BPA也可能通过影响大多数已知的癌症特征/关键特征而增加癌症风险。特征:改变细胞增殖、细胞死亡或营养供应和调节受体介导的效应。

然而,现有的证据不能提供关于BPA模型中事件的时间顺序的信息,因此不能证实肿瘤活检中的假设特征的顺序。尽管如此,在将来,随着更多证据的出现,建立致癌物关键特征的时间顺序可以加强对BPA致癌性的评估。类似地,它将促进机制数据在其他化学品/暴露物的致癌性评估中的整合。

6 小结:针对暴露组学研究的建议

我们已经提出MITM方法作为在暴露组研究中加强因果关系的方法。首先,我们展示了该方法在心血管疾病的EXPOsOMICS数据中的(仅限迄今为止)应用(图14.1)。然后我们扩充了这个观点,提出了基于网络扰动和有效充分病因-组分病因模型的更复杂的因果解释。

我们使用致癌作用(及其分支进化模型)来举例说明扩大因果关系的双向搜索方法是如何起作用。我们参考了肿瘤特征来描述癌症的表型,也就是我们总结了特征中可能的时间顺序的证据。然后我们参考了致癌物主要特征的概念,解决连续体的另一端,暴露于选定的致癌物。

事实上,为了简单起见和它们的实质等同性,在本次实践中我们使用的是癌症特征。这两个概念之间只有部分重叠,在以后的实践中应该将特征和关键特征分别视为因果链的由"中游到下游"和"由下游到中游"的部分。目前只是一个初次简单的尝试。

我们从中吸取的经验就是,双向搜索概念和它所涉及的网络都可能是极其强大的暴露组研究工具,但是还需要更多的证据。我们回顾了癌症特征及其时间顺序,并基于不同癌症位点的突变图谱提出一个关于特征的时间顺序假说:抵抗细胞死亡,对生长信号不敏感,持续增殖,能量失控,无限复制和激活侵袭转移。

另一方面,在我们选择的两个致癌物模型中没能清晰地分离出癌症特征的顺序。同样,在我们检测过的癌症部位以及与两种致癌物相关的特征中,也无法找到清晰的重叠特征。特别是,这两种致癌物看起来都有多种作用机制或模式,影响多个特征。

尽管有这些局限性,我们相信我们提出的方法无论是对现有的关于环境致病的文献的总结和评价,还是对新的暴露组研究都是十分有用的。

7 暴露组学:双向搜索与网络扰动

癌症特征时间序列的证据

 结直肠癌

在肿瘤中,结直肠癌是最频繁被检测出遗传改变和分支进化的肿瘤。

在95个结直肠癌样本中,使用隐合贝叶斯网络(H-CNB)模型,研究人员鉴定出 *APC* 突变作为引发事件[富集率(AR)=0.39/年,与早期推动作用一致],其次是 *KRAS*(AR=0.12/年),*PIK3CA*(AR=0.009/年),以及其他突变,例如 *EVC2*、*FBXW7*、*EPHA3* 和 *TCF7L2*(Gerstung et al.,2011)。与此同时,*TP53*(AR=0.06/年)突变可能发生在 *APC* 和 *KRAS* 突变之前或之后,因为它们的存在独立于 *APC* 和 *KRAS* 突变之外(Gerstung et al.,2011)。

该模型将关键信号通路按以下顺序排列:小GTPase通路,细胞凋亡/Wnt-Notch信号通路和嗜同型细胞黏附。这些改变通常发生在KRAS和TGF-β信号通路改变、G1/S期控制改变之前。DNA损伤控制和JNK在后期可能是通过 *TP53* 突变发生改变。整合蛋白信号和侵袭并不常见,暗示它们在结直肠癌癌变的后期发挥作用。

将通路转化为标志,上述证据表明,逃避生长抑制,细胞增殖和抵抗细胞死亡位于免疫逃逸、侵袭和转移前面。血管生成和侵袭同时发生,而永生化与侵袭转移之前的特征同时

发生。

早期存在 APC 和 KRAS 突变及其较高的突变富集率（ARs：0.39 和 0.12 每年，Gerstung et al., 2011）与它们的早期驱动作用一致。

这些发现与 Fearon 和 Vogelstein 的结直肠癌发生模型（Fearon et al., 1990）一致。在该模型中，抑癌基因 APC 首先失活，使正常上皮细胞增生并最终形成早期腺瘤。然后 KRAS 的激活有助于持续增殖和中期腺瘤的形成，而抑癌基因（如 SMAD4）的进一步丢失有助于晚期腺瘤的形成。接着，p-53 的丢失使细胞抵抗死亡并永生化。附加遗传物质的改变，例如附加染色体上抑癌基因的累积丢失，与癌症转移并导致死亡的能力相关。然而，Fearon 等只是强调这些变化累积的重要性，而不是时间顺序的改变。

> 名词术语：
> ● 突变富集率（AR）：
> 估算某一特定突变的年累积速率。在不同的肿瘤样本中，富集率越高，突变发生的频率越高。
> ● 驱动突变：
> 在肿瘤发生过程中产生的突变，具有选择性优势，因此在肿瘤发生过程中被积极选择。
> 过客突变对肿瘤没有积极或消极的选择性优势，但在细胞分裂和克隆扩增的重复周期中，它会被偶然保留下来。
> ● 过客突变率：
> 通过同义（沉默）错义突变的量化来估计，因为此类突变被认为不具有生物学活性，因此不会产生积极或消极的选择优势。
> ● 过客概率值：
> 这些基因特异性得分是基于原假设的似然比检验（LRT），即所考虑的基因的突变率与过客突变率相同。小概率值支持拒绝原假说，并且赞同突变率在事实上高于过客突变率。因此，可能小概率过客突变分值支持突变在某一特定基因的驱动作用。

Rosenberg 等（2009）发现，APC 和 KRAS 基因突变是啮齿类动物结直肠癌模型的早期事件。甚至在早期癌前病变中，增殖活性、生长因子信号和 K-RAS 突变也是明显增加的。

此外，Wood 等（2007）在他们分析的 11 个结直肠肿瘤病例中，鉴定出 APC、KRAS 和 TP53 是最常见的驱动突变，其次是 PIK3CA、FBXW7、CSMD3、TNN、NAV3、SMAD4 和其他基因。这些基因的过客突变概率值小于 0.000 1。

Beerenwinkel 等（2007）在他们分析的 35 个肿瘤（结肠腺癌和结肠癌）样本的 78 个候选癌基因中，也独立地鉴定出 APC、TP53 和 KRAS 是最常见的突变基因。因此，逃避生长抑制，抵御细胞死亡和细胞持续增殖再次被证实为最早出现的癌症特征。

关于血管生成的时间顺序,研究证实它和侵袭发生是同时开始的。Takahashi等人提供证据表明血管生成开关位于黏膜和黏膜下浸润性癌之间。Hanahan和Folkman(1996)也将血管生成置于实体瘤形成之前,在增生之后。另外,Zhang等(2001)证实血管生成在肿瘤发展的早期癌变前阶段。此外,在良性的结直肠腺瘤中,VEGF的蛋白和RNA水平远远高于正常的结肠黏膜(Ono and Miki 2000;Wong et al.,1999)。最后,VEGF A和B出现在腺瘤期(Hanrahan et al.,2003)进一步支持血管生成开关位于增生之后和侵袭之前的某个时间。

最后,尽管APC、TP53和KRAS突变在结肠癌病人的原发肿瘤的不同部位中频率较高(Kogita et al.,2015),但该肿瘤只有一部分含有PIK3CA突变,而且频率较低。有趣的是,来自同一患者的转移性肿瘤的PIK3CA的突变频率很高。这个证据支持了无限复制的时间顺序恰好在侵袭和转移之前。

胰腺癌

利用H-CNB对90例胰腺癌建模,KRAS的突变(AR>100/年,患病率=100%)似乎发生在TP53(AR=0.34/年)、CDKN2A(AR=0.013/年)和MLL3(AR=0.000 66/年)之后。SMAD4突变也是独立的(AR=0.015/年)(Gerstung et al.,2011)。

从通路水平上看,凋亡、G1/S过渡、Hedgehog和TGF-β信号通路是普遍存在的,表明它们在胰腺癌发生的早期发生了改变。然后,小GTP酶依赖信号通路和KRAS信号通路的改变是独立出现的,随后是DNA损伤控制、JNK和WNT/Notch信号通路的改变。这些改变也有助于无限复制。而整合蛋白信号的改变发生在后期,在嗜同型抗原细胞黏附之后,进一步促进细胞衰老。最后,这些样本中未发现侵袭通路的改变,表明它们在致癌作用的后期阶段也发挥作用。

这一模型表明,胰腺癌的肿瘤特征首先是对抑制生长信号不敏感、细胞增殖、抵抗细胞死亡和血管生成,紧随其后的是细胞能量失调,这反过来先于免疫系统逃逸、细胞迁移、侵袭和转移。这个模型中没有永生化的设置。

有趣的是,基于正常胰腺组织和胰腺转移性肿瘤细胞的增殖率,对胰腺癌遗传进化时间进行定量分析表明,从最初的驱动突变到亲本产生至少需要10年,非转移的原代细胞获得转移能力至少需要5年以上的时间(Yachida et al.,2010)。然而,这些数字是基于少量肿瘤样本的数学估计,因此,有关时间的证据并不充分。

原发性胶质母细胞瘤

在78例原发性胶质母细胞瘤肿瘤中,TP53(AR=0.015/年),PTEN(AR=0.012/年),EGFR(AR=0.002 6/年),NF1(AR=0.004 3/年),PI3CA(AR=0.033/年),IDH1(AR=0.008 7/年),PIK3R1(AR=0.003 7)和RB1(AR=0.011)被确定为最常见的突变基因(Gerstung et al.,2011年)。

H-CNB模型确定TP53为第一个突变,同时伴有NF1、PTEN和EGFR突变。接着发生突变的顺序是PIK3CA,PIK3R1和RB1。然而,这些单个突变的低累积率表明在原发性胶质母细胞瘤中发生特定基因改变的可能性很低。

这种突变顺序强调了凋亡和小 GTP 酶通路是第一个,也是最常见的受影响的通路。G1/S 期过渡、Wnt/Notch 信号和 KRAS 信号也发生了早期突变。紧随其后的是 DNA 损伤控制、JNK 信号通路、亲和细胞黏附和整合素信号通路的改变,后两种通路的改变独立于前两种通路改变。未发现侵袭通路的改变。

因此,将这些通路转化为特征,在原发性胶质母细胞瘤中,细胞增殖和抵抗细胞死亡是已鉴定到的第一个特征,随后是细胞能量调节失调,逃避生长抑制和血管生成。TP53 的改变也可能在后期阶段启动无限复制,该过程伴随 PIK3CA 和 RB1 的突变。侵袭和转移是最后一个发生的特征,发生在免疫逃逸之后。

Parsons 等(2008)独立研究了 105 个胶质母细胞瘤样本的突变频率。他们发现 CDKN2A、TP53、EGFR、PTEN、NF1、CDK4、RB1、IDH1、PIK3CA 和 PIK3R1 是最常被改变的基因,并且改变顺序如上。以上基因除 PIK3CA 和 PIK3R1 外,其他基因突变中的过客突变概率均小于 0.01,表明它们的功能是驱动突变。

基于这些基因的功能,并假设最普遍/驱动的改变是癌变初始所必需的,而低频率的改变在癌变级联中较晚的阶段起作用,那么在胶质母细胞瘤中,癌症特征预计将按以下顺序出现:逃避细胞死亡,对抑制生长信号不敏感,持续增殖,能量调节失调(Warburg 效应),永生化,侵袭和转移。遗憾的是,该模型没有预估胶质母细胞瘤中血管生成和免疫逃逸的时间顺序。

肾癌

Gerlinger 等(2012)通过多区域测序研究了 2 例肾细胞癌的肿瘤内分支进化,发现 VHL、SETD2、PTEN 和 KDM5C 存在多个、明显的、空间分离的失活突变。

第一个病例中,VHL 被鉴定为第一个驱动突变,其次是 SETD2 突变,SETD2 突变将系统发育树分成两个分支。在第一个分支(核心活检样本)中,KDM5C 和 mTOR 突变进一步传播了异质性。在第二个分支(转移灶样本)中,SETD2 突变紧随 KDM5C 突变。

VHL 基因是最先鉴定出的突变基因,它参与细胞分裂和新血管的形成,在其他功能中,发现细胞增殖和血管生成启动在肾癌发生中是一个早期的、普遍发生的事件。SETD2 基因通常在组蛋白 3 的转录激活位点使第 36 位赖氨酸(H3K36)三甲基化。它的突变导致转录的沉默,而不是激活染色质构象。这导致核小体动力学和 DNA 复制应激的改变,以及在 DNA 断裂处结合晶状体上皮衍生生长因子和 Rad51 同源重组修复因子失败(Kanu et al.,2015)。

因此,生长因子的逃避伴随着细胞的增殖。KMD5C,是一个下游突变基因,它通过转录抑制参与转录调控,这很可能有助于维持遗传不稳定性。最后,mTOR 是细胞周期阻滞和免疫抑制作用的靶标,它的突变体参与代谢失调、逃避抑制生长信号、遗传不稳定和无限复制(Carnero et al.,2015),这表明免疫逃逸和无限复制是后续事件。

在第二个病例中,所有肿瘤标本中 VHL 和 PBRM1 发生突变,随后出现的是 SETD2 突变,SETD2 突变将系统发育树分成两个分支。在第一个分支,即转移分支中,SEDT2 突变伴随着 P53 突变。在第二个分支,即肿瘤的核心分支中,PTEN 突变导致了进一步的分支。

PBRM1是配体依赖性转录激活所必需的,它参与染色质组织,而PTEN是一种肿瘤抑制酶,它调节细胞分裂、凋亡、细胞运动、黏附和血管生成。P53是一个公认的肿瘤抑制基因,它与所有癌症特征都相关,即增加癌症代谢、血管生成、基因不稳定、免疫逃逸、抵抗细胞死亡、无限复制、持续增殖信号、侵袭和转移(Nahta et al.,2015)。这一分支进一步证实了细胞增殖、新血管形成和转录激活在肿瘤中广泛存在,并且发生在早期。随后是通过染色质失活(*SEDT2*突变)和抗生长因子失活(*PTEN*和*P53*突变)抑制抗生长信号。最后,这一分支表明,由*P53*介导的其他特征(如无限复制、侵袭和转移)会在肾癌发生的后期出现。

黑色素瘤

对来自8个肿瘤患者的41个黑色素瘤活检样本进行多区域测序(Harbst et al.,2016)发现三个黑色素瘤驱动基因,即*BRAF*、*NRAS*和*NF1*,它们都是MAPK通路的关键成员,均以一种相互排斥的模式普遍发生了突变。

这些基因的普遍表达与该通路在黑色素瘤形成中的早期作用(参与细胞增殖和抑制生长信号不敏感)相一致。相反,PI3K通路的突变是异质性的,表明这种突变发生在转移性黑色素瘤演变的后期。

由于PI3K在许多细胞活动中都很重要,包括细胞生长和分裂(增殖),细胞运动(迁移)和细胞存活,它在癌变过程中出现较晚,表明抵抗细胞死亡和侵袭转移的特征出现较晚。在葡萄糖代谢中起重要作用的IDH1在一些黑色素瘤肿瘤中也发生了异质性突变,提示Warburg效应出现较晚。

乳腺癌

在对11个乳腺癌肿瘤的分析中,Wood等(2007)发现*TP53*和*PIK3CA*是最常见的驱动突变。这两个基因的过客突变概率值均小于0.0001,表明它们在致癌过程中发挥着重要的驱动作用。假设最普遍/驱动的改变是致癌起始所必需的,这些基因的高突变频率突出了早期出现的癌症特征,抵抗细胞死亡、对抑制生长信号不敏感和细胞增殖。

不同类型肿瘤的综合证据

纵观结直肠癌、胰腺癌和胶质母细胞瘤肿瘤,H-CNB模型(Gerstung et al.,2011)确定了以下通路改变的顺序:凋亡、TGF-β信号通路、小GTP酶依赖信号通路(KRAS除外)、Wnt/Notch信号通路、G1/S期过渡、KRAS信号通路、Hedgehog信号通路、DNA损伤控制、JNK、亲和细胞黏附、整合蛋白信号通路和侵袭。

在上述基础上,出现了以下特征顺序:抵抗细胞死亡、抑制生长信号不敏感、持续增殖信号、细胞能量失调、诱导血管生成、免疫逃逸、维持无限复制以及侵袭和转移。

肿瘤前病变血管生成的证据

Raica等(2009)回顾了癌前病变中的血管生成并得出结论,肿瘤血管生成不一定是侵袭性肿瘤的特征,但可能发生在恶性肿瘤之前,如侵袭和转移所定义的那样。在他们的综述中,他们收集的证据表明微血管密度(MVD)在一个相对较大范围的癌前鳞状细胞病变中显著增加,如口腔黏膜、皮肤、子宫颈、外阴和肛管。有趣的是,在这些大量的病变中,发现MVD与一个主要的促血管生成因子相关,即血管内皮生长因子(VEGF)。

腺上皮癌前病变,包括胃上皮化生和非典型增生、结肠非典型腺瘤以及乳腺原位癌都出现VEGF过表达。

部分致癌物关键特征时间顺序的证据

苯并[a]芘与癌症特征

苯并[a]芘(BaP)是一种普遍存在的污染物,属于具有两个或两个以上稠环芳香(苯)环的大型有机化合物群,即多环芳烃(PAHs)(IARC,2012;WHO,2010)。多环芳烃和苯并芘在不完全燃烧过程中形成,其主要来源包括烟草烟雾、使用木材或煤炭的住宅和商业供暖、机动车尾气和工业排放(IARC,2012)。

职业暴露发生在铝生产、用焦煤油盖屋顶和铺路、煤液化、煤焦油蒸馏、木材浸渍、扫烟囱和发电站(IARC,2010)。目前虽然还没有针对BaP单独的流行病学研究,但经多种不同途径暴露后,BaP使所有不同物种受试动物的多个器官和组织中产生肿瘤(IARC,2012)。

包括人类研究的来自体内外研究机制证据表明,BaP活性代谢产物形成了DNA加合物,导致姐妹染色单体交换、染色体畸变、微核或DNA损伤,具有明显的遗传毒性(IARC,2012)。

基于这些实验证据,BaP被认为可能是一种公认的模式致癌物。因此,我们决定回顾现有的有关BaP及其影响癌症不同特征的能力的文献。

特征1:维持增殖信号

BaP是一种非常有名的化学物质,能够使人体细胞(如乳腺上皮细胞)永生化(Gudjonsson et al.,2004)。最早的关于BaP对细胞增殖的影响能力的机制证据,是观察到它能够形成DNA加合物,并且在人类和小鼠的RAS超级家族基因中里都能观察到复发性突变(Meng et al.,2010;Hu et al.,2003;Wei et al.,1999)。

除了细胞增殖相关基因的诱变效应,Kometani等(2009)表明在BaP暴露24周后,能够通过诱导EGFR配体、双调节素和上皮调节蛋白激活EGFR通路,促进人类肺癌细胞的增殖。

此外,在人、小鼠和其他非哺乳动物中,BaP能通过激活核受体信号通路促进细胞增殖,例如芳烃受体(AhR)和雌激素受体(ER)(Andrysik et al.,2007;Charles et al.,2000;Tian et al.,2013;Wen et al.,2015)。

综上所述,BaP在人类和各种实验模型中均可通过遗传毒性和非遗传毒性受体诱导机制,诱导细胞增殖。

特征2:逃避生长抑制

BaP暴露可使细胞逃避G1期阻滞,诱导细胞异常增殖(Du et al.,2006)。大多数研究报道了不同细胞类型中ERK通路的激活(Wang et al.,2015a;Hamouchene et al.,2011;Du et al.,2006)。有趣的是,在人正常胚胎肺二倍体成纤维细胞中,24小时的短时间暴露足以诱导剂量相关的MAPK激活(Du et al.,2006),显然细胞对BaP暴露的反应也依赖于靶细胞群内的生长动力学(Hamouchene et al.,2011),表明易感性差异是基于细胞的状态和分化程度。

特征3:抵御细胞死亡

最近一项关于人类永生化乳腺上皮细胞暴露于Bap的外显子突变的研究表明,这些基因涉及各种生物学过程,包括细胞死亡调控,产生会影响蛋白质功能的突变(Severson et al.,2014)。

然而,其他的体外研究表明,暴露于BaP或其DNA活性代谢物抗苯并[a]芘-7、8-二醇-9、10-环氧化合物(BPDE)可诱导或使人类细胞对受体介导或线粒体介导的凋亡敏感(Stolp-mann et al.,2012;Sang et al.,2012)。使用反相蛋白阵列比较BaP诱导的小鼠原发性肝癌与癌旁组织也获得了类似的结果(Phillips et al.,2015)。结果显示,肿瘤组织中部分促凋亡蛋白表达下调(例如:剪切的细胞凋亡蛋白酶7和细胞凋亡蛋白酶3)和上调(Bax、Bad和Bcl-xL)。综上所述,BaP可能具有促凋亡作用或抗凋亡作用。尽管有研究表明,BaP或PAHs混合物的致癌作用也可能介导暴露后的慢性炎症和细胞死亡(Engström et al.,2015),但缺乏关于这些效应的时间顺序的体内数据。

特征4:诱导血管生成

最近的研究显示,暴露于不同浓度的BaP一个月后,以剂量依赖的方式增加了肝癌细胞系BEL-7404招募血管内皮细胞的能力,并通过增加血管内皮生长因子(VEGF)的分泌来促进血管生成(Ba et al.,2014)。

同样地,低浓度、无细胞毒性浓度的BaP诱导缺氧诱导因子-1a,是负责适应缺氧条件和促进血管生成(Mavrofrydi,Papazafiri,2012)。有趣的是,BaP和它的代谢物对VEGF表达可能有截然相反的效果(Li et al.,2015),表明在BaP和PAHs诱导的血管生成中,CYP450的组织特异或基因个体间差异表达可能发挥整体效应的作用。

特征5:启动复制的永生化

BaP已被证明可以通过其诱变活性导致$p53$直接失活和$INK4$的改变,有效地诱导叙利亚仓鼠正常真皮细胞的永生化(Yasaei et al.,2013;Newbold et al.,1980)。同样,暴露于BaP的Hupki细胞(带有人类$p53$基因的胚胎小鼠成纤维细胞)的$p53$突变与人类肺癌中的$p53$突变相关,支持BaP是引起吸烟者肺肿瘤中$p53$突变的直接作用(Liu et al.,2005)。综上所述,

BaP似乎主要通过其遗传毒性来实现无限复制。

特征6：激活侵袭与转移

有证据表明BaP能促进细胞迁移、侵袭和转移(Ochieng et al.，2015)。最近一些研究提供了机制线索，表明BaP可能有助于肺癌细胞的侵袭和转移，通过上调促炎趋化因子(IL8、CCL-2和CCL-3)和上皮-间质转化的主要调节因子之一 Twist(Zhang et al.，2016a；Wang et al.，2015c)。

此外，BaP通过脂氧合酶和Src依赖途径，特别是通过增加金属蛋白酶MMP-2和MMP-9的分泌，诱导三阴性乳腺癌MDA-MB-231细胞的细胞迁移(Castillo-Sanchez et al.，2013)。

在小鼠模型中，BaP处理也能够增加肝癌细胞系的转移潜能，这可能是通过激活血管生成和NF-kB通路(Ba et al.，2014)。

综上所述，BaP能够促进细胞迁移和侵袭，有助于提高在不同的实验环境下多种上皮细胞的转移潜能。

特征7：细胞能量异常

最近的研究表明，BaP能够改变线粒体的功能，细胞器在细胞能量学和细胞程序性死亡中具有关键作用。特别是BaP(范围0~500 mM)能够降低人淋巴母细胞TK6细胞中的mtDNA含量(Pieters et al.，2013)。

相似的是，在同一项研究中，室内暴露于多环芳烃与血液中mtDNA含量降低有关(Pieters et al.，2013)。同样地，BaP诱导小鼠宫颈组织线粒体损伤，与氧化应激增加密切相关(Gao et al.，2010)。

有趣的是，短期暴露于BaP(24~48小时)可诱导线粒体呼吸链中很多组分表达增加(Salazar et al.，2004)，这表明适应性过程可能导致暴露细胞和组织中线粒体来源的氧化应激增加。

总之，虽然存在一些证据表明BaP可以直接影响细胞代谢和能量生产，特别是通过改变线粒体功能，但还需要对BaP的作用进行更多的代谢方面的研究。

特征8：免疫逃逸

20世纪80年代的早期研究表明，BaP在小鼠脾脏白细胞中通过减少抗体的产生和诱导的DNA加合物对小鼠具有免疫毒性作用(Dean et al.，1983；Ginsberg et al.，1989)。最近的一项研究表明，BaP的剂量低至10 mg/kg b.w.(通常被认为是无毒的)能够诱导胸腺重量和脾脏B细胞数量改变(De Jong et al.，1999)。

总之，虽然没有证据能检验BaP影响癌细胞免疫识别的假设，但BaP能够发挥免疫毒性，从而有助于癌细胞逃避免疫破坏。

实现特性：基因组不稳定性、突变及肿瘤促发的炎症

肿瘤特征的获得可能是由两个促癌因素引起的，即基因组的不稳定(允许随机突变的富

集)和癌前病变和恶性病变长期伴随的炎症状态(Hanahan et al.,2011)。作为一类遗传毒性化合物,对于人和实验动物来说,BaP及其代谢物是众所周知的诱变剂。

有趣的是,最近一项涉及人类乳腺上皮永生化细胞新一代外显子测序的研究表明,DNA修复基因是BaP诱导突变的基因之一,具有潜在的功能影响,这表明可能影响突变细胞的基因组稳定性(Severson et al.,2014)。

此外,BaP增加了正常乳腺原发细胞中氧化诱导的DNA聚集性损伤的数量,这与染色体异变的数量相关(Sigounas et al.,2010)。这些损伤与抗氧化防御能力下降、ROS和DNA修复基因转录增加有关(Sigounas et al.,2010),表明BaP暴露后与氧化应激,DNA损伤和修复反应是密切相关的。

癌变过程中,化学物和免疫系统之间的重要交互作用最近得到了回顾性研究(Kravchenko et al.,2015)。

有趣的是,在仿生气道芯片培养系统和动物模型中,巨噬细胞产生的白介素6(IL-6)和肿瘤坏死因子α(TNF-α)被证明是促进支气管上皮细胞恶性转化的关键(Li et al.,2015)。同样地,在肺泡Ⅱ型上皮细胞中观察到TNF-α强烈促进形成稳定的BaP环氧二醇DNA加合物(Umannováet al.,2011)。

因此,包含BaP在内的多环芳烃的炎症反应和BaP对获得性免疫细胞的免疫抑制能力,可能在BaP-aPAHs混合物的致癌性中有协同作用。

双酚A与癌症特征

双酚A(BPA)是一种化学化合物,主要用于生产聚碳酸酯塑料和环氧树脂。人类广泛暴露于BPA。更具体地说,美国疾病控制和预防中心(CDC)进行的一项研究发现,在美国6岁及以上人群的2 517份尿液样本中,有93%的尿液样本能检测到BPA(2016)。BPA具有类似雌激素的激素特性,这引起人们对BPA在某些消费品和食品容器中的适用性的健康问题的担忧。然而,BPA的致癌水平一直存在很大的争议。

一些流行病学研究表明BPA暴露与癌症发病率有关,但这种因果关系并不一致。在中国的一项病例对照研究中,尿液中BPA浓度与脑膜瘤诊断呈正相关(Duan et al.,2013)。已证明BPA与明确的癌症风险因素呈正相关,如内脏肥胖、腰围、葡萄糖稳态和炎症标志物浓度。

相反,在东京的一项病例对照研究中发现,与对照组相比,子宫内膜增生并具有恶性潜能的绝经前妇女的血清中BPA含量较低,患有子宫内膜癌的妇女血清中BPA含量也显著低于对照组(Hiroi et al.,2004)。

此外,尽管没有证据证明职业性BPA暴露与乳腺癌之间可能存在关联,但美国的一项人口病例对照研究发现,BPA暴露在对照组中比在病例中更常见(Aschengrau et al.,1998)。

与流行病学研究相反,体外和体内的机制研究表明BPA对几种癌症特征都有影响,因此被视为致癌物。在这里,我们回顾了BPA对不同的癌症特征影响的现有实验证据。

特征1:维持增殖信号

大量的体外和体内研究证实了BPA的增殖效应。大多数研究表明BPA对细胞增殖有直接影响(Sheng et al.,2013;Sengupta et al.,2013;Park et al.,2014;Newbold et al.,2007;Nakagawa et al.,2001;Moral et al.,2008;Jung et al.,2011;Han et al.,2001;Ge et al.,2014a;Colerangle et al.,1997;Betancourt et al.,2010a;Liu et al.,2015;Zhu et al.,2009;Pisapia et al.,2012;Lam et al.,2015;Smith et al.,2016a,b;Zhang et al.,2012;Schafer et al.,1999;Mlynarcikova et al.,2013;Recchia et al.,2004;Ibrahim et al.,2016;Park et al.,2009;Murray et al.,2007;Kang et al.,2012;Ayyanan et al.,2011;Lee et al.,2012a;Wang et al.,2015b,2014a;Jenkins et al.,2009,2011)。

然而,其他研究发现BPA类似雌激素并具有雌激素效应的能力(Katchy et al.,2014;Hall et al.,2013;Gould et al.,1998;Dong et al.,2011;Chun et al.,2000;Lee et al.,2014;Maruyama et al.,1999;Kim et al.,2003;Hwang et al.,2011;Zhang et al.,2012;Terasaka et al.,2004)以及通过研究BPA暴露导致基因表达的改变,证明了BPA的增殖效应。

有趣的是,即使是通过母体在怀孕或哺乳期间暴露于BPA,也会对小鼠/大鼠后代的组织,特别是乳腺组织有增殖效应(Murray et al.,2007;Newbold et al.,2009;Markey et al.,2001;Wang et al.,2014b;Betancourt et al.,2010a;Mandrup et al.,2016;Ayyanan et al.,2011;Ichihara et al.,2003)。

许多研究表明BPA的增殖效应与剂量有关,在纳摩尔范围内,剂量越高、增殖率越高(Moral et al.,2008;Lin et al.,2013;Colerangle et al.,1997;Wang et al.,2013)。然而,在微摩尔浓度范围内,显示BPA的效应是相反的,会引起支持细胞TM4的增殖率降低(Ge et al.,2014b)。

BPA所激活的信号转导途径也被广泛研究。已有研究表明BPA能与ERα受体结合(Nakagawa et al.,2001),但另有研究表明BPA的作用依赖于G蛋白偶联受体(GPCR),特别是GPER受体(Pupo et al.,2012;Song et al.,2015,p.2;Bouskine et al.,2009)。BPA也被证明对雄激素受体AR-T877A具有雄激素非依赖性刺激作用(Wetherill et al.,2002)。

BPA诱导特定的基因表达变化(Park et al.,2014),靶向调节细胞周期进程的蛋白,如人类乳腺癌和卵巢癌细胞株中的p38-MAPK蛋白(Lee et al.,2014;Kang et al.,2013),体外人类神经母细胞瘤细胞和体内大鼠神经母细胞瘤细胞中的CD4K和cyclin D1蛋白(Zhu et al.,2009),卵巢癌细胞株中的PCNA、bcl2和bax蛋白(Mlynarcikova et al.,2013;Yu et al.,2004),人乳腺癌细胞株中的STAT3蛋白(Zhang et al.,2012)以及人乳腺上皮细胞系中的*p16*和cyclin E蛋白(Qin et al.,2012)。

更具体地说,已证实BPA可以增加细胞周期蛋白D1的表达,该蛋白负责G1/S周期过渡。BPA能降低CDK抑制剂p21的表达,p21可以将人类乳腺癌和卵巢癌细胞株阻滞在细胞周期G1期(Hwang et al.,2013;Kang et al.,2012;Lee et al.,2012a)。BPA还激活cAMP依赖蛋白激酶和cGMT依赖蛋白激酶通路,引起人类睾丸精原细胞瘤细胞中cAMP反应元件结合蛋白(CREB)和Rb的磷酸化(Bouskine et al.,2009)。

此外，PTEN/AKT/p53 轴被证实与 BPA 的增殖效应有关。具体而言，BPA 诱导癌基因 miR-19a 和 miR-19b 的上调，并导致人乳腺癌细胞中 miR-19 相关的下游蛋白表达失调，包括 PTEN、p-AKT、p-MDM2 和 p53(Li et al., 2015)。BPA 也能激活 IGF-1 信号通路，导致增殖加速(Klotz et al., 2000)。

也许更重要的是，良性乳腺肿瘤细胞暴露于 BPA 后，PI3K-mTOR 通路中关键基因、蛋白质(AKT1、RPS6 和 4EBP1)和肿瘤抑制因子(即磷酸酶和张力素同源基因蛋白)同时减少。最后，BPA 可引起磷酸化 AKT 和 c-Raf，磷酸化 ERKs1 和 2 以及 TGF-β 的降低，已有研究证明在成年大鼠中更容易发生化学诱发的癌症，即使暴露是在出生前(Betancourt et al., 2010b)。

另一方面，少有的研究表明 BPA 暴露不足会产生增殖效应，而需要联合暴露如植物雌激素和 IGF-1(Katchy et al., 2014; Ishido 2004)；或活化剂和特定条件(如雌激素缺失或 ER 的选择性突变)(Hess-Wilson et al., 2006)；或致癌物暴露，如 3, 2′-二甲基-4-氨基联苯(DMAB)(Ichihara et al., 2003)或邻苯二酚(Oikawa, 2005)。

也有其他研究表明 BPA 对垂体肿瘤细胞膜富含雌激素受体的 GH3/B6/F10 细胞株(Kochukov et al., 2009)、大鼠肝脏上皮 WB-F344 细胞(Dong et al., 2014)、人乳腺癌细胞株 MCF-7(Diel et al., 2002)、人子宫内膜细胞系 ECC-1(Bergeron et al., 1999)和成年雌性孕期暴露的小鼠没有增殖效应。

最后，少数研究表明，随着暴露浓度的增加，肺癌细胞(Andreescu et al., 2005)或小鼠源性多能神经祖细胞(NPC)的增殖速率降低(Kim et al., 2009)，但这两项研究都使用了微摩尔范围内相当高的浓度。

总体而言，大多数研究支持纳摩尔浓度 BPA 的增殖效应，这个浓度也是与人类环境暴露最相符。

特征2：逃避生长抑制

如前所述，BPA 通过使细胞逃避 G1 期阻滞而诱导细胞异常增殖。通过扰动细胞周期调节蛋白，BPA 还使细胞逃避生长抑制。更具体地说，BPA 下调了 p16 和 p21(Hwang et al., 2013; Kang et al., 2012; Lee et al., 2012a; Qin et al., 2012)，二者都在调节/阻止 G1 到 S 阶段的过渡中发挥重要作用。

此外，BPA 通过磷酸化 Rb(Bouskine et al., 2009)消除了 Rb 在细胞周期进程中的调节作用，从而显示抑制肿瘤的特性。此外，BPA 使 PTEN 和 p53 失调(Li et al., 2015)并降低 TGF-β 的表达(Betancourt et al., 2010b)，从而抑制它们发挥肿瘤抑制作用，使细胞逃避其生长调节作用。

最后，在人高危供体乳腺上皮细胞中，BPA 降低了肿瘤抑制因子、磷酸酶和张力蛋白同源基因蛋白的表达(Goodson et al., 2011)。

特征3：抵御细胞死亡

BPA 的凋亡效应似乎自相矛盾。

在乳腺癌患者对侧组织的上皮间质共培养中，10^{-7} M 的 BPA 诱导的基因表达模式促进细胞凋亡逃逸（Dairkee et al., 2008）。此外，在人 MCF-7 乳腺癌细胞系中，当 BPA 浓度高于 10^{-8} M 时，发现细胞凋亡率降低。其中 BPA 浓度为 10^{-6} M 时凋亡率最低（Diel et al., 2002）。在卵巢癌细胞中，BPA 与瘦素联合暴露可通过调节 STAT3 和 ERK1/2 信号通路抑制 caspase 3 的表达和活性，表现出抗凋亡特性（Ptak et al., 2013）。

同样，在卵巢癌细胞中，BPA 抑制促凋亡基因的表达，增加促生存基因的表达，并降低了 caspase 3 的活性（Ptak et al., 2011）。在体内，BPA 降低了哺乳期暴露于 BPA 的新生/青春期前大鼠的细胞凋亡，这种细胞凋亡的降低与 PR-A、SRC1-3、erbB3 和 Akt 的活性变化有关（Jenkins et al., 2009）。最后，在使用他莫昔芬处理的细胞中，BPA 预处理证实了凋亡逃逸有剂量依赖性（Goodson et al., 2011）。

然而，其他研究表明，BPA 相关的细胞毒性以剂量依赖的方式降低细胞存活率并诱导细胞凋亡（S.Terasaka et al., 2004；Jenkins et al., 2011）。在 ER 阳性乳腺癌细胞（MCF-7：WS8）和胰岛素分泌细胞系（INS-1）中，较高浓度（2×10^{-8} M 至 10^{-6} M）的 BPA 通过释放细胞色素 C 促进细胞凋亡（Sengupta et al., 2013；Lin et al., 2013）；在支持细胞中，BPA 诱导细胞凋亡的方式是通过 CAM-CAMKII-ERK1/2 通路将凋亡信号传递到线粒体（Qian et al., 2014）。

BPA（32×10^{-7}M）暴露后，基因表达发生改变，例如 PCNA 和 bcl-2 mRNA 表达上调，bax mRNA 表达下调，提示该通路参与卵巢癌细胞凋亡（Yu et al., 2004）。BPA 诱导的 caspase 3 的增加，提示 BPA 介导了成年白化大鼠乳腺的促凋亡作用（(Ibrahim et al., 2016）。在白血病细胞中证实 caspase 3 的激活，ERK 和 AKT 的磷酸化都参与了内源性和外源性凋亡通路（Bontempo et al., 2009）。

特征 4：诱导血管生成

这一特征的机制研究表明 BPA 具有促血管生成作用。BPA 增加了小鼠神经母细胞瘤中的微血管密度和 VEGF 表达（BPA：200 mg/kg/d），体外培养的神经母细胞瘤细胞中 VEGF 表达也增加（2 μg/mL）（Zhu et al., 2009）。在乳腺癌细胞系中，BPA（1^{-10}μM）可通过 ER 依赖机制调控 VEGF 的表达，并通过使用抑制剂抑制 VEGF 的功能表明 MEK、p38 激酶和 PI3K 通路参与了 BPA 的促血管生成作用（Buteau-Lozano et al., 2008）。

然而，在牛主动脉内皮细胞（BAECs）中，BPA（100 nM）促血管生成效果是通过 GPER 的激活上调 XIAP 的表达而发挥作用的，而不是 ERα 或 ERβ 的激活（Liu et al., 2015）。

最后，BPA（1，40 和 100 nM）在癌细胞和非癌细胞中都能促进 VEGF-R2 的表达，在非癌细胞中只促进 VEGF-A 表达（Ptak, Gregoraszczuk, 2015）。鉴于 VEGF-A 在血管生成中的作用，这些研究表明 BPA 可以促进血管生成。

特征 5：启动复制性永生

根据人异染色质蛋白-1γ 阳性细胞的数量评估，显示 BPA 能够有效地增加人乳腺上皮细胞 p16 和细胞周期蛋白 E 的表达水平导致细胞衰老（Qin et al., 2012）。尽管在其他研究中没有证据显示BPA会直接诱导细胞衰老,但其暴露效应如Rb的磷酸化(Bouskine et al.,2009)、*PTEN*和*p53*的失调(Li et al.,2015)、*TGF-β*和其他抑癌基因的减少(Betancourt et al.,2010b)、以及PI3K-mTOR通路中关键基因和蛋白质的诱导(Li et al.,2015)可以促进无限复制。

特征6:激活侵袭与转移

多项研究表明BPA能促进细胞迁移、侵袭和转移(Zhang et al.,2016b;Kim et al.,2015a;Chen et al.,2015;Liu et al.,2015),并且上皮细胞向间充质细胞转化(EMT)在侵袭转移这一特征的获得中发挥了重要作用(Chen et al.,2015;Wang et al.,2015b)。

处理过的SW840结肠癌细胞通过诱导EMT特征来促进结直肠癌细胞的转移,EMT特征通过间叶细胞的类纺锤状的形态获得和N-cadherin增加而产生。与此同时,E-cadherin减少,Snail转录因子增加(Chen et al.,2015)。

在神经母细胞瘤和卵巢癌细胞中,除了N-cadherin外,BPA还通过上调迁移相关因子MMP2、MMP3和MMP9来促进细胞迁移(Ptak et al.,2014;Zhu et al.,2010)。这些效应表现出剂量敏感性,并依赖于MAPK和PI3K/Akt信号通路(Ptak et al,2014)。肺癌细胞暴露于BPA后,MMPs的表达明显上调,但在这些BPA处理的细胞中,通过GPER/EGFR快速激活ERK1/2来诱导MMP上调表达(Zhang et al.,2014)。

类似地,在MDA-MB-231乳腺癌细胞中,BPA诱导迁移依赖GPER的活化,侵袭过程涉及AP-1/NFκB-DNA结合活性,它是通过Src和ERK2-依赖信号通路结合的(Castillo et al.,2016)。其他研究中发现参与BPA诱导的宫颈癌细胞迁移和侵袭的是IKK-β/NF-κB信号通路(Ma et al.,2015)。

另一机制研究表明BPA诱导的细胞迁移是Erβ介导的整合蛋白B1/MMP9信号通路(Shi et al.,2016;Kim et al,2015b)。

尽管存在相关机制,上述所有研究都证明了BPA对迁移的影响。然而,值得注意的是,一项研究证明BPA(0.1和1μM浓度)降低了大鼠肝脏上皮WB-F344细胞的运动能力(Dong et al.,2014)。

特征7:细胞能量失控

一项主要调查BPA暴露对INS-1细胞凋亡影响的研究表明,BPA诱导的凋亡与线粒体缺陷有关,包括ATP的消耗、细胞色素c的释放、线粒体质量和膜电位的丧失以及线粒体功能和代谢相关基因表达的改变。这些线粒体缺陷可能导致细胞能量调节异常。然而,BPA对细胞重编程促进糖酵解的直接作用(Warburg效应)尚未被研究。

特征8:免疫逃逸

尽管没有研究证明BPA能直接影响免疫细胞对癌细胞的识别,或影响癌细胞分泌免疫抑制因子,但有几项研究表明暴露于BPA会对免疫系统功能产生不良影响(免疫毒性)。

首先,BPA暴露相关的基因表达变化显示大量基因参与免疫系统反应和调节(Fic et al.,

2015）。BPA通过ER介导的NF-κβ抑制作用降低NO和TNFα的产量，从而影响免疫系统的调节（Kim et al.，2003）。NF-κB是对有害细胞刺激的第一反应者，如活性氧（ROS），肿瘤坏死因子α（TNFα）和白介素1-β（IL-1β）。通过抑制NF-κβ，机体调节免疫反应的能力受损，这可能使癌细胞躲避免疫系统追杀。

实现特性：基因组不稳定性、突变及肿瘤促发的炎症

在更新他们的关于癌症特征的原始出版物时（Hanahan et al.，2000），Hanahan和Weinberg最近确定了两个促癌因素，它们促进恶性肿瘤和癌症特征的建立。这些特征是基因组的不稳定性（这有助于突变的积累）和促肿瘤炎症（Hanahan et al.，2011）。

一些发表文章支持BPA在体内和体外的遗传毒性作用。BPA的细胞毒作用在大鼠INS-1细胞中得到了证实，在INS-1细胞中，BPA使DNA链断裂、DNA损伤相关基因（*p53*和*CHK2*）的表达和ROS浓度增加（Xin et al.，2014）。小鼠精子和脑组织暴露于BPA后，ROS产量增加和线粒体功能受损也得到证实（Ooe et al.，2005）。

高剂量（≥100 μM）BPA几乎在二倍体范围内诱导的染色体数目变化，并与细胞转化相关（Tsutsui et al.，1998）。BPA暴露时染色体分离不当也会导致微核形成（Kabil et al.，2008），BPA也会引起DNA碎片化（Terasaka et al.，2005；Ptak et al.，2011）。BPA的促凋亡作用证实了BPA的细胞毒性和遗传毒性效应，特别是在较大的暴露下（包括p53激活）（H. Terasaka et al.，2005；Sengupta et al.，2013；Lin et al.，2013；Ptak et al.，2011）。

此外，证实了BPA处理过的细胞上调了DNA修复有关基因的表达，以此克服化学物质造成的DNA损伤（Fernandez et al.，2012）。

除了BPA本身，BPA代谢物也有表现出遗传毒性作用。BPA-Q，如果没有完全解毒，会导致DNA的脱嘌呤（Qiu et al.，2004），而许多其他的BPA代谢物会在体内引起DNA加合物的形成［雌性CD-1小鼠、雄性Sprague-Dawley大鼠和瑞士ICR（CD-1）小鼠的肝脏和乳腺细胞］（Izzotti et al.，2009，2010；De Flora et al.，2011）。

BPA还可以通过表观遗传和转录的变化导致基因组的不稳定。在出生之前暴露于BPA的成年小鼠中，BPA的表观遗传效应包括组蛋白-3-三甲基化的增加，这通常与抑制基因的表达有关（Doherty et al.，2010；Dhimolea et al.，2014）；在乳腺癌细胞株中，BPA被证明会改变miRNA文库，包括miR-21的表达（Tilghman et al.，2012）。此外，BPA暴露增加了关键启动子的转录和染色质修饰因子的招募，如*HOXB9*（Deb et al.，2016）、*HOXC6*（Hussain et al.，2015）和*HOTAIR*长链非编码RNA（Bhan et al.，2014）。最后，在母体暴露后的胚胎和胎盘中，BPA能引起基因组多个区域甲基化改变，包括印迹区域（Hanna et al.，2012；Susiarjo et al.，2013；Jorgensen et al.，2016）。

这些表观遗传变异可以解释BPA暴露后观察到的异常转录组学文库，在乳腺肿瘤和子宫内膜异位（Roy et al.，2015）、人MCF-7乳腺癌细胞和T47D癌细胞（Tilghman et al.，2012；Vivacqua et al.，2003；Buterin et al.，2006）、人卵巢癌细胞株（Hayes et al.，2016）、子宫内膜癌细胞包括雌激素受体（ER）的Ishikawa阳性和ER缺乏的Ishikawa阴性子宫内膜癌细胞（Boehme et al.，2009；Gertz et al.，2012）、小鼠支持细胞系（TTE3细胞）（Tabuchi et al.，2002）、

啮齿动物前列腺癌(PCa)模型(Ho et al.,2015)和妊娠期暴露于 BPA 的母亲所生的雌性 Sprague-Dawley 后代(Grassi et al.,2016)中。BPA 暴露后异常表达的基因包括但不限于 CYP19A1、EGFR、ESR2、FOS 和 IGF1(Roy et al.,2015),以及许多生长发育相关基因,如 *HOXC1* 和 *C6*、*Wnt5A*、*Frizzled*、*TGFbeta-2* 和 *STAT* 抑制剂 2(Singleton et al.,2006)。

反过来,转录组的变化会引起蛋白质组学异常,包括几个体外(小鼠乳腺和非癌性人类高危供体乳腺上皮细胞(HRBEC)的原代器官培养(Williams et al.,2016;Dairkee et al.,2013))和体内[大鼠暴露于产前或青春期前和瑞士 ICR(CD-1)小鼠](Betancourt et al.,2012,2014;Izzotti et al.,2010;Lee et al.,2012b;Tang et al.,2012)的关键细胞过程,如细胞增殖、凋亡抑制、组织重塑、炎症、应激反应和谷胱甘肽合成。因 BPA 暴露而改变表达的蛋白质在蛋白质代谢、信号转导、发育和细胞周期调节中发挥重要作用(Lamartiniere et al.,2011),从而使细胞更易发生癌变。

除了遗传和表观遗传效应外,BPA 还可以通过拮抗结合细胞调节受体而带来不稳定性(Moriyama et al.,2002;Greathouse et al.,2012)。最后,BPA 直接影响 DNA 修复,通过破坏双链断裂修复机制(Allard 和 Colaiácovo 2010)和结合 DNA 修复的关键角色,如 DNA-PKcs(Ito et al.,2008)。另一方面,它也可能通过碱基切除修复途径阻止氧化碱基损伤修复的启动(Gassman et al.,2015)。

此外,由于基因组的不稳定,BPA 也有助于促肿瘤炎症,特别是在肿瘤微环境中。在成年 noble 大鼠中,BPA 诱导 CD4+和 CD8+T 细胞显著浸润到前列腺上皮内肿瘤(PIN)(Lam et al.,2015)中。这种免疫细胞浸润是肿瘤微环境必不可缺的一个组成部分,可用于肿瘤的优势,因为它可以用于维持血管生成、刺激增殖、促进组织侵袭和支持转移性扩散(Hanahan et al.,2011)。

此外,BPA 处理的 THP1 巨噬细胞和人原代巨噬细胞增加了促炎症细胞因子肿瘤坏死因子-α(TNF-α)和白介素-6(IL-6)的产生,但降低了抗炎症细胞因子白介素-10(IL-10)和转化生长因子-β(TGF-β)的产生(Liu et al.,2014)。CD-1 小鼠在子宫内暴露后,BPA 改变了乳腺组织中抗炎和促炎调节因子的表达,创建了一个肿瘤形成的微环境。其中一些变化包括趋化因子 CXC 家族、白介素 1(IL-1)基因家族(IL-1β 和 IL-1rn)、白介素 2 基因家族(IL-7 受体)和干扰素基因家族[干扰素调节因子 9(Irf 9)]以及免疫应答基因 1(*Irg1*)的表达下降(Fischer et al.,2016)。

(翻译:陈建平)

参考文献

Allard P, Colaiácovo MP (2010) Bisphenol A impairs the double-strand break repair machinery in the germline and causes chromosome abnormalities. Proc Natl Acad Sci U S A 107(47):20405-20410. https://doi.org/10.1073/pnas.1010386107

Andreescu S, Sadik OA, McGee DW (2005) Effect of natural and synthetic estrogens on A549 lung cancer cells:

correlation of chemical structures with cytotoxic effects. Chem Res Toxicol 18(3): 466-474. https://doi.org/10.1021/tx0497393

Andrysík Z, Vondrácek J, Machala M, Krcmár P, Svihálková-Sindlerová L, Kranz A, Weiss C, Faust D, Kozubík A, Dietrich C (2007) The aryl hydrocarbon receptor-dependent deregulation of cell cycle control induced by polycyclic aromatic hydrocarbons in rat liver epithelial cells. Mutat Res 615: 87-97. https://doi.org/10.1016/j.mrfmmm.2006.10.004

Aschengrau A, Coogan PF, Quinn M, Cashins LJ (1998) Occupational exposure to estrogenic chemicals and the occurrence of breast cancer: an exploratory analysis. Am J Ind Med 34(1):6-14

Ayyanan A, Laribi O, Schuepbach-Mallepell S, Schrick C, Gutierrez M, Tanos T, Lefebvre G, Rougemont J, Yalcin-Ozuysal Ö, Brisken C (2011) Perinatal exposure to bisphenol A increases adult mammary gland progesterone response and cell number. Mol Endocrinol 25(11): 1915-1923. https://doi.org/10.1210/me.2011-1129

Ba Q, Li J, Huang C, Qiu H, Li J, Chu R, Zhang W, Xie D, Wu Y, Wang H (2014) Effects of benzo[a]pyrene exposure on human hepatocellular carcinoma cell angiogenesis, metastasis, and NF-κB signaling. Environ Health Perspect 123: 246-254. https://doi.org/10.1289/ehp.1408524

Baird WM, Hooven LA, Mahadevan B (2005) Carcinogenic polycyclic aromatic hydrocarbon-DNA adducts and mechanism of action. Environ Mol Mutagen 45: 106-114. https://doi.org/10.1002/em.20095

Beerenwinkel N, Antal T, Dingli D, Traulsen A, Kinzler KW, Velculescu VE, Vogelstein B, Nowak MA (2007) Genetic progression and the waiting time to cancer. PLoS Comput Biol 3(11): e225. https://doi.org/10.1371/journal.pcbi.0030225

Bergeron RM, Thompson TB, Leonard LS, Pluta L, Gaido KW (1999) Estrogenicity of bisphenol A in a human endometrial carcinoma cell line. Mol Cell Endocrinol 150(1-2): 179-187. https://doi.org/10.1016/S0303-7207(98)00202-0

Betancourt AM, Eltoum IA, Desmond RA, Russo J, Lamartiniere CA (2010a) In utero exposure to bisphenol A shifts the window of susceptibility for mammary carcinogenesis in the rat. Environ Health Perspect 118(11): 1614-1619. https://doi.org/10.1289/ehp.1002148

Betancourt AM, Mobley JA, Russo J, Lamartiniere CA (2010b) Proteomic analysis in mammary glands of rat offspring exposed in utero to bisphenol A. J Proteome 73(6): 1241-1253. https://doi.org/10.1016/j.jprot.2010.02.020

Betancourt AM, Wang J, Jenkins S, Mobley J, Russo J, Lamartiniere CA (2012) Altered carcinogenesis and proteome in mammary glands of rats after prepubertal exposures to the hormonally active chemicals bisphenol A and genistein. J Nutr 142(7): 1382S-1388S. https://doi.org/10.3945/jn.111.152058

Betancourt A, Mobley JA, Wang J, Jenkins S, Chen D, Kojima K, Russo J, Lamartiniere CA (2014) Alterations in the rat serum proteome induced by prepubertal exposure to bisphenol A and genistein. J Proteome Res 13(3): 1502-1514. https://doi.org/10.1021/pr401027q

Bhan A, Hussain I, Ansari KI, Bobzean SA, Perrotti LI, Mandal SS (2014) Bisphenol-A and diethylstilbestrol exposure induces the expression of breast cancer associated long noncoding RNA HOTAIR in vitro and in vivo. J Steroid Biochem Mol Biol 141: 160-170. https://doi.org/10.1016/j.jsbmb.2014.02.002

"Bisphenol A (BPA)" (2016). https://www.niehs.nih.gov/health/topics/agents/sya-bpa/. Accessed 19 Sept

Boehme K, Simon S, Mueller SO (2009) Gene expression profiling in Ishikawa cells: a fingerprint for estrogen active compounds. Toxicol Appl Pharmacol 236(1): 85-96. https://doi.org/10.1016/j.taap.2009.01.006

Bontempo P, Mita L, Doto A, Miceli M, Nebbioso A, Lepore I, Franci GL et al (2009) Molecular analysis of the apoptotic effects of BPA in acute myeloid leukemia cells. J Transl Med 7: 48. https://doi.org/10.1186/

1479-5876-7-48

Bouskine A, Nebout M, Brücker-Davis F, Benahmed M, Fenichel P (2009) Low doses of bisphenol A promote human seminoma cell proliferation by activating PKA and PKG via a membrane Gprotein- coupled estrogen receptor. Environ Health Perspect 117(7): 1053-1058. https://doi.org/10.1289/ehp.0800367

Buteau-Lozano H, Velasco G, Cristofari M, Balaguer P, Perrot-Applanat M (2008) Xenoestrogens modulate vascular endothelial growth factor secretion in breast cancer cells through an estrogen receptor-dependent mechanism. J Endocrinol 196(2): 399-412. https://doi.org/10.1677/JOE-07-0198

Buterin T, Koch C, Naegeli H (2006) Convergent transcriptional profiles induced by endogenous estrogen and distinct xenoestrogens in breast cancer cells. Carcinogenesis 27(8): 1567-1578. https://doi.org/10.1093/carcin/bgi339

Carnero A, Blanco-Aparicio C, Kondoh H, Lleonart ME, Martinez-Leal JF, Mondello C, Scovassi AI et al (2015) Disruptive chemicals, senescence and immortality. Carcinogenesis 36(Suppl 1): S19-S37. https://doi.org/10.1093/carcin/bgv029

Castillo Sanchez R, Gomez R, Perez Salazar E (2016) Bisphenol A induces migration through a GPER-, FAK-, Src-, and ERK2-dependent pathway in MDA-MB-231 breast cancer cells. Chem Res Toxicol 29(3): 285-295. https://doi.org/10.1021/acs.chemrestox.5b00457

Castillo-Sanchez R, Villegas-Comonfort S, Galindo-Hernandez O, Gomez R, Salazar EP (2013) Benzo-[a]-pyrene induces FAK activation and cell migration in MDA-MB-231 breast cancer cells. Cell Biol Toxicol 29: 303-319. https://doi.org/10.1007/s10565-013-9254-1

Chappell G, Pogribny IP, Guyton KZ, Rusyn I (2016) Epigenetic alterations induced by genotoxic occupational and environmental human chemical carcinogens: a systematic literature review. Mutat Res Rev Mutat Res 768: 27-45. https://doi.org/10.1016/j.mrrev.2016.03.004

Charles GD, Bartels MJ, Zacharewski TR, Gollapudi BB, Freshour NL, Carney EW (2000) Activity of benzo[a]pyrene and its hydroxylated metabolites in an estrogen receptor-alpha reporter gene assay. Toxicol Sci 55: 320-326

Chen Z-J, Yang X-L, Liu H, Wei W, Zhang K-S, Huang H-B, Giesy JP, Liu H-L, Du J, Wang H-S (2015) Bisphenol A modulates colorectal cancer protein profile and promotes the metastasis via induction of epithelial to mesenchymal transitions. Arch Toxicol 89(8): 1371-1381. https://doi.org/10.1007/s00204-014-1301-z

Chun TY, Gorski J (2000) High concentrations of bisphenol A induce cell growth and prolactin secretion in an estrogen-responsive pituitary tumor cell line. Toxicol Appl Pharmacol 162(3): 161-165. https://doi.org/10.1006/taap.1999.8840

Colerangle JB, Roy D (1997) Profound effects of the weak environmental estrogen-like chemical bisphenol A on the growth of the mammary gland of noble rats. J Steroid Biochem Mol Biol 60(1-2): 153-160

Dairkee SH, Seok J, Champion S, Sayeed A, Mindrinos M, Xiao W, Davis RW, Goodson WH (2008) Bisphenol A induces a profile of tumor aggressiveness in high-risk cells from breast cancer patients. Cancer Res 68(7): 2076-2080. https://doi.org/10.1158/0008-5472.CAN-07-6526

Dairkee SH, Gloria Luciani-Torres M, Moore DH, Goodson WH (2013) Bisphenol-A-induced inactivation of the p53 axis underlying deregulation of proliferation kinetics, and cell death in non-malignant human breast epithelial cells. Carcinogenesis 34(3): 703-712. https://doi.org/10.1093/carcin/bgs379

De Flora S, Micale RT, La Maestra S, Izzotti A, D'Agostini F, Camoirano A, Davoli SA et al (2011) Upregulation of clusterin in prostate and DNA damage in spermatozoa from bisphenol A-treated rats and formation of DNA adducts in cultured human prostatic cells. Toxicol Sci 122(1): 45-51. https://doi.org/10.1093/toxsci/kfr096

De Jong WH, Kroese ED, Vos JG, Van Loveren H (1999) Detection of immunotoxicity of benzo[a]pyrene in a subacute toxicity study after oral exposure in rats. Toxicol Sci 50:214-220

Dean JH, Luster MI, Boorman GA, Lauer LD, Leubke RW, Lawson L (1983) Selective immunosuppression resulting from exposure to the carcinogenic congener of benzopyrene in B6C3F1 mice. Clin Exp Immunol 52:199-206

Deb P, Bhan A, Hussain I, Ansari KI, Bobzean SA, Pandita TK, Perrotti LI, Mandal SS (2016) Endocrine disrupting chemical, bisphenol-A, induces breast cancer associated gene HOXB9 expression in vitro and in vivo. Gene 590(2):234-243. https://doi.org/10.1016/j.gene.2016.05.009

Dhimolea E, Wadia PR, Murray TJ, Settles ML, Treitman JD, Sonnenschein C, Shioda T, Soto AM (2014) Prenatal exposure to BPA alters the epigenome of the rat mammary gland and increases the propensity to neoplastic development. PLoS One 9(7):e99800. https://doi.org/10.1371/journal.pone.0099800

Diel P, Olff S, Schmidt S, Michna H (2002) Effects of the environmental estrogens bisphenol A, O, p0-DDT, P-tert-octylphenol and coumestrol on apoptosis induction, cell proliferation and the expression of estrogen sensitive molecular parameters in the human breast cancer cell line MCF-7. J Steroid Biochem Mol Biol 80(1):61-70. https://doi.org/10.1016/S0960-0760(01)00173-X

Doherty LF, Bromer JG, Zhou Y, Aldad TS, Taylor HS (2010) In utero exposure to diethylstilbestrol (DES) or bisphenol-A (BPA) increases EZH2 expression in the mammary gland: an epigenetic mechanism linking endocrine disruptors to breast cancer. Horm Cancer 1(3):146-155. https://doi.org/10.1007/s12672-010-0015-9

Dong S, Terasaka S, Kiyama R (2011) Bisphenol A induces a rapid activation of Erk1/2 through GPR30 in human breast cancer cells. Environ Pollut 159(1):212-218. https://doi.org/10.1016/j.envpol.2010.09.004

Dong Y, Araki M, Hirane M, Tanabe E, Fukushima N, Tsujiuchi T (2014) Effects of bisphenol A and 4-nonylphenol on cellular responses through the different induction of LPA receptors in liver epithelial WB-F344 cells. J Recept Signal Transduct Res 34(3):201-204. https://doi.org/10.3109/10799893.2013.876040

Du HJ, Tang N, Liu BC, You BR, Shen FH, Ye M, Gao A, Huang C (2006) Benzo[a]pyreneinduced cell cycle progression is through ERKs/cyclin D1 pathway and requires the activation of JNKs and p38 mapk in human diploid lung fibroblasts. Mol Cell Biochem 287:79-89. https://doi.org/10.1007/s11010-005-9073-7

Duan B, Xuebin H, Zhao H, Qin J, Luo J (2013) The relationship between urinary bisphenol A levels and meningioma in chinese adults. Int J Clin Oncol 18(3):492-497. https://doi.org/10.1007/s10147-012-0408-6

Engström W, Darbre P, Eriksson S, Gulliver L, Hultman T, Karamouzis MV, Klaunig JE, Mehta R, Moorwood K, Sanderson T, Sone H, Vadgama P, Wagemaker G, Ward A, Singh N, Al-Mulla F, Al-Temaimi R, Amedei A, Colacci AM, Vaccari M, Mondello C, Scovassi AI, Raju J, Hamid RA, Memeo L, Forte S, Roy R, Woodrick J, Salem HK, Ryan EP, Brown DG, Bisson WH (2015) The potential for chemical mixtures from the environment to enable the cancer hallmark of sustained proliferative signalling. Carcinogenesis 36(Suppl 1):S38-S60. https://doi.org/10.1093/carcin/bgv030

Fearon ER, Vogelstein B (1990) A genetic model for colorectal tumorigenesis. Cell 61(5):759-767

Fernandez SV, Huang Y, Snider KE, Zhou Y, Pogash TJ, Russo J (2012) Expression and DNA methylation changes in human breast epithelial cells after bisphenol A exposure. Int J Oncol 41(1):369-377. https://doi.org/10.3892/ijo.2012.1444

Fic A, Jurković Mlakar S, Juvan P, Mlakar V, Marc J, Sollner Dolenc M, Broberg K, Peterlin Mašič L (2015) Genome-wide gene expression profiling of low-dose, long-term exposure of human osteosarcoma cells to bisphenol A and its analogs bisphenols AF and S. Toxicol In Vitro 29(5):1060-1069. https://doi.org/10.1016/j.tiv.2015.03.014

Fiorito G, Vlaanderen J, Polidoro S, Gulliver J, Galassi C, Ranzi A, Krogh V, Grioni S, Agnoli C, Sacerdote

C, Panico S, Tsai MY, Probst-Hensch N, Hoek G, Herceg Z, Vermeulen R, Ghantous A, Vineis P, Naccarati A, EXPOsOMICS Consortium (2017) Oxidative stress and inflammation mediate the effect of air pollution on cardio- and cerebrovascular disease: a prospective study in nonsmokers. Environ Mol Mutagen 59 (3): 234-246. https://doi.org/10.1002/em.22153

Fischer C, Mamillapalli R, Goetz LG, Jorgenson E, Ilagan Y, Taylor HS (2016) Bisphenol A (BPA) exposure in utero leads to immunoregulatory cytokine dysregulation in the mouse mammary gland: a potential mechanism programming breast cancer risk. Horm Cancer 7(4): 241-251. https://doi.org/10.1007/s12672-016-0254-5

Gao M, Long J, Li Y, Shah W, Fu L, Liu J, Wang Y (2010) Mitochondrial decay is involved in BaP-induced cervical damage. Free Radic Biol Med 49: 1735-1745. https://doi.org/10.1016/j.freeradbiomed.2010.09.003

Gassman NR, Coskun E, Stefanick DF, Horton JK, Jaruga P, Dizdaroglu M, Wilson SH (2015) Bisphenol A promotes cell survival following oxidative DNA damage in mouse fibroblasts. PLoS One 10(2): e0118819. https://doi.org/10.1371/journal.pone.0118819

Ge L-C, Chen Z-J, Liu H-Y, Zhang K-S, Liu H, Huang H-B, Zhang G et al (2014a) Involvement of activating ERK1/2 through G protein coupled receptor 30 and estrogen receptor α/β in low doses of bisphenol A promoting growth of sertoli TM4 cells. Toxicol Lett 226(1): 81-89. https://doi.org/10.1016/j.toxlet.2014.01.035

Ge L-C, Chen Z-J, Liu H, Zhang K-S, Su Q, Ma X-Y, Huang H-B et al (2014b) Signaling related with biphasic effects of bisphenol A (BPA) on sertoli cell proliferation: a comparative proteomic analysis. Biochim Biophys Acta 1840(9): 2663-2673. https://doi.org/10.1016/j.bbagen.2014.05.018

Gerlinger M, McGranahan N, Dewhurst SM, Burrell RA, Tomlinson I, Swanton C (2014) Cancer: evolution within a lifetime. Annu Rev Genet 48: 215-236. https://doi.org/10.1146/annurev-genet-120213-092314

Gerlinger M, Rowan AJ, Horswell S, Larkin J, Endesfelder D, Gronroos E, Martinez P et al (2012) Intratumor heterogeneity and branched evolution revealed by multiregion sequencing. N Engl J Med 366(10): 883-892. https://doi.org/10.1056/NEJMoa1113205

Gerstung M, Eriksson N, Lin J, Vogelstein B, Beerenwinkel N (2011) The temporal order of genetic and pathway alterations in tumorigenesis. PLoS One 6(11): e27136. https://doi.org/10.1371/journal.pone.0027136

Gertz J, Reddy TE, Varley KE, Garabedian MJ, Myers RM (2012) Genistein and bisphenol A exposure cause estrogen receptor 1 to bind thousands of sites in a cell type-specific manner. Genome Res 22(11): 2153-2162. https://doi.org/10.1101/gr.135681.111

Ginsberg GL, Atherholt TB, Butler GH (1989) Benzo[a]pyrene-induced immunotoxicity: comparison to DNA adduct formation in vivo, in cultured splenocytes, and in microsomal systems. J Toxicol Environ Health 28: 205-220. https://doi.org/10.1080/15287398909531341

Goodson WH, Lowe L, Carpenter DO, Gilbertson M, Manaf Ali A, Lopez de Cerain Salsamendi A et al (2015) Assessing the carcinogenic potential of low-dose exposures to chemical mixtures in the environment: the challenge ahead. Carcinogenesis 36(Suppl 1): S254-S296

Goodson WH, Luciani MG, Aejaz Sayeed S, Jaffee IM, Moore DH, Dairkee SH (2011) Activation of the mTOR pathway by low levels of xenoestrogens in breast epithelial cells from high-risk women. Carcinogenesis 32(11): 1724-1733. https://doi.org/10.1093/carcin/bgr196

Gould JC, Leonard LS, Maness SC, Wagner BL, Conner K, Zacharewski T, Safe S, McDonnell DP, Gaido KW (1998) Bisphenol A interacts with the estrogen receptor alpha in a distinct manner from estradiol. Mol Cell Endocrinol 142(1-2): 203-214

Grassi TF, da Silva GN, Bidinotto LT, Rossi BF, Quinalha MM, Kass L, Muñoz-de-Toro M, Barbisan LF (2016) Global gene expression and morphological alterations in the mammary gland after gestational exposure to bisphenol A, genistein and indole-3-carbinol in female Sprague-Dawley offspring. Toxicol Appl Pharmacol 303:

101-109. https://doi.org/10.1016/j.taap.2016.05.004

Greathouse KL, Bredfeldt T, Everitt JI, Lin K, Berry T, Kannan K, Mittelstadt ML, Ho S-m, Walker CL (2012) Environmental estrogens differentially engage the histone methyltransferase EZH2 to increase risk of uterine tumorigenesis. Mol Cancer Res 10(4):546-557. https://doi.org/10.1158/1541-7786.MCR-11-0605

Gudjonsson T, Villadsen R, Rønnov-Jessen L, Petersen OW (2004) Immortalization protocols used in cell culture models of human breast morphogenesis. Cell Mol Life Sci 61(19-20):2523-2534. https://doi.org/10.1007/s00018-004-4167-z

Hall JM, Korach KS (2013) Endocrine disrupting chemicals promote the growth of ovarian cancer cells via the ER-CXCL12-CXCR4 signaling axis. Mol Carcinog 52(9):715-725. https://doi.org/10.1002/mc.21913

Hamouchene H, Arlt VM, Giddings I, Phillips DH (2011) Influence of cell cycle on responses of MCF-7 cells to benzo[a]pyrene. BMC Genomics 12:333. https://doi.org/10.1186/1471-2164-12-333

Han D, Tachibana H, Yamada K (2001) Inhibition of environmental estrogen-induced proliferation of human breast carcinoma MCF-7 cells by flavonoids. In Vitro Cell Dev Biol Anim 37(5):275-282

Hanahan D, Folkman J (1996) Patterns and emerging mechanisms of the angiogenic switch during tumorigenesis. Cell 86(3):353-364

Hanahan D, Weinberg RA (2000) The hallmarks of cancer. Cell 100(1):57-70

Hanahan D, Weinberg RA (2011) Hallmarks of cancer: the next generation. Cell 144(5):646-674

Hanna CW, Bloom MS, Robinson WP, Kim D, Parsons PJ, vom Saal FS, Taylor JA, Steuerwald AJ, Fujimoto VY (2012) DNA methylation changes in whole blood is associated with exposure to the environmental contaminants, mercury, lead, cadmium and bisphenol A, in women undergoing ovarian stimulation for IVF. Hum Reprod 27(5):1401-1410. https://doi.org/10.1093/humrep/des038

Hanrahan V, Currie MJ, Gunningham SP, Morrin HR, Scott PAE, Robinson BA, Fox SB (2003) The angiogenic switch for vascular endothelial growth factor (VEGF)-A, VEGF-B, VEGF-C, and VEGF-D in the adenoma-carcinoma sequence during colorectal cancer progression. J Pathol 200(2):183-194. https://doi.org/10.1002/path.1339

Harbst K, Lauss M, Cirenajwis H, Isaksson K, Rosengren F, Torngren T, Kvist A et al (2016) Multiregion whole-exome sequencing uncovers the genetic evolution and mutational heterogeneity of early-stage metastatic melanoma. Cancer Res 76(16):4765-4774. https://doi.org/10.1158/0008-5472.CAN-15-3476

Hayes L, Weening A, Morey LM (2016) Differential effects of estradiol and bisphenol A on SET8 and SIRT1 expression in ovarian cancer cells. Dose Response 14(2):1559325816640682. https://doi.org/10.1177/1559325816640682

Hess-Wilson JK, Boldison J, Weaver KE, Knudsen KE (2006) Xenoestrogen action in breast cancer: impact on ER-dependent transcription and mitogenesis. Breast Cancer Res Treat 96(3):279-292. https://doi.org/10.1007/s10549-005-9082-y

Hiroi H, Tsutsumi O, Takeuchi T, Momoeda M, Ikezuki Y, Okamura A, Yokota H, Taketani Y (2004) Differences in serum bisphenol A concentrations in premenopausal normal women and women with endometrial hyperplasia. Endocr J 51(6):595-600

Ho S-M, Cheong A, Lam H-M, Wen-Yang H, Shi G-B, Zhu X, Chen J et al (2015) Exposure of human prostaspheres to bisphenol A epigenetically regulates SNORD family noncoding RNAs via histone modification. Endocrinology 156(11):3984-3995. https://doi.org/10.1210/en.2015-1067

Hu W, Feng Z, Tang M-S (2003) Preferential carcinogen-DNA adduct formation at codons 12 and 14 in the human K-ras gene and their possible mechanisms. Biochemistry 42:10012-10023. https://doi.org/10.1021/bi034631s

Hussain I, Bhan A, Ansari KI, Deb P, Bobzean SAM, Perrotti LI, Mandal SS (2015) Bisphenol-A induces expression of HOXC6, an estrogen-regulated homeobox-containing gene associated with breast cancer. Biochim Biophys Acta 1849(6):697-708. https://doi.org/10.1016/j.bbagrm.2015.02.003

Hwang K-A, Park S-H, Yi B-R, Choi K-C (2011) Gene alterations of ovarian cancer cells expressing estrogen receptors by estrogen and bisphenol A using microarray analysis. Lab Anim Res 27(2):99-107. https://doi.org/10.5625/lar.2011.27.2.99

Hwang K-A, Kang N-H, Yi B-R, Lee H-R, Park M-A, Choi K-C (2013) Genistein, a soy phytoestrogen, prevents the growth of BG-1 ovarian cancer cells induced by 17β-estradiol or bisphenol A via the inhibition of cell cycle progression. Int J Oncol 42(2):733-740. https://doi.org/10.3892/ijo.2012.1719

IARC Working Group on the Evaluation of Carcinogenic Risks to Humans (2010) Some non-heterocyclic polycyclic aromatic hydrocarbons and some related exposures. IARC Monogr Eval Carcinog Risks Hum 92:1-853

Ibrahim MAA, Elbakry RH, Bayomy NA (2016) Effect of bisphenol A on morphology, apoptosis and proliferation in the resting mammary gland of the adult albino rat. Int J Exp Pathol 97(1):27-36. https://doi.org/10.1111/iep.12164

Ichihara T, Yoshino H, Imai N, Tsutsumi T, Kawabe M, Tamano S, Inaguma S, Suzuki S, Shirai T (2003) Lack of carcinogenic risk in the prostate with transplacental and lactational exposure to bisphenol A in rats. J Toxicol Sci 28(3):165-171

International Agency for Research on Cancer, Weltgesundheitsorganisation (Ed) (2012) IARC monographs on the evaluation of carcinogenic risks to humans, volume 100 F, chemical agents and related occupations: this publication represents the views and expert opinions of an IARC Working Group on the Evaluation of Carcinogenic Risks to Humans, which met in Lyon, 20-27 October 2009. IARC, Lyon

Ishido M (2004) Transient inhibition of synergistically insulin-like growth factor-1- and bisphenol A-induced poliferation of estrogen receptor alpha (ERalpha)-positive human breast cancer MCF-7 cells by melatonin. Environ Sci 11(3):163-170

Ito Y, Koessler T, Ibrahim AEK, Rai S, Vowler SL, Abu-Amero S, Silva A-L et al (2008) Somatically acquired hypomethylation of IGF2 in breast and colorectal cancer. Hum Mol Genet 17(17):2633-2643. https://doi.org/10.1093/hmg/ddn163

Izzotti A, Kanitz S, D'Agostini F, Camoirano A, De Flora S (2009) Formation of adducts by bisphenol A, an endocrine disruptor, in DNA in vitro and in liver and mammary tissue of mice. Mutat Res 679(1-2):28-32. https://doi.org/10.1016/j.mrgentox.2009.07.011

Izzotti A, Longobardi M, Cartiglia C, D'Agostini F, Kanitz S, De Flora S (2010) Pharmacological modulation of genome and proteome alterations in mice treated with the endocrine disruptor bisphenol A. Curr Cancer Drug Targets 10(2):147-154

Jenkins S, Raghuraman N, Eltoum I, Carpenter M, Russo J, Lamartiniere CA (2009) Oral exposure to bisphenol A increases dimethylbenzanthracene-induced mammary cancer in rats. Environ Health Perspect 117(6):910-915. https://doi.org/10.1289/ehp.11751

Jenkins S, Wang J, Eltoum I, Desmond R, Lamartiniere CA (2011) Chronic oral exposure to bisphenol A results in a nonmonotonic dose response in mammary carcinogenesis and metastasis in MMTV-erbB2 mice. Environ Health Perspect 119(11):1604-1609. https://doi.org/10.1289/ehp.1103850

Jorgensen EM, Alderman MH, Taylor HS (2016) Preferential epigenetic programming of estrogen response after in utero xenoestrogen (bisphenol-A) exposure. FASEB J 30(9):3194-3201. https://doi.org/10.1096/fj.201500089R

Jung J-W, Park S-B, Lee S-J, Seo M-S, Trosko JE, Kang K-S (2011) Metformin represses selfrenewal of the human breast carcinoma stem cells via inhibition of estrogen receptor-mediated OCT4 expression. PLoS One 6 (11): e28068. https://doi.org/10.1371/journal.pone.0028068

Kabil A, Silva E, Kortenkamp A (2008) Estrogens and genomic instability in human breast cancer cells--involvement of Src/Raf/Erk signaling in micronucleus formation by estrogenic chemicals. Carcinogenesis 29(10): 1862-1868. https://doi.org/10.1093/carcin/bgn138

Kang NH, Hwang KA, Kim TH, Hyun SH, Jeung EB, Choi KC (2012) Induced growth of BG-1 ovarian cancer cells by 17β-estradiol or various endocrine disrupting chemicals was reversed by resveratrol via downregulation of cell cycle progression. Mol Med Rep 6(1): 151-156. https://doi.org/10.3892/mmr.2012.887

Kang NH, Hwang KA, Lee HR, Choi DW, Choi KC (2013) Resveratrol regulates the cell viability promoted by 17β-estradiol or bisphenol A via down-regulation of the cross-talk between estrogen receptor α and insulin growth factor-1 receptor in BG-1 ovarian cancer cells. Food Chem Toxicol 59: 373-379. https://doi.org/10.1016/j.fct.2013.06.029

Kanu N, Grönroos E, Martinez P, Burrell RA, Yi Goh X, Bartkova J, Maya-Mendoza A et al (2015) SETD2 loss-of-function promotes renal cancer branched evolution through replication stress and impaired DNA repair. Oncogene 34(46): 5699-5708. https://doi.org/10.1038/onc.2015.24

Katchy A, Pinto C, Jonsson P, Nguyen-Vu T, Pandelova M, Riu A, Schramm K-W et al (2014) Coexposure to phytoestrogens and bisphenol A mimics estrogenic effects in an additive manner. Toxicol Sci 138(1): 21-35. https://doi.org/10.1093/toxsci/kft271

Kim JY, Jeong HG (2003) Down-regulation of inducible nitric oxide synthase and tumor necrosis factor-alpha expression by bisphenol A via nuclear factor-kappaB inactivation in macrophages. Cancer Lett 196(1): 69-76

Kim K, Son TG, Park HR, Kim SJ, Kim HS, Kim HS, Kim TS, Jung KK, Han SY, Lee J (2009) Potencies of bisphenol A on the neuronal differentiation and hippocampal neurogenesis. J Toxic Environ Health A 72 (21-22): 1343-1351. https://doi.org/10.1080/15287390903212501

Kim KB, Seo KW, Kim YJ, Park M, Park CW, Kim PY, Kim JI, Lee SH (2003) Estrogenic effects of phenolic compounds on glucose-6-phosphate dehydrogenase in MCF-7 cells and uterine glutathione peroxidase in rats. Chemosphere 50(9): 1167-1173

Kim YS, Choi KC, Hwang KA (2015a) Genistein suppressed epithelial-mesenchymal transition and migration efficacies of BG-1 ovarian cancer cells activated by estrogenic chemicals via estrogen receptor pathway and downregulation of TGF-β signaling pathway. Phytomedicine 22(11): 993-999. https://doi.org/10.1016/j.phymed.2015.08.003

Kim Y-S, Hwang K-A, Hyun S-H, Nam K-H, Lee C-K, Choi K-C (2015b) Bisphenol A and nonylphenol have the potential to stimulate the migration of ovarian cancer cells by inducing epithelial-mesenchymal transition via an estrogen receptor dependent pathway. Chem Res Toxicol 28(4): 662-671. https://doi.org/10.1021/tx500443p

Klotz DM, Hewitt SC, Korach KS, Diaugustine RP (2000) Activation of a uterine insulin-like growth factor I signaling pathway by clinical and environmental estrogens: requirement of estrogen receptor-alpha. Endocrinology 141(9): 3430-3439. https://doi.org/10.1210/endo.141.9.7649

Kochukov MY, Jeng Y-J, Watson CS (2009) Alkylphenol Xenoestrogens with varying carbon chain lengths differentially and potently activate signaling and functional responses in GH3/B6/F10 somatomammotropes. Environ Health Perspect 117(5): 723-730. https://doi.org/10.1289/ehp.0800182

Kogita A, Yoshioka Y, Sakai K, Togashi Y, Sogabe S, Nakai T, Okuno K, Nishio K (2015) Interand intra-tumor profiling of multi-regional colon cancer and metastasis. Biochem Biophys Res Commun 458(1): 52-56. https://doi.org/10.1016/j.bbrc.2015.01.064

Kometani T, Yoshino I, Miura N, Okazaki H, Ohba T, Takenaka T, Shoji F, Yano T, Maehara Y (2009) Benzo[a]pyrene promotes proliferation of human lung cancer cells by accelerating the epidermal growth factor receptor signaling pathway. Cancer Lett 278: 27-33. https://doi.org/10.1016/j.canlet.2008.12.017

Kravchenko J, Corsini E, Williams MA, Decker W, Manjili MH, Otsuki T, Singh N, Al-Mulla F, Al-Temaimi R, Amedei A, Colacci AM, Vaccari M, Mondello C, Scovassi AI, Raju J, Hamid RA, Memeo L, Forte S, Roy R, Woodrick J, Salem HK, Ryan EP, Brown DG, Bisson WH, Lowe L, Lyerly HK (2015) Chemical compounds from anthropogenic environment and immune evasion mechanisms: potential interactions. Carcinogenesis 36(Suppl 1): S111-S127. https://doi.org/10.1093/carcin/bgv033

Lam H-M, Ho S-M, Chen J, Medvedovic M, Tam NNC (2015) Bisphenol A disrupts HNF4-α-regulated gene networks linking to prostate preneoplasia and immune disruption in noble rats. Endocrinology 157(1): 207-219. https://doi.org/10.1210/en.2015-1363

Lamartiniere CA, Jenkins S, Betancourt AM, Wang J, Russo J (2011) Exposure to the endocrine disruptor bisphenol A alters susceptibility for mammary cancer. Horm Mol Biol Clin Invest 5(2): 45-52. https://doi.org/10.1515/HMBCI.2010.075

Lee HR, Hwang KA, Park MA, Yi BR, Jeung EB, Choi KC (2012a) Treatment with bisphenol A and methoxychlor results in the growth of human breast cancer cells and alteration of the expression of cell cycle-related genes, cyclin D1 and p21, via an estrogen receptor-dependent signaling pathway. Int J Mol Med 29(5): 883-890. https://doi.org/10.3892/ijmm.2012.903

Lee H-S, Pyo M-Y, Yang M (2012b) Set, a putative oncogene, as a biomarker for prenatal exposure to bisphenol A. Asian Pac J Cancer Prev 13(6): 2711-2715

Lee H-S, Park E-J, Oh J-H, Moon G, Hwang M-S, Kim S-Y, Shin M-K et al (2014) Bisphenol A exerts estrogenic effects by modulating CDK1/2 and p38 MAP kinase activity. Biosci Biotechnol Biochem 78(8): 1371-1375. https://doi.org/10.1080/09168451.2014.921557

Li E, Xu Z, Zhao H, Sun Z, Wang L, Guo Z, Zhao Y, Gao Z, Wang Q (2015) Macrophages promote benzopyrene-induced tumor transformation of human bronchial epithelial cells by activation of NF-KB and STAT3 signaling in a bionic airway chip culture and in animal models. Oncotarget 6(11): 8900-8913

Lin Y, Sun X, Qiu L, Wei J, Huang Q, Fang C, Ye T, Kang M, Shen H, Dong S (2013) Exposure to bisphenol A induces dysfunction of insulin secretion and apoptosis through the damage of mitochondria in rat insulinoma (INS-1) cells. Cell Death Dis 4: e460. https://doi.org/10.1038/cddis.2012.206

Liu J, Jin X, Zhao N, Ye X, Ying C (2015) Bisphenol A promotes X-linked inhibitor of apoptosis protein-dependent angiogenesis via G protein-coupled estrogen receptor pathway. J Appl Toxicol 35(11): 1309-1317. https://doi.org/10.1002/jat.3112

Liu Y, Mei C, Liu H, Wang H, Zeng G, Lin J, Xu M (2014) Modulation of cytokine expression in human macrophages by endocrine-disrupting chemical bisphenol-A. Biochem Biophys Res Commun 451(4): 592-598. https://doi.org/10.1016/j.bbrc.2014.08.031

Liu Z, Muehlbauer K-R, Schmeiser HH, Hergenhahn M, Belharazem D, Hollstein MC (2005) p53 mutations in benzo(a)pyrene-exposed human p53 knock-in murine fibroblasts correlate with p53 mutations in human lung tumors. Cancer Res 65: 2583-2587. https://doi.org/10.1158/0008-5472.CAN-04-3675

Ma X-F, Zhang J, Shuai H-L, Guan B-Z, Luo X, Yan R-L (2015) IKKβ/NF-κB mediated the low doses of bisphenol A induced migration of cervical cancer cells. Arch Biochem Biophys 573: 52-58. https://doi.org/10.1016/j.abb.2015.03.010

Mandrup K, Boberg J, Isling LK, Christiansen S, Hass U (2016) Low-dose effects of bisphenol A on mammary gland development in rats. Andrology 4(4): 673-683. https://doi.org/10.1111/andr.12193

Markey CM, Luque EH, Munoz De Toro M, Sonnenschein C, Soto AM (2001) In utero exposure to bisphenol A alters the development and tissue organization of the mouse mammary gland. Biol Reprod 65(4):1215-1223

Maruyama S, Fujimoto N, Yin H, Ito A (1999) Growth stimulation of a rat pituitary cell line MtT/E-2 by environmental estrogens in vitro and in vivo. Endocr J 46(4):513-520

Mavrofrydi O, Papazafiri P (2012) Hypoxia-inducible factor-1α increase is an early and sensitivemarker of lung cells responding to benzo[a]pyrene. J Environ Pathol Toxicol Oncol 31:335-347. https://doi.org/10.1615/JEnvironPatholToxicolOncol.v31.i4.40

Meng F, Knapp GW, Green T, Ross JA, Parsons BL (2010) K-Ras mutant fraction in A/J mouse lung increases as a function of benzo[a]pyrene dose. Environ Mol Mutagen 51:146-155. https://doi.org/10.1002/em.20513

Miyakoshi T, Miyajima K, Takekoshi S, Osamura RY (2009) The influence of endocrine disrupting chemicals on the proliferation of ERalpha knockdown-human breast cancer cell line MCF-7; new attempts by RNAi technology. Acta Histochem Cytochem 42(2):23-28. https://doi.org/10.1267/ahc.08036

Mlynarcikova A, Macho L, Fickova M (2013) Bisphenol A alone or in combination with estradiol modulates cell cycle- and apoptosis-related proteins and genes in MCF7 cells. Endocr Regul 47(4):189-199

Moral R, Wang R, Russo IH, Lamartiniere CA, Pereira J, Russo J (2008) Effect of prenatal exposure to the endocrine disruptor bisphenol A on mammary gland morphology and gene expression signature. J Endocrinol 196(1):101-112. https://doi.org/10.1677/JOE-07-0056

Moriyama K, Tagami T, Akamizu T, Usui T, Saijo M, Kanamoto N, Hataya Y, Shimatsu A, Kuzuya H, Nakao K (2002) Thyroid hormone action is disrupted by bisphenol A as an antagonist. J Clin Endocrinol Metab 87(11):5185-5190. https://doi.org/10.1210/jc.2002-020209

Murray TJ, Maffini MV, Ucci AA, Sonnenschein C, Soto AM (2007) Induction of mammary gland ductal hyperplasias and carcinoma in situ following fetal bisphenol A exposure. Reprod Toxicol 23(3):383-390. https://doi.org/10.1016/j.reprotox.2006.10.002

Nahta R, Al-Mulla F, Al-Temaimi R, Amedei A, Andrade-Vieira R, Bay SN, Brown DG et al (2015) Mechanisms of environmental chemicals that enable the cancer hallmark of evasion of growth suppression. Carcinogenesis 36(Suppl 1):S2-S18. https://doi.org/10.1093/carcin/bgv028

Nakagawa Y, Suzuki T (2001) Metabolism of bisphenol A in isolated rat hepatocytes and oestrogenic activity of a hydroxylated metabolite in MCF-7 human breast cancer cells. Xenobiotica 31(3):113-123. https://doi.org/10.1080/00498250110040501

National Academy of Sciences (US) (2017) Using 21st century science to improve risk-related evaluations. National Academies Press, Washington, DC Newbold RF, Warren W, Medcalf AS, Amos J (1980) Mutagenicity of carcinogenic methylating agents is associated with a specific DNA modification. Nature 283:596-599

Newbold RR, Jefferson WN, Padilla-Banks E (2007) Long-term adverse effects of neonatal exposure to bisphenol A on the murine female reproductive tract. Reprod Toxicol 24(2):253-258. https://doi.org/10.1016/j.reprotox.2007.07.006

Newbold RR, Jefferson WN, Padilla-Banks E (2009) Prenatal exposure to bisphenol A at environmentally relevant doses adversely affects the murine female reproductive tract later in life. Environ Health Perspect 117(6):879-885. https://doi.org/10.1289/ehp.0800045

Newby DE, Mannucci PM, Tell GS, Baccarelli AA, Brook RD, Donaldson K et al (2015) Expert position paper on air pollution and cardiovascular disease. Eur Heart J 36(2):83-93b

Ochieng J, Nangami GN, Ogunkua O, Miousse IR, Koturbash I, Odero-Marah V, McCawley LJ, Nangia-Makker P, Ahmed N, Luqmani Y, Chen Z, Papagerakis S, Wolf GT, Dong C, Zhou BP, Brown DG, Colacci AM,

Hamid RA, Mondello C, Raju J, Ryan EP, Woodrick J, Scovassi AI, Singh N, Vaccari M, Roy R, Forte S, Memeo L, Salem HK, Amedei A, Al-Temaimi R, Al-Mulla F, Bisson WH, Eltom SE (2015) The impact of low-dose carcinogens and environmental disruptors on tissue invasion and metastasis. Carcinogenesis 36(Suppl 1):S128-S159. https://doi.org/10.1093/carcin/bgv034

Oikawa S (2005) Sequence-specific DNA damage by reactive oxygen species: implications for carcinogenesis and aging. Environ Health Prev Med 10(2):65-71. https://doi.org/10.1007/BF02897995

Ono T, Miki C (2000) Factors influencing tissue concentration of vascular endothelial growth factor in colorectal carcinoma. Am J Gastroenterol 95(4):1062-1067. https://doi.org/10.1111/j.1572-0241.2000.01909.x

Ooe H, Taira T, Iguchi-Ariga SM, Ariga H (2005) Induction of reactive oxygen species by bisphenol A and abrogation of bisphenol A-induced cell injury by DJ-1. Toxicol Sci 88(1):114-126. https://doi.org/10.1093/toxsci/kfi278

Park M-A, Choi K-C (2014) Effects of 4-nonylphenol and bisphenol A on stimulation of cell growth via disruption of the transforming growth factor-β signaling pathway in ovarian cancer models. Chem Res Toxicol 27(1):119-128. https://doi.org/10.1021/tx400365z

Park S-H, Kim K-Y, An B-S, Choi J-H, Jeung E-B, Leung PCK, Choi K-C (2009) Cell growth of ovarian cancer cells is stimulated by xenoestrogens through an estrogen-dependent pathway, but their stimulation of cell growth appears not to be involved in the activation of the mitogenactivated protein kinases ERK-1 and p38. J Reprod Dev 55(1):23-29

Parsons DW, Jones S, Zhang X, Lin JC-H, Leary RJ, Angenendt P et al (2008) An integrated genomic analysis of human glioblastoma multiforme. Science 321(5897):1807

Phillips TD, Richardson M, Cheng Y-SL, He L, McDonald TJ, Cizmas LH, Safe SH, Donnelly KC, Wang F, Moorthy B, Zhou G-D (2015) Mechanistic relationships between hepatic genotoxicity and carcinogenicity in male B6C3F1 mice treated with polycyclic aromatic hydrocarbon mixtures. Arch Toxicol 89:967-977. https://doi.org/10.1007/s00204-014-1285-8

Pieters N, Koppen G, Smeets K, Napierska D, Plusquin M, De Prins S, Van De Weghe H, Nelen V, Cox B, Cuypers A, Hoet P, Schoeters G, Nawrot TS (2013) Decreased mitochondrial DNA content in association with exposure to polycyclic aromatic hydrocarbons in house dust during wintertime: from a population enquiry to cell culture. PLoS One 8:e63208. https://doi.org/10.1371/journal.pone.0063208

Pisapia L, Del Pozzo G, Barba P, Caputo L, Mita L, Viggiano E, Russo GL et al (2012) Effects of some endocrine disruptors on cell cycle progression and murine dendritic cell differentiation. Gen Comp Endocrinol 178(1):54-63. https://doi.org/10.1016/j.ygcen.2012.04.005

Ptak A, Gregoraszczuk EL (2015) Effects of bisphenol A and 17β-Estradiol on vascular endothelial growth factor a and its receptor expression in the non-cancer and cancer ovarian cell lines. Cell Biol Toxicol 31(3):187-197. https://doi.org/10.1007/s10565-015-9303-z

Ptak A, Wróbel A, Gregoraszczuk EL (2011) Effect of bisphenol-A on the expression of selected genes involved in cell cycle and apoptosis in the OVCAR-3 cell line. Toxicol Lett 202(1):30-35. https://doi.org/10.1016/j.toxlet.2011.01.015

Ptak A, Rak-Mardyła A, Gregoraszczuk EL (2013) Cooperation of bisphenol A and leptin in inhibition of caspase-3 expression and activity in OVCAR-3 ovarian cancer cells. Toxicol In Vitro 27(6):1937-1943. https://doi.org/10.1016/j.tiv.2013.06.017

Ptak A, Hoffmann M, Gruca I, Barć J (2014) Bisphenol A induce ovarian cancer cell migration via the MAPK and PI3K/Akt signalling pathways. Toxicol Lett 229(2):357-365. https://doi.org/10.1016/j.toxlet.2014.07.001

Pupo M, Pisano A, Lappano R, Santolla MF, De Francesco EM, Abonante S, Rosano C, Maggiolini M (2012)

Bisphenol A induces gene expression changes and proliferative effects through GPER in breast cancer cells and cancer-associated fibroblasts. Environ Health Perspect 120（8）：1177-1182. https://doi.org/10.1289/ehp.1104526

Qian W, Zhu J, Mao C, Liu J, Wang Y, Wang Q, Liu Y, Gao R, Xiao H, Wang J（2014）Involvement of CaM-CaMKII-ERK in bisphenol A-induced sertoli cell apoptosis. Toxicology 324：27-34. https://doi.org/10.1016/j.tox.2014.06.001

Qin X-Y, Fukuda T, Yang L, Zaha H, Akanuma H, Zeng Q, Yoshinaga J, Sone H（2012）Effects of bisphenol A exposure on the proliferation and senescence of normal human mammary epithelial cells. Cancer Biol Ther 13（5）：296-306. https://doi.org/10.4161/cbt.18942

Qiu S-X, Yang RZ, Gross ML（2004）Synthesis and liquid chromatography/tandem mass spectrometric characterization of the adducts of bisphenol A O-quinone with glutathione and nucleotide monophosphates. Chem Res Toxicol 17（8）：1038-1046. https://doi.org/10.1021/tx049953r

Raica M, Cimpean AM, Ribatti D（2009）Angiogenesis in pre-malignant conditions. Eur J Cancer 45（11）：1924-1934. https://doi.org/10.1016/j.ejca.2009.04.007

Rappaport SM（2016）Genetic factors are not the major causes of chronic diseases. PLoS One 11（4）：e0154387. https://doi.org/10.1371/journal.pone.0154387

Recchia AG, Vivacqua A, Gabriele S, Carpino A, Fasanella G, Rago V, Bonofiglio D, Maggiolini M（2004）Xenoestrogens and the induction of proliferative effects in breast cancer cells via direct activation of oestrogen receptor α. Food Addit Contam 21（2）：134-144. https://doi.org/10.1080/02652030310001641177

Rosenberg DW, Giardina C, Tanaka T（2009）Mouse models for the study of colon carcinogenesis. Carcinogenesis 30（2）：183-196. https://doi.org/10.1093/carcin/bgn267

Rothman KJ, Greenland S（2005）Causation and causal inference in epidemiology. Am J Public Health 95（Suppl 1）：S144-S150

Roy D, Morgan M, Yoo C, Deoraj A, Roy S, Yadav VK, Garoub M, Assaggaf H, Doke M（2015）Integrated bioinformatics, environmental epidemiologic and genomic approaches to identify environmental and molecular links between endometriosis and breast cancer. Int J Mol Sci 16（10）：25285-25322. https://doi.org/10.3390/ijms161025285

Salazar I, Pavani M, Aranda W, Maya JD, Morello A, Ferreira J（2004）Alterations of rat liver mitochondrial oxidative phosphorylation and calcium uptake by benzo[a]pyrene. Toxicol Appl Pharmacol 198：1-10. https://doi.org/10.1016/j.taap.2004.02.013

Sang H, Zhang L, Li J（2012）Anti-benzopyrene-7, 8-diol-9, 10-epoxide induces apoptosis via mitochondrial pathway in human bronchiolar epithelium cells independent of the mitochondria permeability transition pore. Food Chem Toxicol 50：2417-2423. https://doi.org/10.1016/j.fct.2012.04.041

Schafer TE, Lapp CA, Hanes CM, Lewis JB, Wataha JC, Schuster GS（1999）Estrogenicity of bisphenol A and bisphenol A dimethacrylate in vitro. J Biomed Mater Res 45（3）：192-197

Sengupta S, Obiorah I, Maximov PY, Curpan R, Jordan VC（2013）Molecular mechanism of action of bisphenol and bisphenol A mediated by oestrogen receptor alpha in growth and apoptosis of breast cancer cells. Br J Pharmacol 169（1）：167-178. https://doi.org/10.1111/bph.12122

Severson PL, Vrba L, Stampfer MR, Futscher BW（2014）Exome-wide mutation profile in benzo[a]pyrene-derived post-stasis and immortal human mammary epithelial cells. Mutat Res Genet Toxicol Environ Mutagen 775-776：48-54. https://doi.org/10.1016/j.mrgentox.2014.10.011

Sheng Z-G, Huang W, Liu Y-X, Zhu B-Z（2013）Bisphenol A at a low concentration boosts mouse spermatogonial cell proliferation by inducing the G protein-coupled receptor 30 expression. Toxicol Appl

Pharmacol 267(1):88-94. https://doi.org/10.1016/j.taap.2012.12.014

Shi T, Zhao C, Li Z, Zhang Q, Jin X (2016) Bisphenol a exposure promotes the migration of NCM460 cells via estrogen receptor-mediated integrin β1/MMP-9 pathway. Environ Toxicol 31(7):799-807. https://doi.org/10.1002/tox.22090

Sigounas G, Hairr JW, Cooke CD, Owen JR, Asch AS, Weidner DA, Wiley JE (2010) Role of benzo[alpha]pyrene in generation of clustered DNA damage in human breast tissue. Free Radic Biol Med 49:77-87. https://doi.org/10.1016/j.freeradbiomed.2010.03.018

Singleton DW, Feng Y, Yang J, Puga A, Lee AV, Khan SA (2006) Gene expression profiling reveals novel regulation by bisphenol-A in estrogen receptor-alpha-positive human cells. Environ Res 100(1):86-92. https://doi.org/10.1016/j.envres.2005.05.004

Sjöblom T, Jones S, Wood LD, Parsons DW, Lin J, Barber TD et al (2006) The consensus coding sequences of human breast and colorectal cancers. Science 314(5797):268-274

Smith LC, Ralston-Hooper KJ, Lee Ferguson P, Sabo-Attwood T (2016a) The G protein-coupled estrogen receptor agonist G-1 inhibits nuclear estrogen receptor activity and stimulates novel phosphoproteomic signatures. Toxicol Sci 151(2):434-446. https://doi.org/10.1093/toxsci/kfw057

Smith MT, Guyton KZ, Gibbons CF, Fritz JM, Portier CJ, Rusyn I, DeMarini DM, Caldwell JC, Kavlock RJ, Lambert PF, Hecht SS, Bucher JR, Stewart BW, Baan RA, Cogliano VJ, Straif K (2016b) Key characteristics of carcinogens as a basis for organizing data on mechanisms of carcinogenesis. Environ Health Perspect 124(6):713-721

Song H, Zhang T, Yang P, Li M, Yang Y, Wang Y, Du J, Pan K, Zhang K (2015) Low doses of bisphenol A stimulate the proliferation of breast cancer cells via ERK1/2/ERRγ signals. Toxicol In Vitro 30(1 Pt B):521-528. https://doi.org/10.1016/j.tiv.2015.09.009

Stolpmann K, Brinkmann J, Salzmann S, Genkinger D, Fritsche E, Hutzler C, Wajant H, Luch A, Henkler F (2012) Activation of the aryl hydrocarbon receptor sensitises human keratinocytes for CD95L- and TRAIL-induced apoptosis. Cell Death Dis 3:e388. https://doi.org/10.1038/cddis.2012.127

Susiarjo M, Sasson I, Mesaros C, Bartolomei MS (2013) Bisphenol a exposure disrupts genomic imprinting in the mouse. PLoS Genet 9(4):e1003401. https://doi.org/10.1371/journal.pgen.1003401

Tabuchi Y, Zhao Q-L, Kondo T (2002) DNA microarray analysis of differentially expressed genes responsive to bisphenol A, an alkylphenol derivative, in an in vitro mouse sertoli cell model. Jpn J Pharmacol 89(4):413-416

Takahashi Y, Ellis LM, Mai M (2003) The angiogenic switch of human colon cancer occurs simultaneous to initiation of invasion. Oncol Rep 10(1):9-13

Tang W-y, Morey LM, Cheung YY, Birch L, Prins GS, Ho S-m (2012) Neonatal exposure to estradiol/bisphenol A alters promoter methylation and expression of Nsbp1 and Hpcal1 genes and transcriptional programs of Dnmt3a/B and Mbd2/4 in the rat prostate gland throughout life. Endocrinology 153(1):42-55. https://doi.org/10.1210/en.2011-1308

Terasaka H, Kadoma Y, Sakagami H, Fujisawa S (2005) Cytotoxicity and apoptosis-inducing activity of bisphenol A and hydroquinone in HL-60 cells. Anticancer Res 25(3B):2241-2247

Terasaka S, Aita Y, Inoue A, Hayashi S, Nishigaki M, Aoyagi K, Sasaki H et al (2004) Using a customized DNA microarray for expression profiling of the estrogen-responsive genes to evaluate estrogen activity among natural estrogens and industrial chemicals. Environ Health Perspect 112(7):773-781

Tian S, Pan L, Sun X (2013) An investigation of endocrine disrupting effects and toxic mechanisms modulated by benzo[a]pyrene in female scallop Chlamys farreri. Aquat Toxicol 144-145:162-171. https://doi.org/10.1016/j.aquatox.2013.09.031

Tilghman SL, Bratton MR, Chris Segar H, Martin EC, Rhodes LV, Li M, McLachlan JA, Wiese TE, Nephew KP, Burow ME (2012) Endocrine disruptor regulation of microRNA expression in breast carcinoma cells. PLoS One 7(3):e32754. https://doi.org/10.1371/journal.pone.0032754

Tsutsui T, Tamura Y, Yagi E, Hasegawa K, Takahashi M, Maizumi N, Yamaguchi F, Barrett JC (1998) Bisphenol-A induces cellular transformation, aneuploidy and DNA adduct formation in cultured Syrian hamster embryo cells. Int J Cancer 75(2):290-294

Umannová L, Machala M, Topinka J, Schmuczerová J, Krčmář P, Neca J, Šujanová K, Kozubík A, Vondracek J (2011) Benzo[a]pyrene and tumor necrosis factor-α coordinately increase genotoxic damage and production of proinflammatory mediators in aleolar epithelial type II cells. Toxicol Lett 206:121-129. https://doi.org/10.1016/j.toxlet.2011.06.029

Uzoigwe JC, Prum T, Bresnahan E, Garelnabi M (2013) The emerging role of outdoor and indoor air pollution in cardiovascular disease. N Am J Med Sci 5(8):445-453

Vineis P, van Veldhoven K, Chadeau-Hyam M, Athersuch TJ (2013) Advancing the application of omics-based biomarkers in environmental epidemiology. Environ Mol Mutagen 54(7):461-467

Vineis P, Chadeau-Hyam M, Gmuender H, Gulliver J, Herceg Z, Kleinjans J, Kogevinas M, Kyrtopoulos S, Nieuwenhuijsen M, Phillips DH, Probst-Hensch N, Scalbert A, Vermeulen R, Wild CP, EXPOsOMICS Consortium (2017) The exposome in practice: design of the EXPOsOMICS project. Int J Hyg Environ Health 220(2 Pt A):142-151

Vivacqua A, Recchia AG, Fasanella G, Gabriele S, Carpino A, Rago V, Di Gioia ML et al (2003) The food contaminants bisphenol A and 4-nonylphenol act as agonists for estrogen receptor alpha in MCF7 breast cancer cells. Endocrine 22(3):275-284. https://doi.org/10.1385/ENDO:22:3:275

Vogelstein B, Kinzler KW (2004) Cancer genes and the pathways they control. Nat Med 10(8):789-799

Wang B-Y, Wu S-Y, Tang S-C, Lai C-H, Ou C-C, Wu M-F, Hsiao Y-M, Ko J-L (2015a) Benzo[a]pyrene-induced cell cycle progression occurs via ERK-induced Chk1 pathway activation in human lung cancer cells. Mutat Res 773:1-8. https://doi.org/10.1016/j.mrfmmm.2015.01.009

Wang K-H, Kao A-P, Chang C-C, Lin T-C, Kuo T-C (2015b) Bisphenol A-induced epithelial to mesenchymal transition is mediated by cyclooxygenase-2 up-regulation in human endometrial carcinoma cells. Reprod Toxicol 58:229-233. https://doi.org/10.1016/j.reprotox.2015.10.011

Wang Y, Zhai W, Wang H, Xia X, Zhang C (2015c) Benzo(a)pyrene promotes A549 cell migration and invasion through up-regulating Twist. Arch Toxicol 89:451-458. https://doi.org/10.1007/s00204-014-1269-8

Wang D, Gao H, Bandyopadhyay A, Wu A, Yeh IT, Chen Y, Zou Y et al (2014a) Pubertal bisphenol A exposure alters murine mammary stem cell function leading to early neoplasia in regenerated glands. Cancer Prev Res (Phila) 7(4):445-455. https://doi.org/10.1158/1940-6207.CAPR-13-0260

Wang J, Jenkins S, Lamartiniere CA (2014b) Cell proliferation and apoptosis in rat mammary glands following combinational exposure to bisphenol A and genistein. BMC Cancer 14:379. https://doi.org/10.1186/1471-2407-14-379

Wang K-H, Kao A-P, Chang C-C, Lin T-C, Kuo T-C (2013) Bisphenol A at environmentally relevant doses induces cyclooxygenase-2 expression and promotes invasion of human mesenchymal stem cells derived from uterine myoma tissue. Taiwan J Obstet Gynecol 52(2):246-252. https://doi.org/10.1016/j.tjog.2013.04.016

Wei SJ, Chang RL, Merkler KA, Gwynne M, Cui XX, Murthy B, Huang MT, Xie JG, Lu YP, Lou YR, Jerina DM, Conney AH (1999) Dose-dependent mutation profile in the c-Ha-ras protooncogene of skin tumors in mice initiated with benzo[a]pyrene. Carcinogenesis 20:1689-1696

Wen J, Pan L (2015) Short-term exposure to benzo[a]pyrene disrupts reproductive endocrine status in the swimming crab Portunus trituberculatus. Comp Biochem Physiol C Toxicol Pharmacol 174-175:13-20. https://doi.org/10.1016/j.cbpc.2015.06.001

Wetherill YB, Petre CE, Monk KR, Puga A, Knudsen KE (2002) The xenoestrogen bisphenol A induces inappropriate androgen receptor activation and mitogenesis in prostatic adenocarcinoma cells. Mol Cancer Ther 1(7):515-524

Williams KE, Lemieux GA, Hassis ME, Olshen AB, Fisher SJ, Werb Z (2016) Quantitative proteomic analyses of mammary organoids reveals distinct signatures after exposure to environmental chemicals. Proc Natl Acad Sci U S A 113(10):E1343-E1351. https://doi.org/10.1073/pnas.1600645113

Wolf K, Stafoggia M, Cesaroni G, Andersen ZJ, Beelen R, Galassi C et al (2015) Long-term exposure to particulate matter constituents and the incidence of coronary events in 11 european cohorts. Epidemiology 26(4):565-574

Wong MP, Cheung N, Yuen ST, Leung SY, Chung LP (1999) Vascular endothelial growth factor is up-regulated in the early pre-malignant stage of colorectal tumour progression. Int J Cancer 81(6):845-850

Wong RLY, Wang Q, Treviño LS, Bosland MC, Chen J, Medvedovic M, Prins GS, Kannan K, Ho S-M, Walker CL (2015) Identification of secretaglobin Scgb2a1 as a target for developmental reprogramming by BPA in the rat prostate. Epigenetics 10(2):127-134. https://doi.org/10.1080/15592294.2015.1009768

Wood LD, Parsons DW, Jones S, Lin J, Sjöblom T, Leary RJ, Shen D et al (2007) The genomic landscapes of human breast and colorectal cancers. Science 318(5853):1108-1113. https://doi.org/10.1126/science.1145720

World Health Organization (Ed) (2010) Who guidelines for indoor air quality: selected pollutants. WHO, Copenhagen Xin F, Jiang L, Liu X, Geng C, Wang W, Zhong L, Yang G, Chen M (2014) Bisphenol A induces oxidative stress-associated DNA damage in INS-1 cells. Mutat Res Genet Toxicol Environ Mutagen 769:29-33. https://doi.org/10.1016/j.mrgentox.2014.04.019

Yachida S, Jones S, Bozic I, Antal T, Leary R, Baojin F, Kamiyama M et al (2010) Distant metastasis occurs late during the genetic evolution of pancreatic cancer. Nature 467(7319):1114-1117. https://doi.org/10.1038/nature09515

Yasaei H, Gilham E, Pickles JC, Roberts TP, O'Donovan M, Newbold RF (2013) Carcinogenspecific mutational and epigenetic alterations in INK4A, INK4B and p53 tumour-suppressor genes drive induced senescence bypass in normal diploid mammalian cells. Oncogene 32:171-179. https://doi.org/10.1038/onc.2012.45

Yoshida M, Shimomoto T, Katashima S, Watanabe G, Taya K, Maekawa A (2004) Maternal exposure to low doses of bisphenol A has no effects on development of female reproductive tract and uterine carcinogenesis in donryu rats. J Reprod Dev 50(3):349-360

Yu Z, Zhang L, Desheng W (2004) Effects of three environmental estrogens on expression of proliferation and apoptosis-associated genes in PEO4 cells. Wei Sheng Yan Jiu 33(4):404-406

Zhang J, Chang L, Jin H, Xia Y, Wang L, He W, Li W, Chen H (2016a) Benzopyrene promotes lung cancer A549 cell migration and invasion through up-regulating cytokine IL8 and chemokines CCL2 and CCL3 expression. Exp Biol Med (Maywood) 241:1516-1523. https://doi.org/10.1177/1535370216644530

Zhang X-L, Liu N, Weng S-F, Wang H-S (2016b) Bisphenol A increases the migration and invasion of triple-negative breast cancer cells via oestrogen-related receptor gamma. Basic Clin Pharmacol Toxicol 119(4):389-395. https://doi.org/10.1111/bcpt.12591

Zhang K-S, Chen H-Q, Chen Y-S, Qiu K-F, Zheng X-B, Li G-C, Yang H-D, Wen C-J (2014) Bisphenol A stimulates human lung cancer cell migration via upregulation of matrix metalloproteinases by GPER/EGFR/ERK1/2 signal pathway. Biomed Pharmacother 68(8):1037-1043. https://doi.org/10.1016/j.biopha.2014.09.003

Zhang W, Fang Y, Shi X, Zhang M, Wang X, Tan Y (2012) Effect of bisphenol A on the EGFRSTAT3 pathway in MCF-7 breast cancer cells. Mol Med Rep 5(1):41-47. https://doi.org/10.3892/mmr.2011.583

Zhang X, Gaspard JP, Chung DC (2001) Regulation of vascular endothelial growth factor by the Wnt and K-Ras pathways in colonic neoplasia. Cancer Res 61(16):6050-6054

Zhu H, Xiao X, Zheng J, Zheng S, Dong K, Yong Y (2009) Growth-promoting effect of bisphenol A on neuroblastoma in vitro and in vivo. J Pediatr Surg 44(4):672-680. https://doi.org/10.1016/j.jpedsurg.2008.10.067

Zhu H, Zheng J, Xiao X, Zheng S, Dong K, Liu J, Wang Y (2010) Environmental endocrine disruptors promote invasion and metastasis of SK-N-SH human neuroblastoma cells. Oncol Rep 23(1):129-139

第15章　HELIX：通过整合多个出生队列建立生命早期暴露组学

暴露组的概念涵盖了相互交叉的三个部分：(1)一般外环境，包括城市环境、气候因素、社会资本和压力等；(2)特定外环境，包括特定污染物、饮食、身体活动和烟草等；(3)内环境，包括新陈代谢、肠道微生物群、炎症和氧化应激等内部生物因素。

本章旨在以人类生命早期暴露组（Human Early Life Exposome,简称HELIX）项目为例，说明如何在流行病学研究设计中研究这三个部分及其相互关系。HELIX项目以孕期和儿童期（即生命早期）为切入点。在欧洲已有的6项出生队列的基础上，HELIX项目评估了产前和产后的暴露因素，建立了含3万对母子的室外暴露组模型（空气污染物、噪声、气象因素以及自然和建筑环境特征）。对包含1200名儿童的子队列中进行了暴露标志物（持久性有机污染物、金属、邻苯二甲酸盐代谢物、酚类化合物和有机磷农药）和多组学标志物（代谢物、蛋白质、mRNA、miRNA和DNA甲基化）的测量。巢式重复抽样定组研究（$n=150$）收集了在空气污染和建筑环境指标的个体暴露、非持久性化学品（邻苯二甲酸盐和酚类化合物）生物标志物以及所有组学技术方面的变化数据。在6个队列中使用相同的方案测定结果。本章将讨论HELIX项目的一些初步结果，包括对多个暴露数据的相关结构的描述。

关键词：生命早期暴露；出生队列；产前和产后暴露

1 生命早期暴露组学

与稳定的基因组相比,暴露组学的一个重要特征是它的纵向性和动态性。在整个生命历程中,人类会暴露于不同水平的环境因素,而这种暴露水平随时间变化而变化,其中某些环境因素在生命的某个阶段暴露量最大,例如工作阶段的职业暴露。由于暴露组的连续监测难以实现,预计以胚胎期、幼儿期、青春期、成年和老年等关键生命时期的横断面研究为基础,可以建立纵向或"全生命周期暴露组"(Wild,2012)。选择对暴露组进行调查的时间点至关重要,因为暴露对健康的影响会随着时间的推移而变化,个体对暴露组的敏感性也会因年龄和发育阶段的不同而变化。

发育中的胎儿、婴儿和儿童特别容易受到环境暴露的影响,因为这些阶段是器官快速生长、发育和新陈代谢不成熟的时期,其单位体重接受到的相对暴露剂量可能比成年人更高。在宫内和生命早期的关键窗口期暴露于环境压力因素,这些因素会扰乱发育过程,导致身体结构、代谢和生理的永久改变,进而导致生命后期慢性疾病的发生(Barouki et al.,2012;Heindel et al.,2015)。

目前有中等到良好的证据表明产前暴露于环境污染物,包括空气污染物、多氯联苯(PCBs)、铅、汞和有机磷农药对胎儿生长、神经系统发育以及呼吸系统和免疫系统都会产生影响(Vrijheid et al.,2016)。对儿童生长发育、肥胖和代谢通路影响的证据也越来越多(Vrijheid et al.,2016)。根据健康与疾病的发育起源假说,这种效应可能会产生终身影响(Godfrey et al.,2010;Van den Bergh et al.,2011)。

与此同时,迄今为止,环境与儿童健康领域几乎只关注单一暴露与健康效应的关系;而没有一个整体的观念,即关注不同类型的暴露如何共存、共同影响健康。因此,"生命早期暴露组"是关键,不仅是因为其作为发展全生命历程暴露组的起点,也由于暴露组在生命早期这个阶段对健康的影响巨大。

下面我们以人类生命早期暴露组(HELIX)项目为例(整个设计在 Vrijheid 等人 2014 年的论文中有完整描述),旨在说明暴露组学的概念如何在流行病学研究设计中得以应用。

HELIX 项目以孕期和儿童期(即生命早期)为切入点,将暴露组学的概念引入实践。该项目测量了母子在孕期和儿童期从食物、消费品、水、空气、噪声、气候以及建筑环境等途径获得的广泛的化学性和/或物理性环境暴露,并利用一系列组学平台将这些暴露与内部暴露组连接起来。

随后,该项目将暴露组的外部因素和内部因素与儿童期的健康和发展结局联系起来,即出生前后的生长、肥胖、神经发育以及哮喘、肺功能或过敏症等,每种结局都有重要的环境成分参与,每种结局都与成年后的疾病有关。

② 整合多个出生队列以测量暴露组

欧洲现有的6项纵向人口出生队列研究构成了HELIX项目的基础(Vrijheid et al., 2014),包括英国的BiB(Born in Bradford)队列、法国的EDEN(Étude des Déterminants préet postnatals du développement et de la santéde l'Enfant)队列、西班牙的INMA(INfancia y Medio Ambiente)队列、立陶宛的KANC(Kaunus cohort)队列、挪威的MOBA(Norwegian Mother and Child Cohort Study)队列和希腊的RHEA(RHEA Mother Child Cohort study in Crete)队列。

选择这些队列的原因有以下几点:(1)这些队列有大量的从孕早期到童年的纵向数据;(2)他们能够对年龄相仿(6~11岁)的儿童进行新的随访检查,这个年龄足以精确测量HELIX项目有关的表型;(3)可以在使用常规方案的新随访中结合新的问卷、生物样品和临床检查。这些入选的队列遵循同样的策略在欧洲的不同地区获得数据。

一般而言,可以通过暴露模型(例如地理空间模型)和问卷获得大样本人群队列研究中的暴露估计值,而由于成本原因,暴露标志物和多组学标志物只能在相对较小样本的人群中获得。在暴露评估中,暴露错分仍然是一个关键问题,必须注意在分析暴露组时不会使问题大量增加。

HELIX项目通过重复生物采样以完全捕获半衰期短的非持久性污染物(化学工业不断生产的新品种)的暴露,个人暴露采样以验证用于更大人群的模型,以及整合关于母亲在外部环境中活动的详细信息来解决这一问题。这种密集数据的收集在较少受试者人群中是可行的。因此,为了构建暴露组,HELIX使用了一个多层次的研究设计,为不同层次的数据收集抽取了来自队列的巢式研究人群(图15.1)。

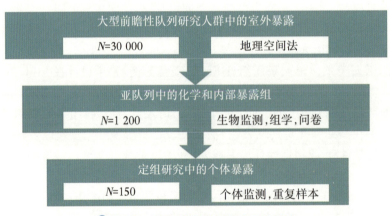

图15.1 HELIX项目的巢式研究设计

在第一个层面上,6个HELIX队列中共包含大约30 000对母亲和儿童的数据,这些数据

包括一些暴露变量(例如烟草)、关键协变量(例如饮食、健康行为和社会经济状况)和健康结局(例如神经发育、生长和呼吸健康,见表15.1)所有队列中这些现有的数据集都进行了统一化处理。基于历史住址和地理统计模型,HELIX评估了30 000对母子在孕期和儿童期一系列户外暴露(即"室外暴露组")的暴露情况,包括环境空气污染、噪音污染、紫外线辐射、温度、绿色和蓝色空间以及建筑环境(表15.2)。来自现有的可调控性监测设备和遥感检测的数据将用于建立周围环境空间暴露模型。暴露评估可以在孕早期、整个妊娠期、婴儿时期和儿童期的不同时间段进行,包括结局评估前1天、1周、1个月和1年。关于结局、暴露和协变量的统一数据集保存在ISGlobal的HELIX数据库中。

表15.1 HELIX队列中测量的儿童健康结局——出生、0～5岁、6～11岁

健康/发育结局	方法	BiB	EDEN	INMA	KANC	MoBa	RHEA
出生							
出生体重	测量	√	√	√	√	√	√
妊娠时长	记录	√	√	√	√	√	√
1～5岁							
重复的体重、身高、BMI	测量和记录	√		√	√	√	√
血压(4～5岁)	测量	√		√			√
神经发育-认知水平	心理学测试及问卷		√	√		√	√
神经发育-运动能力,语言	心理学测试及问卷	√	√	√			√
神经发育-行为	问卷	√	√	√		√	√
哮喘、喘息、呼吸道感染和过敏	问卷	√	√	√	√		√
肺功能(4～5岁)	呼吸测定法	√	√	√			√
6～11岁:通用HELIX方案							
体重、身高和BMI	测量	√	√	√	√	√	√
腰围	测量	√	√	√	√	√	√
皮褶	测量	√	√	√	√	√	√
脂肪含量	生物电阻抗	√	√	√	√	√	√
哮喘、喘息、呼吸道感染和过敏	问卷	√	√	√	√	√	√
肺功能	呼吸测定法	√	√	√	√	√	√
神经发育-认知水平,语言	电脑测试	√	√	√	√	√	√
神经发育-行为	问卷	√	√	√	√	√	√

表15.2 HELIX项目中评估的孕期和儿童期的环境暴露

暴露物类别	典型的暴露来源	暴露评估方法
环境空气污染:NO2、PM2.5、PM10和PM2.5吸光度	交通废气和工业污染源	土地利用回归空间模型结合常规监测和OMI卫星数据的时间变异性
噪音	交通	以现有的市政噪声地图用于空间估计,基于家庭和学校的地址做噪声建模
紫外线辐射	阳光	遥感(卫星)紫外线辐射图
温度、湿度和气压	天气	遥感(卫星)温度(来自热红外波段)、湿度和气压图(来自当地气象站的数据)
建筑环境/绿色空间	建筑环境	卫星监测归一化植被指数(NDVI)。建筑密度、可步行分数、可访问性、自行车道等(源自地理信息系统(GIS))
持久性有机污染物(POPs):PCBs、DDE、HCB和PBDEs	主要存在于饮食、母乳。PBDEs用作阻燃剂。这些物质已取消或限制生产。	血清分析:固相萃取与GC-MS/MS联用测定
全氟烷基物质(PFAS):PFOS、PFOA、PFNA、PFUnDA 和 PFHxS	许多消费品,包括表面活性剂;纺织品、地毯和室内装潢的表面保护;不黏厨具、食品包装	血浆分析:在线色谱柱切换LC-MS/MS
金属:汞、镉、铅和砷等	自然资源和许多工业资源	全血分析:ICP-MS
邻苯二甲酸酯:来源于6种母体邻苯二甲酸酯的10种邻苯二甲酸酯代谢物	消费品中的增塑剂,包括建材、服装、食品容器、黏合剂和个人护理产品	尿液(睡前最后一次和早晨第一次排尿)分析:在线柱切换LC-MS/MS
酚类:双酚A、三氯生、四对羟基苯甲酸酯(甲基、乙基、丙基、对羟基苯甲酸丁酯)和二苯甲酮-3	双酚A:存在于食品罐头和塑料瓶的涂层中。其他酚类:许多家用和个人产品	尿液(睡前最后一次和早晨第一次排尿)分析:在线柱切换LC-MS/MS
有机磷(OP)农药:6种非特异性DAP,OP农药的代谢产物	许多农业和家庭用途。主要通过饮食和与有机磷农药杀虫剂处理过的表面的手部接触	尿液(睡前最后一次和早晨第一次排尿)分析:96孔板固相萃取和LC-QTOF分析
环境烟草烟雾和可替宁	烟草	在孕期、产后和6~11岁时进行问卷调查和可替宁检测、尿液(睡前最后一次和早晨第一次排尿)分析
室内空气污染物:NO2、PM2.5和BTEX	室内烹饪、取暖、清洁、吸烟以及室外空气污染物	在定组研究中使用问卷数据对室内来源(包括烹饪、供暖、清洁和通风)以及家庭中被动的BTEX和NO2采样和主动的PM2.5采样进行预测建模

续表

暴露物类别	典型的暴露来源	暴露评估方法
饮用水消毒副产物	饮用水加氯处理	来自自来水公司的评估,同时结合关于用水量、淋浴、洗澡和游泳的调查问卷

注:PCBs:多氯联苯,DDE:二氯二苯二氯乙烯,HCB:六氯苯,PBDE:多溴联苯醚,PFOS:全氟辛烷磺酸,PFOA:全氟辛酸酯,PFNA:全氟正辛烷磺酸,PFHxS:全氟正己烷磺酸盐,PFUnDA:全氟十一烷酸酯,BPA:双酚A,DAPs:二烷基磷酸盐,NO_2:二氧化氮,PM:颗粒物(包括PM2.5和PM10)。

亚队列中的化学物暴露组学和内部暴露组学

在第二个层面,HELIX亚队列包括了来自整个队列的大约1200对母子对,以充分描述孕期和儿童期大量的环境化学物暴露(表15.2)和儿童期的组学生物标志物(表15.3),并进行临床检查(表15.1)。巢式设计意味着,对于亚队列受试者,室外暴露组已按照上一节概述的方法进行了表征。

表15.3　HELIX项目在6～11岁的组学测定

组学类别	应用的组学平台
代谢组	尿液中非靶向核磁共振氢谱分析,血清中靶向生物活性物质采用AbsolteIDQ P180试剂盒分析
蛋白质组	靶向Luminex技术可检测多达50种蛋白质,包括血浆中的细胞因子、脂肪因子和载脂蛋白
转录组	GeneChip®人类转录组阵列2.0(Affymetrix)分析儿童全血样本中编码mRNA和长链非编码mRNA,来自安捷伦的SurePrint Human miRNA Microarray rel 21分析全血样本中miRNA
DNA甲基化	Infinium Human Methylation 450 BeadChip用于儿童全血样本DNA的全基因组甲基化分析

在亚队列随访检测期间,会收集新的生物样本,这些样本适用于所有项目的生物标志物和组学分析。相比于收集1份随机尿样,收集2份尿样(1份睡前尿样和1份晨尿)将会更有助于获取短暂存在的代谢物的生物标志物,并提供更稳定的代谢组。在孕期收集并储存的母亲样本用于测量孕期的生物标志物。

在亚队列中,暴露生物标记物将在6～11岁儿童中收集的生物样本以及此前收集的孕期母亲生物样本中检测。暴露生物标志物包括:血样中的持久性有机污染物(POPs)和全氟烷基质(PFAS)、全血中的金属以及尿样中的非持久性化学物质(邻苯二甲酸盐、酚类和有机磷农药)和可替宁。

在随访调查中,由专业护士为儿童进行健康检查,测量体重、身高、腰围、皮褶、生物阻抗、血压和肺功能。对母亲的随访收集室内暴露、环境烟草暴露、身体活动、时间安排、饮食、社会因素、压力、睡眠、与暴露有关的习惯、哮喘和过敏症等信息。神经发育结局是通过一组国际标准化的非语言且不受文化因素影响的计算机测试进行评估的。父母将会通过完成 Conners 评定量表和儿童行为量表（Child Behavior Checklist, CBCL）来评估儿童行为问题。

定组研究中的个体暴露组

在第三个层面，密集定组研究将收集的数据包括暴露生物标志物和组学生物标志物短期的时间变化、个体行为（身体活动、移动和时间安排）以及个体室内暴露。儿童定组研究将包括 HELIX 亚队列的儿童（$n=150$）。孕妇定组研究包括来自队列外的 150 名孕妇；队列中的母亲不能用于这一目的，因为她们的受孕时间在数年前。儿童和孕妇定组研究的受试者在两个季节进行了为期一周的随访调查。收集这些受试者的每日尿样，并在每个监测周结束时按照与亚队列相同流程收集血样。血液样本被用来测量重复的组学标志物（见下文）。每天的尿样用于重复测量非持久性化学物质（邻苯二甲酸盐、苯酚、有机磷农药和可替宁）的生物标志物；这些数据用于表征尿液生物标志物的个体间和个体内的变异性，并在可能的情况下，校正更大人群队列中的不确定性。

定组研究的参与者使用智能手机来提供有关儿童和孕妇如何在外部环境中移动的信息，以及他们的身体活动水平，并由专门开发的 Expo App 综合处理内置加速计和 GPS 的数据。定组研究对象还佩戴了腕带式电子 UV 辐射测定器、PM2.5 主动采样器以及用于持续性碳黑监测的 MicroAthelometers。来自这些传感器的个人暴露评估被用于表征空间暴露模型中的不确定性。室内空气污染是使用安装在家里的二氧化氮（NO2）和苯系物（BTEX）（包括苯、甲苯、乙烯和二甲苯）被动采样器和 PM2.5 主动采样器测量的；这些数据被用于在更大的子队列中开发室内空气污染模型。

❸ 将暴露组与儿童健康联系起来

在收集了环境暴露的多层次数据后，显然需要在不同层次用不同的统计方法来分析暴露组数据，其中包括描述暴露混合和暴露组模式（这是现实中最常见的），识别与不良健康结局有关的最重要的暴露因素（这一点对监管政策至关重要），以及确定暴露因素的协同或交互效应，这些在流行病学文献中探讨得相对较少，其主要原因是统计效能问题。为了确定外部暴露对儿童健康和发育的影响，HELIX 开发了基于多种工具和方法的多步骤统计分析方法（Billionnet et al., 2012; Chadeau-Hyam et al., 2013; Sunet al., 2013），包括不可知论的全暴露组关联分析（exposure-wide association study, ExWAS）、降维和变量选择以及聚类技术。在这个项目中，采用模拟分析评估这些模型在错误发现比例（false discovery proportion, FDP）和灵敏度方面的性能，并发现在真实暴露组背景下统计方法区分真实预测因素和相关协变量的效度有限，暴露之间的相关性仍然是暴露组研究的主要挑战（Agier et al., 2016）。因此，暴露组研究根据暴露与其他暴露的相关性来解释暴露效应(Robinson et al., 2015)和谨慎选择统计方法(Agier et al., 2016; Slama, Vrijheid, 2015)是很重要的。

4 整合内部暴露组

在HELIX的暴露组中整合了"组学"的概念,使我们能够测量生命早期环境暴露的分子指纹或特征。每个儿童在甲基化组、转录组、蛋白质组或代谢组水平上由独特的分子谱组成,这是其基因组与早期生活事件中的外部暴露组相互作用的结果。这些分子特征很好地展示了个体应对环境因素暴露的内部效应。这些组学特征也揭示了后期效应的早期标志。

儿童期环境暴露可能与氧化应激或炎症有关,直到成年后才会出现慢性病的临床症状。在个性化药物时代,儿童对环境的敏感性也可能表现出个体差异,个体暴露评估应该考虑分子敏感性。例如,砷是一种普遍存在的金属,其主要通过食用鱼类和甲壳类动物暴露,其毒性在很大程度上取决于肝脏和潜在肠道微生物群对砷的甲基化的能力(Hsueh et al., 2016; Claus et al., 2016)。

HELIX项目检测了血清和尿液中的代谢物、血浆中的蛋白质、编码和非编码小RNA(包括miRNAs)以及全血中的DNA甲基化。这些检测是在两个重复的定组研究期间从1 200名6~11岁的儿童亚队列中收集的新样本上进行的。重复定组研究测量用于评估个体内部和个体之间可能的变异性来源。在所有组学测量中使用新样本确保了不同技术之间和不同队列之间的可比性。在所有组学技术中采用相似的时间点也使得数据分析时能够整合不同的技术。在HELIX中使用的组学平台在表15.3中有详细说明。

HELIX中的组学数据分析旨在评估与前几节详细描述的外环境暴露组相关的分子特征。这些分析既侧重于对所有暴露的初筛,也注重对先验定义的暴露进行更深入的探究,这些先验定义的暴露(烟草、持久性有机污染物和空气污染)可反映出生前和出生后的长期暴露水平并且已有一些文献证据。在所有暴露的初筛分析中,我们将首先评估单一暴露和单一组学标志物之间的关联。

在ExWAS分析中,我们将在考虑了多重检验之后的P值阈值的基础上,为每个组学选择一系列显著的信号。P值阈值是基于使用暴露组相关矩阵估计的准确测试次数而得到。其次,我们将使用一种降维方法即双向正交偏最小二乘(O2PLS)模型来定义组学数据中暴露组可以解释的变异性以及组学特征定义的潜在共同暴露集群。

为了解释个体组学技术产生的大量信息,HELIX将系统地识别跨越组学数据的共同生物路径,并基于公共数据库将其与健康结局联系起来。每个与暴露相关的组学特征都可以与基因相关的通路(Reactome DB, GO/KEGG)、生物功能、疾病(DisGeNET)或特定的生理结构(BGEE DB)联系起来。由于它们的数据库识别符不同,将组学数据联系在一起具有一定的困难,特别是蛋白质组和代谢组。

然而，最近的解决方案（如BridgeDB）允许对HELIX中使用的所有组学进行连接。将现实人体数据与计算机分析相结合，可以识别缺失的链接，以便将不同生物组织水平的反应联系起来，从而将环境暴露与疾病联系起来。这项工作最终将根据暴露的生物途径对暴露进行更好的分类，并可能实现优先对危害最大的暴露进行监管。与毒理学和药理学领域的发展类似，通过识别已经充分了解的暴露的扰动途径可有助于预测较新的、所知甚少的暴露公共卫生负担。

对先验定义的暴露的更深入分析将包括对组学数据的假设驱动分析。此外，还将评估不同时间窗、短期和长期暴露以及出生前和出生后暴露的影响。最后，有意义的信号将与健康结局联系在一起，类似于生物标记物发现的"中间相遇"方法（Chadeau-Hyam et al.，2011）。

5 小结

暴露组的概念是一个宽泛的概念，它引发了关于暴露组应该如何解读的许多讨论。这是拓宽暴露评估、毒理学、系统生物学和公共卫生政策等相关领域趋势的一部分，即采取更全面的方法，更能反映我们每天遇到的暴露混合物。尽管实施暴露组研究仍然具有挑战性，但是由于生命早期暴露的终身重要性和明确的暴露窗口，对暴露组生命早期阶段的表征是合乎逻辑和可行的领域。

除HELIX外，其他几项正在进行的研究也在不同的生物学水平上表征部分外部暴露组和内部暴露组（Robinson et al.，2015）。使用统一的暴露组研究方法，努力将这些跨地区和年龄的研究整合在一起，最终实现更完整的全生命历程暴露组研究。目前的一个重点是将内部暴露组的情况与单个或少数外部暴露联系起来，可能会出现一些内部暴露组反应很容易映射到所有类别的外部暴露，这最终可能会将综合外部暴露评估的必要性降至最低。

我们需要进一步努力使用大规模的不可知论的分子技术对组学和分子途径进行进一步研究，以识别生物扰动和环境因素造成的早期损害标志，这些标志可用于因果推断和预测未来的慢性病风险。或者，内部暴露组的一部分本身即可视为重要暴露，而不是外环境暴露组的中介体，"全暴露组"的健康结局分析可以同时分析这些部分，重点是通过不可知论的方法评估多重和未知暴露及其相互作用。这将使人们能够系统地识别造成疾病的最重要的环境因素，并量化造成疾病负担的大小。

暴露组的最终目的是，应用个体外部和内部暴露评估手段，结合遗传和表观遗传倾向的易感性分析，能够更好地描述个人环境健康风险进而有针对性的预防。对于这一点，生命早期可能是一个特别高效率的阶段，因为生命早期的有效预防和干预可以带来终身回报。

总之，在整合和改进关于疾病病因学的环境病因方面的知识时，暴露组是一个重要的新思路，而生命早期阶段对于充分理解人类暴露组至关重要。整合生命早期暴露的不同组成部分,如何共存和相互作用的信息,将增进我们对复杂的、多因素的、儿童发育障碍(其中一些发育障碍已经变得日益普遍)的病因的了解,最终也将促成发展出更好的预防战略。

(翻译:包巍)

参考文献

Agier L, Portengen L, Chadeau-Hyam M, Basagana X, Giorgis-Allemand L, Siroux V, Robinson O, Vlaanderen J, González JR, Nieuwenhuijsen MJ, Vineis P, Vrijheid M, Slama R, Vermeulen R(2016) A systematic comparison of linear regression-based statistical methods to assess exposome-health associations. Environ Health Perspect 124(12):1848-1856

Barouki R, Gluckman PD, Grandjean P, Hanson M, Heindel JJ(2012) Developmental origins of non-communicable disease: implications for research and public health. Environ Health 11:42

Billionnet C, Sherrill D, Annesi-Maesano I(2012) Estimating the health effects of exposure to multi-pollutant mixture. Ann Epidemiol 22:126-141

Chadeau-Hyam M, Athersuch TJ, Keun HC, De Iorio M, Ebbels TM, Jenab M, Sacerdote C, Bruce SJ, Holmes E, Vineis P(2011) Meeting-in-the-middle using metabolic profiling - a strategy for the identification of intermediate biomarkers in cohort studies. Biomarkers 16(1):83-88

Chadeau-Hyam M, Campanella G, Jombart T, Bottolo L, Portengen L, Vineis P, Liquet B, Vermeulen RC(2013) Deciphering the complex: methodological overview of statistical models to derive OMICS-based biomarkers. Environ Mol Mutagen 54(7):542-557

Claus Henn B, Ettinger AS, Hopkins MR, Jim R, Amarasiriwardena C, Christiani DC, Coull BA, Bellinger DC, Wright RO(2016) Prenatal arsenic exposure and birth outcomes among a population residing near a mining-related superfund site. Environ Health Perspect 124(8):1308-1315

Godfrey KM, Gluckman PD, Hanson MA(2010) Developmental origins of metabolic disease: life course and intergenerational perspectives. Trends Endocrinol Metab 21:199-205

Heindel JJ, Balbus J, Birnbaum L, Brune-Drisse MN, Grandjean P, Gray K, Landrigan PJ, Sly PD, Suk W, Cory Slechta D, Thompson C, Hanson M(2015) Developmental origins of health and disease: integrating environmental influences. Endocrinology 156(10):3416-3421

Hsueh YM, Chen WJ, Lee CY, Chien SN, Shiue HS, Huang SR, Lin MI, Mu SC, Hsieh RL(2016) Association of arsenic methylation capacity with developmental delays and health status in children: a prospective case-control trial. Sci Rep 6:37287

Robinson O, Vrijheid M(2015) The pregnancy exposome. Curr Environ Health Rep 2(2):204-213 Robinson O, Basagaña X, Agier L, de Castro M, Hernandez-Ferrer C, Gonzalez JR, Grimalt JO, Nieuwenhuijsen M, Sunyer J, Slama R, Vrijheid M(2015) The pregnancy exposome: multiple environmental exposures in the INMA-Sabadell Birth Cohort. Environ Sci Technol 49(17):10632-10641

Slama R, Vrijheid M(2015) Some challenges of studies aiming to relate the exposome to human health. Occup Environ Med 72(6):383-384

Sun Z, Tao Y, Li S, Ferguson KK, Meeker JD, Park SK et al(2013) Statistical strategies for constructing health risk models with multiple pollutants and their interactions: possible choices and comparisons. Environ Health 12:85. https://doi.org/10.1186/1476-069X-12-85

Van den Bergh BR (2011) Developmental programming of early brain and behaviour development and mental health: a conceptual framework. Dev Med Child Neurol 53(Suppl 4):19-23

Vrijheid M, Slama R, Robinson O, Chatzi L, Coen M, van den Hazel P et al (2014) The human early-life exposome (HELIX): project rationale and design. Environ Health Perspect 122:535-544

Vrijheid M, Casas M, Gascon M, Valvi D, Nieuwenhuijsen M (2016) Environmental pollutants and child health-a review of recent concerns. Int J Hyg Environ Health 219(4-5):331-342

Wild CP (2012) The exposome: from concept to utility. Int J Epidemiol 41:24-32

第16章 基于大型人群调查的健康与全环境关联研究

暴露组有望成为一种非常有用的工具,尤其在大型人群调查研究中,可以帮助我们更好地了解基因组和环境暴露之间的复杂相互作用。基于大型人群调查的健康与全环境关联研究(Health and Environment-wide Associations based on Large Population Surveys,HEALS)旨在根据个体暴露组特征,确定基因、环境和疾病之间的复杂关系(例如过敏、哮喘、神经发育/神经退行性和代谢疾病等),并探索其在大规模队列中的应用。HEALS依赖于对现有队列研究数据的重新分析,以及欧洲暴露和健康调查试点研究的部署。虽然队列数据的重新分析是从生物监测数据的收集开始,但将采用广泛的组学技术(通过体外验证性测试完成)。终生暴露评估还将使用各类传感器和代理人基模型等一系列新技术和新方法。通过监测生物体不同的组学反应并将其映射到调控网络和疾病途径上,可使我们同时在个体和人群水平上更好理解环境暴露到疾病发生的中间阶段。HEALS有望整合不同来源数据和内外暴露组监测手段,帮助我们更好地理解疾病的起源和潜在发生机制。其研究内容包括以下两个方面:(1)各类环境有害因素是如何累积并导致疾病发生的;(2)暴露的共同节点和分子事件是如何导致显著不同的健康结果的。HEALS是方法学的全面进步,旨在将跨学科研究联系起来,以了解个体和群体水平基因和终生环境暴露之间的相互作用。

关键词:终生暴露评估;代理人基建模

1 暴露组学协作项目概述

暴露组学的概念是对人类基因组概念的补充。尽管人类基因组的解码(Schmutz et al., 2004)增加了我们对疾病发生根本原因的了解,但基因组信息仅解释了人口疾病负担的一部分原因。因此很明显,相较于基因组,环境因素同样重要或者更为重要,其关键是在于理解环境因素与生物系统之间的相互作用。暴露组的解析意味着同时准确测量环境暴露情况和遗传变异数据,从而帮助我们更好地理解基因组、环境和疾病之间的因果关系。

暴露组的解析需要整合大量的数据,其工作是充满挑战的。因此,遵循欧盟委员会环境与健康专项行动计划(European Commission's Environment&Health Action Plan)(2004—2010)的一系列协作工作已经完成。诸如COPHES(人体生物监测协作数据)、EHES(健康调查协作数据)、EU-menu(食品消费协作数据)、CHICOS(儿童队列研究协作数据)、U-BIOPRED(呼吸系统预测中的无偏生物标志物疾病结果)等项目都旨在为欧洲各地的不同数据信息提供有效整合。

此外,欧洲双胞胎登记处收集了数以万计双胞胎的生物样本、纵向表型资料和暴露数据,为研究复杂表型及其潜在生物学的意义提供了宝贵的资源。而基于大型人群调查的健康与全环境关联研究(Health and Environment-wide Associations based on Large Population Surveys, HEALS)是环境与健康行动计划(Environment and Health Action Plan, EHAP)(2004—2010年)系列成果下的更进一步发展。

HEALS充分利用欧洲协作数据的可及性,已在环境和健康数据融合方面取得了重大进展。例如,将卫星遥感数据转化为环境暴露中诸如颗粒物(particulate matter, PM)等空气污染物的测量数据,并提供暴露于环境污染物人群的准确空间分辨估计。另外两个项目包括欧盟暴露组项目,即英国伦敦帝国理工学院的暴露组项目(Exposomics)和西班牙巴塞罗那CREAL的人类生命早期暴露组计划(HELIX)。

英国的暴露组学项目侧重于开发一种综合测量环境暴露对健康的影响的方法。为实现这一目标,该项目长期致力于开发个体暴露监测系统(personal exposure monitoring, PEM),例如传感器、智能手机、地标参考、遥感卫星等。英国的暴露组项目通过收集个体外暴露数据,同时联合使用多种组学技术对生物样本(外暴露的内部标志物)数据进行分析。英国的暴露组项目通过将同一个体使用个体暴露监测系统测量的外暴露数据和通过组学测量的全局分子特征数据之间的相互关系进行整合,形成的一系列方法手段(Vineis et al., 2013),从而为"暴露组关联研究"(exposome-wide association studies, EWAS)开辟了新道路。其终极目标是将上述新方法手段应用于风险监测和环境疾病负担的评估中,尤其在肿瘤分子流行病学领域(Chadeau-Hyam et al., 2013; Vineis et al., 2014)。

人类生命早期暴露组计划(Human Early-Life Exposome, HELIX)(Vrijheid et al., 2014)是一个合作研究项目,旨在应用新的暴露评估手段和生物标志物检测方法表征诸多环境因素共同影响的生命早期暴露情况,并将该暴露情况与组学生物标志物和儿童健康结局相关联。

HELIX是采用了四个嵌套研究人群数据集的多水平设计研究。该数据集既包括已有的数据信息,还包括最初就为HELIX计划设计的包含1 200对母子的子队列数据(Vrijheid et al.,2014)。与英国的暴露组研究类似,HELIX也将广泛使用内外暴露组的检测手段。

第四个项目,即跨地中海环境与健康网络(Cross-Mediterranean Environment and Health Network,CROME),也是欧盟资助的暴露组项目的一部分,其重点放在了地中海盆地区域。CROME将人体生物监测手段整合到暴露组构建的过程中,重点揭示环境、饮食中的有毒金属和持久性有机污染物与不良健康后果之间的联系,其研究侧重点是癌症(Sarigiannis et al.,2015)和神经毒性领域。

在美国,美国国立环境卫生科学研究院(NIEHS)主要资助了两个暴露组相关的研究机构,即佐治亚州埃默里大学的健康暴露组研究中心(HERCULES)和加州大学伯克利分校的暴露组研究中心。HERCULES采用多种策略方法,试图评估人一生中环境暴露的非稳态负荷。相反,加州大学伯克利分校采用自上而下的方法,专注于改进非靶代谢组学的方法以解析个体暴露组情况,并将其与人类疾病关联起来(RapPaport,2010)。

HEALS汇集了一系列新的技术手段、数据分析和建模方法,以便为大规模暴露组研究提供高效的实验设计与执行方案。HEALS广泛收集并整合环境、社会经济、暴露、生物标志物和健康效应等方面的数据。此外,HEALS还包括了最新的生物信息学应用所需的所有程序和计算序列,将高阶数据挖掘、生物学和暴露建模结合起来,从而对环境暴露与健康之间的关联进行全面综合的研究。

HEALS所使用的方法将会在欧洲各项不同环境暴露水平、年龄窗口、性别暴露差异,以及社会经济和遗传变异性的人群研究中去验证。HEALS的主要目标是将系列研究方法整合改进,并将相关的计算分析工具在全环境关联研究中加以应用,以期为欧盟范围内的环境和健康评估提供重要支撑。HEALS通过对已有的人群数据进行提炼加工,然后将其应用到涵盖了18个欧盟成员国的环境和健康监测的试点调查项目,其经验将转化为制定欧洲环境和健康监测调查方案的指南和科学建议。

❷ 基于HEALS的方法学工具

 总体方法学概念与创新元素

HEALS的整体方法学概念及及不同的排列分布在图16.1中予以说明,包括环境暴露、生物化学、分子生物学、毒理学、生物信息学和流行病学领域主要学科的各项最先进的技术方法。暴露组是一种可以在功能上整合不同种类数据的方法学工具,其通过特定的工作流程进行数据处理,为揭示环境因素如何导致疾病的发生提供更多的参考依据。简而言之,环境暴露给生物体带来生存压力,而基因组告诉我们生物体面对不断变化环境压力下将如何反应。生物标志物,尤其是组学生物标志物,描述了生物体在不同器官或组织水平上应对环

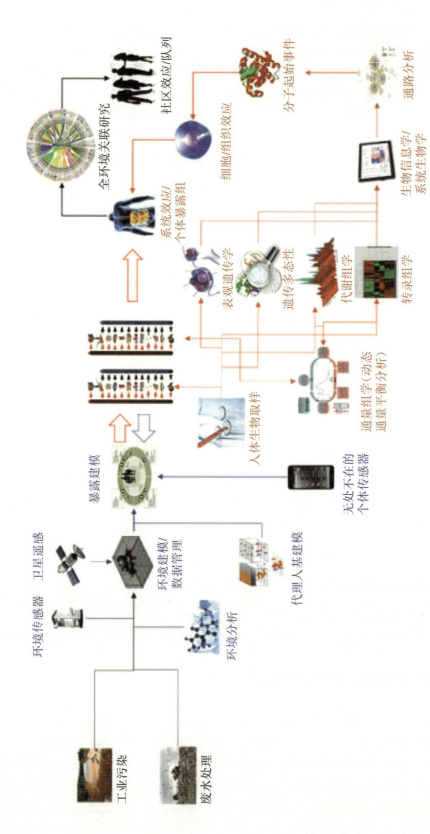

图16.1 使用暴露范式评估危险废物的健康影响

境压力的动态相互作用结果。

如果环境压力打破了机体的稳态机制,疾病将随之出现。此过程中涉及的每条信息都非常重要,任何中间步骤的过度简化或数据丢失都会将因果关联减弱为松散关联。因此在这种情况下,HEALS使用的各类新技术方法及其功能的整合将得以详细呈现。此外,HEALS还汇集了一系列全面的新技术、数据分析和建模工具,以支持高效设计和实施大规模暴露组研究。

HEALS囊括并整合了一系列环境、社会经济、暴露、生物标志物和健康效应方面的数据,同时应用最前沿生物信息学所需的程序和计算序列,将最先进的数据挖掘、生物学和暴露建模结合起来,以确保对环境暴露与健康的关联进行全面研究。HEALS所使用的方法将在欧洲各项不同环境暴露水平、年龄窗口、性别暴露差异,以及社会经济和遗传变异性的人群研究中去验证。

HEALS的主要目标是将系列研究方法整合改进,并将相关的计算分析工具在全环境关联研究中加以应用,以期为欧盟范围内的环境和健康评估提供重要支撑。HEALS通过对已有的人群数据进行提炼加工,然后将其应用到涵盖了18个欧盟成员国的环境和健康监测的试点调查项目,其经验将转化为制定欧洲环境和健康监测调查方案的指南和科学建议。

暴露组学研究需要新工具来解决不断出现的复杂环境健康问题,其成功的关键在于汇集现有的地理空间、环境、健康和社会经济数据,并创新性地使用微环境传感器、遥感或其他基于社区和组学/系统生物学方法收集的最新高分辨率数据来描述暴露组。例如,内分泌紊乱相关综合征和性相关变化(更年期)、神经退行性疾病或呼吸系统疾病。

暴露组学研究关注的重点将是在婴儿生长(包括怀孕阶段)和发育过程中的易感性窗口,以及表观遗传活性食物和环境暴露诱导的相关疾病在各类易感人群(例如,年轻人、老年人、社会经济弱势群体、性别、少数种族)中的不均衡负荷分布。如果我们能很好地识别和理解个体某些关键生命阶段的重要事件,那么可能就不需要映射一个人的整个生命周期。

因此,我们可以尝试重建个体生命的暴露事件,并将其与诸如产前暴露、青春期或生殖活跃期等关键生命阶段的社会经济状况联系起来。虽然个体在生命周期各个阶段接触有害因素均能产生不良影响,但儿童、孕妇和老年人往往是最敏感的,因而上述人群也是暴露组学研究的重点关注对象。此外,在个体层面对高危人群的流动模式进行建模非常具有挑战性。

同时,在污染物分布和个体(或群体)运动模式方面也存在相当大的概念理解和计算困难,这其实也反映了环境条件和人类分布数据的可用性的限制。随着地理信息系统(geographic information systems, GIS)、个人跟踪GPS和个体环境监测仪的出现,现在可以在个体一生的全阶段实现上述分析。

HEALS将首次采用包括诸如DNA序列、表观遗传DNA修饰、基因表达和环境因素等诸多共同影响疾病表型因素之间复杂而动态的相互作用去重新定义"先天与后天"的概念。HEALS计划从欧盟正在进行的流行病学研究中收集的数据分析开始(这些研究数据涉及母婴、儿童和包括老年人在内的成年人),以证明环境暴露与健康结局之间的关联。这些关联的发现,将有助于我们使用综合的方法去设计和选择综合风险评估试点调查的暴露、效应和个体易感性生物标志物。

在此新背景下,还有另一个更好了解疾病起源的研究,即双生子研究。现有研究证据明确指出，遗传背景完全相同的同卵（MZ）双胞胎表现出了由于基因不完全外显率导致的诸多表型差异，而这种差异极有可能与环境暴露和DNA表观遗传修饰的不同有关。以下是几个描绘个体暴露组情况的关键问题：

人体生物监测（HBM）和生物银行是个体暴露组的关键要素。由于暴露的来源和水平随时间变化而变化，因此我们可以设法通过分析在关键生命阶段获得的人体基质中的毒物（优先非侵入性收集的）来重构个体暴露组情况。

理解人体生物监测与暴露建模（exposure modelling，EM）和暴露评估之间的相互作用是阐明个体暴露组的另一个关键因素。由于人体生物监测识别某些特定暴露源的能力有限，因此其可能不适用于环境中全部暴露的监测（例如空气颗粒物或噪音）。因此，暴露建模是解析暴露组关键策略中的重要一环。通过将人体生物监测、暴露建模和环境监测数据进行整合，我们可以获得暴露组和健康结局更确凿的证据，并有望将该方法应用于未来的大型人群研究中。

使用生活方式/行为模式信息（例如时间-活动-位置、食物消费、消费品使用情况等）了解个体和群体的地理空间生命线。

空间信息和协调其收集的举措（INSPIRE、GMES）或可改变科学家和政策制定者对环境应激源暴露的观点。

与此同时，行为信息是政策制定者和风险评估者理解和管理个人暴露模式的最容易获得和最直接的方式。

这些暴露因子可用于推导聚合和累积暴露模型，从而对暴露的概率展开评估。在此背景下，欧洲社会调查（European Social Survey，ESS）就此展开。ESS始于2002年，涵盖了30多个国家的为期两年的多国调查数据。这些数据将提供相关变量的连续变化情况，包括福祉、健康和安全、人类价值观、人口统计和社会经济等方方面面的信息。

传感器技术的创新提供了前所未有的收集环境数据深度和广度的可能性。通过在源于标准化环境监测（例如，EIONET、AIRBase）的有限高质量数据与源于传感器网络提供的大量中等质量数据之间找到适当的平衡，将会改变我们对环境问题的理解和与环境互动的方式。

鉴于目前在全部人群中采集真实的时空运动数据还涉及大量技术障碍和伦理问题，因此我们推荐使用基于传感器技术的代理人基建模（ABM）来模拟个体运动情况以及个体与环境的交互行为。ABM通过模拟和重构人群社会行为信息，继而获取真实世界系统的动态信息。作为更大、更复杂系统的一部分，同时作为一种计算机建模方式，ABM专注于模拟个体（代理人）与其他个体和环境的交互作用。ABM的使用将使我们能够更好地理解个体和群体在社会和进化中的行为模式，并"填补"目前暴露组无法从真实世界和传感器获得的数据空白。

当前，前沿的毒理学技术将生物有效剂量（biologically effective dose，BED）评估与早期生物事件相结合，从而获得剂量效应模型。更进一步地，该模型还可与概率暴露估计联合应用（Georgopoulos et al.，2008；Sarigiannis et al.，2016），从而获得暴露与效应生物标志物。此外，流行病学、临床和遗传/表观遗传数据的联合分析可帮助我们阐明诸如生活方式选择和DNA多态性与甲基化（Sarigiannis et al.，2009）等各类危险因素的损害效应。例如，将限定时间段或特定时间窗（比如在子宫内）的暴露与慢性暴露区分开来，可能会使新发现的生物标志物更具特异性。

需要指出的是,代谢组学和加合物组学是上述数据分析和释义的关键,它们在功能上将转录组学和蛋白质组学进行有机的整合,从而为个体健康状况与环境应激源暴露之间因果关系的阐述提供分子机制方面的数据支撑。

详细的方法学要素

外暴露评估

HEALS的主要目的是整合现有数据并填补数据空白,以揭示个体和人口亚群面对多途径应激源时的外暴露组信息。为实现这一目标,HEALS采用了广泛的数据采集和挖掘方案。数据挖掘信息来自于欧洲各国已完成和正在进行中的各类研究和调查项目。除此之外,还包括欧盟范围内的针对未来研究中关注的目标人群的各类监测系统数据。HEALS已被整合到欧洲环境信息综合数据库中,即欧洲数据管理系统(European Data Management System,EDMS)。该系统的设计与欧洲委员会联合研究中心正在开发的欧洲化学污染IPChem信息系统完全兼容。

环境数据与暴露模型的相互结合,为不同暴露途径(即吸入、食入和经皮肤)接触的特定人群的外暴露评估奠定了方法学和计算框架的基础。根据数据的可及性,我们可以使用地理空间分析和多媒体建模等方法来分析"微环境"和食物中有毒物质的浓度。

此外,我们还可将数据集成和缺失数据的处理方法应用于数据融合技术,通过代理人基建模和其他暴露建模技术(如个人传感器技术)智能整合环境数据,达到数据最大化利用的可能性。

与此同时,我们还可以利用基于马尔科夫链蒙特卡罗(Markov chain Monte Carlo,MCMC)技术的概率暴露建模方法评估特定人群的跨时空外暴露信息,并将个体暴露剂量测量和建模的不确定相关性进行有效整合。因此,基于"个体"的暴露信息推导和估计更广泛和连续的人群亚组暴露数据已成为可能。

为揭示个体外暴露组信息,HEALS使用了好几种不同类型的个体传感器(Loh et al.,2017)。根据输出数据类型的不同,这些个体传感器可以分为以下几类:被动污染测量传感器,可测量使用者日常生活中不同地理位置的污染物水平,同时跟踪记录地理位置信息;体育运动传感器,可收集用户的地理位置和体育运动信息;直读监视器,可识别个体一生中关键时间窗口中占主导地位的特定暴露途径,可帮助我们判断峰值暴露是否比平均暴露值更重要,并最终建立个体暴露档案资料。

这种高度创新的方法可获得海量的"个体暴露数据",并极大地增强我们对暴露和健康之间关联的理解。然而需要指出的是,如果没有数据注释(例如人类行为识别),以上数据将毫无价值。因此,统计学方法、复杂数据挖掘技术、电脑计算力、数据源共享和个人数据的维护与隐私保护等方方面面的进步就显得尤为重要。

大数据往往很难与传统的关系数据库、个人计算机数据和传统的可视化包一起使用,其原因在于大数据处理不仅是存储海量数据,更是一种挖掘、整合数据,并从中提取新数据的能力。通过将该创新方法应用于欧洲人暴露与健康体检调查(EU-wide Exposure and Health survey,EXHES)以及现有的个体暴露组队列,HEALS将在该领域带来诸多进展,以克服当前数据释义相关的大量限制因素,最终将该方法从人群应用到个体水平。

由HEALS范式图可见,通过使用数据融合技术,一系列新兴技术方法和手段将被应用于源于固定监测网络的传统健康和暴露数据的补充中。例如,上述新兴技术方法和手段包括代理人基建模、手机应用程序、环境传感器网络、微型传感器和卫星遥感等。HEALS使用地球观测数据处理工具ICAROS和SMAQ对研究区域内的颗粒物负荷进行高分辨率估计。

需要指出的是,卫星获取的信号是通过一种间接的方法进行处理的。该方法以大气气溶胶的Mie散射系数为基准,通过比较研究区污染图像和"干净"图像的Mie散射系数来估计气溶胶的光学厚度。同时根据大气混合高度的水平剖面对该方法得到的总柱状信号进行校正,以估计大气浑浊部分(以气溶胶光学厚度表示),该部分是由靠近地球表面对流层最下部包含的颗粒物造成的。

上述校正是区分HEALS中使用的方法和其他已被提议作为有效替代方法的一个关键特征。将$30×30\ m^2$空间网格上的颗粒物负载与地面空气质量监测器对比显示,残差仅为4%~5%,这一结果显著提高了以最低成本获取个人住宅或工作场所空气污染数据的可能性。

此外,HEALS将使用确定性和概率性方法显著改进暴露建模和表型识别,并应用新的流行病学和统计学方法将暴露模拟与健康结局联系起来。代理人基建模通过利用个体环境中的行为相关数据(例如特定微环境中的运动数据)以及健康相关行为和风险决定因素(如低社会经济地位)数据之间的相互作用信息探索并提供相关数据信息。基于这些参数和代理人的演变,模拟产生与模拟系统相关的详细信息,将可填补传统数据集中存在的空白。

内暴露组评估

人体生物监测

人体生物监测(human biomonitoring,HBM)使新的暴露评估方法成为可能,即便在外暴露的数量和质量不明确甚至未知的情况下。生物监测数据既可用于比对一般人群和特殊亚群之间的暴露情况和动物毒理学数据,还可用于风险评估和风险管理。在风险评估方面,我们可使用生物标志物测量数据预测暴露的剂量,同时还可将其与动物研究的毒理学参数进行比较。

人体生物监测的一项关键任务是数据释义,以便将它们置于具有假定毒性剂量的暴露数据中。通常,大规模的人体生物监测调查收集单个时间点的生物标志物测量值。如果生物标志物的测量数值能代表稳态条件,那么这一数据就可以用来推断更长时间段毒物的暴露情况。

然而,上述假设是否合理,还需要更多的研究来证实。通过对生物标志物极高和极低值(例如,大于95%分位数和小于5%分位数)的个体进行重复采样,往往还可以获得更多毒物的暴露信息。而采样的时间间隔取决于化学物的半衰期和生物标志物检测所使用的基质类型。

需要指出的是,对生物监测数据定量解释的最好方法即在概率框架中将基于生理的生物动力学(Physiology-based biokinetic,PBBK)建模与暴露通路建模联系起来。通过将PBBK

模型和HBM数据结合来推断人群研究中收集的生物标志物数据所反映的环境暴露情况（Mosquin et al.,2009）。而当PBBK模型与马尔科夫链蒙特卡罗技术联合使用时，还可允许在概率框架内通过暴露重建来解析不同环境间隔的贡献。标志物数据本身还反映了化学物质的个体积累、分布、新陈代谢和排泄（accumulation, distribution, metabolism, and excretion, ADME）特征，因此人体生物监测数据为PBBK模型的验证提供了极好的机会。

多组学研究、体外验证分析和暴露生物学工作流程

HEALS的内暴露组研究依赖于对多组学最大可用信息的评估。为实现该目标，已有详细的暴露生物学工作流程被开发出来并将被应用于HEALS项目。上述目标的实现还需要从非靶向分析逐步转向更有针对性的分析方法，其包括主要的组学技术有以下几种。

转录组学：可帮助我们确定不同暴露条件下基因表达的变化情况。对基因表达的整体分析可帮助我们检测更为广泛的一致性趋势，而上述趋势往往是无法通过特定分析来识别的。转录组学旨在帮助我们识别与暴露组合相关的转录"指纹"信息和与基因转录变化相关的毒性机制。这些基因表达的变化往往与毒性是有因果关联的，或存在于毒性效应的下游。

转录组学分析采用SurePrint G3 Human Geb Exp v3 Array Kit 8x60K的Agilent SureScan微阵列扫描仪，同时利用实时定量聚合酶链式反应（real-time polymerase chain reaction, T-PCR）对微阵列分析的结果进行验证。与对照组相比，差异表达基因的丰度评分大于或等于阈值的正负2倍通常被认为是具有显著性差异的。显著性（$p<0.05$）可由单因素方差分析（one-way analyses of variance, ANOVA）确定。更多常见基因交互作用的补充信息请参见美国北卡罗来纳州立大学的比较毒物基因组学数据库（North Carolina State University, USA）。

表观基因组学：最近的研究表明，miRNAs和其他表观遗传调控因子之间存在强烈的相互作用。表观遗传调控因子和miRNAs的表达和相互作用通常是高度协调的，这表明将它们作为组合可帮助我们充分理解表观遗传的调控机制。表观基因组学采用Agilent SureScan SurePrint G3微阵列扫描仪对非限制性miRNA 8x60K微阵列进行分析。同时采用Agilent MicroRNA Spike-In Kit对总RNA样品进行加标，以评估标记和杂交效率。将标记的miRNA与人miRNA杂交，然后在Agilent Microarray Scanner上检测并提取荧光信号强度以行进一步的数据解释。

我们的蛋白组学分析是在一部分人血浆样本（样本数为300）和细胞培养物的提取物中进行的。蛋白质水平的变化与所研究的刺激因素诱导的相关功能变化联系更为密切。虽然mRNA转录水平可通过翻译修饰与蛋白表达水平紧密相连，但它们的相关性有限，mRNA转录水平仅能解释约50%蛋白质水平的变化。这是因为还存在其他水平的蛋白质表达调控方式，例如蛋白质翻译和降解速率的改变。

此外，蛋白质活性的调控不仅仅局限于表达水平，相反还可通过翻译后修饰（例如磷酸化）实现对蛋白质活性进一步调控。通过使用LC-MS/MS Thermo Orbitrap Velos方法可以精准、可重复和高灵敏度地获得以质谱为基础的蛋白质结构信息。通过非靶向无标记蛋白质组学我们可识别多种蛋白质，从而检测蛋白质含量的微小变化。

定量蛋白组学（Schwanhausser et al., 2011）可以帮助我们以检测每个样品中的蛋白质的绝对含量，从而进一步利用统计分析方法分析蛋白质丰度的变化是否具有统计学意义上的显著性差异（$p<0.05$）。

代谢组学：代谢组学是一种高效的方法，它不仅可鉴定与现存有害结局通路（Adverse outcome pathways，AOPs）并行发生的其他可能的有害结局通路，还可以提供与复杂暴露相关有害结局通路的生理学证据支持并扩展该领域的知识。代谢组学有望为包含关键事件生理学相关数据的有害结局路径的定义提供数据信息和支持。例如，测量涉及多种生化途径内源性代谢物的变化来识别以前尚未定义的关键事件，并将这些变化与暴露于外源性化合物的特定组合相关联。潜在的毒性通路假设始于非靶向代谢组学，并可利用靶向代谢组学对毒性通路进行进一步分析。通过使用各类先进仪器设备（例如 GC/MS-MS/QToF Agilent 7200A、LC/MS-MS/QToF Agilent 1290-6540 UHD 和 LC/MS-MS Thermo Orbitrap 等），靶向代谢组学还可提供代谢流的动态定量信息，从而帮助我们在机制上确定与毒性反应相关的剂量-时间反应模型。

并非所有基因表达水平的扰动都是值得考虑的，因为某些扰动会导致适应性反应而不是毒性反应的发生，这也是多组学联合分析背后的原因。因此，基因表达的分子反应通路还应与通过生物信息学分析发现的其他的一般代谢物分子通路相结合。代谢组学数据也可将潜在的表型与临床上观察到的现象更紧密地联系起来。

将转录组学和代谢组学数据联合分析能帮助我们在各类扰动的分子通路中更好地识别出与不良表型相关的分子通路。这种联合分析方法很好地解决了转录组学无法区分适应性反应和毒性反应的这一严重缺陷。更进一步地，利用包括表观遗传学和蛋白质组学在内的综合分析方法将为揭示真实毒性反应提供更为全面的数据。

内剂量建模

内剂量建模旨在将暴露和建模输出数据与人体生物检测数据相结合，其目的包括以下几个方面：(1) 提供内暴露随时间变化而变化的情况，尤其是发育的敏感阶段；(2) 收集各队列研究的生物监测数据，从而对个体暴露组情况进行定量分析；(3) 获得感兴趣化合物的生物有效剂量（Biologically Effective Dose，BED）的可靠值，以便与观察到的健康结局相关联。

上述工作的关键在于开发终生（包括妊娠和母乳喂养期间）通用的 PBBK 模型（Sarigiannis et al.，2016）、混合物的交互作用模式（Sarigiannis et al.，2008）和生物监测数据的同化架构（Georgopoulos et al.，2008）。

为了使通用 PBBK 模型得到更为广泛的应用，可使其尽可能覆盖更多的化学物。例如，通过使用定量构效关系（Quantitative structure activity relationship，QSAR）模型对已知和了解甚少的新化学物进行模型的参数化（Sarigiannis et al.，2017；Papadaki et al.，2017）。通用 PBBK 模型除了可用于人体生物监测数据的暴露重建（Andra et al.，2015），还可用于推导超过生物学通路改变水平的并可能最终带来健康风险的外源化学物的内暴露剂量（Judson et al.，2011）。后者方法学的实现采用将特定组学结果（例如代谢组学分析）、生物有效剂量与早期生物反应相关联的方式。

此外，生物有效剂量还可应用于化学物诱导的细胞能量代谢状态扰动的定量分析，从而将 PBBK 模型与代谢调节网络联系起来。这种联系指的是通过动态通量平衡分析（Flux balance analysis，FBA）将代谢物清除率和产生率与新陈代谢调节联系起来所构成的反馈回路（Krauss et al.，2012），从而最终将其与 HEALS 中通过生信分析发现的调控网络联系起来。

生物信息学

HEALS的另一个关键点在于开拓生物标志物预测的全新生物信息学战略。目前可用于生物标志物检测和分析的生物信息学工具涵盖了从统计方法到数据挖掘等的一系列技术方法。数据挖掘技术包括描述性和预测性两大类。描述性方法通过对数据集进行简明扼要的描述以展示数据的一般属性。

预测性方法通过构建一个或一组模型对可用的数据集进行推理,同时尝试对新数据集结果进行预测。数据挖掘技术已经在不同类型的数据集中得到广泛应用并不断取得研究硕果。例如,各类临床(Exarchos et al.,2006)、生物学(Exarchos et al.,2009)和环境(Manrai et al.,2017)数据。

在HEALS项目中,生物信息学通过绘制调控网络图和疾病路径图整合不同机体水平的组学反应,从而进一步推动暴露组概念的发展。我们使用生物信息学工具对不同来源的组学结果进行功能整合,其最终目的是为HEALS项目中所涉及的各类研究终点开发不良结局路径(Adverse outcome pathways,AOPs)(Gutsell et al.,2013)。

我们还可以将现有的在线数据库数据和实验室的体外组学数据映射到调控通路上,使用可视化网络环境平台(例如Agilent GeneSpring、ThompsonReuters MetaCoreTM和Reactome/Functional Interaction network plug-in for Cytoscape)对数据进行分析,提出系统毒理学研究假设,并将其与HEALS中的各类终点指标联系起来。

除此之外,上述分析还可以帮助我们识别不同相关化学物暴露路径上的共同节点。代谢组和转录组数据的联合分析结果揭示了化合物联合暴露的毒理学机制:化合物联合暴露产生的毒性可能超过了其本身之和(Roede et al.,2014)。因此在联合暴露模型下,上述分析方法尤其重要。

大数据的使用与过往研究数据的重新分析

HEALS所使用的研究方法和研究工具在许多人群研究(包括双生子研究)中得到了应用,上述研究涵盖了不同的暴露环境,并针对儿童和老年人的SCALE倡议和帕尔马宣言提供了关键的健康终点设置。参与上述研究的志愿者数量高达50 000人,涵盖了不同年龄、性别和社会经济地位的人群。其所包含的队列研究分散在欧洲各地,覆盖了以足够大的地理范围以便在整个欧盟范围内得出结论。这些队列是经过精心挑选和设计的双生子研究。

经典双生子研究与相关新技术相的结合是一种可以帮助我们识别和理解复杂性状的分子机制和分子通路的一种极其有效的研究方法。通过该方式,在推断环境暴露和健康之间的关联时,我们将更容易考虑到个体全生命周期中化学、物理和生物等环境应激源的单独暴露或联合暴露对表观遗传修饰的影响。

HEALS使用的环境和健康数据分别来自丹麦生物银行数据库(丹麦双生子登记处:出生于1931年至1969年间的14 000多对双胞胎)、芬兰(芬兰双胞胎队列研究:12 966对均在世的同卵双生和异卵双生双胞胎25 932人)、意大利(意大利双胞胎登记处:25 000对双胞胎)、荷兰(荷兰双胞胎登记处:87 000双胞胎)、挪威(挪威双胞胎登记处:31 440对双胞胎,莫巴研究：1 900对双胞胎）、瑞典（瑞典双胞胎登记处：分别为20 000对同卵双生双胞胎、25 000对同性异卵双生双胞胎和30 000对异性异卵双生双胞胎）和英国（EpiTins研究：随访20年的5 000对双胞胎）。

欧洲人暴露与健康体检调查研究（EXHES）

基于上述人群研究的结果，我们已在10个欧盟国家试点了一项暴露和健康调查（European Exposure and Health Examination Survey，EXHES），以检验HEALS方法在欧盟范围内的大规模人群调查中的适用性。EXHES研究将队列和巢式病例对照研究相结合，方便研究人员在有限的时间内对环境暴露情况和危险疾病表型进行描述，同时也可为HEALS项目的后续跟进奠定基础。

与此同时，EXHES还可对HEALS提出的技术和计算集成方法进行可行性和成本效益方面的测试。EXHES所汲取的经验教训将为起草相关科学建议、协议和建立欧洲健康和暴露调查提供指导，最终为HEALS在欧盟范围内的评估铺平道路。

作为HEALS试点项目的欧洲人暴露与健康体检调查（EXHES）的研究目的包括以下几点：

（1）收集欧洲双胞胎和配对单胎的新的和统一的标准化暴露与健康数据，首次描述欧洲范围内不同研究中心的双胞胎和配对单胎的正常或病理进展信息，并在国家内部和国家之间进行比较。

（2）比较儿童时期不同暴露因素对成年后健康和发育的影响，同时确认胎儿和生命早期的可塑性是否对宫内环境毒物暴露诱导的机体功能编程改变产生影响。

（3）深入了解疾病的起源及潜在分子机制。

EXHES研究侧重于调查儿童健康和发育方面，例如脂肪组织的生长和发育、神经发育、免疫、呼吸以及构成临床表型或分子内型的代谢功能变化。同时考虑到呼吸系统疾病、哮喘、过敏、超重等常见的疾病在生命早期即可出现，因此EXHES还计划将母婴饮食、产前和产后环境暴露、社会因素和组学标志物等风险和保护性标志物等因素纳入研究范畴。

❸ 疾病环境负担的总体评估方法：个体的终身风险

HEALS通过使用基于全环境关联研究（environment-wide association studies，EWAS）这一新方法和高级统计手段来定义环境应激源和健康状况之间的因果关系。该方法没有把"连锁不平衡"的环境因素视为混杂变量，而是将它们统一视为协变量。进一步地，研究者通过EWAS调查结果识别可能处于"不平衡"状态的因素，以进行更深入的测量和因果关系判别。最终通过创新性的统计方法将内暴露剂量与当地人群的健康结局相结合，得出剂量反应关系函数，以解释个体间暴露模式、敏感性和健康反应的差异。

该方法首先通过测量不同生物基质（尿液和外周血）中生物标志物值水平，然后通过使用终生通用的PBBK模型预测目标组织中的生物有效剂量，基于模型预测的生物有效剂量与实际测得的生物标志物水平是一致的。

HEALS采用基于调查加权的多元逻辑回归统计方法对健康效应进行评估,同时对年龄、性别、社会经济地位等诸多协变量进行了校正,以期将内部剂量与健康效应或中间生物学事件联系起来。

考虑到协变量之间的相互依赖关系,上述中间生物学事件可通过通路分析与健康影响联系起来,比如使用全基因组关联研究中的"连锁不平衡"作为类比度量。该方法以健康终点(以OR或p表示)、不同协变量(年龄、性别、低社会经济地位、生活方式选择,如吸烟等)和目标组织的内暴露剂量(X因素)为基础建立数学函数关系,其公式表述如下:公式中的cov表示模型中不同的协变量,α和β是考虑协变量之间相互依赖关系之后计算的回归系数。

考虑到流行病学研究中的校正因素可基于背景知识和统计方法来分类,有向无环图(Directed Acyclic Graphs,DAG)已成为基于背景知识方法选择混杂因素的核心工具。DAG以图形方式呈现变量之间的假设关系,并基于该假设识别变量以校正混杂带来的偏差。

$$\text{logit}(p/1-p) = \alpha + \beta_0 \cdot \text{cov}_1 + \beta_1 \cdot \text{cov}_1 + \beta_2 \cdot X_{\text{factor}} \cdots + \beta_n \cdot \text{cov}_n$$

流行病学研究中所采用的增强DAG构建的方法包括Weinberg于2007年提出的使用箭头表示效应修饰的方法,该方法极大地提高了DAG的适用性。增强DAG构建的方法还包括确定未测量混杂偏差的方向(VanderWeele et al.,2008)、校正职业癌症研究中的社会经济状况这一混杂因素(Fleischer et al.,2008)、确定高分辨率空间流行病学以及代谢综合征研究中的混杂因素(Shahar,2010)等几个方面。

考虑到现在的流行病学研究往往采用固定效应模型,因此研究者最近还尝试采用基于贝叶斯推理的建模方法将流行病学中涉及的协变量和自变量最小化纳入,以期为流行病学分析提供更为科学可靠的框架(Greenland,2000)。

上述方法的适用范围包括:以纵向二进制数据为基础的处理缺失数据的贝叶斯回归模型(Su et al.,2008);用于校正协变量测量误差的贝叶斯分析(Hossain et al.,2009);以及更适用于测量不当和未观察到混杂因素的健康关联研究的贝叶斯敏感性分析。

HEALS将上述工具联合使用以期为潜在协变量的识别提供一个综合的框架。这些以健康调查为基础的潜在协变量通常会影响相关健康结局终点的观测。同时,上述方法的联合使用还可以帮助我们有效限制数据偏差的大小和方向。在实践中,HEALS还引入了一系列与健康和生物学因素相关的"环境组学"概念。

 小结

HEALS为环境与健康领域的跨学科科研工作引入了一种全新的暴露组研究范式。这是一种研究多种共存应激源和不同规模生物样本之间如何相互作用并共同导致健康损害效应的方法探索。

本方法与传统方法有着明显的差异,传统方法试图阐明应激源和健康结局之间的单一因果关系,而HEALS创造了一种将多学科的健康信息数据进行整合的方法。上述学科包括(但不限于):环境科学、流行病学、毒理学、生理学、分子生物学、生物化学、数学和计算机科学。

在HEALS的研究方法中,所有影响内/外暴露组的因素都被视为协变量,而不仅仅是混杂因素。将这些不同信息类别的功能集成到一个独特的框架中,将有助于理解基因组与环境暴露因素之间的复杂相互作用。目前正在通过重新评估现有队列(包括重新分析样本)和部署新的队列来验证上述方法,同时上述工作也可作为后续相关研究设计的试点工作。

(翻译:邹鹏)

参考文献

Andra SS, Charisiadis P, Karakitsios S, Sarigiannis DA, Makris KC (2015) Passive exposures of children to volatile trihalomethanes during domestic cleaning activities of their parents. Environ Res 136(0):187-195. https://doi.org/10.1016/j.envres.2014.10.018

Chadeau-Hyam M, Campanella G, Jombart T, Bottolo L, Portengen L, Vineis P, Liquet B, Vermeulen RCH (2013) Deciphering the complex: methodological overview of statistical models to derive OMICS-based biomarkers. Environ Mol Mutagen 54(7):542-557. https://doi.org/10.1002/em.21797

Eissing T, Kuepfer L, Becker C, Block M, Coboeken K, Gaub T, Goerlitz L, Jaeger J, Loosen R, Ludewig B, Meyer M, Niederalt C, Sevestre M, Siegmund HU, Solodenko J, Thelen K, Telle U, Weiss W, Wendl T, Willmann S, Lippert J (2011) A computational systems biology software platform for multiscale modeling and simulation: integrating whole-body physiology, disease biology, and molecular reaction networks. Front Physiol 2:4

Exarchos TP, Papaloukas C, Fotiadis DI, Michalis LK (2006) An association rule mining-based methodology for automated detection of ischemic ECG beats. IEEE Trans Biomed Eng 53(8):1531-1540

Exarchos TP, Tsipouras MG, Papaloukas C, Fotiadis DI (2009) An optimized sequential pattern matching methodology for sequence classification. Knowl Inf Syst 19(2):249-264

Fleischer NL, Diez Roux AV (2008) Using directed acyclic graphs to guide analyses of neighbourhood health effects: an introduction. J Epidemiol Community Health 62(9):842-846

Georgopoulos PG, Sasso AF, Isukapalli SS, Lioy PJ, Vallero DA, Okino M, Reiter L (2008) Reconstructing population exposures to environmental chemicals from biomarkers: challenges and opportunities. J Expo Sci Environ Epidemiol 19(2):149-171

Greenland S (2000) When should epidemiologic regressions use random coefficients? Biometrics 56(3):915-921

Gustafson P, McCandless LC, Levy AR, Richardson S (2010) Simplified Bayesian sensitivity analysis for mismeasured and unobserved confounders. Biometrics 66(4):1129-1137

Gutsell S, Russell P (2013) The role of chemistry in developing understanding of adverse outcome pathways and their application in risk assessment. Toxicol Res 2(5):299-307

Hossain S, Gustafson P (2009) Bayesian adjustment for covariate measurement errors: a flexible parametric approach. Stat Med 28(11):1580-1600

Judson RS, Kavlock RJ, Setzer RW, Cohen Hubal EA, Martin MT, Knudsen TB, Houck KA, Thomas RS, Wetmore BA, Dix DJ (2011) Estimating toxicity-related biological pathway altering doses for high-throughput chemical risk assessment. Chem Res Toxicol 24(4):451-462

Krauss M, Schaller S, Borchers S, Findeisen R, Lippert J, Kuepfer L (2012) Integrating cellular metabolism into a multiscale whole-body model. PLoS Comput Biol 8(10):e1002750

Loh M, Sarigiannis D, Gotti A, Karakitsios S, Pronk A, Kuijpers E, Annesi-Maesano I, Baiz N, Madureira J, Oliveira Fernandes E, Jerrett M, Cherrie J (2017) How sensors might help define the external exposome. Int J Environ Res Public Health 14(4):434

Manrai AK, Cui Y, Bushel PR, Hall M, Karakitsios S, Mattingly CJ, Ritchie M, Schmitt C, Sarigiannis DA, Thomas DC, Wishart D, Balshaw DM, Patel CJ (2017) Informatics and data analytics to support exposome-based discovery for public health. Annu Rev Public Health 38:279-294. https://doi.org/10.1146/annurev-publhealth-082516-012737

Mosquin PL, Licata AC, Liu B, Sumner SCJ, Okino MS (2009) Reconstructing exposures from small samples using physiologically based pharmacokinetic models and multiple biomarkers. J Expo Sci Environ Epidemiol 19(3):284-297

Papadaki K, Sarigiannis DA, Karakitsios SP (2017) Modeling of adipose/blood partition coefficient for environmental chemicals. Food Chem Toxicol 110c:274-285

Rappaport SM, Smith MT (2010) Environment and disease risks. Science 330(6003):460-461

Roede JR, Uppal K, Park Y, Tran V, Jones DP (2014) Transcriptome-metabolome wide association study (TMWAS) of maneb and paraquat neurotoxicity reveals network level interactions in toxicologic mechanism. Toxicol Rep 1(0):435-444. https://doi.org/10.1016/j.toxrep.2014.07.006

Sabel CE, Boyle P, Raab G, Löytönen M, Maasilta P (2009) Modelling individual space-time exposure opportunities: a novel approach to unravelling the genetic or environment disease causation debate. Spat Spatiotemporal Epidemiol 1(1):85-94

Sarigiannis D, Marafante E, Gotti A, Reale GC (2009) Reflections on new directions for risk assessment of environmental chemical mixtures. Int J Risk Assess Manag 13(3-4):216-241

Sarigiannis D, Karakitsios S, Handakas E, Simou K, Solomou E, Gotti A (2016) Integrated exposure and risk characterization of bisphenol-a in Europe. Food Chem Toxicol 98:134-147. https://doi.org/10.1016/j.fct.2016.10.017

Sarigiannis D, Papadaki K, Kontoroupis P, Karakitsios SP (2017) Development of QSARs for parameterizing physiology based ToxicoKinetic models. Food Chem Toxicol 106(Pt A):114-124. https://doi.org/10.1016/j.fct.2017.05.029

Sarigiannis DA, Gotti A (2008) Biology-based dose-response models for health risk assessment of chemical mixtures. Fresenius Environ Bull 17(9 B):1439-1451

Sarigiannis DA, Karakitsios SP, Zikopoulos D, Nikolaki S, KermenidouM (2015) Lung cancer risk from PAHs emitted from biomass combustion. Environ Res 137:147-156. https://doi.org/10.1016/j.envres.2014.12.009

Schmutz J, Wheeler J, Grimwood J, Dickson M, Yang J, Caoile C, Bajorek E, Black S, Chan YM, Denys M, Escobar J, Flowers D, Fotopulos D, Garcia C, Gomez M, Gonzales E, Haydu L, Lopez F, Ramirez L, Retterer J, Rodriguez A, Rogers S, Salazar A, Tsai M, Myers RM (2004) Quality assessment of the human genome sequence. Nature 429(6990):365-368

Schwanhausser B, Busse D, Li N, Dittmar G, Schuchhardt J, Wolf J, Chen W, Selbach M (2011) Global quantification of mammalian gene expression control. Nature 473(7347):337-342. https://doi.org/10.1038/nature10098

Shahar E (2010) Metabolic syndrome? A critical look from the viewpoints of causal diagrams and statistics. J Cardiovasc Med 11(10):772-779

Su L, Hogan JW (2008) Bayesian semiparametric regression for longitudinal binary processes with missing data.

Stat Med 27(17):3247-3268

VanderWeele TJ, Hernán MA, Robins JM (2008) Causal directed acyclic graphs and the direction of unmeasured confounding bias. Epidemiology 19(5):720-728

Vineis P, Wild CP (2014) Global cancer patterns: causes and prevention. Lancet 383(9916):549-557. https://doi.org/10.1016/s0140-6736(13)62224-2

Vineis P, van Veldhoven K, Chadeau-Hyam M, Athersuch TJ (2013) Advancing the application of omics-based biomarkers in environmental epidemiology. Environ Mol Mutagen 54(7):461-467. https://doi.org/10.1002/em.21764

Vrijheid M, Slama R, Robinson O, Chatzi L, Coen M, van den Hazel P, Thomsen C, Wright J, Athersuch TJ, Avellana N, Basagaña X, Brochot C, Bucchini L, Bustamante M, Carracedo A, Casas M, Estivill X, Fairley L, van Gent D, Gonzalez JR, Granum B, Gražuleviciene R, Gutzkow KB, Julvez J, Keun HC, Kogevinas M, McEachan RRC, Meltzer HM, Sabidó E, Schwarze PE, Siroux V, Sunyer J, Want EJ, Zeman F, Nieuwenhuijsen MJ (2014) The human early-life exposome (HELIX): project rationale and design. Environ Health Perspect 122(6):535-544. https://doi.org/10.1289/ehp.1307204

Weinberg CR (2007) Can DAGs clarify effect modification? Epidemiology 18(5):569-572

第6部分 总　　结

369 / 第17章　解读暴露组——结论和未来思考

第17章 解读暴露组——结论和未来思考

从 Christopher Wild 首次对暴露组进行定义以来,这一概念目前已经发展成为评价人类暴露和健康的有力工具。本章讨论了暴露组的范式和概念的定义,描述了基于组学技术、靶向和非靶向分析其特征的最新技术,讨论了为阐明暴露和健康效应背后的复杂机制而需要处理大量数据所带来的挑战,以及最新的统计和数据处理方法所带来的挑战。最后,全球多个项目已经或正在尝试将暴露组概念应用于实际研究,这些研究项目已在本书中进行了介绍。

本章节将作一个概述,并介绍暴露组范式自从定义出现以来所取得的进展。我们还将探讨这类问题,如:到目前为止我们学到了什么?暴露组范式提供了有价值的信息吗?还有什么需要改进?最后,我们将讨论暴露组未来在疾病病因和个性化医疗中应用的可能性。

关键词:暴露组范式;暴露组学的未来

1 随着时间而演变的暴露组学

自从人类基因组计划完成以来，人们一直认为研究基因组是了解慢性疾病和死亡原因的关键。然而，已完成的大量全基因组关联研究（genome-wide association study, GWAS）表明事实并非如此。现在，人们普遍认为，只有少数非传染性疾病可以通过研究基因组来解释（Lichtenstein et al., 2000; Saracci et al., 2007; Rappaport, 2016），而暴露组的研究成为理解疾病发病机制的关键因素。

自从暴露组的术语首次出现以来，其概念一直在演进中，Wild将暴露组描述为一系列因素的集合，"包括从出生前开始的终身环境暴露（包括生活方式因素）"（Wild, 2005）。这是第一次将环境暴露视为一个整体，需要同时进行评估，以了解其对机体的影响。Martin Smith和Stephen Rappaport年进一步扩展了这一新概念（Rappaport, 2011; Rappaport et al., 2010）。他们强调，当前有关环境暴露对人类健康影响的流行病学知识水平非常低。他们进一步提出，流行病学家应该从考虑一两个环境风险因素的狭隘假设转变为考虑个体终身暴露的更全面视角（Rappaport, 2011）。

2012年，Wild等将暴露组划分为3个领域（Wild, 2012）：

（1）一般外暴露组：包括生活环境、气候、社会阶层、教育等。

（2）特定外暴露组：包括饮食、吸烟习惯、体育活动、职业等。

（3）最后是内暴露组：包括内环境和生物因素，可定义为代谢组、菌群、炎症、氧化应激和衰老。

暴露组的新概念促进了跨学科研究的必要性，从"分子机制、生物技术、生物信息学、生物统计学、流行病学、社会科学和临床研究"开始，以便全面解决暴露组的相关问题（Wild, 2012）。

最近，Miller和Jones将暴露组的定义扩展到了行为。这个定义超越了生活方式，因为它还包括与我们周围环境的互动（关系、压力、身体情绪等），并考虑可能影响暴露情况的内源性过程（Miller et al., 2014）。修订后较为全面的复杂性暴露组如图17.1所示。

虽然仍处于起步阶段，但是暴露组的概念一直在发展，人们已经多次努力去定义和描述这一概念，PubMed中引用"暴露组"的数量从2011年的11次，到2017年增长到76次（图17.2），表明对这一研究领域兴趣的增长。

暴露组学发展相对缓慢的原因可能在于其检测的困难。在一个给定的时间点整体测量所有的暴露已经带来了极大的挑战，不仅如此，暴露的特征描述还需要纵向测量——也就是检测全生命周期的所有暴露，从而产生一个密集的、三维结构数据和元数据。此外，还需要使用复杂的生物信息工具对这种丰富的数据库进行分析，以确定暴露和疾病之间的相关性。

第一个尝试定义暴露组检测的人是Rappaport（Rappaport, 2011），他提出了两个互补的方法以解决暴露组检测的难题。第一个方法是自下而上的方法，即通过分析环境样本（空

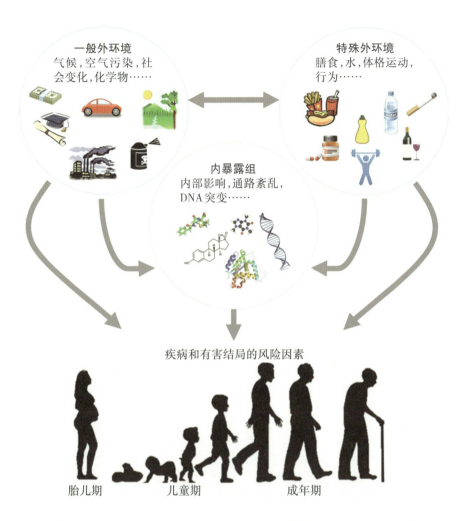

图17.1 从受孕开始到整个生命历程中影响暴露组的三个层次的因素

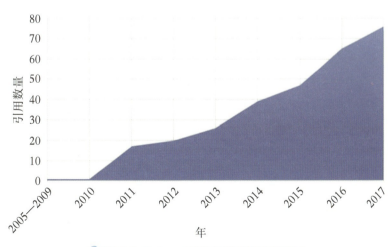

图17.2 Pubmed中"暴露组"的引用数量

气、水、食物等)而检测所有的外暴露,以及将其与健康状况进行关联。第二个是自上而下的方法,这个方法包括对个体的血液、尿液以及其他生物体液样本中的暴露因素和体内过程进行检测,对暴露与健康结局的关联进行分析。

这两种方法都有局限性,自下而上的方法不考虑体内过程,如代谢、氧化应激和炎症等过程,但是的确提供了有关暴露来源的关联。而自上而下的方法中,不仅考虑了所有的暴露,还有代谢物、副产物以及中间效应,但是不能识别暴露的来源。

2011年,美国国家科学院组织了一次专题研讨会"暴露组:评价环境暴露和人类疾病的有力工具",会议做出的结论是,自上而下的方法可能更有意义,因为能够"重点关注已知对人类健康有影响的特定毒物"(National Academy of Science,2010)。

研讨会也建议将组学技术应用于暴露组研究,组学技术已经被证实可以有效用于生物标志物的发现。这些观点促进了暴露组相关的几个大型国际研究项目的启动。

❷ 暴露组研究:国际项目

过去十年中,有多项暴露组相关的项目和中心成立,主要的项目和中心汇总在表17.1,大多数项目在本书的第五部分已经有了详细的说明。

表17.1 全球致力于暴露组研究的项目和研究中心

项 目	项 目 目 标	资助人	开始时间	结束时间
EXPOsOMICs	发展新的方法来评价环境暴露,并将其与机体的生化和分子变化相联系,重点关注空气和水污染物	EU FP-7	2012	2017
HELIX	集合母亲和儿童暴露的所有环境危险因素,并将其与儿童健康、生长、发育相联系	EU FP-7	2013	2018
HEALS	将组学来源的数据与生化指标的生物监测进行功能整合,从而在个体水平上建立内暴露组	EU FP-7	2013	2018
HERCULES	提供关键的基础设施和专业知识,以便发展和改进用于暴露组研究的新工具和技术	NIEHS	2013	2022
CHEAR	推进对环境如何影响儿童健康和发育的理解	NIEHS	2015	
JECS	确定影响儿童成长和健康的环境有害因素,并研究这些因素与儿童健康状况之间的关系	日本	2011	2032
I_3 care	国际暴露组中心	荷兰-中国(香港)-加拿大		

在欧洲,研究执行局(Research Executive Agency,REA)对暴露组的早期研究投入了大量关注。在第7项研究和技术发展框架计划(FP-7)的资助下,已经成立了3个主要项目:EXPOsOMICs、HELIX 和 HEALS。

EXPOsOMICs 是第一个为了解暴露组而成立的大型研究项目(Vineis et al.,2017),这一项目关注自上而下的方法,关注空气和水的污染物,虽然这个项目现在已正式结束,但已经产生了大量的数据,并仍在进行分析。EXPOsOMICs 的产出包括建立一个欧洲数据库,集合了3 000多人的环境暴露和组学检测数据。EXPOsOMICs 的结果产出将进一步指导有关暴露组的未来研究项目和计划。

HELIX 项目致力于了解生命早期阶段的暴露组如何影响健康。宫内和生命早期的暴露是至关重要的,因为它们会影响生命后期的健康状况。直到现在,暴露科学主要关注于评价单一暴露与健康的关联,HELIX 项目则提供了在这些关键时期评估多种暴露下效应的研究框架。HELIX 项目仍在进行中,将于2018年结束。

HEALS 项目的一个重点是创建新的分析方法和计算方法来集成全暴露组关联研究(EWAS)(HEALS,2017)。HEALS 的目标是为数据分析和建模工具引入新的方法,以解决大规模暴露组研究遇到的问题。与HELIX类似,HEALS 项目将在2018年结束。

在美国,国家环境卫生科学研究所(NIEHS)提供了大量资金来建立 HERCULES 暴露组研究中心(HERCULES,2017)。该中心的宗旨和项目已在本书第十三章中有详细介绍。简而言之,HERCULES 为暴露组相关项目提供了关键的基础设施和资金。该中心的成立已经促成了儿童健康暴露分析资源(CHEAR)项目(NIEHS,2017)的成立,该项目与 HELIX 项目类似,重点关注生命关键早期的暴露组。

日本投入了大量精力创建了日本环境和儿童研究项目(Kawamoto et al.,2014),纳入了10万对从出生到13岁的父母–子女亲子对。该研究通过直接分析和问卷调查的方式定期测量化学物的暴露,并衡量生活方式和健康结局。

全球范围内有关暴露组的工作还包括建立了国际暴露组中心——I_3培育中心,这是香港中文大学、乌得勒支大学和多伦多大学之间的合作。该中心旨在"通过发展新的研究工具来发现和量化可调控的风险因素,以拓展暴露组的概念"(I_3 Care Center,2017),并为有关暴露组学研究的新的国际项目提供组织架构。

尽管这些项目在描述和理解暴露组方面取得了巨大进步,但我们仍然远未阐明暴露组学的所有机制和含义。因此,还需要更多的研究项目和资助来推进该领域的发展。

❸ 组学工具是否适用于评价内暴露组学?

暴露组的表征和检测是多学科的,依赖于多种分析工具和技术。组学(大数据)技术的实施极大地推进了内暴露组学的研究。正如本书中所讨论的,组学为评价特定时间点的暴露效应提供了有用的工具。

代谢组学、表观遗传组学和转录组学已经在本书第三部分进行了详细的描述。此外,我们还必须增加其他非常重要的组学,如基因组、蛋白质组、加合物组(Rappaport et al.,2012)和微生物组学——在评价暴露组时也应考虑这些技术。采用这些技术能够获取大量检测结果,并且通常基于非靶向的方法,允许对标志物进行无偏性的分析。当组学数据结果与暴露和结局相关联时,就有助于识别暴露生物标志物。

总之,组学技术具备的多种优势使其非常适用于暴露组的评估。组学检测可以应用于新鲜获取的人类样本,也可以应用于大型队列研究中现有的生物库样本。此外,正如Vineis等(2013)所提及的,组学方法可以"研究特定平台上的生物标志物,这些标志物在连接暴露与疾病风险的生物学通路中发挥作用"。对于研究疾病病因和暴露相关的作用机制及生物学通路,每种标志物都可以提供有价值的信息。最后,同一样本可以使用不同的组学方法进行检测,从而实现跨组学的研究。如果在多个组学检测中发现属于同一生物学通路的信号分子,那么从暴露到健康结局的因果关系就会得到加强(图17.3)。

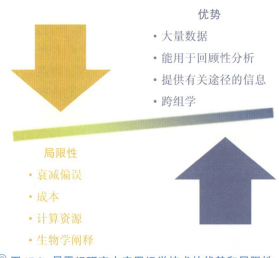

图17.3　暴露组研究中应用组学技术的优势和局限性

虽然组学技术对于暴露组的鉴定非常有用,但其检测方法也存在一些局限性。首先,组学标志物会随着时间发生变化。因此,当仅仅在一个样本上进行检测时就可能会引入偏差。Perrier等(2016)报道,将一种样本的多次采样合并在一起,可以在不增加检测成本的情况下降低衰减偏误。不可否认的是,成本是组学检测的另一个局限性,尽管随着时间的推移,成本正在降低,但是据估计,对于一项500名受试者的研究,全套组学检测的成本可达5万欧元到10万欧元不等(Siroux et al.,2016)。未来亟须开发新的经济有效的组学技术,以便开展更大规模的研究。

其他局限性还包括组学检测产生的数据量。管理这些大数据是一个巨大的挑战。首先,它需要大量的计算机方面的投资,既用于数据处理,也用于数据存储。其次,正如本书第四部分所示,产生的大量数据需要新的统计方法来解读出具有显著性的信号。最后,组学技术的另一个重要的局限性在于生物学方面的解释,由于技术限制,成千上万的检测信号并不总能被解读和注释,导致有时并不能根据所获得的结果而推导出结论。通过创建信息数据库以及研究人员之间的数据共享,可以有效减少这种局限性,从而有助于识别未知因素。

尽管存在上述局限性,组学技术仍然被认为是表征内暴露组的最佳选择。此外,新技术的不断发展也提高了评价机体生物学信息的能力。

④ 外暴露组研究取得了哪些进展?

根据本书第二章和第三部分所述,外暴露组学的评估可以依赖许多不同的工具和技术。现在可以使用基于地理信息系统(geographical information systems,GIS)的模型来获得环境暴露和健康数据。通过地理定位技术获得的数据可用于构建暴露评估模型。这些模型可以应用于大的人群,还可以通过在较小的亚群人口中进行个体的直接测量,以进一步优化模型。该技术已经应用在EXPOsOMICs项目中,这是一个很好的应用范例。

基于GIS的模型已经成功应用于欧洲多个城市的空气污染暴露估计(Gulliver et al.,2017),而且利用个体监测设备收集的数据,对模型进行了改进。其他方法,例如遥感、基于智能手机的传感器和应用程序、问卷、照片以及个体剂量计和传感器等,目前正在多个项目中使用,可以参阅本书第十章。

此外,目前还在开发新的便捷和低成本的传感器,例如硅胶手环。作为一种被动采样装备,硅胶手环已经被应用于30名个体的暴露评估,采用一种简单易行的方法对其中49种化学物进行了评估(O'Connell et al.,2014)。

智能手机和基于无线设备的传感器技术具有很大的优势,事实上,通过与应用程序开发商合作,这些设备存储的信息就可以通过互联网网站传送。收集的数据可以提供大量个体的信息,而无需预先设置特定的研究计划。

此外,连续收集数据可以减少数据收集中的时间间隔,显著改善对长期和慢性暴露的评价。这些技术非常适用于评估那些与位置相关的暴露因素,如空气污染、噪声、绿地等,或者更广泛地定义为"城市暴露组"。

与组学技术相似,上述技术的局限之一是产生的数据量。需要强大的计算能力来存储、管理以及对这些大型数据集进行统计分析。其他问题包括隐私和伦理问题,尤其是通过应用程序收集并存储在互联网上的数据。研究人员必须确保获得参与者的知情同意,确保恰当、安全的数据管理和存储,以切实保护参与者的隐私。

外暴露组分析也依赖于直接的检测。正如本书第二部分所述,基于质谱的高通量技术可以分析食物、空气、水、灰尘等中的数千种化学物,以评估环境中污染物的暴露。正如第八章所提到的,目前这些技术的局限性在于它们往往是半定量的,并且只能应用于少量样品的检测。为了将这些技术应用于更大样品量的检测,并具备更高的检测精度,还需要进一步发展检测方法和样品制备技术。

⑤ 解读暴露组：我们接下来该怎么走？

过去十年中，科研项目以及由政府资助的项目为暴露组的未来需求和目标指明了方向。这些先导项目在该领域取得了重大进展，也将作为未来研究的榜样和指南。在本节中，我们将突出强调未来暴露组学研究中需要考虑的几个要点。

 合作和数据共享

2012年，Wild提出了将暴露组学概念转化为应用的建议（Wild，2012）。他指出，暴露组学的一个主要困难来自于单个研究小组就试图去全面解读这一概念，他建议通过协作来取得更大的成功，重点是"明确的目标和共享的专业知识"以及在公共领域共享信息。通过多个协作项目（如EXPOsOMICs和HELIX）的实施，已经证实该方法是成功的（Vineis et al.，2017；Vrijheid et al.，2014）。

暴露组学的概念很广泛，因此需要跨多个学科的协作：流行病学、生物学、统计学、计算机科学、暴露科学等。2014年，美国国家科学院、工程与医学院举行了一次研讨会，以确定环境研究中数据共享的障碍。讨论中指出，数据的质量是共享的关键，必须采用质量控制和共同的科学语言，才能使共享和协作取得成功。流行病学家和统计学家需要与质谱、GIS等专家合作，以确保应用恰当的研究设计，应用恰当的方法产生数据并进行正确的分析。2015年在NIEHS暴露组学研讨会上也得出类似的结论，在此研讨会上还提出了几项关于未来暴露组学研究的建议。其中一项建议是基于开发数据库和协作中心的需要，以实现"协作的数据存储、访问和分析"。建议还包括：为样本的采集、技术的应用而设置标准语言文字和方法（Dennis et al.，2016）。

NIEHS最近已经在儿童健康暴露分析资源项目（CHEAR）中实施了这些建议（NIEHS，2017）。CHEAR项目将作为一个构架，促进生命早期暴露组学的评价。平台之间将对技术方法和数据收集进行协调，以确保所选队列之间的一致性。

 研发新的工具和方法来检测生物学效应

未来暴露组学研究需要解决的另一个困难是如何处理整个生命周期的所有因素。到目前为止，大多数项目都关注于"快照"——即在整个生命周期中检测特定时间点的暴露组，并将其与疾病关联起来。完整的暴露组学研究需要考虑纵向、多次暴露和反应。

在这种情况下，阐明重要的途径和通路并不简单，需要开发新的方法和模型。Stingone等在其综述中提出了两步法的策略来促进对暴露组学复杂性的理解（Stingone et al.，2017）。第一步是识别关键的暴露窗口，对这些窗口期将进行详细的研究。第二步依赖于建立起坚

实、可重复的研究设计,以便能促进不同时间点暴露组检测之间的比较。Stingone 等人建议,应该在关注短期窗口暴露的队列和数据库基础上,开展基于不同队列和数据库的合并研究。

为此,必须开发新的方法,以便将不同特定生命阶段的个体研究、多次暴露之间的关联、不同组学检测和健康结局指标进行整合。EXPOsOMICs 项目正在对这种方法进行尝试。正如本书第十一章和第十二章所示,新的方法可以解决暴露组研究中产生的高维数据,将数据与通路分析和网络构建联系起来,从而有助于将不同平台的数据融合在一起,来指导生物学意义的解释。

其他应用:暴露组学和精准医学

近几十年来,流行病学已将其注意力转移到发达国家的慢性病上。伴随这一转变以及基因组学未能解释许多慢性疾病的病因,导致人们重新考虑环境暴露对健康的影响。

暴露组研究提供了越来越多的证据,表明接触有毒物质(空气、水、土壤、食物、家庭用品等)会导致许多慢性疾病。事实上,许多疾病都与环境暴露密切有关,如糖尿病(Chevalier et al., 2015)、阿尔茨海默病(Genuis et al., 2015)、生育力降低(Buck Louis et al., 2013)、心血管疾病(Xu et al., 2009)、癌症(Cao et al., 2011; Kim et al., 2013; Teitelbaum et al., 2015)以及其他疾病等(Bijlsma et al., 2016)。

据估计,2011 年有超过 490 万人的死亡可以归因于环境化学品的接触(WHO, 2015)。这一数字表明了环境暴露对健康结局影响的重要性。然而,环境健康在疾病预防和诊断中的相关知识却很少传递给临床医生。暴露组技术的进步,如组学技术(包括基因组学)和个体传感器的发展,为临床医生提供了评估环境暴露对患者健康影响的有效工具。疾病发生和发展的传统观念亟须被替代,而从遗传因素和环境因素复杂的交互作用入手,才能全面地阐明病因(参考第一章的 GxE)。

目前的医学诊断是基于临床实践指南,这些指南将患者视为一个群体而不是每一个个体(Ziegelstein, 2017)。精准医学的定义是考虑个体独特的生物学特征,根据个体表型而对其进行诊断和治疗的"量身定制"。在这种情况下,暴露组工具就可以用于整合和解读有关疾病病因和预防的数据。基因组学、代谢组学、蛋白质组学、表观遗传组学和其他组学就能为更精确的疾病诊断提供信息(Collins, 2015)。例如,表观遗传学研究可以发现环境暴露导致的可遗传的生物学效应和改变,这些改变可能与疾病发病有关。

未来,将组学技术和基于传感器的技术纳入临床的定期全面监测,能有助于评估患者面临的不同风险。这些最新的技术发展能很快在环境科学和医学研究之间架起桥梁,为个性化医疗指出新的途径,也就是环境科学家、流行病学家、临床医生和患者的共同参与,从而将有效地阐明环境暴露与人类健康之间的联系。

致谢

本研究得到了 Horizon 2020 Marie Skłodowska-Curie fellow-ship EXACT 的 MSCA 项目 #708392 支持,该奖学金旨在通过加合物组学研究来识别导致肺癌的暴露生物标志物。

（翻译：敖琳）

Bijlsma N, Cohen MM (2016) Environmental chemical assessment in clinical practice: unveiling the elephant in the room. Int J Environ Res Public Health 13(2):181. https://doi.org/10.3390/ijerph13020181

Buck Louis GM, Sundaram R, Schisterman EF, Sweeney AM, Lynch CD, Gore-Langton RE, Maisog J, Kim S, Chen Z, Barr DB (2013) Persistent environmental pollutants and couple fecundity: the LIFE study. Environ Health Perspect 121(2):231-236. https://doi.org/10.1289/ehp.1205301

Cao J, Yang C, Li J, Chen R, Chen B, Gu D, Kan H (2011) Association between long-term exposure to outdoor air pollution and mortality in China: a cohort study. J Hazard Mater 186(2-3):1594-1600. https://doi.org/10.1016/j.jhazmat.2010.12.036

Chevalier N, Fenichel P (2015) Endocrine disruptors: new players in the pathophysiology of type 2 diabetes? Diabetes Metab 41(2):107-115. https://doi.org/10.1016/j.diabet.2014.09.005

Collins FS, Varmus H (2015) A new initiative on precision medicine. N Engl J Med 372(9):793-795. https://doi.org/10.1056/NEJMp1500523

Dennis KK, Auerbach SS, Balshaw DM, Cui Y, Fallin MD, Smith MT, Spira A, Sumner S, Miller GW (2016) The importance of the biological impact of exposure to the concept of the exposome. Environ Health Perspect 124(10):1504-1510. https://doi.org/10.1289/ehp140

Genuis SJ, Kelln KL (2015) Toxicant exposure and bioaccumulation: a common and potentially reversible cause of cognitive dysfunction and dementia. Behav Neurol 2015:620143. https://doi.org/10.1155/2015/620143

Gulliver J, Morley D, Dunster C, McCrea A, van Nunen E, Tsai MY, Probst-Hensch N, Eeftens M, Imboden M, Ducret-Stich R, Naccarati A, Galassi C, Ranzi A, Nieuwenhuijsen M, Curto A, Donaire-Gonzalez D, Cirach M, Vermeulen R, Vineis P, Hoek G, Kelly FJ (2017) Land use regression models for the oxidative potential of fine particles (PM2.5) in five European areas. Environ Res 160:247-255. https://doi.org/10.1016/j.envres.2017.10.002

HEALS (2017) Health and environment-wide associations based on large population suverys. http://www.heals-eu.eu/. Accessed 10 Nov 2017

HERCULES (2017) HERCULES exposome research center. https://emoryhercules.com/. Accessed 10 Nov 2017

I3 Care Center (2017) International exposome center. http://exposome.iras.uu.nl/about/. Accessed 08 Nov 2017

Kawamoto T, Nitta H, Murata K, Toda E, Tsukamoto N, Hasegawa M, Yamagata Z, Kayama F, Kishi R, Ohya

Y, Saito H, Sago H, Okuyama M, Ogata T, Yokoya S, Koresawa Y, Shibata Y, Nakayama S, Michikawa T, Takeuchi A, Satoh H (2014) Rationale and study design of the Japan environment and children's study (JECS). BMC Public Health 14:25. https://doi.org/10.1186/1471-2458-14-25

Kim KH, Jahan SA, Kabir E, Brown RJ (2013) A review of airborne polycyclic aromatic hydrocarbons (PAHs) and their human health effects. Environ Int 60:71-80. https://doi.org/10.1016/j.envint.2013.07.019

Lichtenstein P, Holm NV, Verkasalo PK, Iliadou A, Kaprio J, Koskenvuo M, Pukkala E, Skytthe A, Hemminki K (2000) Environmental and heritable factors in the causation of cancer—analyses of cohorts of twins from Sweden, Denmark, and Finland. N Engl J Med 343(2):78-85. https://doi.org/10.1056/nejm200007133430201

Miller GW, Jones DP (2014) The nature of nurture: refining the definition of the exposome. Toxicol Sci 137(1): 1-2. https://doi.org/10.1093/toxsci/kft251

National Academy of Science (2010) The exposome: a powerful approach for evaluating environmental exposures and their influences on human disease. http://nas-sites.org/emergingscience/files/2011/05/03-exposome-newsletter-508.pdf. Accessed 11 May 2018

NIEHS (2017) Children's health exposure analysis resource (CHEAR). https://www.niehs.nih.gov/research/supported/exposure/chear/index.cfm. Accessed 08 Nov 2017

O'Connell SG, Kincl LD, Anderson KA (2014) Silicone wristbands as personal passive samplers. Environ Sci Technol 48(6):3327-3335. https://doi.org/10.1021/es405022f

Perrier F, Giorgis-Allemand L, Slama R, Philippat C (2016) Within-subject pooling of biological samples to reduce exposure misclassification in biomarker-based studies. Epidimiology 27(3):378-388. https://doi.org/10.1097/ede.0000000000000460

Principles and Obstacles for Sharing Data from Environmental Health Research: Workshop Summary (2016) 2016 by the National Academy of Sciences, Washington DC. https://doi.org/10.17226/21703

Rappaport SM (2011) Implications of the exposome for exposure science. J Expo Sci Environ Epidemiol 21(1): 5-9. https://doi.org/10.1038/jes.2010.50

Rappaport SM (2016) Genetic factors are not the major causes of chronic diseases. PLoS One 11(4):e0154387. https://doi.org/10.1371/journal.pone.0154387

Rappaport SM, Smith MT (2010) Epidemiology. Environment and disease risks. Science (New York, NY) 330 (6003):460-461. https://doi.org/10.1126/science.1192603

Rappaport SM, Li H, Grigoryan H, Funk WE, Williams ER (2012) Adductomics: characterizing exposures to reactive electrophiles. Toxicol Lett 213(1):83-90. https://doi.org/10.1016/j.toxlet.2011.04.002

Saracci R, Vineis P (2007) Disease proportions attributable to environment. Environ Health 6:38. https://doi.org/10.1186/1476-069x-6-38

Siroux V, Agier L, Slama R (2016) The exposome concept: a challenge and a potential driver for environmental health research. Eur Respir Rev 25(140):124-129. https://doi.org/10.1183/16000617.0034-2016

Stingone JA, Buck Louis GM, Nakayama SF, Vermeulen RC, Kwok RK, Cui Y, Balshaw DM, Teitelbaum SL (2017) Toward greater implementation of the exposome research paradigm within environmental epidemiology. Annu Rev Public Health 38:315-327. https://doi.org/10.1146/annurev-publhealth-082516-012750

Teitelbaum SL, Belpoggi F, Reinlib L (2015) Advancing research on endocrine disrupting chemicals in breast cancer: expert panel recommendations. Reprod Toxicol 54:141. https://doi.org/10.1016/j.reprotox.2014.12.015

Vineis P, van Veldhoven K, Chadeau-Hyam M, Athersuch TJ (2013) Advancing the application of omics-based biomarkers in environmental epidemiology. Environ Mol Mutagen 54(7):461-467. https://doi.org/10.1002/em.21764

Vineis P, Chadeau-Hyam M, Gmuender H, Gulliver J, Herceg Z, Kleinjans J, Kogevinas M, Kyrtopoulos S,

Nieuwenhuijsen M, Phillips DH, Probst-Hensch N, Scalbert A, Vermeulen R, Wild CP (2017) The exposome in practice: design of the EXPOsOMICS project. Int J Hyg Environ Health 220(2 Pt A): 142-151. https://doi.org/10.1016/j.ijheh.2016.08.001

Vrijheid M, Slama R, Robinson O, Chatzi L, Coen M, van den Hazel P, Thomsen C, Wright J, Athersuch TJ, Avellana N, Basagana X, Brochot C, Bucchini L, Bustamante M, Carracedo A, Casas M, Estivill X, Fairley L, van Gent D, Gonzalez JR, Granum B, Grazuleviciene R, Gutzkow KB, Julvez J, Keun HC, Kogevinas M, McEachan RR, Meltzer HM, Sabido E, Schwarze PE, Siroux V, Sunyer J, Want EJ, Zeman F, Nieuwenhuijsen MJ (2014) The human early-life exposome (HELIX): project rationale and design. Environ Health Perspect 122(6): 535-544. https://doi.org/10.1289/ehp.1307204

WHO (2015) The 10 leading causes of death in the world, 2000 and 2012. http://www.who.int/mediacentre/factsheets/fs310/en/index2.html. Accessed 18 Jan 2015

Wild CP (2005) Complementing the genome with an "exposome": the outstanding challenge of environmental exposure measurement in molecular epidemiology. Cancer Epidemiol Biomark Prev 14(8): 1847-1850. https://doi.org/10.1158/1055-9965.epi-05-0456

Wild CP (2012) The exposome: from concept to utility. Int J Epidemiol 41(1): 24-32. https://doi.org/10.1093/ije/dyr236

Xu X, Freeman NC, Dailey AB, Ilacqua VA, Kearney GD, Talbott EO (2009) Association between exposure to alkylbenzenes and cardiovascular disease among National Health and Nutrition Examination Survey (NHANES) participants. Int J Occup Environ Health 15(4): 385-391. https://doi.org/10.1179/oeh.2009.15.4.385

Ziegelstein RC (2017) Personomics: the missing link in the evolution from precision medicine to personalized medicine. J Pers Med 7(4). https://doi.org/10.3390/jpm7040011